翠宏山铁多金属矿田
找矿模型与找矿方向研究

谭成印 主编

黑龙江科学技术出版社
HEILONGJIANG SCIENCE AND TECHNOLOGY PRESS

图书在版编目（CIP）数据

翠宏山铁多金属矿田找矿模型与找矿方向研究 / 谭
成印主编. -- 哈尔滨：黑龙江科学技术出版社，
2023.1
　　ISBN 978-7-5719-1709-8

　Ⅰ. ①翠… Ⅱ. ①谭… Ⅲ. ①多金属矿床－找矿－地
质模型－研究－黑龙江省②多金属矿床－找矿方向－研究
－黑龙江省 Ⅳ. ①P618.206.235

　　中国版本图书馆 CIP 数据核字(2022)第 250066 号

翠宏山铁多金属矿田找矿模型与找矿方向研究
CUIHONG SHAN TIEDUO JINSHU KUANGTIAN ZHAOKUANG MOXING YU ZHAOKUANG
FANGXIANG YANJIU
谭成印　主编

责任编辑　焦琰
出　　版　黑龙江科学技术出版社
地　　址　哈尔滨市南岗区公安街 70-2 号
邮　　编　150007
电　　话　（0451）53642106
传　　真　（0451）53642143
网　　址　www.lkcbs.cn
发　　行　全国新华书店
印　　刷　哈尔滨市石桥印务有限公司
开　　本　880 mm×1230 mm　1/16
印　　张　20.5
字　　数　450 千字
版　　次　2023 年 1 月第 1 版
印　　次　2023 年 1 月第 1 次印刷
书　　号　ISBN 978-7-5719-1709-8
定　　价　188.00 元

《翠宏山铁多金属矿田找矿模型与找矿方向研究》

编委会

主　编：谭成印

副主编：胡新露　于援帮

编　者：谭成印　胡新露　于援帮

　　　　杜美艳　李春芳　刘天佑

　　　　杨宇山　杨乃峰　赵双民

　　　　胡晨日　刘春先　赵广新

前　言

自 20 世纪 60 年代以来,黑龙江省地质矿产局在翠宏山铁多金属矿田内,先后发现了翠宏山、霍吉河、翠中 3 处大型金属矿床,已估算铁和铁多金属矿石量约 1.3 亿 t、三氧化钨 14.82 万 t、钼 29.48 万 t、铅 10.75 万 t、锌 44.53 万 t,在翠巍(M7 航磁异常)等找矿靶区预测铁和铁多金属矿资源量约 1.5 亿 t。

翠宏山铁多金属矿床估算铁和铁多金属矿石量 3272 万 t、三氧化钨 9.54 万 t、钼 8.15 万 t、铅 8.70 万 t、锌 28.15 万 t,矿山企业年生产铁和铁多金属矿石 160 万 t。翠中铁多金属矿床估算铁和铁多金属矿石量 6038 万 t、三氧化钨 5.28 万 t、钼 2.33 万 t、铅 2.05 万 t、锌 16.28 万 t,尚未开发利用。霍吉河钼矿床估算钼 19.00 万 t,尚未开发利用。

翠中铁多金属矿床,是黑龙江省地质矿产局 2010—2018 年研判翠宏山铁多金属矿区以往勘查资料,预测翠中 M71′航磁异常的深部还有很大的资源潜力。在黑龙江省自然资源厅的支持下,利用全局资本和技术优势,开展翠中深部找矿取得的重大突破性成果,开创了我省在 1500 m 深部寻找矽卡岩-斑岩型铁多金属矿的先例,为开展小兴安岭-张广才岭铁多金属成矿带深部找矿提供了成功范例,为把翠宏山铁多金属矿田建设成黑龙江省首要钢铁和有色金属矿产资源基地奠定了基础。

2016 年,黑龙江省自然资源厅为进一步查明翠宏山铁多金属矿田的成矿规律及资源潜力,推动小兴安岭-张广才岭铁多金属成矿带深部找矿,委托黑龙江省矿业集团有限责任公司开展《黑龙江省翠宏山铁多金属矿田找矿模型与找矿方向研究》项目,项目编号为:黑国土科研 201601,项目参加单位为中国地质大学(武汉)。历时 3 年各项科研任务均已完成。在项目研发过程中,得到了黑龙江省第六地质勘查院李林山总工程师,黑龙江省自然资源调查院赵寒冬研究员、林泽付研究员的大力支持与帮助,得到了中国地质大学(武汉)姚书振教授的全程指导,在此致以诚挚的感谢!

本书第一章绪论,由谭成印、胡新露完成;第二章区域构造成矿演化,由谭成印完成;第三章矿田地质特征,矿田地质部分由谭成印、胡新露、胡晨日、赵双民完成,地球物理特征部分由李春芳、刘天佑、杨宇山完成,地球化学特征部分由谭成印、杜美艳、杨乃峰完成;第四章矿床地质特征与成矿规律,由谭成印、胡新露、杜美艳、李春芳、赵双民完成;第五章矿田找矿预测及勘查方法总结,由谭成印、杜美艳、李春芳、杨宇山完成。图件编制由杜美艳、李春芳、赵双民、胡晨日完成,插图清绘由赵双民完成。主编统稿谭成印,审核于援帮。资料归档由刘春先、李春芳、赵广新等同志完成。

编著此书的目的,是希望其能为地质找矿和科研、教学工作提供参考借鉴,不断提高区域成矿研究认识,取得更大的区域找矿成果,为规划部署矿田铁多金属矿产资源的整体勘查开发工作提供依据。

对于书中存在的浅薄认识及错误不当之处,敬请有关专家学者给予批评指正!

谨以此成果,庆贺中国共产党成立一百周年!

作者

2021 年 2 月 20 日

目 录

第1章 绪 论

1.1 目标任务

1.1.1 研究目标

紧密结合翠宏山铁多金属矿田矿产勘查工作,通过对矿田成矿系统结构与成矿规律的深入研究,建立"三位一体"找矿预测模型,指出矿田 1500 m 以浅的找矿方向,预测新的找矿靶区,总结实用的勘查技术方法组合,为找矿突破提供科学依据。

(1)厘定翠宏山矿田成矿系统的类型及其结构,包括翠中和翠宏山铁多金属矿、霍吉河钼矿岩浆岩的类型、成因及演化序列,铁铅锌钨钼多金属成矿作用之间的时空关系,以及岩浆岩与成矿的时空配置关系,侵入接触带构造体系对成矿的控制,总结矿田的成矿规律。

(2)利用 1∶5 万航磁、1∶25 万重力及部分 1∶1 万地面重磁、可控源音频大地电磁测深(CSAMT)、激电等资料,解释翠宏山铁多金属矿田地质构造、岩体、接触带与断裂体系,识别与提取矿致异常,通过 2.5D/3D 精细反演重点评价 M7 等异常的铁多金属矿潜力。

(3)通过地质 - 物探综合研究,建立矿田的"三位一体"找矿预测模型,综合评价矿田的成矿潜力,预测矽卡岩型铁多金属矿和斑岩型钨钼矿的找矿靶区。

1.1.2 研究任务

(1)技术指导服务:对矿田实施的矿产勘查项目进行技术跟踪指导,及时掌握项目进度和取得的地质成果、解决生产中遇到的地质找矿难题。

(2)已知矿床矿化蚀变特征研究:重点对翠中 - 翠宏山矿区的钻孔岩心、生产坑道进行观察,研究矿床(点)的地质特征、矿化蚀变带特征、矿体贫富与厚度的空间分布特征、矿种组合及分布特征;查明矿石结构构造、矿物共生组合、矿物标型特征与矿物生成顺序、成矿期与成矿阶段。

(3)控岩控矿构造体系研究:研究恢复褶断构造几何形态和内部结构特征,区分成矿期、成矿后构造,分析控矿构造的力学性质和运动方式,建立矿田构造体系。通过接触带构造趋势面分析和主要成矿元素的趋势分析,研判侵入接触带构造体系的结构和矿体空间定位规律及深部、边部矿化延伸的趋势,编制矿田构造体系图。

(4)岩浆岩调查与研究:详细划分矿田岩浆岩的种类,查明不同岩浆岩类型的形态、规模、产状、侵位深度、岩石矿物组合及其特征、岩石的化学成分特征、标型微量和稀土元素特征、Sm - Nd 同位素特征、锆石 U - Pb 年代学特征,厘定岩浆岩演化序列及其形成的构造背景。通过分析岩浆岩与多金属成矿的时空关系,明确成矿岩体的类型。

(5)成矿作用研究:通过辉钼矿 Re - Os 定年等技术,测定成矿时代。对矽卡岩矿物中的流体包裹体进行岩相学观察、激光拉曼分析和流体包裹体测温,厘定成矿流体的性质及演化规律,研究成矿物理化学条件和成矿深度。利用铅同位素、钐钕同位素、稀土和微量元素、硫同位素等分析结果,研究西林群($\in_1 X$)、主成矿岩体与结晶基底东风山岩群($Pt_1 D$)硅铁建造的物质成分继承演化关系及成矿物质来源。根据成矿物质来源、成矿物理化学条件等信息,探讨成矿物质迁移沉淀的过程。

(6)物探资料处理与解释:采用小波分析等方法提取不同埋深、不同尺度重磁异常,识别矿致异常,预测与评价远景区。对翠巍(M7)、永续东沟(M6)、翠西、翠东航磁异常勘查区,据1:1万重磁测量结果,采用2.5D/3D定量反演方法,重点解释翠巍(M7)和翠中(M71′)异常。

(7)找矿预测模型构建及靶区优选:在总结区域成矿背景和翠中、翠宏山等典型矿床研究的基础上,综合已有物化探资料,总结成矿规律与找矿评价标志,构建矿床"三位一体"找矿预测模型,开展外围及深部异常的评价优选。

1.2 矿田范围及自然地理概况

矿田位于小兴安岭中段北坡,行政区划主要隶属于黑河市逊克县,林权属于伊春林业管理局。矿田内各林场间的砂石公路一年四季均可通行,附近友好、上甘岭、五营等林业局均有高等级公路和铁路通往伊春、鹤岗等地,交通方便。

矿田地理坐标范围:128°30′00″~129°00′00″、48°20′00″~48°40′00″,面积约1350 km²,包括三兴山(M52E021011)、霍吉河林场(M52E021012)、白桦林场(M52E022011)、永续林场(M52E022012)四个1:5万图幅,1:20万为白桦林场幅(M－52－33),1:25万为克林幅(M52C004002)。

矿田地质范围:晚三叠世－早白垩世环状中基性－酸性岩浆活动所影响的成矿区域,与研究区范围大致相当。报告中所述翠宏山铁多金属矿田即是研究区的范围。

矿田及其附近的主要河流为库尔滨河和汤旺河。区域经济以铁多金属矿开发为主,林产品深加工和农业为辅。现有翠宏山大型铁多金属生产矿山1处、小型矿山7处,生产的铁精粉、铅锌精矿粉供给西林钢铁公司与小西林铅锌矿。

1.3 矿田以往地质工作程度

20世纪60—80年代,黑龙江省地质矿产局(简称省地矿局)在小兴安岭,通过航磁异常检查,在500 m以浅发现评价了一批以翠宏山为代表的铁多金属矿床,为伊春地区钢铁工业的发展提供了资源支撑,促进了区域经济发展。21世纪以来,黑龙江省地矿局在铁力一带发现评价了鹿鸣超大型斑岩钼矿床,在矿种、矿床类型和规模等方面都取得了举世瞩目的重大找矿突破,掀起了全省斑岩型钼矿找矿高潮,彰显了小兴安岭中生代构造－岩浆成矿作用的巨大经济价值。

2010年,黑龙江省地矿局在研究翠宏山铁多金属矿床以往勘查资料的基础上,认为在翠中(M71′)等航磁异常的深部还存在较大的资源潜力,在黑龙江省自然资源厅的支持下,利用全局资本和技术优势,在翠中深部找矿取得了重大突破,开创了黑龙江省1500 m以浅寻找矽卡岩型铁多金属矿的先例,在成矿理论研究方面取得了新认识,并形成了一套行之有效的勘查技术方法组合。

1.3.1 以往地质矿产勘查工作程度

1)20世纪80年代以来,研究区先后完成了白桦林场幅1:20万区域地质调查、水系沉积物测量,1:5万区调(三兴山幅、白桦林场幅、新风林场幅)和矿调(霍吉河幅)、航磁(放)和水系沉积物地球化学测量,克林幅1:25万区域重力调查等工作。

2)矿产勘查工作始于20世纪60年代,先后发现并评价了翠宏山、霍吉河、翠中3处大型矿床,翠北等10余处小型矿床,30余处矿(化)点。除翠宏山、翠中、霍吉河、库南等矿床的勘查程度较高外,其他地区地质工作程度较低。

(1)1966年,黑龙江省第三地质大队(现黑龙江省第六地质勘查院)在检查M71航磁异常时发现翠宏山铁多金属矿。

(2)1966—1978年,黑龙江省第三地质大队在翠宏山地区开展了铁多金属矿普查－初勘工作(包括翠岗－

翠南矿段)。1983年11月提交了《逊克县翠宏山铁多金属矿床普查－初勘地质报告》。勘查工作历时13年,完成钻探69111 m,浅钻4915 m,槽探2568延长米,坑道203 m。提交(332＋333)类型资源量:铁矿石6430万t、三氧化钨12.2万t、锌51.3万t、钼9.4万t、铅19.4万t、铜3.2万t、银195 t、砷1.3万t;伴生镉2936 t、铟341 t、硒252 t;矿床为大型铁多金属矿。

(3)2004—2007年,黑龙江省第六地质勘查院对翠宏山铁多金属矿床Ⅰ号富磁铁矿体(15－66勘探线、标高420～190 m)进行了补充勘探,提交了《黑龙江省逊克县翠宏山铁多金属矿床Ⅰ号富磁铁矿体勘探报告》。完成钻探7485.05 m,竖井390 m,沿脉坑道1230 m,穿脉坑道1470 m,基本分析样2990件。共圈出矿体106条,其中主矿体11条、分支矿体4条、从属矿体91条。矿石类型以磁铁矿石、钼钨矿石、钼矿石、铁钼钨矿石、铁锌矿石为主。主要有用组分Fe、Mo、WO_3、Zn的回收率为96.57%、81.98%、75.35%、51.79%,主要伴生有益组分Ag、Cd、In、Se、Ga可综合回收利用。提交磁铁和铁多金属矿石3271.8万t、钼8.15万t、三氧化钨9.54万t、锌28.15万t、铅8.7万t、铜0.14万t、镉0.15万t。

(4)2004—2008年,黑龙江省第六地质勘查院完成了逊克县霍吉河钼矿勘探,提交(331＋332＋333)类型钼19万t、平均品位0.071%。该矿是开展高峰一带多金属矿预查时发现,2007—2008年完成了普查－勘探工作。

(5)2010—2018年,黑龙江省地矿局在黑龙江省自然资源厅支持下,对"翠中铁多金属矿床详查探矿权"开展了普查－详查工作,勘查单位为黑龙江省第六地质勘查院和黑龙江省矿业集团。发现大型铁多金属矿1处、找矿靶区5处。

① 翠中铁多金属矿详查(核心区):面积0.4 km²,共完成钻探26666 m、水文地质钻探1583.05 m,在深部600～1500 m空间发现了厚大的铁多金属矿体,圈出6个矿体群,估算(332＋333)类型铁矿石量60375万t、三氧化钨5.28万t、钼2.33万t、铅2.05万t、锌16.28万t、银154 t。

② 翠中铁多金属矿外围普查:完成1∶2万高磁测量70 km²、1∶1万高磁测量10 km²、可控源音频大地电磁测深519点、钻探2183 m(2个孔)。圈出可进一步开展勘查工作的高磁异常5处,为后续勘查工作提供了依据。

(6)2013—2015年,黑龙江省矿业集团开展了翠宏山铁多金属矿田深部战略性矿产资源评价。在翠巍完成1∶1万高磁测量17.16 km²、1∶1万重力测量5.25 km²;在翠中核心区完成1∶1万重力剖面测量6.6 km、钻探1143 m(1个孔)。在翠巍1∶5万航磁异常(M7)区圈出可进一步开展工作的重磁同源异常多处;在翠中铁多金属矿东部223线ZK2231验证钻孔中,发现矽卡岩型铅锌矿体2条、铅锌钼矿体1条、钼矿体2条、钨矿体1条,为后续勘查工作提供了依据。

(7)2013—2015年,黑龙江省矿业集团和黑龙江省第六地质勘查院共同完成了翠宏山矿田深部与外围铁多金属矿普查工作。项目包括3个子项目,分别为"逊克县翠西铁多金属矿普查""逊克县翠东铁多金属矿普查""逊克县永续林场东沟铁多金属矿普查",前两者由黑龙江省矿业集团完成,后者由黑龙江省第六地质勘查院完成。

①翠西(M73－139)铁多金属矿普查:完成1∶2万高磁测量81.42 km²、1∶1万高磁测量14.94 km²、1∶1万重力测量6 km²、1∶2万土壤地球化学测量4 km²。仅在1∶5万航磁异常(M7)北部圈出磁异常1处。

②翠东(M73－99')铁多金属矿普查:完成1∶2万高磁测量97.27 km²、1∶1万高磁测量4.5 km²、1∶1万重力测量9.71 km²、1∶2万激电中梯测量6.5 km²、1∶2万土壤地球化学测量15.4 km²、钻探1949 m(2个孔)、三分量磁测井1943点,圈出高磁和重力异常各3处。2处重磁综合异常的钻探验证结果表明,异常是由英云闪长岩、花岗闪长岩、二长花岗岩组合引起的。

③永续林场东沟(M6)铁多金属矿普查:完成1∶2万地质简测18.8 km²、1∶2万高磁测量58.1 km²、

1:1万高磁测量 18.8 km²、1:1万重力测量 6 km²、1:2万激电中梯测量 6 km²、1:2万土壤地球化学测量 18.8 km²、激电测深 100 点、可控源音频大地电磁测深 150 点、槽探 5270 m³、钻探 1300 m，对圈出的半环状重磁电综合异常进行了钻探验证，结果表明综合异常（M6）是由辉长岩、闪长岩、英云闪长岩、花岗闪长岩组合引起的。

(8) 2015 年，黑龙江省第六地质勘查院完成了永续林场东沟铁多金属矿普查续作工作，完成槽探 5270 m³、钻探 1300 m、三分量磁测井 2106 点。继续钻探验证结果进一步证实了半环状重磁电综合异常是由辉长岩、闪长岩、英云闪长岩、花岗闪长岩组合引起的。

1.3.2 以往地质科研工作程度

1) 典型矿床研究方面：矿田内的翠宏山铁多金属矿、霍吉河钼矿自发现以来，受到了很多地质工作者的关注，在矿床地质特征、矿化蚀变作用、岩浆岩特征、成矿时代等方面获得了较多的认识。

(1) 1984 年，黑龙江省第二地质大队报道了翠宏山矿区碱长花岗岩的 Rb – Sr 等时线年龄为 324 ± 15 Ma，碎裂二长花岗岩的黑云母 K – Ar 年龄为 198 Ma。

(2) 1993 年，黑龙江省地质矿产局区域地质志编写组获得了翠宏山矿区碱长花岗岩体的黑云母 K – Ar 等时线年龄分别为 203 Ma 和 196.3 Ma，Rb – Sr 等时线年龄为 190 ± 40 Ma。

(3) 2010 年，何财等论述了翠宏山铁多金属矿床的成矿地质条件和控矿因素，认为该矿床的成矿母岩是加里东中期（中奥陶世）碎裂白岗质花岗岩，矿体产于接触带及其附近，因而认为成矿时代为加里东中期。

(4) 2010 年，杜美艳等对翠宏山铁多金属矿的成矿流体包裹体及硫同位素特征进行了研究，认为钨、钼的成矿流体和成矿物质均来源于岩浆热液，而铅、锌、铜矿体的成矿物质来源于岩浆和地层的混合。

(5) 刘志宏（2009）、李秀荣等（2011）、邵军等（2011）、陈静（2011）、杨言辰（2012）、郝宇杰等（2013）、赵华雷（2014）、朱伯鹏（2014）、陈贤等（2015、2017）、任亮（2017）、谭成印（2017）等，对翠宏山和翠中铁多金属矿与成矿有关的碱长花岗岩、花岗闪长岩等进行了成矿年代研究，获得的锆石 U – Pb 年龄、辉钼矿 Re – Os 年龄表明，矿床应是加里东早期和印支晚期岩浆热液成矿作用叠加所形成的。

(6) 郭嘉（2009）、张琳琳（2012）、谭红艳（2013）等对霍吉河斑岩钼矿赋矿细粒花岗闪长岩、中细粒花岗闪长岩、斑状花岗岩进行了锆石 U – Pb 年龄、辉钼矿 Re – Os 年龄测定，确定成矿时代为印支晚期。

2) 区域成矿规律研究方面：《黑龙江省区域矿产总结》（黑龙江省地质矿产局苗晓等，1994）、《黑龙江省重要金属和非金属矿产的矿床成矿系列及其演化》（韩振新等，2003）、《黑龙江省主要金属矿产构造 – 成矿系统基本特征》（谭成印，2009）、《黑龙江省矿产资源潜力评价 – 黑龙江省地质构造研究成果报告》（黑龙江省地质调查研究总院于跃江等，2013）、《松辽地块东缘地壳增生与花岗岩成矿作用研究》（陈贤，2018）等，均对翠宏山铁多金属矿床成矿规律进行了总结。

1.4 国内外成矿研究现状及发展趋势

成矿系统与成矿系列及其时空结构研究、成矿与找矿模式研究、地质异常理论研究，仍是当前矿床学与矿产勘查评价的前沿领域，对提高成矿规律研究的水平和指导找矿突破发挥了重大作用。

随着深部找矿工作的开展，矿田与矿床尺度找矿预测的理论与方法研究方兴未艾。叶天竺教授牵头组织开展了"勘查区找矿预测理论与方法研究"，形成了一批以成矿地质体、成矿构造与成矿结构面、成矿作用特征标志为基础的"三位一体"找矿预测地质模型，提高了矿床找矿预测工作的科学性和前瞻性，对指导深部找矿突破发挥了重要作用。

此外，在隐伏矿床及深部找矿预测中，先进的物探技术方法，如物探反演技术及 2.5D/3D 定量反演等，可以为深部隐伏矿体预测提供重要的技术支撑。矿床地球化学方法如岩石地球化学、锆石 U – Pb 定年、辉钼矿 Re－Os 定年、石榴子石 Sm－Nd 定年、Sr－Nd 同位素、S－Pb 同位素、H－O－C－He－Ar 同位素、流体包裹体测温、激光拉曼分析、流体成分分析等,对提取矿床成因和成矿作用标志等也发挥着越来越重要的作用。

1.5　项目取得的主要进展

1.5.1　取得的主要研究成果

通过以往地质矿产资料收集整理、典型矿床(点)野外地质调查与代表性样品的测试、物探数据资料的处理解释等研究工作,基本查明了矿田成矿系统结构与成矿规律,建立了矿田"三位一体"综合找矿预测模型,预测了找矿远景区和找矿靶区,总结了实用的勘查技术方法组合,各项工作质量基本符合有关规范和设计要求,基本完成了任务书下达的主要研究任务,为后续勘查工作部署提供了找矿靶区。

(1)深入研究了翠宏山－翠中、库南、翠北、红旗山、霍吉河、宏铁山等矿床(点)的地质特征与主要控矿要素,基本查明了控矿地质要素及岩浆活动与成矿的时空配置关系,理清了成矿主体花岗岩组合【顶寒武世(为便于叙述将"寒武纪芙蓉世"简称为"顶寒武世",下同)复式岩株为二长花岗岩＋碱长花岗岩、晚三叠世复式岩株床为二长花岗岩＋碱长花岗岩＋花岗斑岩、早侏罗世复式岩株床为花岗闪长岩＋二长花岗岩】,建立了"隐伏基底、褶断侵入接触构造带、糜棱岩带、火山喷发带"等大型控矿构造及其复合部位控制着矿床的成生分布,次级构造控制着矿体空间定位的控矿构造体系;厘定了4个重要多旋回褶断复成矽卡岩－斑岩型铁多金属矿成矿系统、1个蚀变岩型金矿成矿系统、2个火山中低温热液型金多金属矿成矿系统。

7个成矿系统为:① 翠北－翠宏山北北西向多旋回褶断复成矽卡岩－斑岩型铁多金属矿成矿系统($\in_{3-4}$＋T_3);② 霍吉河－红旗山北北西向多旋回褶断矽卡岩－斑岩型铁多金属矿成矿系统(T_3＋J_1);③ 西马鲁河北北东向多旋回褶断复成矽卡岩－斑岩型铁多金属矿成矿系统($\in_4$＋T_3);④ 对宏山－库滨北北东向褶断矽卡岩(－斑岩)型铁多金属矿成矿系统(T_3);⑤ 枫桦北蚀变岩型金矿成矿系统(J_1),与北西向糜棱岩带和二浪河期火山活动有关;⑥ 友谊浅成中低温热液型金矿成矿系统(K_1);⑦ 梅山有色金属成矿系统(K_1)。

(2)利用中－大比例尺重磁测量数据,通过 2.5D/3D 正反演模拟对比研究,认为翠巍 M7 航磁异常具有大型矽卡岩－斑岩型铁多金属矿的成矿潜力,翠中 M71′航磁异常的深部及矿体延伸部位还具有中型铁多金属矿的资源潜力。

(3)通过地质－物探－化探研究,建立了矿田多旋回"三位一体"综合找矿预测模型,在此基础上圈定找矿远景区7处,其中Ⅰ类2处、Ⅱ类3处、Ⅲ类2处;圈定找矿靶区16处,10处铁多金属矿找矿靶区中A类3处、B类4处、C类3处,4处钨钼锡铜铅锌矿找矿靶区中A类1处、B类1处、C类2处,另2处为B类金找矿靶区。预测铁矿石资源量1.5亿t。

(4)对翠中铁多金属矿找矿靶区(A－1)的215线1∶1万磁异常2.5D/3D反演预测结果进行了钻探验证,在ZK2154孔深1476.6~1546 m段发现了厚度大于69.4 m的锌矿化矽卡岩带,圈出22 m厚锌矿体1条,品位0.35%~2.82%、平均品位1.05%,证实了预测结果的可靠性,新增锌金属量约5万t,扩大了矿床规模。

(5)总结了浅部斑岩型钼矿等矿床、深部矽卡岩－斑岩型铁多金属矿床实用的找矿勘查方法组合。浅部斑岩型钼矿床实用的找矿勘查方法手段组合为"1∶5万地质填图＋水系沉积物测量→1∶1万~1∶2万地质填图＋土壤＋磁法＋激电中梯测量→槽探＋钻探工程控制"。

深部矽卡岩－斑岩型铁多金属矿床实用的找矿勘查方法手段组合为"矿区控矿要素与地质找矿模型研究→1∶1万~1∶5千磁法＋重力测量→1∶1万 ISP＋CSAMT 剖面测量检验地质找矿模型→钻探验证地质找

矿模型→建立重磁电正反演预测模型→钻探工程控制"。

1.5.2 存在的主要问题及进一步工作建议

（1）引起矿田环状磁异常的辉长岩－闪长岩－英云闪长岩－花岗闪长岩的成岩年龄尚需进一步查明。

（2）矿田内，铁、钼、钨、锡、金等矿产资源潜力较大，应加大勘查力度，统筹部署矿田的勘查工作，尽快查明一批新的矿产地，提高黑龙江省钢铁工业基地的资源保障。

（3）虽然矿田已经积累了较多的勘查研究资料，但与成矿有关花岗岩的定名不统一，今后应进一步开展精细的花岗岩岩矿鉴定命名工作。

（4）建议对矿田的矽卡岩开展更精细的研究，查明不同矿区矽卡岩的矿物组成、分带特征及其与成矿的空间关系。通过金云母 $^{40}Ar-^{39}Ar$ 定年及副矿物（热液独居石、榍石等）$U-Pb$ 年龄等手段，进一步查明矽卡岩与成矿的时间关系，进一步厘定岩浆－热液活动和成矿作用序列。

（5）成矿地质条件与翠中铁多金属矿基本相同的翠巍铁多金属找矿靶区资源潜力很大，因处于翠北湿地保护区内而未能开展钻探验证。

（6）翠中铁多金属矿探矿权区内的矿体，向北、向西、向南均延伸入相邻探矿权或采矿权区内的部分，尚未开展深部勘查工作。

第2章 区域构造成矿演化

2.1 区域构造成矿地质背景

区域构造上,矿田前寒武纪处于松嫩－佳木斯古陆块($Ar_3－Pt_1$)的构造成矿环境,古生代处于西伯利亚和华北两个古陆块之间的古亚洲洋构造成矿域($\in_1－T_1$)、天山－兴蒙造山系(Ⅰ)、小兴安岭－张广才岭岩浆弧系(Ⅱ－2)、伊春－延寿岩浆弧(Ⅲ－6)、伊春早寒武世浅海盆地(Ⅳ－5),中生代以来属于滨西太平洋构造成矿域($T_2－Q$)、牡丹江多旋回复合构造结合带西侧陆缘构造活动带($T_2－J_2$)、活动大陆边缘盆岭构造环境($J_3－Q$)。

伊春－延寿岩浆弧(Ⅲ－6)处于松嫩与布列亚－佳木斯两个古陆块之间夹持的北西向小兴安岭巨型岩石圈－软流圈构造异常带内,上地壳主体构造近南北向展布。在构造地质演化过程中,壳幔物质能量交换作用活跃,岩浆活动强烈,吕梁晚期(Pt_1)、加里东早期($\in_{2-4}$)、华力西晚期($P_3－T_1$)、印支晚期($T_3－J_1$)、燕山中期(K_1)的多旋回构造－成矿作用显著(谭成印,2009)。

区域成矿上,研究区属于吉黑成矿省、小兴安岭－张广才岭铁多金属成矿带(3－5)北段,伊春铁多金属成矿亚带(4－16)。

小兴安岭－张广才岭铁多金属成矿带(3－5)北段位于北西向小兴安岭山脉东南段,构造－成矿作用受嫩江－黑河构造结合带($D_3－C_1$)、牡丹江多旋回复合构造结合带(Pt_2、S_{3-4}、$P_3－J_2$)、滨西太平洋陆缘构造活动带($J_3－Q$)的制约(表2－1),其内分布有东安－富强金银地球化学省、铁力钼钨锌银地球化学省、团结沟金锌钼地球化学省、小西林银铅锌钼钨地球化学省、翠宏山锌钼钨银铜地球化学异常区,已发现大型矿床6处、中型矿床6处、小型矿床20余处,是全省重要的沉积变质型铁金矿床、矽卡岩型铁多金属矿床、斑岩型钼(铜)矿床、浅成中低温热液型金矿床成矿区域,成矿潜力很大。

2.2 区域构造成矿演化阶段

矿田所在区域,经历了前寒武纪地块基底形成($Ar_3－Pt_3$)、古亚洲洋构造域弧盆系($\in_1－T_1$)、滨西太平洋构造域($T_2－Q$)活动大陆边缘3个大演化阶段、9个演化阶段(表2－1)。

1)前寒武纪地块基底形成演化大阶段($Ar_3－Pt_3$)。

(1)新太古代,从伊春－延寿岩浆弧东西两侧分布的麻山古陆核、龙江古陆核分析,其时当属于古陆核形成阶段。嫩江断裂带以西松嫩盆地基底断隆区已发现多处新太古代闪长岩和片麻状花岗岩,其中龙江县山泉地区的闪长岩锆石$U－Pb$加权年龄为$2717±12$ Ma、片麻状花岗岩锆石$U－Pb$加权年龄为$2568±12$Ma(谭成印,2017),由此推测嫩江断裂带以东盆地沉降区也应分布有同时代的地质体。在鸡西西麻山地区二辉麻粒岩中获得的紫苏辉石$^{40}Ar－^{39}Ar$坪年龄为2539 Ma(黑龙江省区域地质志,1993),在马家街地区绢云母片岩、白云母片岩中获得了锆石$U－Pb$年龄2687 Ma、2652 Ma(Luan et al.,2017),表明其形成时代与松嫩(龙江)古陆核大致相当,但变质程度较高。伊春－延寿岩浆弧内也发现了同时代的花岗岩体,如伊春桃山花岗岩锆石$U－Pb$和谐年龄为$2537±13$ Ma(核部源岩年龄)、$2468±53$ Ma(核部热事件年龄)、$1821±10$ Ma(边部成岩年龄),相应的加权平均年龄为$2540±10$ Ma、$2471±12$ Ma、$1821±11$ Ma(吴才来等,2010),表明伊春－延寿岩浆弧内也有晚太古代－古元古代残留古陆块的分布。

表2-1 伊春-延寿岩浆弧构造发展演化阶段基本特征一览表

地质时代		构造旋回	构造演化阶段	构造沉积环境	构造火山作用环境(BQ)	构造岩浆侵入活动	构造变形变质作用	成矿作用
新生代	第四纪 2.58 Ma	喜山 晚期		孙吴组($N_2 s$)河湖相弱胶结砂砾岩，局部砂砾岩与铁质弱胶结成含铁质结核	低位裂陷玄武岩(BN) 高位碱性玄岩			紫砂陶土矿、伊春陶土矿
	新近纪 23.03 Ma	喜山 早期	隆升裂谷阶段	松嫩和乌云大型拗陷残合盆地，乌云-嘉荫断陷盆地湖沼相含煤岩系沉积构造				褐煤、红绣山煤矿
	古近纪 66 Ma	喜山 早期	滨西太平洋活动大陆边缘盆地构造阶段	松嫩含油盆系沉积构造、乌云大型拗陷盆地含煤岩系沉积构造				油气
中生代	白垩纪 晚白垩世 100.5 Ma	燕山 晚期		小型山间盆地河湖相陆相沉积构造($K_2 q$、$K_2 n$)、海浪河组($K_1 h$)	陆缘火山弧陆相中性-酸性火山岩建造、板子房组($K_1 b$)、宁远村组($K_2 n$)	后造山闪长岩+花闪闪长岩-二长花岗岩+正长花岗岩富钾岩浆系列(JK)，属于准-过铝高钾钙-碱性富钾钙碱性系列岩石，主峰期 120~100 Ma		浅成低温热液型金矿、东安金矿、高松山金矿等
	早白垩世 145 Ma							
	侏罗纪 晚侏罗世 163.5 Ma	燕山 中期	陆陆碰撞造山期		陆缘火山弧陆相中性-酸性火山岩建造、太安屯组($J_3 c$，附$J_3 h$组($J_2 e r d$)		牡丹江道杂岩蛇绿岩带就位，糜棱岩状蓝片岩石英白云母$Ar-^{39}Ar$年龄样品年龄 154、壬生白云母的$^{40}Ar-^{39}Ar$年龄，多硅白云母 176.69~166.6 Ma；牡丹江地区云母片岩中的白云母 Rb-Sr 年龄 175~166 Ma，变质岩石英脉白云母$^{40}Ar-^{39}Ar$年龄 184~175 Ma、变质岩中蓝闪石$^{40}Ar-^{39}Ar$年龄为 175~158 Ma，变质顶沉积岩最小锆石年龄 170 Ma	徐老九沟、三股、响水河、大安河等砂卡型铁铅锌矿床、蹇鸣、蒙古河等岩浆型铁铅锌钨钼矿床
	中侏罗世 174.1 Ma		陆缘碰撞造山		陆缘火山弧陆相酸性火山岩建造、三浪河组($J_1 s$)	陆缘弧二长花岗岩+正长花岗岩 175~160 Ma		
	早侏罗世 201.3 Ma	印支 晚期	活动陆缘岩浆弧阶段 滨古太平洋活动大陆边缘演化阶段		陆缘火山弧陆相中性、中酸性火山岩建造、青龙屯组($J_1 q$，$J_1 c$)	岛弧英闪长岩组合(T$_3$)，属于准-过铝质富钠钙碱性系列岩石；大陆弧二长花岗岩+碱长花岗岩(T$_1 J$)，属于过铝质富钾富钠钙碱性系列岩石，主峰期 220~190 Ma	牡丹江地区具 OIB 型特征的蓝片岩的原岩形成年龄为 213 Ma。186 Ma；太平沟岭韧-脆性变形岩的蓝闪岩 Rb-Sr 等时线年龄 218 Ma	翠宏山、小西林、红透山等砂卡及岩浆型铁铅锌钨钼矿床
	晚三叠世 237 Ma							
	三叠纪 中三叠世 247.2 Ma	印支 早期	弧陆碰撞造山-伸展阶段	火山弧陆相陆相碎屑岩夹少量中性火山岩	后碰撞陆相中性火山岩-安安岩组(PT_2)、五道岭组	后造山花闪长岩+二长花岗岩+正长花岗岩-碱长花岗岩(PT_2)，属于准-中酸性富钾钙碱系列岩石，主峰期 259 Ma；高钾富钙碱系列岩石，阿廷河 250 Ma	大金顶子蛇绿岩橄榄岩 U-Pb 年龄 274±3.6 Ma，浦泉洋岛碱性玄武岩蛇绿岩 U-Pb 年龄 256 Ma；依兰地区蓝片岩(变质玄质玄武岩)的继承系岩年龄 275 Ma；并有 400~1200 Ma 的继承岩岩浆年龄，依兰地区蓝片岩形成年间为 281 Ma，依兰地区蓝闪岩的结晶年龄 258~259 Ma	高松山斑岩铜钼矿、阿廷河砂卡岩型铜钼矿
	二叠纪 中二叠世 272.3 Ma	华力西 中期	火山弧盆系演化阶段	火山弧陆地滨海滩陆碎屑岩夹中酸性火山岩建造、珠兴组($C_2 f$)、塔木屯组($P_2 t$)	活动大陆边缘中基性火山岩-沉积构造、青龙屯组($C_2 q$)	后造山英闪长岩+花闪长岩+二长花岗岩+正长花岗岩-碱长花岗岩(C_{1-2})组合，属于准-过铝质富钠富钙碱性系列岩石，峰值年龄 346~317.7 Ma		
	早二叠世 298.9 Ma							
	晚石炭世 322.2 Ma							
	石炭纪 早石炭世 358.9 Ma	华力西 早期	火山弧盆系演化阶段	弧间盆地陆地滨海碎屑岩夹酸性火山岩建造、福兴山石建造及源细碎屑岩夹碳酸盐岩沉积、宝力组($P_2 b$)、宝川组($P_2 t$)	弧间残盆地浅海滩陆地沉积、半深滩岩建造具成性相建造陆源细碎屑夹酸-中性、酸性火山岩建造($D_3 h c$)	火山弧中性、酸性火山岩组(D_{2-3})组合、孟恩拿等(2011)流纹岩岩建造 U-Pb 383±3 Ma	大陆弧碱长花岗岩(D)组合，属于准-过铝质富钠质的钙碱性系列岩石、汤旺河等地，峰值年龄 380~360 Ma	
	泥盆纪 晚泥盆世 382.7 Ma							
	中泥盆世 393.3 Ma			弧背盆地浅海碳酸盐-碎屑岩夹酸性火山岩建造、照龙岩组($D_{2-3}b$)				
	早泥盆世 419.2 Ma							

续表 2-1

地质时代		构造旋回		构造演化阶段		伊春-延寿岩浆弧演化特征			成矿作用
						构造沉积环境	构造火山作用环境	构造岩浆侵入活动	构造变形变质作用	

代	地质时代	构造旋回		构造演化阶段	构造沉积环境	构造火山作用环境	构造岩浆侵入活动	构造变形变质作用	成矿作用
早古生代	志留纪 顶志留世 423 Ma / 晚志留世 427.4 Ma	加里东	晚期	隆升期（洋盆闭合期？）		陆缘火山弧浅海相中性、中酸性火山岩建造，玄武安山岩 LA-ICP-MS U-Pb 年龄为 420±3 Ma	陆缘碱长花岗岩，432.8 Ma	牡丹江构造混杂蛇绿岩带中混杂有 0～5，深海含放射虫、几丁虫、沉积岩块、黑云变粒岩铬石和斜长角闪岩年龄 445.3±18.4 Ma，黑云变粒岩绢云母全岩 Rb-Sr 年龄 72.26 Ma，含蓝闪石变形糜棱岩全岩 Rb-Sr 等时线年龄 414±17.28 Ma，区域热流变质作用	
	志留纪 中志留世 433.4 Ma / 早志留世 443.8 Ma								
	奥陶纪 晚奥陶世 458.4 Ma		中期	火山弧盆期	弧间盆地浅海相陆源碎屑岩-碳酸盐岩沉积建造，小金沟组（O_3x）	陆缘火山弧海相中性、中酸性火山岩建造，尚志市小金沟村西山安山岩锆石 LA-ICP-MS U-Pb 最小加权年龄为 449±3 Ma	大陆弧碱长花岗岩组合（O_3），属于酸性准-过铝质富钠钙碱性系列岩石。峰值 472～461 Ma		
	奥陶纪 中奥陶世 470 Ma								
	奥陶纪 早奥陶世 485.4 Ma								
	寒武纪 顶寒武世 497 Ma		早期	盖层期	被动陆缘碎屑滨浅海富镁碳酸盐沉积建造，西林群（$\in x$）		弧陆碰撞造长英岩+闪长岩+花岗闪长岩组合+二长花岗岩组合（$\in_3 O_1$），属于中性准-过铝质富钾钙碱性系列岩石（$\in O$）。翠宏、五星等地，伊春南部，呈近南北向带状分布，峰值 503～489 Ma；弧陆碰撞后造山隆升花岗闪长岩+二长花岗岩组合，属于中酸性准-过铝质富钾钙碱性系列岩石。五星（$\in_3$），东林林场 504 Ma，库南南铅锌矿 517 Ma		翠宏山、鹿鸣矽卡岩-斑岩型铁多金属矿床；库南矽卡岩型铁锌矿床
	寒武纪 晚寒武世 509 Ma								
	寒武纪 中寒武世 521 Ma								
	寒武纪 早寒武世 541 Ma								
新元古代	震旦纪 635 Ma	兴凯	晚期	陆陆碰撞山			大陆弧花岗岩组合（Pt_3），属酸性准-过铝质富钾钙碱性系列岩石	牡丹江构造混杂蛇绿岩带，混杂有镁铁质-超镁铁质岩块状，为一套含有蓝闪石的绿片岩类-低温高压-低温变质的绿片岩，蓝闪石单矿物 599～579.6 Ma，蓝闪石单矿全岩区 697.4-614.3 Ma，^{40}Ar-^{39}Ar 年龄	
	南华纪（成冰纪）720 Ma		早期	后造山期			后造山花岗岩+正长花岗岩组合（Pt_2），属中酸性准-过铝质富钾钙碱性系列岩石。主要分布于东风山地块内，峰值地区 850～900 Ma		
	青白口（拉伸纪）1000 Ma	晋宁	晚期	古陆裂解闭合碰撞期			陆缘碰撞造山隆升花岗闪长岩+二长花岗岩，属于中酸性准-过铝质富钾钙碱性系列岩石，1000～800 Ma		
中元古代	蓟县纪 晚蓟县（狭带）世 1200 Ma			地块形成阶段	细碧岩-角斑岩组合（白云钠长片岩 10 件锆石式 Sm-Nb 年龄 1179～1393 Ma，1 件闪长岩 1183±16 Ma，1 件蛇绿岩全岩等时 1146±212.7 Ma）	洋壳沉积			
	蓟县纪 早蓟县（延展）世 1400 Ma		早期	隆升期					
	长城纪 晚长城（盖层）世 1600 Ma	吕梁	晚期	古陆块形成阶段			陆缘碰撞造山花岗岩+正长花岗岩组合（Pt_1），属混合花岗岩等岩石，东风山花岗岩 1850 Ma；桃山花岗岩 850-900 Ma		
	长城纪 早长城（固结）世 1800 Ma								
古元古代	滹沱河（造山+层铝纪）2300 Ma		晚期	古陆块形成阶段	陆缘火山环境形成的一套含碳陆屑-碳酸盐岩的钙质富钾质变质岩，含铁不含磷，东风山岩群（Pt_1d）的铅模式年龄为 2630～2190 Ma		大陆弧混合花岗岩+花岗岩碱性系列岩石，属于过铝质富钾钙碱性系列岩石，东凤山花岗岩 1850 Ma，峰值年龄 1821 Ma	绿片岩相至低角闪岩相，属于区域低压区域热液流变质作用，黑龙江热液杂岩中的白云钠长片岩全岩 Sm-Nb 年龄为 1910-1754 Ma	沉积变质型铁金矿；东风山铁金矿床；沉积变质型石墨矿床
	成铁纪 2500 Ma		早期						
新太古代	2800 Ma	阜平		古陆核形成阶段					

（2）古元古代,为龙江和麻山两个古陆核边缘增生、松嫩－佳木斯古陆块形成阶段。伊春－延寿岩浆弧内零星出露的东风山岩群(Pt_1D)和变质深成侵入岩体构成了岩浆弧的结晶基底。东风山岩群主要由大理岩、片岩、含铁石英岩、变粒岩等组成,属于绿片岩相至低角闪岩相区域热流变质岩,原岩是陆缘裂谷环境下海底火山喷流沉积形成的一套含火山岩夹层的陆屑－碳酸盐岩建造,含铁不含磷,普遍含电气石;其中的亮子河岩组(Pt_1l)与麻山古陆核边缘增生的兴东岩群大盘道岩组(Pt_1dp)的共同特点是含有硅铁建造,形成古元古代沉积变质型铁金成矿系统。在松嫩盆地南部结晶基底变辉长岩、火山角砾岩中的变花岗岩角砾中获得的锆石U－Pb年龄1801±21 Ma、1873±13 Ma(裴福萍等,2006),在佳木斯地块前寒武纪地层中获得的变质碎屑锆石年龄峰值1900 Ma(Chen et al.,2018),也间接指示东风山岩群(Pt_1D)的原岩建造层位应大致相当于古元古代的滹沱河纪(2300~1800 Ma)。

（3）中－新元古代,为松嫩－佳木斯地块形成阶段。区域上尚未发现长城纪(1800~1400 Ma)的沉积建造及侵入岩,推测当时古陆块一直处于隆升固结结晶状态。蓟县纪(1400~1000 Ma),在牡丹江多旋回高压构造结合带萝北太平沟段、依兰段、穆棱段的蛇绿混杂岩中测得白云钠长片岩(原岩为细碧－角斑岩)的Sm－Nb模式年龄1179~1393 Ma(10件)、等时年龄1183±46 Ma(1件),显示松嫩－佳木斯古陆块在此时曾经裂解成洋,于青白口纪(1000~720 Ma)洋盆收缩闭合碰撞造山,区域上岩浆侵入活动达到高峰(峰值1000~800 Ma),在伊春地区分布有后造山花岗岩＋正长花岗岩组合(Pt_{2-3})(陈贤,2018);在张广才岭钓鱼台地区红光岩组(P_1h)蚀变红柱石二云母片岩中获得锆石U－Pb峰值年龄(843±10 Ma、927±6 Ma)(权京玉等,2013)也提供了佐证。在牡丹江多旋回高压构造结合带获得的$^{40}Ar－^{39}Ar$年龄(蓝闪石片岩全岩697.4~644.9 Ma、蓝闪石单矿物599.6~579 Ma)表明南华纪(720~635 Ma)至震旦纪(635~541 Ma),松嫩与佳木斯地块产生了陆陆碰撞,并伴有大陆弧花岗岩组合(Pt_3)侵入活动,松嫩和佳木斯联合地块褶皱基底形成。

2）古亚洲多岛洋构造域弧盆系演化大阶段($\in_1$－T_1)。

（1）寒武－泥盆纪火山弧盆系演化阶段($\in_1$－D_3):包括4个演化时期。

①早寒武世地块盖层形成时期。在伊春等地形成了大范围的陆缘浅海相碳泥硅灰建造西林群($\in_1X$),为区域矽卡岩型铁多金属矿产的形成准备了良好的成矿地质体。

②中寒武世－晚奥陶世,是古亚洲多岛洋活动陆缘火山弧盆系构造重要发展演化成矿时期。中寒武－早奥陶世处于隆升状态。中－晚寒武世,局部形成花岗闪长岩＋二长花岗岩组合,库南二长花岗岩的锆石U－Pb年龄为517Ma,东风林场二长花岗岩锆石U－Pb年龄为504Ma,岩石属于中酸性过铝质高钾钙碱性系列,在翠宏山多金属铁矿田二长花岗岩侵入铅山组形成库南矽卡岩型铅锌矿床;至顶寒武世－早奥陶世,岩浆侵入活动明显增强,陆缘弧辉长岩＋闪长岩＋花岗闪长岩＋二长花岗岩＋正长花岗岩＋碱长花岗岩组合在翠宏山、翠峦、伊春、五星等地广泛分布,大致呈近南北向带状展布,岩石属于中性－酸性过铝质富钠－富钾钙碱性系列,峰值年龄503~489Ma,侵入西林群($\in_1X$)形成大型矽卡岩－斑岩型铁多金属矿成矿系统;中－晚奥陶世,在火山弧－弧间盆地环境,形成浅海相陆源碎屑岩－碳酸盐岩沉积建造小金沟组(O_2x)、火山弧隆升过程中形成的大陆弧型碱长花岗岩组合(O_{2-3})属于中性－酸性过铝质富钠－富钾钙碱性系列,峰值年龄472~461 Ma,迄今尚未发现成型的金属矿产。

③志留纪,伊春－延寿岩浆弧内在尚志市小金沟、延寿、伊春等地分布中性、中酸性熔岩夹砂板岩建造,仅在晨明镇西发现早志留世花岗岩(432.8 Ma),火山弧盆系处于隆升时期。东部邻区牡丹江多旋回高压构造混杂蛇绿岩带中,混杂的$O_1－S_1$深海含放射虫、几丁虫、锰结核硅泥质沉积岩块,以及获得的黑云变粒岩锆石加权年龄445.3±18.4 Ma、黑云变粒岩和斜长角闪岩全岩Rb－Sr等时年龄437.46±72.26 Ma等地质资料表明,志留纪发生的构造事件使该地区曾经形成的沉积建造和侵入岩已被强烈的碰撞造山作用(地壳缩短加厚、潜没拆沉)消耗殆尽。含蓝闪石强变形糜棱岩全岩Rb－Sr等时年龄414±17.28 Ma,应是早泥盆

世佳木斯地块与兴凯地块沿牡丹江－穆棱一线对接拼合的响应。

④泥盆纪,转入后造山弧背盆地演化时期。弧背盆地环境形成的黑龙宫组($D_{1-2}hl$)浅海相陆源细碎屑岩－碳酸盐岩沉积建造、宏川组(D_2hc)滨海相类磨拉石夹碳酸盐岩沉积建造,也是形成矽卡岩型铁多金属矿床的有利围岩;在火山弧环境形成了福兴屯组(D_3f)陆相碎屑岩夹酸性火山岩建造;在火山弧－弧间盆地滨－浅－半深海相环境,沉积形成了宝泉组($D_{2-3}b$)具底砾岩的陆源细碎屑岩－中性、酸性火山岩建造,其中的流纹岩锆石 U－Pb 年龄为 383±3 Ma(孟恩等,2011)。在汤旺河等地发育大陆弧碱长花岗岩(D_3)组合,属酸性过铝质富钠质的钙碱性系列岩石,峰值年龄 380～360 Ma。

(2)石炭纪陆内造山－伸展阶段(C):受早石炭世大兴安岭弧盆系与松嫩地块沿嫩江－黑河一线对接碰撞造山的影响,伊春－延寿岩浆弧处于造山隆升阶段。嫩江－黑河构造结合带,具有强烈的弧陆碰撞特征,早石炭世同碰撞糜棱岩化的英云闪长岩＋花岗闪长岩＋二长花岗岩＋正长花岗岩的锆石 SHRIMP U－Pb 年龄峰值 357～343 Ma,嫩江低温高压动力变质蓝闪石片岩 U－Pb 年龄 334 Ma(张兴洲,1992)、Rb－Sr 年龄 336±6 Ma(张铁安等,2015);晚石炭世花岗闪长岩＋二长花岗岩＋正长－碱长花岗岩的锆石 SHRIMP U－Pb 年龄峰值 315～295 Ma,形成于同碰撞与后造山伸展环境(鲍庆忠,2016)。伊春－延寿岩浆弧早石炭世沉积间断,晚石炭世局部火山弧－弧间盆地形成唐家屯组(C_2t)陆相中酸性－酸性火山岩夹少量碎屑岩建造、杨木岗组(C_2y)陆相细碎屑岩夹少量中性火山岩,造山和后造山石英闪长岩＋花岗闪长岩＋二长花岗岩(C_{1-2})组合的过铝质富钠－富钾钙碱性系列岩石峰值年龄为 346～317.7 Ma。

(3)二叠纪－早三叠世牡丹江洋盆西侧活动陆缘演化阶段(P_1－T_1):包括两个演化时期。

①早－中二叠世为牡丹江洋西侧活动陆缘火山弧演化时期,主要受牡丹江洋盆构造演化的影响。有关牡丹江多旋回高压构造结合带近年的地质研究成果表明,早石炭世形成的黑龙江联合地块在与南部华北板块逐渐拼合的过程中,在近南北向巨大挤压作用下,松嫩地块与佳木斯地块之间的牡丹江多旋回高压构造结合带在二叠纪再次裂解形成洋盆,如早－中二叠世萝北大金顶子蛇绿岩(锆石 U－Pb 年龄 274±3.6 Ma、277±4 Ma)(李旭平,2009、2010;李亮等,2016)涌泉洋岛碱性玄武岩(锆石 U－Pb 年龄 256 Ma)(刘建民,2010)、依兰地区蓝片岩(变质玄武岩的结晶年龄 275 Ma)(Zhu et al.,2015)、依兰地区具 OIB 特征的蓝片岩(原岩形成时间 281 Ma)(Ge et al.,2015)。

②晚二叠世－早三叠世为牡丹江洋盆收缩闭合时期。依兰地区蓝片岩(变质玄武岩的结晶年龄 258～259 Ma)(Zhou et al.,2009))的形成,指示牡丹江洋盆局部闭合。黑龙江联合地块在长春－敦化－延吉一线与华北板块的拼合(孙德有,2004;王子进等,2013),标志着古亚洲多岛洋构造域演化大阶段的结束。

矿田所在的伊春－延寿岩浆弧北段,此时在火山弧环境形成了青龙屯组(P_1q)中基性火山岩－沉积建造,在弧间盆地形成了土门岭组(P_2t)浅海相陆源细碎屑岩－碳酸盐岩建造、红山组(P_3h)海陆交互相－陆相山间盆地碎屑沉积建造,在后碰撞环境形成了五道岭组(P_3T_1w)陆相安山岩－英安岩－流纹岩建造;与此同时,形成了火山弧辉长岩(P_3T_1)组合、后造山花岗闪长岩＋二长花岗岩＋正长花岗岩(P_3T_1)组合、大陆隆升碱长花岗岩组合(P_3T_1),岩石属于中基性－酸性过铝质富钠－富钾钙碱性系列岩石,并形成矽卡岩－斑岩型铜钼多金属成矿系统。如阿廷河矽卡岩型铜钨矿床角闪石英二长岩(具埃达克岩特征)和斑状花岗岩锆石 U－Pb 年龄为 252±1 Ma 和 251±1 Ma(Ren et al.,2017)、花岗闪长岩锆石 U－Pb 年龄 248±2 Ma、辉钼矿 Re－Os 年龄 242 Ma(刘瑞萍等,2017),高岗山斑岩钼矿的辉钼矿 Re－Os 年龄 247 Ma(Zhang et al.,2017)。

3)太平洋构造域演化大阶段(T_2－Q)。

(1)中三叠世－中侏罗世,为滨古太平洋和蒙古－鄂霍次克洋活动大陆边缘演化阶段(T_2－J_2)。

①中三叠世为古亚洲洋构造域向滨古太平洋构造域转换期。

②晚三叠世–早侏罗世,为活动陆缘岩浆弧发展期。古太平洋和蒙古–鄂霍次克洋裂解成洋,向黑龙江联合地块双向夹击俯冲,黑龙江联合地块内部牡丹江洋残留的洋盆快速俯冲闭合,使得伊春–延寿地区岩浆活动异常强烈,形成了广泛的近南北向带状展布的岩浆岩带,产生了显著的岩浆成矿作用;主要岩浆岩建造有二浪河组(J_1er)陆相中性–酸性火山岩组合,俯冲造山及后造山辉长岩+闪长岩+花岗闪长岩+二长花岗岩+正长花岗岩+碱长花岗岩组合(T_3J_1),肢解、吞食、挤占前期的地质体,岩石属于过铝质富钠–富钾钙碱性系列,主峰期220～190 Ma;侵入西林群($\in_1X$)、黑龙宫组($D_{1-2}hl$)、土门岭组(P_2t)等有利成矿围岩则形成大型矽卡岩–斑岩型铁多金属矿成矿系统,如翠宏山和翠中铁多金属矿床、小西林铅锌矿床、响水河铅锌银矿床、大安河金矿床、鹿鸣钼矿床等。牡丹江穆棱地区OIB型蓝片岩(原岩年龄为213 Ma、186 Ma)(Zhou et al.,2009;Zhu et al.,2017)、萝北太平沟陡倾韧–脆性变形变质糜棱岩(全岩Rb–Sr等时年龄218±19.9 Ma),则是挤压闭合变形变质作用的响应。在嫩江–黑河构造结合带则形成金的成矿作用,如孟德河金矿床(李成禄,2018)。

③中侏罗世–晚侏罗世早期,为陆陆碰撞造山期。古太平洋和蒙古–鄂霍次克洋闭合并进一步产生强烈的陆陆碰撞,地壳巨量缩短形成上黑龙江、完达山等大型逆掩推覆构造带,牡丹江多旋回高压变形变质杂岩带最终就位[穆棱段脉状蓝片岩的青铝闪石$^{40}Ar–^{39}Ar$坪年龄154.7±0.7 Ma、多硅白云母$^{40}Ar–^{39}Ar$年龄176.69～166.6 Ma,牡丹江地区云母片岩的白云母$^{40}Ar–^{39}Ar$年龄175～166 Ma(Li et al.,1999),变质岩中云母Rb–Sr和$^{40}Ar–^{39}Ar$年龄184～175 Ma(Wu et al.,2007),变质岩中蓝闪石$^{40}Ar–^{39}Ar$年龄175～158 Ma(Zhu et al.,2017a),变质沉积岩最小锆石年龄170 Ma(Zhu et al.,2017)]。在大兴安岭伊勒呼里山地区形成了与蒙古–鄂霍次克洋强烈俯冲作用有关的特大型斑岩钼(铜)成矿系统(5件辉钼矿Re–Os等时年龄148±1 Ma)(刘军等,2013)。伊春地区受东部牡丹江多旋回高压变形变质杂岩带的影响,此时也形成了太安屯组(J_2t)陆缘火山–沉积岩建造、二长花岗岩+正长花岗岩组合(J_2),岩浆侵入主峰期175～160 Ma,在五大连池天龙山地区也发现了此期的斑岩钼(铜)成矿系统。

(2)晚侏罗世–早白垩世,受古太平洋板块向北斜向俯冲的作用,转入活动大陆边缘盆岭发展阶段。晚侏罗世–早白垩世,伊春–延寿岩浆弧北段西部为松嫩火山–沉积盆地、北部为乌云–结雅火山–沉积盆地,东部为乌拉嘎火山断陷,晚侏罗世形成的陆相中性–酸性火山岩建造有草帽顶子组(J_3c)、帽儿山组(J_3mr),早白垩世形成的陆相中性–酸性火山岩建造有板子房组(K_1b)、宁远村组(K_1n);后造山花岗闪长岩+二长花岗岩+正长花岗岩+花岗斑岩组合(J_3K_1),属中酸性–酸性过铝质富钾钙碱性系列岩石,峰期120～100 Ma。在火山盆地边缘或内部基底隆起区的火山机构形成大型浅成中低温热液–斑岩型金银成矿系统,如东安、高嵩山、团结沟金矿床等。

(3)晚白垩世以来,进入滨西太平洋活动陆缘盆岭构造发展阶段。晚白垩世松嫩盆地沉积形成了含油岩系沉积建造,乌云大型拗断陷盆地形成了含煤岩系沉积建造。

2.3 区域构造成矿系统

在小兴安岭–张广才岭铁多金属成矿带(3–5)北段的构造成矿演化过程中,形成的主要金属矿产成矿系统为:

(1)古元古代滹沱河纪沉积变质型铁金成矿系统(Pt_1),与东风山岩群(Pt_1D)硅铁建造南北向复式褶断构造有关,如东风山铁金矿床。

(2)多旋回褶断复成矽卡岩–斑岩型铁多金属成矿系统($\in_4+T_3$),主要控矿构造为铅山组($\in_1q$)中近南北向复式褶断侵入接触构造带,成矿岩体为顶寒武世和晚三叠世的复式花岗岩岩株,如翠中铁多金属矿床、翠宏山铁多金属矿床。

（3）晚二叠世 – 早三叠世矽卡岩 – 斑岩型铜钼多金属矿成矿系统（$P_3 - T_1$），成矿地层为西林群（$\in_1 X$）、黑龙宫组（$D_{1-2}hl$）、土门岭组（$P_2 t$），成矿岩体为晚二叠世 – 早三叠世中性 – 酸性花岗岩岩株，如阿廷河铜钨矿床、高宝山钼矿床。

（4）晚三叠世褶断矽卡岩型铁多金属成矿系统（T_3），主要控矿构造为近南北向复式褶断侵入接触构造带，褶断带由铅山组（$\in_1 q$）和黑龙宫组（$D_{1-2}hl$）、土门岭组（$P_2 t$）构成，成矿岩体为晚三叠世复式花岗岩岩株，如小西林铅锌矿床、大西林铁矿床、红旗山铁多金属矿床、宏铁山铁多金属矿点。

（5）早侏罗世复式花岗岩株形成的矽卡岩 – 斑岩型铁多金属成矿系统（J_1），如徐老九沟铅锌矿床、铁力二股西山铁多金属矿床、大安河金矿床、鹿鸣钼矿床、霍吉河钼矿床。

（6）早白垩世与中性 – 酸性火山活动有关的浅成中低温热液型金矿成矿系统（K_1），如东安金矿床、富强金矿床、高嵩山金矿床、伊东林场金矿床等。

第3章 矿田地质特征

3.1 矿田地层

矿田隶属于小兴安岭 - 张广才岭地层区,伊春 - 延寿与松嫩地层分区。中 - 新生界发育,古生界受中生代巨量花岗质岩浆侵位、隆升剥蚀,仅局部零星分布(表3 - 1)。

表3 - 1 翠宏山铁多金属矿田地层简表

界	系	统	组	代号	主要岩性	厚度/m	成矿特征
新生界	第四系	全新统	低河漫滩冲积层	Qh^{al}	河流相砂砾石、砾石、粗砂、粉砂	2.3 ~ 23.0	
			高河漫滩冲洪积层	Qh^{pal}	河流相黄色亚黏土、黑褐色亚黏土、黄褐色砂及砾石	2.8 ~ 49.0	
		上更新统	一级阶地冲积层	Qp^{2pal}	河流相亚砂土、亚黏土、粉砂、砂砾石	3.4	
		下更新统	大熊山玄武岩	$\beta Qp^1 d$	陆相低位气孔状、致密块状玄武岩	114.9	
	新近系	中 - 上新统	孙吴组	$N_{1-2}s$	河湖相灰色、黄褐色、灰黄色弱胶结砂砾岩、砂岩夹灰绿色、灰色泥岩,局部砂砾岩为铁质胶结或含铁质结核	170 ~ 236	
中生界	白垩系	上统	嫩江组	K_2n	灰黑色泥质粉砂岩、粉砂质泥岩、灰 - 灰黑色泥岩	131	
		下统	宁远村组	K_1n	陆相流纹岩、流纹质碎屑岩	10 ~ 301	浅成中低温热液型金银矿
			板子房组	K_1b	陆相玄武安山岩、安山岩、安山质火山角砾岩及其凝灰熔岩	499 ~ 1571	
	侏罗系	下统	二浪河组	J_1er	陆相火山弧环境,下部为安山岩及其凝灰熔岩、角砾凝灰岩,上部流纹岩及其凝灰熔岩、角砾凝灰岩、细凝灰岩	731 ~ 1110	
上古生界	二叠系	中统	土门岭组	P_2t	拗陷盆地滨海相粉砂质板岩、砂砾岩夹粉砂质板岩、粗砂岩、细砂岩、含砾中粗粒砂岩	>356	矽卡岩型铁多金属矿
	泥盆系	下 - 中统	黑龙宫组	$D_{1-2}hl$	拗陷盆地滨海相沉积凝灰质、泥质、砂质、钙质角砾岩夹灰岩、变质粉砂岩	221	
下古生界	寒武系	下统	铅山组	$\in_1q$	以条带状泥灰岩、结晶灰岩、大理岩、变质砂岩、矽卡岩为主,属于浅海陆棚环境沉积形成的碳泥硅灰建造	30 ~ 602	矽卡岩型铁多金属矿

3.1.1 古生界

(1)下寒武统铅山组($\in_1q$):主要呈悬垂体或捕掳体状分布于北北西向翠北 - 翠宏山、红旗山褶断带内,北北东向西马鲁河褶断带内,出露面积约1.18 km^2。主要岩性为白云质碳酸盐夹碳质页岩、硅质页岩、板岩,经受低级区域变质作用,未发现古生物化石。

铅山组碳泥硅灰建造是形成矽卡岩型铁多金属矿的主要层位,如翠宏山、翠中、红旗山等铁多金属矿床。

(2)下泥盆统黑龙宫组(D_1hl):仅出露于北北东向宏铁山断褶带内,面积约2.15 km^2,为一套磨圆不佳、分选极差的凝灰质、泥质、砂质、钙质角砾岩夹灰岩(含泥质、砂、砾)、变质粉砂岩。一些角砾岩的胶结物与砾石成分相同,属同生砾岩,反映了动荡沉积环境,属拗陷盆地滨海相沉积。顶界与土门岭组砂岩段之间的关系不清。

对宏山铁多金属矿点南部铅铜矿体赋存于该组矽卡岩与深灰色石英砂岩的接触部位。

（3）中二叠统土门岭组（P_2t）：仅出露于北北东向宏铁山褶断带内，面积约 6.39 km^2，主要岩性为粉砂质板岩、砂砾岩夹粉砂质板岩、粗砂岩、细砂岩、含砾中粗粒砂岩。属于拗陷盆地滨海相沉积。对宏山铁多金属矿点主要赋存于该组矽卡岩带中。

3.1.2　中生界

（1）下侏罗统二浪河组（J_1er）：主要分布于中南部白桦林场、红旗山铁锌矿床北部一带，近南北向展布，出露面积约 78.63 km^2。为一套陆相中酸性火山岩，下部为安山岩及其凝灰熔岩、角砾凝灰岩，上部为流纹岩及其凝灰熔岩、角砾凝灰岩、细凝灰岩。

（2）下白垩统板子房组（K_1b）：主要大面积分布于友谊和梅山火山喷发带，面积约 107.94 km^2。为一套陆相中性火山岩组合，岩性为安山岩、辉石安山岩、石英安山岩、玄武安山岩、（石英）粗面岩、粗安岩、夹英安岩及火山碎屑岩，岩石具绿帘石化、绿泥石化及孔雀石化，多具气孔和杏仁构造。友谊金矿化点赋存于友谊火山喷发带安山质岩屑晶屑凝灰岩中。

（3）下白垩统宁远村组（K_1n）：主要出露于友谊和梅山火山喷发带内，面积约 35.12 km^2。岩性简单，为不同颜色、厚薄不一的流纹岩、流纹质晶屑凝灰岩互层状产出。

（4）白垩统嫩江组（K_2n）：主要分布于松嫩盆地东缘隆起部位，在友谊火山喷发带西部零星出露，面积约 4.51 km^2。主要岩性为灰黑色泥质粉砂岩、粉砂质泥岩、灰－灰黑色泥岩。

3.1.3　新生界

（1）中－上更新统孙吴组（$N_{1-2}s$）：大面积分布于矿田西部松嫩盆地内，在北部主要分布在库尔滨河两岸，面积约 198.05 km^2，为一套河流相粗碎屑沉积，主要由灰色、黄褐色、灰黄色弱胶结砂砾岩、砂岩夹灰绿色、灰色泥岩组成，局部砂砾岩为铁质胶结或含铁质结核。

（2）下更新统大熊山玄武岩（βQp^1d）：大面积分布于矿田西北部松嫩盆地内，库尔滨河北岸零星分布，面积约 86.03 km^2，整体呈北东向展布，岩性为灰－灰黑色气孔状玄武岩。

（3）上更新统－全新统：一级阶地冲洪积层（QP^{2pal}）、高河漫滩冲洪积层（Qh^{pal}）、低河漫滩冲积层（Qh^{al}）主要分布于库尔滨河两岸及河谷中，面积约 299.64 km^2。

3.2　矿田岩浆岩

区域上，矿田所在伊春－延寿岩浆弧是牡丹江中元古代－中生代多旋回复合构造结合带成生演化的重要组成部分，总体上具有活动陆缘弧岩浆活动的特征。

中寒武世－中奥陶世和晚二叠世－晚三叠世花岗质岩浆侵入活动、早侏罗世中性－酸性岩浆喷发－侵入活动、早白垩世中性－酸性岩浆喷发活动强烈（表 3－2、表 3－3）。花岗岩类广泛分布，出露面积约 549.15 km^2，约占矿田面积的二分之一。晚三叠－早侏罗世花岗岩类主要呈岩基、岩珠状广泛分布，出露面积最大，面积约 490.8 km^2；中寒武世－中奥陶世花岗岩类呈残留体状分布，面积约 46.15 km^2。与铁多金属矿产成矿有关的岗岩类主要呈岩枝或小岩株状分布，顶寒武世和晚三叠世主要表现为矽卡岩－斑岩型铁多金属成矿作用，早侏罗世主要形成斑岩钼矿成矿作用，早白垩世中性－酸性火山活动主要与金矿化有关。

中寒武世－中奥陶世花岗岩类按形成时间可划分为：中－晚寒武世二长花岗岩（$\eta\gamma\in_{2-3}$），锆石 U－Pb 年 517 Ma；顶寒武世英云闪长岩（$\gamma\delta o\in_4$）+ 花岗闪长岩（$\gamma\delta\in_4$）+ 二长花岗岩（$\eta\gamma\in_4$）+ 正长花岗岩（$\xi\gamma\in_4$）+ 碱长花岗岩（$\kappa\gamma\in_4$）组合，锆石 U－Pb 年龄 502～488.9 Ma；早－中奥陶世二长花岗岩（$\eta\gamma O_{1-2}$）+ 碱长花岗岩（$\kappa\gamma O_{1-2}$）组合，锆石 U－Pb 年龄 472～461 Ma。前两个组合主要分布于库南铅锌矿床、翠中铁多金属矿床、翠宏山铁多金属矿床的深部，与铅山组（$\in_1 q$）均呈残留体状分布于晚三叠世和早侏罗世花岗岩中，在接触带及层间构造带形成翠中、翠宏山矽卡岩型铁铅锌矿床；后者呈残留岩珠状分布于枫桦林场东部与翠中铁多金属矿区。

晚二叠世为二长花岗岩($\eta\gamma P_3$)+二长岩($\eta o P_3$)组合,前者呈岩株状分布于枫桦林场东488高地一带;后者为宏铁山铁矿点晚三叠世花岗闪长岩中的残留包体,锆石U-Pb年龄257 Ma。

晚三叠-早侏罗世花岗岩类按形成时间可划分为:晚三叠世花岗闪长岩($\gamma\delta T_3$)+二长花岗岩($\eta\gamma T_3$)+正长花岗岩($\xi\gamma T_3$)+碱长花岗岩($\kappa\rho\gamma T_3$)+花岗斑岩($\gamma\pi T_3$)组合,锆石U-Pb年龄204~195 Ma,主要呈岩枝或岩株状分布于翠中、翠宏山、翠北、红旗山等矿区,形成矽卡岩型铁多金属矿床;早侏罗世花岗闪长岩($\gamma\delta J_1$)+二长花岗岩($\eta\gamma J_1$)+正长花岗岩($\xi\gamma J_1$)+碱长花岗岩($\kappa\rho\gamma J_1$)+花岗斑岩($\gamma\pi J_1$)组合,锆石U-Pb年龄192~175 Ma,主要呈岩基状分布,与斑岩钼矿成矿有关的岩体呈小岩株状产出,同时有二浪河组(J_1er)中性-酸性岩浆喷发活动,火山岩锆石U-Pb年龄200~179.2 Ma。

表3-2 矿田构造-岩浆活动一览表

地质时代	构造旋回		构造演化阶段		沉积作用	岩浆喷发-侵入活动		
						岩石组合及锆石U-Pb年龄		产状及代表岩体
第四纪 2.58 Ma	喜山	晚期	滨太平洋和蒙古-鄂霍茨克洋活动大陆边缘演化大阶段	隆升裂谷阶段	河流相沉积砂砾石层	大熊山玄武岩(βQp^1d)		呈岩带(区)状分布
新近纪 23.03 Ma					孙吴组($N_{1-2}s$)河湖相弱胶结砂砾岩			
古近纪 66 Ma		早期		活动大陆边缘盆岭构造阶段				
晚白垩世 100.3 Ma	燕山	晚期			嫩江组(K_2n)湖湘灰黑色泥质-粉砂岩建造			
早白垩世 145 Ma		中期				宁远村组(K_1n)陆相酸性火山建造 板子房组(K_1b)陆相中性火山岩建造,1件117.8 Ma	花岗斑岩(K_1)	火山岩呈岩带(区)状分布;侵入岩呈小岩株状产出,如霍吉河上游738高地小岩株
晚侏罗世 163.5 Ma		早期		陆陆碰撞造山阶段			花岗斑岩+花岗细晶岩(J_2),1件172.3 Ma	矿田内不发育,仅在翠中-翠宏山矿区深部有显示
中侏罗世 174.1 Ma								
早侏罗世 201.3 Ma	印支	晚期		活动陆缘岩浆弧阶段		二浪河组(J_1er)陆相中性-中酸性火山岩建造,4件U-Pb 200~179 Ma	花岗闪长岩+细粒-中粒-似斑状二长花岗+正长花岗岩+碱长花岗岩+花岗斑岩(J_1),20件192~175 Ma	火山岩呈岩带(区)状分布;侵入岩呈岩基、岩珠状广泛分布,如霍吉河钼矿床复式小岩株
晚三叠世 237 Ma							花岗闪长岩+二长花岗岩+正长花岗岩+碱长花岗岩+花岗斑岩(T_3),10件204~195 Ma	岩株为主,如翠中-翠宏山、翠北、宏铁山、红旗山成矿复式小岩株
中三叠世 247.2 Ma		早期		后造山构造转换阶段				

续表 3-2

地质时代	构造旋回		构造演化阶段		沉积作用	岩浆喷发 - 侵入活动	
						岩石组合及锆石 U-Pb 年龄	产状及代表岩体
早三叠世 252.17 Ma	华力西	晚期	古亚洲洋构造域演化大阶段	陆内造山阶段			
晚二叠世 259.8 Ma						二长花岗岩 + 二长岩 (P₃),1 件 257 Ma	呈岩株状分布于枫桦林场东 485、488 高地
中二叠世 272.3 Ma				活动陆缘弧阶段	弧间盆地滨海相陆源砂砾岩沉积建造,土门岭组(P₂t)		
早二叠世 298.9 Ma							
晚石炭世 322.2 Ma		中期		陆内造山-伸展阶段			
早石炭世 358.9 Ma							
晚泥盆世 382.7 Ma		早期		后造山弧背盆地阶段	弧背盆地滨海相陆源同生砂砾岩夹灰岩沉积建造,黑龙宫组(D₁₋₂hl)		
中泥盆世 393.3 Ma							
早泥盆世 419.2 Ma							
顶-早志留世 443.8 Ma	加里东	晚期	火山弧盆系演化阶段	隆升阶段			
晚奥陶世 458.4 Ma							
中奥陶世 470 Ma		中期		火山弧盆系演化阶段	弧间盆地浅海相陆缘碎屑岩-碳酸盐岩沉积建造,小金沟组(O₂x)	二长花岗岩 + 碱长花岗岩 (O₂),4 件 472~461 Ma	呈岩株状分布于枫桦林场一带
早奥陶世 485.4 Ma							
顶寒武世 497 Ma		早期				花岗闪长岩 + 二长花岗岩 + 正长花岗岩 + 碱长花岗岩(∈₄),7 件 502~491 Ma	翠中-翠宏山矿区,残留体状分布
晚寒武世 509 Ma						粗粒二长花岗岩(∈₂₋₃),1 件 517.7 Ma	库南铅锌矿,残留体状分布
中寒武世 521 Ma							
早寒武世 541 Ma				盖层形成阶段	被动陆缘陆棚浅海碳泥硅灰沉积建造,铅山组(∈₁q)		
古元古代 2300~1800 Ma	吕梁	晚期	隐伏结晶基底形成大阶段		东风山岩群(Pt₁D)硅铁建造	花岗岩类	

表 3-3　矿田岩浆岩锆石 U–Pb、辉钼矿 Re–Os 测年数据一览表

地质时代	构造旋回		采样地点	样品编号	岩石名称	测年方法	年龄/Ma	资料来源
早白垩世 100.5~145 Ma	燕山	中期	霍吉河林场西北 523 高地	HWP3GS31	宁远村组(K₁n)石英粗面岩	K-Ar	99.23±1.7	霍吉河幅 1.5 万矿调，省物勘院，2010
			霍吉河北岸 553 高地	HWP2GS47	板子房组(K₁b) 粗安岩	K-Ar	95.65±0.9	白桦林场幅 1.5 万区调，武警黄金部队二支队，2016
			白桦青年队南 481 高地	SXPM014TC9	安山岩	LA-ICP-MS	117.8±1.7	白桦林场幅 1.5 万区调，武警黄金部队二支队，2016
晚侏罗世 163.5 Ma		早期	翠宏山铁多金属矿	CHS-9	花岗斑岩(γπk₂)	LA-ICP-MS	172.3±1.6	刘志宏，2009
中侏罗世 174.1 Ma			枫桦林场东北 536.1 高地	SXPM006TC66	泥致岩	LA-ICP-MS	179.2±3.7	三兴山幅 1.5 万区调，2016
			库南绪铅西南 531 高地	SXPM11TC15	英安质角砾凝灰岩	LA-ICP-MS	186.9±2.6	白桦林场幅 1.5 万区调，武警黄金部队二支队，2016
			白桦青年队 576 高地	SXPM11TC23	二浪河组(J₂er) 泥致岩	LA-ICP-MS	193.8±1.8	
			汤北林场 12 公里	HWU-Pb3084	安山岩屑晶屑凝灰岩	SHRIMP	200±2.5	
					二长花岗岩(ηγJ₁)	SHRIMP	178.0±2.0	霍吉河幅 1.5 万矿调，省物勘院，2010
			阳光林场东 708-731 高地	HWP22GS63	正长花岗岩(ξγJ₁)	SHRIMP	184.0±3.0	
				HWP22GS19	正长花岗岩(ξγJ₁)	SHRIMP	195.0±4.0	
			白桦青年队东	PM011TC56	正长花岗岩(ξγJ₁)	LA-ICP-MS	190.6±1.7	白桦林场幅 1.5 万区调，武警黄金部队二支队，2016
				PM011TC59	微细粒似斑状花岗岩(πγJ₁)	LA-ICP-MS	192.8±1.1	
	印支	晚期	翠宏山铁多金属矿外围	PM008TC01	二长花岗岩(ηγJ₁)	LA-ICP-MS	191.8±1.2	三兴山幅 1.5 万区调，2016
				PM008TC45	二长花岗岩(ηγJ₁)	LA-ICP-MS	190.4±1.9	
早侏罗世 201.3 Ma			霍吉河钼矿	HJHN1	中细粒花岗岩(γJ₁)	LA-ICP-MS	182.1±2.2	孙景贵等，2011
			HJH1、3、8、16、26	似斑状二长花岗岩(ηγJ₁)	LA-ICP-MS	186.0±1.7	杨言辰等，2012
				辉钼矿化二长花岗岩(γδJ₁)	LA-ICP-MS	184.92±0.9	郭嘉等，2009
			HJH-YX-B1	中细-中粗粒花岗闪长岩(γδJ₁)	LA-ICP-MS	190.3±2.4	张森等，2013
			DKH12	细粒花岗闪长岩(γJ₁)	LA-ICP-MS	184.0±1.5	陈静等，2012
			TWH2	辉钼矿化中细粒花岗闪长岩(γδJ₁)	LA-ICP-MS	193.6±1.4	课红艳等，2013
				辉钼矿	Re-Os 等时	181.2±1.8 176.3±5.1	
			HJH-2l、22、23、24	辉钼矿	Re-Os 加权	181.2±2.7	本次工作，2017
			HJH1、3、8、16、26		Re-Os 等时	176.6±3.2	杜晚慧，2014
			HJH0908817-5 (110723-1、4、5、13、14)	黑云母二长花岗岩中的辉钼矿	Re-Os 加权	180.7±2.5	张琳琳等，2012
			HJH0908817-3 (090817-12)	花岗细晶岩中的辉钼矿	Re-Os 加权	181.3±2.6	张森等，2013
				花岗闪长岩中的辉钼矿	Re-Os 加权	177.8±1.2	陈静等，2012
			HJH-14	花岗闪长岩	LA-ICP-MS	193.4±1.1	
			HJH-7	斑状花岗岩(γJ₁)	LA-ICP-MS	192.8±1.2	
			HJH-1	花岗细晶岩	LA-ICP-MS	190.1±2.3	
			红旗山铁多金属矿	HQS-1	中粒碱(正)长花岗岩(ξγT₃)	LA-ICP-MS	203.1±1.3	本次工作，2017
			张铁山铁矿	HTS-17	中粒二长花岗岩(ηγT₃)	LA-ICP-MS	203.6±1.0	张琳琳等，2012
				HTS-25	花岗闪长岩(γδT₃)	LA-ICP-MS	202.2±2.7	本次工作，2017
			翠北铁多金属矿	CB-9	中粗粒花岗闪长岩(γδT₃)	LA-ICP-MS	201.4±5.5	孙景贵等，2016
			翠宏山铁多金属矿	CHS-22	石英二长岩(ηoJ₁)	LA-ICP-MS	177.5±1.9	刘志宏，2009
					正长花岗岩(ξγJ₁)	LA-ICP-MS	175.1±0.7	韩振哲，2011
					文象、不等粒、斑状花岗岩(γJ₁)	LA-ICP-MS	182.0±0.4	

续表 3-3

地质时代	构造旋回	采样地点	样品编号	岩石名称	锆石 U-Pb 年龄/Ma		资料来源
			CH10-3	花岗斑岩(γπT₃)	LA-ICP-MS	192.7±7.0	本次工作，2017
			CHS-2	碱长花岗岩(κργT₃)	LA-ICP-MS	204.0±2.0	陈贤，2018
			CHS-021	细粒碱长花岗岩(κργT₃)	SHRIMP	199.8±1.8	韩成满，2015
			W13-1	二长花岗岩(ηγT₃)	SHRIMP地表	192.8±2.5	邵军，2011
			W14-12	二长花岗岩(ηγT₃)	SHRIMP深部	199.0±3.1	
				二长花岗岩(ηγJ₁)	LA-ICP-MS	191.0±1.0	
				辉钼矿	Re-Os	204.0±3.9	
					Re-Os	205.1±1.9	郝宇杰等，2013
		翠中铁多金属矿	CN3-1		Re-Os 加权等时	201.6±1.4 198.9±3.7	
			CHS-5~CHS-10	辉钼矿	Re-Os 加权等时	204.9±1.3 205.1±1.9	陈贤等，2014
			CZ-8	细粒碱长花岗岩(κργT₃)	LA-ICP-MS	201.0±6.4	本次工作，2017
			CZZHY3	斑状二长花岗岩(ηγT₃)	LA-ICP-MS	199.8±1.3	省矿业集团，2016
			CZ-116	二长花岗岩(ηγT₃)	LA-ICP-MS	193.0±1.0	陈贤等，2014
			CZZHY2	辉钼矿化细粒花岗闪长岩(γδJ₁)	LA-ICP-MS	188.4±2.2	省矿业集团，2016
晚三叠世 237 Ma			CZ-83	细粒花岗闪长岩(J₁)	SHRIMP	183	吕长禄，2013
					LA-ICP-MS	173.0±1.0	
中三叠世 247.2 Ma			CZ-94、118、89C、90、93、119	辉钼矿	Re-Os 加权等时	204.1±2.4 204.0±3.9	陈贤等，2014
早三叠世 252.17 Ma			ZK2032-6	辉钼矿	Re-Os 模式	202.5±2.9	本次工作，2017
晚二叠世 259.8 Ma	华力西	宏铁山铁矿	HTS-12	中粒二长岩残留包裹体(ηοP₃)	LA-ICP-MS	257±1.9	本次工作，2017
中-早二叠世 272.3~298.9 Ma	早期		HTS-5A	辉钼矿	Re-Os 模式	199.3±2.9	
	晚期		PM003TC17	二长花岗岩(ηγO₁-₂)	LA-ICP-MS	464.1±5.0	
早-中奥陶世 470~485.4 Ma	中期	枫桦林场岩体	PM003TC16	二长花岗岩(ηγO₁-₂)	LA-ICP-MS	464.2±5.7	三兴山幅1:5万区调，武警黄金部队二支队，2016
			PM001TC03	二长花岗岩(ηγO₁-₂)	LA-ICP-MS	482.1±7.1	
			CHS-011	碱长-正长花岗岩(κργ-ςγ∈₄)	SHRIMP	491±2.4	Hu et al.，2014
			CH-50-1	细粒花岗闪长岩(ηγ∈₄)	LA-ICP-MS	490.4±5.6	本次实测，2017
顶寒武世 497 Ma	加里东	翠宏山矿区	CZ-117	黑云母(二长花岗岩(ηγ∈₄)	LA-ICP-MS	496±1.5	陈贤等，2014
			CZ-10	花岗闪长岩(γδ∈₄)	LA-ICP-MS	493.0±4.0	陈贤等，2018
			YC127（铁力）	英云闪长岩(γοδ∈₄)	LA-ICP-MS	499.0±1.0	刘建峰等，2008
	早期	翠中铁多金属矿	CZZHY1	粗粒碱长花岗岩(κργ∈₄)	SHRIMP	471	吕长禄，2013
			CZ-1	辉钼矿化粗粒碱长花岗岩(κργ∈₄)	LA-ICP-MS	488.9±3	省矿业集团，2016
			CZ-1	粗粒碱长花岗岩(κργ∈₄)	LA-ICP-MS	502.8±2.9	本次工作，2017
晚-中寒武世 509~521 Ma		库岗铅锌矿	CN-14	粗粒二长花岗岩(ηγ∈₂-₃)	LA-ICP-MS	517.72±7.68	本次工作，2017

中侏罗世花岗岩类仅在矿田南部见花岗斑岩($\gamma\pi J_2$)+花岗细晶岩($\gamma l J_2$)组合,花岗斑岩锆石 U-Pb 年龄 172.3 Ma。早白垩世主要表现为中性、酸性岩浆喷发活动,仅局部发育花岗斑岩($\gamma\pi K_1$)小岩株。

3.2.1 中-晚寒武世($\in_{2-3}$)花岗岩组合

库南铅锌矿床坑道中所见蚀变粗粒二长花岗岩($\eta\gamma\in_{2-3}$)是形成矽卡岩型铅锌矿床的主成矿岩体,呈残留小岩株状产出。岩石呈浅肉红色,粗粒结构,块状构造,主要矿物含量:钾长石约55%、斜长石约10%、石英约30%、黑云母约5%,岩体内构造发育部位蚀变较强,有褪色现象,主要蚀变为绢云母化,并见有较多的浸染状细小黄铁矿化。

1)成岩时代。

蚀变粗粒二长花岗岩锆石 U-Pb 定年(CN-14)所选锆石大部分无色半透明,粒度为 50~140 μm。锆石阴极发光(CL)图像显示锆石普遍发育较明显的环带结构(图3-1),锆石 U 含量($385 \sim 1221$)$\times 10^{-6}$、Th 含量($103 \sim 380$)$\times 10^{-6}$,Th/U 比值变化范围为 0.23~0.43(表3-4),指示其应为岩浆成因锆石;锆石的 $^{206}Pb/^{238}U$ 加权平均年龄为 517.7 ± 7.68 Ma(图3-2),基本代表了粗粒二长花岗岩的结晶年龄。

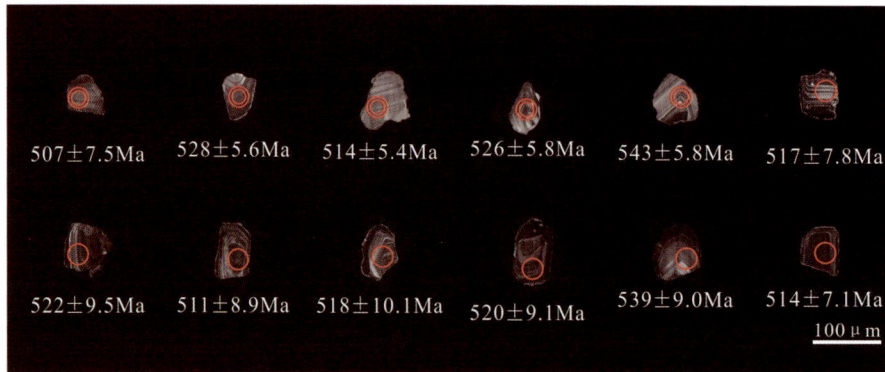

图3-1 库南铅锌矿床中-晚寒武世粗粒二长花岗岩(CN-14)
锆石 CL(大圈代表年龄测试点位,小圈代表 Hf 同位素测试点位)

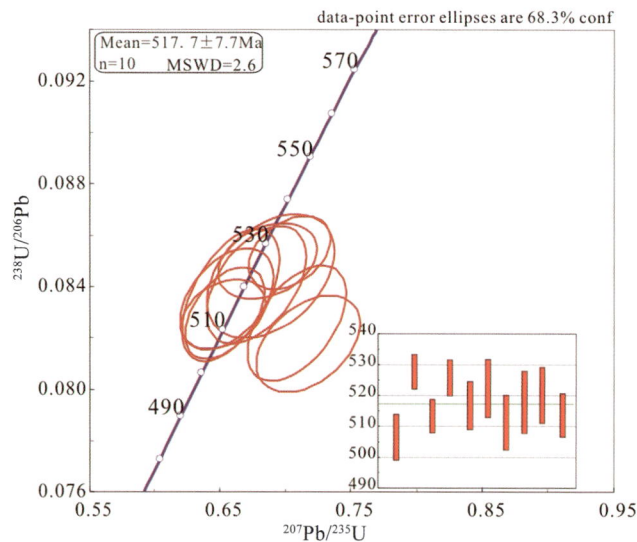

图3-2 库南铅锌矿床中-晚寒武世粗粒二长花岗岩(CN-14)锆石 U-Pb 年龄谐和图

表3-4　库南铅锌矿床中-晚寒武世粗粒二长花岗岩(CN-14)锆石 LA-ICP-MS 分析结果及年龄

Spot	Pb	Th	U	Th/U	$^{207}Pb/^{206}Pb$		$^{207}Pb/^{235}U$		$^{206}Pb/^{238}U$	
					Age/Ma	1σ	Age/Ma	1σ	Age/Ma	1σ
CN-14-1	180	294	816	0.36	720	282.4	549	15.4	507	7.5
CN-14-2	203	341	1011	0.34	576	60.2	541	12.1	528	5.6
CN-14-3	66.0	103	385	0.27	500	75.9	510	13.0	514	5.4
CN-14-5	118	192	601	0.32	600	81.5	531	14.9	526	5.8
CN-14-7	98	135	478	0.28	683	85.2	574	17.0	543	5.8
CN 14-12	124	224	717	0.31	465	75.9	512	14.4	517	7.8
CN-14-13	194	380	891	0.43	572	103.7	532	19.4	522	9.5
CN-14-14	181	258	1012	0.26	650	74.1	544	14.7	511	8.9
CN-14-15	148	294	838	0.35	487	88.9	514	15.0	518	10.1
CN-14-16	125	182	795	0.23	532	90.7	525	15.2	520	9.1
CN-14-17	135	203	597	0.34	789	97.2	594	17.6	539	9.0
CN-14-19	204	342	1221	0.28	472	66.7	511	12.2	514	7.1

2)岩石地球化学特征。

粗粒二长花岗岩 SiO_2 含量 74.04% ~75.79%，均值 74.87%(附表Ⅰ-1)；Na_2O+K_2O 含量 4.16% ~9.06%变化较大，均值 6.72%；Na_2O/K_2O 比值 0.26~0.56 较低，具明显富钾的特征；Al_2O_3 含量较稳定，范围 12.98% ~13.51%，均值 13.15%；MgO 含量变化较大 0.13% ~0.69%，具贫 MgO 的特性；A/CNK 比值为 1.05% ~1.08%，均值为 1.07；A/NK 比值变化大 1.19~2.60，均值 1.71；在岩石化学特征图(图3-3)中，属于亚碱性、过铝质、钾玄岩-高钾钙碱性系列。岩石分异指数(DI)为 75.65~93.17，变化范围较大，岩浆结晶分异程度较高。

粗粒二长花岗岩 ΣREE 含量较高为 (285.62~346.38)×10^{-6}，平均 309.59×10^{-6}；LREE/HREE 比值为 2.46~2.56，平均 2.52；$(La/Yb)_N$ 比值为 6.06~6.87。配分曲线为右倾型，显示出轻稀土元素相对富集，重稀土元素相对亏损，轻重稀土之间分馏明显，具明显的 Eu 负异常 δEu 值为 0.14~0.20(图3-4)。岩石表现出显著的 P、Ti 负异常，亏损 Ba、Sr、Eu，富集 Rb、Th、U、Pb。Ba、Sr 的相对亏损表明斜长石残留在岩浆源区或者发生了结晶分异，P 和 Ti 的亏损则指示磷灰石等矿物发生了分离结晶作用。

3)Sr-Nd-Hf 同位素特征。

粗粒二长花岗岩的 $(^{87}Sr/^{86}Sr)_i$ 比值为 0.69976~0.70141，$\varepsilon_{Nd}(t)$ 值为 -6.0~-4.9，地壳模式年龄 (T_{DM2})1729~1645 Ma(表3-5)。锆石 Hf 同位素分析结果(表3-6)显示，岩石的 $^{176}Hf/^{177}Hf$ 比值为 0.282389~0.282452，$\varepsilon_{Hf}(t)$ 值为 -2.46~-0.93，地壳模式年龄(T_{DM2})为 1624~1511 Ma。

4)岩石成因。

粗粒二长花岗岩总体上呈富钾、过铝、轻重稀土分馏、Eu 负异常，富集 Th、U、Pb 等高场强元素、亏损 Ba、Sr、P、Ti 等大离子亲石元素的特征。成因类型判别组图(图3-5)中，总体上具有 A 型花岗岩的特征。在构造环境判别图(图3-6)上，投影点落于同碰撞、板内、幔源和晚造山期花岗岩的区域，结合岩石化学特征及区域构造演化背景，综合研判其应是在碰撞后造山隆升的构造环境下，上地幔-下地壳的 I 型岩浆经进一步分异演化而形成的 A 型花岗岩。

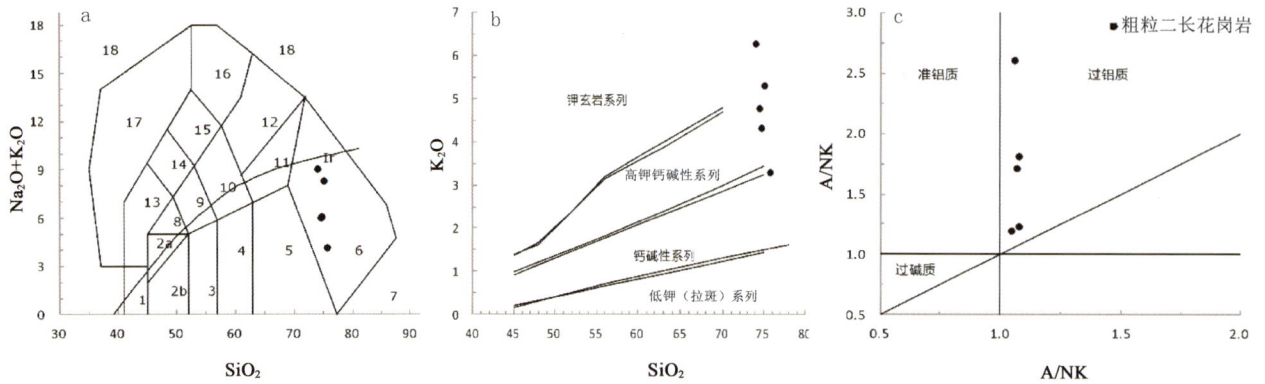

图 3 - 3　库南铅锌矿床中 - 晚寒武世粗粒二长花岗岩化学特征图解

a 图的底图为 Middlemost,1994;图中:Ir - Irvine 分界线,上方为碱性,下方为亚碱性;1 - 橄榄辉长岩,2a - 碱性辉长岩,2b - 亚碱性辉长岩,3 - 辉长闪长岩,4 - 闪长岩,5 - 花岗闪长岩,6 - 花岗岩,7 - 硅英岩,8 - 二长辉长岩,9 - 二长闪长岩,10 - 二长岩,11 - 石英二长岩,12 - 正长岩,13 - 副长石辉长岩,14 - 副长石二长闪长岩,15 - 副长石二长正长岩,16 - 副长正长岩,17 - 副长石深成岩,18 - 霓方钠岩/磷霞岩/粗白榴岩;下同。b 图的底图据 Peccerillo R et al.,1976;下同。c 图的底图据 Maniac and Piccolo,1989;下同。

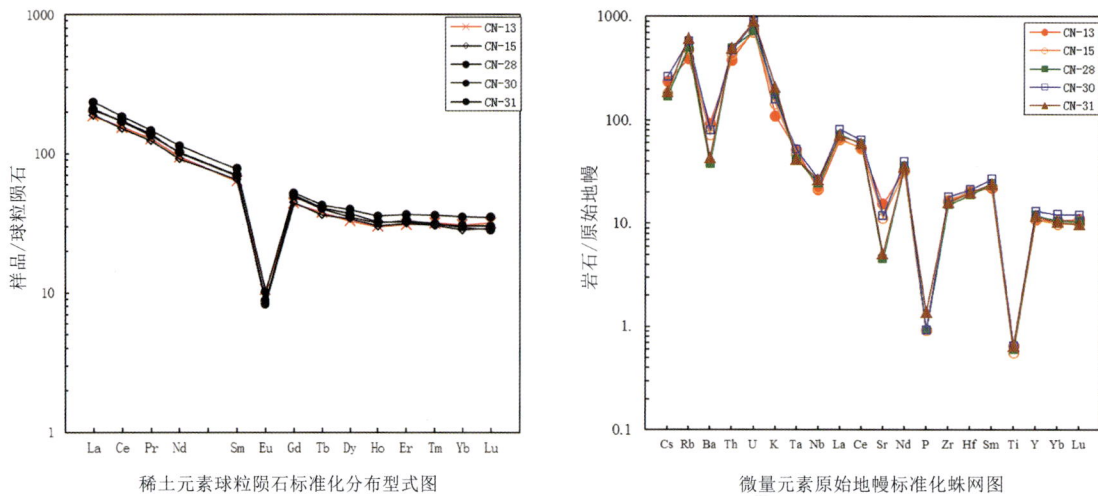

稀土元素球粒陨石标准化分布型式图　　　　　　微量元素原始地幔标准化蛛网图

图 3 - 4　库南铅锌矿床中 - 晚寒武世粗粒二长花岗岩稀土元素与微量元素标准化曲线图

稀土元素和微量元素标准化采用的是 Sun and Mc Donough(1989)数据,下同。

表 3 - 5　库南铅锌矿床粗粒二长花岗岩全岩 Sr - Nd 同位素组成

样品编号	$\varepsilon_{Sr}(0)$	$\varepsilon_{Sr}(t)$	t_{mod}/Ma	$f_{Rb/Sr}$	$(^{87}Sr/^{86}Sr)_i$	$\varepsilon_{Nd}(0)$	$\varepsilon_{Nd}(t)$	$f_{Sm/Nd}$	T_{DM1}/Ma	T_{DM2}/Ma	$(^{143}Nd/^{144}Nd)_i$
CN - 13	185.6	- 35.2	522.6	25.25	0.70141	- 8.7	- 4.9	- 0.29	1979	1645	0.51171
CN - 15	317.1	- 58.5	522.6	42.95	0.69976	- 9.2	- 6.0	- 0.25	2267	1729	0.51166

表 3 - 6　库南铅锌矿床粗粒二长花岗岩锆石 Hf 同位素分析结果

Spot	Age/Ma	$^{176}Yb/^{177}Hf$	$^{176}Lu/^{177}Hf$	$^{176}Hf/^{177}Hf$	1σ	$(^{176}Hf/^{177}Hf)_i$	$\varepsilon_{Hf}(0)$	$\varepsilon_{Hf}(t)$	T_{DM1}/Ma	T_{DM2}/Ma	$f_{Lu/Hf}$
CN - 14 - 5	526	0.040265	0.001123	0.282430	0.000012	0.282419	- 12.55	- 1.22	1165	1544	- 0.97
CN - 14 - 6	556	0.039500	0.000998	0.282408	0.000011	0.282397	- 13.35	- 1.31	1193	1574	- 0.97
CN - 14 - 7	543	0.031112	0.000746	0.282389	0.000012	0.282382	- 13.99	- 2.15	1210	1616	- 0.98

续表 3 - 6

Spot	Age/Ma	$^{176}Yb/^{177}Hf$	$^{176}Lu/^{177}Hf$	$^{176}Hf/^{177}Hf$	1σ	$(^{176}Hf/^{177}Hf)_i$	$\varepsilon_{Hf}(0)$	$\varepsilon_{Hf}(t)$	T_{DM1}/Ma	T_{DM2}/Ma	$f_{Lu/Hf}$
CN - 14 - 8	550	0.036103	0.000848	0.282408	0.000010	0.282399	- 13.33	- 1.38	1187	1573	- 0.97
CN - 14 - 1	507	0.056752	0.001367	0.282452	0.000014	0.282439	- 11.76	- 0.93	1141	1511	- 0.96
CN - 14 - 2	528	0.038384	0.000902	0.282392	0.000010	0.282383	- 13.91	- 2.46	1212	1624	- 0.97
CN - 14 - 3	514	0.028672	0.000666	0.282429	0.000012	0.282422	- 12.60	- 1.38	1153	1545	- 0.98

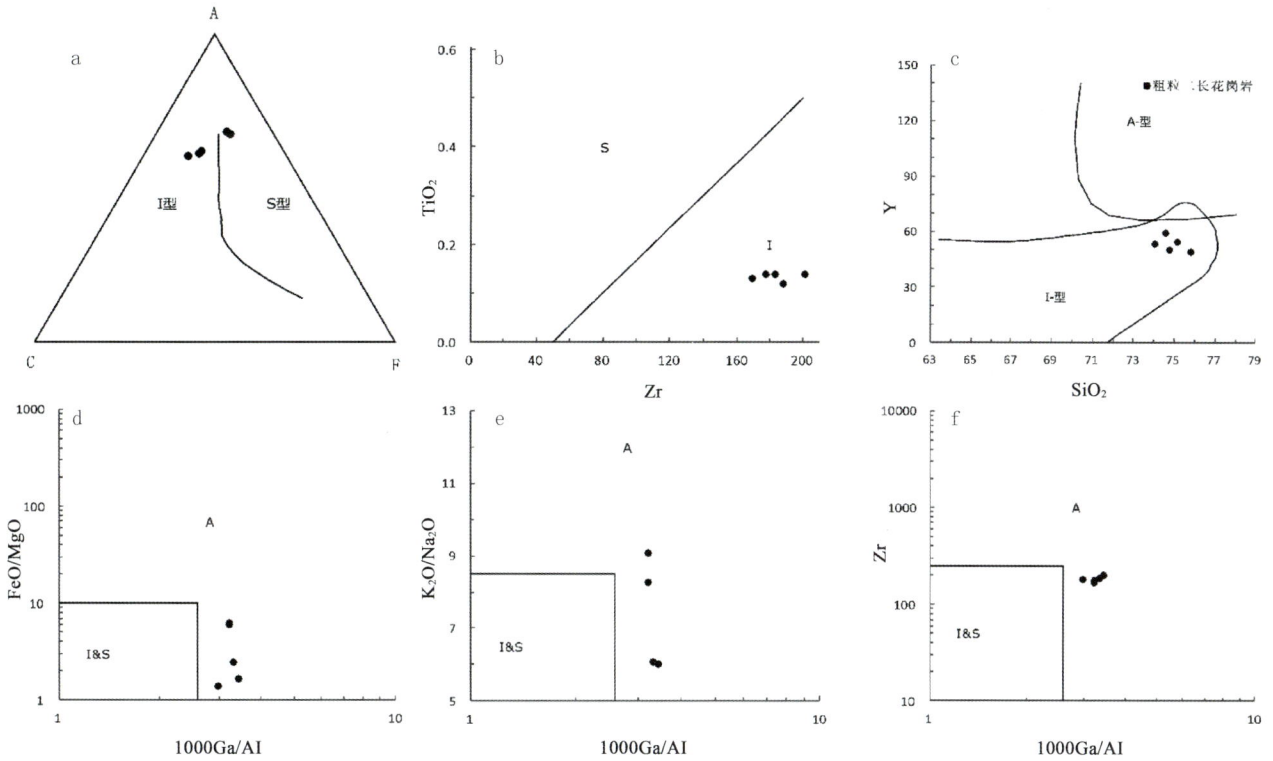

图 3 - 5 库南铅锌矿床中 - 晚寒武世二长花岗岩成因类型判别图

a 底图据中田节也,1979;b 底图据王中刚等,1980;c 和 f 底图据 Collis et al. ,1982;d 底图据 Whalen et al. ,1987;e 底图据 Chappell B W,1987。

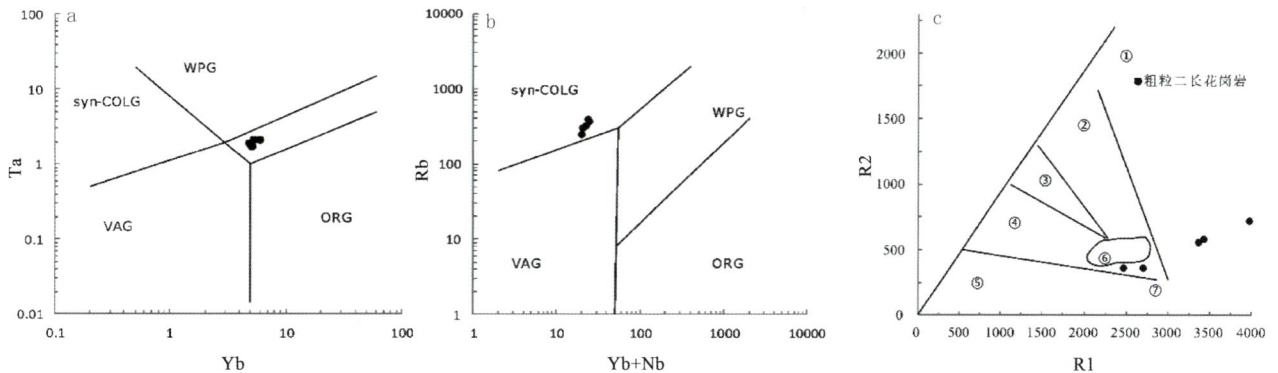

图 3 - 6 库南铅锌矿床中 - 晚寒武世二长花岗岩形成构造环境判别图

a 和 b 底图据 Pearce et al. ,1984;ORG - 大洋脊花岗岩,WPG - 板内花岗岩,VAG - 火山弧花岗岩,syn - COLG - 同碰撞花岗岩。

c 底图据 Batchelor and Bowden,1985;①－幔源花岗岩;②－板块碰撞前消减地区花岗岩;③－板块碰撞后隆起花岗岩;④－晚造山期花岗岩;⑤－非造山花岗岩;⑥－地壳熔融的花岗岩(同碰撞);⑦－造山后期花岗岩。

3.2.2 顶寒武世($\in_4$)花岗岩组合

该期次花岗岩目前只见于翠中－翠宏山铁多金属矿区,侵入铅山组($\in_1q$),被后期花岗岩类多次侵入破坏,呈残留小岩株状产出,岩石组合为花岗闪长岩($\gamma\delta\in_4$)＋二长花岗岩($\eta\gamma\in_4$)＋正长花岗岩($\xi\gamma\in_4$)＋碱长花岗岩($\kappa\rho\gamma\in_4$)。二长花岗岩和碱长花岗岩与铁及铁多金属成矿关系密切,矿体赋存于侵入接触矽卡岩带及层间矽卡岩带中。

1)成岩时代。

本次在翠宏山坑道中采取花岗闪长岩锆石 LA－ICP－MS U－Pb 年龄样 1 件(CH－50－1)、在翠中钻孔岩心中采取粗粒碱长花岗岩锆石 LA－ICP－MS U－Pb 年龄样 1 件(CZ－1)。

翠宏山细粒花岗闪长岩(CH－50－1)测年锆石大部分无色半透明,未见溶蚀和增生现象,多呈不完整的长或短的柱状,棱角清晰,晶面整洁光滑,锆石粒度为 60～130 μm。锆石阴极发光(CL)图像(图 3－7)显示锆石普遍具有清晰的核幔结构和细密的韵律环带结构,指示了其为岩浆成因的锆石。锆石的 U 含量(137～1266)×10^{-6}、Th 含量(56～286)×10^{-6},Th/U 比值 0.07～0.44(表 3－7)。12 组锆石的$^{206}Pb/^{238}U$加权平均年龄为 490.4±5.6 Ma(MSWD＝0.65)(图 3－7)。

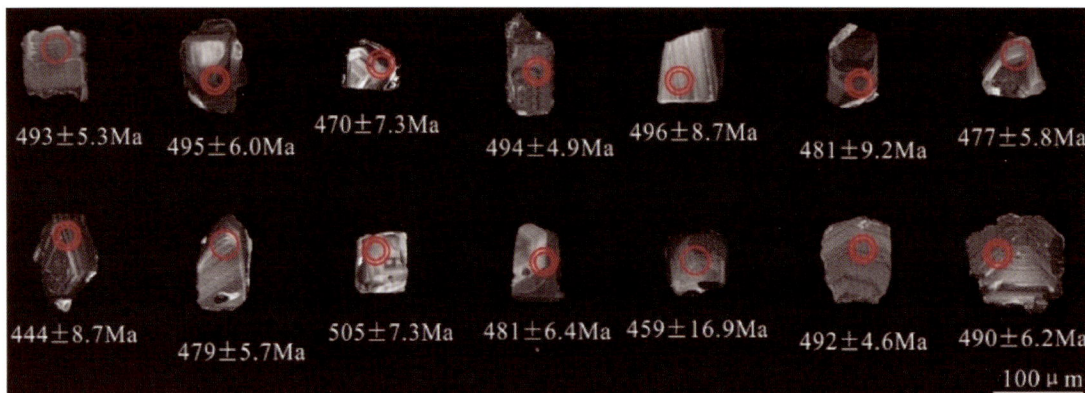

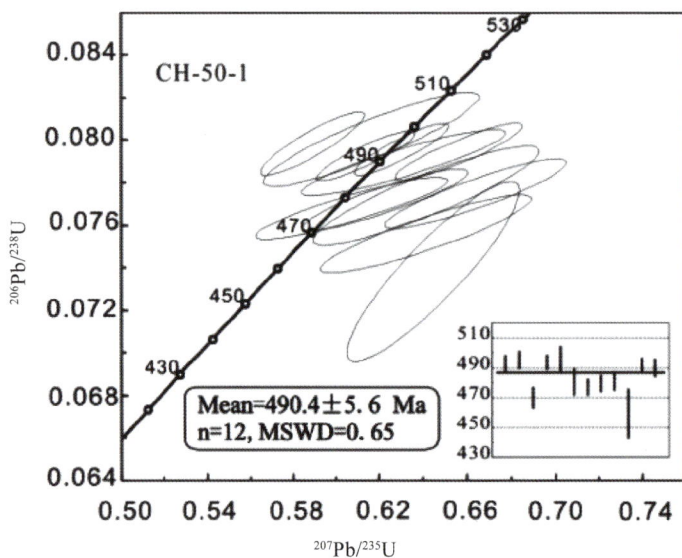

图 3－7 翠宏山顶寒武世花岗闪长岩(CH－50－1)锆石 CL 与 U－Pb 年龄谐和图

表 3-7　翠中 - 翠宏山顶寒武世花岗岩锆石 LA - ICP - MS 分析结果及年龄

Spot	Pb	Th	U	Th/U	$^{207}Pb/^{206}Pb$		$^{207}Pb/^{235}U$		$^{206}Pb/^{238}U$	
					Age/Ma	1σ	Age/Ma	1σ	Age/Ma	1σ
翠宏山花岗闪长岩(CH-50-1)										
CH-50-1-1	62	120	358	0.34	591	63.0	512	11.7	493	5.3
CH-50-1-2	81	170	517	0.33	343	93.5	470	10.2	495	6.0
CH-50-1-3	33	56	215	0.26	672	121.1	503	19.7	470	7.3
CH-50-1-7	226	87	1266	0.07	494	43.5	496	8.8	494	4.9
CH-50-1-8	29	60	137	0.44	476	120.4	487	20.5	496	8.7
CH-50-1-9	56	100	328	0.30	572	103.7	503	21.1	481	9.2
CH-50-1-10	58	123	324	0.38	509	111.1	482	18.4	477	5.8
CH-50-1-13	70	146	400	0.37	550	94.4	492	15.7	479	5.7
CH-50-1-15	47	93	288	0.32	683	88.9	517	16.6	481	6.4
CH-50-1-16	84	126	500	0.25	789	94.4	505	16.1	459	16.9
CH-50-1-18	140	286	889	0.32	456	53.7	486	9.4	492	4.6
CH-50-1-19	62	107	479	0.22	522	76.8	497	19.2	490	6.2
翠中粗粒碱长花岗岩(CZ-1)										
CZ-1-1	115	246	613	0.40	461	61.1	493	10.6	495	4.6
CZ-1-2	127	262	701	0.37	532	54.6	506	10.5	497	4.3
CZ-1-3	137	286	742	0.39	561	55.5	516	10.1	501	4.7
CZ-1-4	93	180	568	0.32	546	55.5	514	10.0	503	4.5
CZ-1-5	116	218	776	0.28	524	48.1	508	8.5	500	4.3
CZ-1-6	72	146	459	0.32	528	52.8	509	10.1	500	4.3
CZ-1-7	57	132	205	0.64	532	75.9	508	13.3	500	5.1
CZ-1-8	61	121	373	0.32	594	64.8	523	11.8	503	4.9
CZ-1-9	103	230	760	0.30	432	63.0	492	10.7	501	5.2
CZ-1-11	69	123	470	0.26	480	77.8	504	13.9	506	6.1
CZ-1-12	93	179	563	0.32	439	54.6	499	10.4	507	4.7
CZ-1-13	53	110	366	0.30	520	65.7	513	13.3	508	5.5
CZ-1-14	81	150	524	0.29	417	80.5	492	13.5	506	6.8
CZ-1-15	70	126	402	0.31	506	85.2	504	15.0	506	8.2
CZ-1-16	86	168	504	0.33	383	85.2	482	14.5	504	8.0
CZ-1-17	246	472	1278	0.37	528	70.4	508	12.0	505	6.6
CZ-1-18	133	260	729	0.36	476	162	497	29.3	504	8.4
CZ-1-19	73	91	328	0.28	769	91	558	18.1	506	8.3
CZ-1-20	110	205	635	0.32	343	77.8	479	15.0	505	8.6

翠中粗粒碱长花岗岩(CZ-1)锆石颗粒自形程度较差,形状不规则,多呈棱角-次棱角状,粒度60～150 μm,表面裂隙较少,多数锆石可见密集、清晰的震荡环带(图3-8);选择测试点时,尽量避开了裂纹裂隙,多选择环带清晰的锆石边部位置。锆石的 U 含量(205～1278)×10^{-6}、Th 含量(91～472)×10^{-6},Th/U 比值0.27～0.66,明显大于0.1,说明所选取的锆石为原生岩浆锆石(表3-7)。20组锆石 U-Pb 年龄值均集中在谐和线上或者附近(图3-8),变化幅度较小,数据协和度高,$^{206}Pb/^{238}U$ 加权平均年龄为502.8±2.9 Ma(MSWD=0.37)。

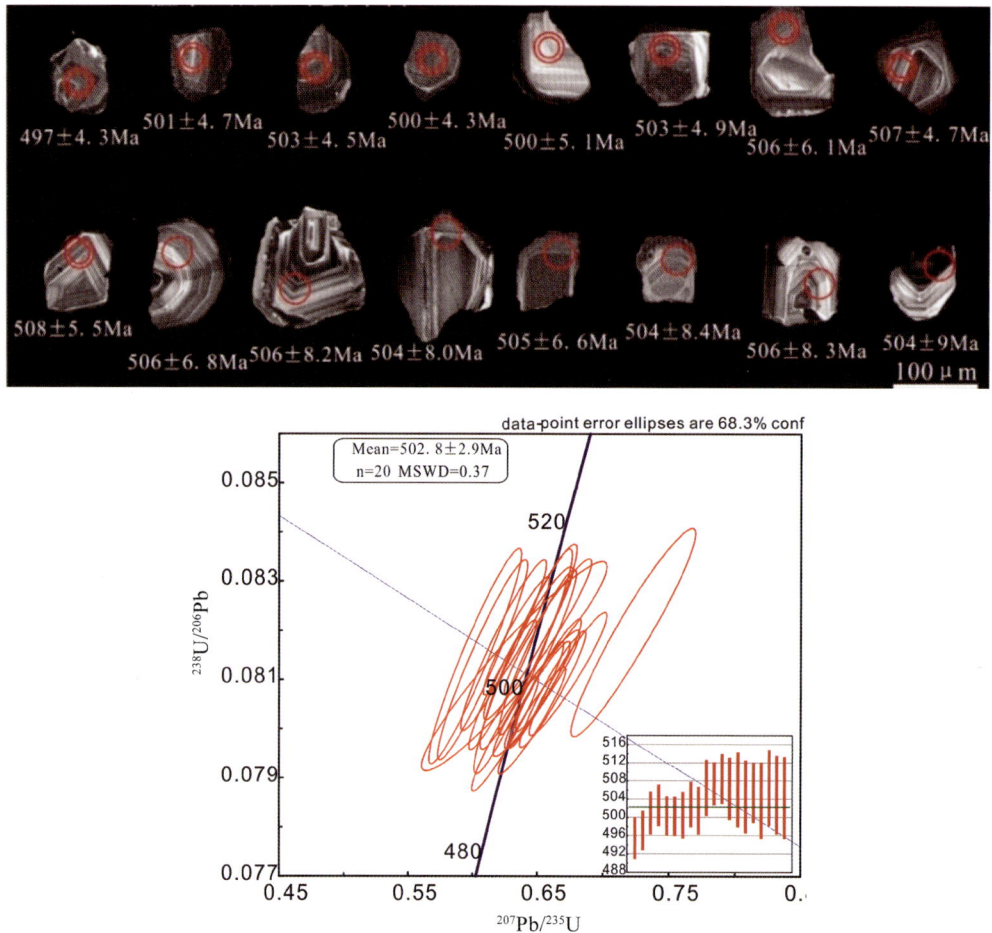

图3-8 翠中顶寒武世粗粒碱长花岗岩(CZ-1)锆石 CL 与 U-Pb 年龄谐和图

本次实测的2件锆石 U-Pb 年龄数据、收集的5件锆石 U-Pb 年龄数据(表3-3)表明,该期次花岗岩组合的成岩年龄为502～491 Ma,属于顶寒武世。其中,花岗闪长岩年龄为499～490 Ma,二长花岗岩年龄为496 Ma,正长花岗岩年龄为491 Ma,碱长花岗岩年龄为503～489 Ma。

2)岩石地球化学特征。

本次在翠宏山铁多金属矿采取的花岗闪长岩因受强烈的钠长石化影响,硅酸盐分析结果难以代表原岩的地球化学组成,仅能参考利用(附表 I-2)。

鸡岭二长花岗岩体的 SiO_2 含量为69.32%,Na_2O+K_2O 为7.28%,Na_2O/K_2O 值相对较小为0.61,表现出富钾特征;Al_2O_3 含量14.28%,MgO 含量0.74%,A/CNK 比值0.98 A/NK 比值1.51,在岩石化学特征图(图3-9)中属于亚碱性、准铝质、高钾钙碱性系列。

续表 3-9

矿床名称	样品名称	样品编号	Age /Ma	$^{176}Yb/^{177}Hf$	$^{176}Lu/^{177}Hf$	$^{176}Hf/^{177}Hf$	1σ	$(^{176}Hf/^{177}Hf)_i$	$\varepsilon_{Hf}(0)$	$\varepsilon_{Hf}(t)$	T_{DM1} /Ma	T_{DM2} /Ma	$f_{Lu/Hf}$
翠中	粗粒碱长花岗岩	CZ-1-1	495	0.065563	0.001542	0.282433	0.000013	0.282418	-12.46	-1.92	1174	1565	-0.95
		CZ-1-2	497	0.035598	0.000801	0.282388	0.000012	0.282380	-14.05	-3.24	1214	1649	-0.98
		CZ-1-3	501	0.053067	0.001230	0.282409	0.000011	0.282398	-13.29	-2.54	1198	1608	-0.96
		CZ-1-4	503	0.046163	0.001036	0.282407	0.000009	0.282397	-13.38	-2.53	1195	1609	-0.97
		CZ-1-5	500	0.037757	0.000880	0.282386	0.000010	0.282378	-14.09	-3.24	1218	1652	-0.97
		CZ-1-6	500	0.038796	0.000898	0.282442	0.000012	0.282434	-12.12	-1.27	1141	1527	-0.97
		CZ-1-7	500	0.030176	0.000646	0.282232	0.000009	0.282226	-19.55	-8.62	1425	1992	-0.98
		CZ-1-8	503	0.035019	0.000771	0.282417	0.000011	0.282409	-13.02	-2.08	1173	1580	-0.98
		CZ-1-9	501	0.074018	0.001510	0.282490	0.000013	0.282476	-10.44	0.23	1092	1433	-0.96
	黑云母（二长）花岗岩（陈贤，2015）	CZ-117-1	494	0.035976	0.001265	0.282436	0.000022			-1.4	1162	1552	
		CZ-117-2	495	0.031763	0.001176	0.282438	0.000023			-1.3	1156	1546	
		CZ-117-3	494	0.035850	0.001364	0.282407	0.000082			-2.4	1205	1619	
		CZ-117-4	494	0.024572	0.000819	0.282347	0.000026			-4.4	1272	1742	
		CZ-117-5	498	0.018988	0.000634	0.282435	0.000023			-1.2	1143	1541	
		CZ-117-6	494	0.017229	0.000603	0.282470	0.000025			0.0	1095	1463	
		CZ-117-7	492	0.026381	0.000871	0.282375	0.000026			-3.4	1234	1680	
		CZ-117-8	498	0.039778	0.001220	0.282370	0.000022			-3.7	1253	1700	
		CZ-117-9	498	0.023937	0.000741	0.282384	0.000026			-3.0	1218	1657	
		CZ-117-10	497	0.025120	0.000749	0.282346	0.000024			-4.4	1270	1742	
		CZ-117-11	498	0.028608	0.000886	0.282455	0.000026			-0.6	1123	1520	
		CZ-117-12	494	0.029960	0.000881	0.282468	0.000028			-0.1	1104	1472	
		CZ-117-13	497	0.027594	0.000989	0.282448	0.000029			-0.9	1136	1515	
		CZ-117-14	496	0.025307	0.000734	0.282380	0.000021			-3.2	1223	1666	
		CZ-117-15	498	0.030006	0.000849	0.282385	0.000021			-3.0	1219	1657	
		CZ-117-16	498	0.046235	0.001244	0.282407	0.000023			-2.4	1201	1616	
		CZ-117-17	496	0.031166	0.000861	0.282428	0.000021			-1.5	1160	1562	
		CZ-117-18	498	0.046909	0.001363	0.282370	0.000026			-3.7	1257	1700	
		CZ-117-19	496	0.022246	0.000652	0.282366	0.000024			-3.7	1239	1696	
		CZ-117-20	496	0.044078	0.001278	0.282341	0.000025			-4.7	1295	1764	

4）岩石成因。

顶寒武世花岗闪长岩、二长-碱长花岗岩总体上呈亚碱性、富钾、准铝-过铝质、轻重稀土分馏、Eu 负异常，富集 Th、U、Rb 等高场强元素，亏损 Ba、P、Ti 等大离子亲石元素的特征。花岗岩类型判别图（图 3-11）中，总体具有 I 型花岗岩的特征，并有向 A 型花岗岩演化的倾向。在形成构造环境判别图（图 3-12）中，投影点均落于碰撞-火山弧、晚造山期的花岗岩区内，综合研判其应形成于活动陆缘弧陆碰撞造山的构造环境。

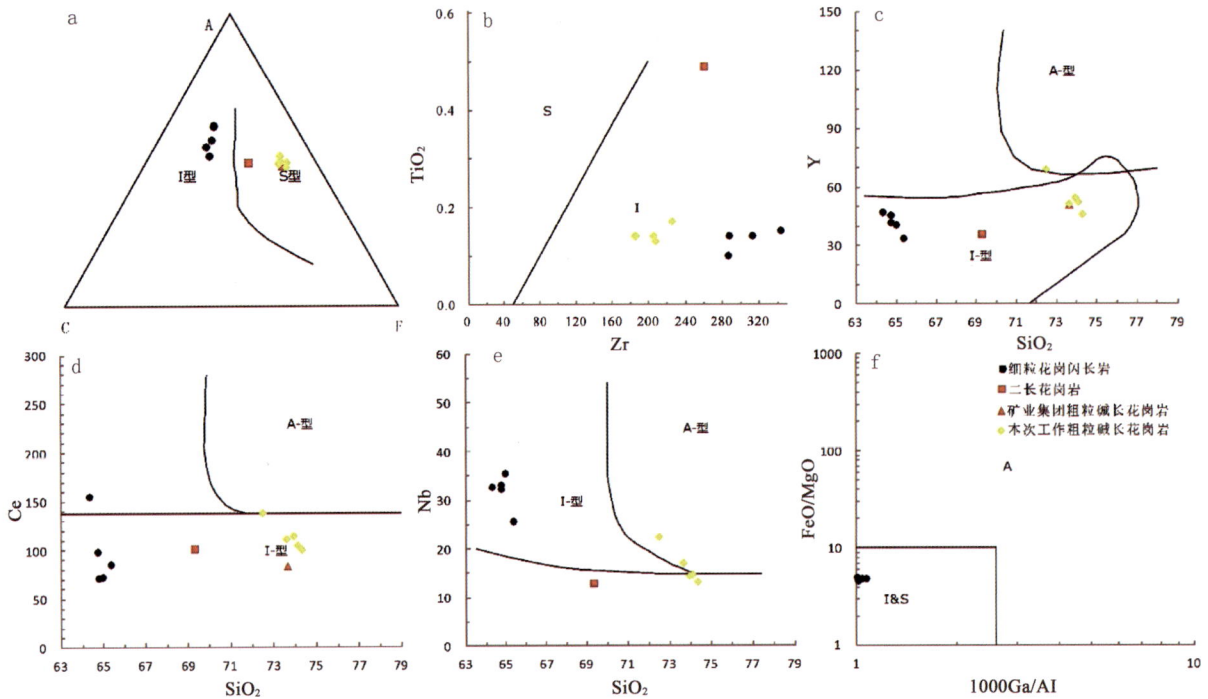

图 3 - 11　矿田顶寒武世花岗岩成因类型判别图

a 底图据中田节也,1979;b 底图据王中刚等,1980;c 和 d、e 底图据 Collis et al.,1982;f 底图据据 Whalen et al.,1987。

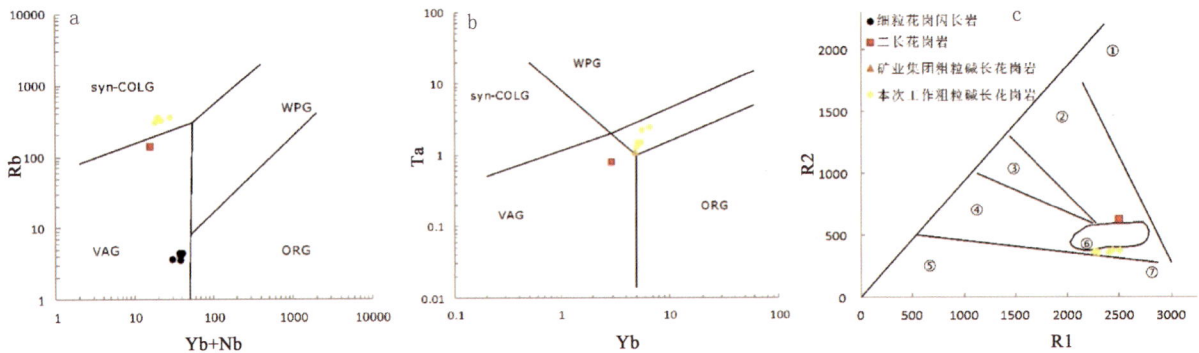

图 3 - 12　矿田顶寒武世花岗岩形成构造环境判别图

a 和 b 底图据 Pearce et al.,1984;ORG - 大洋脊花岗岩,WPG - 板内花岗岩,VAG - 火山弧花岗岩,syn - COLG - 同碰撞花岗岩。

c 底图据 Batchelor and Bowden,1985;① - 幔源花岗岩;② - 板块碰撞前消减地区花岗岩;③ - 板块碰撞后隆起花岗岩;

④ - 晚造山期花岗岩;⑤ - 非造山花岗岩;⑥ - 地壳熔融的花岗岩(同碰撞);⑦ - 造山后期花岗岩。

3.2.3　早 - 中奥陶世(O_{1-2})花岗岩组合

矿田早 - 中奥陶世二长花岗岩($\eta\gamma O_{1-2}$),主要见于枫桦林场东部,被晚二叠世、晚三叠世、早侏罗世花岗岩侵入分割,呈残留岩珠状产出。三兴山幅1:5 万区调获得的枫桦林场东部二长花岗岩 3 件锆石 U - Pb 年龄为 482.1 ~ 464.1 Ma,形成于早 - 中奥陶世。

岩石类型主要为条带状、片麻状二长花岗岩,细中粒或中粗粒似斑状花岗结构,片麻 - 弱片麻状构造。斑晶为碱性长石,呈半自形 - 他形宽板状、粒状,粗 - 巨粒(10 ~ 20 mm),占10% ~ 15%;基质由20% ~ 30%的碱性长石、25% ~ 45%的斜长石、20% ~ 35%的石英、2% ~ 5%的角闪石、2% ~ 5%的黑云母构成,粒度0.5 ~ 7.0 mm;碱性长石以条纹长石、微斜条纹长石为主,少数为微斜长石,包含斜长石小晶体交代净边和交代蠕虫结构;斜长石为中－更长石,晶面上见绢云母和白云母交代,具弱环带构造;副矿物组合中出现石榴石。

1)岩石地球化学特征。

二长花岗岩 SiO_2 含量70.45%~75.49%(附表Ⅰ－3),均值73.60%>67.00%;Na_2O+K_2O 值6.12%~10.60%变化范围大、均值8.07%,Na_2O/K_2O 比值一般为0.49~0.82,均值0.74,富钾;Al_2O_3 含量11.66%~15.51%,均值13.88%;A/CNK 比值一般为1.12~1.34,均值1.18>1.1,A/NK 比值为1.08~1.42,均值1.31;TiO_2 含量0.12%~0.42%,均值0.22%,Al_2O_3/TiO_2 比值(27.76~112.44)较小－中等、均值71.6;CaO 含量较低为0.201%~1.07%,均值0.63%,CaO/Na_2O 比值(0.07~0.34)较小、均值0.19;MgO 含量较低为0.12%~0.60%、均值0.30%;$TFeO+MgO+TiO_2$ 值一般为1.83%~2.75%,均值为2.07%;SiO_2 含量与 Na_2O+K_2O 和 Al_2O_3 的含量基本呈负相关关系,Al_2O_3/TiO_2 比值与 CaO/Na_2O 比值也基本呈负相关关系,$^{87}Sr/^{86}Sr$ 比值为0.731915~0.736869,具有加里东期高温强过铝花岗岩的岩石化学属性(Sylvester P J,1998);在岩石化学特征图(图3－13)中,多数投影点属于亚碱性、过铝质、钾玄岩－高钾钙碱系列,岩石分异指数(DI)为87.52~94.12,总体上属于岩浆分异程度较高的高温强过铝质花岗岩。

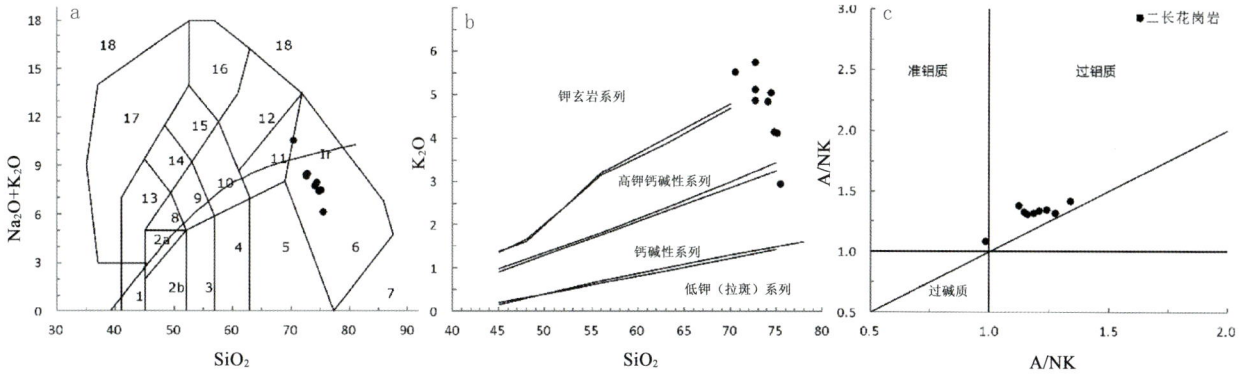

图3－13　矿田早－中奥陶世二长花岗岩岩石化学特征图

a 底图 Middlemost,1994;图中:Ir－Irvine 分界线,上方为碱性,下方为亚碱性;1－橄榄辉长岩,2a－碱性辉长岩,2b－亚碱性辉长岩,3－辉长闪长岩,4－闪长岩,5－花岗闪长岩,6－花岗岩,7－硅英岩,8－二长辉长岩,9－二长闪长岩,10－二长岩,11－石英二长岩,12－正长岩,13－副长石辉长岩,14－副长石二长闪长岩,15－副长石二长正长岩,16－副长正长岩,17－副长深成岩,18－霓方钠岩/磷霞岩/粗白榴岩。

b 底图据 Peccerillo R et al.,1976。c 底图据 Maniac and Piccolo,1989。

二长花岗岩的稀土元素总量(115.32~216.73)×10^{-6},均值152.88×10^{-6},相对较低,∑LREE/∑HREE比值2.85~9.18,均值4.21;(La/Yb)$_N$ 比值6.19~18.86,均值11.34;δEu 值0.37~0.67,均值0.49;具有明显的 LREE 富集、HREE 亏损、分馏明显、稀土配分曲线向右缓倾(图3－14)的特征。微量元素的配分模式图中,Cs、Ba、U、Ta、Nb、Sr、P、Ti 高场强元素相对亏损,其中 Sr、P、Ti 元素亏损最为明显;大离子亲石元素 Rb、Th、K 等相对富集。

2)岩石成因。

在花岗岩成因类型判别图(图3－15)中,早－中奥陶世二长花岗岩总体上具有Ⅰ型和 S 型花岗岩的双重属性,并有向 A 型花岗岩分异演化的趋势。在形成构造环境判别图(图3－16)上,投影点落于火山弧、碰撞构造背景、晚造山期的区间,整体上应形成于弧陆碰撞晚造山期相对伸展的构造环境,可能是碰撞后期岩石圈拆沉与软流圈上涌使地壳发生深熔形成的岩浆经进一步演化分异的产物。

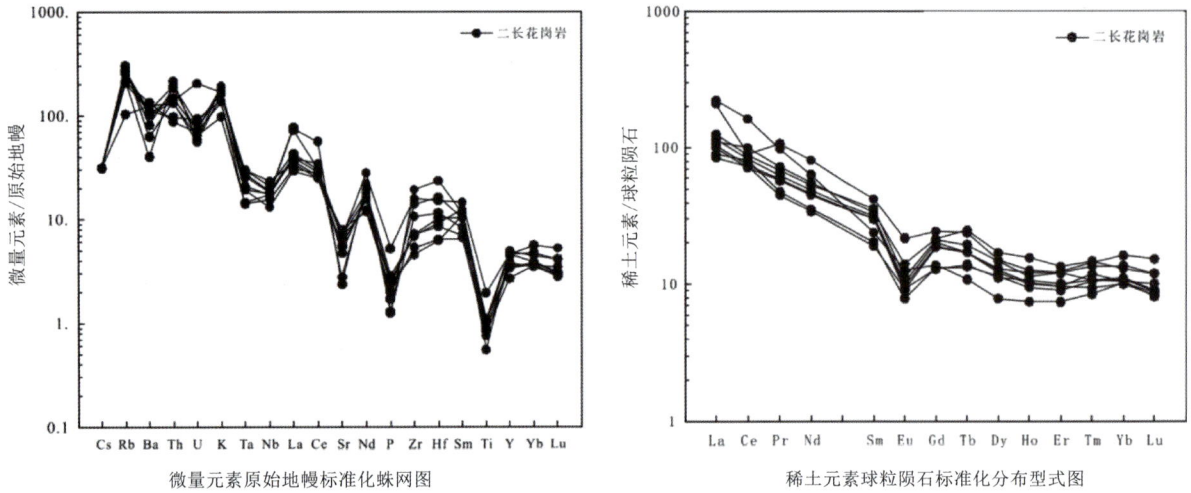

微量元素原始地幔标准化蛛网图

稀土元素球粒陨石标准化分布型式图

图 3-14 矿田早-中奥陶世二长花岗岩稀土元素与微量元素标准化曲线图

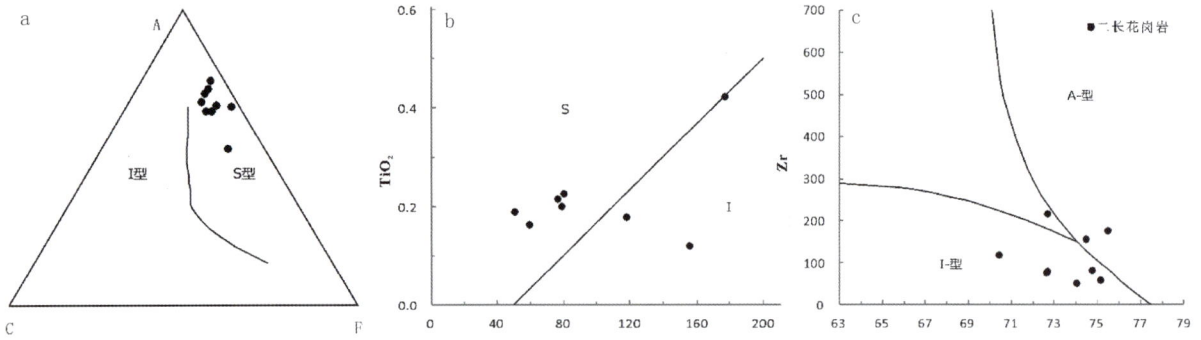

图 3-15 矿田早-中奥陶世二长花岗岩成因类型判别图

a 底图据中田节也,1979;b 底图据王中刚等,1980;c 底图据 Collis et al.,1982。

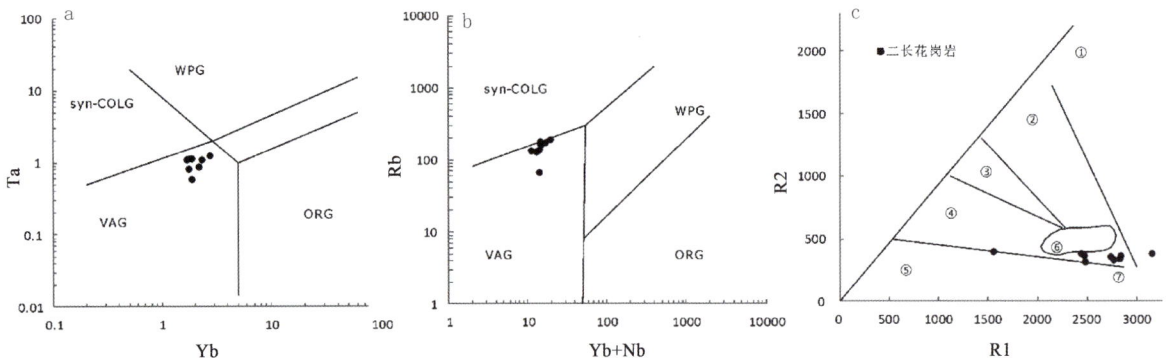

图 3-16 矿田早-中奥陶世二长花岗岩形成构造环境判别图

a 和 b 底图据 Pearce et al.,1984;ORG - 大洋脊花岗岩,WPG - 板内花岗岩,VAG - 火山弧花岗岩,syn - COLG - 同碰撞花岗岩,post - COLG -
后碰撞花岗岩。c 底图据 Batchelor and Bowden,1985;① - 幔源花岗岩;② - 板块碰撞前消减地区花岗岩;③ - 板块碰撞后隆起花岗岩;
④ - 晚造山期花岗岩;⑤ - 非造山花岗岩;⑥ - 地壳熔融的花岗岩(同碰撞);⑦ - 造山后期花岗岩。

3.2.4　晚二叠世(P$_3$)花岗岩组合

晚二叠世二长闪长岩(ηoP$_3$)+二长花岗岩($\eta\gamma$P$_3$)组合中,二长花岗岩呈岩株状分布于枫桦林场东部485-488高地一带;二长闪长岩是本次野外调查宏铁山铁矿时在采坑中发现的,呈残留包体状产于晚三叠世中粒二长花岗岩中。

二长花岗岩呈含粗斑中细粒花岗结构,块状构造。粗斑为碱性长石,含量10%~15%,灰白-浅肉红色,斑晶多为宽板状,部分为圆球状,具卡氏双晶,以条纹和微斜条纹长石为主,部分斑晶周围的黑云母等围绕斑晶定向排列形成"眼球状"构造。基质主要由20%~30%碱性长石、20%~30%斜长石、20%~25%石英和2%~5%黑云母组成,碱性长石多为肉红色半自形-自形板状,粒度1~4 mm,斜长石呈灰白色半自形-自形长条状,以中长石为主、更长石次之,石英呈灰白-烟灰色他形粒状、熔蚀圆粒状。部分碱性长石斑晶的环斑结构明显地反映出了浆混特征。

1)成岩时代。

二长闪长岩残留体(HTS-12)锆石大部分为无色半透明,粒度为70~180 μm,阴极发光(CL)图像(图3-17)显示锆石普遍具有清晰韵律及环带结构,锆石U含量(88~191)×10^{-6},Th含量(42~157)×10^{-6},Th/U比值0.34~0.84(表3-10),指示其为岩浆成因。锆石^{206}Pb/^{238}U加权平均年龄257±1.9 Ma(MSWD=6.1)(图3-17)。

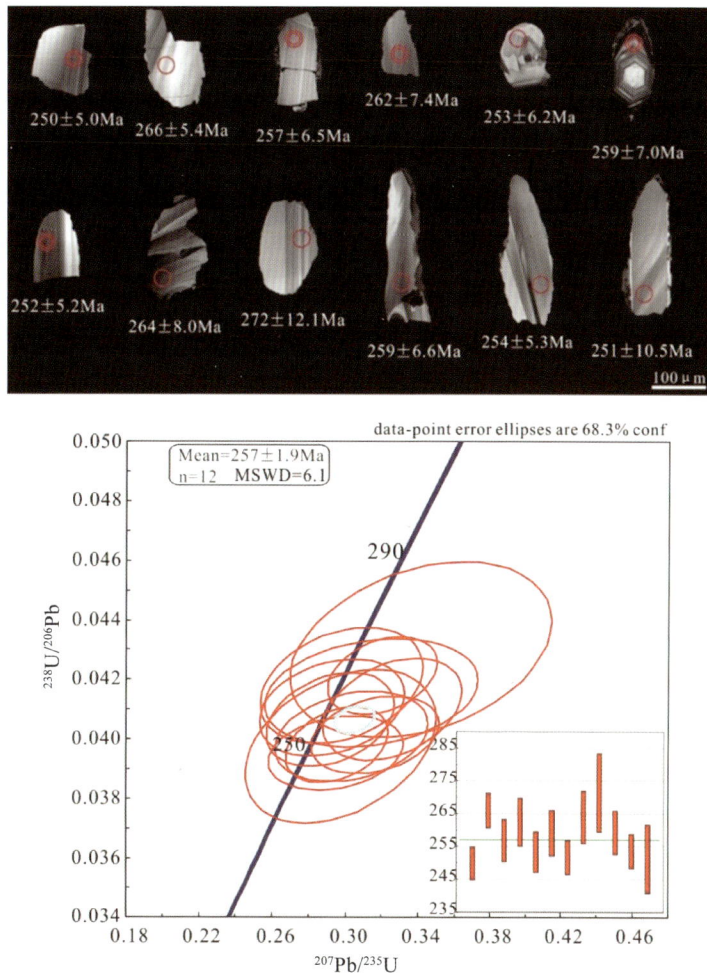

图3-17　宏铁山铁矿点二长闪长岩残留包体(HTS-12)锆石CL与U-Pb年龄谐和图

2)岩石地球化学特征。

二长闪长岩包体 SiO_2 含量53.41% ~54.22%,均值53.82%(附表Ⅰ-4);$Na_2O + K_2O$ 含量5.89% ~6.21%,均值6.06%;Na_2O/K_2O 比值相对较高为2.32 ~3.12,均值2.80;MgO 含量6.97% ~7.6%,均值7.22%;CaO 含量7.06% ~7.91%,均值7.42%。Al_2O_3 含量较高为14.75% ~15.34%,均值15.13%;A/CNK 比值为1.10 ~1.15,均值1.12;A/NK 比值为2.39 ~2.58,均值2.50;在岩石化学性质组图(图3-18)中,表现为碱性-亚碱性、钙碱性-高钾钙碱性系列、过铝质的特点。岩石分异指数(DI)46.77% ~49.02%,指示岩浆属分异程度较低的过铝质高钾钙碱性-钙碱性系列。

表3-10 宏铁山铁矿二长闪长岩残留体锆石 LA-ICP-MS 分析结果及年龄

Spot	Pb	Th	U	Th/U	$^{207}Pb/^{206}Pb$		$^{207}Pb/^{235}U$		$^{206}Pb/^{238}U$	
					Age/Ma	1σ	Age/Ma	1σ	Age/Ma	1σ
HTS-12-2	21.1	107	143	0.75	413	191	262	19.1	250	5.1
HTS-12-3	24.0	116	142	0.82	517	192	282	15.2	266	5.4
HTS-12-6	20.9	97	145	0.67	365	192	260	18.2	257	6.5
HTS-12-10	9.9	45	88	0.51	435	263	278	29.7	262	7.4
HTS-12-11	12.1	44	130	0.34	383	215	269	21.5	253	6.2
HTS-12-12	21.5	112	217	0.52	639	179	286	19.3	259	7.0
HTS-12-13	37.0	191	227	0.84	417	152	263	14.4	252	5.2
HTS-12-14	18.1	73	180	0.40	206	200	265	22.9	264	8.0
HTS-12-16	10.5	42	90	0.47	483	339	299	36.1	272	12.1
HTS-12-18	33.0	157	191	0.82	309	221	261	20.5	259	6.6
HTS-12-19	20.0	98	160	0.61	506	159	279	17.9	254	5.3
HTS-12-20	11.1	56	100	0.56	561	333	265	27.1	251	10.5

二长花岗岩 SiO_2 含量变化范围较大为68.86% ~80.18%,均值72.51%;$Na_2O + K_2O$ 含量5.40% ~8.04%,均值7.23%;Na_2O/K_2O 比值变化较大为0.34 ~1.34,均值0.89;Al_2O_3 含量较高为11.53% ~15.95%,均值14.77%;A/CNK 比值为1.07 ~1.66,均值1.22;A/NK 比值为1.29 ~1.73,均值1.51;CaO 含量范围变化较大为0.20% ~2.62%,均值1.39%;MgO 含量变化较大为0.131% ~1.26%,均值0.53%;TiO_2 含量0.06% ~0.48%,均值0.30%;$TFeO + MgO + TiO_2$ 值变化较大为0.49% ~4.72%,均值2.41%;Al_2O_3/TiO_2 比值较小-中等(25.75 ~220.00),均值83.01;CaO/Na_2O 比值较高(0.10 ~0.84),均值0.36;SiO_2 含量与 Al_2O_3 含量、SiO_2 含量与 $TFeO + MgO + TiO_2$ 之和、Al_2O_3/TiO_2 比值与 CaO/Na_2O 比值,均呈负相关关系;$^{87}Sr/^{86}Sr$ 比值为0.709277 ~0.71178,具有类似于高温强过铝花岗岩的岩石化学属性(Sylvester P J.,1998);在岩石化学特征图(图3-18)中,投影点表现为亚碱性、高钾钙碱-钾玄岩系列、过铝质的特征,岩石分异指数(DI)为78.49 ~93.27,总体上属于岩浆分异程度较高的高温型强过铝质花岗质岩石。

二长闪长岩包体 $\sum REE$ 总量(198.47 ~239.47)×10^{-6},均值223.01×10^{-6};$\sum LREE/\sum HREE$ 比值为4.39 ~4.78,均值4.60,$(La/Yb)_N$ 比值11.73 ~13.64,稀土配分曲线为右倾斜(图3-19),δEu 值为0.82 ~0.92,Eu 为弱负异常;微量元素标准化蛛网图上,具有显著的 Nb、Ta 负异常,Ba、P、Ti 弱亏损,富集 Rb、Pb。

二长花岗岩 $\sum REE$ 总量变化范围较大为(38.72 ~259.92)×10^{-6},均值131.95×10^{-6};$\sum LREE/\sum HREE$ 比值为2.62 ~10.91,均值6.53,$(La/Yb)_N$ 比值8.93 ~40.58,稀土配分曲线为右倾型(图3-19),δEu 值为0.54 ~1.38,Eu 多数为弱负异常;微量元素标准化蛛网图上,以 K 为界,右侧曲线形态相似性较好,

具有显著的 Nb、Ta、P、Ti 负异常,Sr 弱亏损,Hf 相对富集;左侧曲线形态相似性较差,多数样品的 Ba、U 表现为弱亏损。

3)Sr – Nd – Hf 同位素特征。

二长闪长岩残留包体的 $(^{87}Sr/^{86}Sr)_i$ 值为 0.70841 ~ 0.70843,$\varepsilon_{Nd}(t)$ 值为 0.2 ~ 0.8,地壳模式年龄 (T_{DM2}) 为 978 ~ 923 Ma(表 3 – 11)。包体中锆石的 $^{176}Hf/^{177}Hf$ 比值为 0.282713 ~ 0.282801,$\varepsilon_{Hf}(t)$ 值为 2.96 ~ 6.24,地壳模式年龄 (T_{DM2}) 变化范围为 1070 ~ 864 Ma(表 3 – 12)。

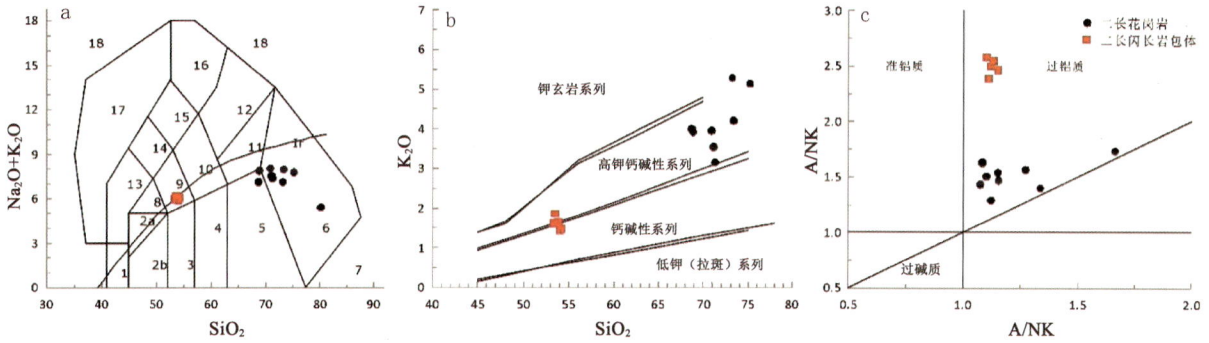

图 3 – 18　矿田晚二叠世花岗岩岩石化学特征图

a 底图 Middlemost,1994;图中:Ir – Irvine 分界线,上方为碱性,下方为亚碱性;1 – 橄榄辉长岩,2a – 碱性辉长岩,2b – 亚碱性辉长岩,3 – 辉长闪长岩,4 – 闪长岩,5 – 花岗闪长岩,6 – 花岗岩,7 – 硅英岩,8 – 二长辉长岩,9 – 二长闪长岩,10 – 二长岩,11 – 石英二长岩,12 – 正长岩,13 – 副长石辉长岩,14 – 副长石二长闪长岩,15 – 副长石二长正长岩,16 – 副长正长岩,17 – 副长深成岩,18 – 霓方钠岩/磷霞岩/粗白榴岩。

b 底图据 Peccerillo R et al. ,1976。c 底图据 Maniac and piccolo,1989。

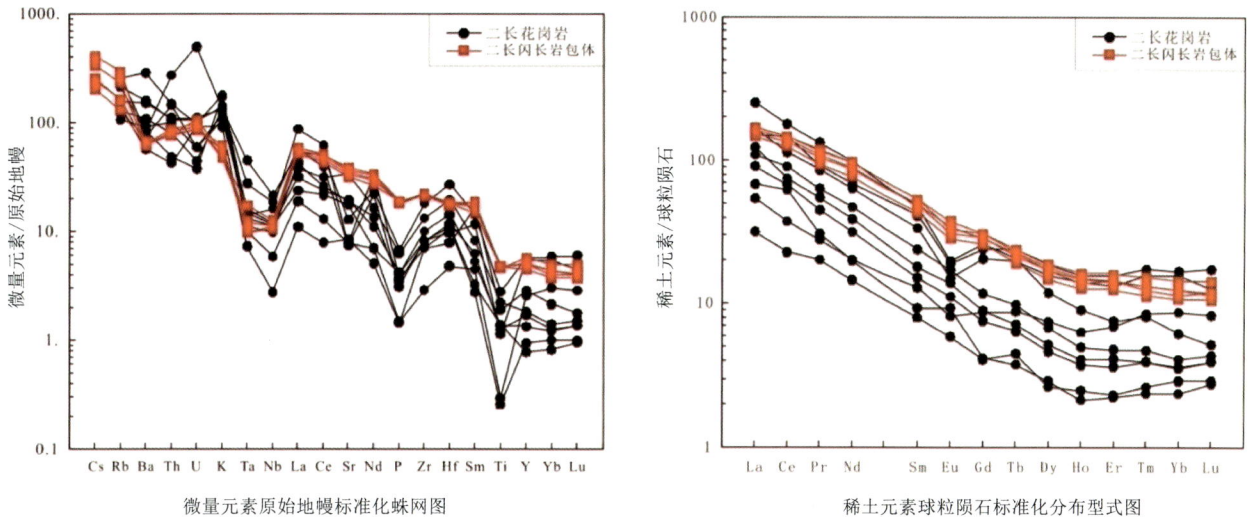

微量元素原始地幔标准化蛛网图　　稀土元素球粒陨石标准化分布型式图

图 3 – 19　矿田晚二叠世花岗岩稀土元素与微量元素标准化曲线图

表 3 – 11　宏铁山铁矿点二长岩残留包体全岩 Sr – Nd 同位素组成

样品编号	$\varepsilon Sr(0)$	$\varepsilon Sr(t)$	t_{mod}/Ma	$f_{Rb/Sr}$	$(^{87}Sr/^{86}Sr)_i$	$\varepsilon Nd(0)$	$\varepsilon Nd(t)$	$f_{Sm/Nd}$	T_{DM1}/Ma	T_{DM2}/Ma	$(^{143}Nd/^{144}Nd)_i$
HTS – 31	70.8	58.9	257	3.53	0.70841	– 1.4	0.8	– 0.42	897	923	0.51242
HTS – 32	67.4	59.2	257	2.42	0.70843	– 1.9	0.2	– 0.42	944	968	0.51239

表 3 – 12   宏铁山铁矿二长岩残留包体锆石 Hf 同位素分析结果

Spot	Age /Ma	$^{176}Yb/^{177}Hf$	$^{176}Lu/^{177}Hf$	$^{176}Hf/^{177}Hf$	1σ	$(^{176}Hf/^{177}Hf)_i$	$\varepsilon_{Hf}(0)$	$\varepsilon_{Hf}(t)$	T_{DM1}/Ma	T_{DM2}/Ma	$f_{Lu/Hf}$
HTS – 12 – 2	250	0.065342	0.001731	0.282751	0.000014	0.282743	–1.20	4.07	723	992	–0.95
HTS – 12 – 6	257	0.048929	0.001470	0.282742	0.000018	0.282735	–1.52	3.94	731	1006	–0.96
HTS – 12 – 9	267	0.053374	0.001502	0.282759	0.000015	0.282752	–0.91	4.76	707	961	–0.96
HTS – 12 – 10	262	0.041978	0.001055	0.282801	0.000011	0.282796	0.58	6.24	639	864	–0.97
HTS – 12 – 12	259	0.054521	0.001544	0.282713	0.000012	0.282706	–2.53	2.96	774	1070	–0.95
HTS – 12 – 13	252	0.093468	0.002487	0.282743	0.000014	0.282732	–1.48	3.71	750	1017	–0.93

4）岩石成因。

在花岗岩成因类型判别图（图 3 – 20）中，晚二叠世二长花岗岩总体上具有 I 型和 S 型花岗岩双重属性特征；在形成构造环境判别图（图 3 – 21）上，投影点均落于火山弧 – 同碰撞花岗岩区、地壳熔融花岗岩（同碰撞）区，结合岩石化学特征及区域构造演化背景，其应形成于活动陆缘火山弧陆碰撞的构造环境，是碰撞过程中地壳发生深熔结晶分异的产物。

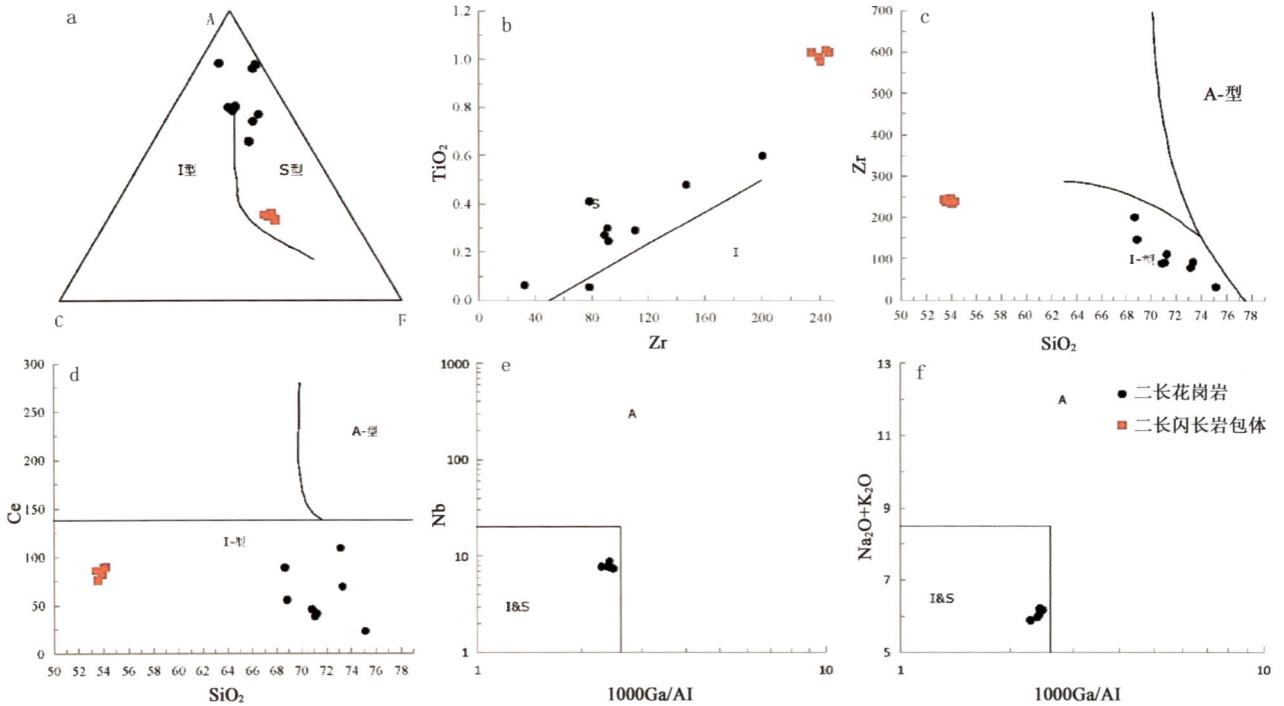

图 3 – 20   矿田晚二叠世二长花岗岩成因类型判别组图

a 底图据中田节也，1979；b 底图据王中刚等，1980；c 和 d 底图据 Collis et al.，1982；e 和 f 底图据 Whalen et al.，1987。

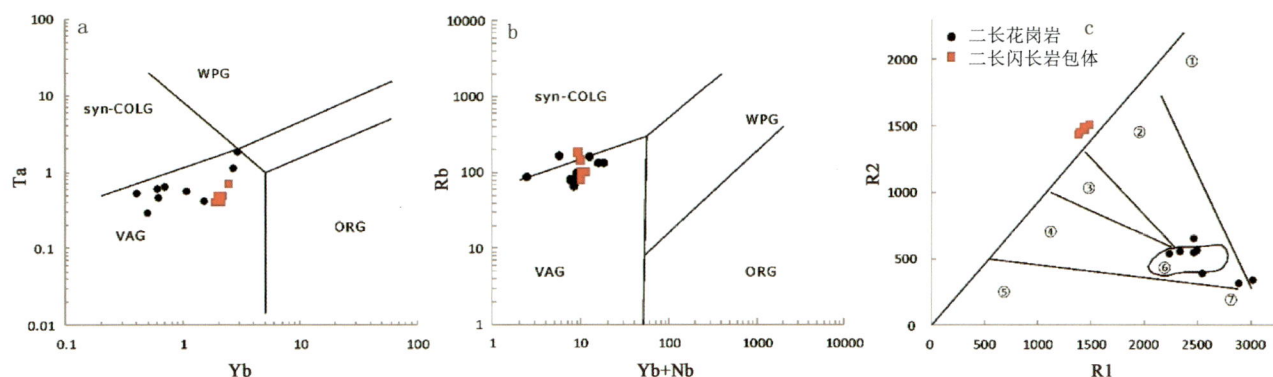

图 3－21 矿田晚二叠世花岗岩形成构造环境判别组图

a 和 b 底图据 Pearce et al.,1984;ORG - 大洋脊花岗岩,WPG - 板内花岗岩,VAG - 火山弧花岗岩,syn - COLG - 同碰撞花岗岩。

c 底图据 Batchelor and Bowden,1985;①- 幔源花岗岩;②- 板块碰撞前消减地区花岗岩;③- 板块碰撞后隆起花岗岩;④- 晚造山期花岗岩;⑤- 非造山花岗岩;⑥- 地壳熔融的花岗岩(同碰撞);⑦- 造山后期花岗岩。

3.2.5 晚三叠世(T_3)花岗岩组合

晚三叠世花岗闪长岩($\gamma\delta T_3$)＋二长花岗岩($\eta\gamma T_3$)＋正长花岗岩($\xi\gamma T_3$)＋碱长花岗岩($\kappa\rho\gamma T_3$)＋花岗斑岩($\gamma\pi T_3$)组合,主要分布于翠中、翠宏山、翠北、红旗山、宏铁山等铁多金属矿区,呈明显的南北向带状分布,岩珠状产出,是形成矽卡岩 - 斑岩型铁多金属矿床的重要成矿要素。

1)成岩时代。

本次对翠北铁多金属矿床中粗粒花岗闪长岩(CB - 9)、宏铁山铁多金属矿点花岗闪长岩(HTS - 25)和中粒二长花岗岩(HTS - 17)、红旗山铁多金属矿床中粒碱长花岗岩(HQS - 1)、翠中铁多金属矿床细粒碱长花岗岩(CZ - 8)、翠宏山铁多金属矿床花岗斑岩(CH10 - 3)开展了锆石 U - Pb 测年。

翠北中粗粒花岗闪长岩(CB - 9)的锆石大部分无色半透明,未见溶蚀和增生现象,呈不完整的短柱状,晶面整洁光滑,粒度为 80 ~ 200 μm;锆石阴极发光(CL)图像(图 3 - 22)显示锆石普遍具有清晰的核幔结构和细密的韵律环带结构,指示其为岩浆成因锆石。锆石的 Th、U 含量相对稳定、变化较小,含 U(88 ~ 247)× 10^{-6}、Th(38.6 ~ 226)× 10^{-6},Th/U 比值 0.44 ~ 0.91(表 3 - 13),$^{206}Pb/^{238}U$ 加权平均年龄为 201.4 ± 5.5 Ma(MSWD = 1.9)。

宏铁山中粒花岗闪长岩(HTS - 25)中的锆石大部分无色 - 半透明,粒度 50 ~ 150 μm;二长花岗岩(HTS - 17)的锆石大部分无色透明,未见溶蚀和增生现象,呈自形柱状,粒度为 60 ~ 120 μm;阴极发光(CL)图像(图 3 - 23、图 3 - 24)显示锆石普遍具有清晰韵律环带结构,为岩浆成因。花岗闪长岩锆石含 U(91 ~ 1545)× 10^{-6}、Th(30 ~ 1096)× 10^{-6},Th/U 比值 0.33 ~ 0.73,$^{206}Pb/^{238}U$ 加权平均年龄为 202.2 ± 2.7 Ma(MSWD = 9.1);中粒二长花岗岩的锆石含 U(510 ~ 2459)× 10^{-6}、Th(88.8 ~ 1216)× 10^{-6},Th/U 比值 0.37 ~ 1.19(表 3 - 13),$^{206}Pb/^{238}U$ 加权平均年龄为 203.6 ± 1.0 Ma(MSWD = 1.19)。

红旗山中粒碱长花岗岩(HQS - 1)的锆石大部分无色半透明,未见溶蚀和增生现象,呈自形长柱状或短柱状,部分锆石颗粒形态不完整,棱角清晰,晶面整洁光滑,粒度为 50 ~ 150 μm;锆石阴极发光(CL)图像(图 3 - 25)显示锆石普遍具有清晰的核幔结构和细密的韵律环带结构,指示锆石为岩浆成因。锆石 Th、U 含量相对稳定,除部分样品点之外变化较小,U 含量(91 ~ 1545)× 10^{-6},Th 含量(30 ~ 1096)× 10^{-6},Th/U 比值为 0.33 ~ 0.73,$^{206}Pb/^{238}U$ 加权平均年龄为 203.1 ± 1.3 Ma(MSWD = 9.1)。

翠中细粒碱长花岗岩(CZ - 8)的锆石颗粒自形程度较好,形状规则,多呈粒状,锆石颗粒 80 ~ 250 μm;锆石表面裂隙较少,多数锆石可见密集、清晰的震荡环带(图 3 - 26)。锆石含 U(208 ~ 634)× 10^{-6}、Th(93 ~

508）×10^{-6}、Th/U 比值 0.4～0.8,指示所选锆石为原生岩浆锆石^{206}Pb/^{238}U 加权平均年龄为 201 ± 6.4 Ma（MSWD = 0.37）。

翠宏山花岗斑岩（CH - 10 - 3）所选锆石大部分无色半透明,未见溶蚀和增生现象,多呈不完整的长或短的柱状,棱角清晰,晶面整洁光滑,锆石粒度为 80～180 μm;锆石阴极发光（CL）图像（图 3 - 27）显示锆石普遍具有清晰的核幔结构和细密的韵律环带结构,为岩浆成因的锆石。锆石含 U（277～777）×10^{-6}、Th（154～228）×10^{-6},Th/U 比值 0.40～0.66,^{206}Pb/^{238}U 加权平均年龄为 192.2 ± 7 Ma（MSWD = 0.85）。

结合收集的锆石 U - Pb 测年数据（表 3 - 3）,晚三叠世花岗岩的成岩年龄为 203.6～192.2 Ma,峰期 203.6～199.0 Ma,晚期形成钼钨成矿花岗斑岩。其中,花岗闪长岩的年龄为 202.2～201.4 Ma,二长花岗岩的为 203.6～199.0 Ma,碱长花岗岩的为 203.1～201 Ma,花岗斑岩的为 192.2 Ma。

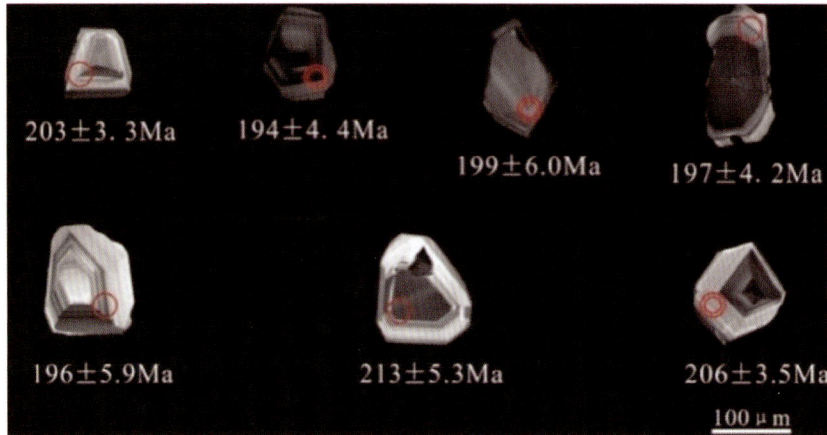

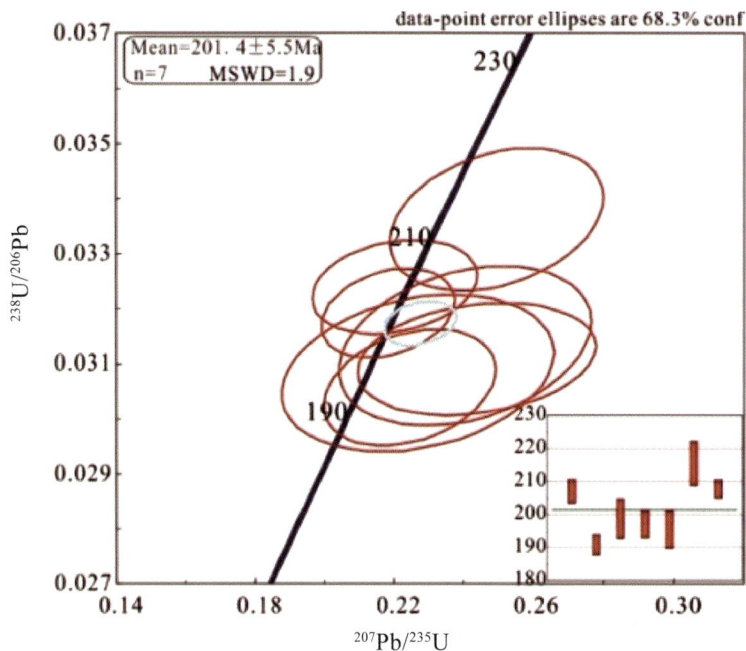

图 3 - 22　翠北花岗闪长岩（CB - 9）锆石 CL 与 U - Pb 年龄谐和图

表3-13　矿田晚三叠世花岗岩锆石 LA-ICP-MS 分析结果及测试年龄

Spot	Pb	Th	U	Th/U	$^{207}Pb/^{206}Pb$		$^{207}Pb/^{235}U$		$^{206}Pb/^{238}U$	
					Age/Ma	1σ	Age/Ma	1σ	Age/Ma	1σ
翠北花岗闪长岩										
CB-9-6	12.90	90.60	136	0.66	195	141	201	10.6	203	3.3
CB-9-8	18.30	130.0	202	0.64	367	161	206	13.6	194	4.4
CB-9-9	6.69	38.6	88.0	0.44	478	231	219	19.6	199	6.0
CB-9-11	34.20	212.0	443	0.48	487	200	222	18.4	197	4.2
CB-9-14	7.07	49.7	104	0.48	457	298	208	21.5	196	5.9
CB-9-16	6.29	44.3	91.5	0.48	506	188	226	16.3	213	5.3
CB-9-18	28.50	226.0	247	0.91	165	163	202	13.1	206	3.5
宏铁山花岗闪长岩(HTS-25)										
HTS-25-1	231.0	1216	2459	0.49	306	114.8	213	9.3	203	2.8
HTS-25-2	139.0	931	958	0.97	198	178.0	202	14.7	202	3.5
HTS-25-4	125.0	744	811	0.92	443	141.7	226	13.5	203	3.3
HTS-25-5	89.0	488	998	0.49	320	74.1	209	5.9	199	1.8
HTS-25-6	137.0	871	735	1.19	467	137.0	222	11.3	205	3.5
HTS-25-8	67.0	338	758	0.45	189	119.4	205	9.5	204	2.6
HTS-25-9	118.0	735	980	0.75	250	126.8	209	10.5	201	2.9
HTS-25-12	68.0	358	967	0.37	183	144.0	200	10.6	199	3.2
HTS-25-14	17.9	88.8	172	0.51	457	200.0	218	15.9	199	4.7
HTS-25-15	66.0	286	719	0.40	432	132.4	233	12.2	213	3.6
HTS-25-16	145.0	734	1196	0.61	306	96.3	219	7.5	211	3.2
HTS-25-19	83.0	419	1013	0.41	187	96.3	200	7.4	199	2.7
HTS-25-20	45.0	266	510	0.52	191	207.4	192	15.7	195	5.6
宏铁山中粒二长花岗岩(HTS-17)										
HTS-17-1	71.0	360	632	0.57	261	97.0	204	7.8	203	4.0
HTS-17-2	60.0	241	783	0.31	367	97.2	215	9.3	202	6.1
HTS-17-3	95.9	531	1436	0.37	332	197.2	214	16.6	203	4.4
HTS-17-4	58.0	212	722	0.29	420	111.0	229	10.3	216	6.6
HTS-17-5	94.0	462	633	0.73	213	108.0	210	9.7	209	5.2
HTS-17-6	74.0	301	983	0.31	256	101.8	206	7.9	208	6.7
HTS-17-7	56.0	274	508	0.54	317	137.0	208	11.7	206	6.9
HTS-17-8	54.0	181	919	0.20	276	108.3	208	10.7	205	8.2
HTS-17-9	46.0	177	697	0.25	187	118.5	207	10.3	209	6.1
HTS-17-10	28.6	108	409	0.27	256	146.0	207	12.8	207	7.0
HTS-17-11	40.0	164	576	0.29	183	117.0	201	9.9	205	6.9

续表 3 - 13

Spot	Pb	Th	U	Th/U	$^{207}Pb/^{206}Pb$		$^{207}Pb/^{235}U$		$^{206}Pb/^{238}U$	
					Age/Ma	1σ	Age/Ma	1σ	Age/Ma	1σ
HTS - 17 - 12	52.0	233	660	0.35	206	106.0	201	8.6	203	4.9
HTS - 17 - 13	58.0	231	751	0.31	239	72.2	204	8.7	203	5.7
HTS - 17 - 14	68.0	400	596	0.67	209	113.9	202	8.0	204	3.4
HTS - 17 - 15	50.0	270	451	0.60	191	112.0	208	9.8	207	3.8
HTS - 17 - 16	39.4	178	596	0.30	213	109.2	207	8.6	206	3.0
HTS - 17 - 17	26.0	135	313	0.43	417	116.0	208	10.1	190	4.7
HTS - 17 - 18	49.0	238	747	0.32	169	92.6	200	7.0	201	3.0
HTS - 17 - 19	58.0	285	818	0.35	176	111.0	202	9.0	203	3.5
HTS - 17 - 20	33.0	172	384	0.45	176	154.0	197	11.6	198	3.5
红旗山碱长花岗岩（HQS - 1）										
HQS - 1 - 1	38.0	196	318	0.62	417	97.0	227	9.3	210	3.0
HQS - 1 - 3	138.0	1096	1545	0.71	387	103.7	217	9.1	203	3.6
HQS - 1 - 4	89.0	709	1019	0.70	467	143.0	225	13.7	208	4.1
HQS - 1 - 5	34.0	211	288	0.73	220	133.0	198	10.5	200	3.8
HQS - 1 - 7	24.9	201	277	0.72	435	244.0	223	18.3	203	7.7
HQS - 1 - 11	54.3	416	650	0.64	254	126.0	204	9.9	203	4.2
HQS - 1 - 12	19.9	89	236	0.38	369	222.0	196	16.7	191	6.8
HQS - 1 - 14	28.4	232	342	0.68	617	254.0	225	20.8	206	6.7
HQS - 1 - 15	7.4	30	91	0.33	594	246.0	225	23.5	204	7.9
HQS - 1 - 17	34.5	184	354	0.52	233	120.0	202	9.7	202	3.4
HQS - 1 - 18	23.2	110	294	0.37	328	137.0	207	11.5	199	5.3
HQS - 1 - 19	12.8	63	168	0.38	487	173.0	221	17.7	203	6.3
HQS - 1 - 21	10.4	49	136	0.36	483	157.0	210	13.3	194	6.5
HQS - 1 - 22	33.0	142	344	0.41	413	220.3	203	17.1	195	7.7
翠中细粒碱长花岗岩（CZ - 7）										
CZ - 7 - 2	81.0	508	634	0.80	217	112.9	203	8.3	203	2.7
CZ - 7 - 4	18.4	113	208	0.54	239	138.0	198	10.8	197	3.5
CZ - 7 - 6	25.2	133	320	0.42	320	143.0	210	11.6	200	3.1
CZ - 7 - 7	49.0	284	451	0.63	167	143.0	198	11.4	203	3.1
CZ - 7 - 8	29.0	159	319	0.50	209	109.2	202	8.4	201	2.7
CZ - 7 - 9	22.7	126	311	0.40	198	99.1	200	7.7	201	2.8
CZ - 7 - 10	18.9	93	210	0.44	302	146.0	204	10.8	201	3.3
CZ - 7 - 12	24.6	130	309	0.42	254	188.0	197	13.1	195	4.3
CZ - 7 - 14	39.0	218	316	0.69	232	133.0	198	9.8	198	4.3

续表 3 − 13

Spot	Pb	Th	U	Th/U	$^{207}Pb/^{206}Pb$		$^{207}Pb/^{235}U$		$^{206}Pb/^{238}U$	
					Age/Ma	1σ	Age/Ma	1σ	Age/Ma	1σ
CZ − 7 − 15	35.0	219	305	0.72	454	198.0	228	18.9	208	6.4

翠宏山花岗斑岩(CH − 10 − 3)

Spot	Pb	Th	U	Th/U	Age/Ma	1σ	Age/Ma	1σ	Age/Ma	1σ
CH − 10 − 3 − 5	38.5	228	403	0.57	178.0	192	12.9	185	3.5	38.5
CH − 10 − 3 − 8	67.0	321	777	0.41	191.6	217	14.6	207	5.2	67.0
CH − 10 − 3 − 9	33.1	154	308	0.50	196.0	222	17.8	203	6.1	33.1
CH − 10 − 3 − 12	23.8	166	250	0.66	202.0	198	16.9	184	5.4	23.8
CH − 10 − 3 − 18	27.4	132	277	0.48	159.0	210	13.7	191	5.4	27.4
CH − 10 − 3 − 20	43.9	230	582	0.40	120.0	195	8.7	194	3.1	43.9

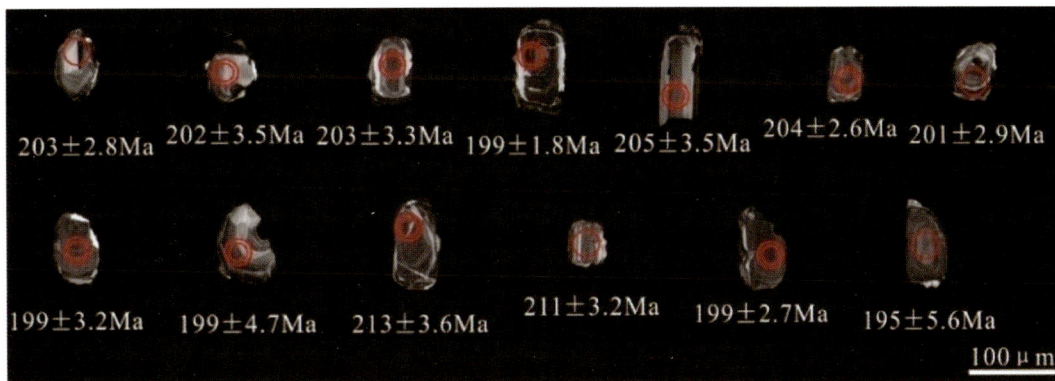

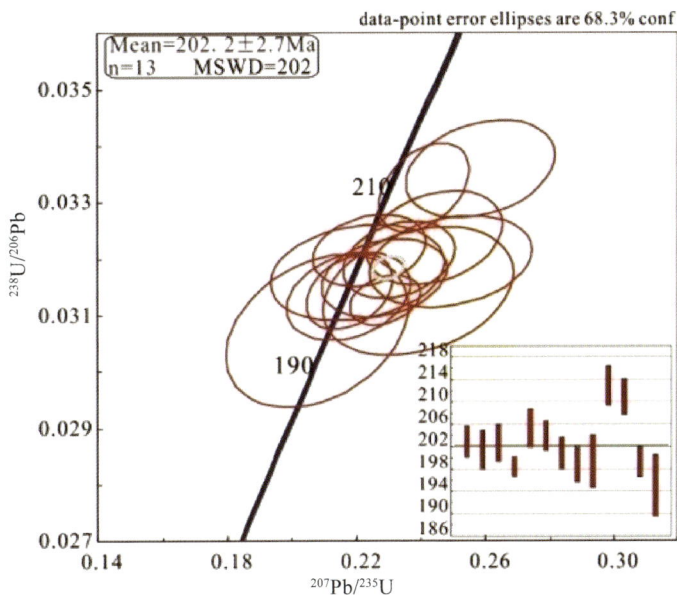

图 3 − 23　宏铁山花岗闪长岩(HTS − 25)锆石 CL 及部分点位年龄图

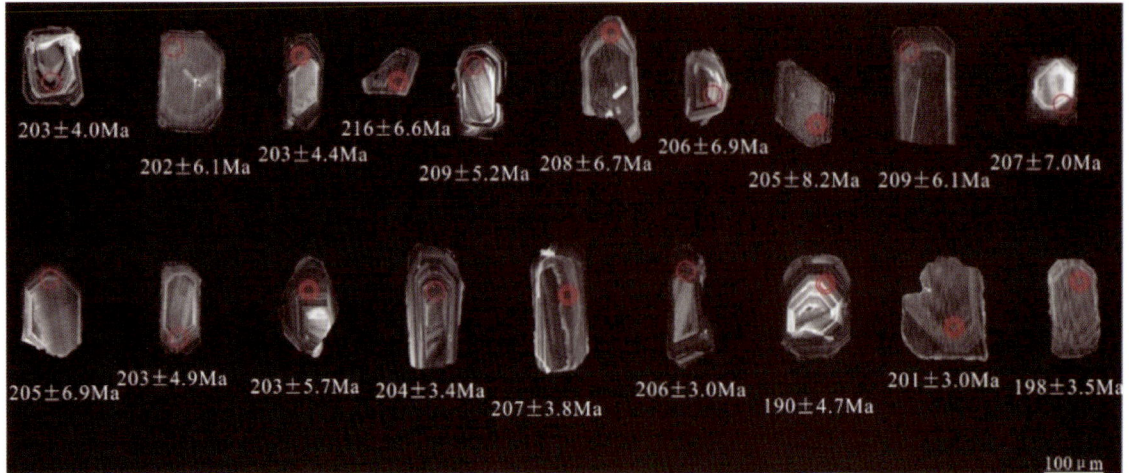

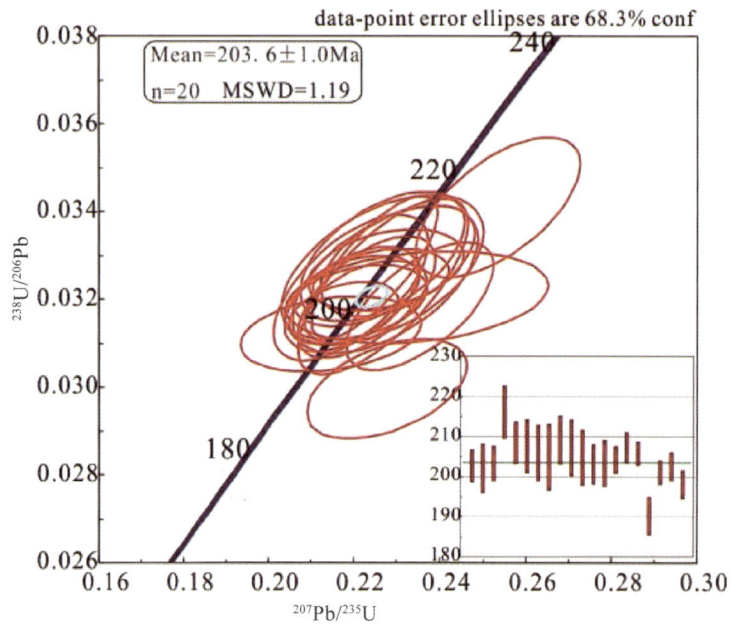

图 3 – 24　宏铁山中粒二长花岗岩(HTS – 17)锆石 CL 及部分点位年龄图

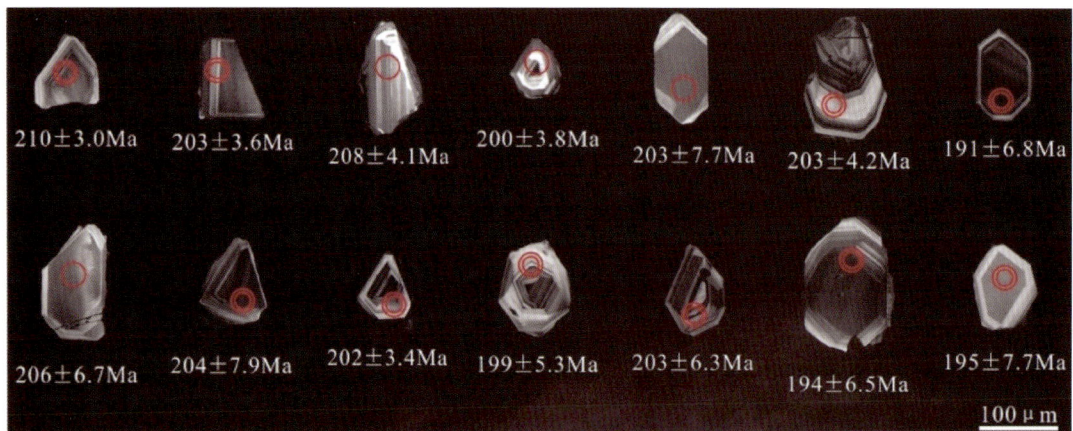

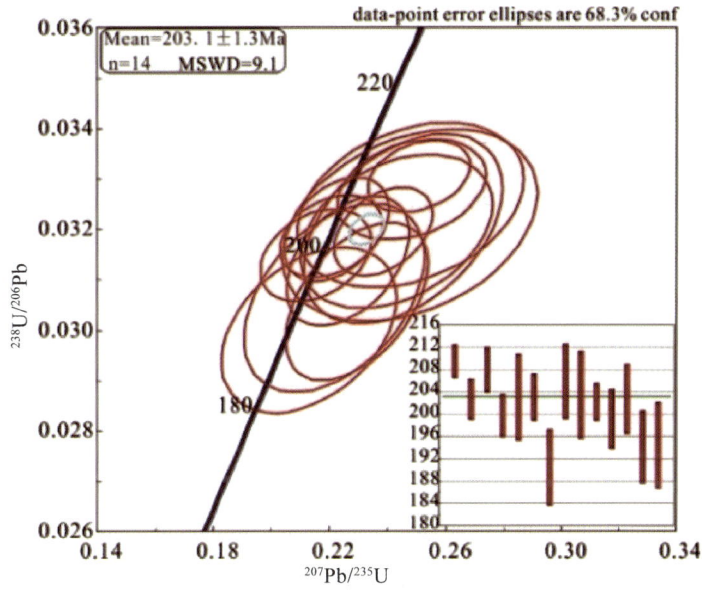

图 3 – 25　红旗山碱长花岗岩(HQS – 1)锆石 CL 与 U – Pb 年龄谐和图

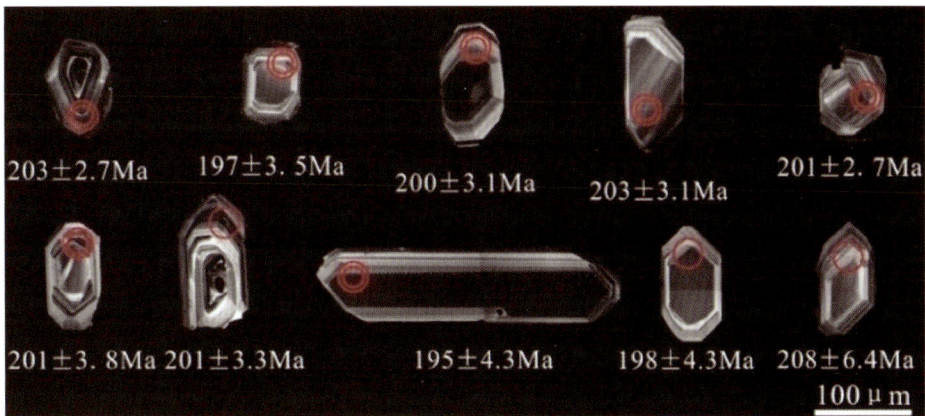

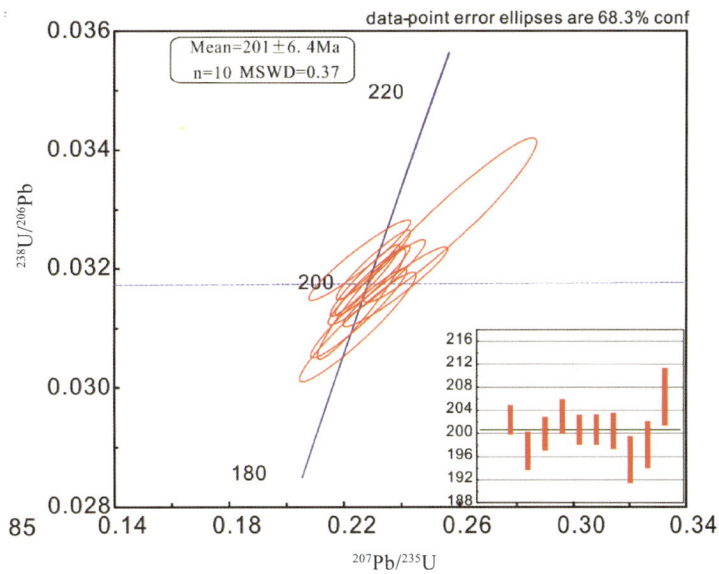

图 3 – 26　翠中细粒碱长花岗岩(CZ – 7)锆石 CL 与 U – Pb 年龄谐和图

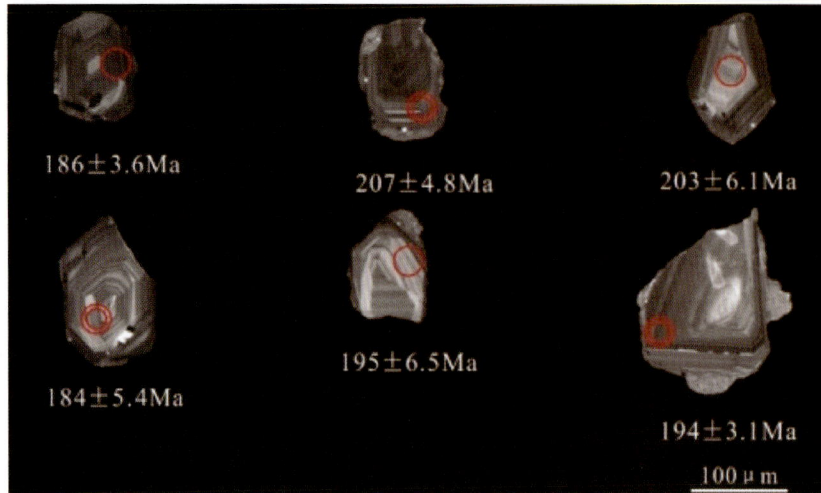

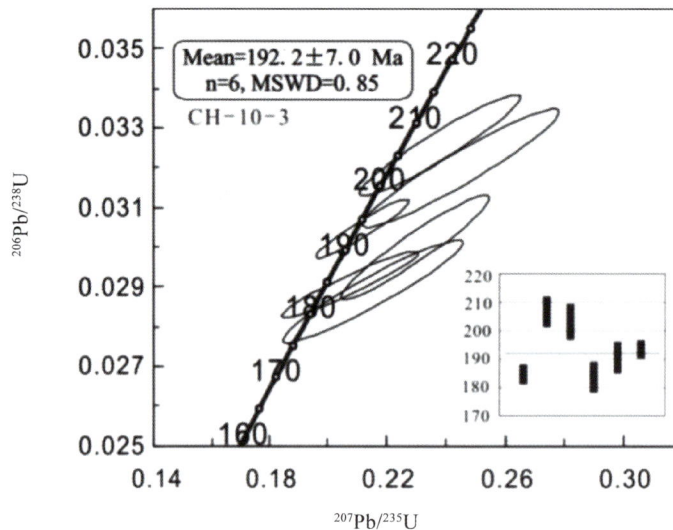

图 3 - 27　翠宏山花岗斑岩(CH - 10 - 3)锆石 CL 与 U - Pb 年龄谐和图

2)岩石化学特征。

(1)翠北中粗粒花岗闪长岩(CB - 9):SiO$_2$ 含量稳定 65.02% ~ 66.74%(附表 I - 5),均值 65.83%;Na$_2$O + K$_2$O 含量 9.25% ~ 9.55%,均值 9.45%;Na$_2$O/K$_2$O 比值相对较高为 0.87 ~ 0.94,均值 0.91;Al$_2$O$_3$ 含量较高为 16.08% ~ 16.64%,均值 16.39%;A/CNK 比值为 0.97 ~ 1.00,均值 0.98;A/NK 比值为 1.27 ~ 1.30,均值 1.28;在岩石化学性质特征图(图 3 - 28)中,属于碱性、准铝质、钾玄岩系列。岩石分异指数(DI) 81.17 ~ 82.80,岩浆属结晶分异程度中等。

粗粒花岗闪长岩 ∑REE 总量(238.03 ~ 333.59)× 10^{-6}(附表 I - 5),均值 302.80 × 10^{-6};∑LREE/ ∑HREE 比值为 3.67 ~ 6.07,均值 5.34;(La/Yb)$_N$ 比值 9.41 ~ 18.42,稀土配分曲线为右倾斜型(图 2 - 29),具有明显的 LREE 相对富集、HREE 相对亏损、且轻重稀土分馏明显的特征;δEu 值为 0.92 ~ 1.08,均值 1.02,无明显的异常。微量元素标准化蛛网图(图 3 - 29)上,具显著的 Nb、Ta、P、Ti 负异常,亏损 Sr、富集 Pb。

(2)宏铁山和翠宏山的二长花岗岩 SiO$_2$ 含量变化范围较大为 73.23% ~ 74.62%,均值 73.68%;Na$_2$O + K$_2$O 含量 8.21% ~ 8.92%,均值 8.61%;Na$_2$O/K$_2$O 比值 0.63 ~ 0.89,均值 0.79;Al$_2$O$_3$ 含量较高为 12.54% ~ 13.88%,均值 13.46%;A/CNK 比值为 1.04 ~ 1.41,均值 1.32;A/NK 比值为 1.17 ~ 1.60,均值

1.50;CaO 含量 0.74% ~1.54%,均值 1.15%;MgO 含量变化较大为 0.27% ~0.68%,均值 0.39%;TiO$_2$ 含量 0.07% ~0.26%,均值 0.20%;TFeO + MgO + TiO$_2$ 值变化较大为 1.58% ~3.31%,均值 2.36%;Al$_2$O$_3$/TiO$_2$ 比值较小 – 中等(50.96 ~179.14);CaO/Na$_2$O 比值较高(0.23 ~0.41),均值 0.30;具有类似于高温强过铝花岗岩的岩石化学属性;在岩石化学特征图(图 3 – 28)中,属于亚碱性、过铝质、高钾钙碱性系列。岩石分异指数(DI)为 90.22 ~91.48,总体上属于岩浆结晶分异程度较高的强过铝质花岗质岩石。

宏铁山中粒二长花岗岩 ∑REE 总量偏低(217.90 ~253.05)×10^{-6},均值 238.93 ×10^{-6};∑LREE/∑HREE 比值 6.16 ~7.28,均值 6.67;(La/Yb)$_N$ 比值 16.59 ~20.78;稀土配分曲线为右倾斜型(图 3 – 29),具有明显 LREE 相对富集、HREE 相对亏损、轻重稀土分馏明显的特征;δEu 值 0.47 ~0.63,均值 0.56,属中等负异常。微量元素标准化蛛网图(图 3 – 29)上,Nb、Ta、P、Ti 显著亏损,Ba、Sr 亏损,Pb、Ru、Th、U 相对富集。

翠宏山二长花岗岩 ∑REE 总量较低 181.48 ×10^{-6},∑LREE/∑HREE 比值较小 1.56,(La/Yb)$_N$ 比值 4.74,稀土配分曲线为右倾斜型(图 3 – 28),具明显的 LREE 相对富集、HREE 相对亏损且轻重稀土分馏明显的特征,δEu 值 0.09、具强烈负异常,δCe 值 0.63、具中等负异常。

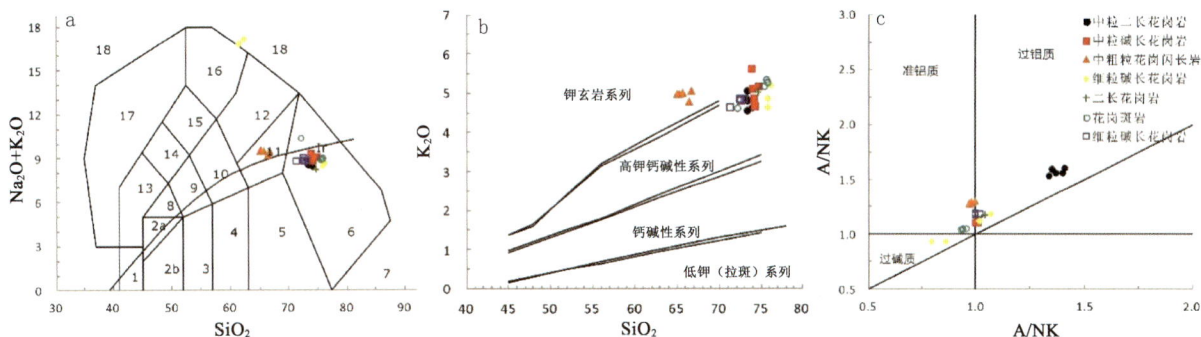

图 3 – 28　矿田晚三叠世花岗岩岩石化学特征图

a 底图 Middlemost,1994;图中:Ir – Irvine 分界线,上方为碱性,下方为亚碱性;1 – 橄榄辉长岩,2a – 碱性辉长岩,2b – 亚碱性辉长岩,3 – 辉长闪长岩,4 – 闪长岩,5 – 花岗闪长岩,6 – 花岗岩,7 – 硅英岩,8 – 二长辉长岩,9 – 二长闪长岩,10 – 二长岩,11 – 石英二长岩,12 – 正长岩,13 – 副长石辉长岩,14 – 副长石二长闪长岩,15 – 副长石二长正长岩,16 – 副长正长岩,17 – 副长深成岩,18 – 霓方钠岩/磷霞岩/粗白榴岩。

b 底图据 Peccerillo R et al.,1976。c 底图据 Maniac and Piccolo,1989。

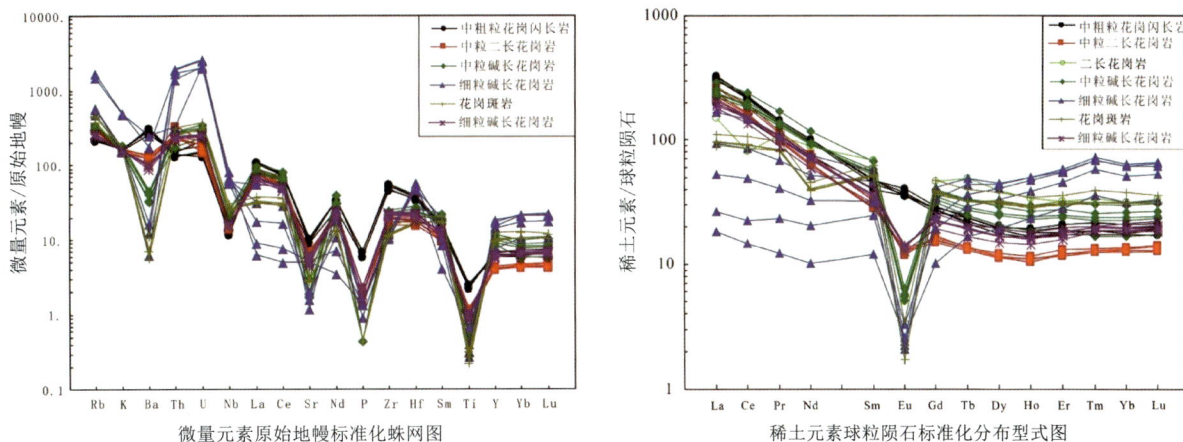

图 3 – 29　矿田晚三叠世花岗岩稀土元素与微量元素标准化曲线图

（3）红旗山碱长花岗岩 SiO_2 含量稳定 73.86% ~ 74.79%，均值 74.20%；$Na_2O + K_2O$ 含量 8.83% ~ 9.40%，均值 9.09%；Na_2O/K_2O 比值相对较高为 0.68 ~ 0.89，均值 0.79；Al_2O_3 含量 13.16% ~ 13.78%，均值 13.40%；A/CNK 比值为 1.00 ~ 1.01，A/NK 为 1.10 ~ 1.12；在岩石化学性质图（图 3 – 28）中，属于亚碱性、准铝质、高钾钙碱性 – 钾玄岩系列，岩石分异指数（DI = 93.29 ~ 93.78）大、岩浆分异程度较高。

中粒碱长花岗岩 ΣREE 总量为（298.75 ~ 376.24）× 10^{-6}，均值为 321.79 × 10^{-6}；LREE/HREE 比值为 2.89 ~ 4.26，平均值为 3.54；$(La/Yb)_N$ 比值较大 8.13 ~ 15.27，稀土配分曲线为右倾斜型（图 3 – 29），具明显的 LREE 相对富集、HREE 相对亏损、轻重稀土分馏明显的特征，δEu 值为 0.12 ~ 0.13，具显著的负异常。微量元素标准化蛛网图（图 3 – 29）上，Ba、Nb、Ta、P、Ti 负异常显著，Nb、Ta、Sr 亏损，Ru、Th、U、Pb 富集。

（4）翠宏山碱长花岗岩和翠中细粒碱长花岗岩 SiO_2 含量 71.33% ~ 76.19%，均值 73.73%；$Na_2O + K_2O$ 含量 8.52% ~ 9.02%，均值 8.81%；Na_2O/K_2O 相对较高为 0.69 ~ 0.91，均值 0.83；Al_2O_3 含量 12.85% ~ 14.26%，均值 13.75%；A/CNK 比值为 1.00 ~ 1.07，A/NK 比值为 1.12 ~ 1.19；在岩石化学性质组图（图 3 – 28 中，属于亚碱性、准铝 – 过铝质、高钾钙碱性系列，岩石分异指数（DI = 87.61 ~ 95.55）大、岩浆结晶分异程度较高。

翠宏山碱长花岗岩 ΣREE 总量（75.66 ~ 313.49）× 10^{-6}、变化范围大，均值 174.55 × 10^{-6}；LREE/HREE 比值 0.36 ~ 1.39，以小于 1 为主，均值 0.72；$(La/Yb)_N$ 比值 0.52 ~ 2.71，均值 1.23；δEu 值 0.05 ~ 0.24，负异常显著；稀土配分曲线为基本对称的"V"字形（图 3 – 29）；总体具有轻重稀土元素分馏不明显，Eu 元素负异常强烈的特点。微量元素标准化蛛网图（图 3 – 29）上，Ba、Sr、P、Ti 负异常显著，Ru、Th、U、Hf 富集。

翠中细粒碱长花岗岩 ΣREE 相对偏低为（208.82 ~ 238.80）× 10^{-6}，均值 229.14 × 10^{-6}；LREE/HREE 比值 3.80 ~ 4.32，均值 4.06；$(La/Yb)_N$ 比值较大 9.24 ~ 11.19，均值 9.91；稀土配分曲线为右倾斜型（图 3 – 29），具明显的比值 LREE 相对富集、比值 HREE 相对亏损、轻重稀土分馏明显的特征；δEu 值 0.40 ~ 0.50，为中等程度负异常。微量元素标准化蛛网图（图 3 – 29）上，Ba、Ta、Nb、P、Ti 负异常显著，Ru、Th、U、Hf 富集。

（5）翠宏山花岗斑岩 SiO_2 含量 72.22% ~ 75.90%，均值 75.03%；$Na_2O + K_2O$ 含量 8.93% ~ 10.39%，均值 9.26%；Na_2O/K_2O 相对较高为 0.68 ~ 1.26，均值 0.82；Al_2O_3 含量 12.22% ~ 15.28%，均值 12.89%；A/CNK 比值为 0.93 ~ 0.96，A/NK 比值为 1.04 ~ 1.05；在岩石化学性质图（图 3 – 28）中，表现为碱性 – 亚碱性、准铝质、高钾钙碱性的特点，岩石分异指数（DI = 95.60 ~ 96.25）大、岩浆结晶分异程度高。

花岗斑岩 ΣREE 为（181.85 ~ 225.88）× 10^{-6}，均值 195.02 × 10^{-6}；LREE/HREE 比值为 1.39 ~ 1.48，均值 1.45，$(La/Yb)_N$ 比值为 2.91 ~ 3.17，稀土配分曲线为右倾斜型（图 2 – 29），具有明显的 LREE 相对富集、HREE 相对亏损、且轻重稀土之间分馏相对明显，δEu 值 ≤ 0.06 的特征。微量元素标准化蛛网图（图 3 – 29）上，表现出 Rb、K、Th、U、Pb 等大离子亲石元素相对富集，Sr、Ta、Nb、P、Ti 等高场强元素相对亏损，P、Ti 亏损最为明显的特征。

3）Sr – Nd – Hf 同位素特征。

（1）翠北铁矿点花岗闪长岩全岩 $(^{87}Sr/^{86}Sr)_i$ 比值为 0.70847 ~ 0.70855，$\varepsilon_{Nd}(t)$ 值为 – 2.9 ~ – 2.4，地壳模式年龄（T_{DM2}）为 1219 ~ 1175 Ma（表 3 – 14）；锆石 $^{176}Hf/^{177}Hf$ 比值 0.282724 ~ 0.282813，$\varepsilon_{Hf}(t)$ 值为 1.97 ~ 5.08，地壳模式年龄（T_{DM2}）变化范围为 1079 ~ 884 Ma（表 3 – 15）。

（2）宏铁山中粒二长花岗岩的 $(^{87}Sr/^{86}Sr)_i$ 值为 0.70662 ~ 0.70683，$\varepsilon_{Nd}(t)$ 值为 – 1.1 ~ – 0.6，地壳模式年龄（T_{DM2}）为 1070 ~ 1030 Ma；锆石 $^{176}Hf/^{177}Hf$ 比值 0.282716 ~ 0.282767，$\varepsilon_{Hf}(t)$ 值为 2.07 ~ 3.71，地壳模式年龄（T_{DM2}）变化范围为 1085 ~ 982 Ma。花岗闪长岩锆石的 $^{176}Hf/^{177}Hf$ 比值为 0.282689 ~ 0.282802，$\varepsilon_{Hf}(t)$ 值为 1.15 ~ 4.78，地壳模式年龄（T_{DM2}）为 1150 ~ 909 Ma。

表 3 – 14　矿田晚三叠世花岗岩 Sr – Nd 同位素组成

岩性	样品编号	$\varepsilon_{Sr}(0)$	$\varepsilon_{Sr}(t)$	t_{mod}/Ma	$f_{Rb/Sr}$	$(^{87}Sr/^{86}Sr)_i$	$\varepsilon_{Nd}(0)$	$\varepsilon_{Nd}(t)$	$f_{Sm/Nd}$	T_{DM1}/Ma	T_{DM2}/Ma	$(^{143}Nd/^{144}Nd)_i$
翠北花岗	CB – 11	128.1	59.8	201.4	20.33	0.70847	– 4.9	– 2.4	– 0.50	1007	1175	0.51226
闪长岩	CB – 12	133.1	60.9	201.4	21.48	0.70855	– 5.5	– 2.9	– 0.51	1027	1219	0.51223
宏铁山中	HTS – 27	179.9	36.4	202.2	42.52	0.70683	– 3.8	– 1.1	– 0.55	871	1070	0.51232
粒二长花岗岩	HTS – 28	187.9	33.5	202.2	45.76	0.70662	– 3.3	– 0.6	– 0.53	857	1030	0.51235
红旗山中	HQS – 2	679.9	40.3	203.1	188.65	0.70710	– 2.9	– 1.1	– 0.36	1151	1072	0.51232
粒碱长花岗岩	HQS – 3	660.4	43.3	203.1	182.03	0.70731	– 4.7	– 2.7	– 0.40	1201	1204	0.51224
翠中细粒	CZ – 8	215.8	33.6	201.0	54.31	0.70663	– 2.7	– 0.3	– 0.47	910	1010	0.51236
碱长花岗岩	CZ – 9	229.8	34.6	201.0	58.20	0.70670	– 3.0	– 0.7	– 0.45	970	1043	0.51234
翠宏山花岗斑岩	CH – 10 – 4	403.9	104.7	192.2	93.27	0.71165	– 4.2	– 3.5	– 0.16	2255	1256	0.51221
	CH – 10 – 5	614.0	94.8	192.2	161.85	0.71095	– 4.6	– 3.8	– 0.17	2303	1287	0.51220
	CH – 10 – 6	593.7	111.7	192.2	150.25	0.71214	– 4.0	– 3.2	– 0.17	2143	1233	0.51223

表 3 – 15　矿田晚三叠世花岗岩锆石 Hf 同位素分析结果

矿床名称	样品名称	样品编号	Age/Ma	$^{176}Yb/^{177}Hf$	$^{176}Lu/^{177}Hf$	$^{176}Hf/^{177}Hf$	1σ	$(^{176}Hf/^{177}Hf)_i$	$\varepsilon_{Hf}(0)$	$\varepsilon_{Hf}(t)$	T_{DM1}/Ma	T_{DM2}/Ma	$f_{Lu/Hf}$
翠北	花岗闪长岩	CB – 9 – 1	189.0	0.024213	0.000649	0.282724	0.000013	0.282722	– 2.16	1.97	741	1079	– 0.98
		CB – 9 – 5	188.0	0.055319	0.001499	0.282757	0.000020	0.282751	– 1.01	2.99	711	1013	– 0.96
		CB – 9 – 8	194.0	0.066275	0.001748	0.282813	0.000014	0.282807	0.99	5.08	634	884	– 0.95
		CB – 9 – 9	199.0	0.035343	0.000951	0.282771	0.000012	0.282768	– 0.48	3.81	680	969	– 0.97
		CB – 9 – 12	193.0	0.031847	0.000799	0.282744	0.000014	0.282741	– 1.46	2.73	716	1034	– 0.98
		CB – 9 – 14	196.0	0.047645	0.001155	0.282732	0.000014	0.282728	– 1.86	2.34	739	1061	– 0.97
		CB – 9 – 15	210.0	0.039154	0.000975	0.282740	0.000015	0.282736	– 1.61	2.94	725	1034	– 0.97
		CB – 9 – 19	208.0	0.043325	0.001002	0.282754	0.000014	0.282750	– 1.08	3.40	705	1002	– 0.97
		CB – 9 – 20	187.0	0.044858	0.001091	0.282800	0.000011	0.282797	0.54	4.56	641	912	– 0.97
		CB – 9 – 21	192.0	0.026539	0.000640	0.282744	0.000014	0.282742	– 1.45	2.74	712	1032	– 0.98
宏铁山	花岗闪长岩	HTS – 25 – 2	202.0	0.088307	0.002189	0.282802	0.000016	0.282793	0.59	4.78	659	909	– 0.93
		HTS – 25 – 4	203.0	0.061482	0.001665	0.282722	0.000013	0.282716	– 2.22	2.07	764	1083	– 0.95
		HTS – 25 – 5	199.0	0.070343	0.001972	0.282725	0.000011	0.282718	– 2.13	2.03	766	1082	– 0.94
		HTS – 25 – 6	205.0	0.080522	0.002116	0.282766	0.000011	0.282758	– 0.68	3.60	710	987	– 0.94
		HTS – 25 – 8	204.0	0.053371	0.001404	0.282748	0.000008	0.282742	– 1.32	3.02	722	1023	– 0.96
		HTS – 25 – 12	199.0	0.048575	0.001358	0.282744	0.000011	0.282739	– 1.43	2.81	726	1033	– 0.96
		HTS – 25 – 14	199.0	0.054393	0.001637	0.282718	0.000015	0.282712	– 2.37	1.85	769	1095	– 0.95
		HTS – 25 – 15	213.0	0.051244	0.001392	0.282689	0.000011	0.282684	– 3.39	1.15	805	1150	– 0.96
		HTS – 25 – 17	215.0	0.056576	0.001577	0.282702	0.000011	0.282696	– 2.93	1.62	791	1121	– 0.95
		HTS – 25 – 19	199.0	0.051617	0.001426	0.282736	0.000012	0.282730	– 1.75	2.49	740	1053	– 0.96

续表 3 - 15

矿床名称	样品名称	样品编号	Age /Ma	^{176}Yb/^{177}Hf	^{176}Lu/^{177}Hf	^{176}Hf/^{177}Hf	1σ	(^{176}Hf/ ^{177}Hf)$_i$	ε_{Hf} (0)	ε_{Hf} (t)	T_{DM1} /Ma	T_{DM2} /Ma	$f_{Lu/Hf}$
宏铁山	中粒二长花岗岩	HTS - 17 - 3	203.0	0.046445	0.001233	0.282725	0.000011	0.282721	- 2.11	2.25	750	1072	- 0.96
		HTS - 17 - 4	216.0	0.041619	0.001068	0.282716	0.000009	0.282712	- 2.45	2.21	760	1085	- 0.97
		HTS - 17 - 6	208.0	0.049535	0.001359	0.282733	0.000010	0.282728	- 1.84	2.59	742	1054	- 0.96
		HTS - 17 - 8	205.0	0.045598	0.001186	0.282719	0.000010	0.282715	- 2.32	2.07	758	1085	- 0.96
		HTS - 17 - 13	203.0	0.087718	0.002158	0.282757	0.000013	0.282749	- 0.99	3.24	723	1009	- 0.94
		HTS - 17 - 15	207.0	0.078209	0.001869	0.282767	0.000013	0.282760	- 0.64	3.71	703	982	- 0.94
		HTS - 17 - 17	190.0	0.053501	0.001310	0.282730	0.000012	0.282725	- 1.94	2.12	745	1070	- 0.96
		HTS - 17 - 18	201.0	0.061375	0.001425	0.282753	0.000013	0.282748	- 1.13	3.15	715	1013	- 0.96
		HTS - 17 - 20	198.0	0.062889	0.001461	0.282752	0.000016	0.282747	- 1.16	3.06	716	1016	- 0.96
红旗山	中粒碱长花岗岩	HQS - 1 - 1	210.0	0.061433	0.001643	0.282739	0.000012	0.282733	- 1.61	2.82	738	1040	- 0.95
		HQS - 1 - 3	203.0	0.066666	0.001659	0.282770	0.000012	0.282764	- 0.54	3.75	695	976	- 0.95
		HQS - 1 - 8	212.0	0.050109	0.001283	0.282726	0.000014	0.282720	- 2.10	2.43	751	1067	- 0.96
		HQS - 1 - 11	203.0	0.040234	0.001016	0.282791	0.000010	0.282787	0.20	4.59	654	923	- 0.97
		HQS - 1 - 12	191.0	0.092534	0.002387	0.282828	0.000014	0.282819	1.52	5.45	624	857	- 0.93
		HQS - 1 - 15	204.0	0.065939	0.001418	0.282775	0.000015	0.282769	- 0.36	3.98	683	962	- 0.96
		HQS - 1 - 17	202.0	0.065663	0.001536	0.282774	0.000011	0.282768	- 0.40	3.89	687	966	- 0.95
		HQS - 1 - 18	199.0	0.043512	0.001068	0.282772	0.000011	0.282768	- 0.46	3.83	681	968	- 0.97
		HQS - 1 - 19	203.0	0.052631	0.001251	0.282806	0.000016	0.282801	0.75	5.09	636	890	- 0.96
		HQS - 1 - 21	194.0	0.053224	0.001237	0.282769	0.000013	0.282764	- 0.58	3.58	689	980	- 0.96
		HQS - 1 - 22	195.0	0.064736	0.001492	0.282824	0.000014	0.282819	1.39	5.53	614	856	- 0.96
翠中	细粒碱长花岗岩	CZ - 7 - 1	204.0	0.069211	0.001726	0.282753	0.000012	0.282746	- 1.15	3.16	721	1014	- 0.95
		CZ - 7 - 2	203.0	0.080732	0.001994	0.282757	0.000014	0.282749	- 1.00	3.23	721	1009	- 0.94
		CZ - 7 - 4	197.0	0.050860	0.001232	0.282763	0.000012	0.282758	- 0.80	3.42	697	992	- 0.96
		CZ - 7 - 6	200.0	0.039247	0.001004	0.282732	0.000014	0.282728	- 1.87	2.44	736	1057	- 0.97
		CZ - 7 - 7	203.0	0.074609	0.001709	0.282787	0.000016	0.282781	0.08	4.37	671	936	- 0.95
		CZ - 7 - 8	201.0	0.067302	0.001654	0.282769	0.000015	0.282763	- 0.56	3.69	696	978	- 0.95
		CZ - 7 - 9	201.0	0.074024	0.002037	0.282740	0.000011	0.282732	- 1.59	2.60	746	1047	- 0.94
		CZ - 7 - 11	219.0	0.099821	0.002283	0.282769	0.000012	0.282760	- 0.56	3.98	708	974	- 0.93
		CZ - 7 - 12	195.0	0.131057	0.003492	0.282848	0.000017	0.282835	2.22	6.12	613	819	- 0.90
		CZ - 7 - 14	198.0	0.108314	0.002355	0.282764	0.000013	0.282755	- 0.75	3.35	717	998	- 0.93
		CZ - 7 - 18	221.0	0.050293	0.001197	0.282774	0.000012	0.282769	- 0.41	4.33	681	953	- 0.96
翠中	翠中二长花岗岩(陈贤, 2015)	CZ - 116 - 1	194.0	0.042392	0.001523	0.282804	0.000068			5.2	643	903	
		CZ - 116 - 2	190.0	0.034333	0.001250	0.282943	0.000080			10.1	440	586	
		CZ - 116 - 4	194.0	0.041747	0.001450	0.282777	0.000066			4.2	681	965	
		CZ - 116 - 5	193.0	0.025100	0.000884	0.282837	0.000051			6.4	586	823	
		CZ - 116 - 6	194.0	0.044462	0.001568	0.282919	0.000063			9.2	479	644	
		CZ - 116 - 7	196.0	0.050149	0.001778	0.282799	0.000057			4.9	656	918	

续表 3－15

矿床名称	样品名称	样品编号	Age/Ma	^{176}Yb/^{177}Hf	^{176}Lu/^{177}Hf	^{176}Hf/^{177}Hf	1σ	(^{176}Hf/^{177}Hf)$_i$	ε_{Hf}(0)	ε_{Hf}(t)	T_{DM1}/Ma	T_{DM2}/Ma	$f_{Lu/Hf}$
翠中	翠中二长花岗岩(陈贤,2015)	CZ－116－8	194.0	0.049513	0.001864	0.282878	0.000064			7.7	542	739	
		CZ－116－9	190.0	0.052367	0.001919	0.282860	0.000069			7.1	570	781	
		CZ－116－10	194.0	0.070628	0.002510	0.282539	0.000064			－4.3	1051	1059	
		CZ－116－11	196.0	0.064606	0.002119	0.282801	0.000053			5.0	659	915	
		CZ－116－12	190.0	0.047734	0.001702	0.282833	0.000051			6.2	606	841	
		CZ－116－13	190.0	0.058306	0.001779	0.282814	0.000038			5.5	634	883	
		CZ－116－14	193.0	0.079250	0.002664	0.282786	0.000044			4.4	690	953	
		CZ－116－15	190.0	0.044048	0.001537	0.282832	0.000038			6.2	604	841	
		CZ－116－16	192.0	0.049446	0.001682	0.282856	0.000039			7.0	572	788	
		CZ－116－19	193.0	0.049738	0.001827	0.282759	0.000034			3.5	714	1008	
		CZ－116－20	196.0	0.049454	0.001898	0.282753	0.000041			3.3	724	1022	
翠宏山	中粒二长花岗岩(陈贤,2018)	CHS－1－1	196.1	0.0664	0.003232	0.282733	0.000028		－1.4	2.5	782	1077	－0.90
		CHS－1－2	192.4	0.0529	0.002542	0.282723	0.000066		－1.7	2.2	781	1096	－0.92
		CHS－1－3	196.7	0.03169	0.001471	0.282647	0.000042		－4.4	－0.3	868	1255	－0.96
		CHS－1－4	193.5	0.03926	0.001891	0.282751	0.000049		－0.7	3.3	727	1027	－0.94
		CHS－1－5	196.5	0.0632	0.00286	0.282708	0.000038		－2.3	1.7	811	1130	－0.91
		CHS－1－6	192.2	0.03264	0.0017683	0.282743	0.000044		－1.0	3.0	736	1044	－0.95
		CHS－1－7	194.5	0.0335	0.001695	0.282679	0.000074		－3.3	0.8	827	1187	－0.95
		CHS－1－8	191.0	0.0509	0.002532	0.282674	0.000037		－3.5	0.4	853	1206	－0.92
		CHS－1－9	195.7	0.04529	0.002445	0.282692	0.000035		－2.8	1.2	825	1163	－0.93
		CHS－1－10	192.2	0.03082	0.0016432	0.282743	0.000056		－1.0	3.0	734	1043	－0.95
		CHS－1－11	195.4	0.0375	0.0020111	0.282719	0.000035		－1.9	2.2	776	1099	－0.94
翠宏山	细粒碱长花岗岩(陈贤,2018)	CHS－2－1	201.0	0.0724	0.00277	0.282753	0.000047		－0.7	3.4	742	1026	－0.92
		CHS－2－2	203.8	0.078	0.003393	0.282766	0.000037		－0.2	3.8	735	1000	－0.90
		CHS－2－3	204.8	0.1217	0.004899	0.282723	0.000041		－1.7	2.1	836	1110	－0.85
		CHS－2－4	207.3	0.0903	0.00353	0.282717	0.000044		－1.9	2.1	813	1110	－0.89
		CHS－2－5	202.5	0.0766	0.00325	0.282745	0.000043		－1.0	3.1	764	1047	－0.90
		CHS－2－6	203.5	0.0556	0.00229	0.282765	0.00006		－0.2	3.9	715	993	－0.93
		CHS－2－7	207.0	0.1103	0.0041	0.282698	0.000039		－2.6	1.4	855	1158	－0.88
		CHS－2－8	208.8	0.1078	0.00428	0.282714	0.000053		－2.1	1.9	835	1123	－0.87
		CHS－2－9	203.0	0.074	0.00367	0.282792	0.000056		0.7	4.7	702	944	－0.89
		CHS－2－10	202.1	0.0542	0.002407	0.28278	0.000036		0.3	4.4	695	961	－0.93
翠宏山	花岗斑岩	CH－10－3－2	217.0	0.052612	0.001397	0.282700	0.000012	0.282694	－3.01	1.61	790	1123	－0.96
		CH－10－3－8	207.0	0.051033	0.001380	0.282680	0.000012	0.282675	－3.70	0.71	817	1173	－0.96
		CH－10－3－11	204.0	0.072733	0.002007	0.282675	0.000015	0.282667	－3.90	0.37	840	1193	－0.94
		CH－10－3－12	184.0	0.066180	0.001701	0.282656	0.000019	0.282650	－4.57	－0.69	860	1244	－0.95
		CH－10－3－16	205.0	0.055581	0.001539	0.282689	0.000018	0.282683	－3.41	0.95	809	1157	－0.95
		CH－10－3－19	199.0	0.046098	0.001063	0.282740	0.000015	0.282736	－1.58	2.70	726	1040	－0.97
		CH－10－3－20	194.0	0.045426	0.001099	0.282749	0.000018	0.282745	－1.27	2.90	714	1023	－0.97

（3）红旗山中粒碱长花岗岩全岩（$^{87}Sr/^{86}Sr$）$_i$ 比值为 0.70710～0.70731，$\varepsilon_{Nd}(t)$ 值为 −2.7～−1.1，地壳模式年龄（T_{DM2}）为 1201～1151 Ma。锆石 $^{176}Hf/^{177}Hf$ 比值为 0.282726～0.282828，$\varepsilon_{Hf}(t)$ 值为 2.43～5.53，地壳模式年龄（T_{DM2}）为 1067～856 Ma。

（4）翠中细粒碱长花岗岩的（$^{87}Sr/^{86}Sr$）$_i$ 比值为 0.70663～0.70670，$\varepsilon_{Nd}(t)$ 值为 −0.7～−0.3，地壳模式年龄（T_{DM2}）为 1043～1010 Ma；锆石 $^{176}Hf/^{177}Hf$ 比值为 0.282732～0.282848，$\varepsilon_{Hf}(t)$ 值为 2.44～6.12，地壳模式年龄（T_{DM2}）为 1057～819 Ma。翠中二长花岗岩的锆石 $^{176}Hf/^{177}Hf$ 比值为 0.282539～0.282943，$\varepsilon_{Hf}(t)$ 值为 3.3～10.1，地壳模式年龄（T_{DM2}）为 1059～586 Ma。

（5）翠宏山花岗斑岩（$^{87}Sr/^{86}Sr$）$_i$ 比值为 0.71095～0.71214，$\varepsilon_{Nd}(t)$ 值 −3.8～−3.2，地壳模式年龄（T_{DM2}）1287～1233 Ma；锆石 $^{176}Hf/^{177}Hf$ 比值 0.282656～0.282749，$\varepsilon_{Hf}(t)$ 值 −0.69～2.90，地壳模式年龄（T_{DM2}）1244～1023 Ma。中粒二长花岗岩的锆石 $^{176}Hf/^{177}Hf$ 比值 0.282647～0.282751，$\varepsilon_{Hf}(t)$ 值 −0.3～3.3，地壳模式年龄（T_{DM2}）1255～1027 Ma。细粒碱长花岗岩的锆石 $^{176}Hf/^{177}Hf$ 比值为 0.282698～0.282792，$\varepsilon_{Hf}(t)$ 值为 1.4～4.7，地壳模式年龄（T_{DM2}）为 1158～944 Ma。

4）岩石成因。

在形成构造环境判别图（图 3−30）上，投影点均落于火山弧−同碰撞花岗岩区、火山弧−板内花岗岩区、地壳熔融花岗岩（同碰撞）−晚造山区，结合岩石化学特征及区域构造演化背景，其应形成于活动陆缘火山弧陆碰撞的构造环境，是碰撞过程中源于上地幔−下地壳 I 型岩浆同化部分上地壳物质结晶分异的综合产物。在花岗岩成因类型判别图（图 3−31）中，翠北中粗粒花岗闪长岩、宏铁山中粒二长花岗岩、翠宏山−翠中细粒二长−碱长花岗岩，I 型花岗岩属性特征明显；红旗山中粒碱长花岗岩、翠宏山−翠中的花岗斑岩，A 型花岗岩属性特征明显，当是 I 型花岗岩进一步结晶分异演化的产物。

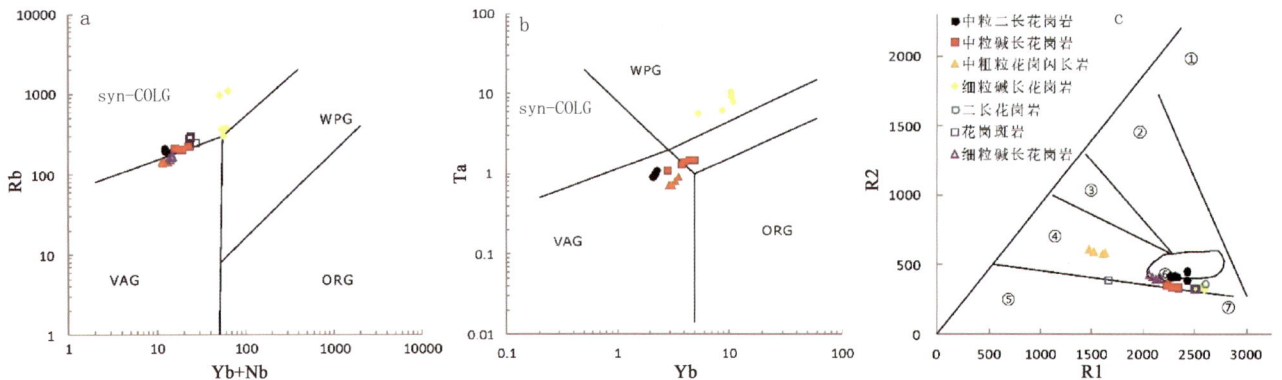

图 3−30　矿田晚三叠世花岗岩构造环境判别组图

a 和 b 底图据 Pearce et al. ,1984；ORG −大洋脊花岗岩，WPG −板内花岗岩，VAG −火山弧花岗岩，syn −COLG −同碰撞花岗岩。

c 底图据 Batchelor and Bowden,1985；① −幔源花岗岩；② −板块碰撞前消减地区花岗岩；③ −板块碰撞后隆起花岗岩；④ −晚造山期花岗岩；⑤ −非造山花岗岩；⑥ −地壳熔融的花岗岩（同碰撞）；⑦ −造山后期花岗岩。

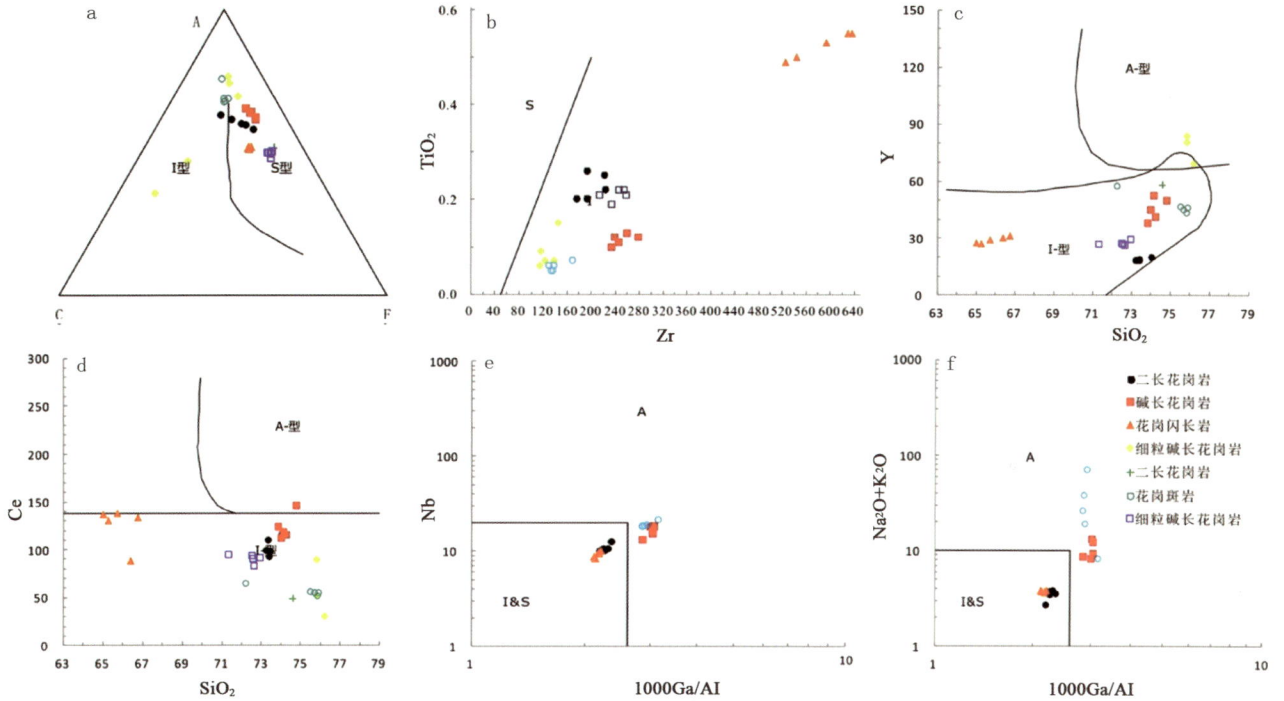

图 3 – 31 矿田晚三叠世花岗岩成因类型判别组图

a 底图据中田节也,1979;b 底图据王中刚等,1980;c 和 d 底图据 Collis et al.,1982;e 和 f 底图据 Whalen et al.,1987。

3.2.6 早侏罗世(J₁)岩浆岩组合

3.2.6.1 早侏罗世火山岩组合

主要分布于白桦林场火山构造、霍吉河林场东部及北部 524.0 ~ 536.1 高地一带,为一套以中酸性 – 酸性火山岩为主的陆相火山岩组合。1:5 万区调获得的锆石 U – Pb 年龄:英安质含角砾岩屑晶屑凝灰岩(SX-PM11TC23)为 200 Ma、英安质角砾凝灰岩为 186.9 Ma、流纹岩(SXPM11TC15)为 193.8 Ma 与 179.2 Ma。

(1)中酸性火山岩 SiO_2 含量 57.05% ~ 63.13%,Al_2O_3 含量 15.66% ~ 19.58%,CaO 含量 4.46% ~ 6.77%;$Na_2O + K_2O$ 值 7.15% ~ 7.45%,K_2O/Na_2O 比值 0.17 ~ 0.92,富钠低钾(附表 I – 6)。岩石化学特征图(图 3 – 32)上,属于亚碱性、准 – 过铝质、高钾钙碱性 – 钙碱性粗安岩和粗面英安岩系列。

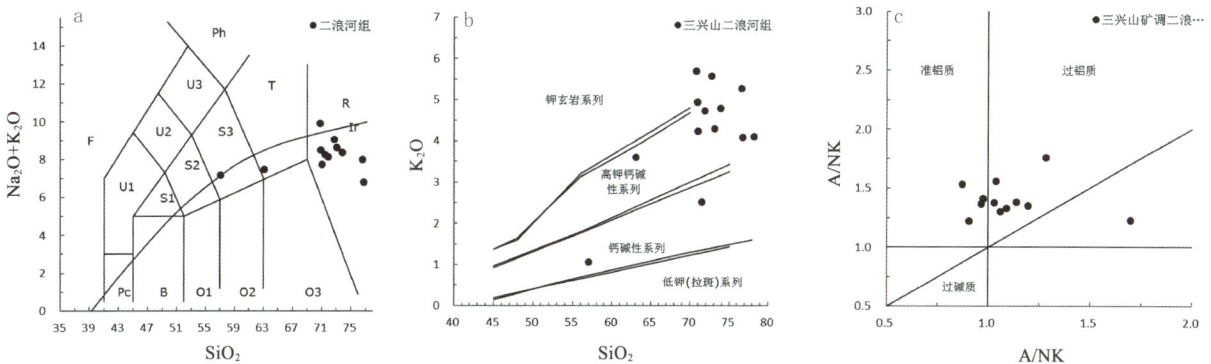

图 3 – 32 矿田早侏罗世火山岩化学特征图

a 底图据国际地科联(IUGS)火成岩分类学分委会,1984;图中:Ir – Irvine 分界线上方为碱性、下方为亚碱性;Pc – 苦橄玄武岩,U1 – 碱玄岩/碧玄岩,U2 响岩质碱玄岩,U3 – 碱玄质响岩,Ph – 响岩,B – 玄武岩,S1 – 粗面玄武岩,S2 – 玄武粗安岩,S3 – 粗安岩,T – 粗面岩/粗面英安岩,O1 – 玄武岩,O2 – 安山岩,O3 – 英安岩,R – 流纹岩。b 底图据 Peccerillo R et al.,1976。c 底图据 Maniac and Piccolo,1989。

岩石 ΣREE 总量（153.22～311.74）×10^{-6}，均值 232.48×10^{-6}；LREE/HREE 比值（2.19～3.17）×10^{-6}，均值2.67×10^{-6}，$(La/Yb)_N$ 比值较大11.137～30.91，稀土配分曲线为右倾斜型（图3－33），具明显的 LREE 相对富集、HREE 相对亏损、轻重稀土分馏明显的特征；δEu 值为0.58～0.85，具中等－较弱的负异常。微量元素标准化蛛网图上，Ba、Sr、P、Ti 负异常显著，Nb、Ta、K 亏损，Th、U、Zr、Hf 富集。

在岩石成因判别图（图3－34）上，投影点落于活动陆缘火山弧、板块汇聚碰撞造山的构造伸展环境。

（2）酸性火山岩 SiO_2 含量70.78%～78.22%，Al_2O_3 含量13.16%～17.33%，CaO 含量0.13%～1.83%，三者的变化范围较大；Na_2O+K_2O 比值为6.77%～9.88%，均值8.21%；K_2O/Na_2O 比值为1.00～1.96，仅个别为0.43，均值1.32，总体富钾低钠。岩石化学特征图（图3－32）上，投影点落于属于亚碱性、准－过铝质、钾玄岩－高钾钙碱性流纹岩系列。

岩石 ΣREE 总量（160.44～323.92）×10^{-6}，均值219.55×10^{-6}；LREE/HREE 比值（1.98～6.72）×10^{-6}，均值3.59×10^{-6}，$(La/Yb)_N$ 值较大3.38～27.53，稀土配分曲线为右倾斜型（图3－33），具明显的 LREE 相对富集、HREE 相对亏损、轻重稀土分馏明显的特征；δEu 值为0.46～1.01、具中等－较弱的负异常。在微量元素标准化蛛网图（图3－33）上，Sr、P、Ti 显著亏损，Ba、Nb、Ta 亏损，Th、U、Zr、Hf 富集。

在岩石成因判别图（图3－34）上，投影点落于活动陆缘火山弧、板块汇聚碰撞造山的构造伸展环境。

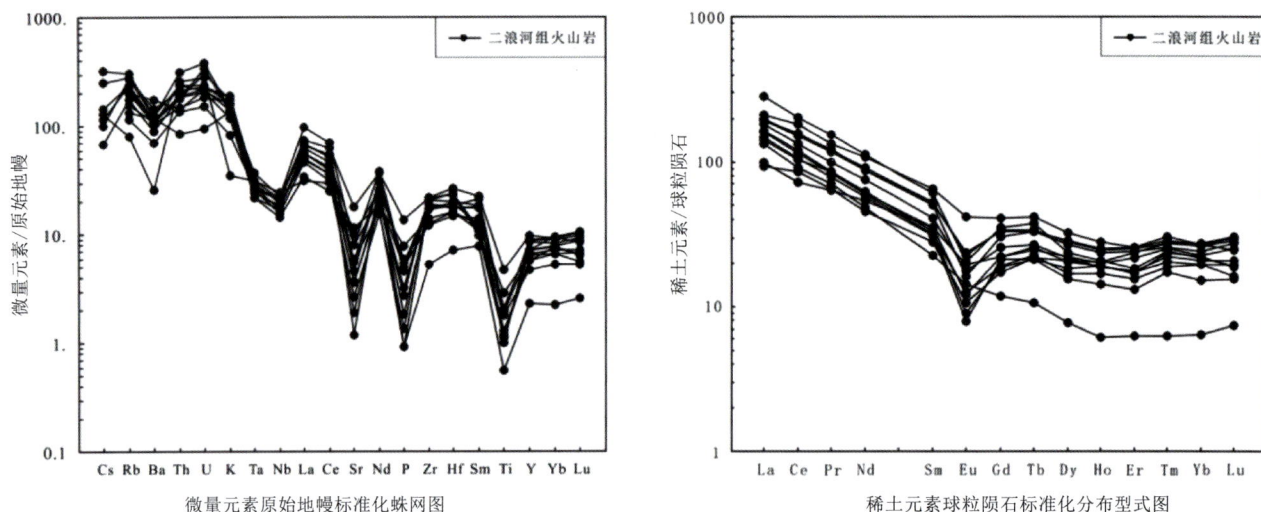

微量元素原始地幔标准化蛛网图　　　　　　稀土元素球粒陨石标准化分布型式图

图3－33　矿田早侏罗世火山岩稀土元素与微量元素标准化曲线图

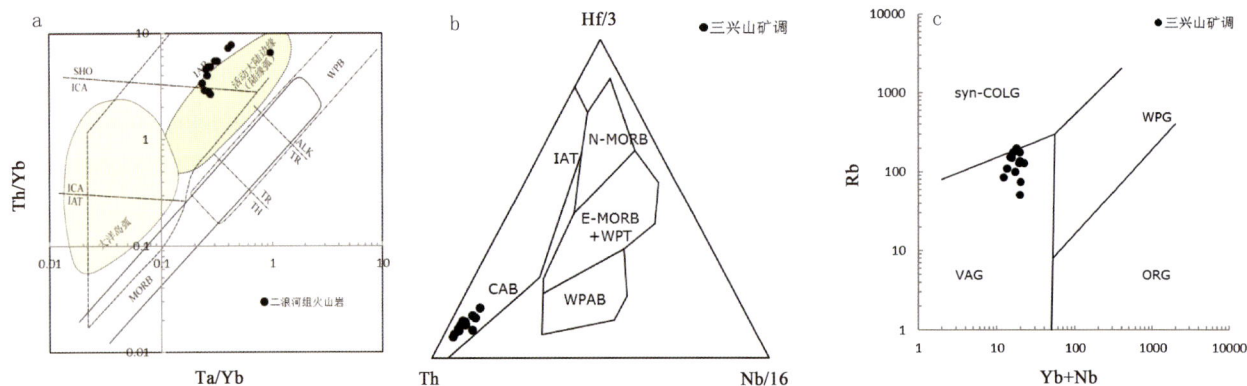

图3－34　矿田早侏罗世火山岩成因类型判别图

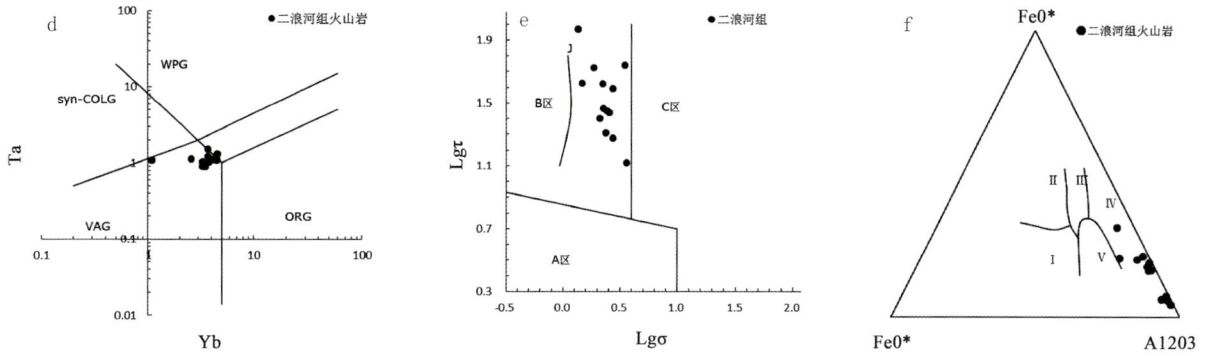

续图 3 – 34

a 据 Pearce,1982;IAB – 岛弧玄武岩;IAT – 岛弧拉斑系列;ICA – 岛弧钙碱系列;SHO – 岛弧橄榄玄粗岩系列;WPB – 板内玄武岩;MORB –
洋中脊玄武岩;TH – 拉斑玄武岩;TR – 过渡玄武岩;ALK – 碱性玄武岩。b 据 Wood D A,1980;N – MORB:N 型洋脊玄武岩;E – MORB:
E 型洋脊玄武岩和板内拉斑玄武岩;WPAB:板内碱性玄武岩;CBA:火山弧玄武岩。c 和 d 底图据 Pearce et al.,1984;ORG – 大洋脊花岗岩,
WPG – 板内花岗岩,VAG – 火山弧花岗岩,syn – COLG – 同碰撞花岗岩。e 据里特曼,1973;A 区 – 非造山带地区火山岩,
B 区 – 造山带地区火山岩,C – A 区、B 区派生的碱性、富碱岩,J – 日本火山岩。f 据 Pearce 等,1977;
Ⅳ – 扩张中心岛弧,Ⅴ – 岛弧及活动大陆边缘,Ⅰ – 洋中脊或洋底,Ⅱ – 大洋岛,Ⅲ – 大陆。

3.2.6.2　早侏罗世花岗岩组合

早侏罗世花岗闪长岩($\gamma\delta J_1$) + 二长花岗岩($\eta\gamma J_1$) + 正长花岗岩($\xi\gamma J_1$) + 碱长花岗岩($\kappa\rho\gamma J_1$) + 花岗斑岩($\gamma\pi J_1$)组合主要呈岩基状广泛分布,与斑岩钼矿成矿有关的岩体呈小岩株状产出。翠中 – 翠宏山铁多金属矿分布有细粒花岗闪长岩(翠中深部) + 石英二长岩 + 斑状花岗岩 + 正长花岗岩组合,霍吉河钼矿岩石组合为花岗闪长岩 – 斑状花岗闪长岩 + 二长花岗岩。

1)成岩时代。

本次对霍吉河钼矿与成矿有关的花岗闪长岩(HJH – 14)、斑状花岗闪长岩(HJH – 7)、细粒二长花岗岩(HJH – 1)开展了锆石 U – Pb 年龄测定。

花岗闪长岩具有中 – 粗粒结构,粒径一般为 4 mm,其中碱性长石的粒径可达 6 mm,主要由 40% 钾长石、30% 石英、25% 斜长石、5% 黑云母组成。斑状花岗闪长岩含有较多的暗色矿物,颜色相对较深,斑晶为粒径相对较大的钾长石(35%),基质由 25% 石英、15% 斜长石、20% 钾长石和 5% 黑云母组成。细粒二长花岗岩侵入斑状花岗闪长岩中,主要由 40% 斜长石、30% 石英、25% 钾长石和 5% 黑云母组成,矿物粒径均小于 2 mm。

测年所选锆石大部分无色 – 半透明,未见溶蚀和增生现象,呈自形的长或短的柱状,棱角清晰,晶面整洁光滑,部分为锆石碎斑。锆石阴极发光(CL)图像(图 3 – 35 至图 3 – 37)显示锆石普遍具有清晰的核幔结构和细密的韵律环带结构,为岩浆成因。粗粒花岗闪长岩的锆石粒度 60 ~ 270 μm,含 U($286 \sim 707) \times 10^{-6}$、Th($97 \sim 555) \times 10^{-6}$,Th/U 值 0.30 ~ 0.79(表 3 – 16),$^{206}Pb/^{238}U$ 加权平均年龄为 193.4 ± 1.1 Ma(MSWD = 0.58)(图 3 – 38);斑状花岗闪长岩的锆石粒度 80 ~ 240 μm,含 U($36 \sim 1214) \times 10^{-6}$、Th($198 \sim 821) \times 10^{-6}$,Th/U 比值 0.33 ~ 0.70,$^{206}Pb/^{238}U$ 加权平均年龄为 192.8 ± 1.2 Ma(MSWD = 0.78)(图 3 – 39);细粒二长花岗岩的锆石粒度 60 ~ 190 μm,含 U($458 \sim 1242) \times 10^{-6}$、Th($301 \sim 1194) \times 10^{-6}$,Th/U 比值 0.37 ~ 0.98,$^{206}Pb/^{238}U$ 加权平均年龄为 190.1 ± 2.3 Ma(MSWD = 2.1)。

结合表 3 – 3 所收集的矿田锆石测年数据,统计出早侏罗世花岗岩组合的成岩年龄为 175.1 ~ 195 Ma。其中,花岗闪长岩 – 斑状花岗闪长岩的为 183 ~ 193.6 Ma,二长花岗岩 – 斑状二长花岗岩的为 180.7 ~ 191.8 Ma,斑状花岗岩的为 182.0 ~ 192.8 Ma,正长花岗岩的为 175.1 ~ 195.0 Ma。

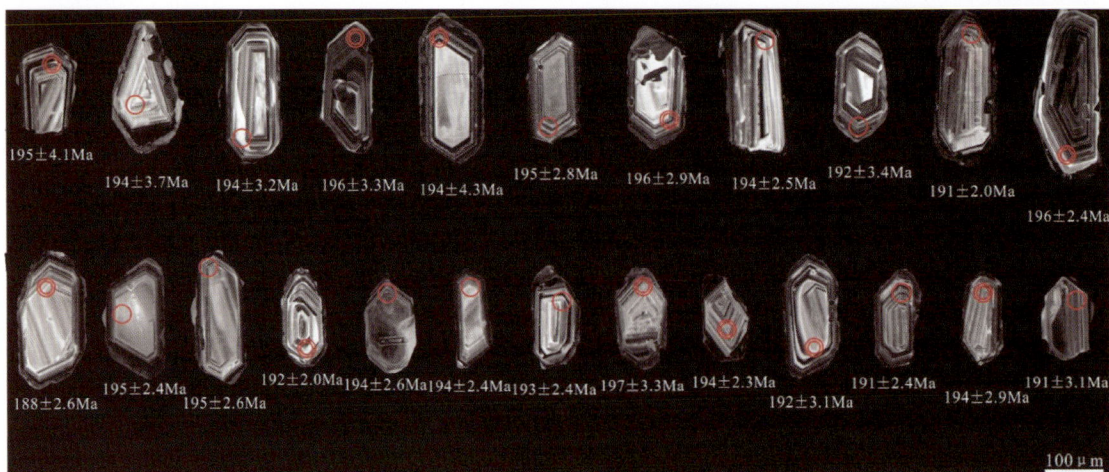

图 3 - 35　霍吉河花岗闪长岩（HJH - 14）锆石 CL 及 U - Pb 年龄谐和图

图 3 - 36　霍吉河斑状花岗闪长岩（HJH - 7）锆石 CL 及 U - Pb 年龄谐和图

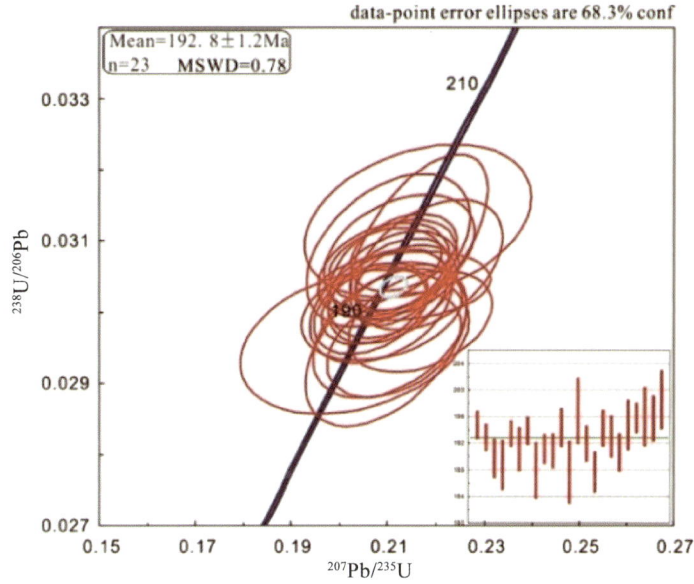

续图 3-36

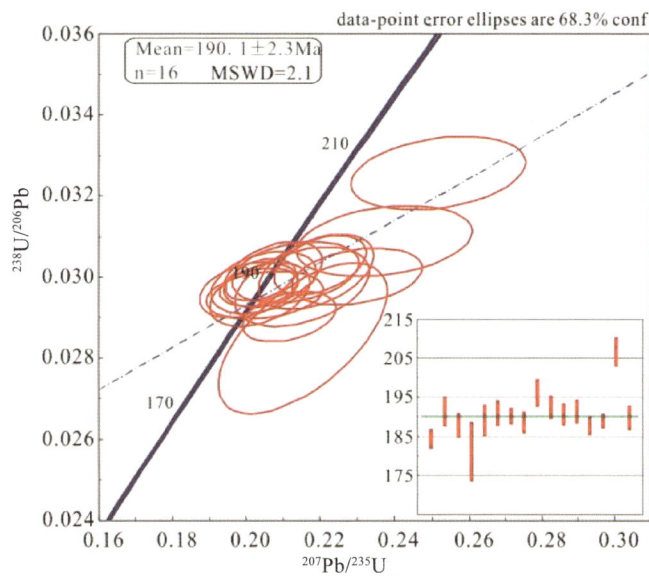

图 3-37　霍吉河细粒二长花岗岩(HJH-1)锆石 CL 及 U-Pb 年龄谐和图

2)岩石化学特征。

（1）花岗闪长岩、斑状花岗闪长岩的 SiO_2 含量60.06% ~74.21%（附表Ⅰ－7），均值68.32%，变化范围较大；$Na_2O + K_2O$ 值6.88% ~8.98%，均值7.94%；Na_2O/K_2O 比值0.45 ~0.92，均值0.73，富钾；Al_2O_3 含量13.08% ~15.49%，均值14.32%，含量较稳定；CaO 含量1.05% ~3.83%，均值2.30%；A/CNK 比值为0.78 ~1.11，均值0.99；A/NK 比值1.15 ~1.62，均值1.38。岩石化学特征图（图3－38）中，属于亚碱性、准铝质－弱过铝质、高钾钙碱性－钾玄岩系列，分异指数（DI）为71.77 ~86.38，均值80.96，岩浆分异程度中等。

岩石 ΣREE 总量偏低（55.80 ~262.87）$\times10^{-6}$，均值 145.00×10^{-6}；LREE/HREE 值为4.60 ~7.24，均值6.26，$(La/Yb)_N$ 值较大为10.96 ~24.99，均值19.94；稀土配分曲线为右倾斜型（图3－39），具明显的 LREE 相对富集、HREE 相对亏损、轻重稀土分馏明显的特征；δEu 值0.72 ~1.04、均值0.83，以具较弱的负异常为主，只有翠中为较强的负异常、石英二长岩为较明显的正异常。微量元素标准化蛛网图（图3－39）上，总体具有 Cs、Ba、Ta、Nb、P、Ti 弱－较强亏损，Ru、Th、U、Zr、Hf 相对富集的特点。

（2）据二长花岗岩26件主要氧化物 SiO_2、K_2O、Al_2O_3、TiO、Fe_2O_3、FeO、MgO、CaO、P_2O_5 及稀土与微量元素含量的变化大小、$(La/Yb)_N$ 比值和 δEu 值的大小，以 $(La/Yb)_N$ 比值的大小为代表，可将二长花岗岩划分为：高比值型（≥22.08）、中等比值型（11.01 ~22.08）、低比值型（≤11.01）三个类型。

表3－16　霍吉河钼矿床锆石 LA－ICP－MS 分析结果及年龄

Spot	Pb	Th	U	Th/U	$^{207}Pb/^{206}Pb$		$^{207}Pb/^{235}U$		$^{206}Pb/^{238}U$	
					Age/Ma	1σ	Age/Ma	1σ	Age/Ma	1σ
花岗闪长岩（HJH－14）										
HJH－14－1	24.8	163	383	0.42	161	45.4	194	12.2	195	4.1
HJH－14－2	22.8	152	348	0.44	220	133.3	194	10.3	194	3.7
HJH－14－3	27.1	192	357	0.54	220	123.1	193	8.8	194	3.2
HJH－14－4	22.9	159	346	0.46	233	146.3	196	10.9	196	3.3
HJH－14－5	31.0	228	407	0.56	276	162.0	195	9.1	193	4.3
HJH－14－6	25.0	193	387	0.50	189	104.6	193	8.4	195	2.8
HJH－14－7	22.3	166	358	0.47	183	114.8	194	8.2	195	2.9
HJH－14－8	34.2	244	471	0.52	116	83.3	188	8.3	193	2.5
HJH－14－9	42.0	220	396	0.56	216	131.5	194	9.8	192	3.4
HJH－14－10	56.0	324	579	0.56	257	85.2	197	6.6	191	2.0
HJH－14－11	49.0	273	559	0.49	333	100.0	202	8.0	196	2.4
HJH－14－12	20.2	97	328	0.30	280	146.3	195	11.4	188	2.6
HJH－14－13	37.0	207	388	0.53	211	111.1	194	8.4	195	2.4
HJH－14－14	45.0	267	444	0.60	165	112.9	193	8.7	195	2.6
HJH－14－15	86.0	555	707	0.79	187	88.0	191	7.0	192	2.0
HJH－14－16	34.7	195	388	0.50	161	104.6	193	8.1	194	2.6
HJH－14－17	59.0	356	608	0.59	189	103.7	194	8.0	194	2.4
HJH－14－18	45.0	274	418	0.66	187	120.4	192	8.9	193	2.4
HJH－14－19	26.8	142	296	0.48	302	172.2	203	13.2	197	3.3
HJH－14－20	39.8	217	439	0.49	258	110.2	196	7.6	194	2.3
HJH－14－21	22.3	125	286	0.44	333	144.4	197	11.8	192	3.1
HJH－14－22	42.0	246	453	0.54	139	104.6	186	7.6	191	2.4

续表 3 - 16

Spot	Pb	Th	U	Th/U	$^{207}Pb/^{206}Pb$		$^{207}Pb/^{235}U$		$^{206}Pb/^{238}U$	
					Age/Ma	1σ	Age/Ma	1σ	Age/Ma	1σ
HJH - 14 - 23	26.4	147	306	0.48	198	119.4	192	9.2	194	2.9
HJH - 14 - 24	34.3	190	456	0.42	209	124.1	192	9.1	191	3.1
斑状花岗闪长岩（HJH - 7）										
HJH - 7 - 1	47.1	330	702	0.47	165	89.8	193	6.4	195	2.1
HJH - 7 - 2	61.8	451	852	0.53	232	128.0	196	9.9	193	2.0
HJH - 7 - 3	78.0	564	1026	0.55	302	100.0	199	8.1	190	2.9
HJH - 7 - 4	59.2	368	812	0.45	243	109.2	194	8.8	189	3.7
HJH - 7 - 5	105.0	831	1184	0.70	232	74.1	197	5.6	193	2.0
HJH - 7 - 6	58.9	348	961	0.36	209	108.0	192	8.1	191	3.3
HJH - 7 - 7	102.0	775	1214	0.64	206	74.1	196	5.7	194	2.1
HJH - 7 - 8	88.0	708	944	0.75	200	94.0	188	13.2	188	4.2
HJH - 7 - 9	106.0	821	1191	0.69	189	77.8	191	6.0	191	2.2
HJH - 7 - 10	57.7	405	800	0.51	183	117.0	191	6.6	191	2.6
HJH - 7 - 11	41.0	262	660	0.40	211	97.2	195	7.2	194	2.9
HJH - 7 - 12	38.1	216	691	0.31	302	131.0	193	9.2	188	4.7
HJH - 7 - 13	52.3	347	710	0.49	257	91.7	199	7.9	197	5.0
HJH - 7 - 14	42.2	291	638	0.46	209	87.0	194	6.8	192	2.7
HJH - 7 - 15	48.2	306	800	0.38	298	100.0	195	7.6	188	3.1
HJH - 7 - 16	52.3	362	702	0.52	189	98.1	193	7.5	194	2.7
HJH - 7 - 17	58.5	408	900	0.45	233	98.1	195	7.5	193	3.1
HJH - 7 - 18	27.7	186	368	0.50	233	122.0	192	9.2	191	2.9
HJH - 7 - 19	44.9	308	615	0.50	280	108.3	201	8.4	195	3.8
HJH - 7 - 20	85.0	656	952	0.69	206	79.6	196	6.0	196	2.2
HJH - 7 - 21	41.2	290	629	0.46	211	135.0	194	9.3	196	4.4
HJH - 7 - 22	32.2	198	598	0.33	211	117.0	196	8.6	196	3.4
HJH - 7 - 23	35.0	256	432	0.59	213	170.0	199	12.9	199	4.4
细粒二长花岗岩（HJH - 1）										
HJH - 1 - 1	70.0	412	837	0.49	320	98.1	195	7.0	184	2.6
HJH - 1 - 5	87.0	556	858	0.65	339	104.0	201	8.5	191	3.8
HJH - 1 - 6	80.0	434	839	0.52	195	100.0	188	7.5	188	3.2
HJH - 1 - 8	76.0	339	908	0.37	394	133.0	198	12.5	181	7.7
HJH - 1 - 9	76.0	642	654	0.98	324	133.0	198	10.0	189	4.0
HJH - 1 - 10	80.0	441	790	0.56	213	94.0	191	7.4	191	3.3
HJH - 1 - 11	153.0	1194	1242	0.96	167	70.4	189	5.2	190	2.2
HJH - 1 - 12	50.0	301	672	0.45	143	112.0	186	7.4	189	2.8
HJH - 1 - 13	67.0	341	622	0.55	409	138.9	216	12.8	196	3.6
HJH - 1 - 14	86.0	625	967	0.65	320	85.2	202	6.8	192	3.0

续表 3 – 16

Spot	Pb	Th	U	Th/U	$^{207}Pb/^{206}Pb$		$^{207}Pb/^{235}U$		$^{206}Pb/^{238}U$	
					Age/Ma	1σ	Age/Ma	1σ	Age/Ma	1σ
HJH – 1 – 15	69.0	390	882	0.44	409	105.5	210	9.5	191	2.9
HJH – 1 – 16	133.0	925	943	0.98	256	125.0	196	9.5	191	3.1
HJH – 1 – 17	53.0	331	622	0.53	191	124.1	189	8.8	188	2.4
HJH – 1 – 18	93.0	594	1091	0.54	165	81.5	188	5.9	189	1.9
HJH – 1 – 19	63.0	410	458	0.89	478	146.3	228	12.6	207	3.8
HJH – 1 – 20	60.0	350	870	0.40	154	101.8	189	7.9	190	3.2

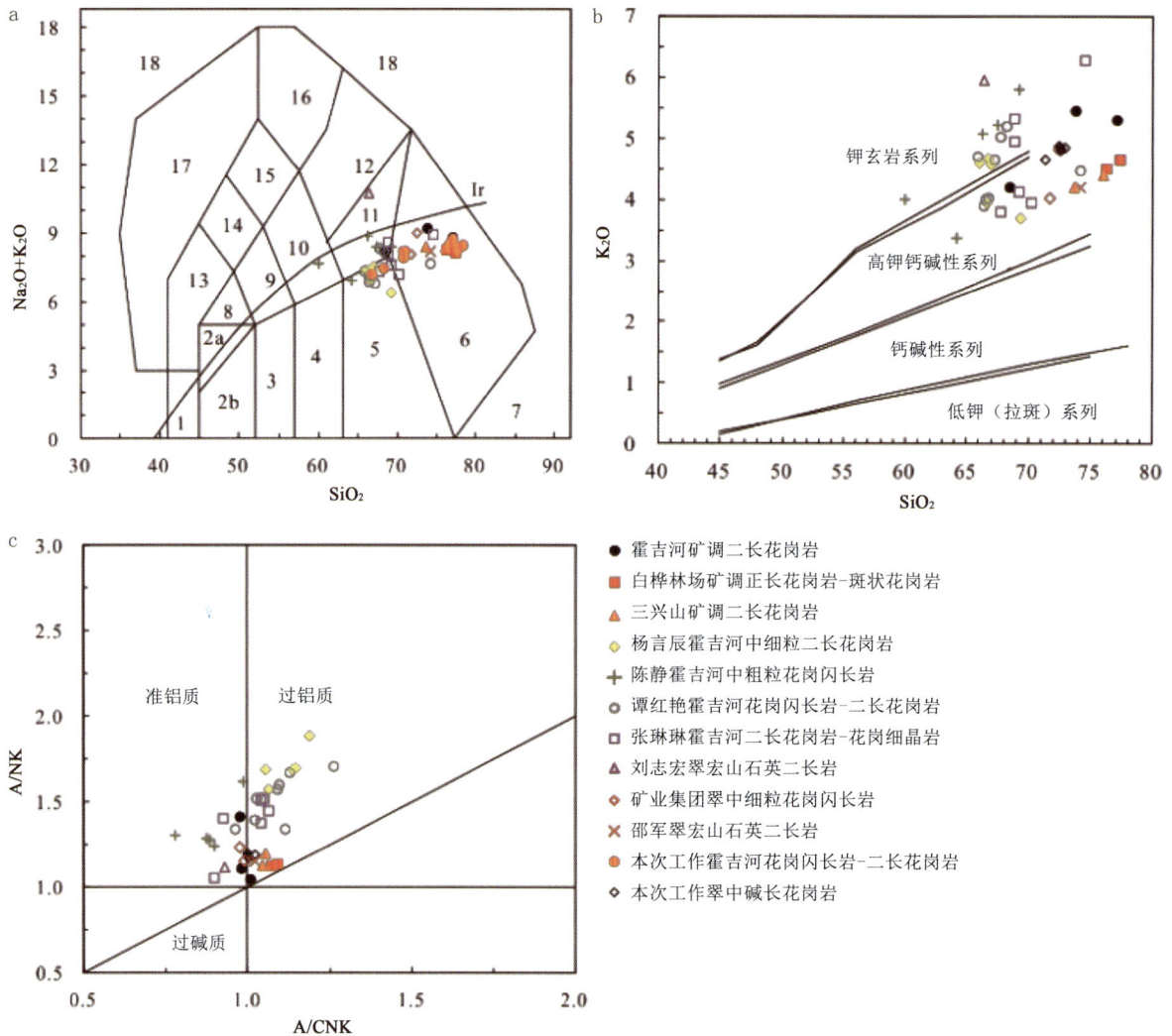

图 3 – 38   矿田早侏罗世花岗岩化学特征图

a 底图 Middlemost, 1994;图中:Ir – Irvine 分界线,上方为碱性,下方为亚碱性;1 – 橄榄辉长岩,2a – 碱性辉长岩,2b – 亚碱性辉长岩,

3 – 辉长闪长岩,4 – 闪长岩,5 – 花岗闪长岩,6 – 花岗岩,7 – 硅英岩,8 – 二长辉长岩,9 – 二长闪长岩,10 – 二长岩,11 – 石英二长岩,

12 – 正长岩,13 – 副长石辉长岩,14 – 副长石二长闪长岩,15 – 副长石二长正长岩,16 – 副长石正长岩,17 – 副长深成岩,

18 – 霓方钠岩/磷霞岩/粗白榴岩。b 底图据 Peccerillo R et al., 1976。c 底图据 Maniac and Piccolo, 1989。

微量元素原始地幔标准化蛛网图

稀土元素球粒陨石标准化分布型式图

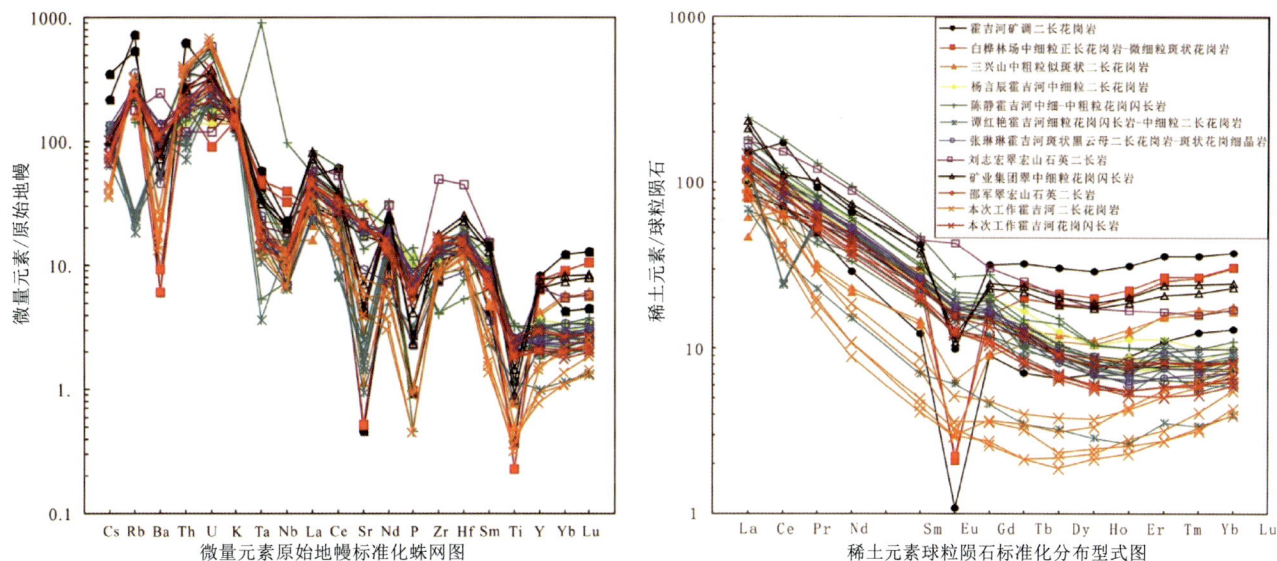

图3-39　矿田早侏罗世花岗岩稀土元素与微量元素标准化曲线图

①(La/Yb)$_N$中等比值型二长花岗岩:具有SiO$_2$含量明显偏低,Al$_2$O$_3$和TiO$_2$、Fe$_2$O$_3$、FeO、MgO、CaO、P$_2$O$_5$的含量明显偏高,(La/Yb)$_N$比值和δEu值较高的特点。

中等比值型二长花岗岩SiO$_2$含量66.05%~70.32%,均值67.78%,含量较稳定;Na$_2$O+K$_2$O比值6.40%~8.55%,均值7.40%;Na$_2$O/K$_2$O比值0.46~0.94,均值0.72,相对富钾;Al$_2$O$_3$含量13.80%~16.06%,均值15.14%,含量较稳定;CaO含量1.67%~3.00%,均值2.43%,含量变化较大;A/CNK比值为0.92~1.26,均值1.07;A/NK比值为1.15~1.62,均值1.56。岩石化学特征图(图3-38)中,投影点落于亚碱性、准铝质-过铝质、钾玄岩-高钾钙碱性系列。分异指数(DI)为71.77~86.38,均值79.01,岩浆分异程度中等。

岩石ΣREE总量(95.71~159.43)×10^{-6},均值132.55×10^{-6},总体中等;LREE/HREE比值3.10~6.02,均值4.90;(La/Yb)$_N$比值较大为11.01~22.08,均值15.81;稀土配分曲线为右倾斜型(图3-39),具明显的LREE相对富集、HREE相对亏损、轻重稀土分馏明显的特征,δEu值0.69~0.86、均值0.80、为较弱的负异常。微量元素标准化蛛网图上,总体上具有Cs、Ba、Ta、Nb、Sr、P弱-明显负异常,Rb、U、Hf相对富集的特点。

②(La/Yb)$_N$高比值型二长花岗岩:具有SiO$_2$含量明显偏高,Al$_2$O$_3$和TiO、Fe$_2$O$_3$、FeO、MgO、CaO、P$_2$O$_5$的含量明显偏低,(La/Yb)$_N$比值高,δEu值较高的特点。

高比值型二长花岗岩SiO$_2$含量76.96%~78.49%,均值77.67%,含量稳定;Na$_2$O+K$_2$O比值为8.27%~8.69%,均值8.48%;Na$_2$O/K$_2$O比值0.34~0.36,均值0.35,显著富钾;Al$_2$O$_3$含量11.21%~12.04%,均值11.61%,含量稳定;CaO含量0.30%~0.46%,均值0.37%,含量稳定;A/CNK比值为1.03~1.06,均值1.04;A/NK比值为1.10~1.13,均值1.11。在岩石化学特征图(图3-38)中,投影点落于亚碱性、弱过铝质、钾玄岩系列。分异指数(DI)为95.71~97.11,均值96.37,岩浆分异程度高。

岩石ΣREE总量(56.86~90.71)×10^{-6},均值72.91×10^{-6},总体含量较低;LREE/HREE比值5.21~11.90,均值8.09;(La/Yb)$_N$比值高14.60~43.57,均值25.61;稀土配分曲线为右倾弧型(图3-39),具明显的LREE相对富集、HREE相对亏损、轻重稀土分馏明显的特征,δEu值为0.66~0.87、均值0.77,具较弱的负异常。微量元素标准化蛛网图(图3-39)上,Ba、Nb、P、Ti负异常显著,Ru、U、Th、Pb、Hf富集。

③(La/Yb)$_N$低比值型二长花岗岩:具有SiO$_2$、Al$_2$O$_3$和TiO、Fe$_2$O$_3$、FeO、MgO、CaO、P$_2$O$_5$的含量居于上

述两者之间,$(La/Yb)_N$ 比值低,δEu 值较低的特点。

低比值型二长花岗岩 SiO_2 含量 73.77% ~ 77.16%,均值 75.01%,含量较稳定;$Na_2O + K_2O$ 比值 8.16% ~ 9.18%,均值 8.58%;Na_2O/K_2O 比值 0.66 ~ 1.00,均值 0.84,明显富钾;Al_2O_3 含量 11.95% ~ 13.69%,均值 12.89%,含量较稳定;CaO 含量 0.20% ~ 0.86%,均值 0.62%,含量变化较大;A/CNK 比值为 1.01 ~ 1.05,均值 1.02;A/NK 比值 1.04 ~ 1.20,均值 1.12。在岩石化学特征图(图 3 - 38)中,投影点落于亚碱性、准铝质 - 弱过铝质、高钾钙碱性系列。分异指数(DI)为 89.13 ~ 96.53,均值 92.96,岩浆分异程度高。

岩石 ΣREE 总量(101.00 ~ 255.67)× 10^{-6},均值 152.45 × 10^{-6},总体偏高;LREE/HREE 比值为 2.02 ~ 3.14,均值 3.61;$(La/Yb)_N$ 比值较低为 2.97 ~ 7.90,均值 4.52;稀土配分曲线为右倾斜型(图 3 - 39),具明显的 LREE 相对富集、HREE 相对亏损、轻重稀土分馏明显的特征,δEu 值 0.10 ~ 0.53、均值 0.31、负异常显著。微量元素标准化蛛网图上,具有 Cs、Ba、Sr、P、Ti 强负异常,Nb、Nb、Ta 亏损,Ru、Th、U、Zr、Hf 相对富集的特点。

(3)正长花岗岩、微细粒斑状花岗岩、花岗细晶岩的 SiO_2 含量 74.59% ~ 77.43%,均值 76.10%;$Na_2O + K_2O$ 值为 8.13% ~ 8.94%,均值 8.43%;Na_2O/K_2O 比值 0.43 ~ 0.83,均值 0.67,明显富钾;Al_2O_3 含量 11.76% ~ 12.46%,均值 12.11%,含量较稳定;CaO 含量 0.23% ~ 1.04%,均值 0.52%,含量变化较大;A/CNK 比值 0.90 ~ 1.09,均值 1.06;A/NK 比值 1.05 ~ 1.13,均值 1.10。在岩石化学特征图(图 3 - 38)中,属于亚碱性、准铝质 - 弱过铝质、钾玄岩 - 高钾钙碱性系列。分异指数(DI = 93.29 ~ 96.41)大,均值 95.19,岩浆分异程度高。

岩石 ΣREE 总量(76.75 ~ 143.13)× 10^{-6},均值 117.85 × 10^{-6},变化范围较大;LREE/HREE 比值 1.58 ~ 3.07,均值 2.15;$(La/Yb)_N$ 比值较低为 3.02 ~ 8.98,均值 5.57;稀土配分曲线为右倾斜型(图 3 - 39),具明显的 LREE 相对富集、HREE 相对亏损、轻重稀土分馏明显的特征,δEu 值 0.08 ~ 0.78、均值 0.33、负异常弱 - 显著。微量元素标准化蛛网图上,Cs、Ba、Sr、Nb、Sr、P、Ti 负异常显著,Ru、Th、U、Hf 相对富集。

3)Sr - Nd - Hf 同位素特征。

霍吉河钼矿斑状花岗闪长岩 $(^{87}Sr/^{86}Sr)_i$ 比值为 0.70710 ~ 0.70745,$\varepsilon_{Nd}(t)$ 比值为 - 1.1 ~ - 0.7,地壳模式年龄(T_{DM2})为 1064 ~ 1031 Ma;中细粒二长花岗岩 $(^{87}Sr/^{86}Sr)_i$ 比值为 0.70607 ~ 0.70642,$\varepsilon_{Nd}(t)$ 值为 - 1.3 ~ - 1.1,地壳模式年龄(T_{DM2})为 1080 ~ 1065 Ma(表 3 - 17)。两个岩体 $(^{87}Sr/^{86}Sr)_i$ 比值都较低,$\varepsilon_{Nd}(t)$ 值为 - 1.3 ~ - 0.7。

锆石的 Hf 同位素分析结果(表 3 - 18)显示,花岗闪长岩的 $^{176}Hf/^{177}Hf$ 比值为 0.282707 ~ 0.282769,$\varepsilon_{Hf}(t)$ 值为 1.46 ~ 3.62,地壳模式年龄(T_{DM2})为 1117 ~ 977 Ma;斑状花岗闪长岩的 $^{176}Hf/^{177}Hf$ 比值为 0.282732 ~ 0.282817,$\varepsilon_{Hf}(t)$ 值为 2.32 ~ 5.38,地壳模式年龄(T_{DM2})为 1061 ~ 868 Ma;细粒二长花岗岩的 $^{176}Hf/^{177}Hf$ 比值为 0.282689 ~ 0.282905,$\varepsilon_{Hf}(t)$ 值为 0.68 ~ 7.99,地壳模式年龄(T_{DM2})1162 ~ 703 Ma。

表 3 - 17　霍吉河钼矿床岩浆岩 Sr - Nd 同位素组成

岩性	样品编号	$\varepsilon_{Sr}(0)$	$\varepsilon_{Sr}(t)$	t_{mod}/Ma	$f_{Rb/Sr}$	$(^{87}Sr/^{86}Sr)_i$	$\varepsilon_{Nd}(0)$	$\varepsilon_{Nd}(t)$	$f_{Sm/Nd}$	T_{DM1}/Ma	T_{DM2}/Ma	$(^{143}Nd/^{144}Nd)_i$
细粒二长花岗岩	HJH - 2	173.3	37.0	195.9	41.69	0.70687	- 28.3	- 25.9	- 0.51	2548	3070	0.51106
	HJH - 3	303.8	25.6	195.9	85.08	0.70607	- 3.8	- 1.1	- 0.56	853	1065	0.51233
	HJH - 4	205.6	30.6	195.9	53.54	0.70642	- 3.8	- 1.3	- 0.52	907	1080	0.51232
斑状花岗闪长岩	HJH - 8	71.6	45.1	192.8	8.24	0.70745	- 3.4	- 1.1	- 0.47	953	1064	0.51234
	HJH - 9	74.4	41.0	192.8	10.38	0.70716	- 2.8	- 0.7	- 0.45	953	1031	0.51236
	HJH - 10	74.9	40.1	192.8	10.82	0.70710	- 2.9	- 0.7	- 0.46	941	1033	0.51235

表 3 – 18 霍吉河钼矿床岩浆岩锆石 Hf 同位素分析结果

Spot	Age /Ma	^{176}Yb/ ^{177}Hf	^{176}Lu/ ^{177}Hf	^{176}Hf/ ^{177}Hf	1σ	(^{176}Hf/ ^{177}Hf)$_i$	$\varepsilon_{Hf}(0)$	$\varepsilon_{Hf}(t)$	T_{DM1}/Ma	T_{DM2}/Ma	$f_{Lu/Hf}$
花岗细晶岩（HJH – 1）											
HJH – 1 – 1	184	0.037170	0.001208	0.282743	0.000011	0.28273919	– 1.47	2.48	724	1043	– 0.96
HJH – 1 – 2	232	0.039925	0.001185	0.282700	0.000010	0.282694951	– 3.00	1.98	785	1112	– 0.96
HJH – 1 – 3	216	0.044357	0.001266	0.282697	0.000011	0.282691573	– 3.12	1.50	792	1130	– 0.96
HJH – 1 – 4	201	0.222104	0.005587	0.282905	0.000027	0.282884374	4.26	7.99	559	703	– 0.83
HJH – 1 – 5	191	0.076468	0.002078	0.282830	0.000014	0.28282295	1.61	5.60	615	849	– 0.94
HJH – 1 – 6	188	0.040822	0.001216	0.282719	0.000013	0.282714231	– 2.35	1.67	760	1097	– 0.96
HJH – 1 – 7	218	0.038820	0.001378	0.282728	0.000010	0.282722332	– 2.02	2.63	750	1059	– 0.96
HJH – 1 – 8	181	0.034131	0.001042	0.282712	0.000010	0.28270868	– 2.57	1.33	765	1114	– 0.97
HJH – 1 – 9	189	0.037211	0.001130	0.282689	0.000011	0.282685263	– 3.39	0.68	799	1161	– 0.97
HJH – 1 – 10	191	0.082424	0.002152	0.282805	0.000011	0.282797059	0.70	4.67	653	908	– 0.94
HJH – 14 – 1	195	0.032216	0.000917	0.282737	0.000012	0.282734	– 1.69	2.52	727	1048	– 0.97
花岗闪长岩（HJH – 14）											
HJH – 14 – 4	196	0.039379	0.001063	0.282707	0.000010	0.282703	– 2.76	1.46	773	1117	– 0.97
HJH – 14 – 5	194	0.050736	0.001313	0.282754	0.000013	0.282749	– 1.11	3.03	712	1015	– 0.96
HJH – 14 – 7	196	0.039104	0.001057	0.282730	0.000011	0.282726	– 1.94	2.28	740	1065	– 0.97
HJH – 14 – 11	196	0.041489	0.001124	0.282752	0.000010	0.282748	– 1.15	3.06	710	1015	– 0.97
HJH – 14 – 12	188	0.028989	0.000791	0.282738	0.000011	0.282735	– 1.66	2.43	724	1049	– 0.98
HJH – 14 – 15	192	0.041096	0.001147	0.282768	0.000012	0.282764	– 0.59	3.53	688	981	– 0.97
HJH – 14 – 19	197	0.025837	0.000719	0.282709	0.000012	0.282706	– 2.69	1.59	763	1109	– 0.98
HJH – 14 – 20	194	0.036500	0.000924	0.282757	0.000012	0.282753	– 1.00	3.18	700	1005	– 0.97
HJH – 14 – 21	192	0.054848	0.001410	0.282754	0.000012	0.282749	– 1.11	2.99	713	1016	– 0.96
HJH – 14 – 23	194	0.038168	0.001014	0.282769	0.000014	0.282765	– 0.56	3.62	684	977	– 0.97
斑状花岗闪长岩（HJH – 7）											
HJH – 7 – 1	195	0.025475	0.000816	0.282738	0.000012	0.282735	– 1.65	2.57	724	1045	– 0.98
HJH – 7 – 3	190	0.031002	0.000974	0.282759	0.000010	0.282755	– 0.94	3.16	698	1003	– 0.97
HJH – 7 – 5	193	0.036244	0.001191	0.282762	0.000010	0.282758	– 0.82	3.33	698	995	– 0.96
HJH – 7 – 6	191	0.041351	0.001234	0.282778	0.000012	0.282774	– 0.23	3.86	675	960	– 0.96
HJH – 7 – 7	194	0.039668	0.001278	0.282740	0.000010	0.282735	– 1.59	2.56	730	1045	– 0.96
HJH – 7 – 9	191	0.025387	0.000818	0.282771	0.000012	0.282768	– 0.49	3.65	678	973	– 0.98
HJH – 7 – 10	191	0.025595	0.000807	0.282754	0.000012	0.282751	– 1.09	3.05	701	1011	– 0.98
HJH – 7 – 11	194	0.040952	0.001139	0.282732	0.000012	0.282728	– 1.86	2.32	738	1061	– 0.97
HJH – 7 – 17	193	0.030668	0.000927	0.282742	0.000012	0.282738	– 1.54	2.64	721	1039	– 0.97
HJH – 7 – 22	196	0.030539	0.000859	0.282793	0.000011	0.282790	0.27	4.51	648	922	– 0.97
HJH – 7 – 23	199	0.049243	0.001323	0.282817	0.000011	0.282812	1.14	5.38	621	868	– 0.96

4)岩石成因。

在形成构造环境判别图(图3-40)上,投影点均落于火山弧-同碰撞花岗岩区及地壳熔融花岗岩(同碰撞)区的周围,结合岩石化学特征及区域构造演化背景,应形成于活动陆缘火山弧陆碰撞造山相对隆起伸展的构造环境,是碰撞过程中源于上地幔-下地壳Ⅰ型岩浆同化部分上地壳物质结晶分异的产物。在花岗岩成因类型判别图(图3-41)中,花岗闪长岩、$(La/Yb)_N$ 比值一般型二长花岗岩具有Ⅰ型和S型花岗岩的双重属性;$(La/Yb)_N$ 高比值型、$(La/Yb)_N$ 低比值型、正长花岗岩属于Ⅰ型和S型双重属性花岗质岩浆进一步结晶分异演化的A型花岗岩。

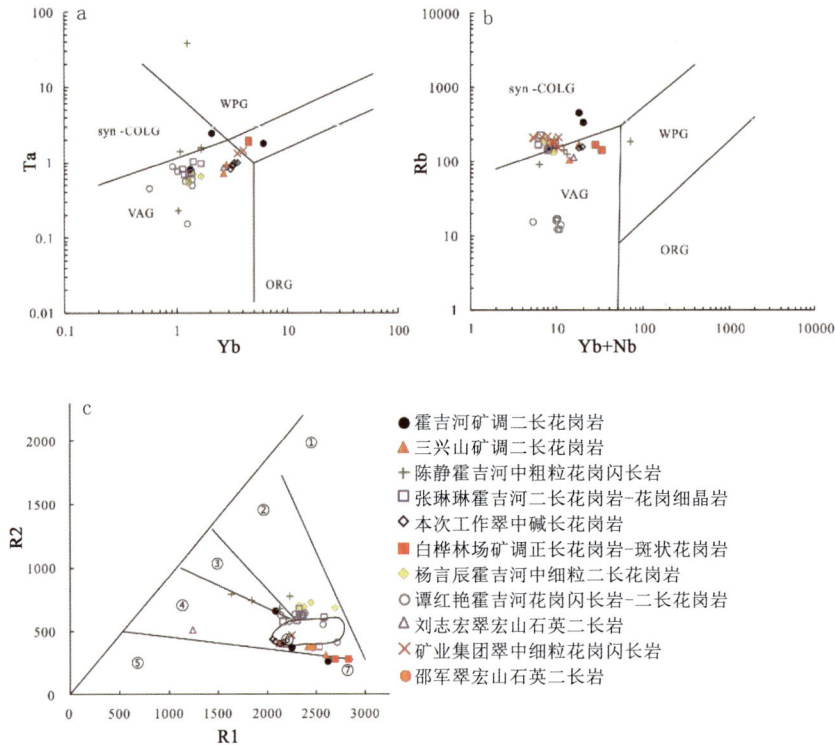

图3-40　矿田早侏罗世花岗岩形成构造环境判别图

a和b底图据Pearce et al.,1984;ORG-大洋脊花岗岩,WPG-板内花岗岩,VAG-火山弧花岗岩,syn-COLG-同碰撞花岗岩。

c底图据Batchelor and Bowden,1985;①-幔源花岗岩;②-板块碰撞前消减地区花岗岩;③-板块碰撞后隆起花岗岩;

④-晚造山期花岗岩;⑤-非造山花岗岩;⑥-地壳熔融的花岗岩(同碰撞);⑦-造山后期花岗岩。

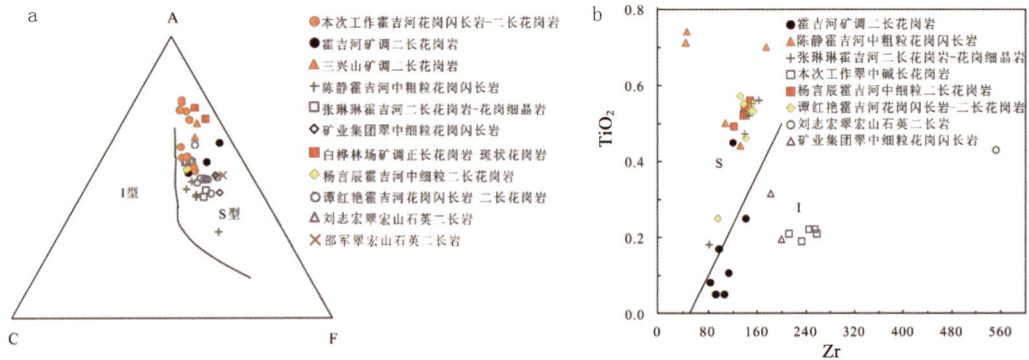

图3-41　矿田早侏罗世花岗岩成因类型判别图

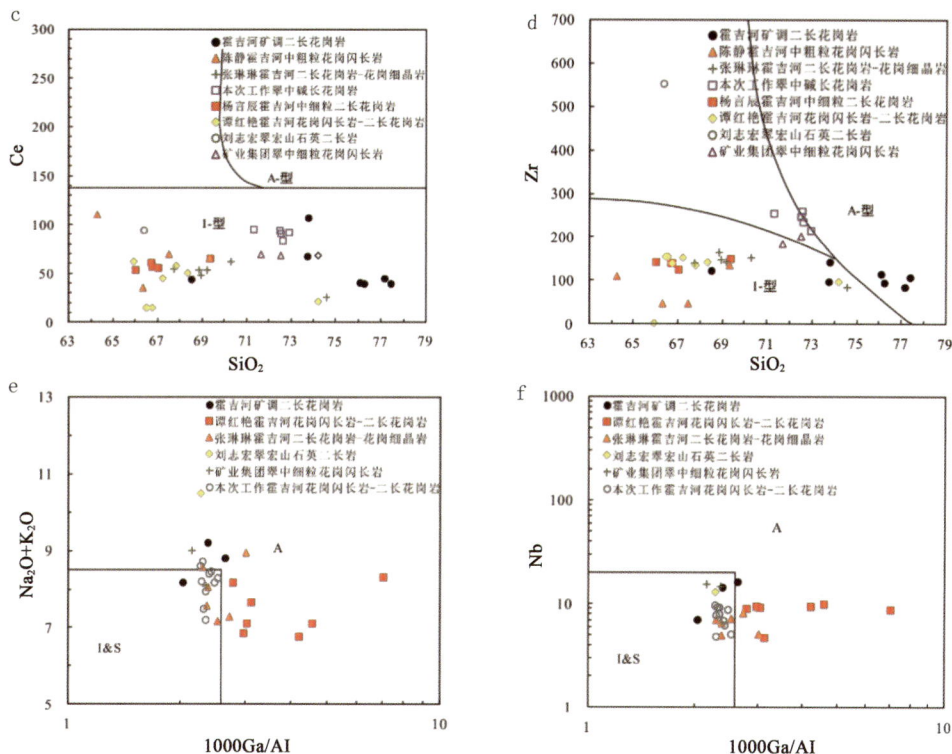

续图 3 - 41

a 底图据中田节也,1979;b 底图据王中刚等,1980;c 和 d 底图据 Collis et al.,1982;e 和 f 底图据据 Whalen et al.,1987。

从早侏罗世二浪河组火山岩与早侏罗世花岗岩主量元素组成对比图(图 3 - 42)可以看出,二者的主量元素组成上具有相似的演化特征。主要的氧化物 Al_2O_3、TiO_2、TFe_2O_3、MgO、P_2O_5、CaO 和 MnO 的含量,随着 SiO_2 含量的增高表现出逐渐降低的趋势,而 K_2O 含量则表现出逐渐增高的趋势;NaO_2 含量在 SiO_2 含量小于 74% 时则表现为随之逐渐增高的趋势,当 SiO_2 含量大于 74% 时则表现为逐渐下降的趋势。这些特征,表明二浪河期火山岩与早侏罗世花岗岩是同源岩浆不同演化阶段的产物,均经历了明显的结晶分异作用。

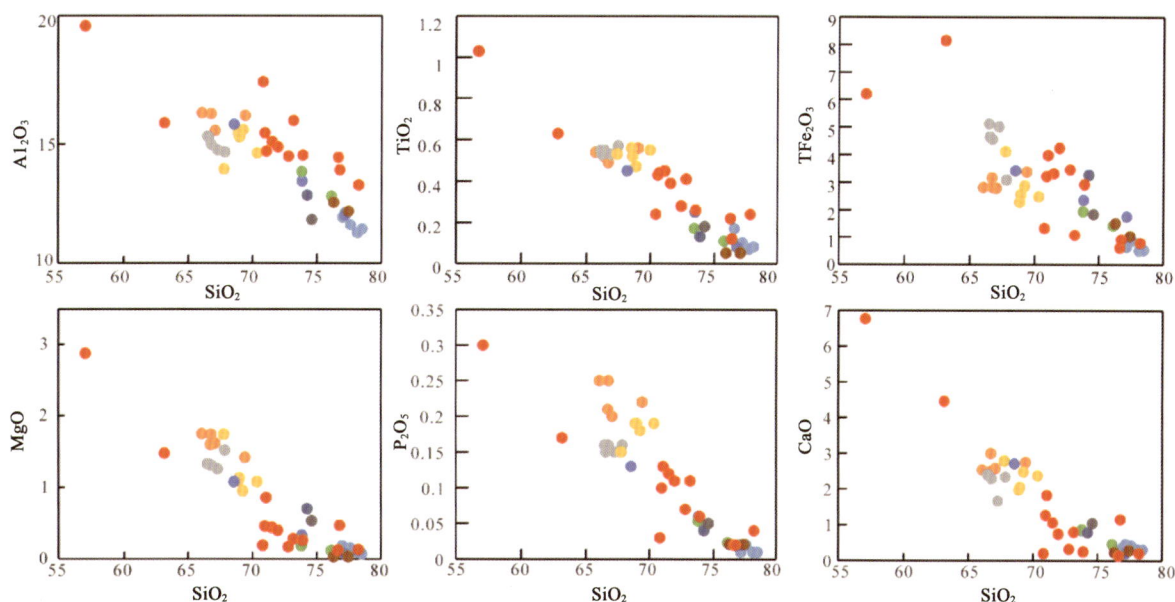

图 3 - 42　早侏罗世二浪河组火山岩与早侏罗世花岗岩主量元素组成对比图

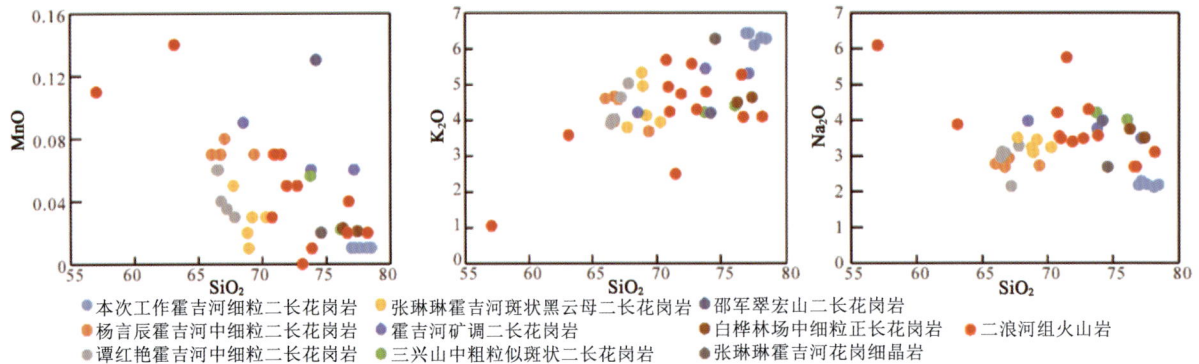

本次工作霍吉河细粒二长花岗岩　　张琳琳霍吉河斑状黑云母二长花岗岩　　邵军翠宏山二长花岗岩
杨言辰霍吉河中细粒二长花岗岩　　霍吉河矿调二长花岗岩　　白桦林场中细粒正长花岗岩　　二浪河组火山岩
谭红艳霍吉河中细粒二长花岗岩　　三兴山中粗粒似斑状二长花岗岩　　张琳琳霍吉河花岗细晶岩

续图 3 – 42

3.2.7　早白垩世(K₁)岩浆岩组合

早白垩世岩浆活动以喷发为主,侵入岩不发育,仅在火山构造边缘部位见花岗斑岩($\gamma\pi K_1$)小岩株侵入。

早白垩世板子房期中性火山岩、宁远村期酸性火山岩主要分布于霍吉河林场、北岭站及宏铁山铁矿点的北部地区。1:5 万区调获得的板子房期安山岩(SXPM014TC9)锆石 U – Pb 年龄为 117.8 Ma,粗安岩(HWP2GS47)的 K – Ar 年龄为 95.65 Ma,宁远村期石英粗面岩(HWP3GS31)的 K – Ar 年龄为 99.23 Ma。

1)板子房期中性火山岩。

岩石 SiO_2 含量60.30% ~66.05%(附表Ⅰ–8),均值63.09%;Al_2O_3 含量较高为16.24% ~19.69%,均值18.12%,属于高铝型;CaO 含量1.63% ~5.42%,均值4.47%;$Na_2O + K_2O$ 比值5.54% ~9.80%,Na_2O/K_2O 比值1.02 ~2.11,相对富钠。在岩石化学特征图(图 3 – 43)上,投影点落于亚碱性安山岩区为 4 个点、粗安岩和英安岩区各 1 个点,属于准 – 弱过铝质、高钾钙碱性 – 钙碱性岩系列。

岩石 ΣREE 总量(156.65 ~242.00) $\times 10^{-6}$,均值 178.47×10^{-6};LREE/HREE 比值2.92 ~5.89,均值4.37;$(La/Yb)_N$ 比值较高9.76 ~18.16,均值12.50;稀土配分曲线为右倾斜型(图 3 – 44),具有明显的轻稀土元素相对富集、重稀土元素相对亏损、轻重稀土分馏明显的特征,δEu 值为 0.90 ~1.00,具较弱的负异常。在微量元素标准化蛛网图(图 3 – 44)上,Cs、Th、U、Ta、Nb、Sr、P、Ti 为负异常,Ru、K、Zr、Hf 相对富集。

在岩石成因判别图(图 3 – 45)上,投影点落于活动陆缘火山弧、板块汇聚碰撞造山的伸展构造环境。

2)宁远村期酸性火山岩。

岩石 SiO_2 含量68.35% ~76.85%,均值71.76%;Al_2O_3 含量14.41% ~17.45%,均值15.46%;CaO 含量0.15% ~1.09%,变化范围较大;$Na_2O + K_2O$ 比值9.23% ~10.66%,均值9.01%;Na_2O/K_2O 比值0.20 ~1.40,多数大于1,相对富钠(附表Ⅰ–8)。在岩石化学特征图(图 3 – 43)上,投影点落于亚碱性 – 碱性、粗面岩 – 流纹岩区,属于准 – 弱过铝质高钾钙碱性 – 钾玄岩系列。

岩石 ΣREE 总量(145.48 ~312.71) $\times 10^{-6}$,均值 244.13×10^{-6};LREE/HREE 比值为2.55 ~9.76,均值4.16;$(La/Yb)_N$ 比值较大5.30 ~19.15,均值9.73;稀土配分曲线为右倾斜型(图 3 – 44),具明显的 LREE 相对富集、HREE 相对亏损、轻重稀土分馏明显的特征,δEu 值为 0.41 ~0.86、具中等 – 较弱的负异常。微量元素标准化蛛网图(图 3 – 44)上,Cs、Nb、Ta、Sr、P、Ti 负异常,Ru、U、Th、Zr、Hf 相对富集。

在岩石成因判别组图(图 3 – 45)上,投影点落于活动陆缘火山弧、板块汇聚碰撞造山的伸展构造环境。

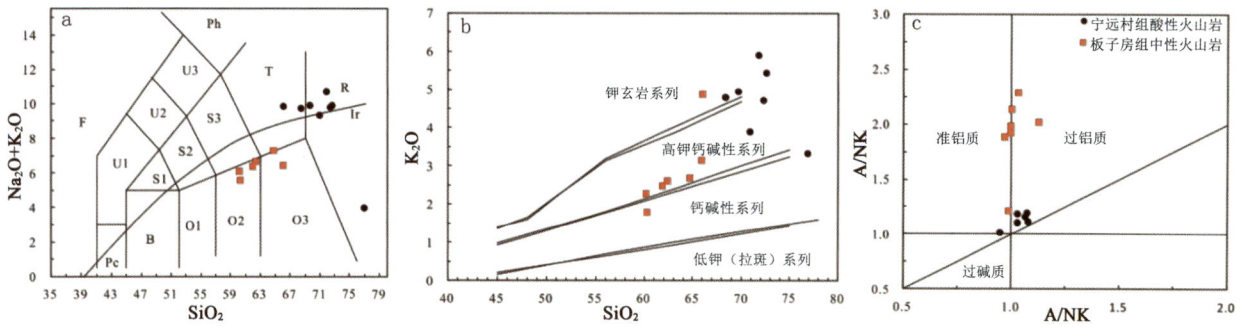

图3－43　矿田早白垩世火山岩化学特征图

a底图据国际地科联(IUGS)火成岩分类学分委会,1984;图中:Ir－Irvine分界线上方为碱性、下方为亚碱性;Pc－苦橄玄武岩,U1－碱玄岩/碧玄岩,U2 响岩质碱玄岩,U3－碱玄质响岩,Ph－响岩,B－玄武岩,S1－粗面玄武岩,S2－玄武粗安岩,S3－粗安岩,T－粗面岩/粗面英安岩,O1－玄武岩,O2－安山岩,O3－英安岩,R－流纹岩。b底图据Peccerillo R et al.,1976。c底图据Maniac and Piccolo,1989。

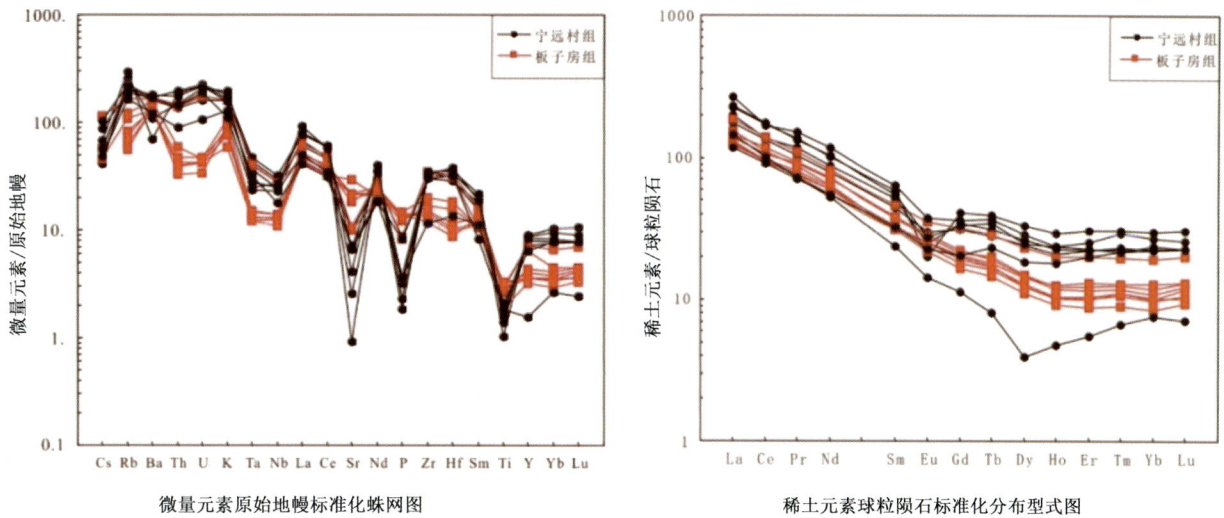

微量元素原始地幔标准化蛛网图　　　　　　稀土元素球粒陨石标准化分布型式图

图3－44　矿田早白垩世火山岩稀土元素与微量元素标准化曲线图

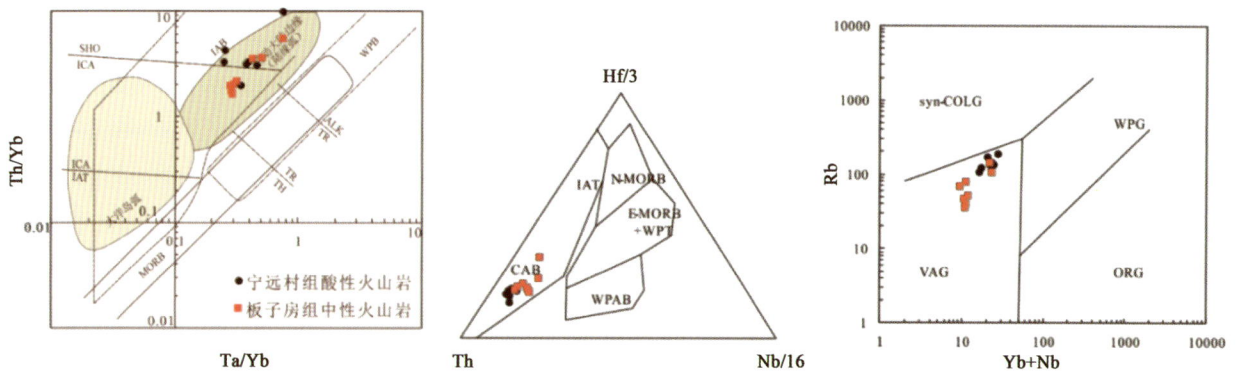

图3－45　矿田早白垩世火山岩成因类型判别组图

65

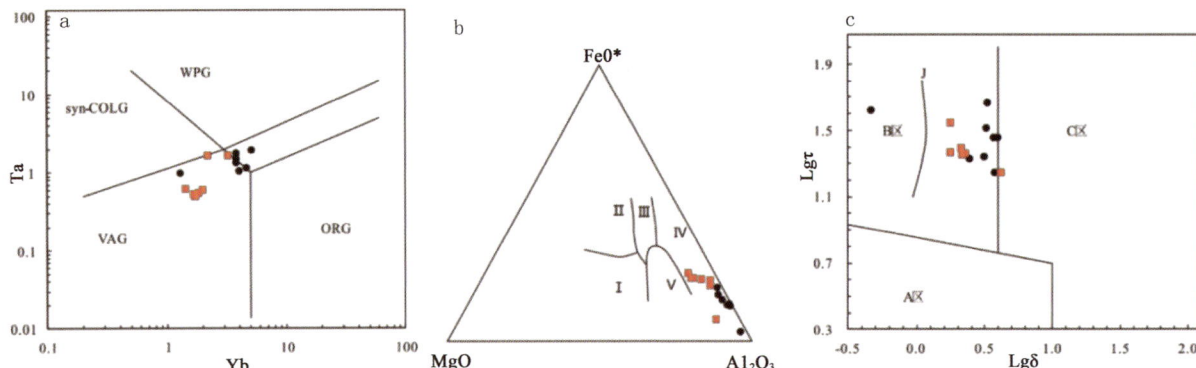

续图 3 – 45

a据Pearce,1982:IAB－岛弧玄武岩;IAT－岛弧拉斑系列;ICA－岛弧钙碱系列;SHO－岛弧橄榄玄粗岩系列;WPB－板内玄武岩;MORB－洋中脊玄武岩;TH－拉斑玄武岩;TR－过渡玄武岩;ALK－碱性玄武岩。b据Wood D A.,1980:N－MORB,N型洋脊玄武岩;E－MORB:E型洋脊玄武岩和板内拉斑玄武岩;WPAB:板内碱性玄武岩;CBA:火山弧玄武岩。c和d底图据Pearce et al.,1984;ORG－大洋脊岗岩,WPG－板内花岗岩,VAG－火山弧花岗岩,syn－COLG－同碰撞花岗岩。e据里特曼,1973:A区－非造山带地区火山岩,B区－造山带地区火山岩,C－A区、B区派生的碱性、富碱岩,J－日本火山岩。f据Pearce等,1977:IV－扩张中心岛弧,V－岛弧及活动大陆边缘,I－洋中脊或洋底,II－大洋岛,III－大陆。

3.2.8 更新世大熊山玄武岩($\beta Qp^1 d$)

该期火山岩主要分布于矿田的西北隅,面积约85 km²。主要岩性为溢流相气孔状玄武岩。SiO_2含量54.42%～57.86%,属中基性火山岩范围;Al_2O_3含量15.45%～16.48%,为中－高含量型;CaO含量5.84%～6.57%。$K_2O + Na_2O$含量4.47%～5.18%,平均4.86%,里特曼指数1.49～1.63,岩石属亚碱性系列。K_2O/Na_2O比值为0.12～0.33,显示富钠贫钾。岩石系列介于钙碱性和低钾(拉斑)系列之间、更偏向于后者,形成于陆内裂谷的构造环境。

3.3 矿田构造特征

矿田所在的伊春－延寿岩浆弧(III－6),东部与牡丹江古元古代－中生代多旋回构造结合带衔接,长期处于牡丹江洋活动陆缘的构造演化环境,其成生演化自古生代以来历经多次重大构造事件(晚－顶寒武世、早－中奥陶世、晚泥盆世－早石炭世、晚二叠世、晚三叠世、早侏罗世、早白垩世)的叠加改造,形成了现今复杂的地质构造面貌。

依据矿田内地层、岩浆岩、重磁异常、矿床的综合地质特征,以伊春－延寿岩浆弧(III－6)东侧紧邻的牡丹江古元古代－中生代多旋回构造结合带的构造演化为主线,对比梳理了区域IV级构造单元在矿田内的存续分布,划分了矿田的V级控矿构造单元,综合解译了隐伏基底与断裂构造。

矿田内分布的区域IV级构造单元12个,V级控矿构造单元11个(表3－18)。

3.3.1 矿田存续区域IV级构造单元特征

矿田内存续分布的12个区域IV级构造单元地质结构特征如下所述。

(1)东风山微地块隐伏结晶基底(Pt_1)(IV－1):矿田内未见古元古代东风山岩群(Pt_1D)的出露。矿田重磁异常地质构造解译推断其埋深2～8 km,平均埋深约5.5 km,主要分布于翠巍(M7)－翠宏山－翠中铁多金属矿床(M71、M71′)－宏铁山铁多金属矿床(M8)一带、红旗山铁锡锌矿床(M73－102)的南部、枫林林场的北部,总体呈近南北向带状或串珠状展布。其中的硅铁建造可为铁多金属矿的形成提供部分成矿物质来源,是形成大型矽卡岩型铁多金属矿床的主要成矿要素之一。

（2）伊春陆缘浅海盆地（$\in_1$）（Ⅳ-4）：矿田内铅山组（$\in_1 q$）碳泥硅灰建造呈零星的悬垂体状或残留体状出露于翠巍（M7）-翠宏山铁多金属矿床（M71）-翠中铁多金属矿床（M71′）-宏铁山铁多金属矿点（M8）一带、红旗山铁矿床（M73-102）的南部，是大型矽卡岩型铁多金属矿床形成的重要成矿要素。矿田重磁异常地质构造解译推断其深部隐伏分布范围与东风山岩群（$Pt_1 D$）的相当，处于东风山岩群（$Pt_1 D$）隐伏界面之上。

（3）库南陆缘碰撞后隆升花岗闪长岩+二长花岗岩组合（$\in_{2-3}$）（Ⅳ-5A）：矿田内仅见于库南铅锌矿床，处于推测的东风山岩群和铅山组隐伏分布区，侵入铅山组（$\in_1 q$），呈残留体状产出，是主要成矿要素之一。

（4）翠中弧陆碰撞后造山花岗闪长岩+二长花岗岩+正长花岗岩+碱长花岗岩组合（$\in_4$）（Ⅳ-5B）：处于推测的东风山岩群和铅山组隐伏分布区，主要呈残留体状分布于"西马鲁河北北东向复式褶断侵入接触构造带（$\in_1 J_1$）（Ⅴ-1）、翠北-翠宏山北北西向复式褶断侵入接触构造带（$\in_1 J_1$）（Ⅴ-2）"，侵入铅山组（$\in_1 q$），是翠宏山-翠中等铁多金属矿床的重要成矿要素。

（5）枫桦陆缘弧花岗闪长岩+二长花岗岩+正长花岗岩+碱长花岗岩+花岗斑组合（O_{1-2}）（Ⅳ-10B）：分布于枫林林场一带，呈岩株状北东向带状产出，处于推测的东风山岩群隐伏基底分布区，深部可能具有形成矽卡岩型铁多金属矿床的基本条件。

（6）对宏山弧背盆地（D_{1-2}）（Ⅳ-6）：矿田内仅见盆地沉积的黑龙宫组（$D_{1-2} hl$）残留体分布于"对宏山-库滨北北东向复式褶断侵入接触构造带（$\in_1 J_1$）（Ⅴ-3）"。

（7）库滨弧间盆地（P_2）（Ⅳ-8）：矿田内仅见盆地沉积的土门岭组（$P_2 t$）残留体分布于"对宏山-库滨北北东向复式褶断侵入接触构造带（$\in_1 J_1$）（Ⅴ-3）"，处于推测的东风山岩群和铅山组隐伏分布区，是形成库滨铅锌矿床、宏铁山铁多金属矿点的重要成矿要素之一。

（8）宏铁山碰撞造山二长岩+二长花岗岩组合（P_3）（Ⅳ-9）：矿田内零星分布。在枫桦林场东488高地一带见二长花岗岩小岩株侵入早-中奥陶世花岗岩中，在宏铁山铁矿床晚三叠世花岗闪长岩中见二长岩包体。

（9）翠宏山弧陆碰撞花岗闪长岩+二长花岗岩+正长花岗岩+碱长花岗岩+花岗斑组合（T_3）（Ⅳ-10A）：主要分布于翠宏山-翠中、红旗山、宏铁山等铁多金属矿区，多数为近南北向带状分布的岩珠，是矿田内主体花岗岩之一；处于推测的东风山岩群和铅山组隐伏分布区，是矽卡岩-斑岩型铁多金属矿床的重要成矿要素。

（10）二浪河期陆缘陆相火山弧（J_1）（Ⅳ-10）：由早侏罗世二浪河期中性-酸性岩浆喷发-侵入形成的504高地北北东向火山喷发带（J_1）（Ⅴ-7）、翠中南北向火山喷发带（J_1）（Ⅴ-8）、红旗山南北向火山喷发带（J_1）（Ⅴ-9）、花岗闪长岩+二长花岗岩+正长花岗岩+碱长花岗岩+花岗斑组合（J_1）（Ⅳ-10B）构成，处于推测的东风山岩群和铅山组隐伏分布区及边缘部位，花岗岩组合是矿田内花岗岩的主体，是霍吉河斑岩钼矿床的重要成矿要素。

（11）早白垩世板子房-宁远村期陆缘陆相火山弧（K_1）（Ⅳ-12）：由板子房组（$K_1 b$）和宁远村组（$K_1 n$）的中性-酸性岩浆喷发形成的梅山北北西向火山喷发带（K_1）（Ⅴ-10）、友谊南北向火山喷发带（K_1）（Ⅴ-11）组成，是矿田内浅成中低温热液型金矿成矿潜力较大的构造单元。

（12）乌云沉积盆地东缘（$K_2 Q$）（Ⅳ-13）：位于矿田西部山前地带，主要由嫩江组（$K_2 n$）、孙吴组（$N_{1-2} s$）、大熊山低位玄武岩（$\beta Qp^1 d$）、一级阶地冲洪积层（QP^{2pal}）、高河漫滩冲洪积层（Qh^{pal}）、低河漫滩冲积层（Qh^{al}）组成。

表3-18 矿田构造体系结构特征一览表

地质时代	构造旋回		构造演化阶段		IV级构造单元			矿田存续的IV级构造单元			矿田V级构造单元(III-6)											
						低位玄武岩	高位玄武岩		低位玄武岩	高位玄武岩	V-1	V-2	V-3	V-4	V-5	V-6	V-7	V-8	V-9	V-10	V-11
第四纪 2.58 Ma	喜山	晚期		隆升裂谷阶段							西马鲁河北复式向东褶断侵入接触带(∈₁J₁)	翠宏山北复式向斜西褶断侵入接触构造带(∈₁J₁)	对宏山-库宏溪北复式向斜东褶断侵入接触构造带(∈₁J₁)	红宏山北复式向斜西褶断侵入接触构造带(∈₁J₁)	枫林北486高地西向褶皱岩带(P₃T₃)	枫林南507高地西向褶皱岩带(P₃T₃)	504高地北东向火山喷发带(J₁)	翠中南北向火山喷发带(J₁)	红旗山南北向火山喷发带(J₁)	梅山北西向火山喷发带(K₁)	友谊南北向火山喷发带(K₁)
新近纪 23.03 Ma																					
古近纪 66 Ma		早期																			
晚白垩世 100.5 Ma	燕山	晚期	太平洋构造域演化大阶段	滨太平洋活动大陆边缘盆岭谷构造阶段	乌云沉积盆地(IV-13)	乌云沉积盆地东缘(IV-13)	低位玄武岩														
早白垩世 145 Ma		中期			晚侏罗世-早白垩世陆缘相火山弧(IV-12)	后造山闪长岩+花岗闪长岩+二长花岗岩+正长花岗岩+花岗斑岩组合	闪长(玢)岩+花岗斑岩+花岗细晶岩组合	早白垩世板子房期和宁远村期陆缘相火山弧(IV-12)													
晚侏罗世 163.5 Ma				陆陆碰撞造山期	太安屯陆缘弧火山相(IV-11)	陆缘弧二长花岗岩组合															
中侏罗世 174.1 Ma		早期			二浪河陆缘弧火山相(IV-10)	陆缘造山花岗闪长岩+二长花岗岩+正长花岗岩组合、大陆隆升碱长花岗岩+碱性花岗岩组合	霍吉河陆缘弧陆相碰撞花岗闪长岩+二长花岗岩+正长花岗岩+碱长花岗岩组合(IV-10B)、翠宏山弧陆碰撞花岗闪长岩+二长花岗岩+正长花岗岩+碱长花岗岩+花岗斑岩组合(IV-10A)	二浪河期陆缘陆相火山弧(IV-10)													
早侏罗世 201.3 Ma	印支	晚期		活动陆缘岩浆弧期																	
晚三叠世 237 Ma				构造转换期																	
中三叠世 247.2 Ma		早期		洋盆收缩闭合期	五道岭后碰撞火山弧(IV-9)	造山花岗闪长岩+二长花岗岩+正长花岗岩岩组合				宏宏山碰撞造山二长花岗岩组合(IV-9)											
早三叠世 252.17 Ma																					
晚二叠世 259.8 Ma		晚期	古亚洲洋构造域演化大阶段	滨古太平洋和蒙古-鄂霍茨克活动大陆边缘演化阶段	青龙屯弧及弧间盆地(IV-8)	后造山石英闪长岩+花岗闪长岩+二长花岗岩组合		库滨弧间盆地(IV-8)土门岭组													
中二叠世 272.3 Ma	华力西			火山弧期	康家屯火山弧及弧间盆地(IV-7)	大陆弧碱长花岗岩															
早二叠世 298.9 Ma		中期		后造山陆内裂谷期	弧前及弧后盆地(IV-6)																
晚石炭世 322.2 Ma																					
早石炭世 358.9 Ma		早期		火山弧盆系演化阶段	对宏山弧背盆地(IV-6)熙龙组																
晚泥盆世 382.7 Ma																					
中泥盆世 393.3 Ma																					
早泥盆世 419.2 Ma																					

续表 3-18

地质时代	构造旋回		构造演化阶段	IV′级构造单元	IV级构造单元	矿田存续的IV级构造单元 伊春-延寿岩浆弧(III-6)	矿田V级构造单元
顶志留世 423 Ma	加里东	晚期	隆升期（洋盆闭合期）				
晚志留世 427.4 Ma							
中志留世 433.4 Ma							
早志留世 443.8 Ma		中期					
晚奥陶世 458.4 Ma							
中奥陶世 470 Ma			火山弧盆期	小金沟火山弧(IV-5)	大陆弧碱长花岗岩	枫梓后造山二长花岗岩+碱长花岗岩组合(IV-5C)	
早奥陶世 485.4 Ma					弧陆碰撞鲜长岩+花岗闪长岩+正长花岗岩+碱长花岗岩组合	众中弧陆碰撞后造山花岗闪长岩+二长花岗岩+正长花岗岩+碱长花岗岩组合(IV-5B)	
顶寒武世 497 Ma		早期					
晚寒武世 509 Ma					陆缘碰撞后花岗岩+二长花岗岩组合	库南陆缘碰撞后隆升花岗闪长岩+二长花岗岩组合(IV-5A)	
中寒武世 521 Ma							
早寒武世 541 Ma			盖层期	伊春陆缘浅海盆地 (IV-4)		伊春陆缘浅海盆地(IV-4)铅山组	
震旦纪 635 Ma	兴凯	晚期	陆陆碰撞造山期				
南华（成冰纪）720 Ma				大陆弧碰撞花岗岩组合(IV-3)	大陆弧碰撞花岗岩组合(IV-3)		
青白口纪（拉伸纪）1000 Ma		早期	后造山期	东凤山和伊春后造山花岗岩+正长花岗岩组合(IV-2)			
晚蓟县（待城）世 1200 Ma	晋宁	晚期	古陆裂解-碰撞期				
早蓟县（延展）世 1400 Ma							
晚长城（盖层）世 1600 Ma		早期	隆升期				
早长城（固结）世 1800 Ma							
滹沱河（层旦+层儿）纪 2300 Ma	吕梁	晚期	古陆块形成阶段	东凤山微地块(IV-1)	东凤山微地块硅铁建造(IV-1)	东凤山微地块大陆弧混合花岗岩+东凤山片麻岩组合	隐伏大陆混合花岗岩+花岗岩组合
成铁纪 2500 Ma		早期					东凤山岩群
新太古代 2800 Ma	阜平		古陆核形成阶段				

（构造演化阶段中另含：地块形成大阶段、联合地块基底形成大阶段）

3.3.2 矿田 V 级控矿构造单元特征

3.3.2.1 早寒武世－早侏罗世复式褶断侵入接触构造带

矿田内该类控矿构造，主要位于推断的东风山岩群和铅山组隐伏分布区及其边缘部位，控制了矽卡岩－斑岩型铁多金属矿床（点）的形成和分布，主要由铅山组（$\in_1 q$）中的复式褶断带残留体、顶寒武世＋晚三叠世＋早侏罗世的花岗岩组合构成。

（1）西马鲁河北北东向复式褶断侵入接触构造带（V－1）：分布于矿田西部西马鲁河西侧一带，主要由铅山组（$\in_1 q$）残留体、顶寒武世＋晚三叠世花岗岩构成，走向北北东，长约 15 km，宽约 3 km。所见褶断残留体规模较小，呈单斜构造分布，在北北东向侵入接触构造矽卡岩带中形成了西马鲁河（M73－99）铁矿点、反帝反修山（M7 北）铁矿点、翠巍（M7）铁多金属矿点。翠巍（M7）铁多金属矿点控制程度低，资源潜力很大。

（2）翠北－翠宏山北北西向复式褶断侵入接触构造带（V－2）：分布于矿田中部翠北－翠宏山一带，主要由铅山组（$\in_1 q$）残留体、顶寒武世＋晚三叠世的花岗岩组合构成，北北西向展布，北部被北东向断裂（CF5）截断，南部与对宏山－库滨北北东向复式褶断侵入接触构造带（V－3）交会复合，长约 13 km，宽约 7 km。翠宏山－翠中铁多金属矿区残留的铅山组褶断带块体规模较大，形成的矽卡岩带及矿体的规模也大；翠北铁多金属矿区残留褶断带块体小，形成的矽卡岩带及矿体的规模也小。

（3）对宏山－库滨北北东向复式褶断侵入接触构造带（V－3）：分布于矿田中南部，主要由残留铅山组（$\in_1 q$）＋黑龙宫组（$D_{1-2} hl$）＋土门岭组（$P_2 t$）褶断块体、晚三叠世＋早侏罗世的花岗岩组合构成，北北东走向，长约 15 km，宽约 3 km。已发现的宏铁山、库滨等矿床（点）均赋存于铅山组（$\in_1$）和土门岭组（$P_2 t$）的矽卡岩带中。

（4）红旗山北北西向复式褶断侵入接触构造带（V－4）：分布于矿田的东部，主要由残留的铅山组（$\in_1 q$）褶断块体、晚三叠世＋早侏罗世的花岗岩组合构成，北北西走向，长约 11 km，宽约 3 km。南东段处于推断的东风山岩群和铅山组隐伏分布区的边缘，形成了红旗山矽卡岩型铁锡多金属矿床，锡的资源潜力较大。北西段与早侏罗世二浪河期火山喷发带复合部位，形成了霍吉河大型斑岩钼矿床。

3.3.2.2 晚二叠世－晚三叠世北西向糜棱岩带

矿田内动力变形变质程度较高、规模较大、与金成矿有关的糜棱岩带为"枫林北 486 高地北北西向糜棱岩带（V－5）"和"枫林南 507 高地北北西向糜棱岩带（V－6）"，分布于早侏罗世 504 高地北东向二浪河期火山喷发带西南隆起区、早－中奥陶世片麻状二长花岗岩和晚三叠世二长花岗岩中。

右行走滑韧性剪切带出露长约 11 km，宽大于 0.8 km，由外及内分布有硅化的花岗质碎裂岩、初糜棱、糜棱岩、超糜棱岩，糜棱面理产状 220°∠60°，叠加脆性挤压变形，被北东向断裂错断。枫林蚀变岩型金矿点的形成与二浪河期火山热液活动有关。

3.3.2.3 早侏罗世二浪河期火山喷发带

矿田内分布有三处早侏罗世二浪河期火山喷发带，以中心式中性－酸性岩浆喷发－侵入活动为主，上叠于褶断带、糜棱岩带之上，形成以霍吉河钼矿床为代表的大型斑岩钼矿成矿作用，以枫林金矿点为代表的蚀变岩型金矿化。

（1）504 高地北北东向火山喷发带（V－7）：位于矿田北部，受北东向刺尔滨河断裂带（CF3）控制，上叠于晚三叠世前述北西向糜棱岩带之上，形成枫林蚀变岩型金矿化。

（2）翠中南北向火山喷发带（V－8）：位于矿田中南部，近南北向展布，上叠于西马鲁河（V－1）、翠北－翠宏山（V－2）、对宏山－库滨（V－3）三个褶断侵入接触构造带之上，而南部又被早白垩世友谊南北向火山喷发带（V－11）覆盖。火山喷发带边缘部位分布的多处铅锌锡钼钨为主的组合异常，显示其应具有一定的找矿潜力。

（3）红旗山南北向火山喷发带（Ⅴ－9）：位于矿田的东部，近南北向展布，上叠于红旗山（Ⅴ－4）褶断侵入接触构造带之上，已在喷发带的西缘找到霍吉河大型斑岩钼矿床，还具有找到大型钼矿床的潜力。

3.3.2.4　早白垩世板子房－宁远村期火山喷发带

矿田内分布两处该期火山喷发带，以中心式喷发为主，板子房期为中性岩浆喷发，宁远村期为酸性岩浆喷发，目前仅发现金矿化1处。

（1）梅山北北西向火山喷发带（Ⅴ－10）：位于矿田的西南隅，受近南北向和东向断裂控制，叠加于晚三叠世花岗岩组合之上。在喷发带内及其边缘已发现多处铅锌银和钼铜银组合异常，具有形成火山热液型铅锌矿、斑岩型钼矿的成矿条件。

（2）友谊南北向火山喷发带（Ⅴ－11）：位于矿田的西南隅，受近南北向断裂控制，叠加于早侏罗世翠中南北向火山喷发带（Ⅴ－8）之上。在其内HS－27号金银锰砷锑汞组合异常中已发现金矿化，浅成中低温热液型金矿的成矿潜力较大。

3.3.3　矿田主要断裂构造基本特征

依据构造控制程度和研究程度相对较高的主要矿区勘查成果，结合1∶5万区域地质矿产调查和物探构造地质解译成果，分析研究总结矿田的断裂构造特征。

晚侏罗世之前，受牡丹江南北向多旋回构造结合带的控制，形成了以南北向压性构造为主体的褶断构造体系；其中，近南北向（包括北北西向、北北东向）压扭性断裂形成的较早，其次是近东西向张（扭）性断裂（包括早期形成的北东东向、北西西向断裂），最后是北西向韧性构造带。

晚侏罗世以来，受滨西太平洋活动大陆边缘构造控制，形成了以北东向为主体的断裂构造体系；其中，北东向压扭性断裂较早，北西向张性断裂较晚。

南北向、东西向、北东向断裂及其交会部位，是控制矿田内中基性－中酸性岩浆侵入、中性火山岩喷发的主体断裂构造。

矿田内4条褶断侵入接触构造带、2条糜棱岩带大型控矿构造的特征见前文所述，其他断裂特征见表3－19。表中编号为"F"者，代表由地质因素确定或推断的断裂；编号为"CF"者，代表由1∶5万航磁异常推断的断裂；编号为"GF"者，代表由1∶25万区域剩余重力异常推断的断裂；编号为"GCF"者，代表由1∶25万区域剩余重力异常和1∶5万航磁异常推断的断裂。南北向断裂组中的GCF12、F16、CF24、F25断裂，与褶断侵入接触带中的铁多金属成矿作用有一定的联系。

表3-19　矿田主要断裂构造特征一览表

断裂构造组	断裂编号	地质特征	重磁场特征	形成时代	与成矿的关系
南北向断裂构造组	F2	位于矿田中北部第四系中，长约6.5 km。北段沿小老窑河分布，向北延伸于区外，向南经大鲁果河至库尔滨河向断裂组(CF4)延伸至	区域重磁场上反应不明显	T₃-J₁	
	F6	位于矿田中北部，长约4.5 km。向北东延伸于区外，是晚印支期花岗岩与板子房组的界线，终止于库尔滨河向断裂F9	区域重力场上反应不明显，区域磁场上处于正负磁场分界线上	T₃-J₁	
	CF7	分布于矿田东部，长约24 km。向北延伸于区外，南端终止于早白垩世旗山火山喷发岩系的边界，中段是晚早白垩世旗山火山岩与正长花岗岩正长花岗岩的界线	处于区域剩余重力低异常上反应不明显，区域磁场上处于梯度带上。北段处于正负磁场分界线，南段处于正磁场上的梯度带上	T₃-J₁	
	GF11	分布于矿田西部，长约32 km。是中基地东缘主要断裂带之一，东西向，北西向断裂错断	区域剩余重力场上位于隐伏基底重力高异常处西侧梯度带上，北段分布有M73-139磁异常	∈₃-J₁	
	GCF12	分布于矿田中部，向南延伸于区外谷分布，北段向断裂错断，是晚古生代黄盆地的界线	区域剩余重力场上，南段处于隐伏基底重力高异常，东测梯度带上。在区域负磁场上呈串珠状分布的正磁异常	D₃-J₁	与宏宏山铁多金属矿点、库滨铅锌矿有关
	F16	分布于矿田中部，长约21 km。北段处于马鲁果河至库尔滨河组分界线，南段位于二滚河向谷中，北段向断裂错断并	区域磁场上反映不明显，处于区域正负磁场分界子房组分中有M73-122异常	∈₃-J₁	与翠宏山-翠峰中等铁多金属矿有关
	CF17	分布于矿田的东部，长约18 km。北西走向北东北。是早白垩世旗山火山喷发带西南边缘，中南段为隐伏断裂	区域剩余重力场上重力高异常上，处于正负磁场分界线，北段处于正磁异常	T₃-K₁	
	CF24	分布于矿田的中南部，长约17 km。北段终止正北向断裂错断的隐伏断裂。是早白垩世旗山火山喷发带的东界	区域剩余重力场上处于正重力异常带上，北段处于中串珠状磁异常带及梯度上，南段分布有M73-91，97异常，北段处于有M73-98异常	D₃-J₁	与宏宏山东、库源西山铁矿点、库滨铅锌矿有关
	P25	分布于矿田的中南部，长约19 km。向南延伸于区外，北段终止于库尔滨河向断裂F26，较多条北东向断裂切断，是早白垩世旗山火山喷发的主要断裂之一	区域剩余重力场上处于隐伏基底重力高异常上。北段处于正磁场，南段处于梯度带边缘，南段有M73-96航磁异常	∈₃-J₁	与翠宏山-翠峰中等铁多金属矿有关
	F30	分布于矿田的西南部，长约7.7 km。向南延伸于区外，被北西向断裂切割，是早白垩世火山喷发的主要断裂之一	区域剩余重力场上处于重力高异常上，区域磁场上处于于磁正磁异常中	∈₃-J₁	
	F40	分布于矿田的东南部，长约7 km。向南延伸于区外，北段终止正北向断裂F36，南段晚三叠世—早侏罗世花岗岩切割，是其	区域剩余重力场上处于隐伏状隆起重力高异常的边部，区域磁场上处于正磁异常带上	J₁₋₂	
东西向断裂构造组	F1	位于矿田西北部，长约18 km。东西向分布于第四向谷中，中段向北西向谷分布，北段经早侏罗世—早三叠世花岗岩入接触带分布	区域重磁场上反应不明显	Q	
	F8	分布于矿田中部，长约4 km。延东西向谷向分布，错断南北向断裂GCF12	区域磁场上反应不明显	J₁₋₂	
	F9	位于矿田西北部，长约12 km。主要分于第四系中，东段经马鲁果河北北东向北接触带入，西段为火山岩带的边界，向南延伸于区外	区域重力场上反应不明显，区域正磁异常的梯度带上	J₁₋₂	
	F10	分布于矿田的东北部，长约14 km。北段为北西—东向走向，是早白垩世旗山火山岩喷发带西南边缘，南段为北东北走向。北段终止于南北向断裂F13错断分布，属于红旗山V褶带的纵向断裂	区域剩余重力场上处于于磁场正磁异常上。区域磁场上主要处于于正磁异常上	∈₃-J₁	
	F13	位于矿田西部，长约18 km。东西向北段分布于第四向谷中，中段向北向谷分布，错断南北向断裂	区域剩余重力场上处于于磁正磁异常上，区域正磁异常上	T₃	
	F19	分布于矿田中部，长约11 km。东西向北延，错断南北向断裂	区域磁场上处于正磁异常的梯度带上	J₁₋₂	
	F23	位于矿田第四系中，长约12 km。东段与翠宏山褶断侵入接触带相交，西段终止于刺尔滨河向断裂	东段处于区域正磁异常上，处于正磁异常带上	∈₃-J₁	与西鲁河矿点有关连
	F26	分布于矿田中部横切翠宏山—翠峰北北东向断裂谷分布，长约3.5 km。沿东西向刺尔滨河向谷分布，西段终止于南北向断裂P25	区域剩余重力场上东段处于于磁正磁异常北部，区域磁场上处于正磁异常上M71航磁异常北部	∈₃-J₁	
	F33	分布于矿田的东南部，永林林场东部，长约10.5 km。中西段沿向谷分布终止于北东向断裂P27，东段是晚晚印支期二长花岗岩与正长花岗岩的界线	区域剩余重力场上处于隐伏状隆起基底重力高向异常中，区域磁场上处于串珠状异常带上	T₃	是翠宏山铁多金属矿的容矿构造之一

续表 3-19

断裂构造组	断裂编号	地质特征	重磁场特征	形成时代	与成矿的关系
北东向断裂构造组	CF3	分布于矿田北西部，长约31 km，两端延伸于区外，为隐伏断裂	区域剩余重力场上南西段位于隐伏基底重力高异常上，北东段反应不明显，区域磁场上处于串珠状异常区内	J_3-K_1	
	CF4	位于矿田北西部，长约30.5 km，沿库尔滨河谷分布，北东段延伸至松嫩盆地的东缘，南段延伸至早白垩世小火山喷发盆地的东缘	区域剩余重力场上南西段位于隐伏基底重力高异常上，南东段反应不明显，区域磁场上处于串珠状异常带上	J_3-K_1	
	CF5	位于矿田北西部，长约39 km，向北东延伸于区外，南西端终止于北西向断裂F32，为隐伏断裂	区域剩余重力场上南西段位于隐伏基底重力高异常上，区域磁场异常不明显，区域磁场上处于串珠状异常带上，南西段处于磁场区的分界线上	J_3-K_1	属于成矿后断裂，对西马鲁河铁矿产点产生一定的影响
	CF14	位于矿田田中部，长约33.5 km，向西南延伸于区外，北东段终止于北西向断裂F30，为隐伏断裂	区域剩余重力场上南西段位于隐伏基底重力高异常上，北东段反应不明显，区域磁场上处于正磁场的梯度带上	J_3-K_1	属于成矿后断裂，对兴北铁矿产点产生一定的影响
	F18	位于矿田西部，长约5.5 km，分布于溪河谷中，南西段侧断终止于北西向断裂CF11	区域剩余重力高异常西侧梯度带上，区域磁场上处于正磁场异常带上	J_3-K_1	
	CF22	分布于矿田东南部，长约8 km，北东段终止于北西向断裂CF17，为隐伏断裂	区域剩余重力场上反应不明显，区域磁场上处于串珠状异常带上，分布有M73-104异常	J_3-K_1	
	F27	分布于矿田中部，长约12 km，分布于库尔滨河东流河谷内，北东段终止于南北向断裂F25	区域剩余重力场上南西段反应不明显，区域磁场上处于串珠状异常带上，北东段反应不明显	J_3-K_1	
	CF34	分布于矿田东南部，长约11.5 km，为隐伏断裂	区域剩余重力场上处于隐伏基底重力高异常区上，分布有M73-90异常	J_3-K_1	
	CF35	分布于矿田东南部，长约16.5 km，南西段终止于北西向断裂F42，为隐伏断裂	区域剩余重力场上处于正磁场的梯度带上	J_3-K_1	
	F38	分布于矿田东南部，长约6 km，位于早侏罗世期火山喷发谷中，错断南北向断裂F16	区域剩余重力场上反应不明显，区域磁场上处于串珠状异常带上	J_3-K_1	
	F39	位于矿田南部友好河上游支流河谷内，长约4.5 km，南西段终止于南北向断裂F25，北东段切割晚期二长花岗岩，正长花岗岩	区域剩余重力场上反应不明显，区域磁场上处于串珠状异常带上，分布M7异常	J_3-K_1	
	F42	位于矿田东南部，长约7.5 km，北东段终止于北西向断裂F18	区域剩余重力场上处于隐伏基底重力高异常上，南东段反应不明显	J_3-K_1	
北西向断裂构造组	F15	位于矿田的中部，长约3 km，北段沿大鲁堆河支流延伸于区外，南东段终止于北东向断裂F18	区域剩余重力场上处于重力高异常带上，中段反应不明显	J_3-K_1	
	CF20	位于矿田田中部，长约10 km，北段终止于北西向断裂CF14，南段终止于北东向断裂CF17，为隐伏断裂	区域剩余重力场上处于重力高异常上，区域磁场上反应不明显	J_3-K_1	
	CF21	分布于矿田西部，长约3.5 km，北段终止于北西向断裂CF17断裂，向南东延伸至北东向断裂CF14	区域剩余重力场上反应不明显，处于正磁场异常带上	J_3-K_1	
	CF28	位于矿田西部，长约18.5 km，北东段经北西向断裂CF14延伸至区外，为隐伏断裂	区域剩余重力场上反应不明显，处于正磁场的梯度带上	J_3-K_1	
	CF29	分布于矿田南部友好河上游支流河谷内，长约18.5 km，北西段终止于北西向断裂CF14，为隐伏断裂	区域剩余重力场上南东段位于隐伏基底重力高异常上，南东段处于正负磁场区分界线上	J_3-K_1	
	F31	位于矿田的中部，长约6.5 km，北东段终止于南北向断裂F25，南东段错断晚期印支期花岗岩与二浪河组	区域剩余重力场上南西段和南东段位于隐伏基底重力高异常上，中段反应不明显，区域磁场上处于正负磁场分界线上	J_3-K_1	
	F32	位于矿田西部，长约10 km，北西段延伸至西鲁河南支流延伸至北东向断裂CF14	区域剩余重力场上反应不明显，区域磁场上反应不明显	J_3-K_1	
	F36	分布于矿田的东南部，长约10 km，北西段经北西向断裂F33，中段切割晚期印支期花岗岩	区域剩余重力场上处于重力高异常上，区域磁场处于磁场西部正磁场异常带的梯度带上	J_3-K_1	
	F37	分布于矿田的东南部，长约13 km，北东段延伸至东南向断裂F40	区域剩余重力场上南东段位于重力高异常上，区域磁场上处于正磁场的梯度带上	J_3-K_1	
	F41	分布于矿田东南部，长约7 km，北西段沿河谷分布，南东段切割板子房花岗岩，南东段终止于南北向断裂F30	区域剩余重力场上分布有，M73-89航磁异常	J_3-K_1	
	F43	位于矿田的东南部，长约6 km，北西段沿河谷分布，终止于北西向断裂F42，南东段切割晚期印支期二长花岗岩延伸于区外	区域剩余重力场上北东段位于重力高异常上，区域磁场处于正磁场高梯度带上	J_3-K_1	

3.4 矿田地球物理特征

在全省1:100万莫霍面等深度构造分区图上,翠宏山铁多金属矿田位于北西向小兴安岭幔坳区内。在全省1:50万布格重力异常上,矿田处于布格负异常场中,西部为近南北向相对重力高异常带,东部为北北东向相对重力低异常带。在全省1:50万航磁异常化极等直线图上,矿田处于北东向负-正-负-正相间的异常带上,两条正磁异常带和其间的两条近南北向弱磁异常带构成菱环状磁异常。

3.4.1 矿田岩矿石物性特征

本次在中国地质大学(武汉)地球物理与空间信息学院物性测量实验室利用高精度、高灵敏度仪器,对在翠中、翠宏山、红旗山、库源、宏铁山、翠北、反帝反修山等铁矿床(点)、库南铅锌矿床、霍吉河钼矿床、汤南林场和五翠等地采集的新鲜岩矿石标本893块(定向标本103块、非定向标本790块)进行了密度和磁性参数测量,通过与以往获得的岩矿石物性参数对比,对矿田的岩矿石物性参数进行了较系统的研究总结,为重磁数据处理解译奠定了基础。

1)岩矿石密度特征。

由矿田主要岩矿石密度统计结果(表3-20、图3-46)可以看出磁铁矿石类、磁铁矿化岩石类具有高密度,矿化矽卡岩、磁铁矿的密度不低于2.9 g/cm³;侵入岩类闪长岩、花岗岩的密度都较低,平均不大于2.65 g/cm³;土门岭组灰岩密度2.71 g/cm³左右,铅山组灰岩密度较高约2.75 g/cm³,比上覆地层密度高;不同种类的变质岩密度均不高于2.76 g/cm³,其中大理岩密度较低、平均约2.60 g/cm³,东风山岩群角闪岩密度较高、平均约2.72 g/cm³。因此,大规模的火山岩或侵入岩分布区可以引起规模较大的重力低异常,引起矿田区域重力高异常的主要因素应是东风山岩群结晶基底、上覆的寒武系铅山组,一定规模及埋深的磁铁矿体及磁铁矿化体可以引起局部重力高异常。

表3-20 翠宏山矿田2017年岩(矿)石密度统计表

岩石种类	块数	变化范围/(g/cm³)	常见值/(g/cm³)	平均值/(g/cm³)
铅山组大理岩	32	2.446~2.787	2.579	2.592
晚三叠世-早侏罗世花岗岩	268	2.478~2.866	2.604	2.615
晚三叠世闪长岩	286	2.342~3.488	2.609	2.629
东风山岩群角闪岩	25	2.579~2.775	2.718	2.705
东风山岩群麻粒岩	40	2.640~2.864	2.734	2.726
土门岭组灰岩	6	2.680~2.815	2.715	2.725
铅山组灰岩	34	2.582~2.858	2.752	2.741
铅山组黄铁矿化灰岩	21	2.766~3.416	2.827	2.833
东风山岩群石英磁铁矿脉	15	2.600~3.211	2.769	2.769
晚三叠世绿泥石、透辉石化花岗岩	11	2.601~3.182	2.877	2.888
宏铁山晚印支期隐爆角砾岩	20	2.911~3.516	3.181	3.231
矽卡岩型铁矿石	31	2.609~4.041	3.344	3.339
矽卡岩	42	2.593~3.794	3.415	3.381
铁矿石	34	3.453~4.977	4.293	4.274
加里东期花岗岩	55	2.505~2.866	2.641	2.646

铁矿石、矽卡岩中的铁矿石、矽卡岩

闪长岩、花岗岩、大理岩

铅山组灰岩、东风山岩群角闪岩、东风山岩群麻粒岩、晚印支期宏铁山矽卡岩带中的隐爆角砾岩

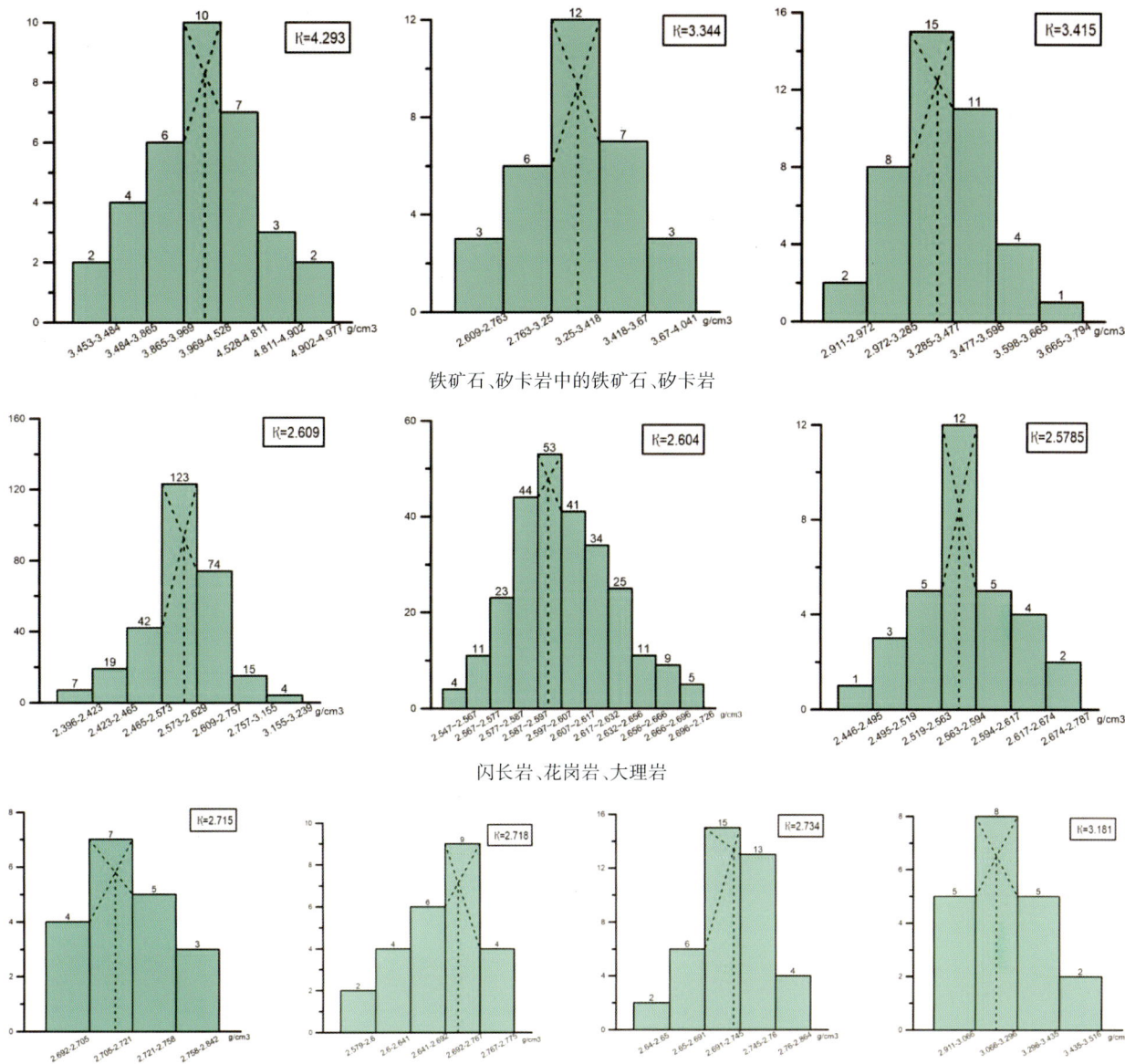

图 3 – 46　矿田主要岩(矿)石密度分布直方图

2）岩矿石磁性特征。

矿田的磁性参数统计结果(表 3 – 21、图 3 – 47、图 3 – 48)表明，火成岩、变质岩和沉积岩普遍具中弱磁性；花岗岩磁化率约 110×10^{-5} SI；矽卡岩具一定磁性，磁化率约 678×10^{-5} SI；东风山岩群变质岩基底磁性与花岗岩磁性相当，为弱磁性；磁铁矿、矿化矽卡岩及矿化灰岩具强磁性，而且主要以剩磁为主，磁铁矿矿石磁化率只有 3236×10^{-5} SI，而剩磁就可达 52.64 A/m。因此，磁铁矿体与矿化矽卡岩及矿化地层能够在矿田内引起局部高磁异常，但是范围较小，大范围的磁异常应是由具磁性的火山岩、侵入岩及深部东风山岩群结晶基底共同引起的。

采用玫瑰图的形式将主要岩矿石的剩磁方向以图 3 – 49 所示方式进行了表达。

表 3 – 21　翠宏山矿田岩（矿）石磁化率

岩石种类	块数	磁化率/（$10^{-6} \times 4\pi \cdot$ SI）			剩磁/（10^{-3}A/m）		
		变化范围	常见值	平均值	变化范围	常见值	平均值
铅山组和土门岭组灰岩	20	0.01 ~ 59.48	0.21	0.46	0.122 ~ 2.51	1.10	1.10
铅山组大理岩	25	0.24 ~ 56.40	10.90	11.90	0.72 ~ 31.79	11.90	11.90
晚三叠世绿泥石、透辉石化花岗岩	11	2.63 ~ 33.24	18.50	19.70	0.83 ~ 36.26	12.60	12.60
铅山组黄铁矿化灰岩	15	6.41 ~ 96.69	32.30	26.60	15.12 ~ 8623.14	2957.70	2957.70
东风山岩群麻粒岩	32	27.26 ~ 46.11	36.20	36.20	4.11 ~ 4.38	4.30	4.30
宏铁山晚三叠世隐爆角砾岩	23	19.23 ~ 72.12	51.00	52.80	0.23 ~ 0.62	0.40	0.40
东风山岩群角闪岩	18	76.53 ~ 576.30	218.46	224.90	5.66 ~ 33.58	17.80	17.80
矽卡岩	41	14.66 ~ 5504.37	116.10	254.90	0.13 ~ 0.38	0.20	0.20
晚三叠世 – 早侏罗世花岗岩	199	0.31 ~ 2076.18	110.10	255.00	0.13 ~ 1251.22	10.30	86.10
晚三叠世闪长岩	224	0.48 ~ 5577.58	678.00	552.10	0.18 ~ 615.23	131.60	173.20
铁矿石	15	295.23 ~ 14546.76	3236.90	3236.90	17439.42 ~ 140984.61	49149.30	60695.80
东风山岩群石英磁铁矿脉	6	1620.20 ~ 18414.23	6026.60	5961.30	21267.64 ~ 97541.07	60789.90	60789.90
矽卡岩型铁矿石	14	523.62 ~ 15191.34	9686.80	9686.80	4478.30 ~ 650764.17	52640.00	79184.60
加里东期花岗岩	52	0.68 ~ 7.25	8.50	8.60	0.18 ~ 515.35	93.10	93.10

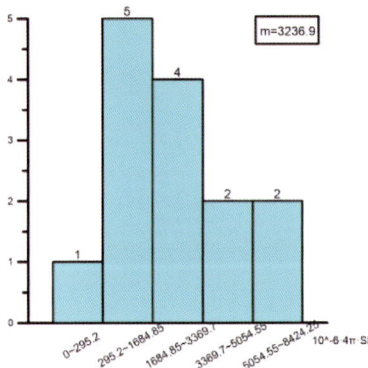

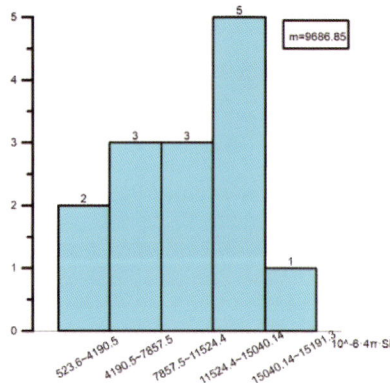

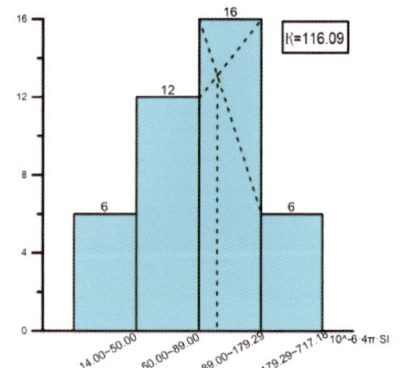

铁矿石、矽卡岩中的铁矿石、矽卡岩

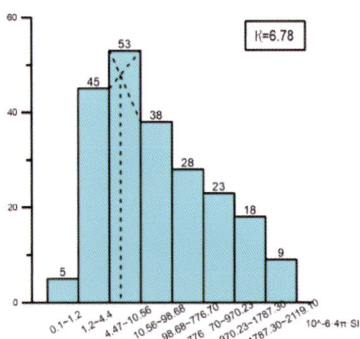

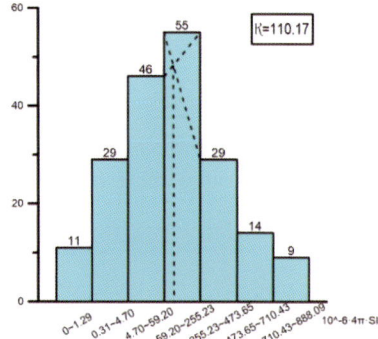

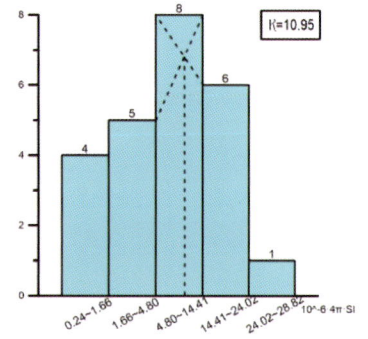

闪长岩、花岗岩、大理岩

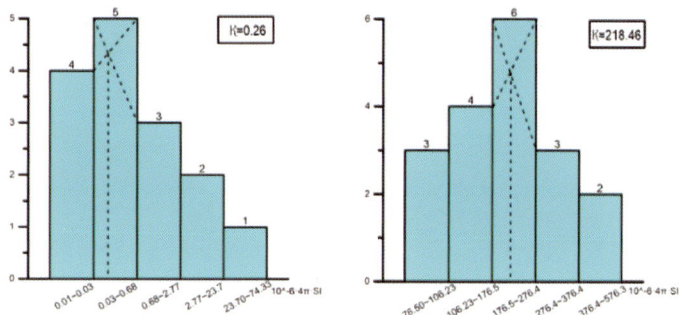

铅山组灰岩、东风山岩群角闪岩

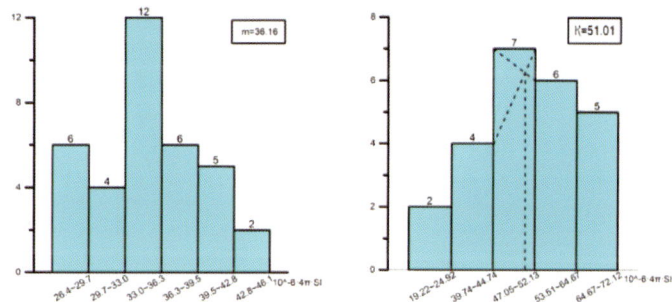

东风山岩群麻粒岩、印支晚期隐爆角砾岩

图3-47　矿田主要岩(矿)石磁化率分布直方图

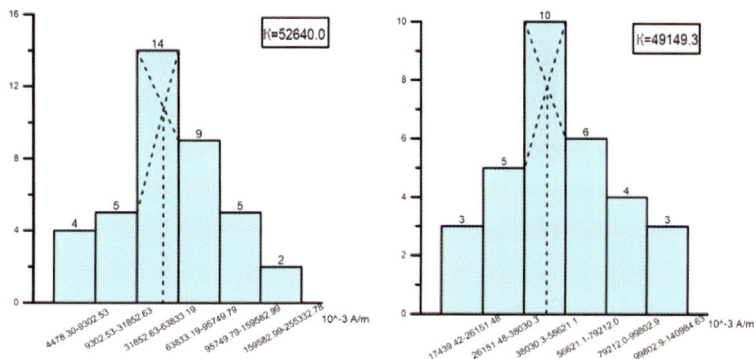

铁矿石、矽卡岩中的铁矿石

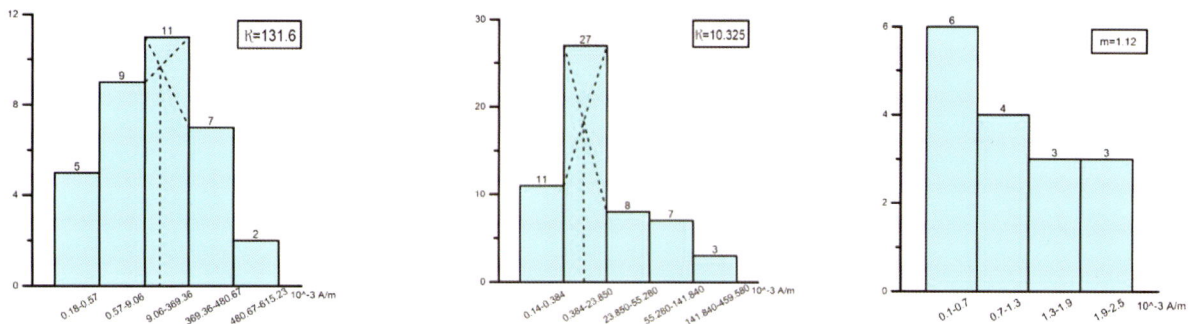

闪长岩、花岗岩、铅山组灰岩

图3-48　矿田主要岩(矿)石剩磁分布直方图

岩石类型	剩磁偏角	剩磁倾角
花岗岩	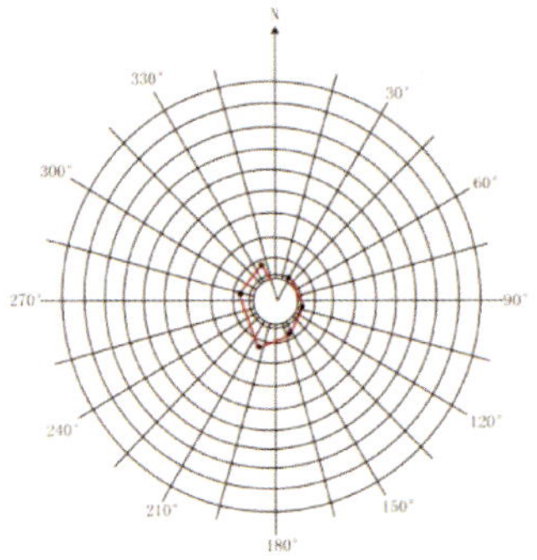 北偏东 195°	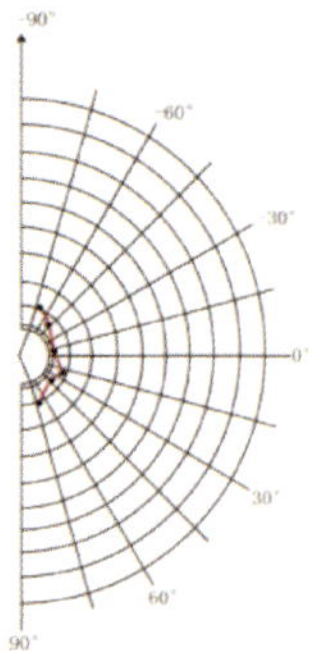 倾角 16°
闪长岩	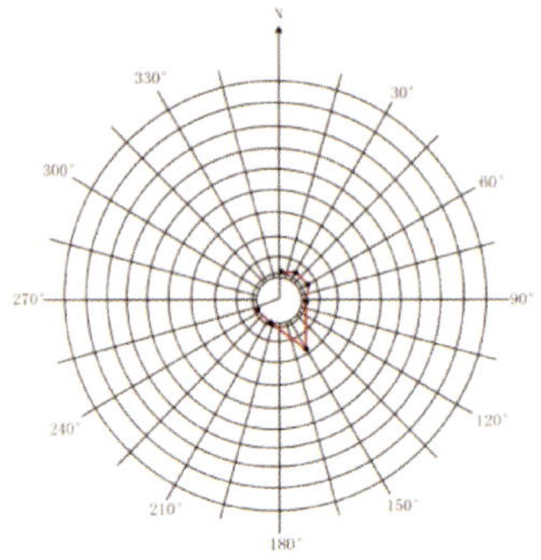 北偏东 150°	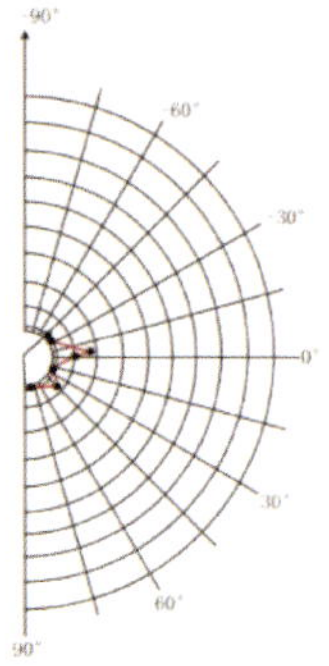 倾角 5°
矽卡岩及矿化矽卡岩	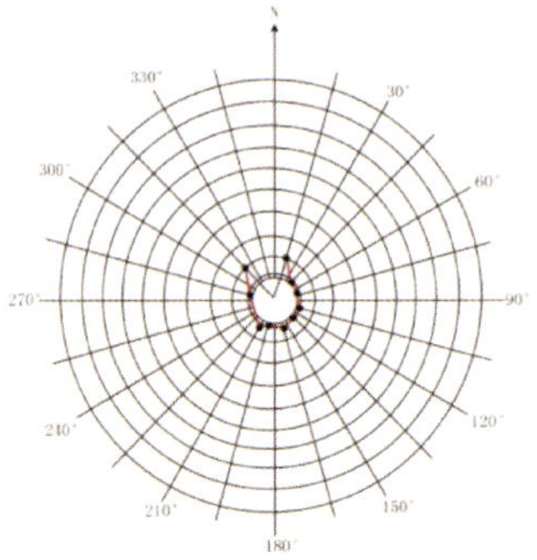 北偏东 315°	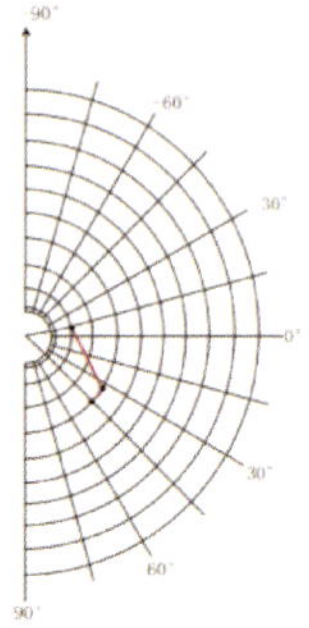 倾角 30°
铁矿石	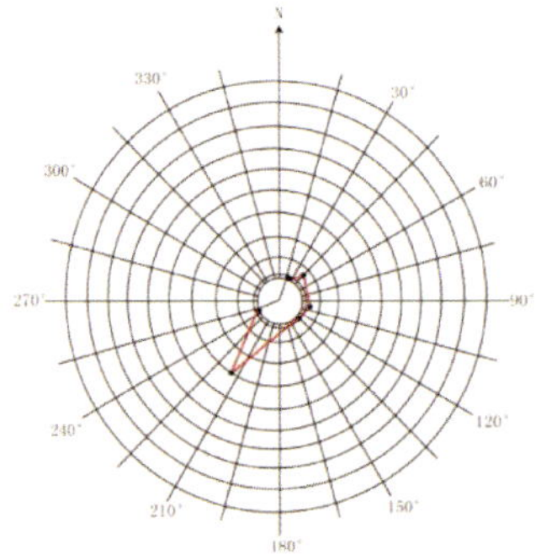 北偏东 215°	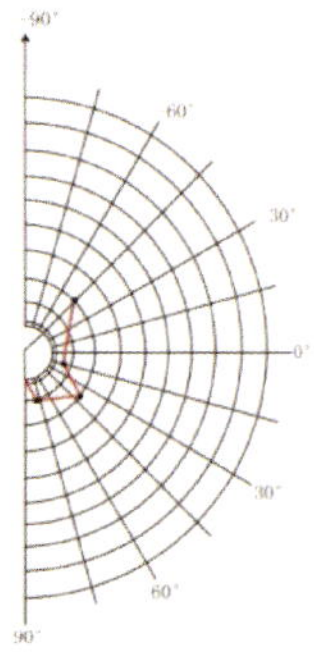 倾角 35°

图 3 - 49　矿田玫瑰图统计主要岩矿石剩磁方向

岩石类型	剩磁偏角	剩磁倾角
铅山组灰岩	 北偏东 250°	 倾角 5°
加里东期中细粒花岗岩	 北偏东 140°	 倾角 15°

续图 3 - 49

3.4.2　矿田 1:25 万剩余重力异常特征

矿田 1:25 万剩余重力异常(图 3 - 50)最大值为 $1.38 \times 10^{-5} \mathrm{m/s^2}$,最小值为 $-10.1 \times 10^{-5} \mathrm{m/s^2}$,中值为 $-0.75 \times 10^{-5} \mathrm{m/s^2}$。重力高异常区总体上近南北向展布,它们由高密度的下元古界东风山岩群结晶基底及上覆的寒武系下统铅山组及加里东期花岗岩的隆起引起,已出露的铅山组都位于布格重力异常的高值区。晚三叠世 - 早侏罗世侵入岩与火山岩由于密度较低,则位于布格重力低异常区。

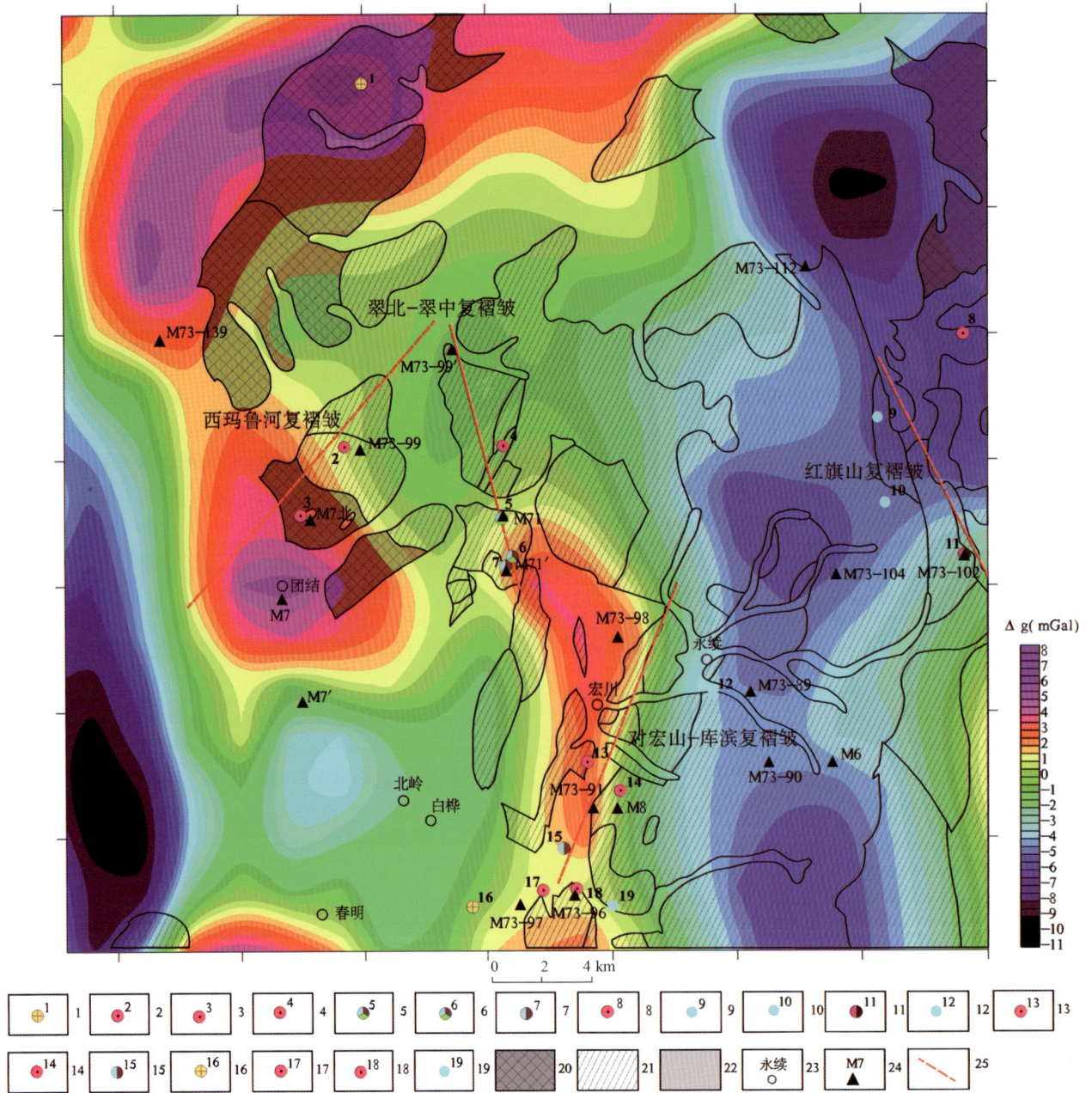

图 3 – 50　翠宏山矿田 1 : 25 万剩余重力异常图

1. 枫桦林场金矿化点；2. 西玛鲁河(M7)铁矿点；3. 反帝反修山铁矿点；4. 翠北铁矿点；5. 翠宏山铁多金属矿床；6. 翠中铁多金属矿床；

7. 库南铅锌矿床；8. 高峰铁多金属矿点；9. 霍吉河钼矿床；10. 汤北钼矿化点；11. 红旗山铁锌矿床；12. 永续钼矿化点；13. 对宏山铁矿点；

14. 宏铁山铁矿点；15. 库滨铅锌矿床；16. 友谊经营所金矿化点；17. 库源西山铁矿点；18. 库源铁矿点；19. 新风林场钼矿化点；

20. 加里东侵入岩；21. 晚印支期、早燕山期侵入岩；22. 铅山组；23. 地名；24. 航磁异常点；25. 推断构造。

　　剩余重力异常小波分解 1 ~ 6 阶细节场源似深度为 130 ~ 5500 m，它们反映高密度的东风山岩群结晶基底与铅山组的埋深(图 3 – 51)。剩余重力异常小波 6 阶细节场源深度的功率谱分析结果表明，场源深度约 5.5 km，该深度当是东风山岩群结晶基底的平均深度。

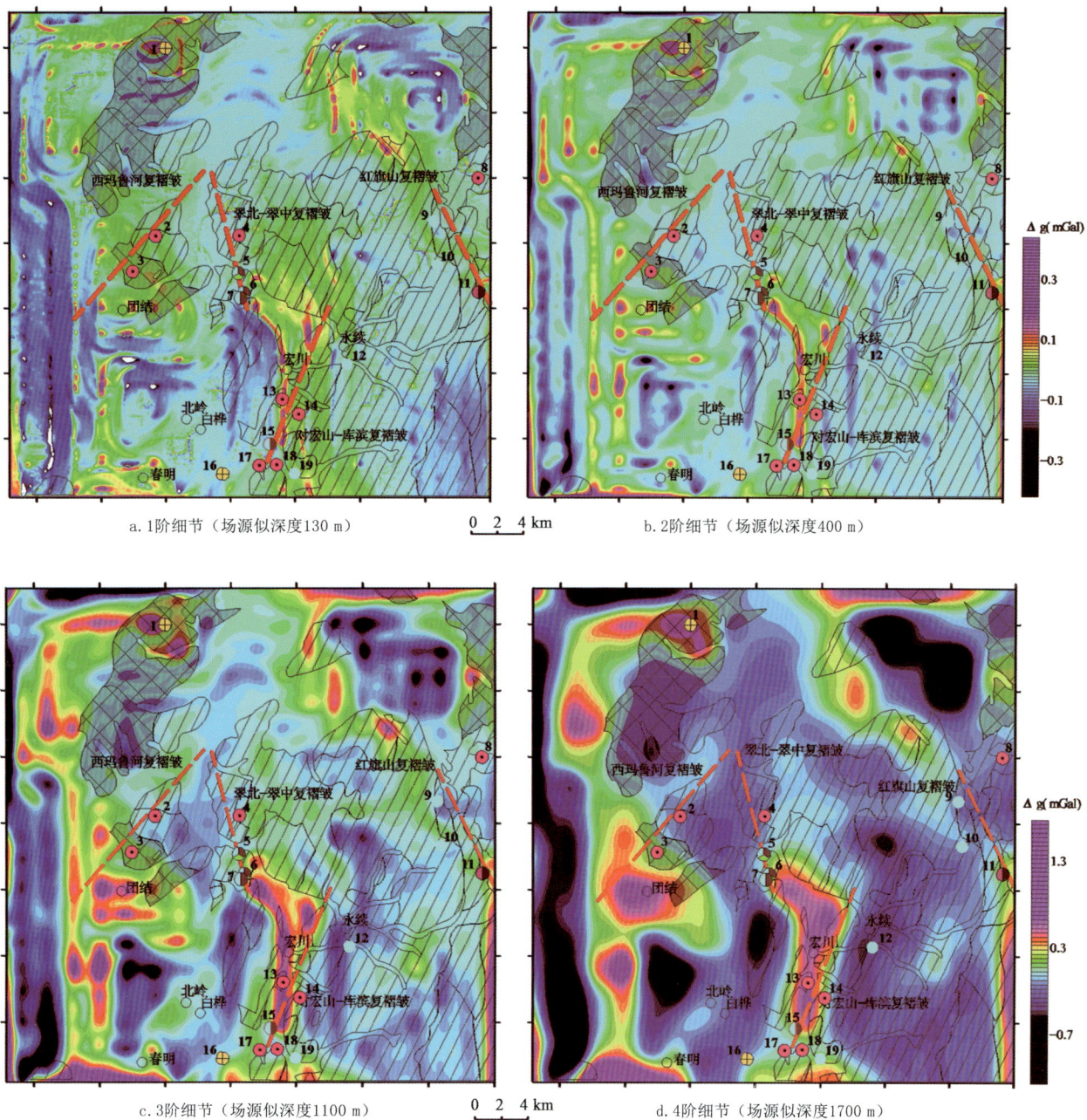

a. 1阶细节（场源似深度130 m）　　b. 2阶细节（场源似深度400 m）

0　2　4 km

c. 3阶细节（场源似深度1100 m）　　d. 4阶细节（场源似深度1700 m）

0　2　4 km

图 3-51　翠宏山矿田 1:25 万剩余重力小波多尺度分解结果图

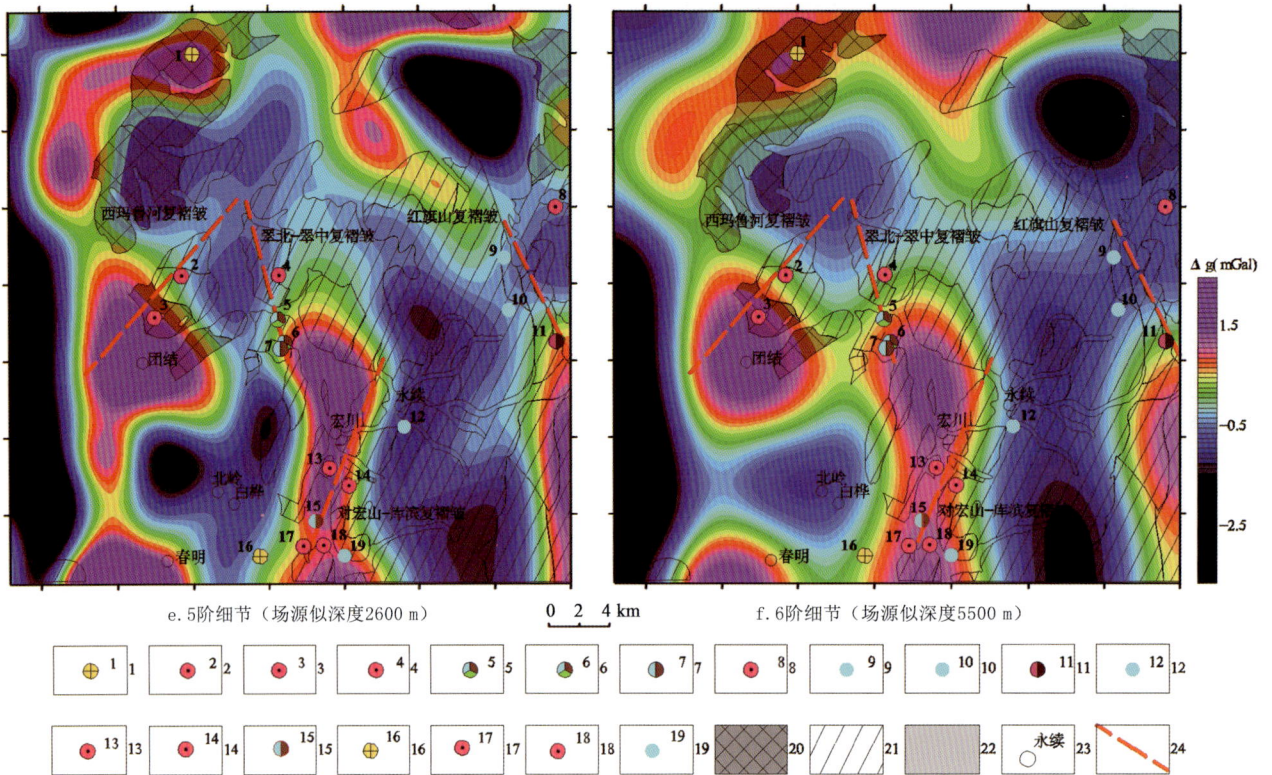

e.5阶细节（场源似深度2600 m）　0 2 4 km　f.6阶细节（场源似深度5500 m）

续图 3 - 51

1.枫桦林场金矿化点;2.西马鲁河(M7)铁矿点;3.反帝反修山铁矿点;4.翠北铁矿点;5.翠宏山铁多金属矿床;6.翠中铁多金属矿床;
7.库南铅锌矿床;8.高峰铁多金属矿点;9.霍吉河钼矿床;10.汤北钼矿化点;11.红旗山铁锌矿床;12.永续钼矿化点;13.对宏山铁矿点;
14.宏铁山铁矿点;15.库滨铅锌矿床;16.友谊经营所金矿化点;17.库源西山铁矿点;18.库源铁矿点;19.新风林场钼矿化点;
20.加里东侵入岩;21.晚印支期、早燕山期侵入岩;22.铅山组;23.地名;24.推断构造。

东风山岩群岩性主要为含电气石高绿片岩相至低角闪岩相变质岩,密度约 2.75 g/cm³,铅山组白云质结晶灰岩、粉砂岩、泥页岩的密度约 2.68 g/cm³,二者密度差 0.08 g/cm³,利用 Parker 法密度界面反演,得到东风山岩群结晶基底的埋深 2000~8000 m(图 3 - 52)。

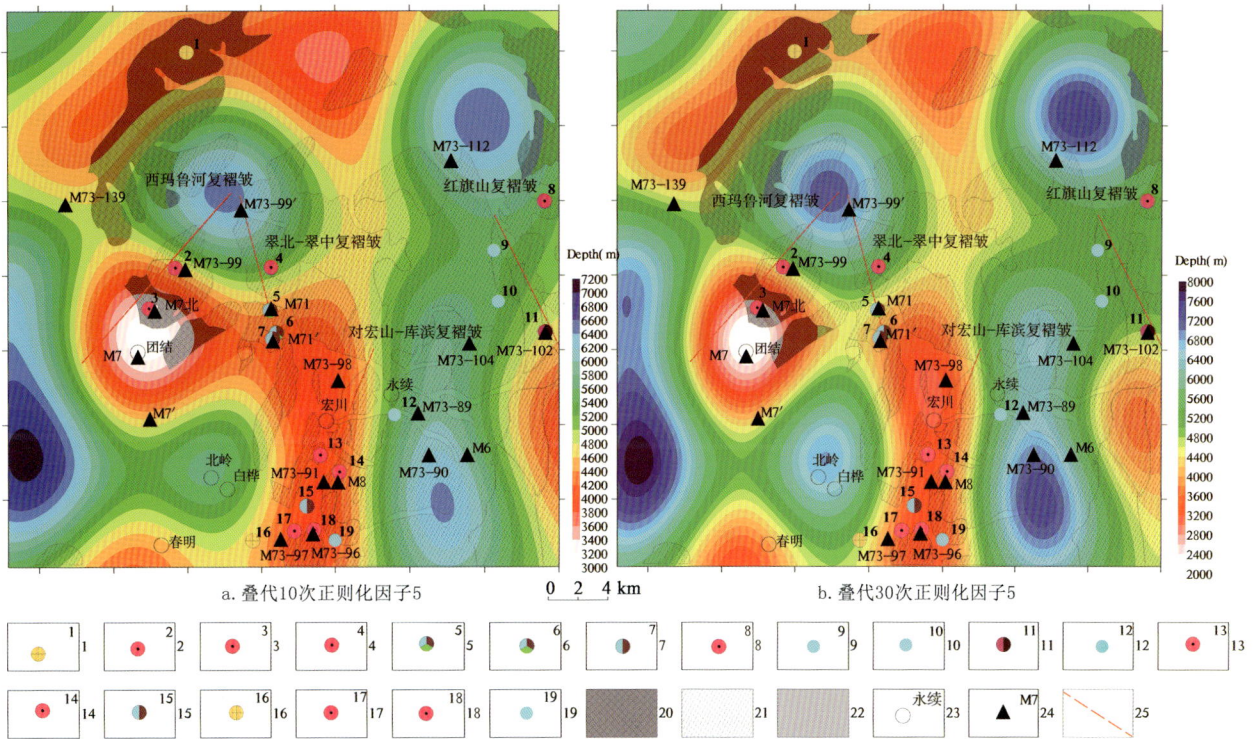

图 3－52　帕克法密度界面反演的东风山岩群结晶基底深度图

1. 枫桦林场金矿化点；2. 西马鲁河（M7）铁矿点；3. 反帝反修山铁矿点；4. 翠北铁矿点；5. 翠宏山铁多金属矿床；6. 翠中铁多金属矿床；
7. 库南铅锌矿床；8. 高峰铁多金属矿床；9. 霍吉河钼矿床；10. 汤北钼矿化点；11. 红旗山铁锌矿床；12. 永续钼矿化点；13. 对宏山铁矿点；
14. 宏铁山铁矿点；15. 库滨铅锌矿床；16. 友谊经营所金矿化点；17. 库源西山铁矿点；18. 库源铁矿点；19. 新风林场钼矿化点；
20. 加里东侵入岩；21. 晚印支期、早燕山期侵入岩；22. 铅山组；23. 地名；24. 航磁异常点；25. 推断构造。

3.4.3　矿田 1∶5 万航磁异常特征

1）磁异常地质体解译推断。

矿田航磁正异常呈似环状，最大值为 264.5 nT，最小值为 –659.7 nT，中值为 103.6 nT，航磁异常强度总体上不强（图 3–53）。由前述岩矿石物性分析可知，矿田内磁铁矿体与矿化矽卡岩能够引起局部高磁异常，但是强度较小，大范围的磁异常则是由具磁性的中 – 中酸性的火山岩和侵入岩及深部东风山岩群结晶基底共同引起的。磁异常的强弱主要是火山岩、侵入岩岩性变化引起的，也与磁性体的埋深有关。

化极后的正磁异常（图 3–54）仍呈环形异常的特征，只是正磁异常的范围略有缩小。矿田西南隅的北西向高磁异常带、东北隅的部分高磁异常，均是早侏罗世二浪河期和早白垩世板子房期的中性 – 中酸性火山岩引起的。如剔出这两处火山岩引起的正磁异常，环状正磁异常的特征就不明显，剩余的正磁异常则呈北东向、北北东、南北向弧形展布，并且正磁异常为多组条带状异常与低缓幅值的背景正异常叠加而成。磁物性研究结果与 2013—2014 年黑龙江省矿业集团实施的"逊克县翠东铁多金属矿普查（M73 – 99 磁异常）"、2013—2016 年黑龙江省第六地质勘查院实施的"逊克县永续林场东沟铁多金属矿普查（M6 磁异常）"的钻探验证结果表明，低缓幅值背景正磁异常为大面积分布的晚三叠世 – 早侏罗世二长花岗岩引起，而条带状高幅值的正磁异常则是其中带状分布的辉长岩 – 闪长岩 – 英云闪长岩 – 花岗闪长岩所引起的。

对航磁化极异常进行小波多尺度分解（图 3–55），1～2 阶细节反映的场源深度 120～390 m，是浅部早侏罗世和早白垩世火山岩及岩性不均匀的反映；4～5 阶细节反映的场源深度 1500～2700 m，环状磁异常应是晚三叠世 – 早侏罗世辉长岩 – 闪长岩 – 英云闪长岩 – 花岗闪长岩引起的。据功率谱分析结果可以研判，引起磁异常的磁性体埋深 120~2700 m,侵入岩的底部界面可能不会超过 3 km 深。

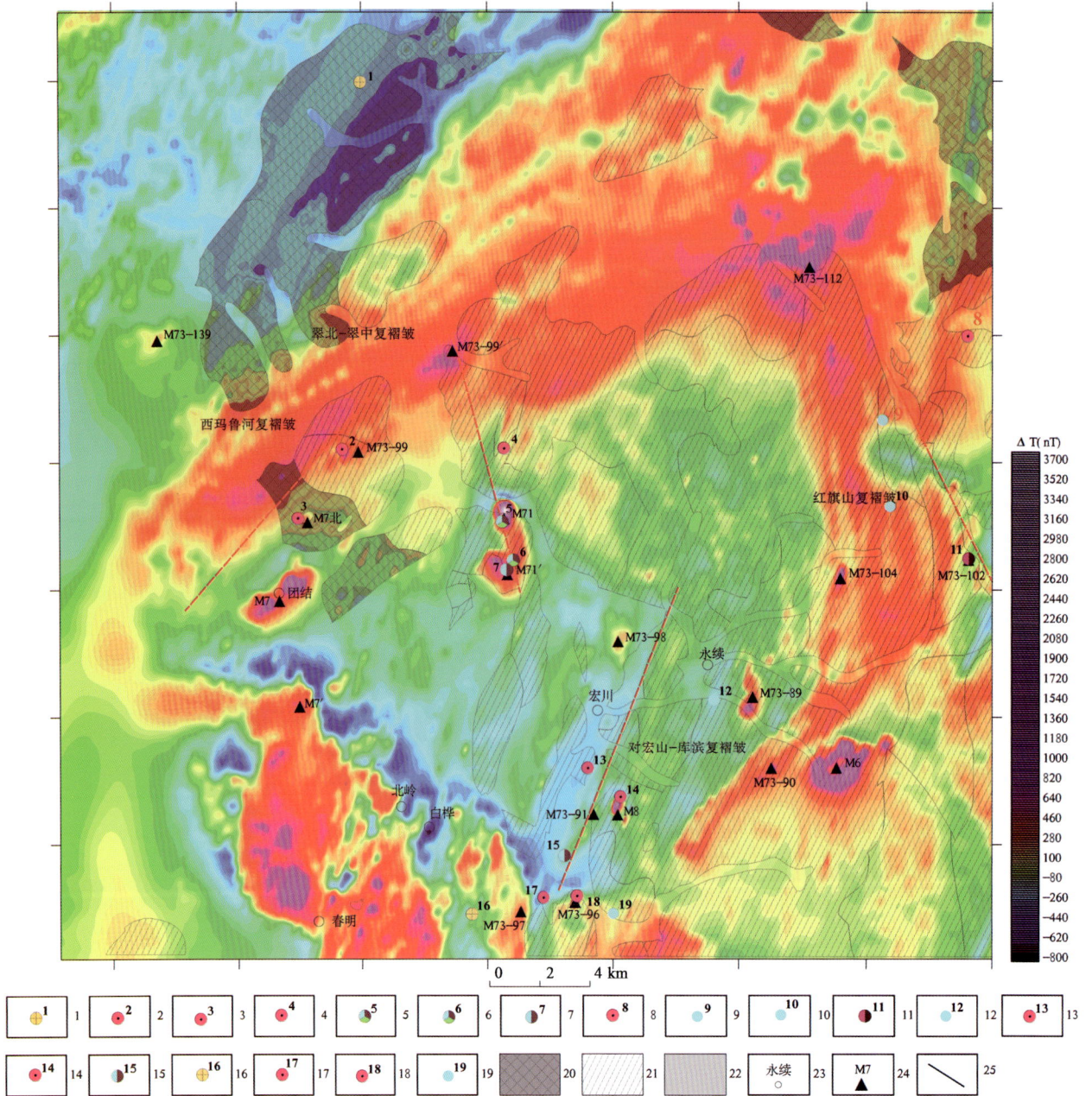

图 3-53 翠宏山矿田 1:5 万航磁异常平面图

1.枫桦林场金矿化点;2.西玛鲁河(M7)铁矿点;3.反帝反修山铁矿点;4.翠北铁矿点;5.翠宏山铁多金属矿床;6.翠中铁多金属矿床;
7.库南铅锌矿床;8.高峰铁多金属矿点;9.霍吉河钼矿床;10.汤北钼矿化点;11.红旗山铅锌矿床;12.永续钼矿化点;13.对宏山铁矿点;
14.宏铁山铁矿点;15.库滨铅锌矿床;16.友谊经营所金矿化点;17.库源西山铁矿点;18.库源铁矿点;19.新风林场钼矿化点;
20.加里东侵入岩;21.晚印支期、早燕山期侵入岩;22.铅山组;23.地名;24.航磁异常点;25.推断构造。

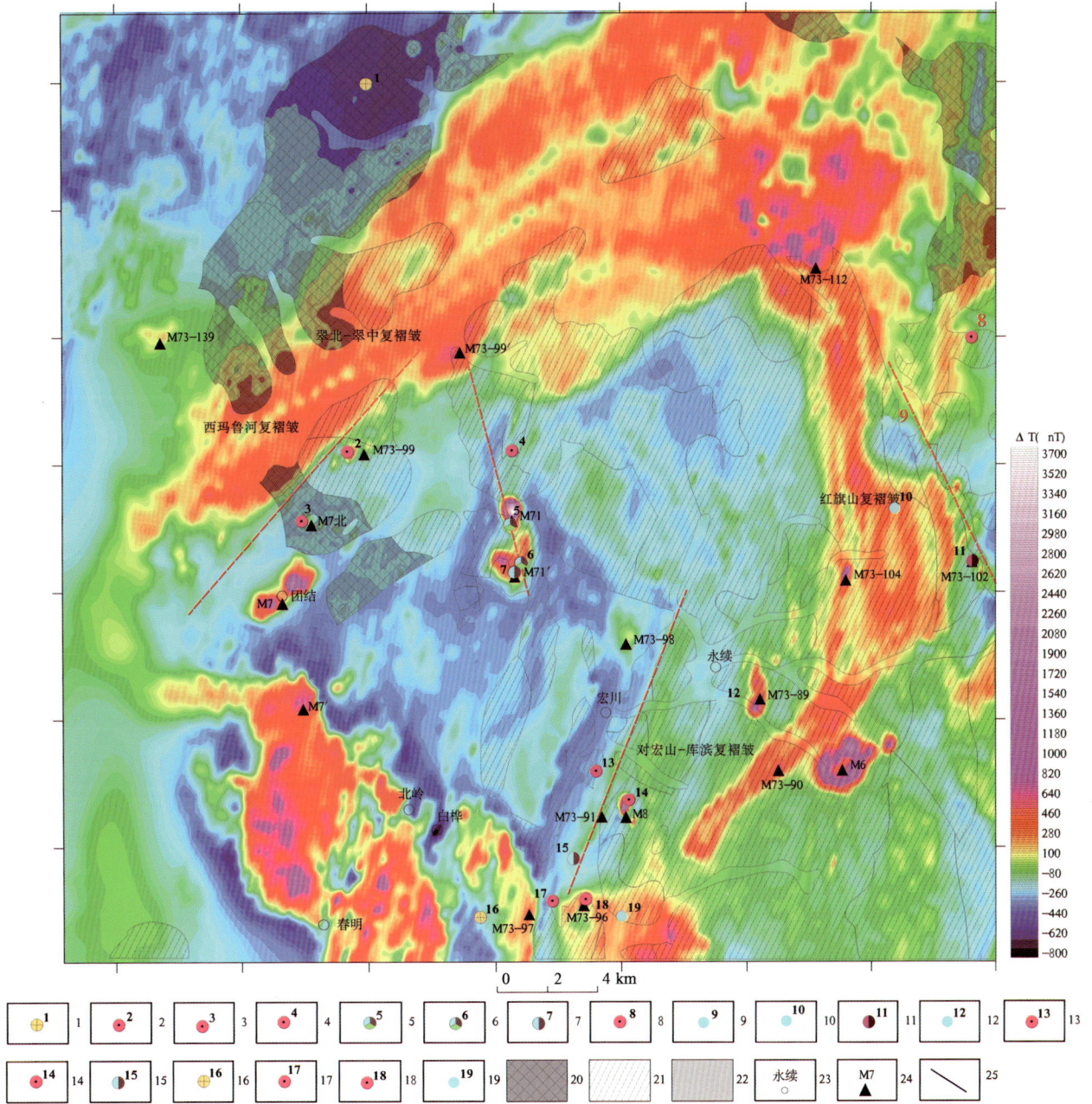

图 3 – 54　翠宏山矿田 1:5 万航磁化极异常平面图

1. 枫桦林场金矿化点;2. 西马鲁河(M7)铁矿点;3. 反帝反修山铁矿点;4. 翠北铁矿点;5. 翠宏山铁多金属矿床;6. 翠中铁多金属矿床;
7. 库南铅锌矿床;8. 高峰铁多金属矿点;9. 霍吉河钼矿床;10. 汤北钼矿化点;11. 红旗山铁锌矿床;12. 永续钼矿化点;13. 对宏山铁矿点;
14. 宏铁山铁矿点;15. 库滨铅锌矿床;16. 友谊经营所金矿化点;17. 库源西山铁矿点;18. 库源铁矿床;19. 新风林场钼矿化点;
20. 加里东侵入岩;21. 晚印支期、早燕山期侵入岩;22. 铅山组;23. 地名;24. 航磁异常点;25. 推断构造。

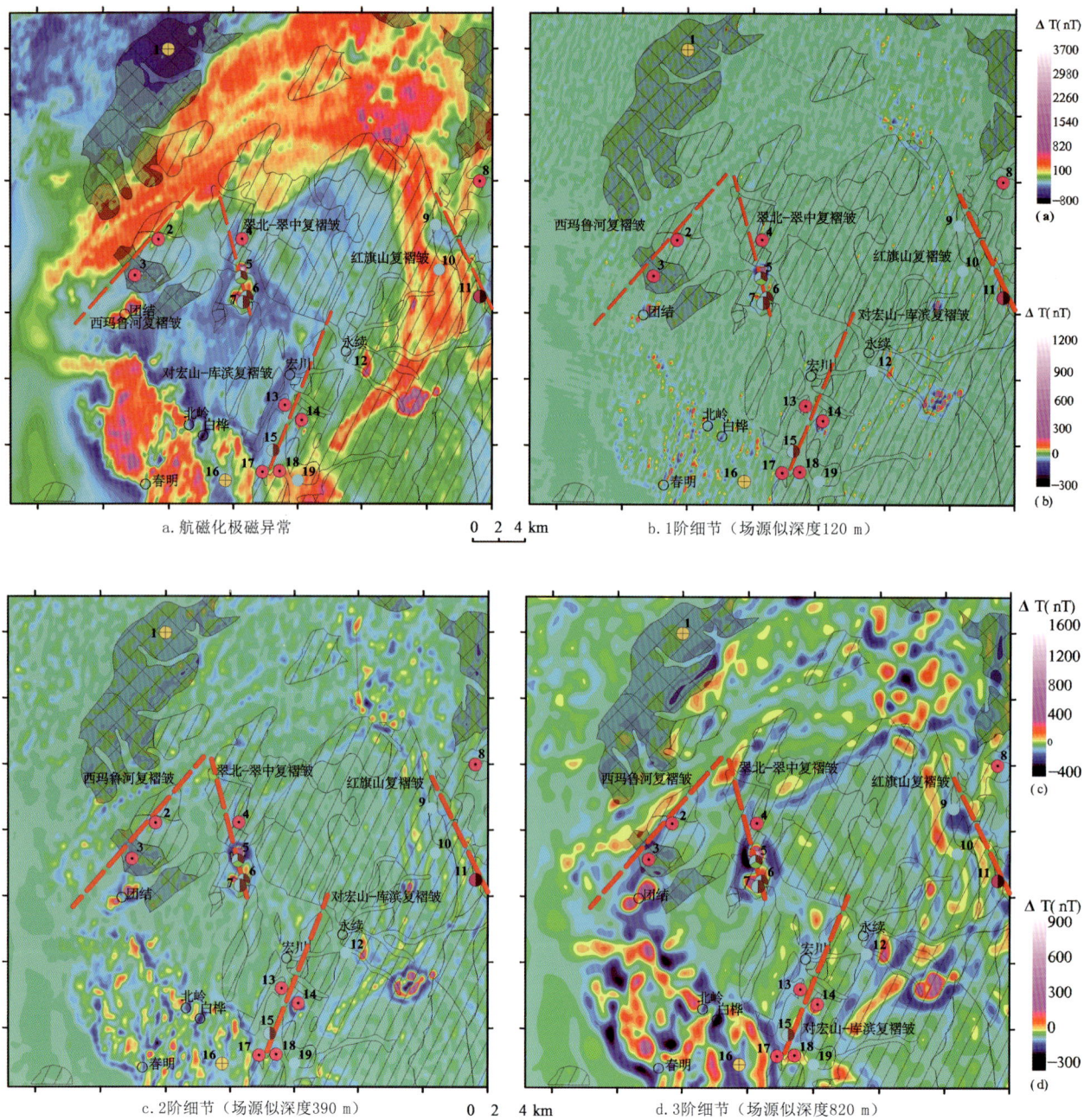

a. 航磁化极磁异常

b. 1阶细节（场源似深度120 m）

c. 2阶细节（场源似深度390 m）

d. 3阶细节（场源似深度820 m）

图3-55 航磁化极异常小波多尺度分解结果图

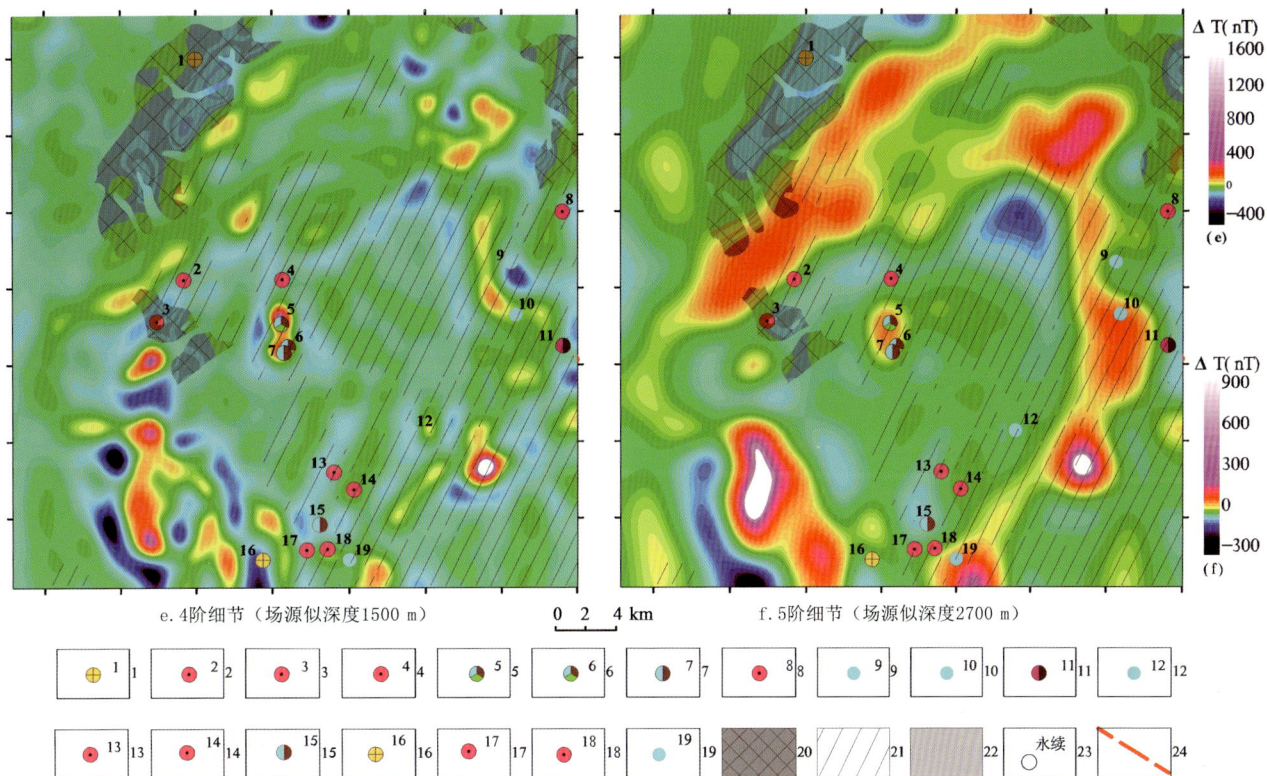

e.4阶细节（场源似深度1500 m）　　0　2　4 km　　f.5阶细节（场源似深度2700 m）

续图3－55

1.枫桦林场金矿化点；2.西马鲁河（M7）铁矿点；3.反帝反修山铁矿点；4.翠北铁矿点；5.翠宏山铁多金属矿床；6.翠中铁多金属矿床；
7.库南铅锌矿点；8.高峰铁多金属矿点；9.霍吉河钼矿床；10.汤北钼矿化点；11.红旗山铁锌矿床；12.永续钼矿化点；13.对宏山铁矿点；
14.宏铁山铁矿点；15.库滨铅锌矿床；16.友谊经营所金矿化点；17.库源西山铁矿点；18.库源铁矿床；19.新风林场钼矿化点；
20.加里东侵入岩；21.晚印支期、早燕山期侵入岩；22.铅山组；23.地名；24.推断构造。

2）航磁异常查证。

翠宏山铁多金属矿田内，共分布有1∶5万航磁异常25处。20世纪60—80年代、2013—2016年，先后对23处异常进行了检查和查证，证实M71等10处航磁异常是矽卡岩型铁多金属矿引起（大型铁多金属矿床2处、小型铁矿床3处、铁矿点5处）、13处是非矿致异常，还有M7、M73－139两处异常需要进一步查证（表3－22）。

表3－22　1∶5万航磁异常查证检查情况一览表

异常类型	序号	异常编号	检查及后续勘查结果	备注
矿致异常	1	M71	翠宏山大型铁多金属矿床引起	矽卡岩－斑岩型
	2	M8	宏铁山铁矿点引起	矽卡岩型,伴生钼矿
	3	M73－91	库滨小型铅锌矿床引起	矽卡岩型,对宏山伴生铜矿
	4	M73－96	库源铁矿点引起	矽卡岩型,伴生铜锡矿化
	5	M73－97	库源西山铁矿点引起	矽卡岩型,伴生铜锡矿化
	6	M73－141	对青铁矿点引起	矽卡岩型,包括对青东南山铁矿点
	7	M7北	反修山铁矿点引起	矽卡岩型
	8	M73－99	西马鲁河（M7A）铁矿点引起	矽卡岩型

异常类型	序号	异常编号	检查及后续勘查结果	备注
矿致异常	9	M73 – 102	红旗山小型铁锌矿床引起	矽卡岩型,伴生锡矿化
	10	M71′	翠中大型铁多金属矿床引起	矽卡岩型
非矿致异常	11	M73 – 89	闪长岩脉引起	
	12	M73 – 90	黑云母花岗岩引起	
	13	M73 – 104	安山玢岩、英安玢岩引起	
	14	M27	安山玢岩引起	
	15	M6	辉长岩、闪长岩、花岗闪长岩引起	
	16	M78	花岗闪长岩引起	
	17	M31	辉长岩引起	
	18	M73 – 73	闪长岩引起	
	19	M73 – 112	安山玢岩引起	
	20	M73 – 99′	花岗闪长岩、二长花岗岩引起	
	21	M7′	中性火山岩引起	
	22	M73 – 87	中基性隐伏岩体引起	
	23	M73 – 98	安山玢岩引起	重新验证,寻找二浪河期火山岩之下铁矿
需钻探验证的异常	24	M7	打 2 个孔,见铅锌钼矿化	施工的 2 个钻孔太浅,应重新进行钻探验证

3.4.4 矿田重磁异常地质构造解译

1）下元古界东风山岩群与下寒武统铅山组分布范围的解译推断。

矿田重磁异常叠合图（图 3 – 56）的底图为磁异常,暖色为磁力高,冷色为磁力低;等值线为重力异常,红色为重力高,蓝色为重力低。矿田中部的翠巍（M7）和翠宏山（M71）– 翠中（M71′）– 宏铁山（M8）两个重力高异常、西北隅的重力高异常与低磁异常叠合区,当是具微弱磁性、密度较高的铅山组与深部下伏的东风山岩群结晶基底的反映;矿田西南隅白桦林场、东北隅霍吉河林场的高磁异常和低重力异常叠合区,则是早侏罗世和早白垩世中性 – 酸性火山岩的反映;北部高磁异常和重力高异常叠合区,则是晚三叠世 – 早侏罗世条带状辉长岩 – 闪长岩 – 英云闪长岩 – 花岗闪长岩组合引起的;其他的低磁异常和低重力异常叠合区,则是晚三叠世 – 早侏罗世二长花岗岩 – 正长花岗岩 – 碱长花岗岩组合的反映。

下元古界东风山岩群,岩性主要为含电气石高绿片岩相至低角闪岩相变质岩,其磁性约为 1500×10^{-3} A/m。据重力反演得出的下元古界东风山岩群结晶基底的起伏,正演计算它所产生的磁异常（图 3 – 57）数值为 $-100 \sim 260$ nT。把观测的磁异常减去下元古界东风山岩群结晶基底起伏产生的磁异常,得到的剩余磁异常即为具磁性的火山岩、侵入岩与矿化地层等产生的磁异常（图 3 – 58）。从图中可看出,下元古界东风山岩群结晶基底的起伏产生的磁异常并不大,火山岩、侵入岩与矿化地层等产生的磁异常是本区的主要磁异常。

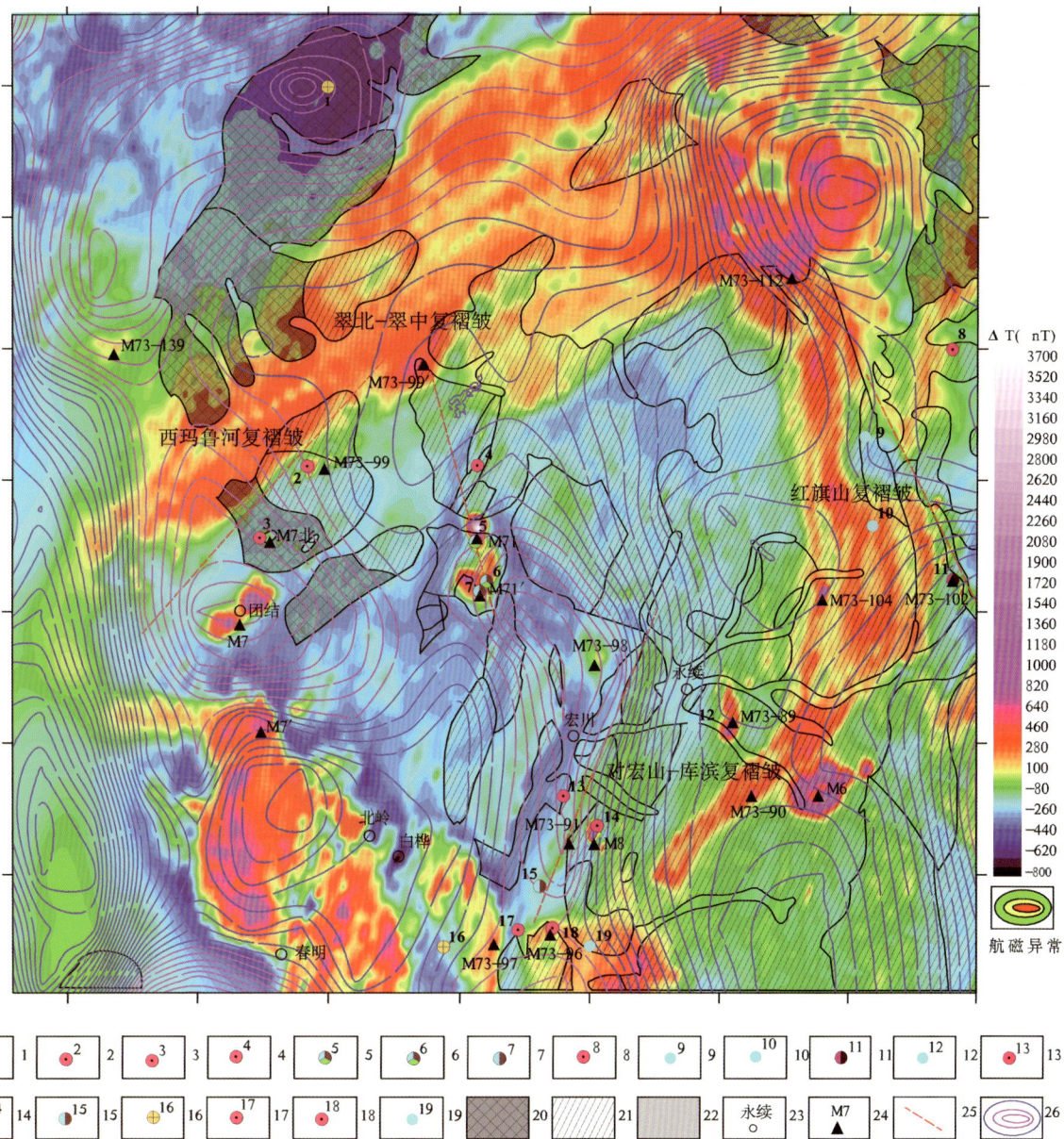

图3-56　翠宏山矿田重磁异常叠合图

1. 枫桦林场金矿化点；2. 西玛鲁河（M7）铁矿点；3. 反帝反修山铁矿点；4. 翠北铁矿点；5. 翠宏山铁多金属矿床；6. 翠中铁多金属矿床；
7. 库南铅锌矿床；8. 高峰铁多金属矿点；9. 霍吉河钼矿床；10. 汤北钼矿化点；11. 红旗山铁锌矿床；12. 永续钼矿化点；13. 对宏山铁矿点；
14. 宏铁山铁矿点；15. 库滨铅锌矿床；16. 友谊经营所金矿化点；17. 库源西山铁矿点；18. 库源铁矿点；19. 新风林场钼矿化点；
20. 加里东侵入岩；21. 晚印支期、早燕山期侵入岩；22. 铅山组；23. 地名；24. 航磁异常点；25. 推断构造；26. 航磁异常。

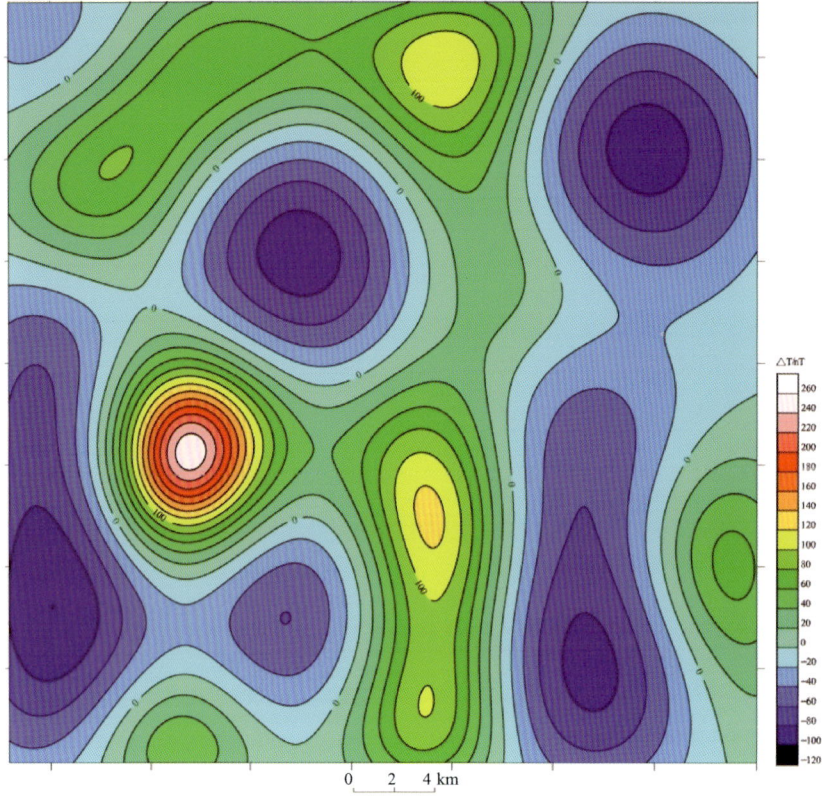

图 3 – 57　矿田东风山岩群结晶基底起伏引起的磁异常等直线图

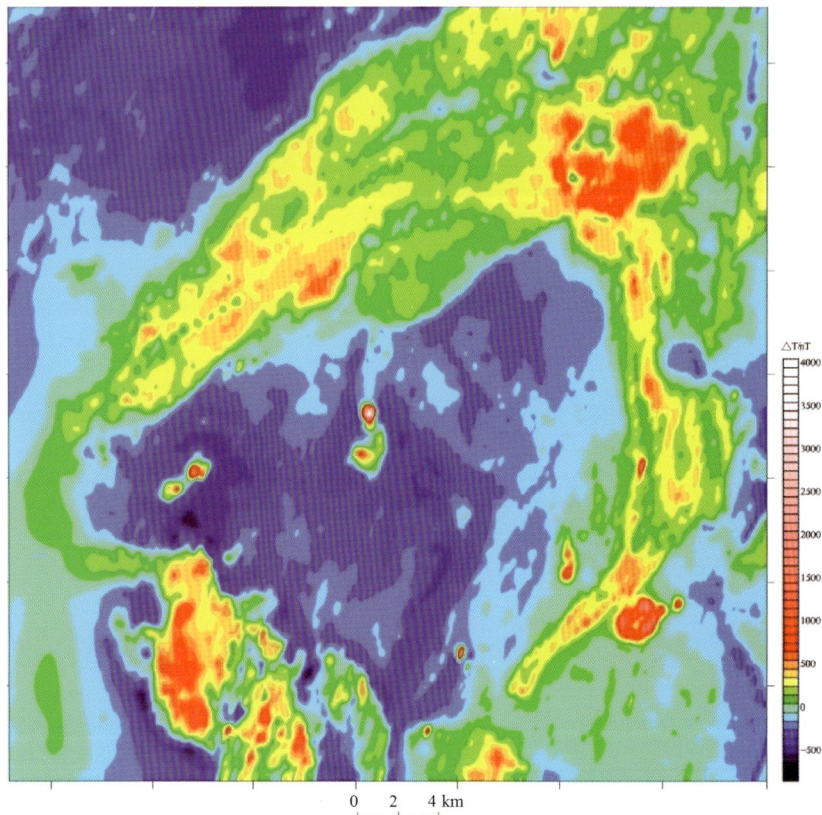

图 3 – 58　矿田剩余磁异常等直线图

综合以上研究结果,认为下元古界东风山岩群和寒武系铅山组主要分布于翠巍(M7)-翠宏山铁多金属矿床(M71)-翠中铁多金属矿床(M71′)-宏铁山铁多金属矿床(M8)一带、红旗山铁矿床(M73-102)的南部、枫林林场的北部,埋深2~8 km、平均埋深约5.5 km。

2)重磁异常断裂构造解译推断。

据矿田重磁异常和小波多尺度分解特征、地质特征,按照重磁异常解译推断的一般原则,解译推断了矿田内的断裂构造及环状航磁异常的起因。解译推断的16条断裂中,由磁异常推断的14条(编号为"CFx")、由剩余重力异常推断的1条(编号为"GFx")、由重磁异常联合推断的1条(编号为"GCFx");近南北向断裂5条,北西向断裂4条,北东向断裂7条。推断的断裂依据及特征见表3-23。

重磁异常综合特征反映出南北向及东西向构造是矿田的主体构造,形成的较早,被较晚形成的北东向构造、北西向构造分割现象明显。南北向、北东向断裂及其交会部位,是控制矿田内中基性-中酸性岩浆侵入、中性火山岩喷发的主体构造。

表3-23　矿田重磁异常解译断裂构造一览表

断裂方向	断裂编号	地质特征	重磁场特征
南北向断裂	CF7	分布于矿田东部,长约24 km,向北延伸于区外,南端终止于北东向CF35断裂。中段是梅山早白垩世火山喷发带东缘边界、红旗山早侏罗世火山喷发带西缘边界,南段是晚印支期二长花岗岩与正长花岗岩的界线,断裂性质不明	处于区域剩余重力低异常东侧梯度带上;北段处于正负磁场分界线,南段处于正磁异常的梯度带上
	GF11	分布于矿田西部,长约32 km,是松嫩盆地东缘主要边界断裂之一,中部被多条北西向、东西向、北东向断裂错断,断裂性质不明	区域剩余重力场上位于隐伏基底重力高异常西侧梯度带上;南段处于正负磁场分界线上,北段分布有M73-139异常
	GCF12	分布于矿田中部,长约30 km,向南延伸于区外,北段沿霍吉河南北向支流河谷分布,南段为隐伏断裂,被多条东西向、北东、北西向断裂错断,断裂性质不明	区域剩余重力场上,南段处于隐伏基底重力高异常东侧梯度带上;在区域负磁场中呈串珠状分布的正磁异常
	CF17	分布于矿田的东部,长约18 km,北段为北西走向,是梅山早白垩世火山喷发带西南边界;中南段为隐伏断裂,断裂性质不明	区域剩余重力场上反映不明显;处于区域正负磁场的梯度带上,北段在板子房组中分布有M73-122异常
	CF24	分布于矿田的中南部,长约17 km,北段终止于北西向CF20断裂,为隐伏断裂;南段为北北东走向,是白桦林场早白垩世火山喷发带的东界,断裂性质不明	区域剩余重力场上处于隐伏基底重力高异常上;北段处于串珠状异常带与磁异常梯度带上,南段分布有M73-91异常
北西向断裂	CF20	位于矿田中部,长约10 km,北段终止于北东向CF14断裂,南段终止于CF17断裂,为隐伏断裂,断裂性质不明	区域剩余重力场上反映不明显;处于串珠状正磁异常带上
	CF21	分布于矿田东部,长约6 km,向南东延伸于区外,是晚印支期二长花岗岩与二浪河组的界线,北西段终止于南北向CF17断裂,为隐伏断裂,断裂性质不明	区域剩余重力场上反映不明显;处于区域正磁异常的梯度带上
	CF28	分布于矿田西部,长约18.5 km,南东段延伸于区外,北西段经北东向断裂(CF14)延伸至北东向断裂(CF5),为隐伏断裂,断裂性质不明	区域剩余重力场上北西段位于隐伏基底重力高异常上,南东段反映不明显;处于区域正负磁场区分界线上
	CF29	分布于矿田西部,长约18.5 km,南东段延伸于区外,北西段终止于北东向断裂CF14,为隐伏断裂,断裂性质不明	区域剩余重力场上北西段和南东段位于隐伏基底重力高异常上,中段反映不明显;处于区域正负磁场区分界线上

断裂方向	断裂编号	地质特征	重磁场特征
北东向断裂	CF3	分布于矿田北西部,长约 31 km,北东段向北东延伸于区外,南西段向南西延伸于区外,为隐伏断裂,断裂性质不明	区域剩余重力场上南西段位于隐伏基底重力高异常上,北东段反映不明显;处于区域磁场区的分界线上
	CF4	位于矿田北西部,长 30.5 km,分布于库尔滨河河谷中。北东段延伸至梅山早白垩世火山喷发带西缘,南西段延伸至松嫩盆地的东缘,断裂性质不明	区域剩余重力场上南西段位于隐伏基底重力高异常上,北东段反映不明显;处于串珠状异常带上
	CF5	位于矿田北西部,长约 39 km,向北东延伸于区外,南西端终止于北西向 F32 断裂;为隐伏断裂,断裂性质不明	区域剩余重力场上南西段位于隐伏基底重力高异常上,北东段反映不明显;北东段处于串珠状磁异常带上,南西段处于磁场区的分界线上
	CF14	位于矿田中部,长约 33.5 km,向南西延伸于区外,北东端是梅山早白垩世火山喷发带西南边界,为隐伏断裂,断裂性质不明	区域剩余重力场上南西段位于隐伏基底重力高异常上,北东段反映不明显;处于区域正磁场的梯度带上
	CF22	分布于矿田东部,长约 8 km,北东段终止于北西向 CF21 断裂,南西段终止于南北向 CF17 断裂,为隐伏断裂,断裂性质不明	区域剩余重力场上反映不明显;处于串珠状正磁异常带上
	CF34	分布于矿田东南部,长约 11.5 km,为隐伏断裂,断裂性质不明	区域剩余重力场上反映不明显;处于区域磁场区分界线上
	CF35	分布于矿田东南部,长约 16.5 km,南西段终止于北东向 F42 断裂,为隐伏断裂,断裂性质不明	区域剩余重力场上反映不明显;处于区域正磁异常梯度带上

验证 M6 和 M73 - 99′的 1:1 万重磁异常钻探结果表明,矿田北西部与东部的北东向、南北向正磁异常带,主要由辉长(绿)岩 + 英云(花岗)闪长岩体引起。北东部、南西部跳跃性正磁异常区,主要由早白垩世板子房期中性火山岩引起。由此推断,矿田内环状航磁异常,是由受南北向和北东向断裂构造控制的晚三叠世 - 早侏罗世中基性 - 中酸性侵入岩带及早白垩世中性火山岩共同引起的。

4 条褶断侵入接触带控矿构造均分布于推断隐伏基底区及其边缘部位,处于负磁异常背景区或正负磁场衔接部位,其中的局部正磁异常基本都是矽卡岩 - 斑岩型铁多金属矿床引起的。

3.5 矿田地球化学特征

矿田东南部 2004 年开展的翠宏山 - 碧云地区铅锌多金属矿预查、东北部 2007 年开展的霍吉河幅 1:5 万矿调、西部 2013—2015 年开展的三兴山和白桦林场幅 1:5 万区调,在霍吉河钼矿区、翠中 - 翠宏山等铁多金属矿区,圈定了多处 1:5 万水系沉积物组合异常,异常编号分别为:预 Hs - x、吉 Hs - x、三 Hs - x、白 Hs - x。

3.5.1 主要矿致异常特征

1)翠中 - 翠宏山铁多金属矿区预 Hs - 05 号异常特征。

异常面积 13.48 km², 覆盖翠宏山、翠中、库南三处矽卡岩型矿床,为矿致异常。由 11 种元素的 22 个单元素异常组成,面积大、强度较高、套合较好(表 3 - 24、图 3 - 59)。北东部浓集中心是翠宏山大型铁多金属矿床的反映,南部浓集中心是翠中铁多金属矿床的反映。主要成矿元素为 Pb、Zn、W、Mo、Sn、Cu、Ag,中低温

（Au、Ag、As、Sb）－中温（Pb、Zn、Cu）－中高温（W、Mo、Sn、Bi）元素异常发育齐全。Pb、Zn 成矿规模为中型，极值为 1163×10^{-6} 和 750×10^{-6}；Cu 极值为 1383×10^{-6}，伴生于铅锌矿体中；Ag 极值 3×10^{-6}，伴生于铅锌矿体中；W、Mo 成矿规模为大型，极值为 20×10^{-6} 和 9.2×10^{-6}；Sn 极值 130×10^{-6}，共伴生于钨钼矿体中。

表 3 - 24　翠中 - 翠宏山铁多金属矿区预 Hs - 05 组合异常特征表

单元素异常编号	面积/km²	形状	极大值	平均值	衬度	规模
Au - 13	1.858	不规则	4.600	2.290	1.530	2.836
Ag - 04	1.800	不规则	3.000	1.033	3.220	5.793
Ag - 07	0.100	圆形	0.580	0.580	1.130	0.113
Ag - 09	0.565	不规则	0.390	0.347	1.560	0.883
As - 6	0.335	圆形	30.800	29.400	1.350	0.454
As - 9	0.555	圆形	44.100	31.200	1.440	0.798
Sb - 2	0.480	圆形	9.400	9.400	6.140	2.949
Sb - 4	0.163	圆形	1.170	1.170	1.260	0.204
Sb - 6	0.235	圆形	1.540	1.540	2.140	0.503
Cu - 1	0.713	椭圆	1383.000	711.550	23.880	17.013
Cu - 3	0.368	不规则	33.400	32.100	1.080	0.396
Pb - 6	5.548	不规则	1163.000	118.900	3.560	19.748
Zn - 6	1.148	不规则	750.000	444.800	2.580	2.964
Zn - 7	0.550	不规则	616.000	358.300	2.080	1.144
W - 8	0.343	椭圆形	14.300	10.300	1.620	0.556
W - 10	0.140	椭圆形	20.000	20.000	3.720	0.520
Sn - 7	4.645	不规则	130.000	34.600	5.120	23.775
Mo - 5	0.435	椭圆形	9.200	7.400	1.610	0.701
Mo - 9	0.175	圆形	6.200	6.200	1.480	0.258
Bi - 7	0.505	圆形	12.830	12.830	11.560	5.837
Bi - 9	0.603	不规则	3.680	2.480	2.230	1.346

2）翠北铁多金属矿区预 Hs - 03 号异常特征。

异常面积 8.59 km²，中部分布翠北小型矽卡岩型铁矿点，见 Pb、Zn、Mo 矿化，为矿致异常。以 W、Mo、Sn、Pb、Zn 异常为主，次为 Au、Ag、Bi 等异常，极值分别为：Pb 118×10^{-6}、Zn 343×10^{-6}、W 95.1×10^{-6}、Mo 11×10^{-6}、Sn 54×10^{-6}、Bi 12.83×10^{-6}。具中低温 - 中温 - 中高温元素异常发育特征（表 3 - 25、图 3 - 59）、成矿地质条件与预 Hs - 05 异常相似，西部异常中心及深部尚未开展勘查工作，还有较大的成矿潜力。

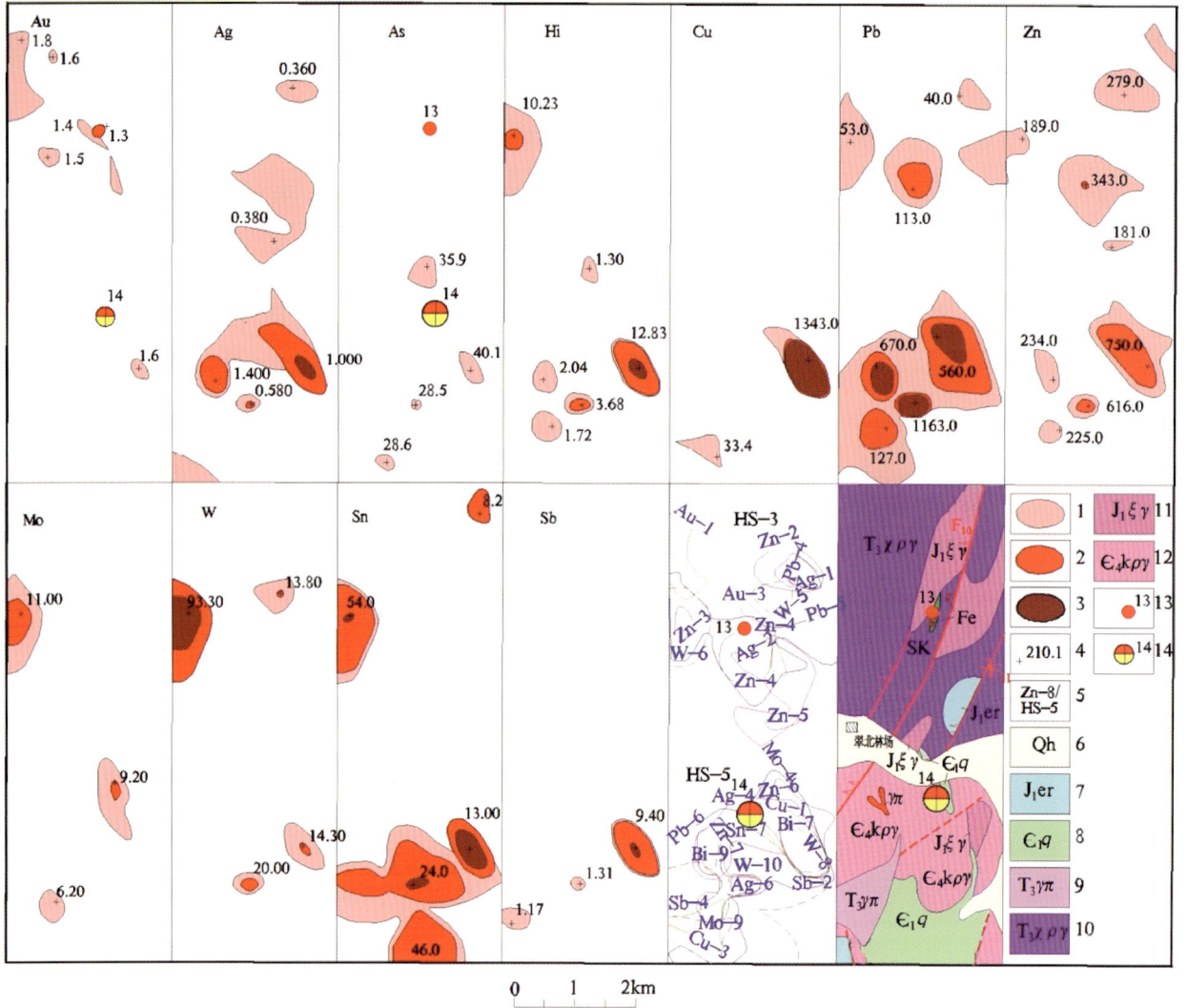

图 3 - 59　翠宏山 - 翠中预 Hs - 05、预 Hs - 03 号组合异常剖析图

（据黑龙江省第六地质勘查院 2005 年资料编制）

1. 异常外带；2. 异常中带；3. 异常内带；4. 异常极值；5. 单元素异常/组合异常编号；6. 第四系；7. 下侏罗统二浪河组；8. 下寒武统铅山组；

9. 晚三叠世花岗斑岩；10. 晚三叠世碱长花岗岩；11. 晚侏罗世钾长花岗岩；12. 寒武世钾长花岗岩；13. 翠北小型矽卡岩型铁多金属矿点；

14. 翠宏山大型矽卡岩型铁多金属矿床。

表 3 - 25　翠北铁多金属矿区预 Hs - 03 组合异常特征表

单元素异常编号	面积/km²	形状	极大值	平均值	衬度	规模
Au - 1	0.555	不规则	1.800	1.800	1.290	0.714
Au - 3	0.183	不规则	1.500	1.470	1.130	0.206
Ag - 1	0.246	圆形	0.360	0.325	1.720	0.426
Ag - 2	1.275	不规则	0.380	0.316	1.390	1.767
Sb - 2	0.480	圆形	9.400	9.400	6.140	2.949
Sb - 4	0.163	圆形	1.170	1.170	1.260	0.204
Sb - 6	0.235	圆形	1.540	1.540	2.140	0.503

续表 3 - 25

单元素异常编号	面积/km²	形状	极大值	平均值	衬度	规模
Pb - 4	0.180	椭圆形	40.000	40.000	1.250	0.226
Pb - 5	3.240	不规则	118.000	49.200	1.560	15.045
Zn - 2	0.603	椭圆形	279.000	275.000	1.720	1.038
Zn - 3	0.098	椭圆形	189.000	189.000	1.180	0.115
Zn - 4	0.980	不规则	343.000	230.300	1.340	1.311
Zn - 5	0.078	椭圆形	181.000	174.500	1.090	0.085
W - 4	0.188	椭圆形	11.000	11.000	1.660	0.311
W - 5	0.265	不规则	13.800	13.800	2.080	0.661
W - 6	0.803	椭圆形	95.100	95.100	14.320	11.494
Sn - 5	0.845	圆形	54.000	54.000	8.400	7.096
Mo - 2	0.835	圆形	11.000	11.000	2.890	2.411
Bi - 3	0.813	圆形	10.230	10.230	9.740	7.916
Bi - 7	0.505	圆形	12.830	12.830	11.560	5.837
Bi - 9	0.603	不规则	3.680	2.480	2.230	1.346

3)霍吉河钼矿区吉 Hs - 27 号异常特征。

异常位于矿田东部,走向南北,长 17 km、宽 6 km,面积 50 km²,由 Mo - 27 套合而成,异常套合紧密、浓集中心明显、强度高、面积大(表 3 - 26、图 3 - 60),中部分布有霍吉河大型斑岩型钼矿床,为矿致异常。异常向南未封闭,汤北钼矿化点、预 Hs - 06 号异常是其南延部分。异常主要由 Mo、W、Ag、As、Sb、Bi、Pb、Zn 等单元素异常组成,Mo 具有内带,极值分别为:Mo 184.12×10^{-6}、W 16×10^{-6}、Ag 0.943×10^{-6}、As 32.3×10^{-6}、Sb 3.17×10^{-6}、Bi 4.4×10^{-6}、Pb 174.8×10^{-6}、Zn 201.5×10^{-6}。

预 Hs - 06 号异常面积 12.32 km²,由 Mo - 7、Cu - 4 套合组成(表 3 - 26)。Mo - 7 具有内带,极值为 Mo 90×10^{-6};Cu - 4 具中带,极值为 171.1×10^{-6}。

异常区东部为下侏罗统二浪河组中性 - 酸性火山岩,西部为早侏罗世花岗闪长岩、二长 - 正长 - 碱长花岗岩,北部为下白垩统板子房组中性火山岩、宁远村组酸性火山岩,近南北向、北西向断裂发育,黄铁矿化、辉钼矿化发育,尚有很大的钼资源潜力。

表 3 - 26　霍吉河钼矿区吉 Hs - 27 和预 Hs - 6 号异常特征表

组合异常编号	单元素异常编号	面积/km²	形　状	极大值	平均值	衬度	规模	异常下限	浓度分带
吉 Hs - 27	Au - 27	0.608	不规则	3.200	2.300	1.533	0.932	1.500	外带
	Au - 32	0.150	未封闭	1.700	1.700	1.133	0.170	1.500	外带
	Ag - 20	1.555	不规则	0.503	0.306	2.550	3.965	0.120	中带
	Ag - 21	0.520	不规则	0.153	0.152	1.267	0.659	0.120	外带
	Ag - 24	0.528	椭圆形	0.309	0.309	2.575	1.358	0.120	中带
	Ag - 26	6.135	不规则	0.943	0.260	2.167	13.293	0.120	中带
	As - 27	0.035	椭圆形	19.400	19.400	1.293	0.045	15.000	外带
	As - 28	0.188	椭圆形	32.300	32.300	2.153	0.404	15.000	外带

续表 3-26

组合异常编号	单元素异常编号	面积/km²	形 状	极大值	平均值	衬度	规模	异常下限	浓度分带
	As-29	0.325	不规则	23.300	23.300	1.553	0.505	15.000	外带
	As-34	0.120	不规则	17.800	15.800	1.053	0.126	15.000	外带
	As-35	0.220	条带状	29.000	29.000	1.933	0.425	15.000	外带
	As-36	0.153	不规则	28.500	28.500	1.900	0.290	15.000	外带
	As-37	2.435	不规则	19.100	19.100	1.273	3.101	15.000	中带
	As-38	0.045	椭圆形	17.900	27.900	1.860	0.084	15.000	外带
	Sb-06	0.185	不规则	1.380	1.380	1.380	0.255	1.000	外带
	Sb-09	1.405	不规则	3.170	2.050	2.050	2.880	1.000	中带
	Sb-10	0.278	不规则	1.490	1.490	1.490	0.413	1.000	外带
	Bi-15	1.063	不规则	1.440	0.940	1.343	1.427	0.700	外带
	Bi-21	0.165	不规则	0.800	0.790	1.129	0.186	0.700	外带
	Bi-22	1.363	不规则	4.400	2.380	2.380	3.243	1.000	中带
	Hg-21	0.215	不规则	0.105	0.105	1.750	0.376	0.060	外带
	Hg-24	0.165	椭圆形	0.082	0.082	1.367	0.226	0.060	外带
	Cu-20	0.135	椭圆形	33.600	33.600	1.344	0.181	25.000	外带
	Cu-21	0.703	不规则	51.000	48.100	1.924	1.352	25.000	中带
吉	Cu-22	0.345	不规则	28.100	27.300	1.092	0.377	25.000	外带
Hs-27	Cu-23	0.503	不规则	64.800	46.300	1.852	0.931	25.000	中带
	Cu-24	0.288	圆形	36.800	36.800	1.472	0.423	25.000	外带
	Cu-26	0.388	不规则	41.000	41.000	1.640	0.636	25.000	外带
	Pb-25	1.528	不规则	61.500	43.900	1.254	1.916	35.000	外带
	Pb-26	0.703	不规则	46.400	45.800	1.309	0.919	35.000	外带
	Pb-31	1.200	不规则	62.000	52.600	1.503	1.803	35.000	外带
	Pb-32	0.463	不规则	51.500	40.600	1.160	0.537	35.000	外带
	Pb-33	2.740	不规则	174.800	73.300	1.834	5.024	40.000	中带
	Zn-29	1.330	不规则	201.500	174.800	1.748	2.325	100.000	外带
	Zn-40	0.275	不规则	126.300	126.300	1.403	0.386	90.000	外带
	W-19	0.235	椭圆形	5.560	5.560	1.853	0.436	3.000	外带
	W-20	1.615	不规则	16.000	13.270	4.423	7.144	3.000	中带
	W-29	6.613	不规则	11.040	7.440	1.860	12.299	4.000	中带
	W-30	0.050	椭圆形	4.650	4.650	1.163	0.058	4.000	外带
	W-31	0.128	未封闭	7.770	7.770	1.943	0.248	4.000	外带
	Mo-27	50.361	未封闭	184.120	18.190	7.276	269.685	2.500	内带
	Au-5	0.175	圆形	1.800	1.800	1.290	0.225	1.400	外带
	Au-6	0.183	圆形	1.700	1.600	1.140	0.209	1.400	外带
	Au-8	0.493	不规则	1.600	1.550	1.110	0.545	1.400	外带
预	Au-11	0.215	圆形	3.000	3.000	2.140	0.461	1.400	中带
Hs-6	Au-15	0.590	等轴状	1.600	1.550	1.110	0.653	1.400	外带
	Ag-7	0.270	圆形	0.440	0.440	1.930	0.521	0.228	外带
	Ag-14	0.575	带状	0.320	0.303	1.330	0.764	0.228	外带

续表 3 – 26

组合异常编号	单元素异常编号	面积/km²	形　状	极大值	平均值	衬度	规模	异常下限	浓度分带
预 Hs – 6	Cu – 2	0.503	不规则	63.600	43.570	1.460	0.735	30.000	中带
	Cu – 4	3.203	不规则	171.100	57.870	1.940	6.219	30.000	内带
	Pb – 7	0.085	圆形	45.000	45.000	1.420	0.121	32.000	外带
	Pb – 8	0.110	圆形	38.000	38.000	1.200	0.132	32.000	外带
	Pb – 12	0.155	圆形	40.000	40.000	1.270	0.196	32.000	外带
	Mo – 7	9.408	不规则	90.000	19.270	5.060	47.581	3.810	内带

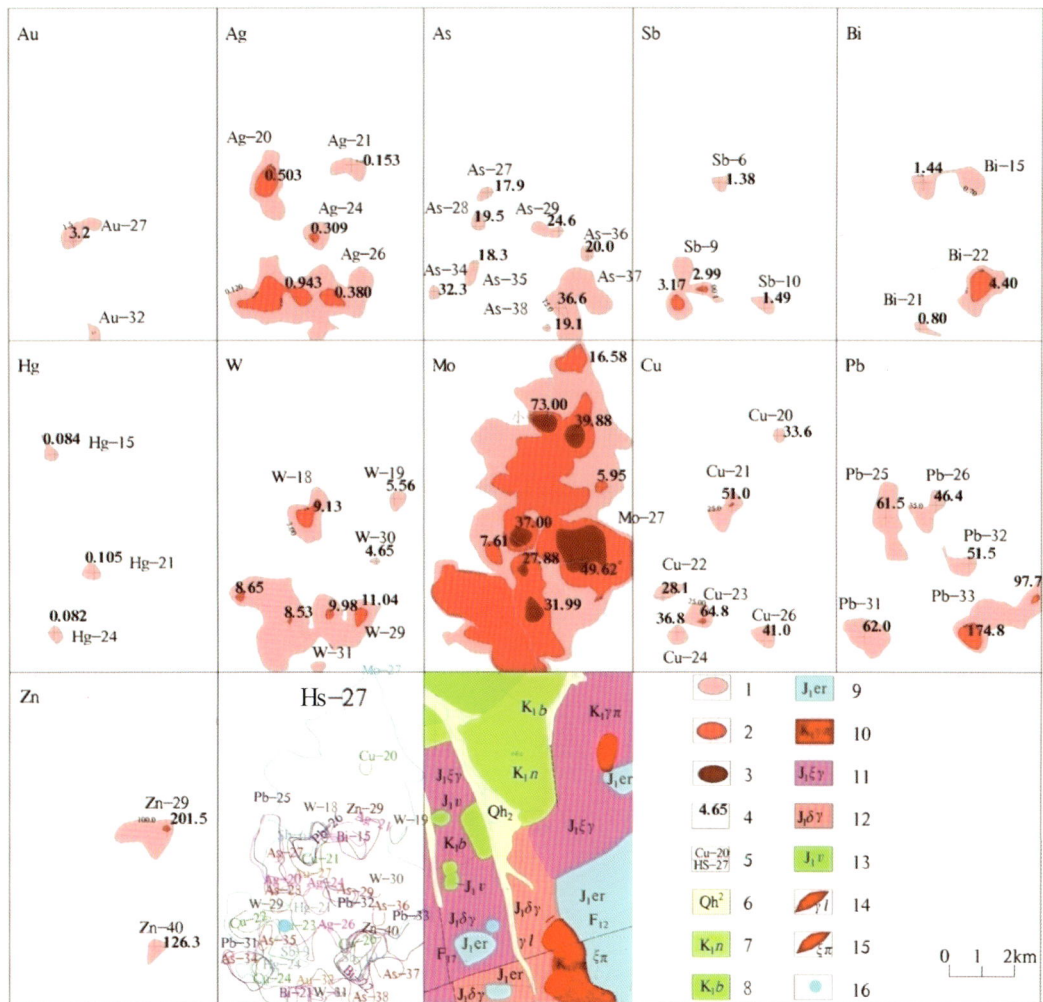

图 3 – 60　霍吉河钼矿区吉 Hs – 27 组合异常剖析图（据黑龙江省第六地质勘查院 2005 年资料编制）

1.异常外带;2.异常中带;3.异常内带;4.异常极值;5.单元素异常/组合异常编号;6.第四系;7.早白垩世宁远村组;8.早白垩世板子房组;

9.下侏罗统二浪河组;10.早白垩世花岗斑岩;11.早侏罗世正长花岗岩;12.早侏罗世花岗闪长岩;13.早侏罗世辉长岩;

14.花岗细晶岩脉;15.正长斑岩脉;16.霍吉河大型斑岩钼矿床。

4)红旗山铁多金属矿区预 Hs – 07、Hs – 09 号异常特征。

异常由矿田东部红旗山小型矽卡岩型铁多金属矿引起。预 Hs – 07 异常面积 0.87 km²,是北部地表Ⅰ、Ⅱ号矿带的反映;预 Hs – 09 异常面积 2.47 km²,是南部地表Ⅲ号矿带的反映。异常主要由 Ag、Pb、Zn、Sn、Bi

异常组成,强度较高,浓集中心明显(表3-27、图3-61)。矿区内零星分布有下寒武统铅山组白云质碳酸盐和矽卡岩、下侏罗统二浪河组酸性火山岩,晚三叠世中酸性-酸性侵入岩发育,锡铋尚有一定的成矿潜力。

表3-27　红旗山铁多金属矿区预Hs-07、Hs-09号组合异常特征表

组合异常编号	单元素异常编号	面积/km²	形状	极大值	平均值	衬度	规模	异常下限	浓度分带
预Hs-07	Ag-5	0.270	圆形	1.200	1.200	2.330	0.630	0.515	中带
	Pb-9	0.503	圆形	137.000	137.000	3.360	1.687	40.770	中带
	Zn-8	0.075	圆形	202.000	202.000	1.140	0.085	177.190	外带
	Sn-8	0.723	不规则	19.000	13.670	2.250	1.624	6.080	中带
	Bi-8	0.520	圆形	13.400	13.400	12.070	6.277	1.110	内带
预Hs-09	Au-7	0.238	椭圆形	1.500	1.500	1.070	0.254	1.400	外带
	Ag-8	0.230	圆形	1.400	1.400	2.720	0.626	0.515	中带
	Pb-11	0.780	不规则	302.000	126.300	3.100	2.415	40.770	内带
	Zn-9	0.225	圆形	325.000	325.000	1.830	0.412	177.190	外带
	Sn-10	0.795	近椭圆	54.000	35.000	5.760	4.576	6.080	内带
	Sn-11	0.643	椭圆形	15.000	14.000	2.070	1.331	6.080	中带
	As-5	1.055	不规则	80.200	40.400	1.740	0.837	23.220	中带
	Bi-11	0.675	带状	2.420	1.550	1.400	0.943	1.110	中带

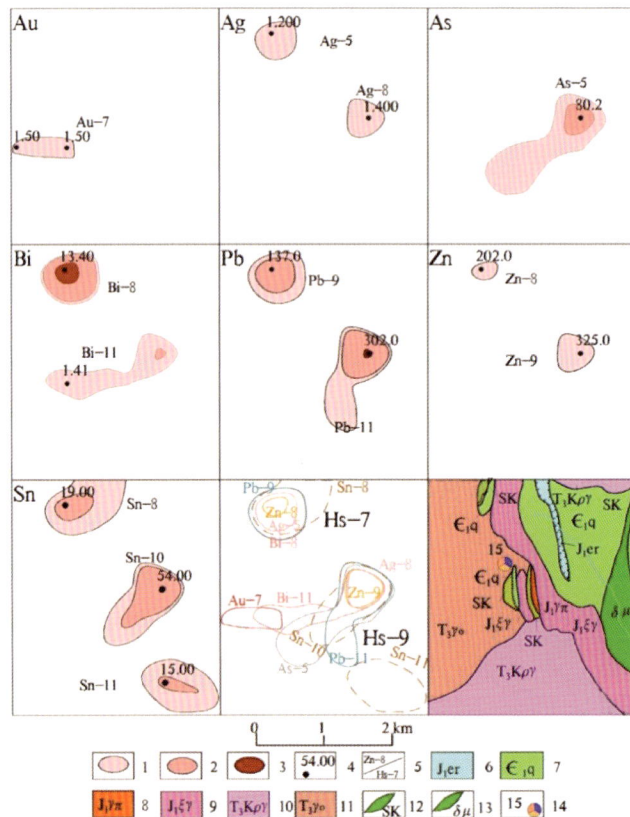

图3-61　红旗山预Hs-7、预Hs-9组合异常剖析图(据黑龙江省第六地质勘查院2005年资料编制)

1.异常外带;2.异常中带;3.异常内带;4.异常极值;5.单元素异常/组合异常编号;6.下侏罗统二浪河组;7.下寒武统铅山组;
8.早侏罗世花岗斑岩;9.早侏罗世正长花岗岩;10.晚三叠世碱长花岗岩;11.晚三叠世英云闪长岩;12.矽卡岩;13.闪长玢岩脉;
14.红旗山小型矽卡岩型铁锌锡矿床。

5）宏铁山铁多金属矿区预 Hs－21 号异常特征。

异常位于矿田中南部库源－宏铁山一带，面积 25.94 km²，属于矽卡岩型铁多金属矿的矿致异常。主要由 Au－33、Au－35、Pb－24、Mo－22、W－22 异常套合而成，四处异常中心是宏铁山、库源、库源西山、库滨铁多金属矿床（点）的反映（表 3－28、图 3－62）。异常区与近南北向断陷构造基本对应，分布有下寒武统铅山组、下泥盆统黑龙宫组、中二叠统土门岭组、下侏罗统二浪河组、下白垩统板子房组和宁远村组（K_1n），晚三叠世－早侏罗世中酸性－酸性侵入岩发育，钼钨锡铋成矿潜力较大。

表 3－28　宏铁山铁多金属矿区预 Hs－21 号组合异常特征表

单元素异常编号	面积/km²	形状	极大值	平均值	衬度	规模	浓度分带
Au－29	0.930	不规则	2.200	1.800	1.200	1.116	外带
Au－31	0.575	圆形	3.600	3.600	2.250	1.294	中带
Au－33	5.745	不规则	5.200	2.400	1.500	8.618	中带
Au－35	4.018	不规则	3.500	2.230	1.390	5.599	外带
Au－45	0.253	圆形	2.000	2.000	1.330	0.337	外带
Ag－19	1.368	不规则	0.820	0.590	2.590	3.539	外带
Ag－22	0.448	近椭圆	1.300	1.300	2.530	1.132	中带
Ag－23	0.360	近椭圆	0.470	0.435	1.360	0.488	外带
Ag－24	0.083	圆形	0.580	0.580	1.130	0.093	外带
Ag－25	0.245	椭圆形	0.950	0.950	1.850	0.453	中带
Ag－27	0.415	椭圆形	0.430	0.430	1.340	0.556	外带
Ag－28	0.168	圆形	0.440	0.440	1.370	0.230	外带
Cu－7	0.485	近椭圆	49.500	47.150	1.250	0.605	外带
Cu－9	0.138	圆形	42.200	42.200	1.120	0.154	外带
Cu－11	0.798	近椭圆	249.400	249.400	6.600	5.262	内带
Pb－24	5.433	不规则	80.000	40.300	1.280	6.928	中带
Pb－26	1.965	不规则	56.000	42.300	1.270	2.489	外带
Pb－27	0.728	近椭圆	56.000	43.000	1.290	0.937	外带
Zn－12	0.635	不规则	306.000	202.500	1.270	0.806	外带
Zn－13	0.305	圆形	308.000	308.000	1.730	0.529	外带
Zn－15	0.118	圆形	206.000	206.000	1.160	0.136	外带
Zn－16	0.318	不规则	200.000	179.300	1.040	0.331	外带
W－20	1.550	近圆形	23.700	23.700	3.370	2.053	内带
W－21	1.905	不规则	20.100	11.860	1.870	3.558	中带
W－22	2.900	不规则	36.400	13.290	2.000	5.804	内带
Sn－13	0.455	圆形	17.000	17.000	2.510	1.144	中带
Sn－14	0.825	近椭圆	50.000	50.000	8.220	6.785	内带
Mo－21	0.153	圆形	13.000	8.400	2.200	0.336	中带
Mo－22	3.588	不规则	30.000	12.500	3.280	11.770	内带
As－12	1.198	不规则	117.000	48.200	2.430	2.915	内带

续表 3 - 28

单元素异常编号	面积/km²	形状	极大值	平均值	衬度	规模	浓度分带
As - 13	1.560	不规则	66.000	42.500	1.830	2.858	中带
Sb - 11	0.410	椭圆形	2.320	2.010	1.310	0.539	外带
Sb - 12	0.360	近半圆	1.560	1.560	1.680	0.604	外带
Bi - 16	0.968	不规则	4.790	3.230	2.290	2.216	中带
Bi - 20	1.975	不规则	78.900	17.140	16.320	32.240	内带
Bi - 21	0.335	近椭圆形	1.940	1.860	1.320	0.442	外带

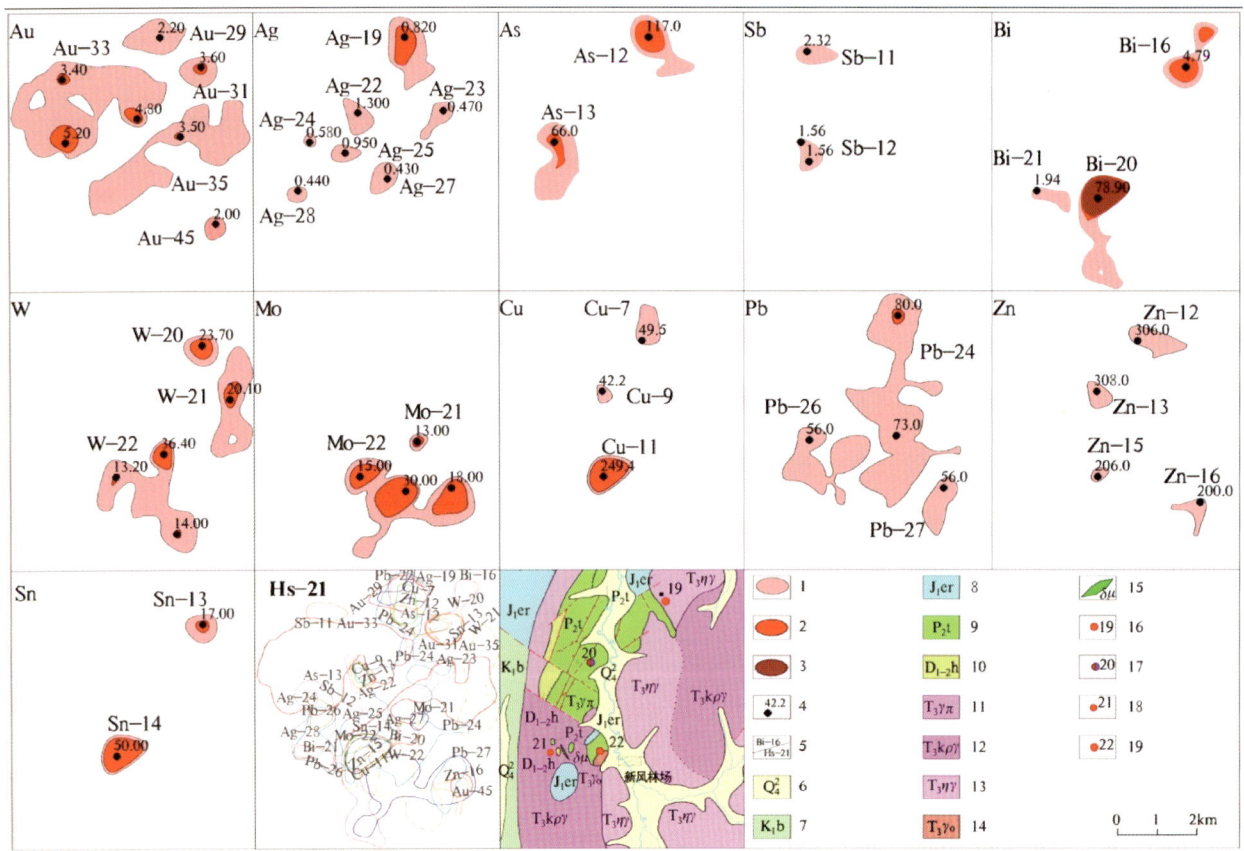

图 3 - 62　宏铁山预 Hs - 21 组合异常剖析图（据黑龙江省第六地质勘查院 2005 年资料编制）

1. 异常外带；2. 异常中带；3. 异常内带；4. 异常极值；5. 单元素异常/组合异常编号；6. 第四系；7. 早白垩世板子房组；8. 下侏罗统二浪河组；
9. 中二叠统土门岭组；10. 下 - 中泥盆统黑龙宫组；11. 晚三叠世花岗斑岩；12. 晚三叠世碱长花岗岩；13. 晚三叠世二长花岗岩；
14. 晚三叠世英云闪长岩；15. 闪长玢岩脉；16. 宏铁山矽卡岩型铁多金属矿点；17. 库滨小型矽卡岩型铅锌矿床；
18. 库源西山矽卡岩型铁矿点；19. 库源矽卡岩型铁矿点。

6）枫林金矿点三 Hs - 02 号异常特征。

异常位于三兴山幅北部 422 高地条带状、片麻状二长花岗岩（$\eta\gamma O_2$）中，面积约 6.70 km²；处于北西向、东西向断裂交会处，岩石碎裂岩化、糜棱岩化较强。

异常整体呈北西向条带状展布，以 Au、Mo 为主（表 3 - 29、图 3 - 63）。Au - 02 异常面积 4.76 km²，均值 2.84×10^{-9}，极值 7.20×10^{-9}；Mo - 04 异常面积 0.86 km²，均值 12.30×10^{-6}，极值 12.30×10^{-6}，分带明显。异常内各元素异常套合较好，强度较高，NAP 较大，具有一定的浓集中心和浓度分带。经槽探工程初步查

证,发现金矿点 1 处。

表 3-29 枫林金矿点三 Hs-02 异常特征一览表

单元素异常编号	面积/km²)	点数	形状	极值	均值	衬度	分带	NAP
Au-02	2.39	7	不规则	7.20	2.84	1.99	内	4.76
Ag-02	0.17	2	椭圆形	0.22	0.17	1.13	外	0.19
Cd-03	0.36	2	等轴	0.72	0.61	1.56	外	0.56
Cu-01	0.40	2	椭圆形	52.30	36.85	1.34	外	0.53
Mo-04	0.86	2	椭圆形	12.30	7.65	2.75	内	2.37
Ni-02	0.69	3	椭圆形	84.30	43.90	1.40	内	0.97
Zn-03	0.61	2	不规则	309.00	192.50	1.63	中	1.00

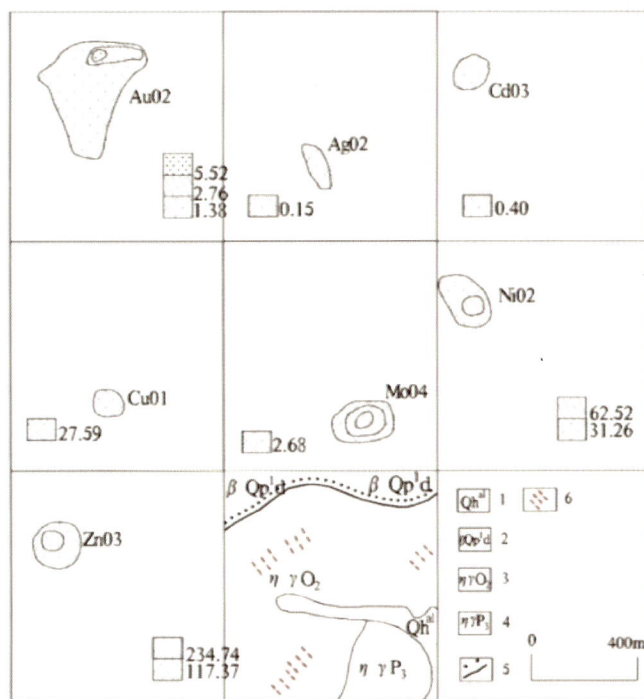

图 3-63 枫林金矿点三 Hs-02 号异常剖析图(据武警部队黄金一支队,2015)

1.全新统低河漫滩冲积层;2.下更新统大熊山玄武岩;3.中奥陶世二长花岗岩;4.晚二叠世二长花岗岩;5.不整合界线;6.糜棱岩化。

7)友谊金矿化点白 Hs-27 号异常特征。

异常位于白桦林场幅青年队 541 高地板子房组安山岩、安山质火山碎屑岩中,绿泥石化、黄铁矿化较强,面积约 20.64 km²。异常以 Au、Ag、As、Hg 为主,单元素异常面积大、强度高、套合好、规模大,成矿地质条件有利(表 3-30、图 3-64)。经初步槽探工程查证,发现金矿化点 1 处,具有较好的成矿潜力。

表 3-30 友谊金矿化点白 Hs-27 号异常特征一览表

单元素异常编号	面积/km²	点数	形状	极值	均值	衬度	分带	NAP
Au-17	2.17	10	带状	13.90	4.73	内	3.48	7.55
Ag-24	2.04	9	不规则	1.70	0.37	内	2.45	5.00
Ag-26	0.91	5	长条形	0.77	0.45	内	2.99	2.72
As-11	1.42	5	不规则	75.90	45.90	中	2.01	2.85

续表 3 - 30

单元素异常编号	面积/km²	点数	形状	极值	均值	衬度	分带	NAP
As - 12	0.44	2	长条形	41.40	37.30	外	1.63	0.72
Sb - 07	2.32	9	带状	3.86	1.66	内	1.98	4.59
Sb - 08	0.39	1	等轴状	1.56	1.56	外	1.86	0.73
Hg - 10	1.46	7	不规则	108.00	83.87	外	1.25	1.83
Pb - 21	0.14	2	长条形	53.50	48.75	外	1.19	0.17
Zn - 16	0.56	3	长条形	334.00	251.67	内	2.10	1.17
Cd - 28	0.75	5	等轴状	0.96	0.55	中	1.24	0.93
Cd - 31	0.26	2	不规则	0.50	0.48	外	1.09	0.28
Sn - 19	0.47	3	长条形	14.60	10.00	中	2.09	0.98
Sn - 22	0.28	2	长条形	14.80	11.55	中	2.33	0.65
Mo - 21	0.46	3	长条形	6.11	4.17	中	1.41	0.65
Mo - 24	0.17	2	等轴状	3.68	3.64	外	1.23	0.21
Mn - 14	0.76	4	长条形	3347.00	2628.00	外	1.21	0.92
Mn - 16	2.03	5	不闭合	23599.00	9568.60	内	4.41	8.94
Co - 11	1.14	9	不规则	530.00	154.42	内	5.60	6.40
Co - 15	0.82	8	不规则	126.00	63.60	内	2.30	1.88
Ni - 09	0.27	2	不规则	42.70	42.40	外	1.50	0.40

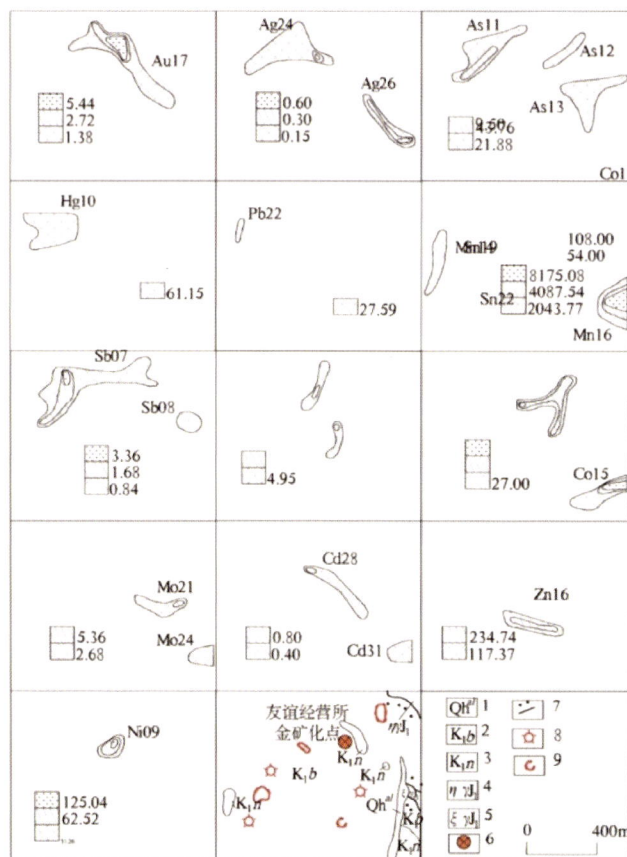

图 3 - 64　友谊金矿化点白 Hs - 27 号异常剖析图(据武警部队黄金一支队,2015)

1. 全新统低河漫滩冲积层;2. 下白垩统板子房组中性火山岩;3. 下白垩统宁远村组酸性火山岩;4. 早侏罗世二长花岗岩;

5. 早侏罗世正长花岗岩;6. 金矿化点;7. 不整合地质界线;8. 解译火山口;9. 层状火山口。

3.5.2　主要远景异常特征

1）三 Hs-06 号异常特征

异常位于三兴山幅 498 高地中奥陶世与早侏罗世二长花岗岩的侵入接触带附近，北西、东西向断裂发育，面积约 18.78 km²，成矿条件较好。以 Ag、Mo、W、Sn 等元素异常为主（表 3-31、图 3-65），浓集中心明显，推测由热液型钼矿化引起。

表 3-31　三 Hs-06 号异常特征一览表

单元素异常编号	面积/km²	点数	形状	最高值	均值	衬度	分带	NAP
Ag-04	4.48	8	不规则	0.55	0.23	1.54	内	6.91
Ag-05	0.75	4	条带状	0.28	0.19	1.28	外	0.96
Bi-01	1.69	3	不规则	0.87	0.76	1.47	外	2.48
Bi-02	1.56	2	不规则	2.56	1.54	2.90	内	4.52
Bi-03	0.55	3	不规则	0.63	0.56	1.06	外	0.58
Au-08	0.62	3	条带状	5.80	3.00	2.10	内	1.30
Cu-02	0.49	2	椭圆形	41.50	35.55	1.26	外	0.62
Mo-05	0.94	2	不规则	4411.00	3896.50	1.84	中	1.73
Sn-01	0.52	2	不规则	9.37	7.10	1.43	外	0.74
Sn-02	1.09	5	不规则	14.50	7.42	1.50	外	1.64
Pb-04	0.73	3	不规则	86.70	62.53	1.39	中	1.01
W-02	0.34	1	等轴状	8.34	8.34	2.60	中	0.88

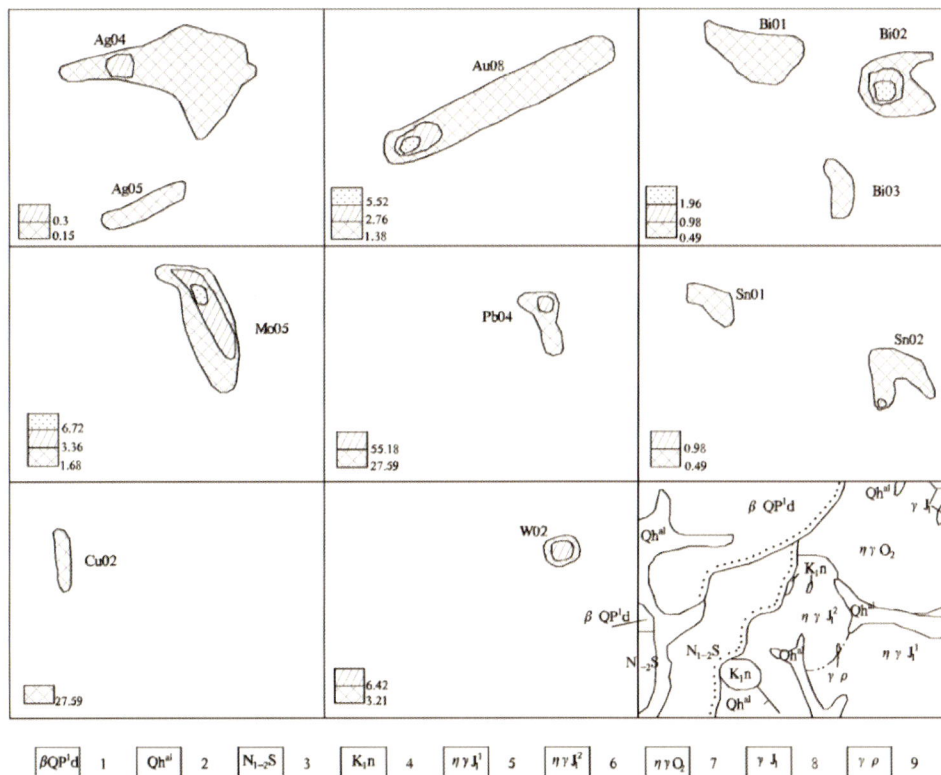

图 3-65　三 Hs-06 号异常剖析图（据武警部队黄金一支队，2015）

1. 低河漫滩冲积层；2. 大熊山玄武岩；3. 孙吴组；4. 宁远村组；5~6. 早侏罗世细中粒-中粗粒似斑状二长花岗岩；7. 中奥陶世二长花岗岩；8. 早侏罗世微细粒斑状花岗岩；9. 花岗闪长岩脉。

2）吉 Hs – 10、Hs – 11 号异常特征。

Hs – 10 异常：位于矿田东北部，主要由 Mo、Cu、Bi、Ag 组成（表 3 – 32），异常套合紧密，浓集中心明显，Mo 异常具内带；浓集中心分布在晚三叠世正长花岗岩内，推测由钼矿化引起。

Hs – 11 异常：位于矿田的东北部，由 Ag、As、Sb、Bi、Hg、Cu、Zn、W、Mo 组成（表 3 – 32），异常套合紧密，浓集中心明显，以 W、Mo 为主，Mo 具内带，W 具中带。2 处浓集中心分布在早白垩纪中性 – 酸性火山机构中，推测由斑岩型 Mo、Cu 矿化引起。

表 3 – 32　吉 Hs – 10、Hs – 11 号异常特征表

组合异常编号	单元素异常编号	面积/km²	形　状	极大值	平均值	衬度	规模	异常下限	浓度分带
吉 Hs – 10	Au – 07	0.308	不规则	2.000	1.800	1.200	0.369	1.500	外带
	Au – 15	1.683	不规则	2.600	1.810	1.206	2.030	1.500	外带
	Ag – 07	4.320	不规则	0.445	0.236	1.967	8.496	0.120	中带
	As – 14	2.500	不规则	53.800	30.000	2.000	5.000	15.000	中带
	Bi – 03	3.135	不规则	3.270	2.800	2.800	8.778	1.000	中带
	Bi – 06	0.513	不规则	1.200	1.160	1.160	0.595	1.000	外带
	Bi – 09	0.450	不规则	2.010	1.680	1.680	0.756	1.000	外带
	Cu – 08	2.205	不规则	36.700	33.700	1.348	2.972	25.000	外带
	Cu – 11	2.025	不规则	44.800	35.200	1.408	2.851	25.000	外带
	Cu – 12	0.895	不规则	33.900	27.000	1.080	0.967	25.000	外带
	Pb – 07	0.163	椭圆形	47.500	47.500	1.188	0.193	40.000	外带
	Zn – 12	0.155	不规则	107.100	104.800	1.164	0.180	90.000	外带
	W – 04	3.595	不规则	12.840	11.270	3.757	13.505	3.000	中带
	W – 07	1.138	不规则	4.240	3.560	1.187	1.350	3.000	外带
	W – 12	0.068	椭圆形	4.000	4.000	1.333	0.090	3.000	外带
	Mo – 07	4.993	不规则	7.310	4.540	1.816	9.066	2.500	中带
	Mo – 12	6.985	不规则	44.100	12.140	4.856	33.919	2.500	内带
	Fe – 09	1.453	不规则	5.430	5.220	1.044	1.516	5.000	外带
	Fe – 10	0.390	不规则	5.190	5.080	1.016	0.396	5.000	外带
吉 Hs – 11	Ag – 03	0.463	圆形	0.195	0.195	1.625	0.752	0.120	外带
	Ag – 04	0.905	不规则	0.207	0.165	1.375	1.244	0.120	外带
	As – 10	0.150	圆形	21.300	19.000	1.267	0.190	15.000	外带
	Sb – 03	0.068	椭圆形	1.180	1.180	1.180	0.080	1.000	外带
	Bi – 04	1.580	不规则	1.360	1.090	1.557	2.460	0.700	外带
	Hg – 06	2.110	不规则	0.181	0.170	2.267	4.783	0.075	中带
	Cu – 09	2.958	不规则	126.900	112.500	4.500	13.309	25.000	中带
	Zn – 08	2.318	不规则	210.100	162.900	1.810	4.195	90.000	中带
	W – 05	3.068	不规则	26.500	17.960	5.987	18.364	3.000	中带
	Mo – 08	5.280	不规则	43.880	33.820	13.528	71.428	2.500	内带

第4章 矿床地质特征与成矿规律

4.1 晚–顶寒武世和晚三叠世($\in_{3\sim4}+T_3$)复成铁多金属矿床地质特征

矿田内已发现的该类主要矿床为翠宏山–翠中铁多金属矿床、库南铅锌矿床,集中分布于矿田的中部,属于同一个矿区(图4–1)。

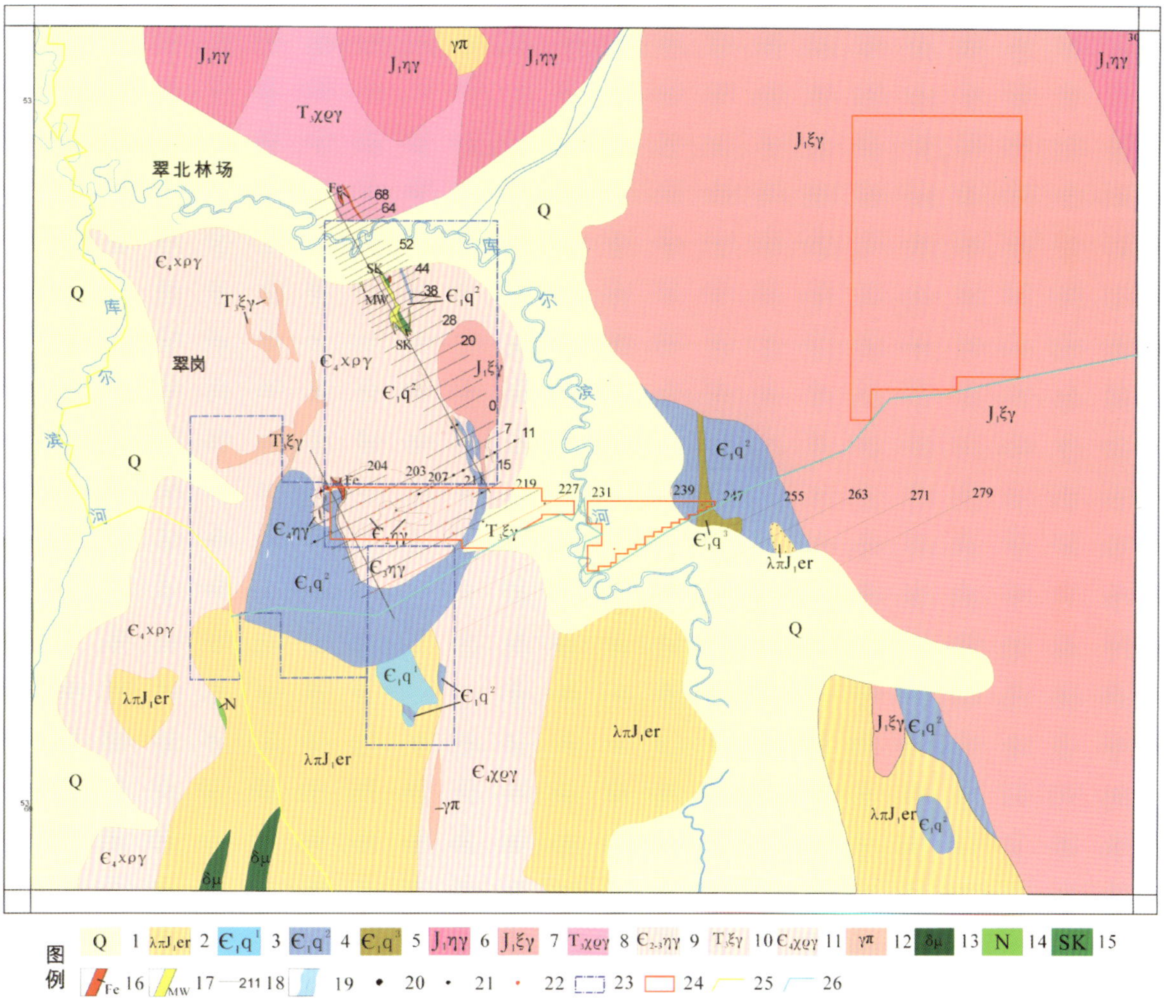

图4–1 翠宏山–翠中铁多金属矿区地质图(据黑龙江省矿业集团,2020)

1.第四系;2.早侏罗世二郎河组流纹斑岩;3.铅山组一段结晶灰岩;4.铅山组二段泥质、炭质结晶灰岩;5.铅山组三段角岩化砂岩板岩;
6.早侏罗世二长花岗岩;7.早侏罗世二长花岗岩;8.晚三叠世碱长花岗岩 9.中–晚寒武世粗二长花岗岩;10.晚三叠世花岗岩;
11.顶寒武世粗–中粒碱长花岗岩;12.花岗斑岩脉;13.闪长斑岩脉;14.基性岩脉;15.矽卡岩;16.铁矿体;17.钨钼矿体;18.勘探线及编号;
19.河流;20.以往完成的钻孔;21.详查完成的钻孔;22.以往探矿权范围;23.翠中铁多金属矿详查探矿权;
24.翠北湿地保护区缓冲区界线;25.翠北湿地保护区实验区界线。

4.1.1 矿区地质特征

矿区处于伊春早寒武世陆表海沉积盆地、翠宏山晚－顶寒武世花岗岩与晚三叠世花岗岩的复合侵入岩区、翠北－翠中北北西向复式褶断侵入接触构造带的中段。

4.1.1.1 矿区地层

矿区地层主要为下寒武统铅山组（$\in_1 q$）、下侏罗统二浪河组（$J_1 er$）和第四系（Q）。

1）铅山组（$\in_1 q$）：主要沿翠北－翠中复式褶断侵入接触构造带呈残留体状断续分布，总体走向为北北西向，在翠宏山铁多金属矿床呈背斜形式分布，在翠中铁多金属矿床和库南铅锌矿床呈向斜形式分布。

铅山组以富含碳、泥、硅、灰为特点，是形成矽卡岩型铁多金属矿的有利岩层。由下至上的主要岩性为条带状结晶灰岩、白云质结晶灰岩、白云质大理岩、黄铁矿化条带状泥质灰岩、钙质－泥质砂板岩、角岩化粉砂岩－砂岩等。被加里东早期、印支晚期花岗岩类侵入形成矽卡岩型铁多金属矿体、斑岩型钨钼矿体。

（1）条带状结晶灰岩，呈灰白色－浅灰白色，变余微粒镶嵌结构、不等粒变晶结构。方解石含量大于 95%，白云石含量小于 5%，含微量泥质、碳质，矿物粒度一般在 0.1～0.5 mm，CaO 50.52%、MgO 1.63%、SiO$_2$ 4.06%。蚀变矿物有绿帘石、透闪石。

（2）白云质结晶灰岩，呈灰－灰白色，多为不等粒粒状－镶嵌结构、块状构造，由 10%～20% 白云石、75%～80% 方解石及 5%～10% 的泥质、碳质组成，矿物粒度 0.1～0.4 mm。厚度达 536 m 以上。岩石具透闪石化、绿帘石化。

（3）钙质－泥质砂板岩，呈夹层或透镜状分布，岩石呈灰黑－浅灰色，变余砂质结构、微鳞片变晶结构、变余微层理构造、片状构造，由 10% 的隐晶绢云母和绿泥石、35% 的长石、35% 的石英晶屑、20% 的钙质和泥质组成，晶屑粒径 0.01～0.05 mm。

（4）角岩化粉砂－砂岩，呈互层产出，岩石为深灰－紫灰色，变余粉砂质结构、角岩结构、片状构造、糜棱构造。由碎屑和胶结物两部分构成，碎屑分选较好、磨圆差。碎屑中岩屑占 30%，成分以硅质岩、流纹斑岩等为主，粒径 0.5 mm；晶屑由石英、长石组成，粒径 0.01～0.05 mm。胶结物占 30%～50%，呈接触式或孔隙式胶结，由隐晶状绢云母、黑云母、硅质、泥质、钙质构成角岩结构。当硅质、泥质、钙质含量增高时则形成硅质、钙质板岩夹层，是形成层间矽卡岩的主要层位，主要蚀变为绿帘石化、阳起石化。

2）下侏罗统二浪河组（$J_1 er$）：主要分布于库南铅锌矿床以南，为一套陆相中酸性－酸性火山熔岩及其火山碎屑岩建造，角度不整合覆盖于早寒武世－晚三叠世地质体之上，对晚－顶寒武世、晚三叠世复合形成的翠宏山、翠中、库南等矿床起到了一定的保护作用。

3）第四系（Q）：主要分布于库尔滨河及其支流河谷中。

4.1.1.2 矿区控矿构造

矿区的主体构造为翠北－翠中北北西向复式褶皱及其配套的纵向、横向和共轭断裂联合控制的背形－向形侵入接触构造带，控制了翠北、翠宏山、翠中、库南等矿床（点）的形成和分布，侵入接触带、糜棱岩化带、破碎带基本上控制了矿体的定位。矿区南部上叠的早侏罗世二浪河期白桦火山构造盆地，对晚－顶寒武世和晚三叠世复合形成的矿床起到了一定的保护作用；但同期的中酸性－酸性岩浆的侵入，对早期形成的矿体也产生了一定的切割、吞噬等破坏作用。

该复式褶断带由铅山组（$\in_1 q$）岩层形成，西部为翠中陡倾向斜（图 4－2），中间为翠宏山陡倾背斜（图 4－3、图 4－4），东部为库尔滨河向斜，次级褶皱构造、内部小揉皱、扭曲构造发育。全长约 13 km，宽约 7 km，残留的铅山组褶皱岩块自 SSE 向 NNW 方向倾伏。

翠中向斜和翠宏山背斜的公共翼，在翠宏山 V 号矿体部位向南西西陡倾；向北北西方向延伸至翠宏山 III 号矿体 34 线以北，局部地段发生倒转，倾向逐渐转为北东东陡倾，褶皱构造也转换成倒转向斜和背斜。

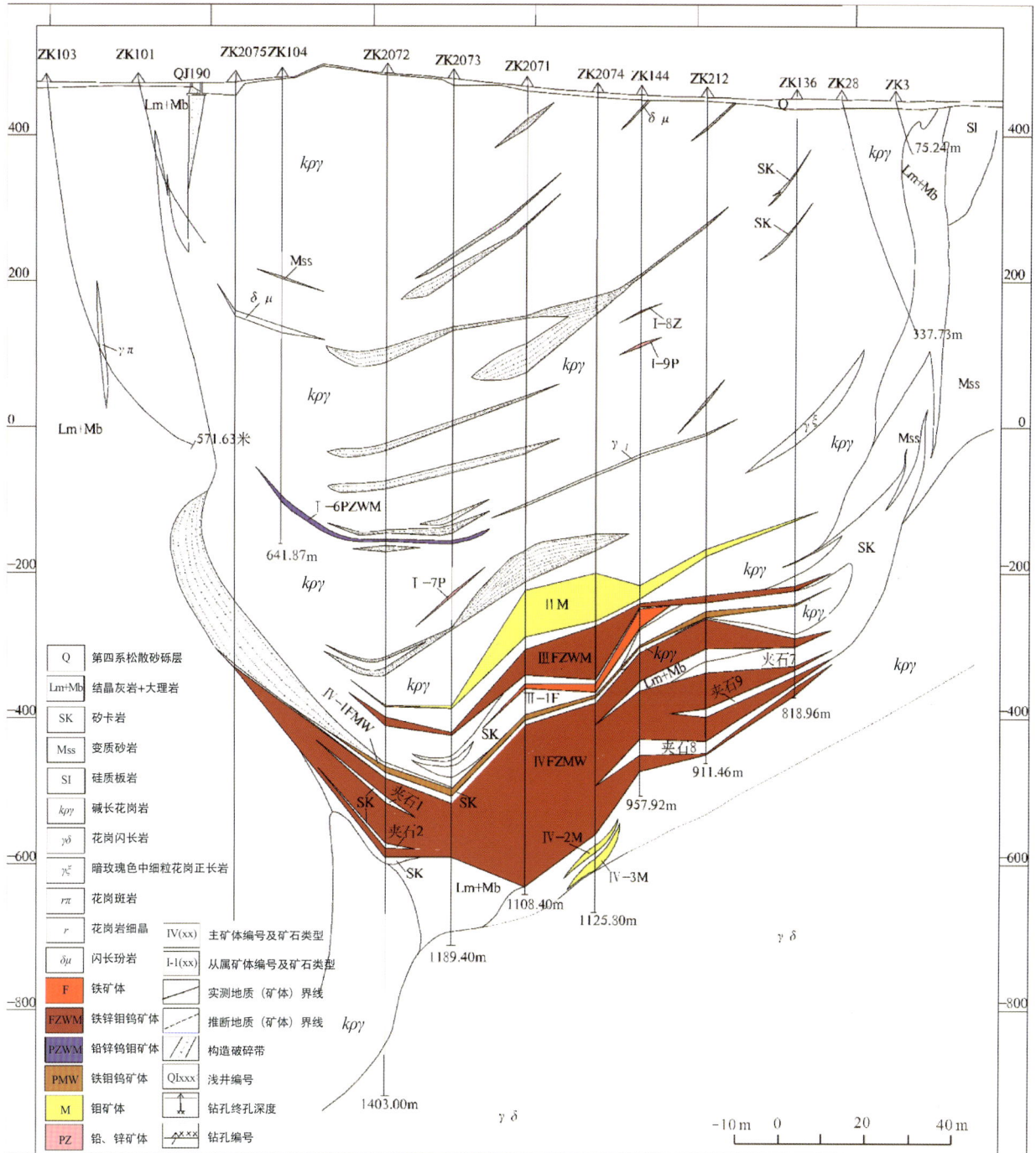

图 4 - 2　翠中铁多金属矿床 207 勘探线地质剖面图（据黑龙江省矿业集团,2020）

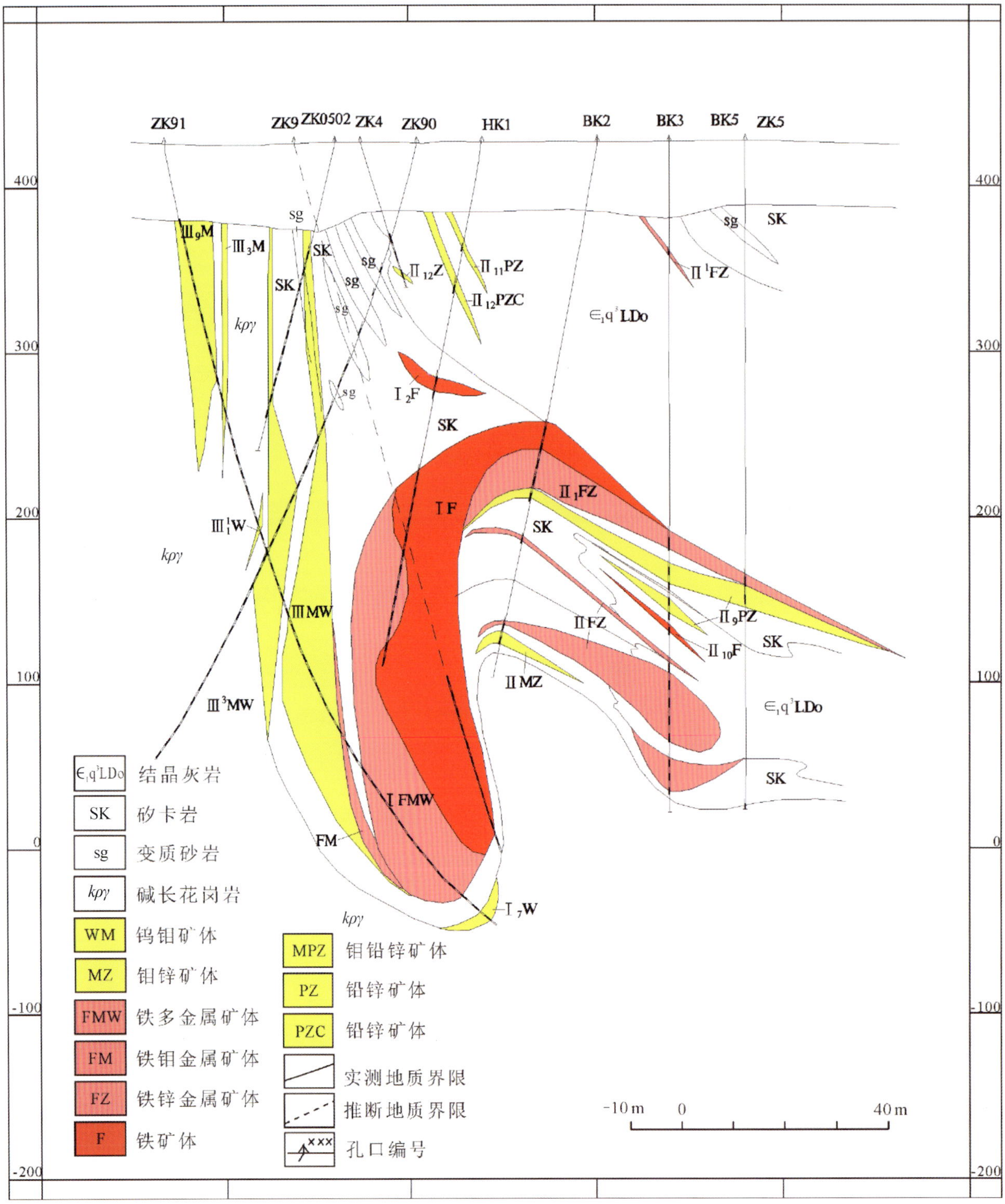

图 4 - 3   翠宏山铁多金属矿床 56 勘探线地质剖面图(据黑龙江省第六地质勘查院,2007)

复式褶皱的走向和横向配套断裂发育,控制了矿体的规模、形态、产状和富集规律。NNW 向断裂走向约340°,长 1.0 ~ 1.5 km,平面上呈舒缓波状,断裂带中的岩石普遍发育有糜棱岩化和碎裂,属于压扭性质;糜棱岩化带沿侵入接触带分布,断续出露在花岗岩体内,宽度约 140 m,深度大于 810 m。NE 向断裂,走向约60°,长 0.2 ~ 1.2 km,倾角较缓,局部地段产状陡立,张扭性断裂面较平整,断层角砾岩较发育。

1）褶断带的走向上：复式褶断带被中－晚寒武世、顶寒武世、晚三叠世中酸性－酸性花岗岩类侵入，在褶皱构造的配套断裂控制下，在褶断带上残留了许多铅山组岩块。自北北西至南南东方向，残留的铅山组岩块有：翠北、翠宏山Ⅰ号与Ⅴ号矿体、翠中、580高地，在残留岩块周围及内部层间剥离构造带，形成了空间形态复杂的侵入接触矽卡岩带与层间矽卡岩带，为铁多金属矿体的形成提供了空间。

2）褶断带的横向上：岩浆侵入活动受复式褶断带次级褶皱形态的影响，残留铅山组岩块自西向东形成了翠中向形、翠宏山背形、库尔滨河向形侵入接触构造带。翠中向斜核部、翠中向斜和翠宏山背斜的公共翼、翠宏山背斜核部，形成了大规模强烈的接触交代成矿作用。

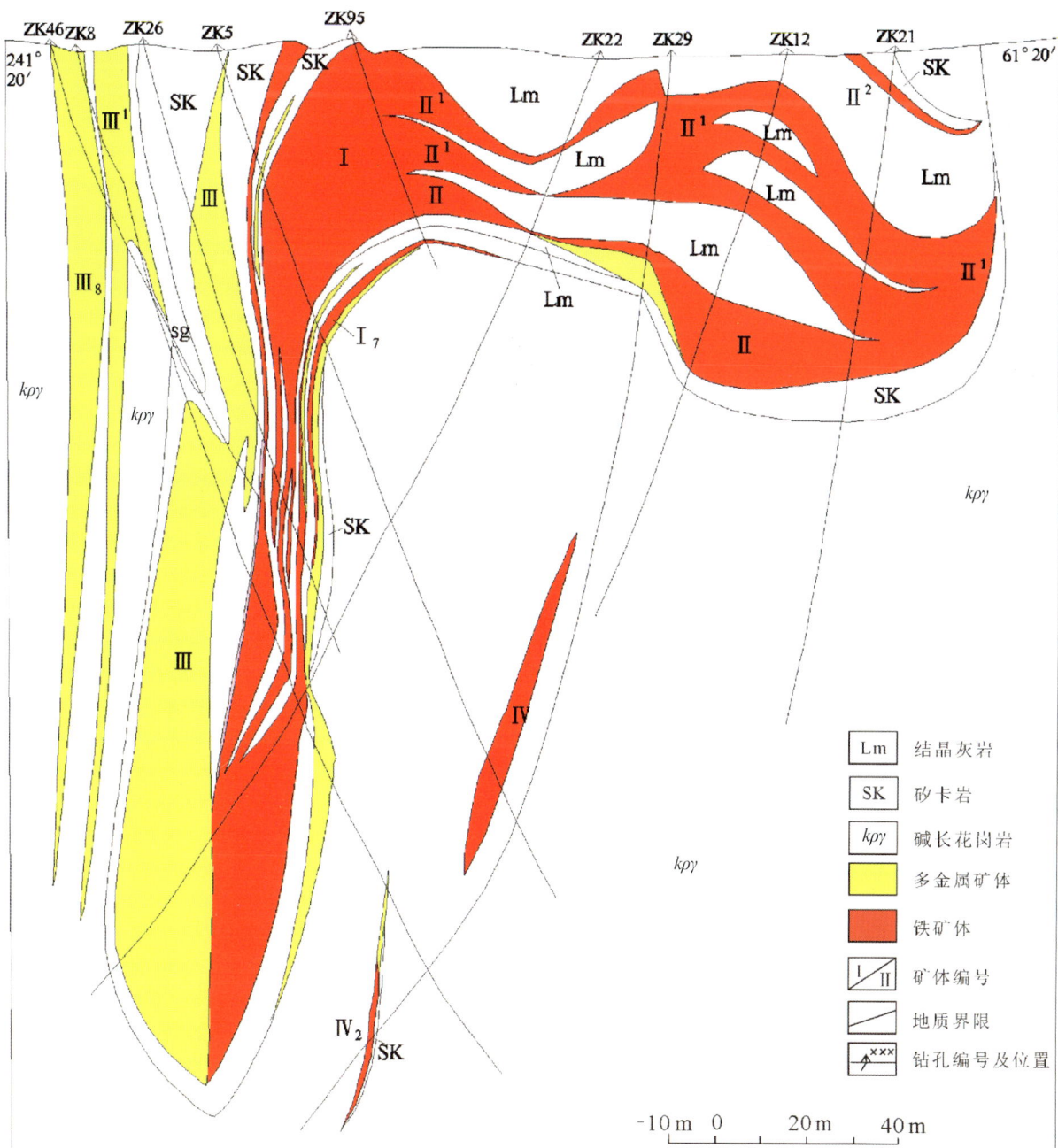

图4-4 翠宏山铁多金属矿床58勘探线地质剖面图（据黑龙江省第六地质勘查院,2007）

3）褶断带的垂向上：

（1）翠中向形侵入接触构造带由上、下两个侵入接触带构成。上部侵入接触构造带主要由"地表超覆侵位的顶寒武世粗粒碱长花岗岩＋矽卡岩带＋铅山组白云质碳酸盐岩层"构成，向北西倾伏，是翠中铁多金属矿的主要赋矿构造。下部侵入接触构造带主要由"铅山组岩层＋矽卡岩带＋晚寒武世粗粒二长花岗岩、早侏罗世细粒花岗闪长岩"构成，晚寒武世粗粒二长花岗岩的侵入接触带是库南铅锌矿床、翠中深部1300～1500 m铅锌矿体的赋矿构造；早侏罗世细粒花岗闪长岩侵入形成叠加钼矿化。

（2）翠宏山背形侵入接触构造带，由"地表的铅山组岩层＋矽卡岩带＋顶寒武世粗粒二长花岗岩与晚三叠世细粒碱长花岗岩"构成，是铁多金属矿的主要赋矿构造。

（3）库尔滨河向形侵入接触构造带由上、下两个带构成。上部带由"超覆侵位的顶寒武世细粒正长－碱长花岗岩＋矽卡岩带＋铅山组岩层"构成，尚未开展找矿工作；下部带由"铅山组岩层＋晚三叠世斑状二长花岗岩"构成，工作程度低，尚未发现规模较大的矿化矽卡岩带。

4）侵入接触构造带具有明显的成矿分带现象。侵入接触内带碱长花岗岩中，以钨钼成矿作用为主；矽卡岩带以铁、钨、钼、锌为主；侵入接触外带铅山组中，以铅锌（银）、铜为主。

5）有利的赋矿构造空间：

（1）翠中向斜与翠宏山背斜之间的陡倾公共翼，是岩浆－成矿流体－成矿作用强烈部位，形成了翠宏山Ⅰ～Ⅱ号铁多金属矿体、Ⅲ号钨钼矿体。

（2）背斜核部，砂岩与灰岩层间剥离构造（硅钙界面）叠加背形侵入接触带，是成矿有利构造部位。如翠宏山Ⅱ、Ⅴ号矿体。

（3）向形侵入接触带核部叠加同倾构造破碎带部位，是含矿热液交代－灌入成矿的有利空间。如翠中207线和211线。

（4）褶皱纵向与横向断裂交会处，是形成矿囊或厚大矿体的有利部位。如翠宏山Ⅰ号矿体的58线、Ⅲ号矿体的32－36线，翠中207线和211线。

（5）糜棱岩化带、破碎带也是成矿有利构造。

4.1.1.3　矿区侵入岩特征

矿区内，中－顶寒武世、晚三叠世、早侏罗世中酸性－酸性岩浆侵入活动强烈。其中的顶寒武世、晚三叠世酸性岩浆侵入活动，则产生了显著的矽卡岩－斑岩型铁多金属矿成矿作用。主要侵入岩体的分布、产状、岩石组合、成岩年龄、侵入成矿作用等特征详见表4－1所列。

通过对各矿床地质资料的综合研究、本次野外实地调查的认识，厘定的主要成矿岩体、岩石如下：

1）库南铅锌矿床：成矿岩体为中－晚寒武世粗粒二长花岗岩（$\eta\gamma \in_{2\sim3}$）。铅锌矿体赋存于粗粒二长花岗岩（$\eta\gamma \in_{2\sim3}$）侵入铅山组（$\in_1 q$）碳酸盐岩形成的层间矽卡岩带中。

2）翠中和翠宏山铁多金属矿床：成矿岩体为顶寒武世翠中复式岩体、晚三叠世翠宏山复式岩体。翠中复式岩体的主体成矿岩石为顶寒武世粗－中细粒碱长花岗岩（$\kappa\rho\gamma \in_4$）（图4－5、图4－6），局部为中细粒二长花岗岩（$\eta\gamma \in_4$）；粗－中细粒碱长花岗岩（$\kappa\rho\gamma \in_4$）岩体中部为粗中粒，向边缘至侵入接触部位相变为中细粒，是形成矽卡岩及铁多金属矿体的主体岩石。翠宏山复式岩体的主体成矿岩石为晚三叠世细粒二长－碱长花岗岩（$\kappa\rho\gamma T_3$）＋花岗斑岩（$\gamma\pi T_3$）（图4－7、图4－8），侵入顶寒武世粗－中细粒碱长花岗岩（$\kappa\rho\gamma \in_4$）或已形成的铁多金属矿体。

表4-1　翠宏山-翠中矿区花岗质岩浆侵入活动特征一览表

侵入时代		岩石组合	分布	代表岩体	产状	成岩年龄/Ma	侵入关系	成矿作用
寒武纪	中-晚寒武世	粗粒二长花岗岩($\eta\gamma\in_{2\sim3}$)	库南铅锌矿床	库南岩体	残留小岩株	锆石 LA-ICP-MS U-Pb 517	侵入铅山组($\in_1q$)	库南矽卡岩型铅锌矿床,小型
	顶寒武世	英云闪长岩($\gamma\delta o\in_4$)+花岗闪长岩($\gamma\delta\in_4$)+细粒二长花岗岩($\eta\gamma\in_4$)+粗-中细粒碱长花岗岩($\kappa\rho\gamma\in_4$)	主体为细粒二长花岗岩+粗-中细粒碱长花岗岩,分布于翠宏山-翠中铁多金属矿床的周围	翠中复式岩体	残留小岩株	锆石 LA-ICP-MS U-Pb 502.8~488.9	侵入铅山组($\in_1q$)	翠中、翠宏山矽卡岩型铁多金属矿床,大型
	顶寒武世	微细-细粒碱长-正长花岗岩($\kappa\rho\gamma-\xi\gamma\in_4$)	库尔滨河以东地区	翠宏山东667高地岩体	岩株	锆石 SHRIM PU-Pb 491	侵入铅山组($\in_1q$)	形成绿帘石矽卡岩
三叠纪	晚三叠世	中粗粒花岗闪长岩($\gamma\delta T_3$)+斑状二长花岗岩($\eta\gamma T_3$)+细粒二长-碱长花岗岩($\kappa\rho\gamma T_3$)+花岗斑岩($\gamma\pi T_3$)	中粗粒花岗闪长岩分布于翠北,细粒二长花岗岩分布于翠宏山,斑状二长花岗岩分布于库尔滨河谷的深部,细粒碱长花岗岩分布于翠中-翠宏山,花岗斑岩分布于翠宏山、翠岗	翠宏山复式岩体	小岩枝、岩株状穿插于翠中复式岩体中	锆石 LA-ICP-MS U-Pb 204.0~192.7,SHRIMP 199.8~192.8	侵入铅山组($\in_1q$),翠中复式岩体	翠中、翠宏山矽卡岩-斑岩型铁多金属矿床,大型
侏罗纪	早侏罗世	花岗闪长岩($\gamma\delta J_1$)+二长花岗岩($\eta\gamma J_1$)+正长花岗岩($\xi\gamma J_1$)+碱长花岗岩($\kappa\rho\gamma J_1$)+正长斑岩($\zeta\pi J_1$)	花岗闪长岩分布翠中铁多金属矿床的深部,二长花岗岩+碱长花岗岩主要分布于翠北,正长花岗岩分布于翠宏山铁多金属矿床、翠北铁矿	翠北复式岩体	岩株、岩枝	锆石 LA-ICP-MS U-Pb 191.8~175.1,SHRIMP 183	侵入早期花岗岩体	花岗闪长岩产生钼矿化。对早期形成的矿体产生一定的切割、破坏作用

　　翠中铁多金属矿床中,晚三叠世细粒碱长花岗岩($\kappa\rho\gamma T_3$)、花岗斑岩($\gamma\pi T_3$)在西北部203线深部发育,向西在204勘探线X号矿体以西花岗斑岩($\gamma\pi T_3$)出露地表,深部向东在207勘探线侵入顶寒武世粗-中细粒碱长花岗岩($\kappa\rho\gamma\in_4$)的小岩枝、岩脉,叠加斑岩成矿作用,形成厚大的钨钼矿体(图4-2)。

　　翠宏山铁多金属矿床中,晚三叠世细粒碱长花岗岩($\kappa\rho\gamma T_3$)、花岗斑岩($\gamma\pi T_3$)在58线西段深部发育,侵入顶寒武世粗中-中细粒碱长花岗岩($\kappa\rho\gamma\in_4$),叠加斑岩成矿作用,形成厚大的Ⅲ号钨钼矿体(图4-4)。

　　3)上述各矿床的主要成矿花岗岩的岩石矿物学、岩石地球化学、成岩年龄、形成构造环境和成因等特征见3.2"矿田岩浆岩"。

图4-5 翠中铁多金属矿岩浆岩

a.粗粒黑云母花岗岩;b.粗粒碱长花岗岩;c.细粒碱长花岗岩;d.细粒黑云母二长花岗岩。

图4-6 翠中铁多金属矿粗粒碱长花岗岩(a-c)、细粒碱长花岗岩(d-f)手标本及镜下特征

矿物代码:Ser,绢云母;Pl,斜长石;Q,石英;Pth,条纹长石;Bt,黑云母;Ep,绿帘石;Cfs,绿泥石;Fl,萤石。

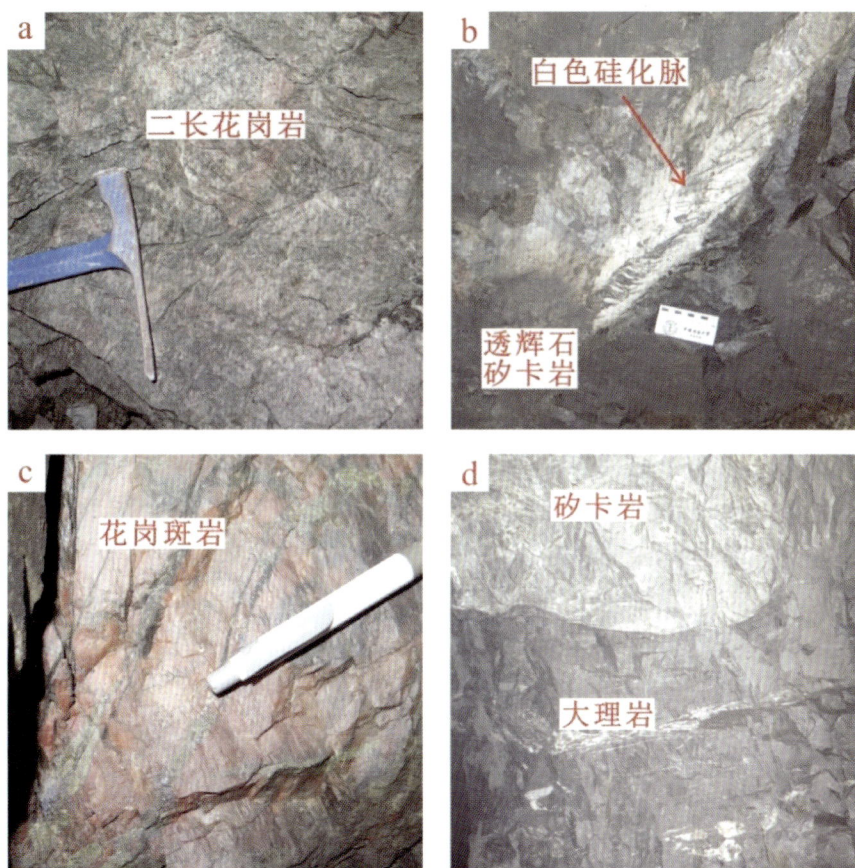

图4-7　翠宏山-50 m中段36勘探线岩体、矿化及围岩蚀变照片

a. 二长花岗岩；b. 透辉石矽卡岩中的白色硅化脉；c. 花岗斑岩中的脉状辉钼矿化；d. 矽卡岩与大理岩接触带。

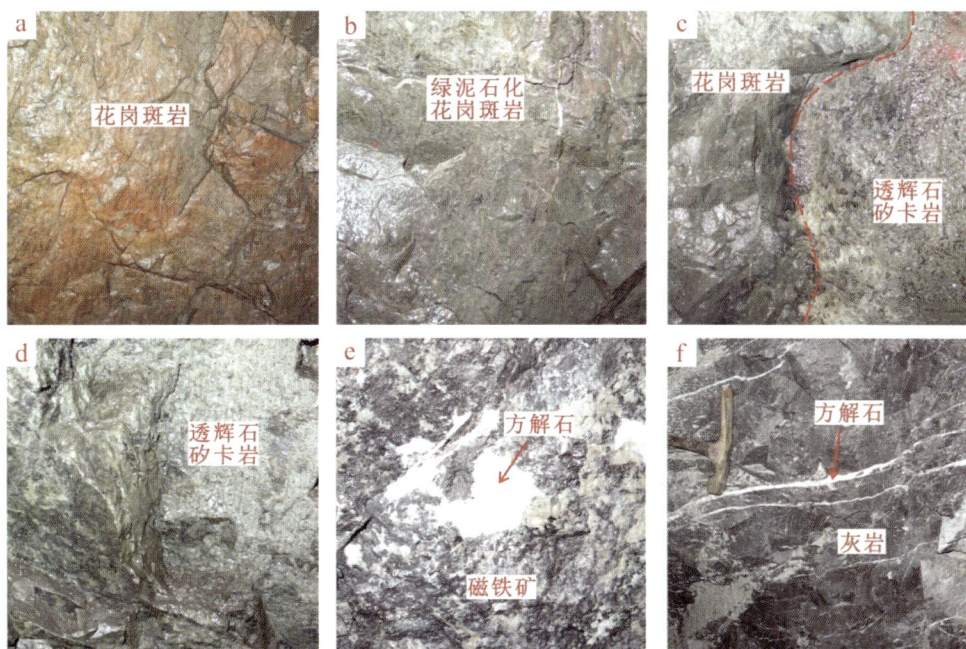

图4-8　翠宏山310 m中段58勘探线岩体、矿化及围岩蚀变照片

a. 花岗斑岩；b. 绿泥石化花岗斑岩；c. 花岗斑岩与透辉石矽卡岩接触带；d. 透辉石矽卡岩；

e. 发育方解石、金云母的磁铁矿；f. 灰岩中发育方解石脉体。

4.1.1.4 矿区蚀变矿化特征

矿区的蚀变矿化与库南中－晚寒武世粗粒二长花岗岩岩体、翠中顶寒武世细粒二长花岗岩＋粗－中细粒碱长花岗岩复式岩体、翠宏山晚三叠世细粒二长－碱长花岗岩＋花岗斑岩复式岩体侵入下寒武统铅山组碳泥硅灰建造密切相关,具有多旋回、多期、多阶段叠加蚀变矿化强烈、空间范围大的特征。主体蚀变为矽卡岩化,主要矽卡岩型矿化为铁多金属矿化、铅锌铜矿化、钨钼矿化。叠加的晚三叠世斑岩型蚀变矿化特征明显,叠加的矽卡岩化彼此难以区分。

1)库南中－晚寒武世蚀变矿化特征:该期的蚀变矿化以库南铅锌矿床为代表。矿床处于翠中向斜的西南翼,蚀变以矽卡岩为主,由库南中－晚寒武世粗粒二长花岗岩体侵入下寒武统铅山组碳酸盐岩层形成,以层间矽卡岩为主,接触带矽卡岩规模较小。

主要蚀变岩石有石榴石矽卡岩、透闪石阳起石矽卡岩(图4－9b),次为少量的透辉石和绿帘石矽卡岩。铅锌铜矿化主要与含矿热液蚀变期形成的透闪石化、阳起石化、萤石化、绿帘石化有关。硅化主要表现为矽卡岩中的石英脉(图4－9d),萤石呈团块状分布于矽卡岩中(图4－9f)。

接触带矽卡岩,分布于215－225线间,控制长约500 m、宽十余米,走向北北西,向南西陡倾,赋存Ⅷ号铅锌矿化体。层间隙卡岩带,分布于215－227线间,控制长500～600 m、宽十余米,走向北西,向北东陡倾,赋存Ⅸ、Ⅷ号铅锌铜矿体。

铅山组中的大理岩在区域变质作用时期形成,在粗粒二长花岗岩侵位时发生了进一步重结晶作用(图4－9c)。成矿后蚀变碳酸盐化主要表现为矽卡岩中的方解石脉(图4－9e)。

图4－9　库南铅锌矿床围岩蚀变特征

a.粗粒二长花岗岩;b.石榴石与透闪石接触界限;c.大理岩与透闪石的接触界线;d.矽卡岩中的石英脉;

e.方解石－石英脉;f.矽卡岩中的萤石团块。

2) 翠中 – 翠宏山顶寒武世 + 晚三叠世蚀变矿化特征:顶寒武世细粒二长花岗岩 + 粗 – 中细粒碱长花岗岩、晚三叠世细粒碱长花岗岩 + 花岗斑岩与成矿的时空关系(表 4 – 1、附表Ⅱ),细粒二长花岗岩 + 粗 – 中细粒碱长花岗岩中脉状钨钼矿体、铅锌矿体受脆 – 韧性变形变质带控制的特征,表明翠宏山与翠中铁多金属矿经历了两期岩浆热液成矿作用。顶寒武世岩浆侵入接触热液交代成矿作用以铁多金属为主,晚三叠世的岩浆热液 – 斑岩成矿作用以钼为主,或叠加于矽卡岩型铁多金属矿体之上,或在细粒二长花岗岩 + 粗 – 中细粒碱长花岗岩中形成钼矿体。

依据目前对蚀变作用的观察研究结果,将成矿前、顶寒武世矽卡岩成矿、晚三叠世热液 – 斑岩叠加成矿、成矿后的蚀变矿化特征总结如下。

(1)成矿前蚀变特征:成矿前蚀变主要为侵入接触热变质作用。为顶寒武世二长 – 碱长花岗岩侵入铅山组形成的热变质蚀变晕圈,宽度一般几米至几十米,变质程度较弱。如碳酸盐岩经热变质作用形成的大理岩、透辉石钙质角岩等,细碎屑岩经热变质作用形成的黑云母长英角岩、角岩化粉砂岩等。

(2)矽卡岩期蚀变矿化特征:翠宏山和翠中铁多金属矿床的矽卡岩化基本特征相同,均为岩浆侵入接触热液交代形成,蚀变矿化受翠北 – 翠中北北西向复式褶段构造体系控制,整体平面形态呈"鱼钩"状,总长约 4600 m,翠宏山矿床位于北部,翠中矿床位于南部。

两处矿床以矽卡岩型成矿作用为主。翠宏山矿床 8 线以北,形成矽卡岩蚀变矿化的主体岩石为细粒二长花岗岩;8 线以南和翠中,形成矽卡岩蚀变矿化的主体岩石为粗 – 中细粒碱长花岗岩。矽卡岩蚀变 – 矿化过程,与经典矽卡岩矿床的两期五阶段蚀变特征大致相同。

据现有资料,将矿床的成矿期划分为:接触交代蚀变成矿期、含矿热液蚀变成矿期。

主要蚀变:矽卡岩化、萤石化、透闪石化、阳起石化、蛇纹石化、绿帘石化、绿泥石化及碳酸盐化等。

主要矿化:磁铁矿、辉钼矿、白钨矿、锡石、闪锌矿、方铅矿、黄铜矿、磁黄铁矿、黄铁矿等矿化。

从早到晚,白钨矿化、锡石矿化与萤石化,磁铁矿化与透闪石化、阳起石化、蛇纹石化,辉钼矿化与绿帘石化、阳起石化、叠加硅化,闪锌矿化、方铅矿化、黄铜矿化与阳起石化、绿泥石化,密切相关。

依据矿床主要的蚀变矿物、矿物共生组合、矿化类型、空间分布以及矿化与岩体的关系,划分出五个蚀变带,即早期矽卡岩带及四个含矿热液蚀变矿化带。

①早期矽卡岩带:按其形成的构造和地球化学环境,分为侵入接触交代、铅山组碳酸盐岩层间交代、顶寒武世花岗岩体中铅山组残留体交代三种类型。透辉石 – 钙铁辉石、钙铝 – 钙铁榴石、金云母、斜硅镁石、黑柱石、符山石、方柱石、中长石等矽卡岩矿物组合形成了各种矽卡岩矿化类型(表 4 – 2)。

表 4 – 2　矽卡岩类型特征表

分带	矽卡岩类型	颜色	结构	构造	矿物组合		矿化类型		分布特征
					主要	次要	主要	次要	
内带	矽卡岩化碎裂碱长花岗岩	灰绿	变余花岗结构	块状	钾长石、石英、透辉石	钙铝榴石、斜长石、锆石	辉钼矿、白钨矿、锡石	方铅矿、黄铜矿、闪锌矿	沿陡倾斜接触带连续分布
	透辉石斜长石岩	灰绿	纤状花岗变晶结构	块状	透辉石、中长石	钙铝榴石、金云母、石英、锆石	辉钼矿、白钨矿、锡石	方铅矿、黄铜矿、闪锌矿	分布在陡倾斜接触带,但倾斜向不连续
	符山透辉石榴矽卡岩	褐绿	纤状花岗变晶结构	块状	钙铝榴石、次透辉石、符山石	方柱石、金云母、钾长石	闪锌矿、磁铁矿	方铅矿、黄铜矿、锡石、白钨矿	分布在缓倾斜接触带,沿走向倾向不稳定

续表 4 - 2

分带	矽卡岩类型	颜色	结构	构造	矿物组合		矿化类型		分布特征
					主要	次要	主要	次要	
外带	透辉石矽卡岩	浅绿 – 黑绿	纤状变晶结构	块状	透辉石、次透辉石	钙铝榴石、金云母、符山石	磁铁矿、辉钼矿、锡石	黄铜矿、闪锌矿、锡石	沿接触带连续分布
	金云母透辉石矽卡岩		鳞片、纤状变晶结构	块状	透辉石、次透辉石、金云母	斜硅镁石	磁铁矿	耀钼矿、白钨矿、锡石、闪锌矿	沿近接触带的外矽卡岩带断续分布
	透辉石榴矽卡岩	褐绿	纤状花岗变晶结构	块状	石榴石、透辉石 – 钙铁辉石	金云母、符山石	闪锌矿、方铅矿、黄铜矿	光钼矿、白钨矿、锡石	沿走向倾向较稳定的分布
	石榴透辉黑柱石矽卡岩	褐绿绿黑	纤状花岗变晶结构	块状	黑柱石	次透辉石、钙铁 – 钙铝榴石	磁铁矿、闪锌矿	方铅矿	断续分布在白云质结晶灰岩中的层间

A. 侵入接触矽卡岩带,形成于顶寒武世二长花岗岩＋粗 – 中细粒碱长花岗岩体与围岩的侵入接触部位,外接触带比内接触带发育。

翠宏山侵入接触矽卡岩带,在 74 - 15 线间连续分布,延长约 4500 m,走向北北西。中部 58 - 52 线间,呈较为完整的背形复杂厚大透镜状 – 囊状(图 4 - 3、图 4 - 4),横向最大宽度约 1000 m,最大厚度可达 300 m。北部 74 - 60 线间、南部 50 - 15 线间,呈形态复杂的脉状体产出,陡倾至近直立,最大水平厚度约 100 m。赋存(Ⅰ＋Ⅱ)号铁多金属矿体的主体和Ⅲ号钨钼矿体的一部分。

翠中侵入接触矽卡岩带,在 203 - 219 线间连续分布,其空间产出形态大体呈向形复杂透镜状,向两翼扬起厚度变薄至尖灭,西南翼倾向北东、倾角约 50°,东北翼倾向南西、倾角 30°～60°。向北北西陡倾伏、倾角 60°～70°,延长约 1000 m;207 线核心部位最厚约 500 m,最大延宽约 1200 m(图 4 - 2);向南东逐渐扬起变薄至 219 线尖灭,向北西倾伏至 203 线被晚三叠世细粒碱长花岗岩和花岗斑岩侵入,形成叠加蚀变。赋存Ⅳ、Ⅲ号铁多金属矿体。

内矽卡岩带主要为矽卡岩化碱长花岗岩、透辉石 – 石榴石矽卡岩(图 4 - 10a、b),产状不稳定,多断续产出。

外矽卡岩带主要为矽卡岩化大理岩、透辉石 – 石榴石矽卡岩,沿接触带连续分布,蚀变带较宽,类型复杂,从内到外大致划分为:透辉石矽卡岩、金云母 – 透辉石矽卡岩、透辉石 – 石榴石矽卡岩(图 4 - 10d)。

B. 层间矽卡岩带,形成于翠宏山背斜核部、翠中向斜东北翼转折部位的层间滑脱构造带,透辉石 – 石榴石矽卡岩体呈似层状 – 透镜状连续分布。

翠宏山层间矽卡岩带,分布于 56 - 46 线间,位于侵入接触矽卡岩带东部铅山组硅钙界面部位,呈脉状产出,走向北北西,向北北东陡倾,规模均较小,长约 600 m,厚度几米至几十米,主要赋存铁锌、铅锌矿体。赋存(Ⅰ＋Ⅱ)号铁多金属矿体的分支矿体。

翠中层间矽卡岩带,主要分布于 211 - 223 线间,呈厚大透镜体状,产状与前述翠中向斜东北翼的基本一致。走向长约 500 m,横向最大延宽约 1000 m,219 线最大厚度大于 400 m,是铅锌矿体的主要成矿部位。靠近接触带部位赋存Ⅴ号铁多金属矿体。

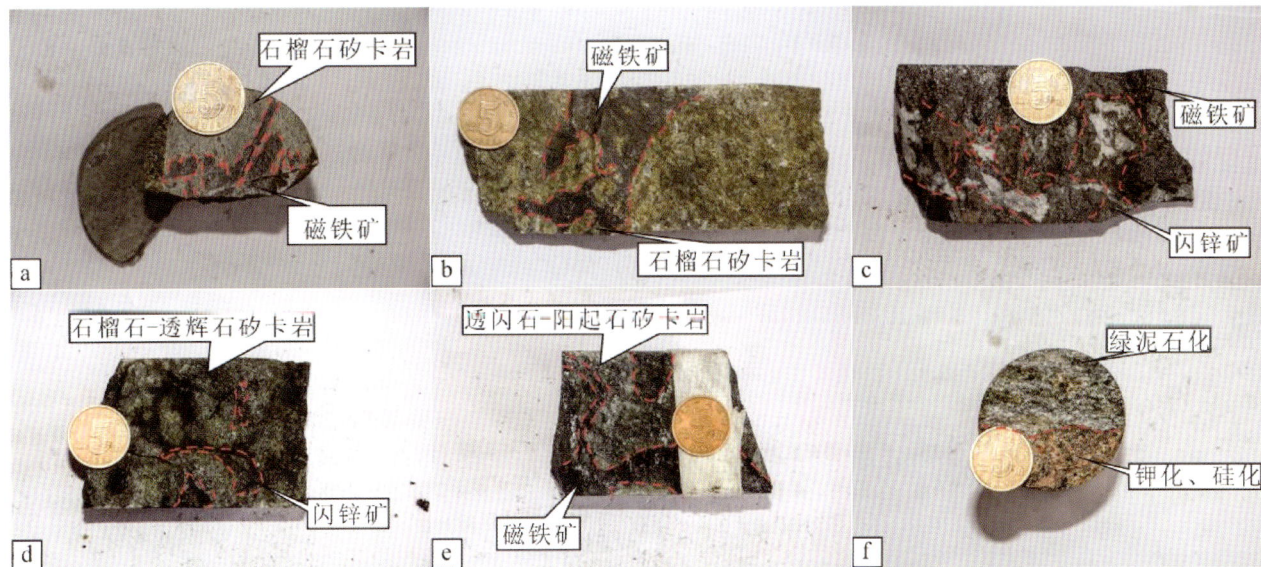

图4-10　翠宏山-翠中铁多金属矿区特征矿化蚀变

a. 石榴石矽卡岩中的磁铁矿；b. 石榴石矽卡岩中的磁铁矿；c. 磁铁矿中的闪锌矿脉；d. 透辉石-石榴石矽卡岩中的闪锌矿；

e. 透闪石-阳起石矽卡岩中的磁铁矿；f. 细粒碱长花岗岩中的硅化、钾化及绿泥石化。

C. 顶寒武世花岗岩中铅山组残留体被交代形成的透辉石-石榴石矽卡岩，主要呈脉状产出，规模较小。

翠宏山细粒二长花岗岩中的矽卡岩带，主要分布于58-56线间的（Ⅰ+Ⅱ）号矿体的下部，赋存铁锌或铅锌铜矿体。

翠中粗-中细粒碱长花岗岩中的矽卡岩带，主要分布于203-219线间的Ⅱ号钨钼矿体的上部，主要赋存Ⅰ号铅锌等矿体。

②含矿热液蚀变矿化带：岩体、早期矽卡岩及围岩受热液交代蚀变明显，如透闪石交代透辉石，绿帘石交代石榴石、斜长石，绿泥石交代阳起石、透辉石，萤石化普遍发育等。同时，金属矿物大量沉淀，构成复杂的蚀变矿化带。综合考虑矿物共生组合、矿化类型、空间分布特征及蚀变相互关系，从岩体到围岩可划分为四个含矿热液蚀变-矿化带（表4-3）。

表4-3　顶寒武世矽卡岩成矿时期主要蚀变矿化分带特征表

原岩	水平或垂向蚀变矿化分带				金属元素水平或垂向分带
	接触热变质期	早矽卡岩分带	叠加含矿热液蚀变-矿化分带		
白云质结晶灰岩	大理岩-大理岩化白云质灰岩、透辉石钙质角岩	透辉石-石榴石-黑柱石矽卡岩		铅锌铜-阳起石绿泥石化带	Pb-Zn-Cu
		透辉石-石榴石矽卡岩			
		金云母-透辉石矽卡岩	磁铁矿-蛇纹石化带		Fe-Zn
		透辉石矽卡岩	磁铁矿-阳起石透闪石化带		Fe
碎裂细粒二长花岗岩+粗-中细粒碱长花岗岩	符山石-透辉石-石榴石矽卡岩		钨钼锡-萤石绿帘石阳起石化带		Fe-W-Mo
	透辉石-斜长石岩				
	矽卡岩化碎裂碱长花岗岩				W-Mo

A. 辉钼矿-萤石绿帘石阳起石化带，沿矽卡岩带内带一侧分布，主要成分为阳起石、绿帘石和萤石，厚度达200余米，靠近接触带方向蚀变强，向细粒二长花岗岩或粗-中细粒碱长花岗岩岩体内逐渐减弱。

B. 磁铁矿-阳起石透闪石化带，主要由磁铁矿、阳起石、透闪石等组成（图4-10e），呈透镜状或脉状分布,最厚处达 200 m,总体上呈透镜体发育于磁铁矿体的周围。

C. 磁铁矿 - 蛇纹石化带:产出于磁铁矿体下盘白云质结晶灰岩中,在矿体倾伏方向上有逐渐增强的趋势,形成宽 1 ~ 20 cm 的蛇纹石化带,同时伴生有细脉浸染状磁铁矿化。

D. 铅锌铜 - 阳起石绿泥石化带,在铅锌矿体及其围岩中均有分布,规模不大,呈透镜状或似脉状断续产出,叠加在层间透辉石 - 石榴石矽卡岩之上。主要矿化有磁黄铁矿、闪锌矿、方铅矿、黄铁矿、黄铜矿。

(3)晚三叠世热液 - 斑岩型蚀变矿化特征:晚三叠世细粒碱长花岗岩 + 花岗斑岩侵入形成的热液蚀变矿化,主要有两种表现形式:一是岩体本身发育的斑岩型蚀变矿化;二是顶寒武世二长 - 碱长花岗岩中的脆 - 韧性变形变质带中,被含矿热液交代形成的蚀变矿化。

① 斑岩型蚀变矿化:主要为细粒碱长花岗岩 + 花岗斑岩及侵入围岩中发育的钾化、硅化、绿泥石化等蚀变及浸染状或细脉浸染状辉钼矿化,蚀变矿化范围较广、强度不高,而绢英岩化不发育。

翠宏山矿区 -50 m 中段 36 勘探线自南西向北东呈现出二长花岗岩→矽卡岩→磁铁矿→灰岩的空间分带。二长花岗岩中见有钾化、绿帘石化和萤石,发育浸染状的硫化物。透辉石石榴石中发育浸染状磁铁矿化,透辉石矽卡岩发育白色硅化脉(图 4 - 7b)并被绿帘石细脉穿切、局部被发育细脉浸染状辉钼矿的花岗斑岩岩枝穿插(图 4 - 7c)。据岩体与矿化的空间关系判断:矿床的矽卡岩型铁多金属矿化与二长花岗岩有关,斑岩型钼矿化与花岗斑岩有关,且钼矿的成矿时间晚于铁多金属的成矿时间。

翠宏山矿床 310 m 中段 58 勘探线在岩性 - 矿化 - 围岩蚀变特征等方面表现出明显的变化规律。由南西→北东依次表现为:发育细脉浸染状辉钼矿化及紫色细脉状萤石化的花岗斑岩(图 4 - 8a)→钼矿化减弱直至消失并逐渐发育绿泥石化的暗绿色花岗斑岩(图 4 - 8b)→暗红色花岗岩与强透辉石矽卡岩之间呈现较为截然的接触关系(图 4 - 8c)→发育弱浸染状磁铁矿化的透辉石矽卡岩(图 4 - 8d)→含金云母破碎带→浅肉红色矽卡岩中发育浸染状磁铁矿化,磁铁矿化强度由弱增强再变弱,矿石构造主要表现为稀疏浸染状、稠密浸染状和块状构造,并可见叠加有少量闪锌矿和方解石脉,方解石脉内部包裹有闪锌矿团块,方解石与磁铁矿的接触部位可见有金云母(图 4 - 8e)→磁铁矿矿体与大理岩化灰岩之间表现为不规则的渐变接触关系→大理岩化灰岩中发育大量方解石脉(主要为张性和剪性脉)(图 4 - 8f)。这种岩性 - 矿化 - 围岩蚀变特征的空间变化规律反映矿床中斑岩型钼矿化与矽卡岩型铁多金属矿化应为两个独立成矿期的产物,且钼矿化主要与花岗斑岩有关,这与 -50 m 中段 36 勘探线的空间分布特征是一致的。铁矿体中所见叠加的闪锌矿矿化,应为矽卡岩成矿期含矿热液蚀变矿化阶段的产物;铁矿体空隙中充填的方解石以及大理岩化灰岩中大量的方解石脉是围岩脱碳酸盐化的产物。

在翠中矿床细粒碱长花岗岩中所见的广泛分布的钾化、硅化及绿泥石化等(图 4 - 10f),也是斑岩型蚀变矿化的表现。

② 顶寒武世细粒二长花岗岩 + 粗 - 中细粒碱长花岗岩脆 - 韧性变形变质带中的蚀变矿化:花岗岩形成后,在加里东中期 - 华力西晚期近东西向挤压应力作用下,岩石局部形成脆 - 韧性变形变质带,为晚三叠世细粒碱长花岗岩 + 花岗斑岩侵位、热液活动、钼钨和铅锌矿体形成提供了有利空间,主要蚀变为矽卡岩化、硅化、绿泥石化等。矿体的形态、产状、规模等受动力变形变质蚀变带的控制。

翠宏山矿床Ⅲ'、Ⅲ$_8$、Ⅲ$_9$、Ⅲ$_{16}$等钼钨矿体赋存在碎裂 - 糜棱岩化细粒二长花岗岩蚀变矿化带中,矿化蚀变带规模较大,长约 1600 m,延深约 600 m,最大厚度 30 余米。

翠中矿床赋存于Ⅱ号钨钼矿体上部碎裂 - 糜棱岩化粗 - 中细粒碱长花岗岩蚀变矿化带中的钼钨、铅锌矿体,规模较小,延长和延深 200 余米,厚度几米至 10 余米。

(4)成矿后蚀变特征:成矿后蚀变可分为成矿后热液蚀变期和地表氧化期。

成矿后残余热液,温度降低,蚀变规模变小,如碳酸盐化、绿泥石化,有时可见黄铁矿化与碳酸盐化伴生,呈细脉状,网脉状穿插在各类矿物之中,该期矿化不明显。

4.1.2　库南铅锌矿床地质特征

4.1.2.1　矿体地质特征

库南铅锌矿床位于翠北 – 翠中北北西向复式褶断带西部、翠中向西形侵入接触构造带西南翼,隐伏铅锌矿体主要赋存于中 – 晚寒武世粗粒二长花岗岩超覆侵入外接触带铅山组($\in_1q$)结晶灰岩层间矽卡岩体中,矽卡岩体和矿体呈脉状,产状与地层的产状一致,走向北西 – 南东、倾向北东陡倾。ⅩⅣ、Ⅸ号为主矿体,ⅩⅣ号矿体上盘分布有6条从属小矿体(图4 – 11至图4 – 13),估算控制和推断资源储量:铅14794 t、平均品位2.78%,锌16196 t、平均品位3.05%,伴生铜、银、硫。

ⅩⅣ号铅锌矿体:长250 m,厚2~3 m,倾斜延深200 m,走向325°,倾向NE、倾角45°~60°,平均品位:Pb 2.58%、Zn 2.98%、Cu 0.26%。ⅩⅣ$_1$~ⅩⅣ$_6$号从属矿体延长,延深约100 m。

Ⅸ号铅锌矿体:长120 m,倾向延深200 m,厚1.75~2.26 m,走向302°,倾向NE、倾角45°~60°,平均品位:Pb 3.17%、Zn 3.41%。

4.1.2.2　矿石特征

1)矿石构造:主要有块状和稠密浸染状构造(图3 – 14a、d)、稀疏浸染状、脉状和网脉状构造,局部见角砾状构造。方铅矿和磁黄铁矿主要呈稠密浸染状或块状构造,其中磁黄铁矿主要分布于大理岩与矽卡岩之间的过渡带(图3 – 14b)。闪锌矿和黄铜矿、黄铁矿等主要呈脉状构造、条带状构造产出(图4 – 14b、c)。

2)矿石结构:矿石结晶较好,矿物粒度较大,以自形 – 半自形粗粒结构为主,次为自形 – 半自形中 – 中细粒结构。

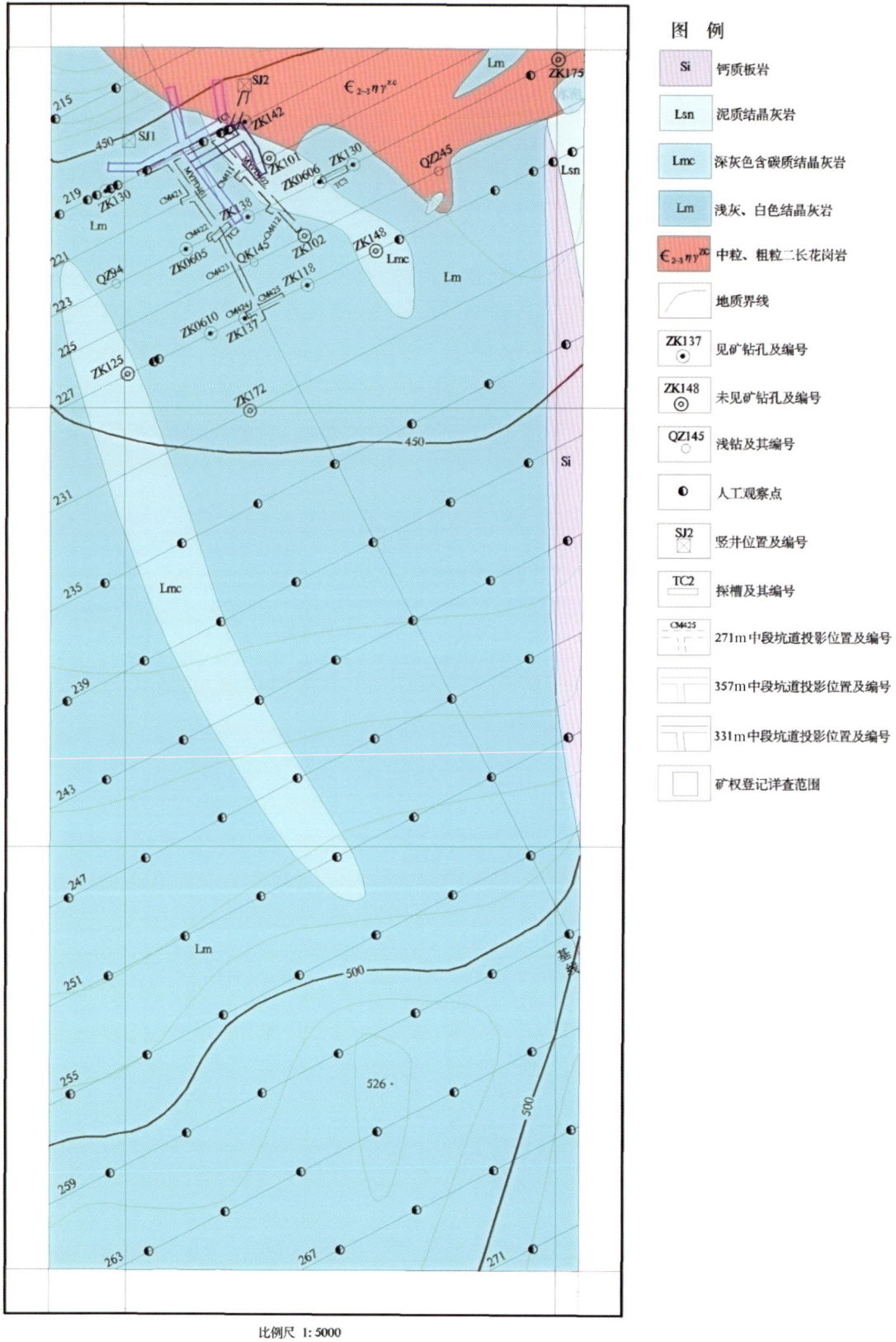

比例尺 1:5000

图4-11 库南铅锌矿床地形地质图(据伊春金石矿业有限责任公司,2007)

图 例

Si	钙质板岩
Lsn	泥质结晶灰岩
Lmc	深灰色含碳质结晶灰岩
Lm	浅灰、白色结晶灰岩
$\in_{2-3}\eta\gamma^{xc}$	中粒、粗粒二长花岗岩
	地质界线
ZK137	见矿钻孔及编号
ZK148	未见矿钻孔及编号
QZ145	浅钻及其编号
	人工观察点
SJ2	竖井位置及编号
TC2	採槽及其编号
CM425	271m中段坑道投影位置及编号
	357m中段坑道投影位置及编号
	331m中段坑道投影位置及编号
	矿权登记详查范围

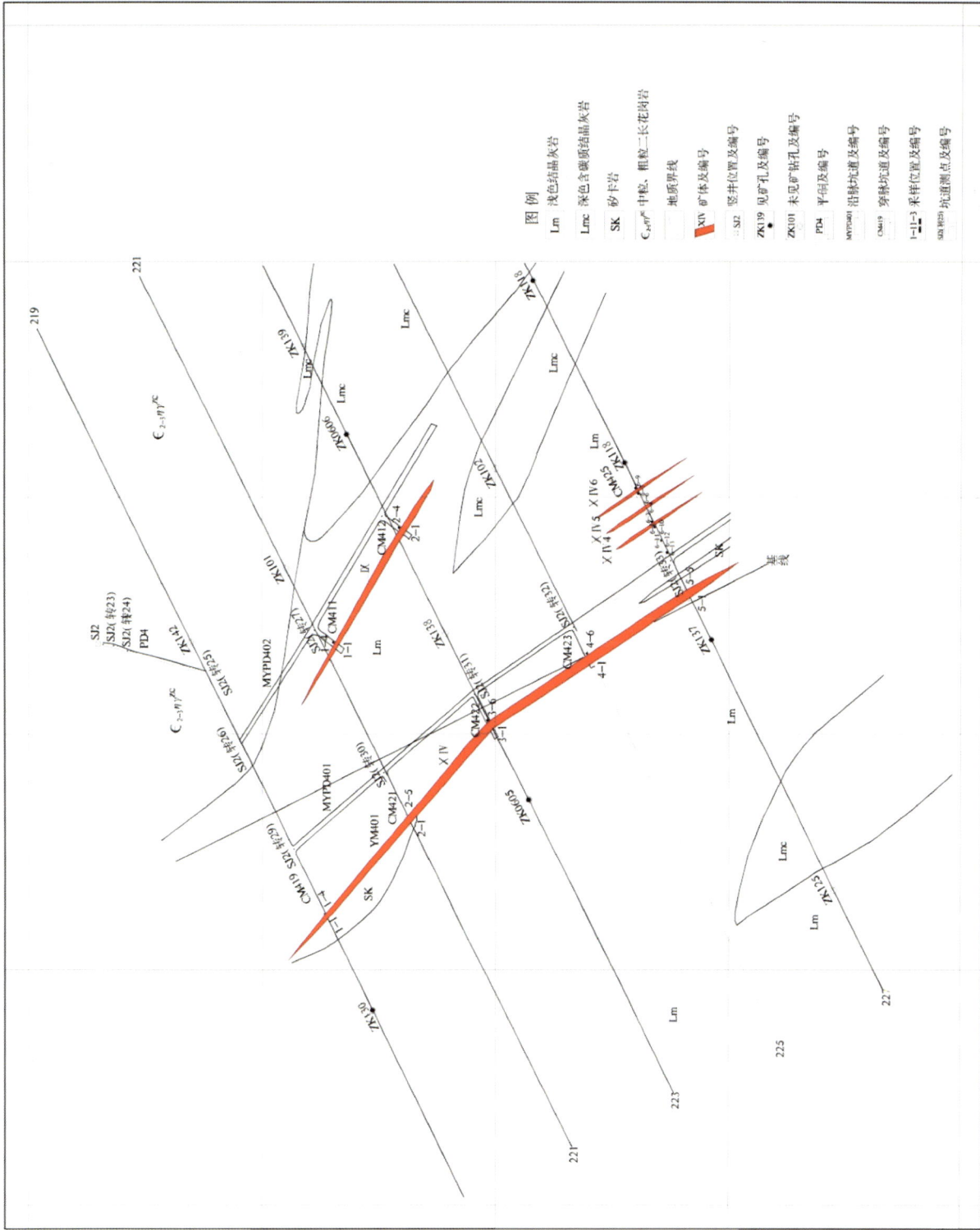

图4-12　库南铅锌矿床271 m中段水平断面图(据伊春金石矿业有限责任公司, 2007)

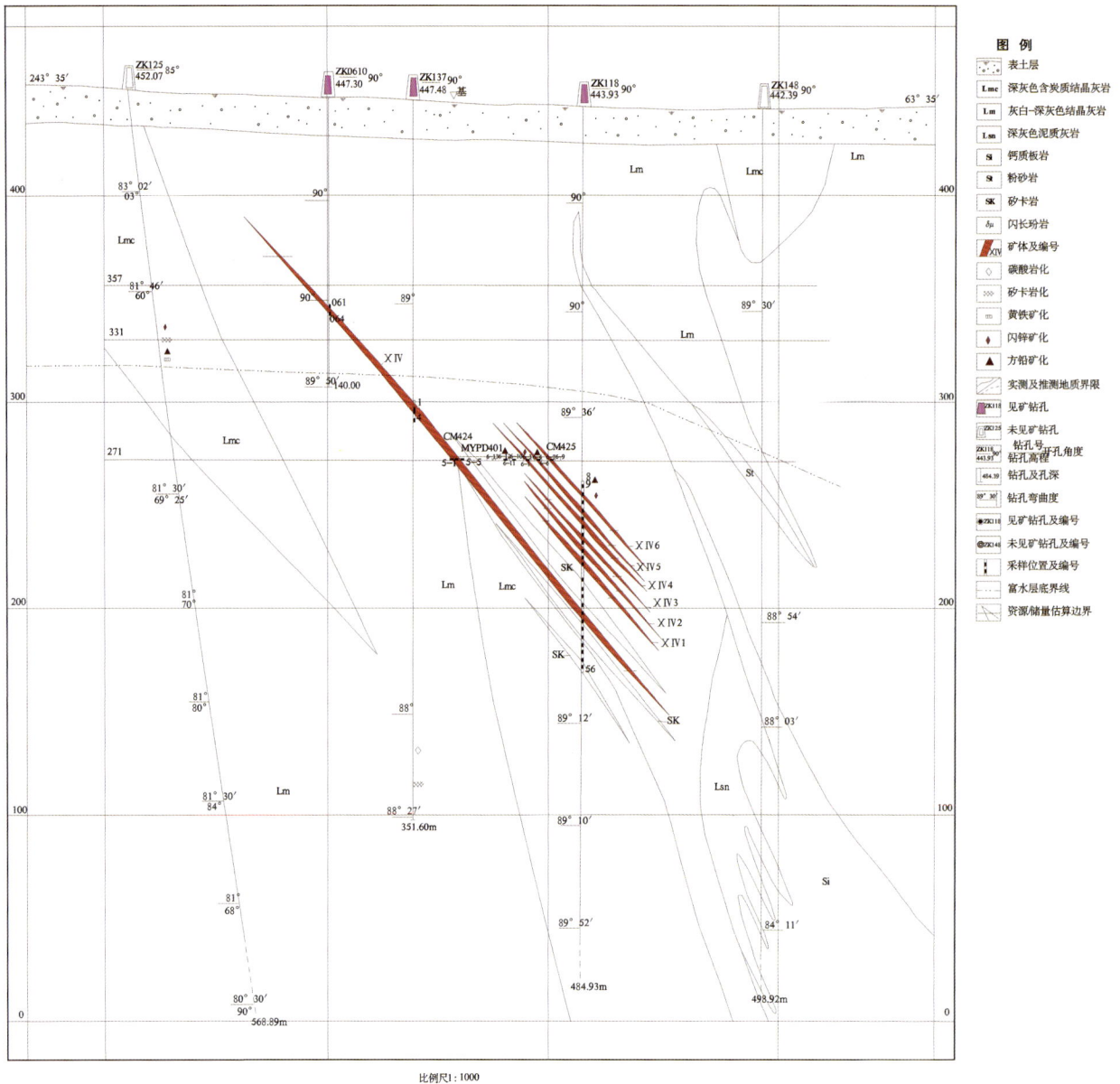

图 4 - 13 　库南铅锌矿床 227 勘探线地质剖面图(据伊春金石矿业有限责任公司,2007)

　　磁黄铁矿主要呈自形半自形粒状,可见磁黄铁矿被方铅矿交代呈骸晶结构(图 4 - 15e)。方铅矿多呈他形粒状结构,呈面状交代磁黄铁矿以及石榴石(图 4 - 15g、h)。黄铜矿含量较少,主要呈他形粒状交代早阶段的磁黄铁矿(图 4 - 15j、k、l)。脉石矿物主要有石榴子石和透闪石等矽卡岩矿物,并明显可见其被磁黄铁矿和方铅矿等金属硫化物交代呈交代残余结构(图 4 - 15g)。闪锌矿中可见定向乳浊状结构的黄铜矿(图4 - 15f、k)。

　　3)矿物成分:铅锌矿矿石的矿物成分较为复杂,金属矿物种类较多。矿石主要金属矿物有方铅矿、铁闪锌矿(含铁9.43%左右)、磁黄铁矿、黄铁矿,次要金属矿物有辉银矿、黄铜矿、磁铁矿,少量菱铁矿、钛铁矿、辉铜矿和锡石。

　　矿石脉石矿物以透辉石为主,含量约33.62%,其次为石榴石、阳起石、透闪石、绿泥石、绢云母、方解石、石英,少量萤石、磷灰石、锆石。

4.1.2.3　矿床成因

中－晚寒武世粗粒二长花岗岩（$\eta\gamma\in_{2-3}$）超覆侵入翠中向斜,岩浆活动形成的成矿热液沿铅山组（$\in_1 q$）层间滑脱构造带渗透交代结晶灰岩,经历早期高温石榴石矽卡岩阶段、中期中温阳起石透辉石矽卡岩－铅锌铜硫化物阶段、晚期中低温石英－方解石阶段,形成了层间矽卡岩型铅锌矿体。依据与成矿有关的粗粒二长花岗岩（$\eta\gamma\in_{2-3}$）的成岩年龄 517.7±7.3 Ma,研判矿床成矿地质时代当为晚寒武世。

图 4-14　库南铅锌矿矿石构造特征

a. 块状磁黄铁矿;b. 脉状闪锌矿－黄铜矿矿石;c. 条带状闪锌矿－磁黄铁矿;d. 稠密浸染状方铅矿矿石。

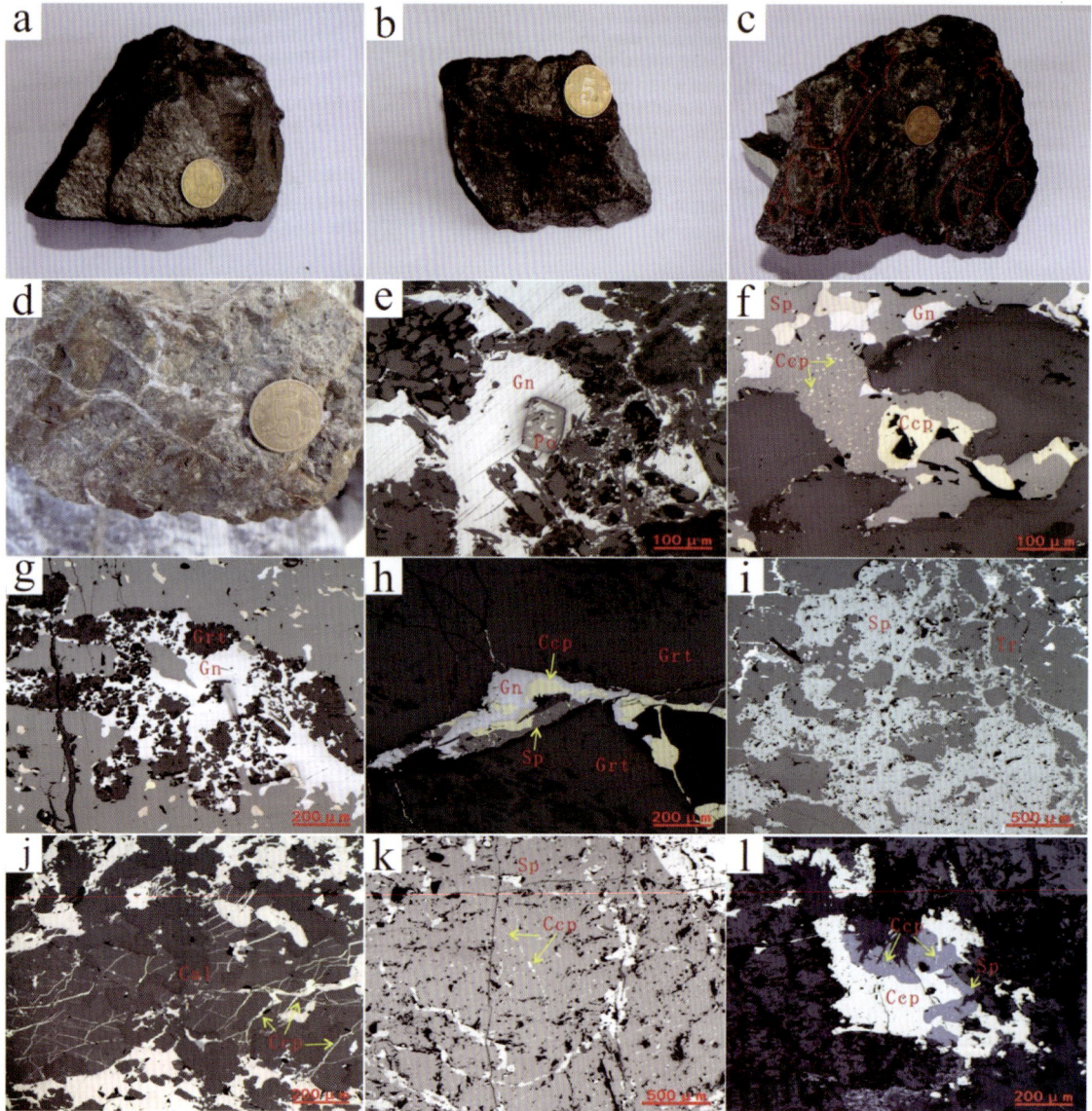

图 4-15 库南铅锌矿床矿石结构特征

a. 块状磁黄铁矿; b. 浸染状磁黄铁矿; c. 脉状闪锌矿; d. 石英脉穿插含黄铁矿的角砾岩; e. 方铅矿中的磁黄铁矿骸晶;
f. 闪锌矿中的乳浊状黄铜矿以及黄铜矿交代方铅矿; g. 方铅矿交代石榴子石的交代残余结构; h. 石榴石矽卡岩裂隙中的方铅、闪锌、黄铜矿;
i. 透闪石中的网脉状闪锌矿; j. 方解石中的黄铜矿细脉; k. 黄铜矿定向乳浊状结构; l. 黄铜矿以及闪锌矿中溶离出的黄铜矿。矿物代号:
Gn = 方铅矿; Po = 磁黄铁矿; Sp = 闪锌矿; Ccp = 黄铜矿; Grt = 石榴子石; Tr = 透闪石; Cal = 方解石。

4.1.3 翠宏山-翠中铁多金属矿床地质特征

4.1.3.1 翠宏山矿体地质特征

翠宏山铁多金属矿位于翠北-翠中北北西向复式褶断带东部、翠宏山背形侵入接触构造带的核部及两翼(图 4-1),矿床埋深 0~660 m,整体走向北北西,长约 2200 m,北部 58 线最宽达 400 m,南部最窄至 50 m(图 4-16)。矿床由 4 条主矿体、50 余条从属矿体构成。其中,(Ⅰ+Ⅱ)号为铁与铁多金属矿体,Ⅲ、Ⅲ′号为钼钨矿体,Ⅴ号为铁多金属矿体。矿体分枝复合发育,形态复杂,倾向、倾角变化大。

1)(Ⅰ+Ⅱ)铁多金属矿体:规模最大,分布于 58-30 线间,走向上呈向南东陡倾伏的背形大透镜体状,长约 700 m,地表向下延深至 610 m。形态产状变化复杂,厚度变化大,具分枝复合、急剧膨大尖灭的特征。

矿体赋存于顶寒武世细粒二长花岗岩、晚三叠世花岗斑岩侵入铅山组形成的背形侵入接触矽卡岩带中。中部58－52线间,矿体呈较为完整的背形脉状－厚大透镜状－囊状产出(图4－3、图4－4),横向最大宽度约1000 m,最大厚度达200 m。铁多金属矿体在横向上具明显的分带现象。中部厚大的铁矿体与西侧碱长花岗岩中的Ⅲ号钼钨矿体重叠部分形成铁钼钨矿体,向东过渡为层间铁锌矿体;矿体的顶板为厚大的砂岩和白云质结晶灰岩,底板为碱长花岗岩。估算探明＋控制＋推断铁矿石量2909.4万t、锌11.15万t,平均品位:全铁46.20%、锌1.97%。

2)Ⅲ号钼钨矿体:分布于74－8线间,长约1650 m,地表向下延深至660 m,水平厚度:平均10.09 m、最大28.50 m。矿体赋存于(Ⅰ＋Ⅱ)铁多金属矿体西侧的矽卡岩带中,矽卡岩型钼钨矿体呈似层状、形态简单、产状稳定,走向北北西、倾角近直立,沿走向和倾向均有分枝复合现象。估算探明＋控制＋推断钼4.02万t、三氧化钨5.74万t,平均品位:钼0.138%、三氧化钨0.199%。

3)Ⅲ′号钼钨矿体:分布于70－8线间,长约1550 m,地表向下延深至560 m,水平厚度:平均10 m、50线最大33 m。矿体赋存在Ⅲ号矽卡岩型钨钼矿体西侧矽卡岩化糜棱岩化细粒二长花岗岩、花岗斑岩中,与Ⅲ号矿体平行分布,呈似层状,形态产状较稳定,为斑岩型钼钨矿体。走向上,78－46线间以钼矿石为主;44－8线间为钼钨矿石。估算探明＋控制＋推断钼1.69万t、三氧化钨2.14万t,平均品位:钼0.108%、三氧化钨0.160%。

4)Ⅴ号铁多金属矿体:分布在30－15线间,长1150 m,从地表向下延深500 m,水平厚度:平均3.6 m、最大11.90 m。矿体呈脉状赋存于粗－中细粒碱长花岗岩与白云质结晶灰岩的侵入接触透辉石矽卡岩带中,走向北北西、倾向南西西,倾角83°~89°。以铁钼钨矿石为主,北西矿段伴生铅锌,南东矿段伴生有铜。估算推断铁矿石量53.5万t、铅1.5万t、锌1.77万t,平均品位:全铁38.46%、锌3.15%、铅1.65%。

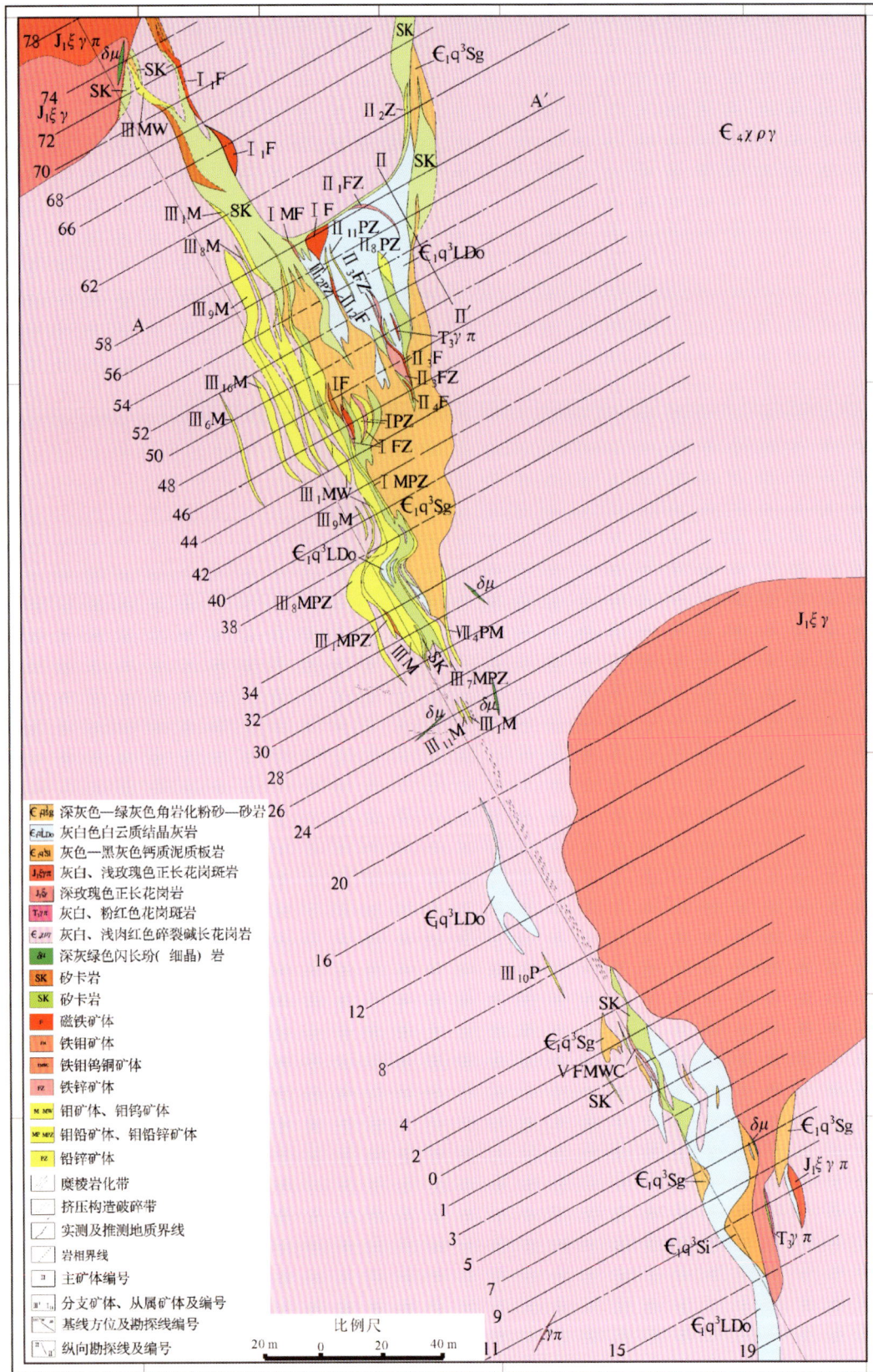

图4-16 翠宏山铁多金属矿床地质图(据黑龙江省第六地质勘查院,2007)

4.1.3.2 翠中矿体地质特征

翠中矿床位于翠北－翠中北北西向复式褶断带西部、翠中向形侵入接触构造带的核部及两翼(图4－1),矿床埋深600～1200 m(图4－2、图4－17),由6条主矿体、70余条从属矿体构成,整体向北北西陡倾伏。

1) Ⅳ号铁多金属矿体:规模最大,分布于203－223线间,位于粗－中细粒碱长花岗岩($\chi\rho\gamma\in_4$)超覆侵入铅山组($\in_1 q$)形成的向形侵入接触构造带核部,主要赋存于接触矽卡岩带的透闪石—石榴石矽卡岩中,矿体形态比较复杂,产状变化较大,矿石类型主要为铁、铁锌、铁钨钼、钼钨型。勘探线剖面上,矿体大致呈"上凹下凸"的复杂透镜状,分枝复合特征明显,中部207线矿体最宽约700 m、最厚约221 m(图4－2),向两翼扬起厚度变薄至尖灭,西南翼向北东倾,倾角40°～60°,东北翼向南西倾,倾角30°～60°。

在垂直207－215线的C－C剖面上(图4－18),矿体向北北西陡倾,倾角60°～80°,倾向向北西203线延深部位未封闭,向南东方向至219线矿体尖灭,矿体赋存于－700～－50 m标高之间,控制矿体倾向延深约800 m;在203线,矿体有被早侏罗世细粒花岗闪长岩体侵入破坏的现象。

2) Ⅲ、Ⅱ号钨钼矿体:分布于207－211线间,位于向形构造核部,Ⅳ号矿体的上部。主体赋存于顶寒武世粗－中细粒碱长花岗岩($\eta\gamma\in_4$)中,局部赋存于晚三叠世细粒碱长花岗岩、花岗斑岩的小岩枝或岩脉中。矿体呈复杂的透镜状－脉状,产状变化特征与Ⅳ号矿体大体相同。钼矿石主要分布于207线,钨矿石主要分布于211线。

Ⅲ号钨钼矿体:赋存标高－350～－120 m,宽约500 m,倾向延长约300 m,最大厚度72.90 m。

Ⅱ号钨钼矿体:赋存标高－260～－50 m,宽约500 m,倾向延长约300 m,最大厚度87.10 m。

3) Ⅴ号铁多金属矿体:分布于211－215线间,位于向形侵入接触构造带的东北翼,Ⅳ号矿体的下部。211线赋存于中细粒碱长花岗岩($\chi\rho\gamma\in_4$)的侵入接触矽卡岩带中,215线赋存于铅山组($\in_1 q$)大理岩及结晶灰岩的层间矽卡岩带中。矿体赋存标高－740～－380 m,宽约300 m,倾向延长约300 m,最大厚度115.90 m,倾向北西,倾角约50°。

4) Ⅰ号铁多金属矿体:分布于207－211线间,位于向形构造的西南翼,Ⅱ、Ⅲ号钨钼矿体的上部。赋存于粗－中细粒碱长花岗岩($\eta\gamma\in_4$)中的矽卡岩带内。矿体赋存标高－150～150 m,宽约200 m,倾向延长约200 m,最大厚度30.43 m,倾向北东,倾角约70°。

上述矿体及矿石类型的分布规律为:侵入接触带部位的Ⅳ号铁多金属矿体是成矿核心,中心部位以铁矿石为主,在临近碱长花岗岩一侧过渡为以铁钨钼矿石为主,至碱长花岗岩体中则转变为Ⅲ、Ⅱ号钨钼矿体;Ⅳ号矿体在临近铅山组一侧则过渡为铁锌矿石,至铅山组层间矽卡岩中则转变为铅锌矿石,如Ⅴ号铁多金属矿体。

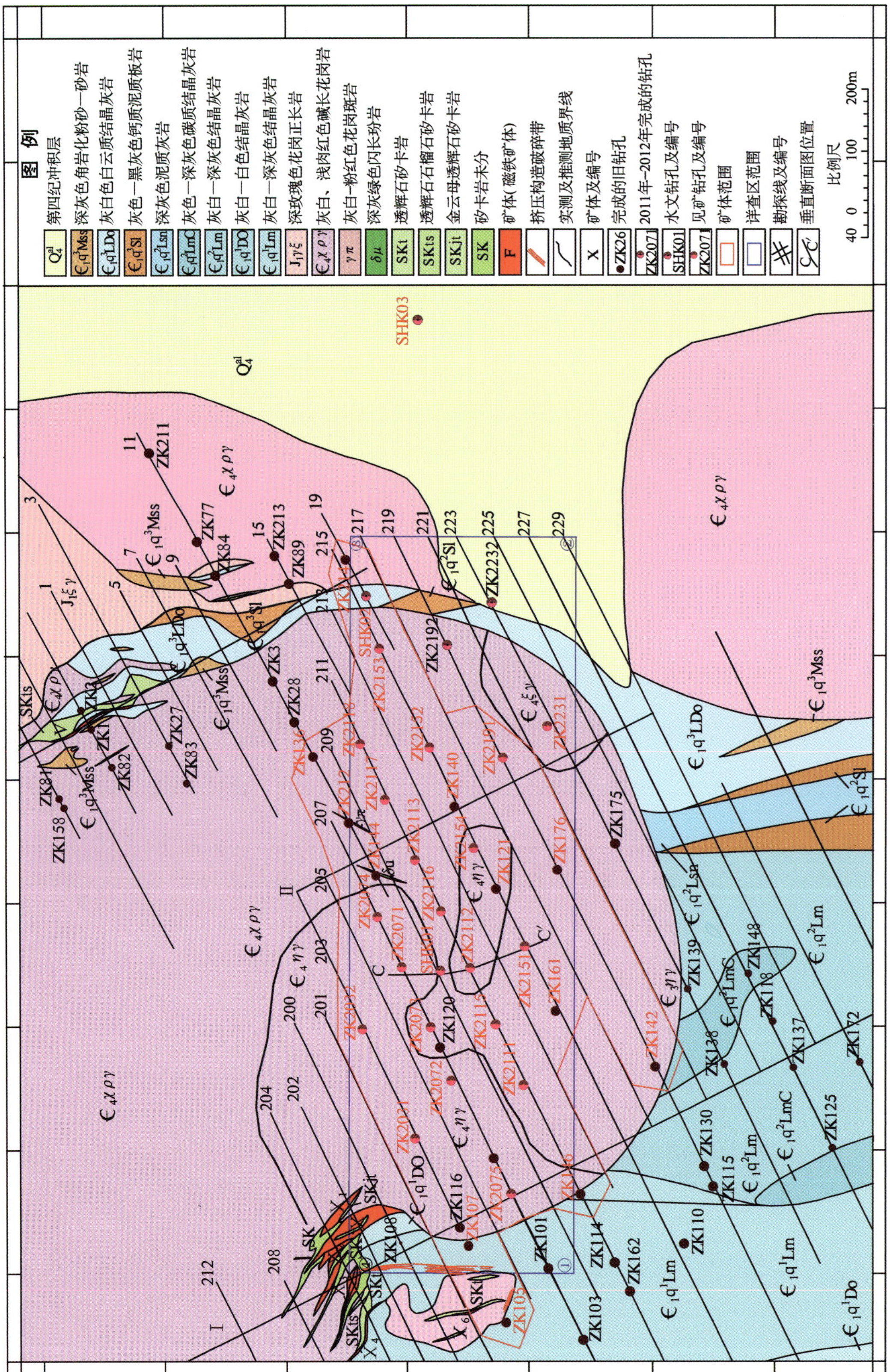

图4-17 翠中铁多金属矿床地质图(据黑龙江省矿业集团，2020)

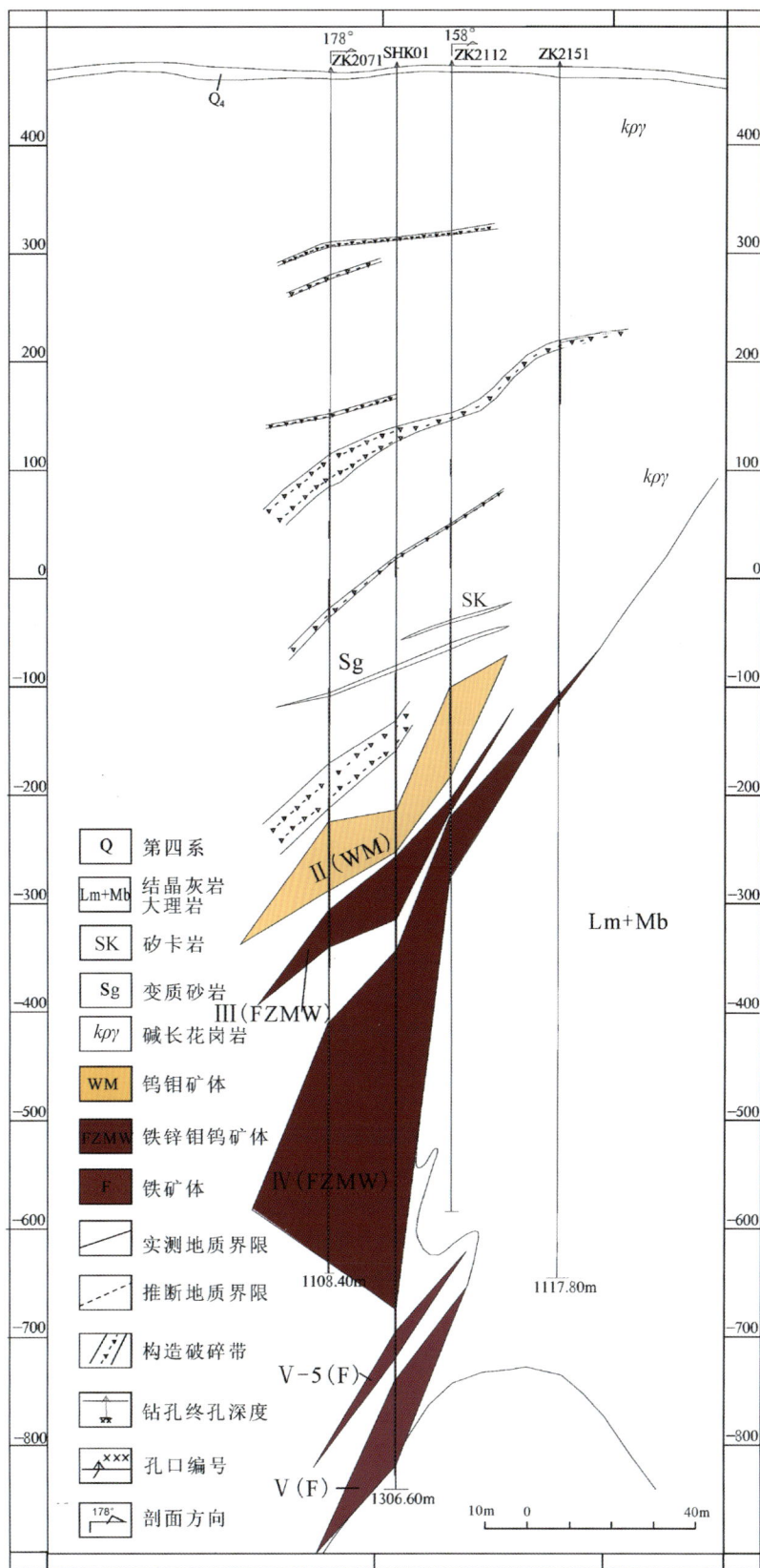

图 4 – 18　翠中 207 – 215 线 C – C 纵剖面图(据黑龙江省矿业集团,2020)

4.1.3.3 矿石特征

1）矿石结构构造。

铁矿石、铁多金属矿石主要呈致密块状、稠密浸染状、角砾状、团矿状构造；钨钼矿石主要呈细脉浸染状、团块状构造；铅锌铜矿石主要呈浸染状、团块状构造。

矿石结构以他形－半自形晶粒状为主，半自形－自形晶粒状、叶片状次之（表4－4）。

磁铁矿以块状和细脉浸染状（图4－19a、b）、角砾状、团块状构造为主，常见其交代早期矽卡岩矿物（图4－20a）并被金云母、磁黄铁矿、闪锌矿、方解石等呈脉状穿插（图4－19e、l，图4－20d）。主要呈他形－半自形晶粒状（图4－19b、c）嵌布在脉石矿物之中，沿裂隙形成填充、填隙及交代残余、包含、共边结构。部分磁铁矿中可见石榴子石晶型的环带，呈现出石榴子石的假晶（图4－20a），说明磁铁矿交代了早期的石榴子石；部分磁铁矿被闪锌矿、方铅矿交代而显出交代残余结构（图4－20e、f）。

磁黄铁矿主要为浸染状、脉状构造（图4－19c），呈半自形、他形产出，往往交代磁铁矿或呈细脉状穿插磁铁矿（图4－19j，图4－20b）。

方铅矿多以不规则粒状嵌布在脉石矿物之中，多与闪锌矿、黄铁矿共生，主要呈粒状或脉状结构，自形粒状者与闪锌矿共生（图4－19o）。

辉钼矿晶粒较小，呈细脉状、浸染状构造（图4－19h），主要呈片状、鳞片状、不规则状及细小鳞片状嵌布在脉石矿物中，自形程度较高，有的交代磁黄铁矿、黄铜矿、闪锌矿等金属物（图4－19p），以包含、共边结构为主。

白钨矿主要呈角砾状、细脉浸染状、脉状穿插构造，表现为白钨矿石角砾被磁铁矿胶结并交代、含白钨矿长石脉穿插于磁铁矿中。多以半自形－他形粒状或园粒状嵌布在脉石矿物中，沿脉石晶粒间隙充填交代形成填隙、包含、交代残余结构。

表4-4　翠宏山和翠中铁多金属矿床主要矿石结构、构造特征表

矿床名称	翠中铁多金属矿								翠宏山铁多金属矿床							
矿体编号	I	II		III	IV			V	I+II			III			III′	V
矿石类型	矽卡岩型铅锌矿石	花岗岩型铜矿石	矽卡岩型铅锌矿石	铁矿石	铁钼钨矿石	铁锌矿石	锌矿石	铁矿石	磁铁矿石	铁钼钨矿石	铁锌铜矿石	铁锌矿石	铅锌铜矿石	钼钨矿石	花岗岩型钼钨矿石	铁多金属矿石
矿石构造 主要	浸染状、块状	星点状	稠密浸染状	块状	浸染状	块状、次块状	浸染状	块状	致密块状、浸染、角砾状、团块状	浸染状、团块状	浸染状	致密块状、浸染状、敏纹带状	浸染状、团块状	浸染状	浸染状、团块状	浸染状、致密块状
矿石构造 次要	稀疏浸染状			星点状、星散状	脉状			稀疏浸染状、浸染状	网脉状	致密块状、角砾状、网脉状	团块状、网脉状	条带状、细脉状、团块状	致密块状	细脉状、团块状	细脉状、叶片状	团块状
矿石结构 主要	他形晶	他形晶	他形晶	半自形晶-他形晶	他形晶	他形晶、半自形-他形晶	他形晶交代	他形晶-他形晶	他形-半自形晶粒状	他形-半自形粒状、叶片状	他形-半自形晶粒状	他形-半自形晶粒状	自形晶粒状	他形晶粒状、叶片状	自形晶粒状	他形晶粒状
矿石结构 次要	交代浸蚀	片状	固溶体分离	半自形-他形晶、海绵陨铁	他形晶	交代、固溶体分离	固溶体分离	半自形-他形晶	半自形-自形晶粒状	自形晶粒状	自形晶粒状	他形-半自形晶粒状	半自形晶粒状	半自形晶粒状	半自形晶粒状	叶片状

主要构造类型特征（翠中铁多金属矿）：①致密块状状构造：磁铁矿、方铅矿、黄铜矿、闪锌矿等金属矿物集合体紧密排列，见少量黄铁矿、磁黄铁矿。②稠密浸染状构造：闪锌矿等呈星散状或细脉状或团块状分布，见白钨矿、辉铜矿、磁铁矿、磁黄铁矿和黄铜矿等呈星散状或细脉状分布。③浸染状构造：方铅矿、磁铁矿、磁黄铁矿、黄铁矿、闪锌矿等呈星点状分布。④星点状构造：磁铁矿、磁黄铁矿和黄铜矿等呈星点状分布。

主要构造类型特征（翠宏山铁多金属矿床）：①致密块状状构造：磁铁矿、白钨矿、辉钼矿等金属矿物集合体紧密排列。②细脉浸染状构造：磁铁矿等金属矿物呈星星散与细脉状分布。③角砾状构造：闪锌矿等呈灰色角砾被碳酸盐呈灰色角砾或等呈灰色角砾状充填交代，相间排列。④蚀变带状构造：磁铁矿沿白云质结晶灰岩层面分布。⑤似条带状构造：磁铁矿、闪锌矿与金属矿物合体，呈大小不等的团块状。⑥团块状构造：磁铁矿等金属矿物集合体。⑦网脉状构造：磁铁矿细脉在脉石矿物中纵横交错分布。⑧脉状穿插构造：含白钨矿长石脉中纵横长石脉穿插磁铁矿、方铅矿等金属矿物。

主要结构类型特征（翠中铁多金属矿）：①半自形-他形晶粒状结构：磁铁矿、方铅矿、黄铜矿、闪锌矿、方铅矿等金属矿物呈它形粒状分布在矿石中。②固溶体分离结构：闪锌矿中分布在闪锌矿中的它形的晶体中。③交代浸蚀结构：黄铜矿或黄铁矿或等呈浸蚀闪锌矿、方铅矿的部分晶体呈闪锌矿，并沿边缘呈交代黄铜矿构成黄铜矿。④片状结构：大小不等的叶片状辉钼矿，与磁铁矿成浸染状。⑤海绵陨铁结构：黄铁矿的接触部位浸染黄铁矿的边缘。⑥交代残余结构：黄铁矿交代粒状呈一般分布于黄铁矿磁铁矿和闪锌矿的边缘，并沿边缘浸染状分布磁铁矿或磁铁矿的晶粒。⑦闪锌矿交代边缘交代蚀结构：方铅矿、闪锌矿交代边缘交代蚀的晶粒里，有……

主要结构类型特征（翠宏山铁多金属矿床）：①他形-半自形晶粒状结构：磁铁矿、闪锌矿、方铅矿等金属矿物呈他形-半自形晶粒分布。②自形晶粒状结构：辉钼矿、毒砂等金属矿物呈自形晶粒状分布。③乳滴状结构：黄铜矿呈乳滴状分布于闪锌矿中。④乳滴状结构：闪锌矿呈大小不等的叶片状，与磁铁矿成晶体状产出。⑤嵌晶结构：磁铁矿和黄铜矿相互嵌布成晶体状。⑥文代残余结构：磁铁矿交代被黄铜矿文代。⑦斑晶结构：白钨矿交代方铅矿呈散晶状。⑧微细包体结构：磁铁矿中包含微晶的锡石。褐铁矿呈针状铁矿与针铁矿不同成分分布规律性排列。

图 4 – 19　翠宏山铁多金属矿床矿石结构构造特征

a. 块状磁铁矿矿石；b. 透辉石矽卡岩中的浸染状磁铁矿矿；c. 浸染状磁黄铁矿矿石；d. 黄铜矿和磁铁矿矿石；

e. 脉状闪锌矿穿插绿帘石矽卡岩中的磁铁矿；f. 黄铜矿呈网脉状穿插闪锌矿；g. 方解石脉中的放射状、针状黄铁矿脉；h. 脉状浸染状辉钼矿；

i. 磁铁矿交代透辉石；j. 网脉状磁黄铁矿穿插磁铁矿；k. 闪锌矿交代磁铁矿，可见乳浊状黄铜矿；l. 脉状黄铜矿穿插块状磁铁矿；

m. 闪锌矿穿插黄铜矿，可见粒状黄铁矿；n. 黄铜矿与磁铁矿交代磁铁矿；o. 自形程度较高的方铅矿；p. 辉钼矿呈叶片状穿插黄铜矿。

Di. 透辉石；Py. 黄铁矿；Mag. 磁铁矿；Po. 磁黄铁矿；Ccp. 黄铜矿；Gn. 方铅矿；Sp. 闪锌矿；Mo. 辉钼矿。

　　闪锌矿主要为浸染状、脉状构造（图 4 – 19e、f），呈不规则他形粒状嵌布在脉石矿物中，常与方铅矿、黄铜矿、黄铁矿、磁黄铁矿共生（图 4 – 19k、m），主要为他形 – 半自形晶粒状、嵌晶、交代残余、固溶体分离、互含结构。

　　黄铜矿主要为脉状、浸染状构造（图 4 – 19d、f、i）。常以他形晶粒状嵌布在脉石矿物之中，主要呈嵌晶、交代残余、乳滴状（图 4 – 19m、k）、固溶体分离、包裹结构。

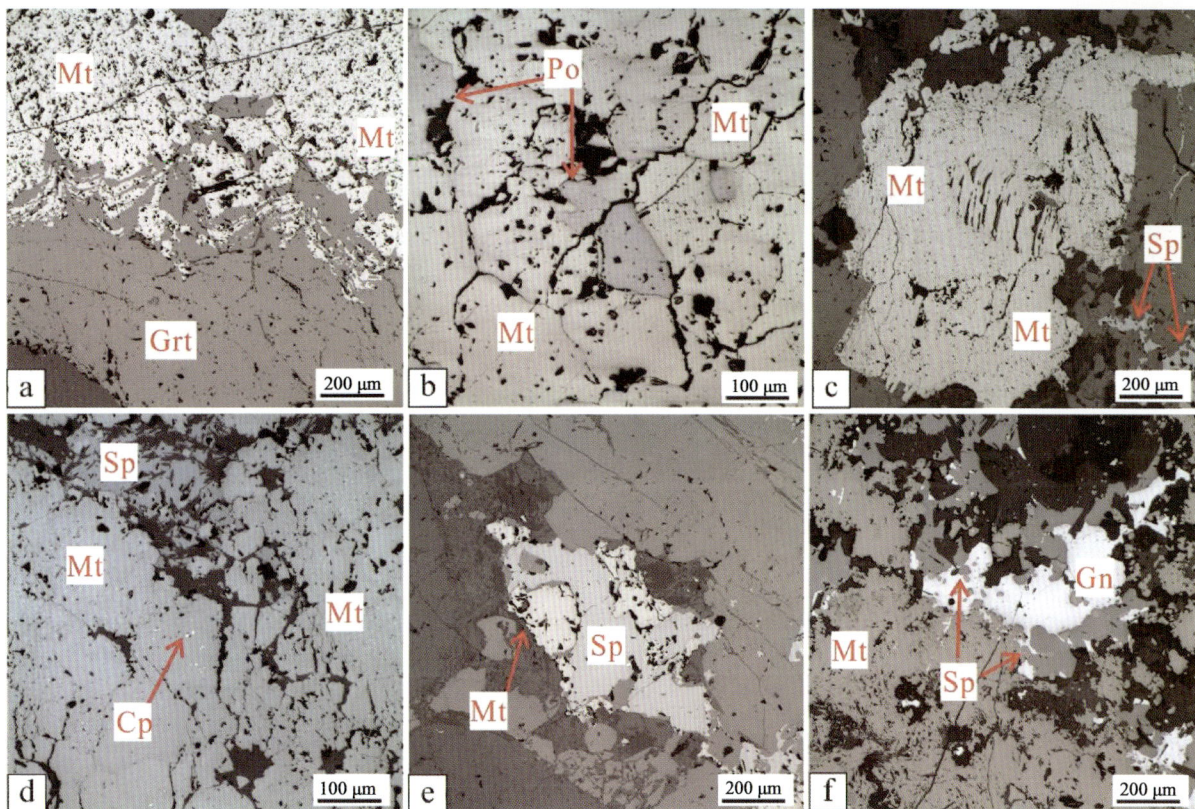

图 4 - 20　翠中铁多金属矿床矿石结构特征

a. 磁铁矿交代石榴子石；b. 磁铁矿中的磁黄铁矿；c. 具黑色三角孔的磁铁矿；d. 磁铁矿中的闪锌矿细脉；e. 磁铁矿被闪锌矿交代；

f. 方铅矿、闪锌矿交代磁铁矿。矿物代码：Mt. 磁铁矿；Po. 磁黄铁矿；Sp. 闪锌矿；Cp. 黄铜矿；Grt. 石榴子石；Gn. 方铅矿。

2）矿石矿物成分。

矿床各类矿石共有矿物 40 余种，其成因与成生时间、空间分布组合关系，形成了不同的矿体及矿石类型（表 4 - 5）。

主要金属矿物：磁铁矿、辉钼矿、白钨矿、闪锌矿、方铅矿、黄铜矿、锡石、毒砂、黄铁矿、磁黄铁矿等，其特征见表 4 - 6。

主要非金属矿物：透辉石、石榴石、金云母、斜硅镁石、黑柱石、符山石、阳起石、绿帘石、透闪石、绿泥石、萤石、蛇纹石、石英、斜长石、方解石、白云石等。

表 4 - 5　翠宏山铁多金属矿床主要矿体矿石类型矿物共生组合特征表

矿体编号	矿石类型	矿物共生组合				有益组分的平均含量/（Ag ×10⁻⁶，其他×%）						
		金属矿物		脉石矿物		TFe	Mo	WO₃	Pb	Zn	Cu	Ag
		主要（粒径：mm）	次要	主要	次要							
I	磁铁矿石	磁铁矿（0.1～0.5）	闪锌矿、黄铜矿、方铅矿、辉钼矿、斑铜矿、黝铜矿、白钨矿、黄铁矿、磁黄铁矿、锡石、毒砂、赤铁矿	透辉石、金云母、阳起石	石榴石、透闪石、绿泥石、石英、斜硅镁石、碳酸盐矿物	49.44						

续表 4-5

矿体编号	矿石类型	金属矿物 主要(粒径:mm)	金属矿物 次要	脉石矿物 主要	脉石矿物 次要	TFe	Mo	WO₃	Pb	Zn	Cu	Ag
I	铁钼钨矿石	磁铁矿(0.1~0.3) 辉钼矿(0.01~0.10) 白钨矿(0.05~0.40)	黄铜矿、闪锌矿、方铅矿、白钨矿、磁黄铁矿、毒砂、黄铁矿、斑铜矿、黝铜矿、锡石	透辉石、金云母、石榴石、阳起石	绿帘石、绿泥石、斜长石、符山石、透闪石、蛇纹石、斜硅镁石、萤石、碳酸盐	38.48	0.130	0.429				
	铁锌铜矿石	磁铁矿(0.1~0.3) 闪锌矿(0.01~0.10) 黄铜矿(0.05~0.10) 辉钼矿(0.01~0.10)	黄铁矿、白钨矿、锡石、磁黄铁矿、斑铜矿、辉钼矿、方铅矿	透辉石、金云母、石榴石、阳起石	萤石、透闪石、蛇纹石、绿泥石、碳酸盐	44.37				2.19	0.88	3.80
II	铁锌矿石	磁铁矿(0.1~0.2) 闪锌矿(0.1~0.3)	黄铜矿、方铅矿、斑铜矿、黄铁矿、磁黄铁矿、锡石、辉钼矿、毒砂、赤铁矿	透辉石、金云母、透闪石、碳酸盐、阳起石	石榴石、符山石、斜硅镁石、萤石、绿帘石、绿泥石、白云石	36.49				2.03		2.80
	铅锌铜矿石	闪锌矿(0.1~0.4) 方铅矿(0.1~0.3) 黄铜矿(0.01~0.10)	磁黄铁矿、黄铁矿、毒砂、方黄铜矿、辉钼矿、磁铁矿	透辉石、金云母、石榴石、阳起石	斜硅镁石、符山石、绿帘石、蛇纹石、绿泥石、碳酸盐				0.88	3.73	0.56	4.60
III	钼钨矿石	辉钼矿(0.1~0.2) 白钨矿(0.2~0.4)	磁铁矿、黄铜矿、黄铁矿、磁黄铁矿、方铅矿、闪锌矿、锡石、斑铜矿、辉铜矿、孔雀石、钼华	透辉石、石榴石、阳起石、绿帘石、萤石	金云母、符山石、中长石、透闪石、钾长石、石英、碳酸盐		0.294	0.250				
III¹	花岗岩型钼矿	辉钼矿(0.1~0.2) 白钨矿(0.05~4.00)	黄铜矿、黄铁矿、磁黄铁矿、锡石、方铅矿、闪锌矿	钾长石、石英、透辉石、阳起石、绿帘石	绿泥石、萤石、石榴石、斜长石		0.101					
V	铁多金属矿石	磁铁矿(0.1~0.3)	白钨矿、辉钼矿、黄铜矿、闪锌矿、方铅矿、磁黄铁矿、黄铁矿、孔雀石、铜兰	金云母、透辉石、阳起石	斜硅镁石、石榴石、萤石、碳酸盐	38.89	0.138	0.400	3.08	2.76	0.70	14.30

表4-6　翠宏山铁多金属矿床主要金属矿物特征表

矿物	世代	颜色	结构	粒径/mm	含量/% 最高	含量/% 一般	产出特征	共生矿物间的相互关系
磁铁矿	早	铁黑色	他形-半自形	0.10~0.60	95	30~88	早期为主,占90%,呈角砾状、块状、条带状分布	呈细脉切割交代锡石、白钨矿、被硫化矿物充填交代
	晚		他形粒状	0.01~0.10			沿矿石裂隙及颗粒间隙分布	呈细脉或不规则状穿插交代早期磁铁矿
辉钼矿	早	铅灰色	叶片状	0.20~0.50	1	0.1	浸染状、细脉状分布于矽卡岩、磁铁矿、花岗岩裂隙	包围交代粗粒白钨矿,沿透明矿物间隙充填交代
	晚		鳞片状	0.01~0.3			沿矿石中微细裂隙分布、量微	后期鳞片状沿前期叶片状辉钼矿充填
白钨矿	早	白色	他形粒状	0.10~4.00	5	1	粗颗粒或团块状集合体	在磁铁矿中成角砾或被磁铁矿充填交代
	晚	乳白色		小于0.10			呈细脉浸染在矿石中	与辉钼矿伴生,与长英质矿物脉共同穿插磁铁矿
闪锌矿	早	褐黑色	他形-半自形粒状	0.01~0.30	50	10~20	浸染-团块-细脉状分布于铁锌矿石中	与磁铁矿伴生,呈脉状充填在磁铁矿集合体晶粒间
	中	棕褐色					呈浸染-团块状分布在灰岩中或矽卡岩中的多金属矿石中	与黄铜矿、方铅矿伴生,呈脉状穿切早期闪锌矿
	晚	浅黄色				微量	呈浸染状分布在各类型岩石中	与方铅矿伴生,充填分布于方铅矿颗粒间
方铅矿	早	铅灰色	半自形-自行粒状	0.01~0.40	15	1~7	呈浸染状分布于钼钨矿体中	与辉钼矿伴生
	晚		他形-半自形粒状				呈浸染—团矿状分布在多金属矿石中	与黄铜矿、闪锌矿连生,呈脉状切割闪锌矿集合体
黄铜矿	早	铜黄色	半自形粒状	0.01~0.20	1	0.02~0.05	呈浸染状、细脉状,分布在钼钨矿石、铁多金属矿石中	与辉钼矿共生,呈细脉或浸染状充填在辉钼矿和透明矿物间;呈星点状充填于磁铁矿的空隙或矽卡岩矿物裂隙中
	晚		乳滴状				呈浸染状、细脉状分布在铜铅锌矿石中	与闪锌矿、方铅矿密切共生,呈乳滴状分布于闪锌矿中
黄铁矿	早	黄色	半自形粒状	0.02~0.50	45	微量	与辉钼矿伴生,浸染状分布	呈细小不规则粒状被磁铁矿包裹
	中					1~5	呈浸染状、细脉状分布于铜铅锌矿石中	穿切磁铁矿或磁黄铁矿
	晚					微量	呈脉状切割所有矿物	呈细脉切割前期黄铁矿
磁黄铁矿	早	青黄色	他形-半自形粒状	0.05~0.25	25	0.01	分布在铁钼钨矿石中,与辉钼矿、毒砂等伴生	晚期磁铁矿被磁黄铁矿交代
	晚						分布在多金属矿石中,与铜铅锌矿物及黄铁矿伴生	黄铜矿交代磁黄铁矿呈弧岛状

石榴子石为黄褐色,呈细小粒状,粒径0.1~2.0 mm,单偏光下为浅褐色,正极高突起;正交全消光,最高干涉色Ⅰ级灰,主要为钙铝榴石(图4-21a),部分石榴石被磁铁矿、绿帘石、阳起石等矿物交代,可见残留的石榴石环带。

透辉石多为暗绿色,半自形－他形粒状结构,粒径0.1～0.5 mm,受绿泥石、透闪石等蚀变影响颗粒边界多不规则(图4－21c)。单偏光镜下淡绿色,正高突起,干涉色二级蓝绿－橙黄,多与磁铁矿共生(图4－22b)。

绿帘石为黄绿色,呈板状、长柱状、粒状,自形程度较高(图4－22c),粒径0.5～10.0 mm,单偏光镜下为黄绿色,正高突起,最高干涉色二级蓝绿。翠中铁多金属矿的颗粒较小,多为粒状或鳞片状(图4－21b)。

阳起石为暗绿色,呈长柱状或放射状,粒径0.1～10.0 mm,单偏光镜下为绿色－黄绿色,正中－正高突起,干涉色一级橙黄至二级黄(图4－22d)。翠中矿的阳起石颗粒细小,呈针状或柱状产出,矽卡岩中含量较高(图4－21d)。

透闪石颗粒较小,多交代透辉石。

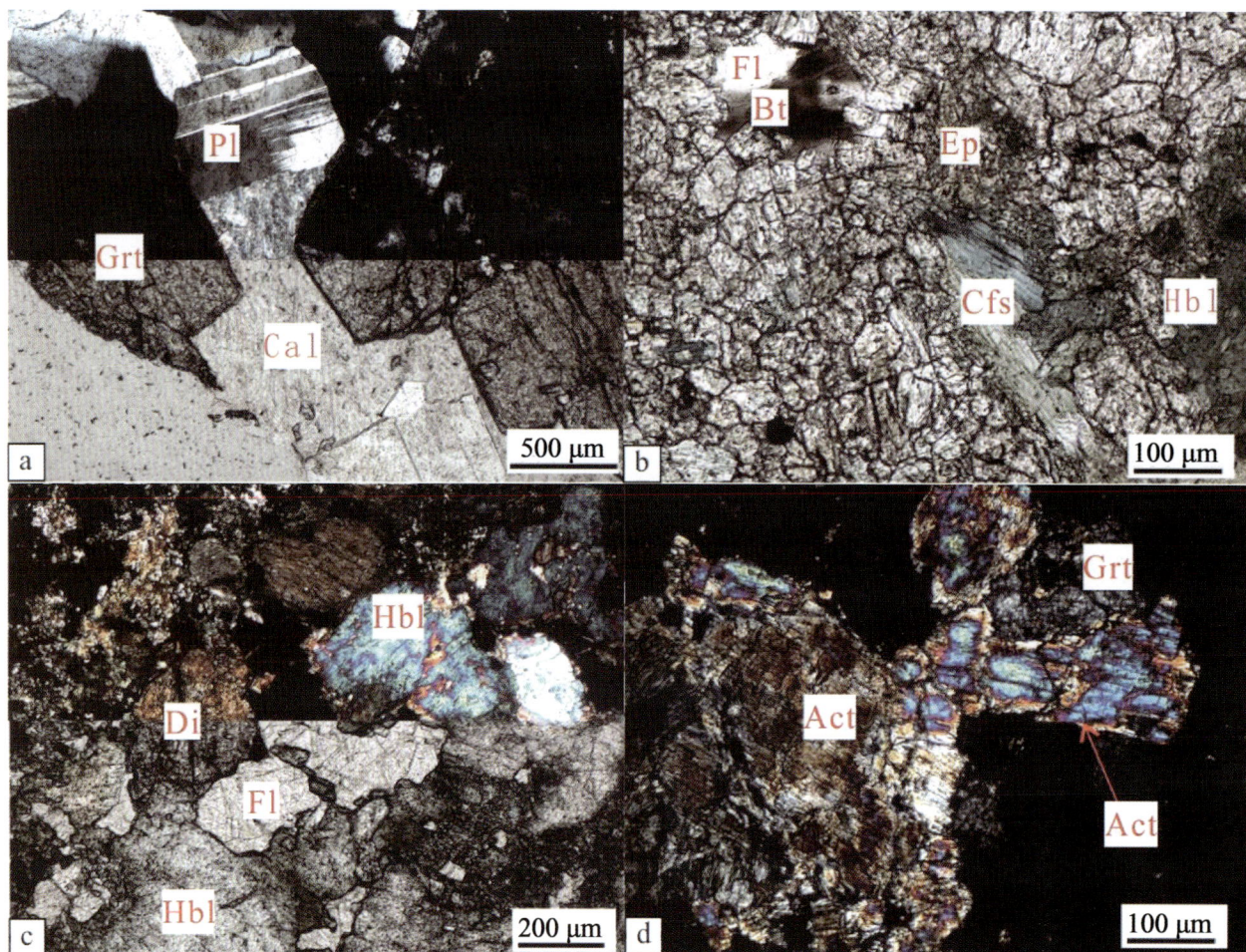

图4－21　翠中铁多金属矿典型矽卡岩矿物物相特征

a.粒状石榴子石;b.透辉石矽卡岩中的角闪石等;c.透辉石、角闪石、萤石等;d.阳起石。矿物代号:Grt.石榴子石;Pl.斜长石;Cal.方解石;Fl.萤石;Bt.黑云母;Ep.绿帘石;Cfs.绿泥石;Hbl.角闪石;Act.阳起石;Di.透辉石。

金云母为绿黑色、黑褐色,呈片状集合体,粒径0.5～10.0 mm,薄片中呈无色至浅黄秋色,多色性较弱,干涉色二到三级,多发育在磁铁矿中。

绿泥石为低温蚀变矿物,多分布在接触带中,呈深黑色,镜下为绿色,呈鳞片状集合体,干涉色一级灰。绿泥石含量较少,但分布范围广,交代黑云母、角闪石等(图4－21b)。

萤石多呈粒状或者细脉状充填其他矿物裂隙中,形成时间较晚(图4－21b、c)。

图 4 – 22　翠宏山铁多金属矿脉石矿物显微特征

a. 发育在岩体中的石榴子石；b. 粒状透辉石；c. 细粒岩体中的长柱状绿帘石；d. 长柱状、放射状阳起石。Q. 石英；Hbl. 角闪石；

Grt. 石榴子石；Di. 透辉石；Ep. 绿帘石；Act. 阳起石。

4.1.3.4　成矿期与成矿阶段

据野外地质观察和地质编录、光薄片鉴定结果，将矿床的成矿过程划分 2 个成矿地质时期、6 个成矿期、5 个主要成矿阶段（表 4 – 7）。矽卡岩型铁多金属成矿作用主要发生于顶寒武世细粒二长花岗岩 + 粗 – 中细粒碱长花岗岩侵位时期，是矿床的主体成矿时期，包括接触交代成矿期、含矿热液成矿期；接触交代成矿期又划分为早矽卡岩阶段、白钨矿化阶段、磁铁矿化阶段，含矿热液成矿期又划分为辉钼矿化阶段、铅锌铜矿化阶段。晚三叠世热液 – 斑岩型钼钨成矿作用发生于细粒碱长花岗岩和花岗斑岩侵位时期，主要表现为石英 – 辉钼矿及铅锌的叠加成矿作用。矿床总体上具有多旋回、多期、多阶段复合成矿的特征。

1）顶寒武世矽卡岩成矿期。

（1）早矽卡岩阶段，与顶寒武世细粒二长花岗岩 + 粗 – 中细粒碱长花岗岩侵入有关的气水热液沿侵入接触带运移，在两种不同岩性的地质体之间发生双交代或渗滤交代作用，形成硅灰石、钙铝榴石、钙铁辉石等无水矿物组合。

表4-7 矿床成矿阶段与矿物生成顺序表

矿物名称	顶寒武世矽卡岩成矿时期						叠加晚三叠世热液-斑岩成矿时期		成矿后热液蚀变期	表生氧化期
	接触热变质期	接触交代成矿期			含矿热液成矿期		岩浆晚期残余气液成矿阶段	热液充填-交代钼钨矿化阶段		
		早矽卡岩化阶段	白钨矿化阶段	磁铁矿化阶段	辉钼矿化阶段	铅锌铜矿化阶段				
硅灰石	——	----								
透-铁钙辉石	——	——	----	----						
1白云石	——									
方解石	——							----	----	
方柱石		——								
石榴石		——	——	----						
中长石		——								
钾长石							——			
符山石		——	----	----						
斜硅镁石		----								
金云母		----	----	----						
黑柱石		——								
萤石			——	----				——		
白钨矿			——	----			——	----		
锡石			----							
阳起石				——	----	——				
透闪石				——	----	——				
磁铁矿		----	----	——						
赤铁矿				——						
蛇纹石				——	----					
绿帘石					——	----				
石英				----	——	——	——	——	——	
磁黄铁矿					----	----				
毒砂					----					
辉钼矿					——		----	——		
黄铁矿	——				----	——	----	----		
黄铜矿					——					
方黄铜矿					----					
闪锌矿					——					
方铅矿					——					
黝铜矿					——					
斑铜矿					----					
硫锑铅矿						—— ----				
绿泥石					——	——		——	——	
辉铜矿										----
赤铜矿										----
褐铁矿										----
蓝铜矿										----
孔雀石										----
钼华										----
白铅矿										----

注:"——"代表主量,"------"代表微量;绿色代表金属矿物,黑色代表非金属矿物。

（2）白钨矿化阶段，干矽卡岩形成后，含矿汽水热液沿接触带的内外矽卡岩带，析出萤石、白钨矿、锡石、极少量的磁铁矿，形成矽卡岩型钨矿体。

（3）磁铁矿主成矿阶段，随着含矿汽水热液温度的降低，大量透闪石、阳起石、角闪石等含水链状硅酸盐矿物形成并交代早期矽卡岩矿物。与此同时，因温度的连续降低，热液中的铁元素等组分大量析出，沿矽卡岩裂隙及围岩层间破碎带充填交代形成铁钨和铁矿体。

（4）辉钼矿化阶段，阳起石、绿帘石、石英、萤石等脉石大量形成，以辉钼矿为主的各类硫化物磁黄铁矿、黄铁矿、闪锌矿、方铅矿、黄铜矿等晶出，形成钼钨、铁钼矿体。

（5）铅锌铜矿化阶段，以方铅矿、闪锌矿、黄铜矿等硫化物晶出为主，在辉钼矿化阶段基础上，形成铁锌、铅锌铜等矿体。

2）晚三叠世热液–斑岩叠加成矿时期。

（1）岩浆晚期残余气液成矿阶段，细粒碱长花岗岩和花岗斑岩侵位晚期形成的残余汽液主要表现为岩体本身的自交代钾长石化、硅化、绿泥石化等。

（2）热液充填–交代钼钨矿化阶段，主要表现为自身和侵入先成矿体或围岩中发育的细脉浸染状钼钨矿化，形成了翠宏山Ⅲ号、翠中Ⅱ号和Ⅲ号钼钨矿体群。

3）成矿元素因子分析检验。

利用 SPSS 软件对翠中 248 件钻孔基本分析样 mFe、WO₃、Mo、Pb、Zn、Cu、Ag、Sn 等元素分析数据进行了相关矩阵和因子分析，其结果与地质的主要成矿阶段基本吻合。

（1）相关矩阵结果（表 4–8）表明，Cu、Pb、Zn、Ag 间的相关系数为 0.467～0.896、Mo 和 WO₃ 间的相关系数为 0.58、mFe 和 Sn 间的相关系数为 0.798，相互间的相关性较高，与实际同体共生矿体或矿石类型相吻合；WO₃ 和 Cu 之间的相关系数为 0.325，相互间也有较弱的相关性。

表 4–8　翠中基本分析结果相关矩阵分析结果表

元素相关性	Ag	Cu	Pb	Zn	WO₃	Mo	mFe	Sn
Ag	1							
Cu	0.561	1						
Pb	0.871	0.508	1					
Zn	0.762	0.467	0.896	1				
WO₃	−0.036	0.325	−0.040	−0.044	1			
Mo	−0.011	0.160	−0.052	0	0.580	1		
mFe	0.025	0.143	−0.084	−0.025	0.352	0.310	1	
Sn	0.131	0.116	0.080	0.113	0.196	0.223	0.798	1

（2）根据旋转成分矩阵分析结果（表 4–9），共提取三个主因子，表明矿区内可能存在至少三期成矿作用，并且表现出三种不同的成矿元素组合。其中，F₃（WO₃ 和 Mo）可能反映的是"白钨矿化阶段"的钨钼成矿作用；F₂（mFe 和 Sn）可能反映的是"磁铁矿化阶段"铁和锡的成矿作用；F₁（Cu、Pb、Zn、Ag）反映的可能是"铅锌铜矿化阶段"的成矿作用。

（3）成矿流体运移方向：因 Cu、Pb 和 Zn 的地球化学性质较为近似，常在成矿流体中共同迁移，但元素的稳定性 Cu ＞ Zn、Pb，因此 Cu 在成矿流体中常常先于 Pb、Zn 沉淀，Cu／（Pb＋Zn）比值由大到小的变化方向，可以反映成矿流体的运移方向。做三次趋势面研究矿床与 Cu、Pb、Zn、Ag 矿化有关的成矿流体的运移方向。图 4–23 反映，成矿流体可能从深部细粒碱长花岗岩向浅部运移，反映矿区的 Cu、Pb、Zn、Ag 矿化可能与深部的细粒碱长花岗岩有关,与矿区铅同位素分析结果一致。

表 4 - 9　翠中基本分析结果旋转成份矩阵分析结果表

组分	成分			备注
	F_1	F_2	F_3	
Pb	0.959			
Ag	0.924			提取方法:主成分;旋转方法:具有 Kaiser 标准化的正交旋转法;旋转 5 次迭代后收敛
Zn	0.913			
Cu	0.672			
Sn		0.951		
mFe		0.916		
WO_3			0.892	
Mo			0.824	

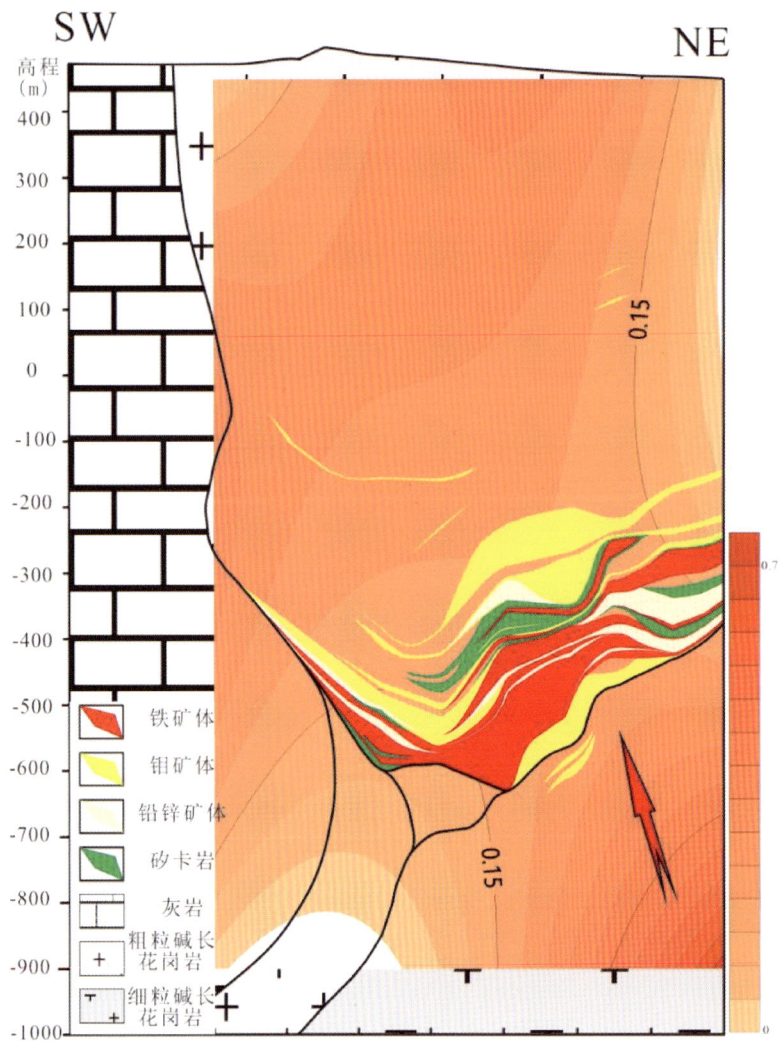

图 4 - 23　翠中 207 线剖面 $Cu/(Pb+Zn)$ 比值的三次趋势面

4.1.3.5　成矿流体特征

在收集翠宏山矿床以往流体包裹体研究成果的基础上,对翠中铁多金属矿床的白钨矿和萤石中的流体包裹体进行了测试研究。测试样品采自于 ZK2031、ZK2072 和 ZK2115 钻孔中的花岗岩型钨钼矿体。流体包裹体的岩相学观察和显微测温研究,在中国地质大学(武汉)流体包裹体实验室完成。

1)翠中流体包裹体测试结果。

翠中花岗岩型钨钼矿体的流体包裹体主要为原生气液两相包裹体,其他类型的流体包裹体数量较少。根据镜下观察,流体包裹体(W_1 型)以富液相包裹体(气液比 $V_{H_2O}/(L_{H_2O}+V_{H_2O})<50\%$)为主,流体包裹体一般为圆形、椭圆、近椭圆和不规则形态,大小一般 $5\sim12\ \mu m$(图 4-24)。

白钨矿中流体包裹体以原生气液两相包裹体为主,流体包裹体一般为 $5\sim10\ \mu m$,呈不规则状,气液比 $8\%\sim20\%$。流体包裹体完全均一温度变化范围较大,均一温度为 $200\sim330℃$,主体集中于 $260\sim320℃$(图 4-25);冰点温度变化为 $-6.3\sim-2.2℃$,盐度为 $3.55wt\%\sim9.47wt\%\ NaCl$(表 4-10)。流体呈现高温、中盐度的特征。

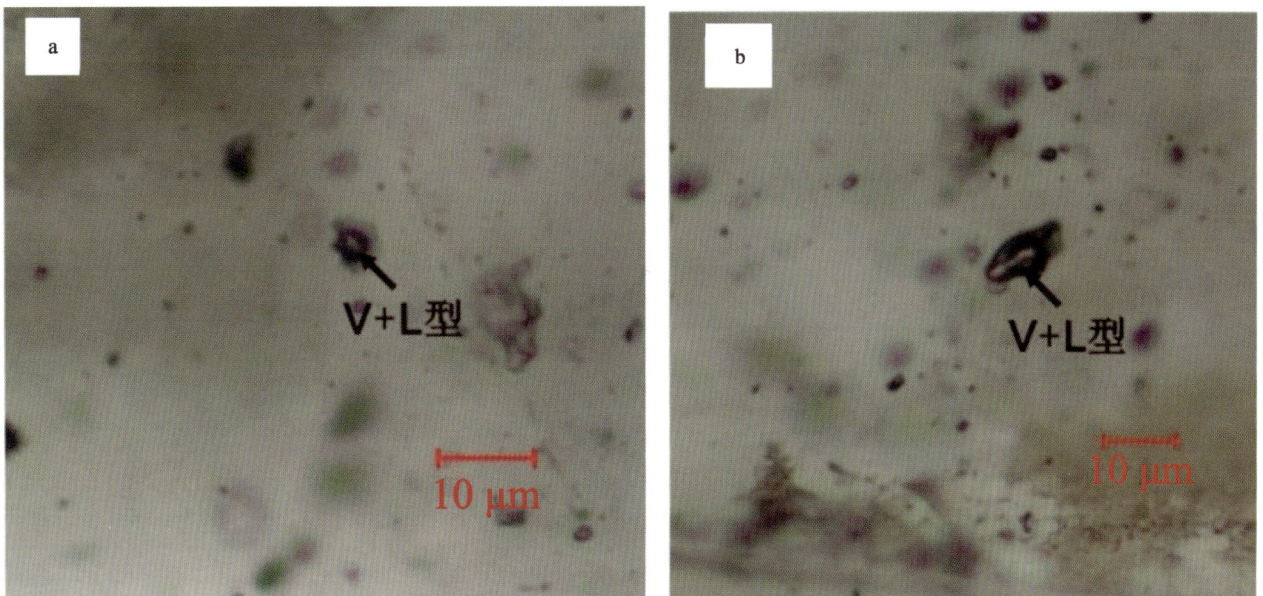

图 4-24　翠中花岗岩型钨钼矿体流体包裹体岩相学特征

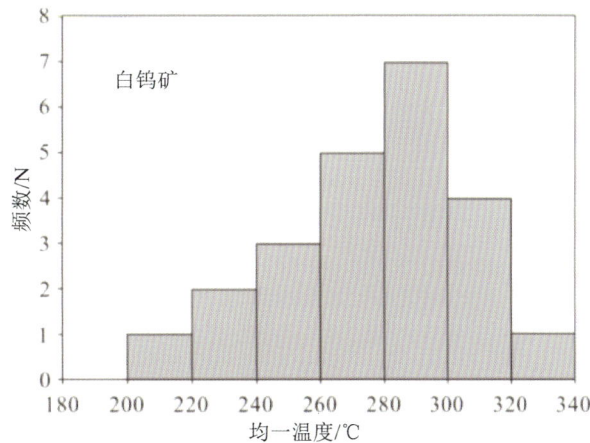

图 4-25　翠中花岗岩型钨钼矿体中白钨矿流体包裹体均一温度直方图

萤石样品中主要发育气液两相包裹体为主,包裹体一般较小,呈不规则状,完全均一至液相。包裹体完全均一温度变化范围较大,为 160~228℃,主体集中在 170~190℃(图 4-26);冰点温度为 -5.8~ -3.0℃,对应盐度为 4.96wt% ~8.95wt% NaCl。流体呈现低温、中盐度的特征。

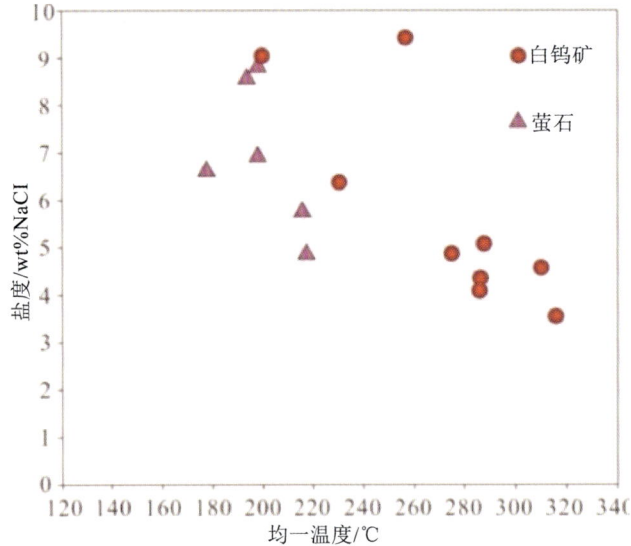

图 4-26 翠中花岗岩型钨钼矿体中流体包裹体均一温度-盐度散点图

表 4-10 翠宏山-翠中铁多金属矿流体包裹体显微测试结果

矿床名称	资料来源	采样测试对象		类型/测试数量	均一温度/℃			点/℃	盐度/wt% NaCl		
					变化范围	均值	峰值区间		变化范围	均值	峰值区间
翠宏山铁多金属矿床	刘志宏,2009	花岗斑岩中的石英		W₁型/7	141~303.5		200~270	-5.1~ -0.6	1.05~7.99		5.55~7.99 1.05~2.4
	陈静,2011	石英-硫化物期早阶段	钼矿石中的石英和萤石(CB18)	W₁型/35	189.7~326.5	255.8	291~330.5 240~320	-6.3~ -5.6	8.68~9.6	8.8	
				S型/4	291~330.5	306.78			37.29~40.17	38.14	
			钼矿石中的石英和萤石(CB01)	W₁型/30	243.3~310.4	283.6		-5.7~ -4.0	6.44~8.81	7.68	
		辉钼矿化阶段和铜铅锌矿化阶段	钼矿石中的石英和萤石(CHS-W1)	W₂型/13	176.6~223.7	206.12	306~342 252~288 180~234		38.79~40.97	40.2	
				S型/3	311.8~341.6	331.53					
				C型/13	165.3~251.1						
			钼铜矿石中的石英和萤石(CB03)	W₁型/42	178.2~371.4	251.2		-4.2~ -2.0	3.37~6.72	5.12	
				S型/5	336.7~371.4	360.7			40.59~43.2	42.4	
			铅锌矿石中的石英和萤石(CB05)	W₁型/10	197.3~243.2	223.3		-4.3~ -3.9	6.29~6.72	6.58	
				W₂型/5	211.6~334.7	254.44					
				S型/6	239.9~345.3	310.7			37.15~41.15	38.8	
	杜美艳等,2011	成矿早期	钨钼矿体中石英	W₁型	179~384.1			-6~ -3.1	5.09~9.34	8.76	
		成矿晚期	铅锌铜矿体中萤石	W₁型	120~170.4			-20.6~ -3.9	6.09~20.09	13.52	

续表 4 – 10

矿床名称	资料来源	采样测试对象		类型/测试数量	均一温度/℃			点/℃	盐度/wt% NaCl		
					变化范围	均值	峰值区间		变化范围	均值	峰值区间
翠宏山铁多金属矿床	赵华雷，2014	钨钼矿石中的石英		W₁ 型	147.9～356.4		200～320	-9.4～-0.3	0.53～13.33		4～12
				S 型	173.9～362.1				30.17～42.42		
翠中铁多金属矿床	任亮等，2015（ZK2075、ZK2117、ZK307）	石榴石		W₁ 型	322.5～512.6		340～500	-20.6～-10.8	14.82～23.09		16～26
				S 型	456.3～525.5				39.9～44.1		
		透辉石		W₁ 型	341.6～465.1			-19.7～-12.1	16.1～21.1		
		硫化物矿石中石英萤石		W₁ 型	187.3～367.1		220～400	-7.8～-1.1	1.9～11.1		2～10
				W₂ 型	315.2～385.2			-6.6～-2.3	3.8～9.9		
				C 型	268.3～359.6			-60.4～-57.2	1.4～9.2		
				S 型	278.4～366.4				36.6～44.0		
				W₁ 型	298.4～377.2			-5.5～-2.1	3.5～8.5		
		方解石		W₁ 型	142.5～235.2			-0.42～-0.40	0.7～6.7		
	本次工作	花岗岩型钨钼矿体中的白钨矿		W₁ 型	200～330		260～320	-6.6～-2.2	3.55～9.47		
		花岗岩型钨钼矿体中的萤石		W₁ 型	160～228		170～190	-5.8～-3.0	4.96～8.95		

2）翠宏山 - 翠中成矿流体特征。

据近十年来有关地学专家学者对翠宏山 - 翠中铁多金属矿床的成矿流体包裹体的研究成果（表 4 - 10），结合前述蚀变矿化分带、矿石类型、结构构造、矿物生成顺序等特征，将翠宏山 - 翠中矿床成矿流体包裹体的特征（表 4 - 11）综述如下。

表 4 – 11　翠宏山 - 翠中铁多金属矿成矿流体包裹体

成矿地质时期	成矿期	主要成矿阶段	测试对象	类型	均一成矿温度/℃		成矿热液盐度/wt% NaCl	
					变化范围	均值变化范围	变化范围	均值
顶寒武世矽卡岩成矿时期	接触交代成矿期	早矽卡岩化阶段	石榴石	W₁ 型	322.50～512.60		14.80～24.80	
				S 型	456.30～525.50		39.90～44.10	
			透辉石	W₁ 型	341.60～465.10		16.10～21.10	
		白钨矿化阶段		W₁ 型	298.40～377.20		3.50～8.50	
		磁铁矿化阶段	萤石					
	含矿热液成矿期	辉钼矿化阶段	硫化物矿石中石英	W₁ 型	187.30～367.10		1.90～11.10	
				W₂ 型	315.20～385.20		3.80～9.90	
				C 型	268.30～359.60		1.40～9.20	
			钼铜矿石中的石英和萤石	W₁ 型	178.20～371.40	251.20	3.37～6.72	5.12
		铅锌铜矿化阶段	铅锌铜矿石中萤石	W₁ 型	120.00～170.40		6.09～20.10	13.52
			铅锌矿石中萤石	W₁ 型	160.00～228.00		4.96～8.95	
			铅锌矿石中的石英和萤石	W₁ 型	197.30～243.20	223.30	6.29～6.72	6.58

续表 4 - 11

成矿地质时期	成矿期	主要成矿阶段	测试对象	类型	均一成矿温度/℃		成矿热液盐度/wt% NaCl	
					变化范围	均值变化范围	变化范围	均值
晚三叠世热液－斑岩叠加成矿时期	热液充填－交代钼钨矿化阶段		钨钼矿体中的石英	W_1 型	179.00~384.10		5.09~9.34	8.76
			花岗岩型钨钼矿体中白钨矿	W_1 型	200.00~330.00		3.55~9.47	
			钼矿石中的石英和萤石	W_1 型	189.70~326.50	255.80~283.60	6.44~9.60	7.68~8.80
				W_2 型	176.60~223.70	206.12		
				C 型	165.30~251.10			
			花岗岩型钨钼矿体中萤石	W_1 型	160.00~228.00		4.96~8.95	
	成矿后热液蚀变期		方解石	W_1 型	142.50~235.2		0.70~6.70	

（1）顶寒武世矽卡岩成矿时期。

早矽卡岩石榴石、透辉石形成阶段，岩浆演化晚期残余流体具有高温 322.5~525.5℃、高盐度 14.8%~24.8%（NaCl）的特征。

白钨矿成矿阶段，中高温含矿热液的温度和盐度降低至 298.4~377.2℃、3.5%~8.5%（NaCl）。

磁铁矿成矿阶段，磁铁矿体中大量的矽卡岩角砾、含白钨矿矽卡岩角砾表明（图 4 - 27a），白钨矿成矿阶段后，在构造破碎减压导致含铁热液上涌沸腾、二氧化碳逸失、氧逸度降低、磁铁矿快速沉淀富集成矿。

辉钼矿成矿阶段，早阶段含矿热液富含 CO_2 气体，温度较高 315.2~385.2℃、盐度 3.37%~9.9%（NaCl），晚阶段含矿热液温度降为 178.2~371.4℃、盐度略有增加为 1.9%~11.1%（NaCl），以交代白钨矿为特征。

铅锌铜成矿阶段，含矿热液继续上升、大气降水的不断加入，温度和盐度降至 120~243.2℃、4.96%~8.95%（NaCl），主要以充填交代的方式形成铅锌铜矿体（图 4 - 27b、c）。

谭红艳 2013 年获得的翠宏山黄铜矿石（DKC2）中石英流体包裹体成分（$\times 10^{-6}$）：气相成分 H_2 = 0.9238、N_2 = 5.079、CO = 0.3130、CH_4 = 0.2041、CO_2 = 11.98、H_2O = 25.55；液相离子成分：F^- = 2.427、Cl^- = 6.473、SO_4^{2-} = 120.9、Na^+ = 7.732、K^+ = 1.151、Mg^{2+} = 1.151、Ca^{2+} = 36.34。成矿流体属于（Ca^{2+} + Mg^{2+}）SO_4^{2-} + （Na^+ + K^+）（Cl^- + F^-）+ H_2O + CO_2 体系。该矽卡岩成矿时期，成矿流体具有从高温、高盐度、富含 CO_2 气体，向中高温－中低温、低盐度、低 CO_2 气体演化的特征。中高温阶段形成钨钼矿化，中低温阶段形成铅锌铜矿化。

（2）晚三叠世热液－斑岩叠加成矿时期。

晚三叠世细粒碱长花岗岩和花岗斑岩侵入演化形成的含矿热液富含 CO_2 气体，温度为 179.0~384.1℃、盐度为 3.55%~9.6%（NaCl）。在向上运移过程中，产生减压沸腾及隐爆作用，形成矽卡岩型和花岗岩型的角砾状矿石（图 4 - 27d、e）、细脉浸染型钼矿石，温度和盐度降低为 160.0~251.1℃、4.96%~8.95%（NaCl）。

（3）成矿后热液蚀变期，成矿流体继续上升过程中大气降水不断加入，温度、压力进一步降低，演化为低温、低盐度、贫二氧化碳的流体，沉淀形成黄铁矿－石英－方解石脉。

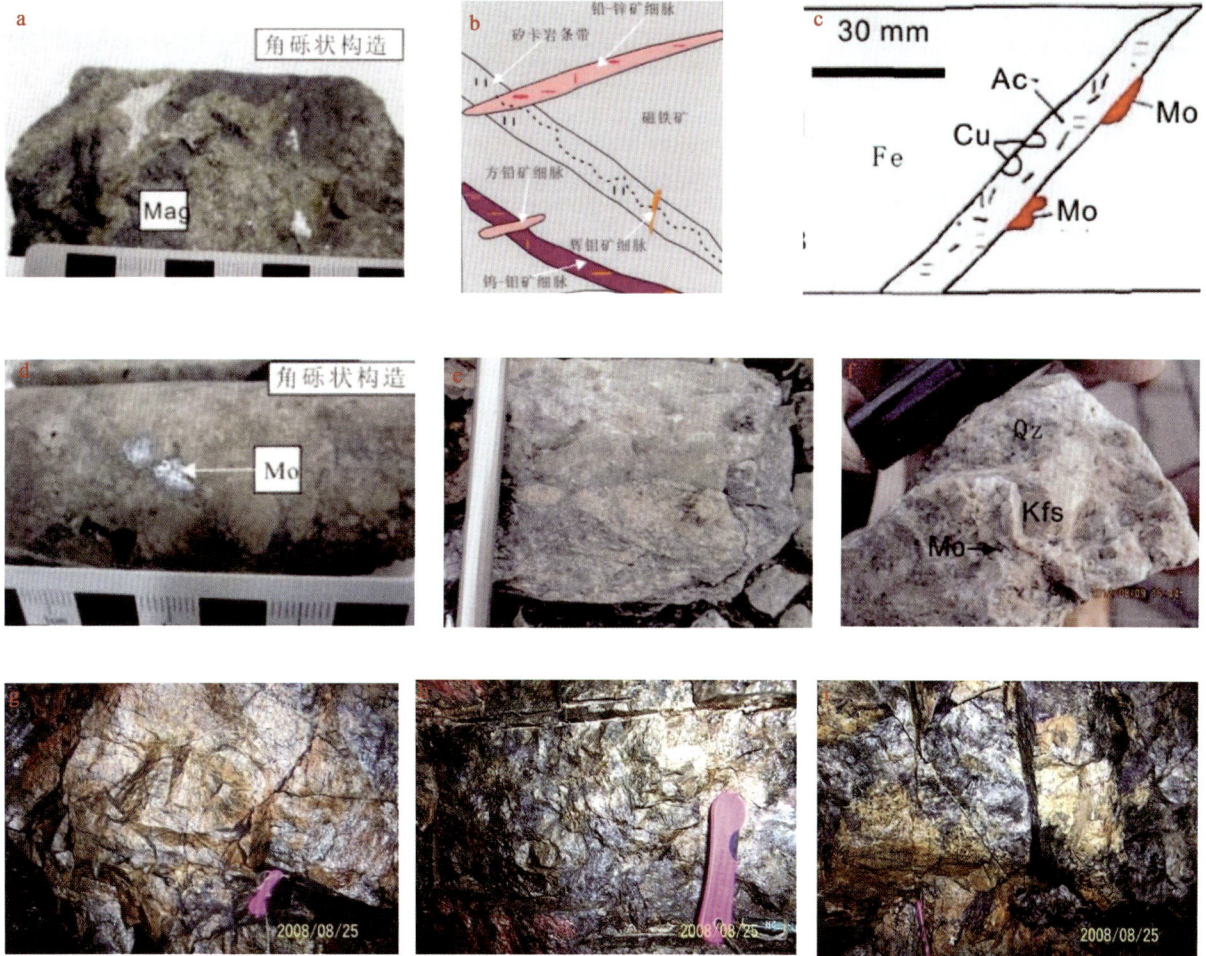

图 4-27　翠宏山铁多金属矿表证成矿作用特征的矿石构造（据：刘志宏，2009；陈静，2011；陈贤，2015）

a. 角砾状矽卡岩型磁铁矿石；b. 钨钼矿细脉、铅锌矿细脉交切矽卡岩型磁铁矿石，铅锌矿细脉交切钨钼矿细脉，白钨矿和辉钼矿共生；

c. 阳起石脉交切块状磁铁矿石，阳起石脉内的黄铜矿化，阳起石脉外侧磁铁矿石中的辉钼矿化；d. 角砾状矽卡岩型辉钼矿石；

e. 角砾状辉钼矿石；f. 碱长花岗岩中的钾长石化、硅化、辉钼矿化；g. 花岗斑岩中的网脉状辉钼矿化；h. 花岗斑岩中团块状辉钼矿化；

i. 花岗斑岩中的石英-辉钼矿脉。

4.1.3.6　矿石和围岩的主量与微量元素含量变化特征

1）矿石和围岩的主量元素含量变化特征。

翠宏山-翠中铁多金属矿围岩（矽卡岩、花岗岩、大理岩）、矿石（磁铁矿石和铅锌矿石）的主量元素含量（附表Ⅰ-9）具有如下变化特征。

（1）SiO_2 含量：花岗岩（64.34% ~ 76.19%）＞近矿围岩矽卡岩（35.27% ~ 38.76%）＞矿石（2.47% ~ 13.82%）＞远矿围岩大理岩（0.385% ~ 5.22%），反映花岗岩与大理岩接触反应及矽卡岩带成矿过程中，SiO_2 明显从花岗岩里输出进入矽卡岩和矿石中。

（2）Al_2O_3 含量：花岗岩的（12.22% ~ 17.78%）＞矿石和矽卡岩的（0.47% ~ 10.12%）＞大理岩的（0.010% ~ 0.783%），反映成矿过程中 Al_2O_3 从岩体中带出；矽卡岩型铅锌矿石（CZ-74d）的 Al_2O_3 含量远高于磁铁矿的含量，可能与铅锌矿石中矽卡岩矿物含量较高有关。

（3）CaO 含量：花岗岩的（0.61% ~ 4.10%）和矿石的（0.419% ~ 2.57%）＜矽卡岩的（28.39% ~ 32.68%）＜大理岩的（31.89% ~ 52.96%）。反映花岗岩与大理岩接触反应及矽卡岩带成矿过程中，CaO 明显从大理岩里输出进入矽卡岩和矿石中。

（4）Fe 含量：矿石中 Fe 的含量明显高于岩体（0.35% ~ 4.17%）和大理岩（0.43% ~ 1.76%）、矽卡岩（17.31% ~ 31.40%），主要与矿石中富铁矿物有关，如磁铁矿、黄铁矿及磁黄铁矿；大理岩 Fe 含量最低，反映成矿流体中 Fe 的主要来源与大理岩无关。

（5）MgO 含量：磁铁矿石的含量明显比花岗岩、矽卡岩、非镁质大理岩的高，反映在铁成矿过程中也有一定的富集。

（6）其他氧化物：在岩石和矿石中的含量相当且均较低，其含量也无明显的变化规律，反映它们在交代反应过程中交换作用不明显。

2）矿石和围岩的微量元素含量变化特征。

（1）矽卡岩：其微量元素含量较花岗岩的低、大理岩的高、介于二者之间（附表Ⅰ-9）；与花岗岩的相比，与岩浆热液活动有关的 K、Ta、Nb 明显亏损且曲线变化趋势相似，Zr 和 Hf 显著亏损且曲线形态完全相反；与大理岩的相比，与岩浆热液活动有关的 Ce 和 Nd 明显富集、与海水沉积有关的 Sr 和 P 显著亏损，而且曲线形态完全相反；标准化蛛网曲线形态总体上，具有一定的继承性（图 4 - 28），为花岗岩与大理岩之间的双交代作用结果。

翠中矽卡岩标准化蛛网图曲线形态与顶寒武世粗粒碱长花岗岩的趋同性相对最好，反映顶寒武世岩浆活动与矽卡岩有更近缘的成因联系。

（2）矿石：其微量元素含量略高于矽卡岩，曲线形态的总体变化趋势与矽卡岩相似（图 4 - 28）。其中，磁铁矿石与矽卡岩的微量元素分布特征的相似程度，明显高于铅锌矿石与矽卡岩的；铅锌矿石中，与岩浆热液活动有关的 Zr、Hf 明显富集，反映成矿物质当主要来源于花岗岩。

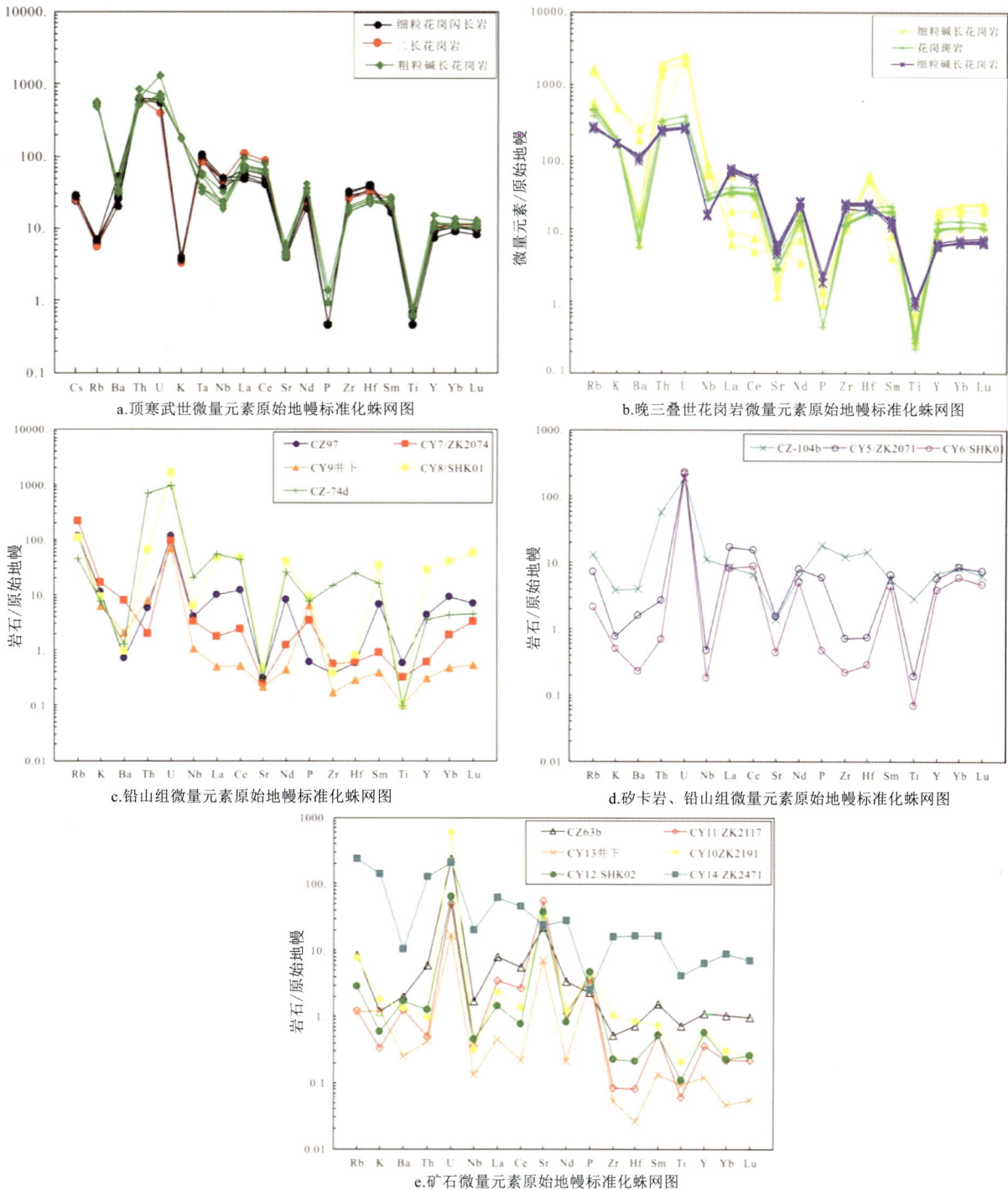

图4-28　翠宏山-翠中铁多金属矿床矿石与围岩微量元素原始地幔标准化蛛网图

翠中铁多金属矿床:矽卡岩CZ-104b,CY5/ZK2071,CY6/SHK01;磁铁矿石CZ97,CY7/ZK2074,CY8/SHK01;铅锌矿石CZ-74d;大理岩CZ-63b,CY11/ZK2117;灰岩CY10/ZK2191,CY12/SHK02;泥质板岩CY14/ZK2471。翠宏山铁多金属矿床:磁铁矿CY9/井下;微晶大理岩CY13/井下。

4.1.3.7　矿石和围岩的稀土元素含量变化特征

1)矽卡岩:稀土总量(45.46~97.84)×10^{-6}(附表Ⅰ-9),比花岗岩的[ΣREE为(108.69~396.36)×10^{-6}]低一个数量级,明显比大理岩的[ΣREE为(1.87~23.39)×10^{-6}]高。LREE/HREE比值为1.16~

1.96,分馏程度不明显,明显低于花岗岩(LREE/HREE 比值为 1.39～11.19)及大理岩的(LREE/HREE 比值为 1.10～7.89),(La/Yb)$_N$ 比值(1.30～1.99)也明显小于花岗岩(比值为 0.87～11.19)与大理岩(比值为 6.30～15.66)之值,反映矽卡岩成岩过程中局部有重稀土元素相对富集的趋势。ΔEu 值 0.19～0.69,负异常显著至一般,大致介于花岗岩(ΔEu 值 0.04～0.50)与大理岩(ΔEu 值 0.34～1.09)之间;ΔCe 异常值 0.94～1.14,异常不明显,接近于花岗岩(ΔCe 值 0.63～1.07)之值。球粒陨石标准化模式曲线呈略向右倾对称"V"字形(图 4－29),总体上属于花岗岩和大理岩模式曲线间的过渡类型,具有继承花岗岩和大理岩稀土元素分布属性的特征。

2)磁铁和铅锌矿石:稀土总量(4.64～397.65)×10^{-6},变化范围很大,尚未发现一定的变化规律。LREE/HREE 比值为 0.90～10.55,分馏程度不明显至显著、与花岗岩的接近,在成矿过程中局部有重稀土元素相对富集的趋势。ΔEu 值 0.01～0.23,负异常显著,接近于花岗岩(ΔEu 值 0.04～0.50)和矽卡岩之值;ΔCe 值 0.93～1.15,接近于矽卡岩和花岗岩(ΔCe 值 0.63～1.07)之值。磁铁矿石的(La/Yb)$_N$ 比值 0.92～1.39,接近于矽卡岩之值,明显小于花岗岩(比值为 0.87～11.19)与大理岩(比值为 6.30～15.66)之值;铅锌矿石的(La/Yb)$_N$ 比值为 12.55,明显大于矽卡岩和花岗岩之值,更接近于大理岩之值,可能反映矿石中有较多的大理岩物质成分。球粒陨石标准化模式曲线呈略向右倾对称"V"字形,总体上类似于花岗岩的模式曲线形态,反映成矿物质应主要来源于岩浆热液。

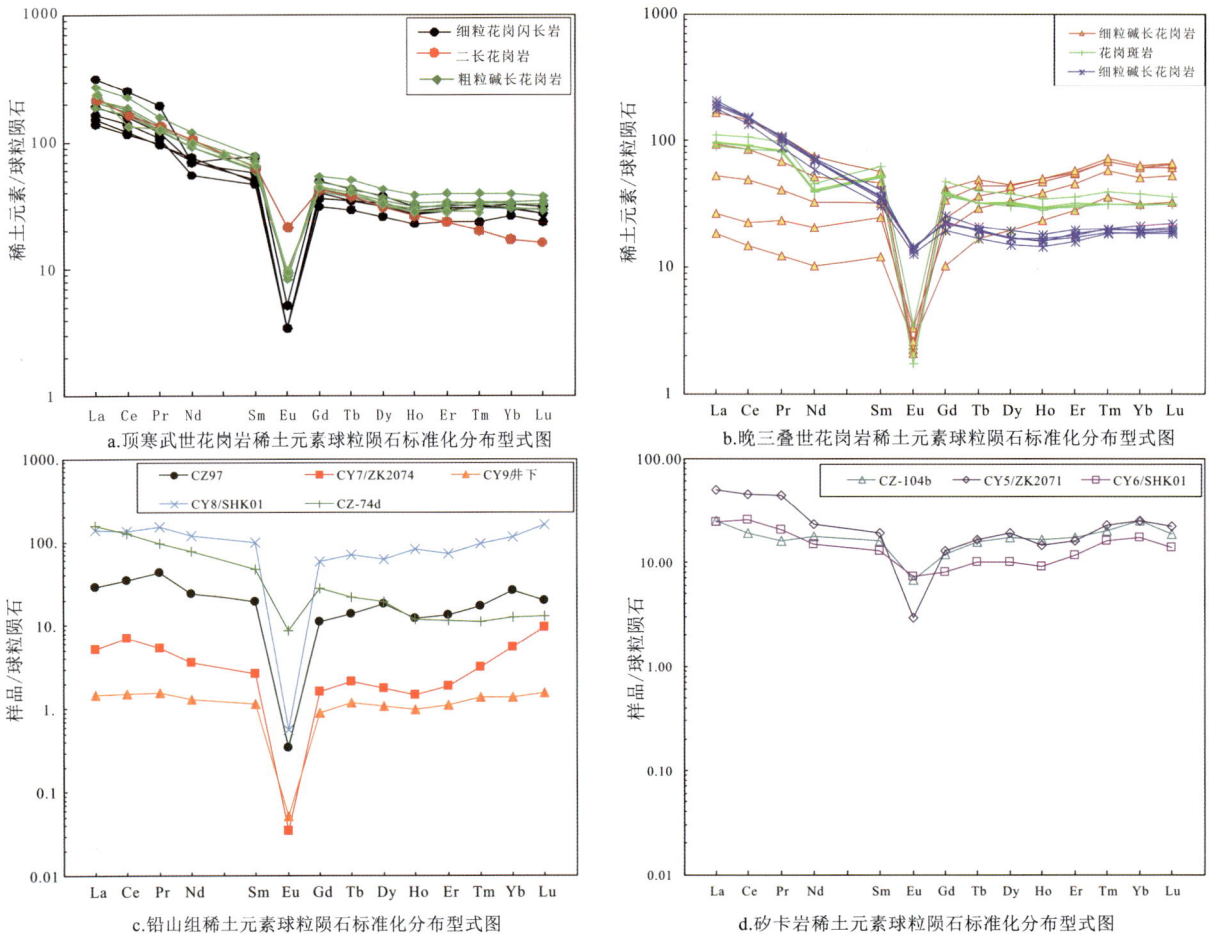

a. 顶寒武世花岗岩稀土元素球粒陨石标准化分布型式图

b. 晚三叠世花岗岩稀土元素球粒陨石标准化分布型式图

c. 铅山组稀土元素球粒陨石标准化分布型式图

d. 矽卡岩稀土元素球粒陨石标准化分布型式图

图 4－29　翠宏山－翠中铁多金属矿的矿石与围岩稀土元素标准化曲线图

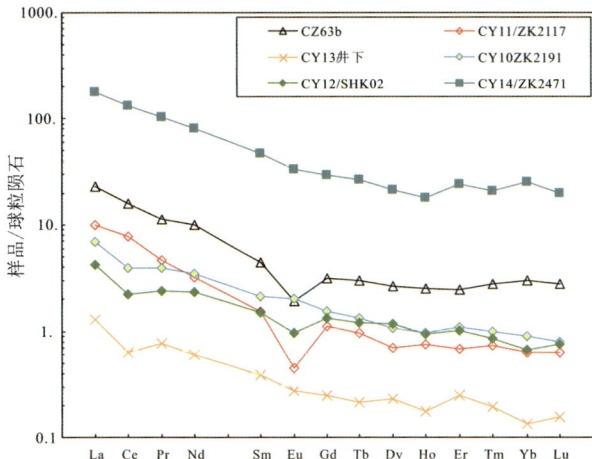

e.矿石稀土元素球粒陨石标准化分布型式图

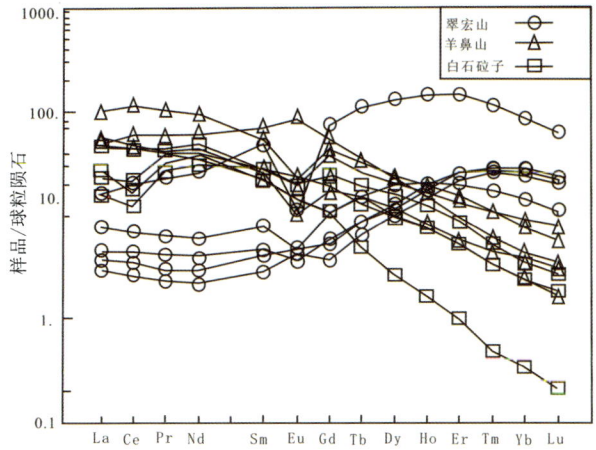

f.翠宏山、白石砬子、羊鼻山白钨矿石稀土元素球粒陨石标准化分布型式图

续图 4 - 29

翠中铁多金属矿床:矽卡岩 CZ - 104b,CY5/ZK2071,CY6/SHK01;磁铁矿石 CZ97,CY7/ZK2074,CY8/SHK01;铅锌矿石 CZ - 74d;大理岩 CZ - 63b,CY11/ZK2117,灰岩 CY10/ZK2191,CY12/SHK02;泥质板岩 CY14/ZK2471。翠宏山铁多金属矿床:磁铁矿 CY9/井下;微晶大理岩 CY13/井下。

3)白钨矿石:稀土总量(17.65 ~ 135.11) × 10^{-6}(表 4 - 12),含量变化范围很大,明显低于花岗岩而高于大理岩之值,接近于矽卡岩之值。LREE/HREE 比值为 0.29 ~ 0.71,重稀土明显相对富集,(La/Yb)$_N$ 比值(0.10 ~ 0.54)也小于矽卡岩、花岗岩与大理岩之值的一个数量级,表明在白钨矿形成过程中轻重稀土元素曾发生了高度分馏,因轻稀土元素高度迁移而产生重稀土元素相对富集。ΔEu 值 0.19 ~ 1.30,变化范围较大;ΔCe 值 0.98 ~ 1.03,异常不明显,接近于矽卡岩之值。球粒陨石标准化模式曲线呈向左倾的"V"字形。

据此,赵华雷(2014)研究认为翠宏山白钨矿的稀土配分形式与Ⅰb 型白钨矿类似(表 4 - 12、图 4 - 29f),与 Ca 元素关系密切,成矿流体应是原始岩浆成矿流体与铅山组发生强烈水岩反应而形成的。

表 4 - 12 翠宏山白钨矿单矿物稀土元素分析结果(× 10^{-6})

元素名称	CHS - 3 - 2	CHS - 3 - 3	CHS - 3 - 4	CHS - 3 - 5	CHS - 3 - 6	元素名称	CHS - 3 - 2	CHS - 3 - 3	CHS - 3 - 4	CHS - 3 - 5	CHS - 3 - 6
La	0.66	1.04	1.73	3.74	0.84	Tm	0.67	0.64	0.42	2.79	0.69
Ce	1.50	2.60	4.11	11.60	2.02	Yb	4.58	4.01	2.30	13.80	4.47
Pr	0.21	0.37	0.58	2.04	0.28	Lu	0.58	0.50	0.28	1.52	0.56
Nd	0.98	1.69	2.67	11.60	1.33	Y	28.80	25.20	31.50	198.00	28.60
Sm	0.42	0.69	1.15	6.80	0.60	ΣREE	17.65	20.37	25.31	135.11	20.52
Eu	0.24	0.20	0.27	0.62	0.26	LREE	4.01	6.59	10.51	36.40	5.33
Gd	0.74	1.16	2.15	14.50	1.06	HREE	13.64	13.78	14.80	98.71	15.19
Tb	0.23	0.30	0.55	3.90	0.31	LREE/HREE	0.29	0.48	0.71	0.37	0.35
Dy	2.53	2.80	4.66	31.80	3.16	(La/Yb)$_N$	0.10	0.19	0.54	0.19	0.13
Ho	0.81	0.86	1.13	7.70	0.98	δEu	1.30	0.68	0.52	0.19	0.99
Er	3.50	3.51	3.31	22.70	3.96	δCe	0.98	1.03	1.00	1.02	1.02

注:引自赵华雷,2014。

4.1.3.8　稳定同位素特征

1）氢－氧同位素特征。

翠宏山 4 件磁铁矿、2 件方解石的氧同位素分析测试样品采自 116 勘探线 $-50\ m$ 中段、58 勘探线 $310\ m$ 中段及矿石堆中的原生磁铁矿和方解石。样品分析测试在核工业北京地质研究院分析测试研究中心完成。

磁铁矿的 $\delta^{18}O_{SMOW}$ 值为 $0.2‰ \sim 2.5‰$（表 $4-13$），变化范围较小，接近于岩浆岩的磁铁矿氧同位素组成，表明磁铁矿中的氧应来源于岩浆岩，属于典型矽卡岩型铁矿床的氧同位素变化范围之内（图 $4-30$）。据赵华雷（2014），翠宏山矿区钨钼矿石的 $\delta^{18}O_{SMOW}$ 值为 $7.6‰ \sim 9.2‰$、$\delta^{18}O_{H_2O}$ 值为 $-0.9‰ \sim 0.7‰$、δD_{V-SMOW} 值为 $-128.9‰ \sim -124‰$，石英脉的 $\delta^{18}O_{SMOW}$ 值为 $6.9‰ \sim 8.2‰$、$\delta^{18}O_{H_2O}$ 值为 $-2.89‰ \sim -1.6‰$、δD_{V-SMOW} 值为 $-129.3‰ \sim -107.4‰$，H－O 同位素组成与深成热卤水的相似；在 H－O 同位素流体性质图解（图 $4-31$）中，投影点均落在大气降水与岩浆水区域的中部，表明成矿流体来源于岩浆水和大气降水的混合。本次研究测得方解石 $\delta^{18}O_{SMOW}$ 变化范围较大，为 $2.4‰ \sim 12.1‰$，因形成时间较晚、温度较低，受大气降水影响较大。

表 $4-13$　翠宏山铁多金属矿氧同位素组成一览表

资料来源	样品编号	测试对象	$\delta^{18}O_{SMOW}‰$	资料来源	样品编号	测试对象	$\delta D_{V-SMOW}‰$	$\delta^{18}O_{SMOW}‰$	$\delta^{18}O_{H_2O}‰$
本次实测	CHS－10	磁铁矿	0.40	赵华雷,2014	CN3－1－5	钨钼矿石	－124.00	7.60	－0.90
	CH－50－10	磁铁矿	2.50		CN3－1－6	钨钼矿石	－125.50	9.20	0.70
	CH－50－18	磁铁矿	1.70		CN3－1－7	钨钼矿石	－128.90	9.20	0.70
	CH－310－1	磁铁矿	0.20		CN3－5	石英脉	－128.90	6.90	－1.60
	CHS－2	方解石	12.10		CN3－6	石英脉	－129.30	6.90	－1.60
	CHS－13	方解石	2.40	谭红艳,2013	DKC1	石英(250.5℃)	－107.40	8.20	－2.89

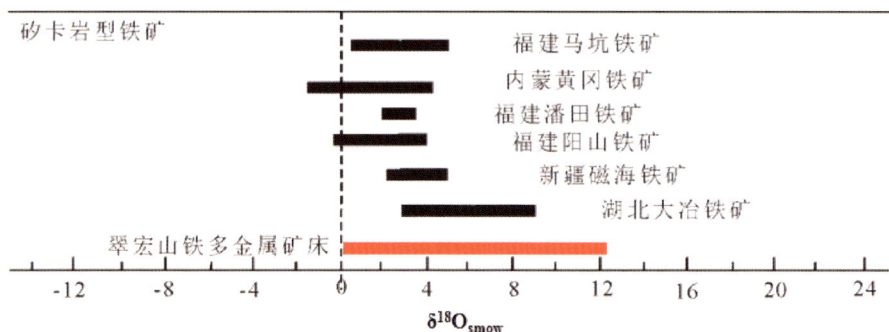

图 $4-30$　翠宏山矿床磁铁矿氧同位素对比图（据洪为,2012）

2）硫同位素特征

本次，翠宏山铁多金属矿的 5 件金属硫化物的 S 同位素测试样品采自 116 勘探线的 $-50\ m$ 中段及矿石堆中的原生矿石，翠中矿床 7 件闪锌矿和方铅矿的 S 同位素测试样品采自 ZK2031、ZK2072 和 ZK2115 钻孔中，分析测试在核工业北京地质研究院分析测试研究中心完成。

翠宏山－翠中矿床金属硫化物的 S 同位素组成变化范围较窄，$\delta^{34}S$ 值为 $0.4‰ \sim 6.9‰$，分布集中（表 $4-14$），与岛弧玄武岩－安山岩的分布范围相当（$\delta^{34}S_{V-CDT}$ 为 $0.4‰ \sim 6.9‰$）（图 $4-32$），与幔源硫（$\pm 3‰$）接近，反映成矿物质主要来源于岩浆。

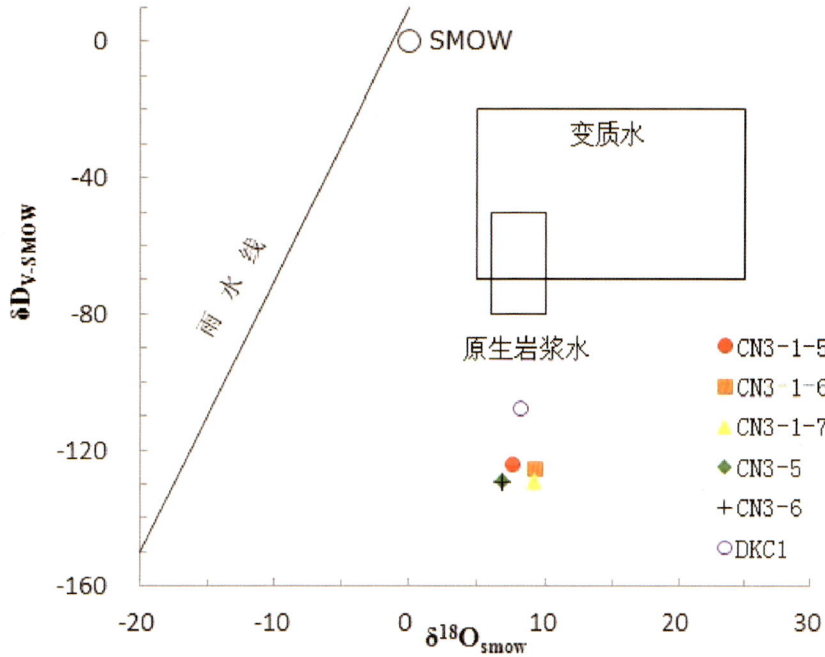

图 4 – 31　翠宏山流体包裹体的 H – O 同位素流体性质示踪图解

表 4 – 14　翠宏山 – 翠中铁多金属矿床硫化物硫同位素测试结果

矿床	资料来源	样品编号	矿石构造	测试对象	$\delta^{34}S_{V-CDT}‰$	矿床	资料来源	样品编号	矿石构造	测试对象	$\delta^{34}S_{V-CDT}‰$
翠宏山	韩振新，2004	DKC1 – 0		辉钼矿	2.0	翠中	陈贤，2015	CZ – 81		黄铁矿	3.0
		DKC1 – 1		辉钼矿	2.9			CZ – 73		闪锌矿	3.5
	杜美艳等，2011	CHS – 6		辉钼矿	4.4			CZ – 74		闪锌矿	3.4
		CHS – 7		辉钼矿	2.6			CZ – 29		磁黄铁矿	5.1
		CHS – 8		辉钼矿	3.3			CZ – 25		方铅矿	4
		CHS – 9		辉钼矿	3.3			CZ – 73		方铅矿	2.3
		CHS – 10		辉钼矿	3.3			CZ – 89		闪锌矿	4.9
		CHS – 1		方铅矿	6.9			CZ – 103b		方铅矿	4.3
		CHS – 2		方铅矿	5.8		本次测试	CZ – 0162	块状矿石	闪锌矿	5.0
		CHS – 3		方铅矿	6.3			CZ – 0182	块状矿石	闪锌矿	4.5
		CHS – 4		方铅矿	6.3			CZ – 0143	块状矿石	方铅矿	3.6
		CHS – 5		方铅矿	6.3			CZ – 0140	块状矿石	方铅矿	4.0
	本次测试	CHS – 5	块状矿石	闪锌矿	4.5			CZ – 0161	块状矿石	方铅矿	2.2
		CHS – 22	块状矿石	闪锌矿	4.5			CZ – 17	块状矿石	方铅矿	4.1
		CHS – 18	浸染状矿石	磁黄铁矿	4.0			CZ – 0181	块状矿石	方铅矿	3.6
		CHS – 28	浸染状矿石	磁黄铁矿	3.3						
		CH – 50 – 15	浸染状矿石	磁黄铁矿	0.4						

　　7 件辉钼矿的 $\delta^{34}S$ 变化范围为 2.0‰ ~ 4.4‰，均值为 3.1‰；1 件黄铁矿的 $\delta^{34}S$ 值为 3.0‰；7 件闪锌矿的 $\delta^{34}S$ 变化范围为 3.4‰ ~ 5.0‰，均值为 4.3‰；4 件磁黄铁矿的 $\delta^{34}S$ 变化范围为 0.4‰ ~ 5.1‰，均值为 3.2‰；13 件方铅矿的 $\delta^{34}S$ 变化范围为 2.2‰ ~ 6.9‰，均值为 4.5‰。这与成矿流体中硫同位素分馏达到平

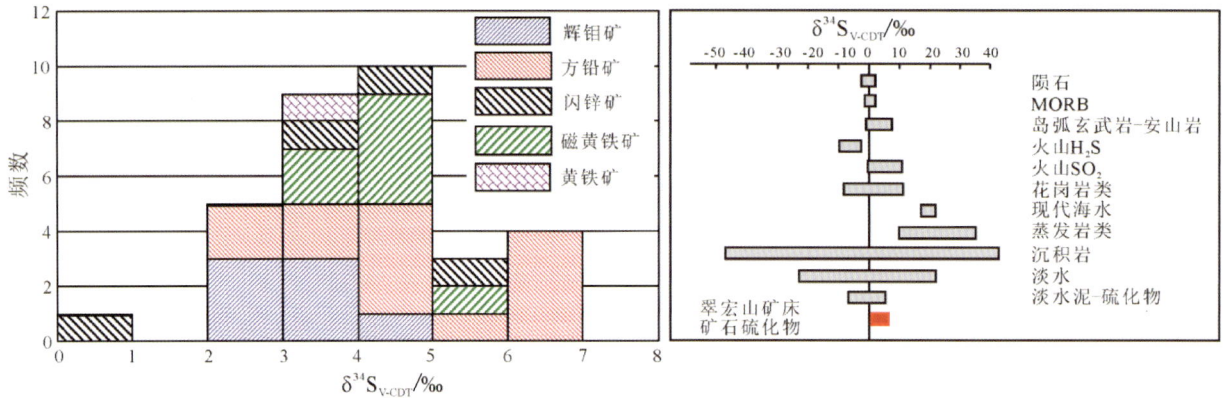

图 4 - 32　翠宏山 - 翠中铁多金属矿床矿石硫化物硫同位素特征示意图

衡时,δ³⁴S 值应遵循的一般规律(辉钼矿 > 黄铁矿 > 闪锌矿 > 磁黄铁矿 > 方铅矿)不相符,这一特征可能反映的是成矿流体中硫同位素分馏没有达到平衡而发生沸腾及二次成矿叠加有关。

矿床强烈围岩蚀变表明,岩浆成因的成矿流体与铅山组白云质碳酸盐岩发生过强烈的水岩反应,当有部分膏岩性质的沉积硫加入,使得成矿流体中的 δ³⁴S 值偏大。

总之,成矿流体中的硫,应主要来源于活动陆缘弧环境形成的岩浆硫,并有部分铅山组膏岩硫的加入。

3)铅同位素特征。

翠宏山 5 件测试铅、硫同位素的样品一致,翠中方铅矿和闪锌矿、岩体的铅同位素测试样品各 7 件(表 4 - 15),分析测试工作在核工业北京地质研究院分析测试研究中心完成。为更好地反映岩石中 Pb 同位素组成特征,排除岩石中一定量的 U 和 Th 对 Pb 同位素组成造成的影响,对翠中矿床的 7 件金属硫化物 Pb 同位素进行了校正。硫化物中的 U、Th 元素含量较低,由 U、Th 衰变而来的放射性铅较少,对铅同位素组成的影响可以忽略不计。

收集矿体围岩铅山组岩石 5 件,顶寒武世黑云母花岗岩 4 件、二长花岗岩 8 件,矿石金属硫化物 8 件,伊春地区前寒武纪结晶基底硅铁建造中的东风山金铁矿床 18 件(表 4 - 16)。

翠宏山 - 翠中矿床 20 件金属硫化物的²⁰⁸Pb/²⁰⁴Pb 比值介于 38.160 ~ 38.650,均值为 38.319,变化范围较小;²⁰⁷Pb/²⁰⁴Pb 比值介于 15.584 ~ 15.727,均值为 15.630,变化范围较大,可能表明成矿过程中有多源物质的混染;²⁰⁶Pb/²⁰⁴Pb 比值介于 18.650 ~ 19.110,均值 18.763,变化范围很小。在²⁰⁷Pb/²⁰⁴Pb - ²⁰⁶Pb/²⁰⁴Pb 和²⁰⁸Pb/²⁰⁴Pb - ²⁰⁶Pb/²⁰⁴Pb 增长曲线图上(图 4 -33a、b),投影点构成一条线性相关明显向左陡倾(斜率较大)的直线,且与矿区成矿花岗岩的缓倾(斜率较小)线性相关直线、东风山铁金矿床近水平(斜率很小)的线性相关直线在造山带增长曲线处相交(东风山片麻状石英二长岩 SHRIMP 锆石 U - Pb 年龄为 508 ± 15 Ma(刘建峰,2006)),而与铅山组的铅同位素组成基本无交集;在铅同位素构造模式图中(图 4 -33c、d),投影点主要落在上下地壳与洋岛火山岩和造山带的叠加区域。由此研判多旋回陆缘岩浆弧形成过程中壳幔混源的岩浆中有东风山岩群的物质加入,而其衍生的岩浆 - 成矿流体在金属硫化物成矿过程中又形成了相对独立的铅同位素演化增长体系。

一般而言,μ 值低于 9.58 的铅来自下部地壳或上地幔,或来自其他构造单元中的封闭体系;而 μ 值大于 9.58 的铅来自富集 U、Th 的上地壳。翠中铅同位素 μ 值变化相对集中(表 4 - 15),矿石铅 μ 值为 9.44 ~ 9.61、均值为 9.49,花岗岩铅 μ 值为 9.41 ~ 9.48、均值为 9.45,二者均高于地幔原始铅 μ 值变化范围(8.92),但均低于 9.58,表明铅源具有地幔与下地壳混合铅的特征。同时矿石和花岗岩的特征 ω 值为 32.24 ~ 35.93、均值为 34.56,介于地幔(31.844)与地壳(36.84)之间,也说明铅来源于壳幔物质的混合。

表 4-15　翠中铁多金属矿床金属硫化物和岩浆岩的 Pb 同位素组成一览表

样品编号	测试对象	$(^{206}Pb/^{204}Pb)/$ $(^{206}Pb/^{204}Pb)_t$	$(^{207}Pb/^{204}Pb)/$ $(^{207}Pb/^{204}Pb)_t$	$(^{208}Pb/^{204}Pb)/$ $(^{208}Pb/^{204}Pb)_t$	μ	ω	Th/U	$\Delta\alpha$	$\Delta\beta$	$\Delta\gamma$
CHS-0143	方铅矿	18.700±0.002	15.600±0.001	38.250±0.003	9.44	34.30	3.52	77.56	17.56	20.85
CHS-0140	方铅矿	18.700±0.002	15.620±0.001	38.300±0.004	9.47	34.63	3.54	77.67	18.67	22.13
CHS-0161	方铅矿	18.710±0.002	15.610±0.002	38.270±0.003	9.46	34.41	3.52	78.25	18.22	21.39
CHS-0162	闪锌矿	18.780±0.002	15.700±0.001	38.540±0.005	9.61	35.84	3.61	83.44	23.62	29.23
CHS-17	方铅矿	18.720±0.002	15.620±0.001	38.310±0.003	9.48	34.58	3.53	78.59	18.80	22.24
CHS-0181	方铅矿	18.710±0.001	15.620±0.001	38.280±0.003	9.47	34.47	3.52	78.25	18.41	21.63
CHS-0182	闪锌矿	18.730±0.002	15.640±0.002	38.340±0.004	9.50	34.77	3.54	79.11	19.59	23.15
CHS-011	粗粒碱长花岗岩	(19.860±0.002)/17.530	(15.690±0.002)/15.550	(39.260±0.005)/36.860	9.49	34.10	3.48	47.34	16.53	4.44
CHS-013	粗粒碱长花岗岩	(19.840±0.002)/17.700	(15.680±0.002)/15.550	(39.280±0.004)/36.650	9.46	32.24	3.30	57.58	16.63	-1.16
CHS-021	细粒碱长花岗岩	(19.090±0.003)/18.630	(15.610±0.002)/15.580	(38.590±0.005)/38.120	9.41	34.00	3.50	87.67	17.08	25.45
CHS-023	细粒碱长花岗岩	(19.150±0.003)/18.450	(15.630±0.003)/15.590	(38.740±0.008)/38.370	9.44	35.93	3.68	77.50	17.44	32.18
CHS-031	细粒碱长花岗岩	(19.150±0.002)/18.530	15.610±0.002/(15.580)	(38.690±0.005)/38.050	9.41	34.17	3.51	82.00	16.75	23.67
CHS-0131	细粒碱长花岗岩	(19.390±0.002)/18.210	(15.640±0.002)/15.580	(38.600±0.004)/38.030	9.45	35.76	3.66	63.32	17.03	22.86
CHS-0133	细粒碱长花岗岩	(19.720±0.002)/18.560	(15.660±0.002)/15.600	(38.800±0.004)/38.180	9.45	34.66	3.55	84.02	18.01	26.96

注:表中 CHS-011、CHS-013、CHS-021、CHS-023、CHS-031、CHS-0131、CHS-0133 样品,括号中的数据是分析数据,没有括号的数据为校正后的数据。

表 4-16　翠宏山-翠中铁多金属矿区矿体围岩和矿石 Pb 同位素组成一览表

矿床名称	资料来源	测试对象	样品编号	$^{206}Pb/^{204}Pb$	$^{207}Pb/^{204}Pb$	$^{208}Pb/^{204}Pb$	备注
翠宏山铁多金属矿床	韩振新等,2004	铅山组 白云质大理岩	C1	19.903	15.763	38.035(5)	
		大理岩	C2	19.278	15.694	37.920(2)	
		透辉石大理岩	C3	20.897	15.804	38.130(1)	
		含碳质大理岩	C4	20.642	15.916	38.767(1)	
		碳质板岩	C5	19.304	15.689	38.115(1)	
		黑云母花岗岩 $(\in_4\eta\gamma)$	C6	20.056	15.781	38.294(2)	
			C7	18.314	15.638	37.671(2)	
			G1	20.792	15.725	38.512	
			G2	19.320	15.617	38.075	
			平均值	19.621	15.685	38.294	
		二长花岗岩$(T_3\eta\gamma)$	C01	18.825	15.357	38.396	
			C02	18.747	15.583	38.312	
			C03	18.912	15.621	38.498	
			C04	18.907	15.610	38.367	
			C05	18.592	15.586	38.105	
			C06	18.609	15.547	38.032	
			C07	18.659	15.588	38.111	
			C08	18.575	15.616	38.170	
			平均值	18.728	15.564	38.249	

续表 4 – 16

矿床名称	资料来源	测试对象	样品编号	$^{206}Pb/^{204}Pb$	$^{207}Pb/^{204}Pb$	$^{208}Pb/^{204}Pb$	备注
	本次	磁黄铁矿	CHS – 18	18.710 ± 0.002	15.600 ± 0.002	38.240 ± 0.005	
			CHS – 28	18.740 ± 0.002	15.590 ± 0.002	38.210 ± 0.004	
			CH – 50 – 15	19.110 ± 0.002	15.590 ± 0.002	38.160 ± 0.004	
			平均值	18.853	15.593	38.203	
		内锌矿	CHS – 5	18.800 ± 0.002	15.650 ± 0.002	38.410 ± 0.005	
			CHS – 22	18.810 ± 0.002	15.650 ± 0.002	38.400 ± 0.004	
			平均值	18.805	15.650	38.405	
翠中铁多金属矿床	陈贤，2015	方铅矿	CZ – 25	18.674 ± 0.002	15.584 ± 0.005	38.177 ± 0.005	方铅矿的平均值： $^{206}Pb/^{204}Pb = 18.699$ $^{207}Pb/^{204}Pb = 15.612$ $^{208}Pb/^{204}Pb = 38.272$
		方铅矿	CZ – 49	18.650 ± 0.002	15.586 ± 0.001	38.183 ± 0.003	
		方铅矿	CZ – 103b	18.729 ± 0.002	15.653 ± 0.002	38.406 ± 0.006	
		闪锌矿	CZ – 73	18.697 ± 0.002	15.683 ± 0.002	38.359 ± 0.005	
	本次	闪锌矿	CZ – 73	18.733 ± 0.003	15.663 ± 0.002	38.449 ± 0.004	闪锌矿的平均值： $^{206}Pb/^{204}Pb = 18.735$ $^{207}Pb/^{204}Pb = 15.672$ $^{208}Pb/^{204}Pb = 38.422$
		黄铁矿	CZ – 74	19.058 ± 0.003	15.602 ± 0.002	38.195 ± 0.006	
		磁黄铁矿	CZ – 49	18.694 ± 0.002	15.606 ± 0.001	38.249 ± 0.003	
		磁黄铁矿	CZ – 89	18.806 ± 0.003	15.727 ± 0.002	38.650 ± 0.006	
		方铅矿	CHS – 0143	18.700 ± 0.002	15.600 ± 0.001	38.250 ± 0.003	磁黄铁矿的平均值： $^{206}Pb/^{204}Pb = 18.750$ $^{207}Pb/^{204}Pb = 15.667$ $^{208}Pb/^{204}Pb = 38.450$
		方铅矿	CHS – 0140	18.700 ± 0.002	15.620 ± 0.001	38.300 ± 0.004	
		方铅矿	CHS – 0161	18.710 ± 0.002	15.610 ± 0.002	38.270 ± 0.004	
		方铅矿	CHS – 17	18.720 ± 0.002	15.620 ± 0.002	38.310 ± 0.003	
		方铅矿	CHS – 0181	18.710 ± 0.001	15.620 ± 0.001	38.280 ± 0.003	
		闪锌矿	CHS – 0162	18.780 ± 0.002	15.700 ± 0.001	38.540 ± 0.005	翠宏山 – 翠中矿区 闪锌矿的平均值： $^{206}Pb/^{204}Pb = 18.758$ $^{207}Pb/^{204}Pb = 15.664$ $^{208}Pb/^{204}Pb = 38.416$
		闪锌矿	CHS – 0182	18.730 ± 0.002	15.640 ± 0.002	38.340 ± 0.004	
		粗粒碱长花岗岩（$\in_4 \kappa\rho\gamma$）	CHS – 011	19.860 ± 0.002	15.690 ± 0.002	39.260 ± 0.005	
			CHS – 013	19.840 ± 0.002	15.680 ± 0.002	39.280 ± 0.004	
			平均值	19.850	15.685	39.270	
		细粒碱长花岗岩（$T_3 \kappa\rho\gamma$）	CHS – 021	19.090 ± 0.003	15.610 ± 0.002	38.590 ± 0.005	磁黄铁矿的平均值： $^{206}Pb/^{204}Pb = 18.812$ $^{207}Pb/^{204}Pb = 15.623$ $^{208}Pb/^{204}Pb = 38.302$
			CHS – 023	19.150 ± 0.003	15.630 ± 0.003	38.740 ± 0.008	
			CHS – 031	19.150 ± 0.002	15.610 ± 0.002	38.690 ± 0.005	
			CHS – 0131	19.390 ± 0.002	15.640 ± 0.002	38.600 ± 0.004	
			CHS – 0133	19.720 ± 0.002	15.660 ± 0.002	38.800 ± 0.004	
			平均值	19.300	15.630	38.684	
东风山铁金矿床	魏菊英等，1996	磁黄铁矿	K407 – 12	18.590	15.606	38.170	脉状，产于板岩
			ZK137 – 17	19.388	15.674	38.038	团块状，产于板岩
			ZK132 – 23	18.336	15.594	38.409	薄层状，产于上部角岩
			ZK122 – 27A	18.421	15.633	38.422	浸染状，产于含铁层
			ZK137 – 58	18.308	15.623	38.328	脉状，产于钴金矿层
			ZK122 – 39	18.224	15.604	38.271	浸染状，产于钴金矿层
			ZK122 – 43	18.288	15.611	38.308	浸染状，产于钴金矿层
			ZK137 – 75	16.909	15.373	38.308	浸染状，产于下部角岩
			平均值	18.308	15.590	38.136	

续表 4 – 16

矿床名称	资料来源	测试对象	样品编号	$^{206}Pb/^{204}Pb$	$^{207}Pb/^{204}Pb$	$^{208}Pb/^{204}Pb$	备注
东风山铁金矿床	魏菊英等，1996	黄铁矿	ZK119 – 2	18.339	15.580	38.233	浸染状，产于大理岩
			ZK122 – 17	18.177	15.592	38.330	脉状，产于上部角岩
			ZK122 – 19	18.709	15.653	38.275	浸染状，产于含铁层
			ZK122 – 27B	18.656	15.626	38.248	浸染状，产于含铁层
			ZK119 – 11	18.441	15.606	38.267	脉状，产于含铁层
			平均值	18.452	15.611	38.271	
		长石	ZK132 – 44	18.390	15.620	38.442	下部长英角岩
			DB – 11	18.784	15.600	38.144	地表花岗岩($\kappa\rho\gamma\in_4$)
			DB – 19	18.801	15.613	38.255	地表花岗岩($\kappa\rho\gamma\in_4$)
			ZK137 – 80	18.844	15.630	38.357	孔深 692m 处花岗岩($\kappa\rho\gamma\in_4$)
			ZK137 – 89	18.854	15.626	38.358	孔深 703 m 处花岗岩($\kappa\rho\gamma\in_4$)
			平均值	18.735	15.618	38.311	

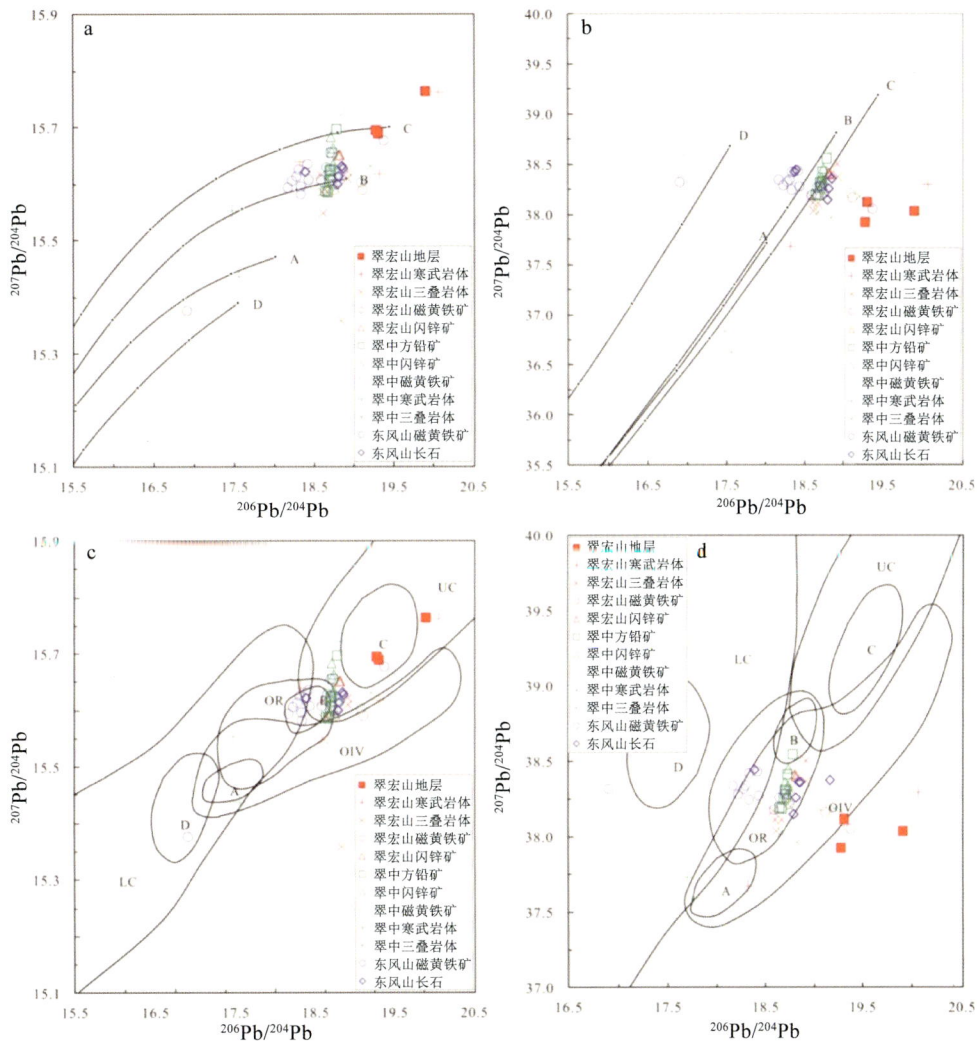

图 4 – 33　翠宏山 – 翠中铁多金属矿床铅同位素增长曲线与构造模式及 $\Delta\gamma - \Delta\beta$ 成因分类图解

(Zartman and Doe，1981；朱炳泉等，1998)

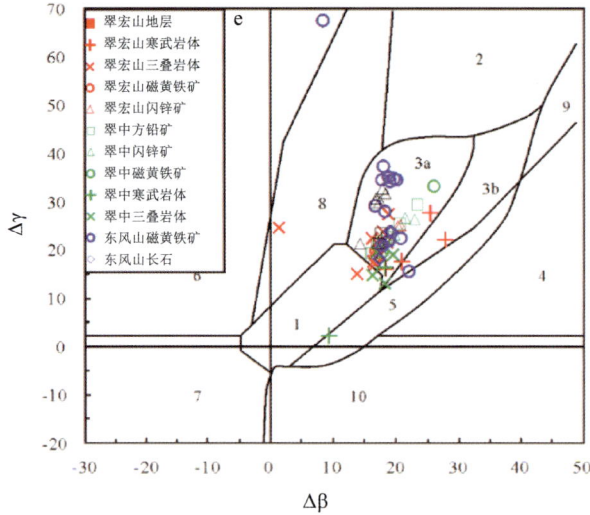

续图 4 – 33

a + b. $^{207}Pb/^{204}Pb$ ~ $^{206}Pb/^{204}Pb$ 和 $^{208}Pb/^{204}Pb$ ~ $^{206}Pb/^{204}Pb$ 增长曲线图:A. 地幔,B. 造山带,C. 上地壳,D. 下地壳;

c + d. $^{208}Pb/^{204}Pb$ – $^{206}Pb/^{204}Pb$ 和 $^{207}Pb/^{204}Pb$ – $^{206}Pb/^{204}Pb$ 构造环境判别图:LC. 下地壳,UC. 上地壳,OR. 造山带,OIV. 洋岛火山岩;

A、B、C、D 分别为样品理论值集中区;e. 铅同位素 $\Delta\gamma$ – $\Delta\beta$ 成因分类图解(利用表 4 – 16 中的数据计算出的 $\Delta\beta$、$\Delta\gamma$ 值投影):1. 地幔源铅;

2. 上地壳源铅;3. 上地壳与地幔混合的俯冲带铅(3a. 岩浆作用,3b. 沉积作用);4. 化学沉积型铅;5. 海底热水作用铅;6. 中深变质作用铅;

7. 深变质下地壳铅;8. 造山带铅;9. 古老页岩上地壳铅;10. 退变质铅。

在铅同位素 $\Delta\beta$ – $\Delta\gamma$ 成因图解上,顶寒武世粗粒碱长花岗岩、晚三叠世二长花岗岩和细粒碱长花岗岩的投影点落在铅同位素区,矿石铅同位素的投影点主要落在岩浆作用铅同位素区,表明成矿物质主要来源于岩浆作用。

4)铼 – 锇同位素特征。

本次在翠中 ZK2032 孔花岗闪长岩中采取 1 件细脉状钼矿石测得的 Re – Os 模式年龄为 202.5 ± 2.9 Ma(表 4 – 17),与陈贤 2015 年采取的矽卡岩型和花岗岩型辉钼矿石测得的 Re – Os 年龄(翠中 6 件样品的模式年龄 200.9 ~ 206.7 Ma、加权平均年龄 204.1 ± 2.4 Ma、等时线年龄 204.0 ± 3.9 Ma,翠宏山 7 件样品的模式年龄 202.0 ~ 205.6 Ma、加权平均年龄 204.9 ± 1.3 Ma、等时线年龄 205.1 ± 1.9 Ma)、郝宇杰 2013 年在翠宏山采取的 7 件花岗岩型钨钼矿石测得的 Re – Os 年龄(模式年龄 199.0 ~ 203.9 Ma、加权平均年龄 201.6 ± 1.4 Ma,等时线年龄 198.9 ± 3.7 Ma)基本相当。结合矿区花岗岩体锆石 U – Pb 年龄及其成矿作用分析,认为翠宏山 – 翠中铁多金属矿区斑岩型钼矿的成矿时代应为晚三叠世,是印支晚期构造 – 岩浆活动的产物,成矿岩石组合为细粒花岗闪长岩 + 细粒二长花岗岩 + 细粒碱长花岗岩 + 花岗斑岩。

一般认为,从地幔来源、壳幔混源到地壳来源,辉钼矿的 Re 含量降至之前的 1/10,从万分之几降至十万分之几、百万分之几。翠宏山矿床辉钼矿中 Re 含量(0.0361 ~ 1.549)× 10^{-6}、均值 0.5731 × 10^{-6},^{187}Os 含量 0.0776 × 10^{-9}、均值 1.2134 × 10^{-9};翠中矿床辉钼矿中 Re 含量(0.2585 ~ 17.108)× 10^{-6}、均值 3.6748 × 10^{-6},^{187}Os 含量(0.5447 ~ 36.28)× 10^{-9}、均值 7.823 × 10^{-9}。两者辉钼矿中的 Re 含量都小于 10 × 10^{-6},矿床的成矿物质应当来源于地壳。两者相较而言,翠中矿床辉钼矿中的 Re 含量均值比翠宏山矿床中的高 2 倍多,^{187}Os 含量均值也较翠宏山矿床中的高 6 倍多,由此推断翠中矿床的成矿物质来源可能更深一些。

表4-17　翠宏山-翠中矿区辉钼矿 Re-Os 同位素测试结果一览表

矿床名称	资料来源	样品编号	样品质量/g	$Re/10^{-6}$		普$Os/10^{-9}$		$^{187}Re/10^{-6}$		$^{187}Os/10^{-9}$		模式年龄/Ma	
				测定值	不确定度	测定值	不确定度	测定值	不确定度	测定值	不确定度	年龄	不确定度
翠宏山	郝宇杰，2013	CN-3-1-2	0.05031	0.6143	0.0078	0.0042	0.0142	0.3861	0.0049	1.302	0.030	202.1	5.6
		CN-3-1-1	0.30032	1.0740	0.0150	0.0020	0.0006	0.6748	0.0094	2.264	0.023	201.1	3.8
		CN-3-1-2	0.30203	0.5997	0.0075	0.0060	0.0009	0.3769	0.0047	1.272	0.015	202.2	3.9
		CN-3-1-3	0.19144	1.5490	0.0150	0.0003	0.0015	0.9737	0.0094	3.234	0.030	199.0	3.1
		CN-3-1-4	0.30125	0.7633	0.0101	0.0011	0.0011	0.4797	0.0063	1.633	0.017	203.8	3.8
		CN-3-1-5	0.30042	1.2900	0.0150	0.0011	0.0004	0.8109	0.0097	2.742	0.023	202.6	3.4
		CN-3-1-6	0.30026	1.0430	0.0160	0.0002	0.0009	0.6554	0.0103	2.201	0.022	201.2	4.1
	陈贤，2015	CHS-4	0.10048	0.0721	0.00021	0.0021	0.0002	0.04532	0.00013	0.1554	0.0007	205.4	2.3
		CHS-5	0.01991	0.5810	0.0134	0.0050	0.3143	0.3652	0.0084	1.2532	0.0136	205.6	5.5
		CHS-6	0.09723	0.0428	0.00085	0.0025	0.0249	0.02687	0.00054	0.0918	0.0007	204.6	4.7
		CHS-7	0.20234	0.0394	0.00094	0.0009	0.0021	0.02473	0.00059	0.0834	0.0010	202.0	5.7
		CHS-8	0.15215	0.0361	0.00011	0.0020	0.0001	0.02266	0.00007	0.0776	0.0003	205.2	2.3
		CHS-9	0.19714	0.1304	0.0016	0.0009	0.0010	0.08195	0.00099	0.2794	0.0025	204.6	3.5
		CHS-10	0.10219	0.1883	0.0041	0.0011	0.0044	0.11883	0.0026	0.4014	0.0036	203.3	5.1
	平均值			0.5731		0.00204		0.36022		1.2134			
翠中	陈贤，2015	CZ-94	0.20072	1.758	0.014	0.0071	0.0063	1.105	0.009	3.779	0.030	204.9	2.9
		CZ-118	0.08784	17.108	0.248	1.3020	0.0262	10.753	0.156	36.28	0.29	202.2	3.7
		CZ-89C	0.09319	0.2585	0.0033	0.0018	0.0040	0.1625	0.0021	0.5447	0.0063	200.9	3.8
		CZ-90	0.06173	2.402	0.017	0.0018	0.0138	1.510	0.011	5.175	0.045	205.4	2.9
		CZ-93	0.02262	1.962	0.017	0.0017	0.0203	1.233	0.010	4.254	0.041	206.7	3.1
		CZ-119	0.01262	1.117	0.010	0.0024	0.0132	0.7018	0.0065	2.358	0.039	201.3	4.2
	本次	ZK2032-6		1.118	0.009	0.0027	0.002	0.7026	0.0054	2.370	0.020	202.5	2.9
	平均值		3.6748		0.1885		2.3097		7.8230				
宏铁山	本次	HTS-5A		0.6692	0.0053	0.0054	0.001	0.4206	0.0033	1.40	0.01	199.3	2.9

4.1.3.9　矿床成因

翠宏山-翠中铁多金属矿区的主要成矿地质要素为:① 矿田处于古元古代-中生代多旋回活动大陆边缘岩浆弧的构造环境,顶寒武世和晚三叠世与成矿有关的 I 型与 A_2 型花岗岩形成于后碰撞或后造山的张性构造环境;② 隐伏结晶基底为古元古代东风山岩群 BIF 建造;③ 早寒武世陆表浅海环境下形成了铅山组碳泥硅灰建造;④ 早加里东运动顶寒武世 I 型花岗岩侵入铅山组北北西向复式褶断带,形成大规模的接触交代-矽卡岩型铁多金属矿带;⑤ 主要在复式褶断带纵向和横向断裂的交会部位及层间滑脱带富集形成矽卡岩型铁钨铅锌矿体;⑥ 晚印支运动晚三叠世 A_2 型花岗斑岩侵入,构造同位叠加斑岩钼矿的成矿作用,形成复合型铁多金属矿床;⑦ 矿床具有多旋回多期多阶段同位成矿的特征;⑧ 成矿物质主要来源于 I 型和 A_2 型花岗岩,成矿时代为顶寒武世和晚三叠世。

1)复合成矿的主要地质依据。

(1)矿田顶寒武世与 A_2 型花岗岩有关的铁钨多金属成矿作用,是区域顶寒武世铁钨成矿作用的重要组成部分。

A. 区域上,小兴安岭 – 张广才岭岩浆弧系(Ⅱ – 2)和佳木斯 – 兴凯地块(Ⅱ – 3)顶寒武世中酸性 – 酸性、准铝 – 过铝质、富碱质钙碱性系列岩浆侵入活动强烈,并形成显著的铁钨成矿作用,锆石 U – Pb 年龄峰值 500 Ma 左右。东风山铁金矿床的片麻状石英二长岩锆石 SHRIMP U – Pb 年龄为 508 ± 15 Ma(刘建峰,2006),羊鼻山铁钨矿床混合岩化片麻状花岗岩的锆石 LA – ICP – MS U – Pb 年龄为 507.6 ± 1.0 Ma(赵华雷,2014)。

翠宏山 – 翠中铁多金属矿区顶寒武世与铁钨铅锌成矿有关的细粒二长花岗岩 + 粗 – 中细粒碱长花岗岩的锆石 LA – ICP – MS U – Pb 年龄为 502.8 ~ 488.9 Ma,与区域东风山铁金矿床、羊鼻山铁钨矿床花岗岩的锆石 U – Pb 年龄基本相当。

翠中铁多金属矿床 6 条勘探线 32 个钻孔的矽卡岩和厚大铁钨多金属矿体的围岩主要为顶寒武世粗粒 – 中粒 – 中细粒碱长花岗岩,其中的铅山组残留体被交代形成矽卡岩及铁钨多金属矿体。翠中矿床矽卡岩微量元素标准化蛛网图曲线形态与顶寒武世粗粒碱长花岗岩的趋同性相对最好的体现,也是成矿与顶寒武世岩浆活动有关的佐证。

B. 矽卡岩成矿期,成矿流体具从高温、高盐度、富含 CO_2 气体,向中高温 – 中低温、低盐度、低 CO_2 气体演化的特征,铁钨(钼)矿体形成于中高温阶段,铅锌铜矿体形成于中低温阶段。

早矽卡岩阶段,岩浆残余流体具高温 322.5 ~ 525.5 ℃、高盐度 14.8% ~ 24.8%(NaCl)的特征;白钨矿阶段,中高温含矿热液的温度和盐度降低至(298.4 ~ 377.2 ℃)、3.5% ~ 8.5%(NaCl);磁铁矿阶段,磁铁矿体中含有大量的白钨矿化矽卡岩角砾,是含铁成矿热液因构造减压沸腾发生隐爆作用的反映;辉钼矿阶段,含矿热液富含 CO_2 气体,成矿温度 178.2 ~ 385.2 ℃、盐度 1.9% ~ 11.1%(NaCl),以交代白钨矿为特征;铅锌铜阶段,大气降水的不断加入,使温度和盐度降至 120.0 ~ 243.2 ℃、4.96% ~ 8.95%(NaCl),主要以充填交代的方式形成铅锌铜矿体,含矿热液属于 $(Ca^{2+} + Mg^{2+}) SO_4^{2-} + (Na^+ + K^+)(Cl^- + F^-) + H_2O + CO_2 + N_2 + H_2$ 体系,磁铁矿、黄铜矿、闪锌矿等矿石的角砾被碳酸盐矿物胶结,成矿流体也曾发生过隐爆作用。

(2)与晚三叠世斑岩钼多金属矿成作用有关的 I 型和 A_2 型花岗岩(中细粒二长花岗岩 + 细粒碱长花岗岩 + 花岗斑岩),具有明显的钾长石化、硅化和绿泥石化,细脉浸染状辉钼矿化发育。翠宏山中细粒二长花岗岩的锆石 SHRIMP U – Pb 年龄为 199.0 ~ 192.8 Ma,翠中 – 翠宏山细粒碱长花岗岩、花岗斑岩的锆石 LA – ICP – MS U – Pb 年龄分别为 201.0 ± 6.4 Ma、192.7 Ma;钼矿石 Re – Os 等时线年龄:翠中为 204 Ma,翠宏山为 205.1 ~ 198.9 Ma,主成矿年龄在 200 Ma 左右。

翠宏山矿床表证矽卡岩型铁钨多金属矿化期次的脉体先后穿插切割关系、花岗斑岩中的细脉浸染状辉钼矿化特征表明,钼成矿较晚。

成矿流体富含 CO_2 气体,温度为 179.0 ~ 384.1 ℃、盐度 3.55% ~ 9.60%(NaCl),减压沸腾隐爆作用形成了矽卡岩型和花岗岩型的角砾状矿石;花岗斑岩体中的细脉浸染型钼矿体的成矿温度和盐度降低为 160.0 ~ 251.1 ℃、4.96% ~ 8.95%(NaCl)。

2)成矿物质主要来源于 I 型、A_2 型花岗岩,有东风山岩群与铅山组的部分成矿物质加入。

(1)微量元素分布:铅锌矿石中与岩浆热液活动有关的 Zr、Hf 明显富集,反映成矿物质主要来源于花岗岩。

(2)稀土元素分布:磁铁和铅锌矿石的球粒陨石标准化模式曲线呈略向右倾对称"V"字形(图 4 – 24),总体上类似于花岗岩的模式曲线形态,反映成矿物质应主要来源于岩浆热液;翠宏山的白钨矿稀土配分形式与 I b 型白钨矿类似,与 Ca 元素关系密切,成矿流体应是原始岩浆成矿流体与铅山组发生强烈水岩反应而形成的。

（3）氢氧同位素组成：磁铁矿 $\delta^{18}O_{SMOW}$ 值为 0.2‰ ～ 2.5‰，接近于岩浆岩的磁铁矿氧同位素组成，属于典型矽卡岩型铁矿床的氧同位素变化组成；钨钼矿石、石英脉的 H－O 同位素组成与深成热卤水的相似，在 H－O 同位素流体性质图解中，投影点均落在大气降水与岩浆水区域的中部，表明成矿流体来源于岩浆水和大气降水的混合。

（4）硫同位素组成：翠宏山－翠中矿床金属硫化物的 $\delta^{34}S$ 值为 0.4‰ ～ 26.9‰，分布集中，与岛弧玄武岩－安山岩的分布范围相当（$0.4 \sim 6.9\delta^{34}S_{V-CDT}$‰），与幔源硫（±3‰）接近，反映成矿物质主要来源于岩浆，并有部分膏岩性质的沉积硫加入。

（5）Sr－Nd－Hf 同位素组成：顶寒武世与矽卡岩型铁钨多金属成矿有关的 A_2 型花岗岩的 $\varepsilon_{Hf}(t)$ 值均为负值，Nd 和 Hf 同位素地壳模式年龄（T_{DM2}）分别为 1623 ～ 1286 Ma 和 1992 ～ 992 Ma，反映了其成岩成矿物质来源主要为古－中元古代结晶基底东风山岩群 BIF 建造等古老地壳的部分熔融。

晚三叠世与斑岩型钼多金属成矿有关的 A_2 型花岗岩 $\varepsilon_{Hf}(t)$ 值均为负值，Nd 和 Hf 同位素地壳模式年龄（T_{DM2}）分别为 1287 ～ 1010 Ma 和 1244 ～ 819 Ma，反映了其成岩成矿物质来源主要为中－新元古代地壳的部分熔融。

（6）Pb 同位素组成：铅的同位素增长曲线图和构造模式图表明，顶寒武世和晚三叠世的 A_2 型花岗岩属于壳幔混源并有东风山岩群和铅山组的物质加入。

（7）铼－锇同位素组成：晚三叠世与钼成矿有关的 A_2 型花岗岩 Le－Os 同位素含量表明，翠宏山－翠中矿床的钼等成矿物质主要源于上地壳，翠中的来源更深一些。

4.2　晚三叠世（T_3）铁多金属矿床地质特征

20 世纪 60 ～ 70 年代，通过 1:20 万或 1:5 万航磁异常检查，发现并勘查评价了红旗山、宏铁山、翠北、库滨等铁多金属矿床（点）。

4.2.1　翠北铁多金属矿点

该矿点为省物探大队于 1967 年检查 1:20 万航磁异常时发现，1969 年黑龙江省第三地质大队开展了普查工作。估算推断磁铁矿石量 44.5 万 t，已开发利用。

4.2.1.1　矿区地质特征

1）矿区地层：矿区内出露地层为寒武系下统西林群铅山组（$\in_1 q$），呈残留体状分布，走向近南北（图 4－34），主要岩石为白云质大理岩、角岩等。

2）矿区控矿构造：矿区位于翠北－翠中北北西向复式褶断侵入接触构造带的北段、库尔滨河向斜的东翼，是翠宏山－翠中晚三叠世大型铁多金属成矿作用的北延部分。

3）矿区侵入岩特征：矿区花岗质岩浆侵入活动强烈，大面积分布。翠宏山复式岩体中粗粒花岗闪长岩（$\delta\gamma T_3$）+ 碱长花岗岩（$\chi\rho\gamma T_3$）+ 花岗斑岩（$\gamma\pi T_3$）侵入白云质大理岩形成两条矽卡岩矿化带，早侏罗世细－中粒正长花岗岩（$\xi\gamma J_1$）及闪长玢岩（$\delta\mu J_1$）等脉岩（图 4－34）侵入活动对矽卡岩矿化带产生一定的侵蚀破坏。主要侵入岩体的分布、产状、岩石组合、成岩年龄等特征见表 4－1。

成矿花岗闪长岩的岩石矿物特征、岩石地球化学特征、成岩年龄、形成构造环境和成因等特征见 3.2"矿田岩浆岩"。

4）矿区蚀变矿化特征：矿点由两条南北向脉状矽卡岩矿化带组成。

西部 Ⅰ 号带位于花岗斑岩（$\gamma\pi T_3$）中，长约 450 m，宽几米至百余米，向西陡倾，赋存 Ⅰ、Ⅰ－1 号铁矿体，深部被正长花岗岩（$\xi\gamma J_1$）侵蚀破坏（图 4－35）。东部 Ⅱ 号带位于花岗斑岩（$\gamma\pi T_3$）上盘碱长花岗岩（$\chi\rho\gamma T_3$）

中,长约 200 m,宽几米至几十米,向西陡倾,赋存 II 号铁矿体。

按蚀变形成先后及与成矿的关系,划分为成矿前、矽卡岩磁铁矿化、热液蚀变矿化三个阶段。

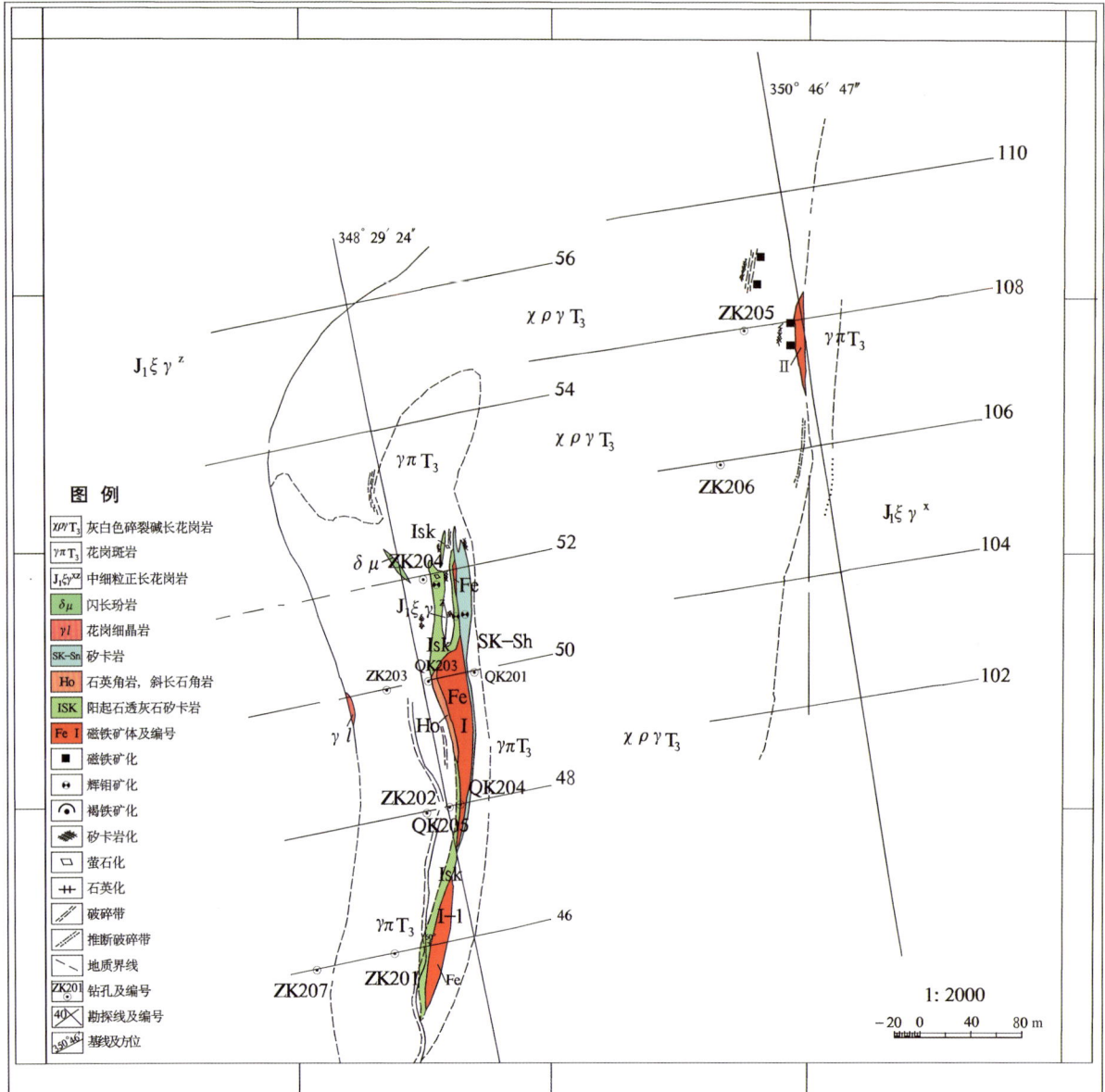

图4-34 翠北铁多金属矿点地质图(据黑龙江省第六地质勘查院 1969 年资料修编)

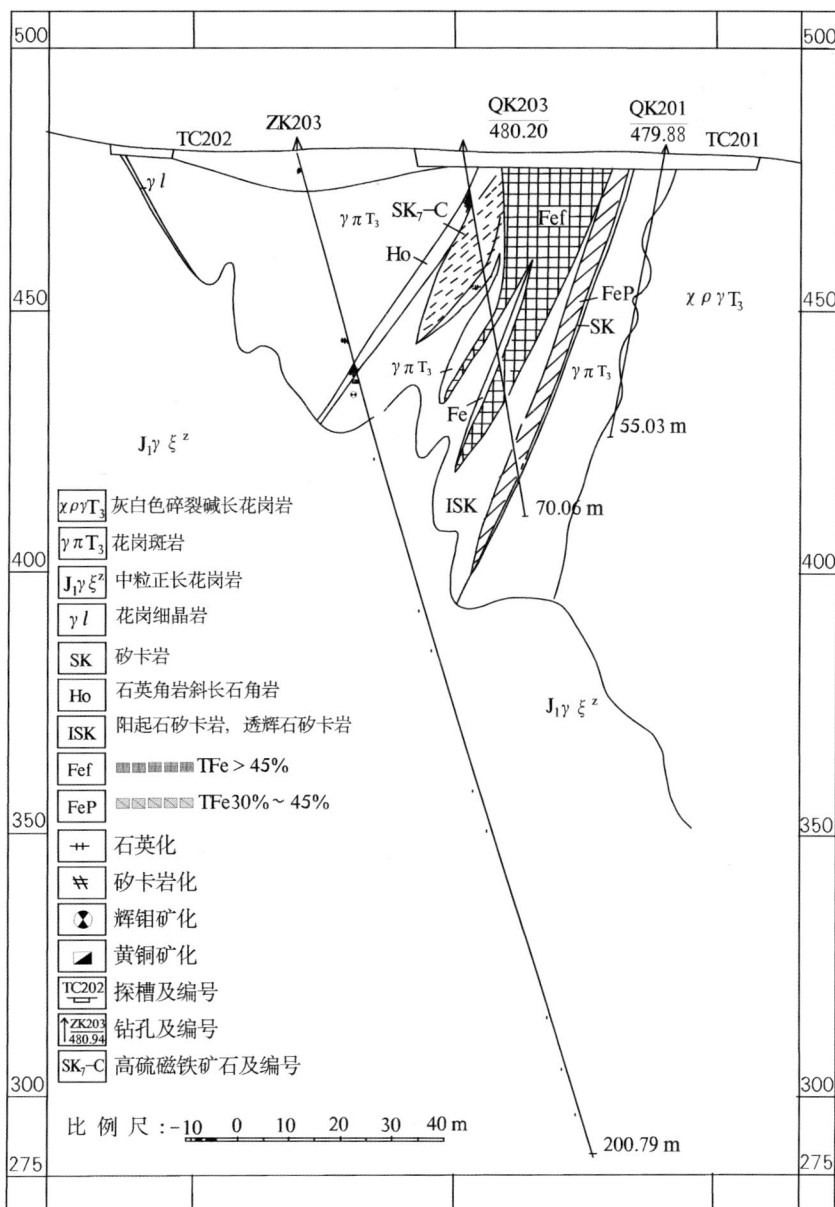

图4-35　翠北Ⅱ号矿体50线地质剖面图(据黑龙江省第六地质勘查院1969年资料修编)

（1）成矿前蚀变：主要为铅山组接触热变质作用形成的大理岩和角岩等。

（2）矽卡岩磁铁矿化阶段：早矽卡岩主要为透辉石矽卡岩、石榴石矽卡岩、金云母矽卡岩，晚矽卡岩主要为阳起石矽卡岩，并被磁铁矿交代形成矿体。主要矿物生成顺序为：石榴石→斜硅镁石→透辉石→金云母→绿帘石→阳起石→透闪石。

（3）热液蚀变矿化阶段：阳起石、绿帘石、透闪石、萤石、绿泥石、硅化等，呈细脉状穿插于磁铁矿中。该阶段常形成较强的团块状（图4-36d）或网脉状辉钼矿化、少量黄铜矿化。

4.2.1.2　矿体地质特征

在两条矽卡岩带中共发现3条磁铁矿体。西部Ⅰ、Ⅰ-1号矿体规模相对较大，东部Ⅱ号矿体规模很小，呈透镜状或扁豆状产出，走向近南北，向西陡倾，倾角60°～65°。

图 4 – 36　翠北铁矿点主要岩矿石类型

a. 细粒正长花岗岩与铁矿体的截然接触关系; b. 中粗粒花岗闪长岩与细粒碱长花岗岩的接触关系; c. 块状磁铁矿;

d. 透辉石矽卡岩中的萤石和团块状辉钼矿。

Ⅰ 号矿体长约 170 m,平均宽 14.15 m,倾向最大延深 80 m,全铁品位 25% ~60%,从上至下品位逐渐变低。

Ⅰ –1 号矿体长约 100 m,平均宽 12.51 m,倾向最大延深 80 m,全铁品位 25% ~45%。

Ⅱ 号矿体长约 75 m,平均宽 6.4 m,倾向最大延深 50 m,全铁品位 25% ~58.45%。

4.2.1.3　矿石特征

1)矿石类型及矿物组合:按矿体中主成矿元素种类划分,分为磁铁矿石、钼矿石。金属矿物以磁铁矿为主,其次为赤铁矿、磁黄铁矿、黄铁矿、辉钼矿、黄铜矿等;脉石矿物主要为阳起石、透闪石、金云母、石榴石、透闪石、硅镁石、绿泥石等。

2)矿石结构构造:矿石的结构、构造比较简单。磁铁矿石以自形 – 他形晶粒状结构为主,次为交代残余结构;Ⅰ、Ⅱ 号矿体以块状构造为主,深部有少量条带状构造;Ⅰ –1 号矿体主要为浸染状构造(图 4 –37a、c、d)。辉钼矿石以团块状、细脉状构造(图 4 –37b)为主,次要为板状、片状结构。

4.2.1.4　矿点成因

翠北 – 翠中北北西向复式褶断带被顶寒武世翠中复式花岗岩体侵入破坏分割形成的铅山组白云质大理岩残留体,又被晚三叠世翠宏山复式花岗岩体侵入,在褶皱构造纵横断裂的控制下,在刺尔滨河向斜东翼翠北地段形成矽卡岩 – 热液成矿作用,经高温石榴石 – 中高温阳起石矽卡岩磁铁矿阶段、中温热液辉钼矿阶段,形成了矽卡岩型铁钼矿体。据与成矿有关的粗粒花岗闪长岩的成岩年龄201.4±5.5 Ma,矿体被早侏罗世花岗岩侵蚀破坏的现象,研判矿床成矿地质时代当为晚三叠世。

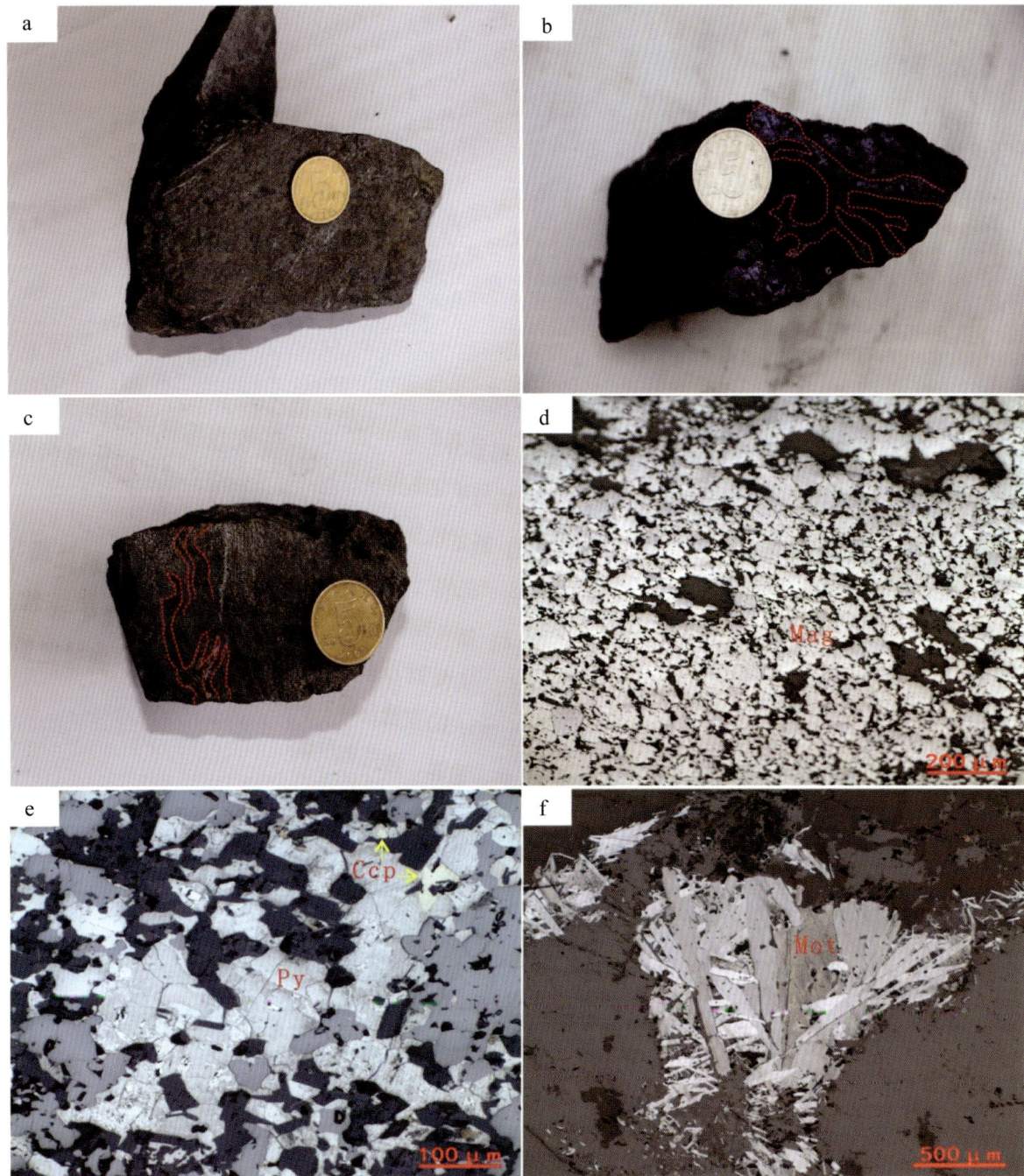

图4-37　翠北铁矿点矿石特征

a. 稠密浸染状磁铁矿石;b. 细脉状辉钼矿石;c. 稠密浸染状磁铁矿中发育有细脉状的黄铁矿;d. 稠密浸染状磁铁矿;
e. 黄铁矿粒状集合体;f. 辉钼矿板状、片状晶形。

4.2.2　红旗山铁锌锡矿床

黑龙江省第三地质大队1973年检查1:5万航磁异常M73-102发现了矿床的Ⅰ号矿带,1974—1975年普查工作发现了Ⅱ、Ⅲ号矿带,1976—1977年对3个矿带开展了系统的普查工作,2003年黑龙江省第五地质勘查院对Ⅱ号矿带开展了详查工作。Ⅱ-1铁锌矿体估算控制+推断磁铁矿石量246.56万t、全铁平均品位 34.25%,锌金属量 2.79 万 t、锌平均品位为 7.01%;Ⅲ、Ⅰ 号矿带估算推断磁铁矿石量 26.8 万 t、1.4 万 t。Ⅱ、Ⅲ 号矿带主要铁多金属矿体已开发利用。

4.2.2.1 矿区地质特征

矿床位于矿田的东南部,处于伊春早寒武世陆表海沉积盆地、晚三叠世花岗岩侵入岩区、霍吉河 – 红旗山北北西向复式褶断侵入接触构造带的南段,矿床由北部的 Ⅱ 号矿带、中部的 Ⅰ 号矿带、南部的 Ⅲ 号矿带组成。

1)矿区地层:矿区内出露地层主要为寒武系下统西林群铅山组($\in_1 q$)、侏罗系下统二浪河组($J_1 er$),总体走向北北西向(图 4 – 38)。

(1)铅山组:总体上以北北西向复式褶皱构造的形式分布,被晚三叠世和早侏罗世花岗岩侵入破坏呈悬垂体状产出,总厚度大于 340 m,据岩石特征划分为三个岩性段。下段粉砂岩夹钙质砂岩、石英砂岩,主要分布于 Ⅱ 号矿带东部的背斜构造中;中段白云质大理岩夹粉砂岩,主要分布于西部向斜构造中,是 Ⅰ、Ⅱ、Ⅲ 号矿带铁多金属矿体形成的有利围岩;上段粉砂岩夹板岩,仅在西部向斜构造、东部背斜构造中局部分布。

(2)二浪河组:划分为下部中性火山岩段、上部酸性火山岩段,主要分布于 Ⅱ 号矿带的北部,总厚度大于 120 m。其中的潜成中性、酸性火山岩体对铁多金属矿体侵蚀破坏明显。

2)矿区控矿构造:霍吉河 – 红旗山北北西向复式褶断侵入接触构造带是矿区的主体构造,褶皱核部的北北西向纵向压扭性断裂控制着霍吉河斑岩钼矿、红旗山铁多金属矿的分布。

(1)复式褶断带:位于矿田的东部,北北西向延长约 7 km、宽约 1 km,北段为早白垩世梅山火山喷发带的西缘边界断裂、中段为霍吉河钼矿区、南段为红旗山铁多金属矿区。红旗山段由西部的倒转向斜、东部的背斜构造构成,配套的纵横断裂、核部剥离构造、层间滑脱构造带,是晚三叠世花岗闪长岩 + 碱(正)长花岗岩 + 花岗斑岩侵入形成矽卡岩、铁多金属矿体的有利空间。

西部倒转向斜:主要由中段白云质大理岩夹粉砂岩组成,核部剥离构造、层间滑脱构造带较发育。向斜北段西翼发生倒转,两翼西倾,倾角 40°~65°,赋存 Ⅱ、Ⅰ 号矿带(图 4 – 39、图 4 – 40);向斜南段为正常向斜,西翼向东陡倾、倾角 60°~80°,东翼西倾、倾角 40°~60°,Ⅲ 号矿带产于向斜的核部(图 4 – 41)。

东部背斜:分布于 Ⅱ 号矿带的东部,主要由下段粉砂岩夹钙质砂岩、石英砂岩组成,内部次一级小褶曲构造发育。

图例

Q_4	第四系
$\zeta\pi J_1 er$	英安斑岩
$\lambda d_1 er$	流纹斑岩
$\alpha TJ_1 er$	安山质凝灰岩
$\in_1 q(Sl)$	角岩化粉砂岩夹石英砂岩
$\in_1 q(S^{ces})$	绢云母石英片岩
$\in_1 q(Mb)$	白云质大理岩
$\in_1 q(St^{hs})$	角岩化粉砂岩夹石英砂岩
γJ_1	花岗细晶岩
$\xi o\pi J_1$	石英正长斑岩
$\xi\pi J_1$	正长斑岩
$\gamma\pi T_3$	花岗斑岩
$\delta\mu T_3$	闪长玢岩
$x\rho\gamma T_3$	碱长花岗岩
$\gamma\delta T_3$	花岗闪长岩
δl	细晶闪长岩
$\delta\chi$	闪斜煌斑岩
Ho	角岩
SK	矽卡岩
Fe	铁矿体
	压性破碎带
	张性破碎带
	实测及推测地质界线
	勘探线及编号

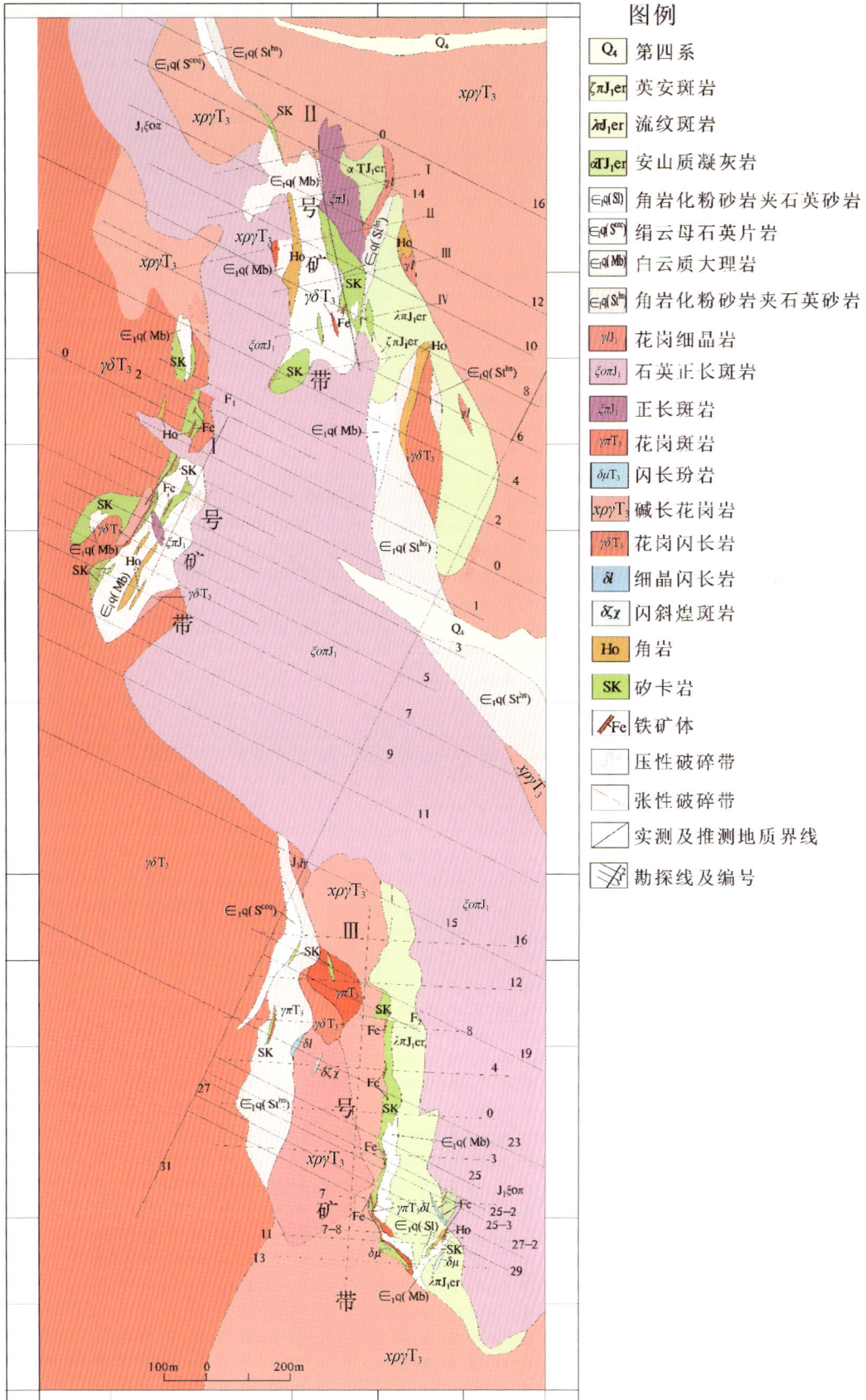

图 4-38　红旗山铁锌锡矿床地质图(据黑龙江省第五地质勘查院 2006 年资料修编)

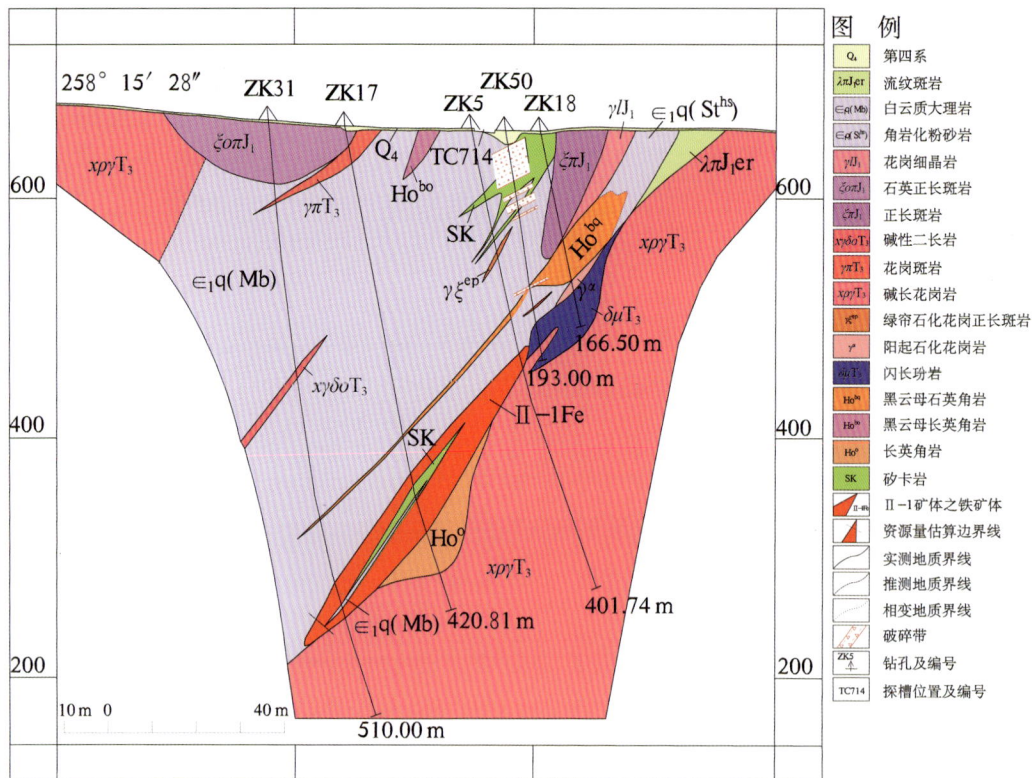

图4－39　红旗山铁多金属矿床Ⅱ号矿带第Ⅱ勘探线地质剖面图(据黑龙江省第五地质勘查院2006年资料修编)

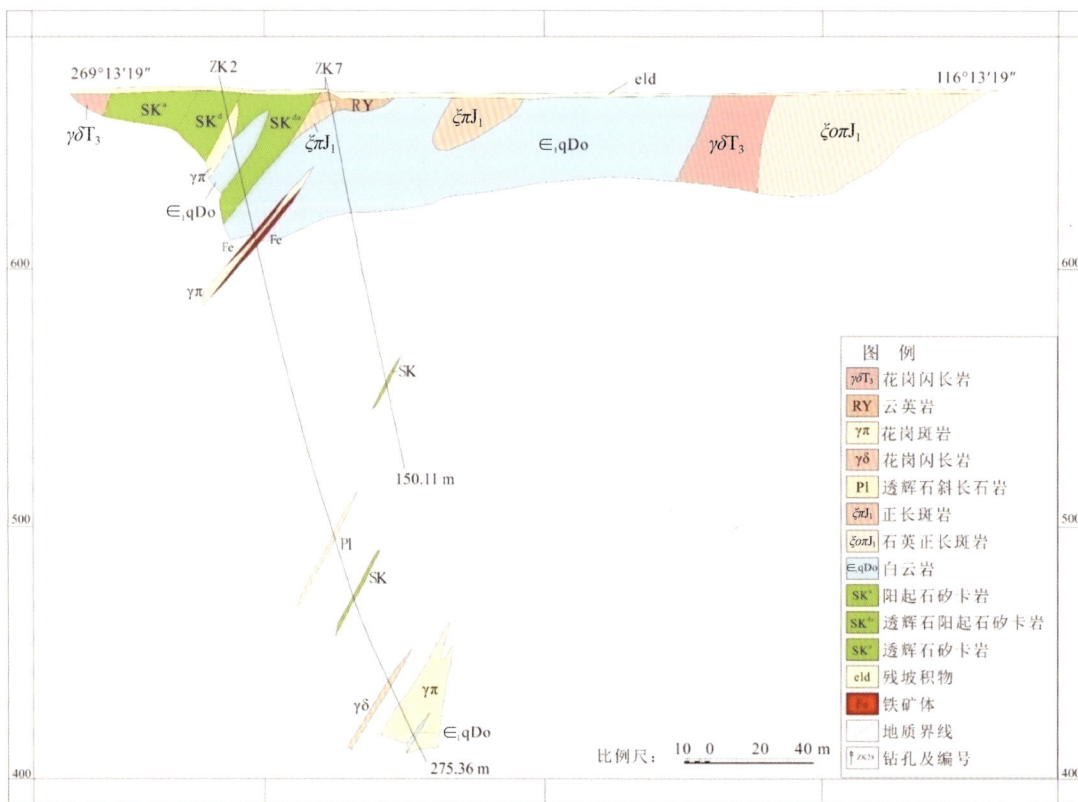

图4－40　红旗山铁多金属矿床Ⅰ号矿带第9勘探线地质剖面图(据黑龙江省第五地质勘查院2006年资料修编)

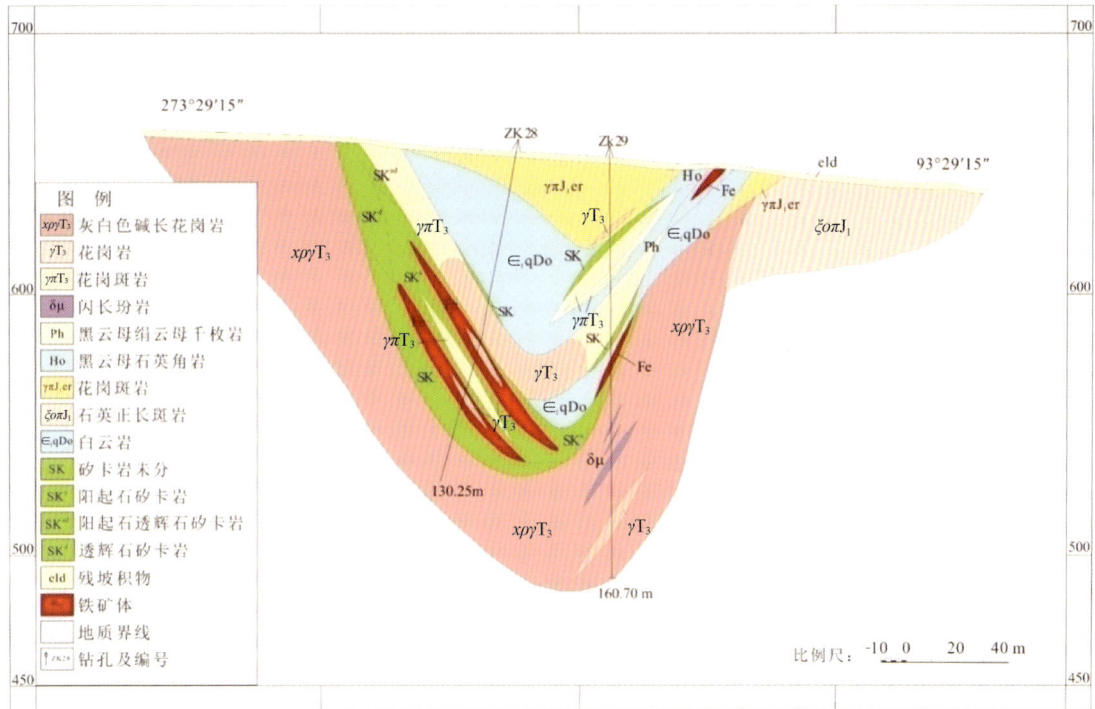

图4-41　红旗山锌铁锡矿床Ⅲ号矿带第7-8勘探线地质剖面图(据黑龙江省第五地质勘查院2006年资料修编)

(2)侵入接触构造带:白云质大理岩悬垂体周边的侵入接触带受褶皱纵向及横向断裂构造控制,总体呈向形形态产出,走向产状与向斜的基本一致。晚三叠世成矿花岗岩侵入悬垂体剥离构造带、层间滑脱构造带形成的侵入接触带,其形态和产状与控制构造的基本一致,是矿区的主要成矿空间。

3)矿区侵入岩特征:晚三叠世中酸性-酸性岩浆侵入活动强烈,产生了矽卡岩型铁锡锌成矿作用;早侏罗世酸性岩脉属于成矿后形成的切割破坏矿体。主要侵入岩体的分布、产状、岩石组合、成岩年龄等特征见表4-18。

表4-18　红旗山铁多金属矿床区花岗质岩浆侵入活动一览表

侵入时代	岩石组合	分布	岩体名称	产状	成岩年龄/Ma	侵入关系	成矿作用
晚三叠世	英云闪长岩($\gamma\delta oT_3$)+花岗闪长岩($\gamma\delta T_3$)+中粒碱长花岗岩($\chi\rho\gamma T_3$)+花岗斑岩($\gamma\pi T_3$)	主体中粗粒-似斑状花岗闪长岩+中粒碱长花岗岩,分布于矿床的西部、东部	红铁山复式岩体	岩株、岩脉状产出	中粒碱长花岗岩锆石LA-ICP-MSU-Pb 204.1±1.3 Ma	侵入铅山组($\in_1 q$)	矽卡岩型铁锡锌矿床,小型
早侏罗世	闪长玢岩($\delta\mu J_1$)+正长斑岩($\zeta\pi J_1$)+石英正长斑岩($\zeta o\pi J_1$)+花岗细晶岩($\gamma_\iota J_1$)	主要沿矿床中部褶断带纵向断裂分布	中部岩体	小岩体、岩脉		侵入二浪河组($J_1 er$)及早期地质体	切割、破坏矿体

成矿碱长花岗岩的岩石矿物、地球化学、成岩年龄、形成构造环境和成因等特征见3.2"矿田岩浆岩";花岗斑岩的特征,参阅本章翠宏山-翠中矿床的相关内容;花岗闪长岩的特征,参阅翠北铁多金属矿点的相关内容。

3)矿区蚀变矿化特征:按照蚀变形成先后及与成矿的关系,划分为成矿前、矽卡岩铁锡矿化、热液蚀变锌矿化、成矿后4个蚀变阶段。

（1）成矿前蚀变：主要为晚三叠世花岗岩侵入铅山组形成的接触热变质作用，规模较小，主要表现为碳酸盐岩形成大理岩、砂板岩形成角岩化等。

（2）矽卡岩铁锡矿化：早矽卡岩主要为透辉石矽卡岩、石榴石矽卡岩、金云母矽卡岩，晚矽卡岩主要为阳起石绿泥石矽卡岩、透闪石绿泥石矽卡岩，产生磁铁矿、锡石矿化。主要矿物生成顺序为：透辉石→石榴石→金云母→阳起石（斜硅镁石）、透闪石→绿泥石。

（3）热液蚀变锌矿化：绢英岩＋云英岩化、硅化、蛇纹石化、绢云母化、绿泥石化、闪锌矿化等。

（4）成矿后蚀变：主要表现为细脉状硅化和碳酸盐化。

矿区内共发现 3 条矽卡岩蚀变矿化带、2 条绢英岩＋云英岩蚀变矿化带（图 4 - 38 至图 4 - 41）。

Ⅰ、Ⅱ号矽卡岩蚀变矿化带，分布于前述西部倒转向斜的北段，呈脉状或透镜状产出，宽几米至几十米，长 600 余米，产状与大理岩层的产状基本一致；Ⅰ号带走向变化较大，北段走向近南北，中段和南段走向北北东。

Ⅲ号矽卡岩蚀变矿化带，分布于前述西部倒转向斜的南段的核部，呈向形脉状或透镜状产出，南北长约 1000 m，东西宽约 300 m，均形成规模不等的铁锡锌矿体。

2 条绢英岩＋云英岩蚀变矿化带，分布于东部背斜的南段砂板岩中，呈似层状或脉状，南北长 300 ~ 500 m，东西宽 10 ~ 50 m。主要与花岗斑岩的侵入活动有关，应开展锡钨矿找矿勘查工作。

硅化主要分布于Ⅱ号矿带铁多金属矿体的顶底板。

主要金属矿物的矿化特征按生成先后顺序叙述如下：

磁铁矿呈半自形 - 他形晶粒状分布，粒径≥0.1 mm；

毒砂呈锡白色、半自形 - 他形晶粒状，分布很不均匀，粒径 0.01 ~ 2.00 mm；

闪锌矿多为黑褐色，呈半自形 - 他形晶，以不规则粒状或团块状分布于磁铁矿、毒砂、脉石矿物的间隙中，粒径≥0.1 mm；

锡石分布不均匀，粒径 0.02 ~ 0.05 mm，最大可达 0.5 mm，以不规则粒状分布于矿石中；

硼镁铁矿呈炭黑色，呈细小的针状、纤维状集合体分布，含量较少；

磁黄铁矿呈不规则粒状分布于闪锌矿中，少数呈不规则粒状集合体分布于磁铁矿、毒砂等颗粒间隙中；

黄铜矿与磁黄铁矿紧密共生，含量少，常出现在闪锌矿中。

4.2.2.2　矿体地质特征

矿床由 3 个铁多金属矿带组成，Ⅱ、Ⅲ号矿带中的矿体相对较大，Ⅰ号矿带中的矿体很小。

Ⅱ号矿带：位于矿区倒转向斜的北段，由两个隐伏矿体组成。Ⅱ - 1 号铁锌矿体为矿区的最大矿体，赋存在碱长花岗岩顶部与白云质大理岩的矽卡岩带内，呈透镜状 - 脉状，长 400 m，倾向南西西、倾角 53° ~ 63°；2 线最大厚度：铁 39.39 m、铁锌 15.25 m，倾向最大延深 420 m；矿体全铁平均品位 34.25%、锌平均品位 7.01%；赋存标高 620 ~ 200 m，矿头埋深 45 ~ 178 m。

Ⅲ号矿带：位于矿区倒转向斜南段核部，赋存在花岗斑岩侵入白云岩形成的层间矽卡岩带内。Ⅲ - 13 号铁锡主矿体为隐伏矿体，呈向形透镜状，南北长约 600 m；西翼东倾，倾角 45° ~ 80°，具尖灭再现的特征；东翼西倾，倾角 45° ~ 60°，上部被早侏罗世流纹斑岩侵入破坏；7 线、7 - 8 线矿体分为两层，7 线矿体最大总厚约 30 m，最大宽度约 200 m，品位：全铁 23.08% ~ 41.46%，锡 0.30% ~ 0.92%；赋存标高 660 ~ 500 m，矿头埋深 45 ~ 100 m。

Ⅰ号矿带：位于矿区倒转向斜的西部，共有 7 条层间豆荚状小矿体组成，沿走向和倾向均显示出迅速尖灭的特征，规模甚小，矿体最大长度 38 m，最小者仅 12 m，地表工程中最大厚度 5.50 m，最小 2.00 m，钻孔所见厚度 1.53 m。矿体倾角多在 60° ~ 75°。

4.2.2.3　矿石特征

1）矿石类型及矿物组合：按矿体中成矿元素的共生组合关系,矿石划分为磁铁矿石、铁锌矿石、铁锡矿石。

磁铁矿石矿物组合：金属矿物以磁铁矿为主,其次为毒砂、磁黄铁矿、黄铁矿、硼镁铁矿、闪锌矿、黄铜矿,微量的锡石、赤铁矿等;非金属矿物主要为方解石、透闪石、硅镁石和斜硅镁石,其次为阳起石、蛇纹石、滑石,少量的金云母、直闪石、铁铝榴石、橄榄石及斜长石等。铁锡矿石矿物组合中,除锡石含量较高外,其他矿物组合与磁铁矿石的基本相同。

铁锌矿石矿物组合：金属矿物以磁铁矿、闪锌矿、毒砂为主,其次为磁黄铁矿、黄铜矿,微量的锡石、赤铁矿、针铁矿、硼镁铁矿、方铅矿、白铁矿、黄铁矿、铜兰等;非金属矿物主要有方解石、透闪石,其次为硅镁石、斜硅镁石,微量的透辉石、金云母、绿泥石、橄榄石、滑石、黑云母、电气石、尖晶石、水镁石等。

2）矿石结构构造：矿石的结构、构造比较简单。矿石结构以半自形 – 他形晶粒状结构为主,次为交代残余结构、骸晶结构。矿石构造以浸染状构造为主,块状构造次之(图4 – 42a),少数具条带状构造、网脉状构造(图4 – 42c)。

4.2.2.4　矿床成因

红旗山晚三叠世复式花岗岩体,侵入霍吉河 – 红旗山北北西向复式褶断带铅山组白云质大理岩,在褶皱构造纵横断裂的控制下,在侵入接触带或次级褶皱核部剥离构造及大理岩层间滑脱带形成矽卡岩 – 热液成矿作用,经高温石榴子 – 中高温阳起石矽卡岩磁铁矿阶段、中温热液 – 锡石 – 锌铜硫化物阶段、晚期中低温方解石阶段,形成矽卡岩型铁锡锌矿床。据与成矿有关的中粒碱(正)长花岗岩的成岩年龄203.1 ± 1.3 Ma,矿体被早侏罗世正长斑岩等侵蚀破坏的现象,研判矿床成矿地质时代为晚三叠世。

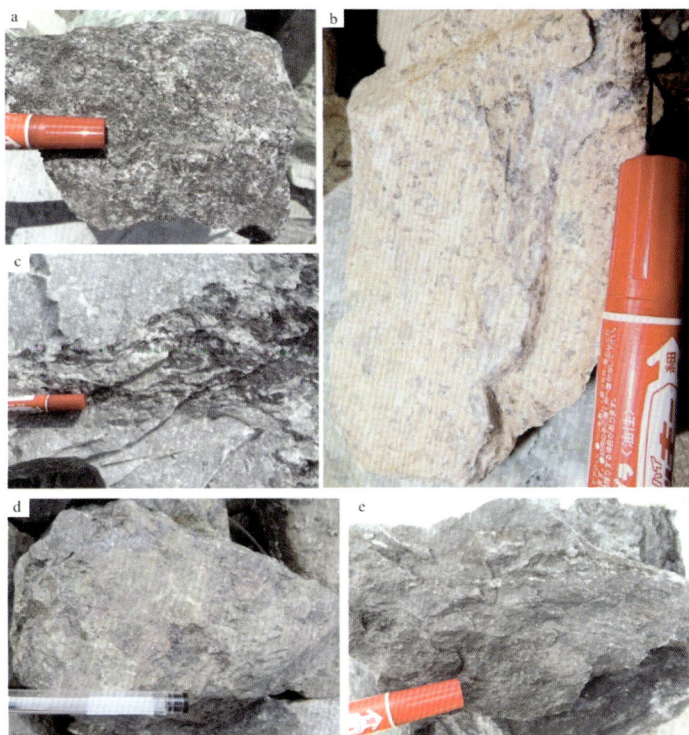

图4 – 42　红旗山铁锡锌矿床岩矿石特征

a. 块状铁锌矿石;b. 中粒碱(正)长花岗岩;c. 脉状磁铁矿;d. 矽卡岩中的磁铁矿;e. 闪锌矿穿插磁铁矿。

4.2.3 宏铁山铁多金属矿点

该矿点为省物探大队于 1967 年检查 1∶20 万航磁异常(M8)时发现,1973 年黑龙江省第三地质大队开展了普查工作。估算推断磁铁矿石量 130.4 万 t,已开发利用。

4.2.3.1 矿区地质特征

矿点床位于对宏山－库滨北北东向复式褶断带南段、土门岭组(P_2t)背斜东翼侵入接触带中。

该复式褶断带由铅山组($∈_1q$)、黑龙宫组(D_1hl)和土门岭组(P_2t)组成其内数条次级背斜和向斜,走向延长约 7.5 km、宽约 1.5 km,被二浪河组(J_1er)火山岩角度不整合覆盖,被晚三叠世早侏罗世花岗岩侵入穿插,控制着对宏山、宏铁山、库滨、库源等矽卡岩型－斑岩型铁多金属矿床(点)的分布。

北段为铅山组($∈_1q$)形成的背斜构造,两翼倾角 70°~78°。

南段由角度不整合接触的黑龙宫组(D_1hl)和土门岭组(P_2t)组成。西部黑龙宫组(D_1hl)中发育 3 条平行排列的向斜＋背斜＋向斜的褶皱构造,两翼倾角 70°~78°。东部土门岭组(P_2t)中发育 4 条平行排列的向斜＋背斜＋向斜＋背斜的褶皱构造,两翼倾角 40°~70°。

1)矿区地层:矿区内出露地层为土门岭组(P_2t),岩层产状受褶皱构造影响变化较大,由北至南走向由北北西 306°转变为北北东 15°,总体走向为北北西 340(图 4－43),倾向北东东－东、倾角 30°~65°(图 4－44)。由下至上,主要岩石为变质石英砂岩、变质粉砂岩、灰－灰白色白云质结晶灰岩或大理岩、红柱石角岩、灰白色结晶灰岩等。

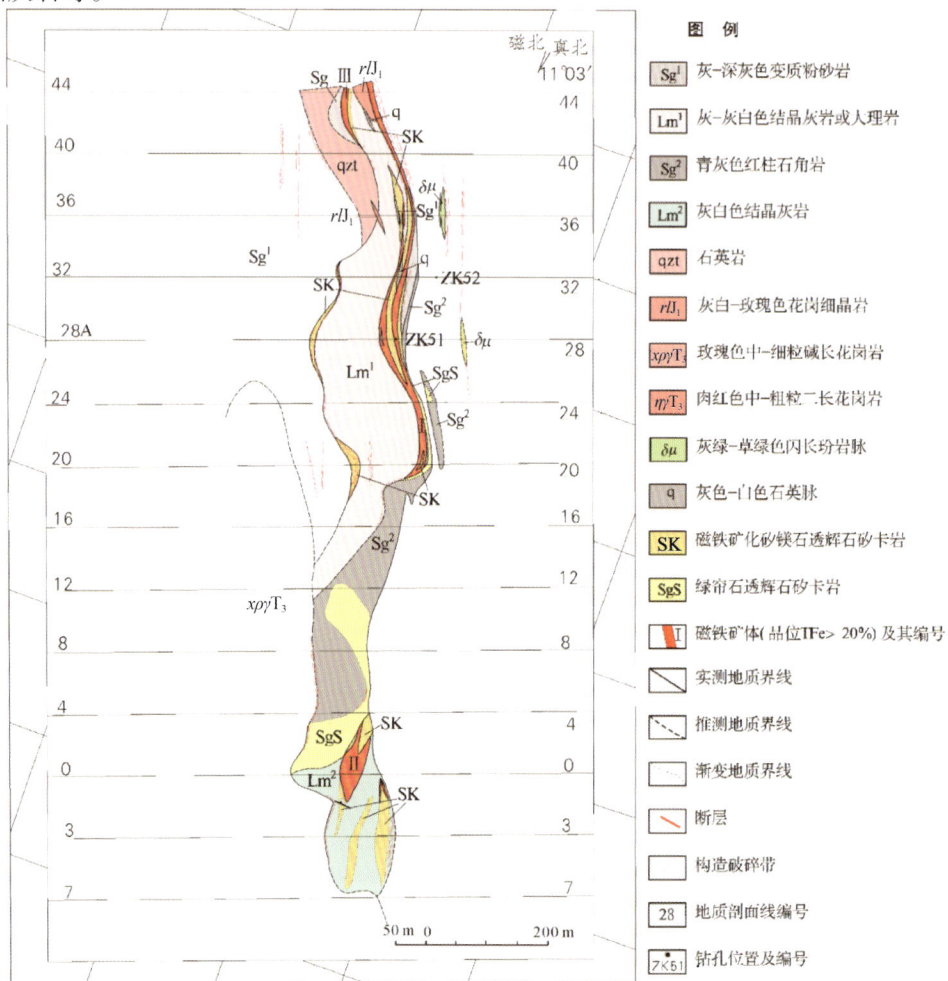

图 4－43　宏铁山铁多金属矿点地质图(据黑龙江省第六地质勘查院 1973 年资料修编)

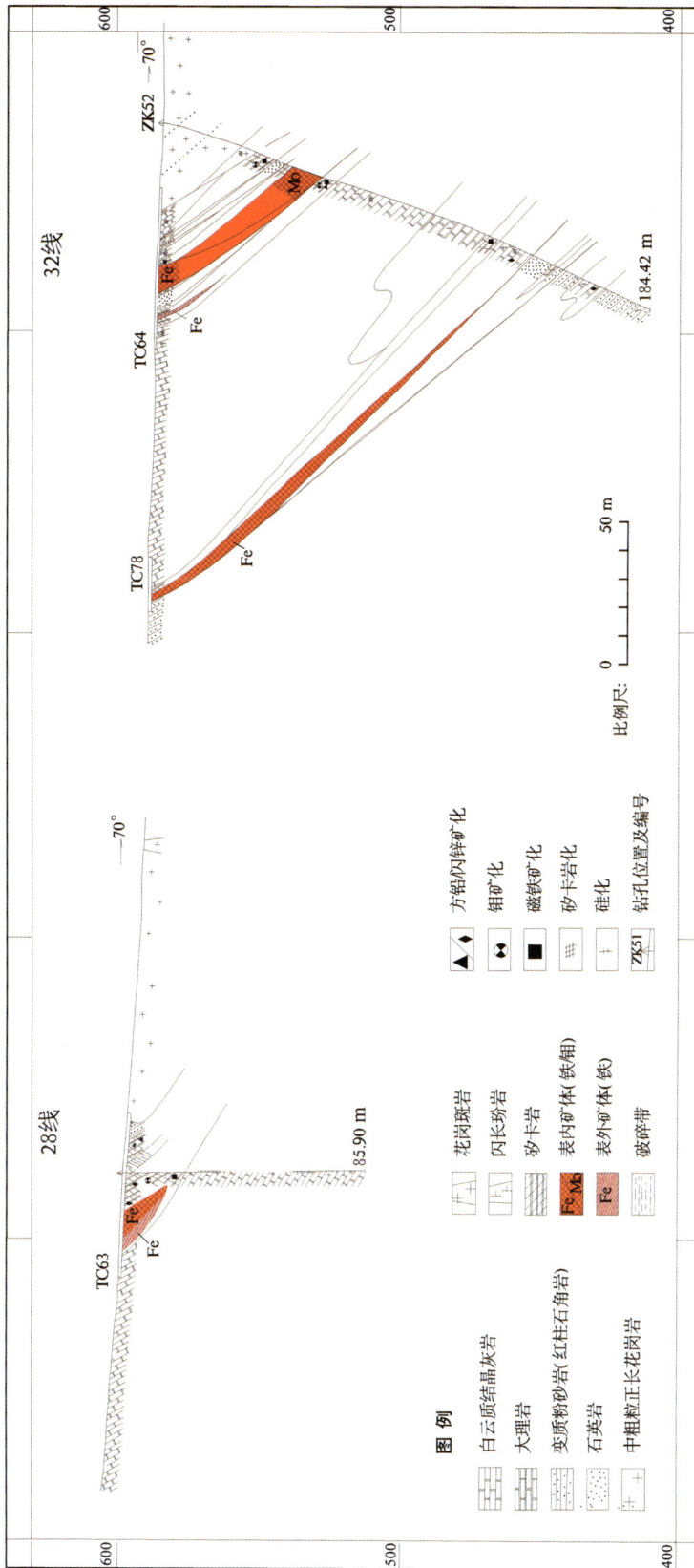

图4-44　宏铁山铁多金属矿点28线、32线地质剖面图（据黑龙江省第六地质勘查院1973年资料修编）

图 例

白云质结晶灰岩
大理岩
变质粉砂岩(红柱石角岩)
石英岩
中粗粒正长花岗岩

龙岗斑岩
闪长玢岩
矽卡岩
表内矿体(铁钼)
表外矿体(钼)
破碎带

方铅闪锌矿化
钼矿化
磁铁矿化
矽卡岩化
硅化
钻孔位置及编号 ZK51

比例尺: 0　50 m

2)矿区构造:矿区处于背斜东翼单斜岩层构造中,晚三叠世花岗闪长岩($\gamma\delta T_3$)+似斑状二长花岗岩($\eta\gamma T_3$)+中-细碱长花岗岩($\chi\rho\gamma T_3$)+花岗斑岩($\gamma\pi T_3$)组合的侵入接触带及硅钙界面是矽卡岩蚀变矿化的有利部位,蚀变矿化主要受背斜构造的走向和横向断裂控制(图4-45、图4-46)。

图4-45 宏铁山矿区矿化空间分布

图4-46 宏铁山矿区岩浆岩特征

a.中粒二长花岗岩与隐爆角砾岩筒的空间关系;b.中粒二长花岗岩;c.隐爆角砾岩发育辉钼矿。

3)矿区侵入岩:矿区晚三叠世中酸性-酸性岩浆侵入活动强烈,产生了矽卡岩铁矿、隐爆角砾岩型钼矿的成矿作用。成矿后早侏罗世闪长岩脉、花岗细晶岩脉对矿体产生一定的破坏。

主要侵入岩体的分布、产状、岩石组合、成岩年龄等特征见表4-19。二长花岗岩的岩石地球化学、成岩年龄、形成构造环境和成因等特征见3.2"矿田岩浆岩"。

表4-19　宏铁山铁多金属矿区花岗质岩浆侵入活动一览表

侵入时代	岩石组合	分布	岩体名称	产状	成岩年龄/Ma	侵入关系	成矿作用
晚三叠世	中粒花岗闪长岩($\gamma\delta T_3$)+中粒二长花岗岩+中-细粒碱长花岗岩($\chi\rho\gamma T_3$)+花岗斑岩($\gamma\pi T_3$)	分布于矿床的东部、南部	红旗山复式岩体	岩株、岩脉状产出	锆石LA-ICP-MS U-Pb:花岗闪长岩为204.1±1.3 Ma、二长花岗岩为204.6±1.0 Ma	侵入土门岭组(P_2t)	矽卡岩型铁矿床,小型;斑岩型钼矿
早侏罗世	闪长玢岩($\delta\mu J_1$)+花岗细晶岩($\gamma\iota J_1$)	主要沿纵向断裂分布	小岩体、岩脉			侵入二浪河组(J_1er)及早期地质体	对矿体产生一定的破坏矿体

矽卡岩型铁矿化与中粒二长花岗岩有关,二长花岗岩内的暗绿色二长岩包体中的钼矿化,应是晚二叠世形成的。陡倾钼矿化隐爆角砾岩筒明显切穿了二长花岗岩与矽卡岩型铁矿化,与二长花岗岩接触界线上可见明显的冷凝边和烘烤边;岩筒中的角砾多呈圆球状,应为快速搬运剧烈碰撞磨损的结果;角砾的核部主要为浅绿色绿帘石和浅肉红色长石,边部为一层红色的石榴子石,原岩应为深部矽卡岩;角砾胶结物下部为黑云母花岗闪长岩,上部为鳞片状辉钼矿化热液物质;黑云母花岗闪长岩主要由石英(40%)和斜长石(45%)和黑云母(10%~15%)组成,具明显的绿泥石化。上述特征表明,隐爆角砾岩筒侵位时间晚于二长花岗岩和矽卡岩型铁矿化,其形成与黑云母花岗闪长岩有关。

4)矿区蚀变矿化特征:在中粒二长花岗岩与土门岭组的侵入接触带部位以及土门岭组中的硅钙界面,形成了6条北北西-近南北向脉状延伸的矽卡岩矿化带,受压扭性断层控制,产状与地层的大致相同,北端延伸处被二浪河组(J_1er)火山岩覆盖。

东部赋存Ⅰ、Ⅱ号矿体的矽卡岩带,走向连续性较好,总体长约2400 m,宽几米至百余米,北段赋存Ⅰ号矿体,南段赋存Ⅱ号矿体。

西部赋存Ⅲ号矿体的矽卡岩带,走向尖灭再现、连续性较差,总体长约2400 m,宽几米至十几米,北段赋存Ⅲ号矿体。

按照蚀变形成先后及与成矿的关系,划分为3个阶段。

(1)成矿前蚀变阶段:为晚三叠世花岗岩侵入土门岭组形成的接触热变质作用,主要表现为砂岩变质形成石英砂岩、白云质碳酸盐岩结晶形成大理岩、砂板岩的角岩化等。

(2)矽卡岩磁铁矿化阶段:主要为两类矽卡岩。其一为透辉石硅镁石矽卡岩,主要与碳酸盐岩有关,矿物组合有透辉石、硅镁石、斜绿泥石、金云母和少量的石榴石、符山石、透闪石、阳起石、黝帘石等,铁矿体主要产于此类矽卡岩中,其中的透辉石和绿泥石含量与磁铁矿富集呈正相关。其二为绿帘石透辉石石榴石矽卡岩,主要发育于砂岩中,矿物组合有绿帘石、石榴石、透辉石、阳起石、斜长石、石英、榍石等,主要与铅锌矿化有关。

(3)热液蚀变钼矿化阶段:硅化、蛇纹石化、绢云母化、绿泥石化等。隐爆角砾岩筒中的钼矿化主要与硅化和绿泥石化有关。

4.2.3.2 矿体地质特征

矿点主要由 3 条铁多金属矿体构成,Ⅰ号铁钼矿体规模最大。矿体呈脉状或透镜状产出,走向上具有分枝复合、尖灭再现的特征,走向北北西 330° 至近南北,总体东倾,倾角 32° ~81°,全铁品位 32.36% ~ 47.62%,钼品位 0.023% ~0.205%。

Ⅰ号铁钼矿体,脉状,长约 650 m,水平均厚 5.15 m,倾向延深大于 50 m,浅部为磁铁矿体,深部为钼矿体,走向 330°,倾向北东东、倾角 45° ~60°。矿体个别地段含硼镁铁矿、黄铜矿,硼品位 0.02% ~1.83%、铜品位 0.1%。Ⅱ号磁铁矿体,透镜状,长约 65 m,水平均厚 6.8 m,走向 355°,东倾、倾角 77°。Ⅲ号磁铁矿体,扁豆状,长大于 30 m,水平均厚 8 m,走向 336°,倾向北东东、倾角 32°。

4.2.3.3 矿石特征

按矿体中主成矿元素的种类,划分为磁铁矿石、辉钼矿石。

磁铁矿石:呈块状、稠密浸染状以及条带状构造,半自形 – 他形粒状结构、交代残余结构(图 4 – 47、图4 – 48)。

图 4 – 47 宏铁山铁矿点岩矿石及围岩蚀变特征

a. 二长花岗岩与暗色包体;b. 石榴子石矽卡岩与金云母;c. 绿帘石矽卡岩中的磁铁矿;d. 隐爆角砾岩;e. 黑云母花岗闪长岩;
f. 二长花岗岩与黑云母花岗闪长岩界限

金属矿物以磁铁矿为主,其次为硼镁铁矿、辉钼矿、闪锌矿、方铅矿、黄铁矿、黄铜矿等;非金矿物主要为硅镁石、透辉石、石榴石、绿泥石、绿帘石、石英、方解石等。

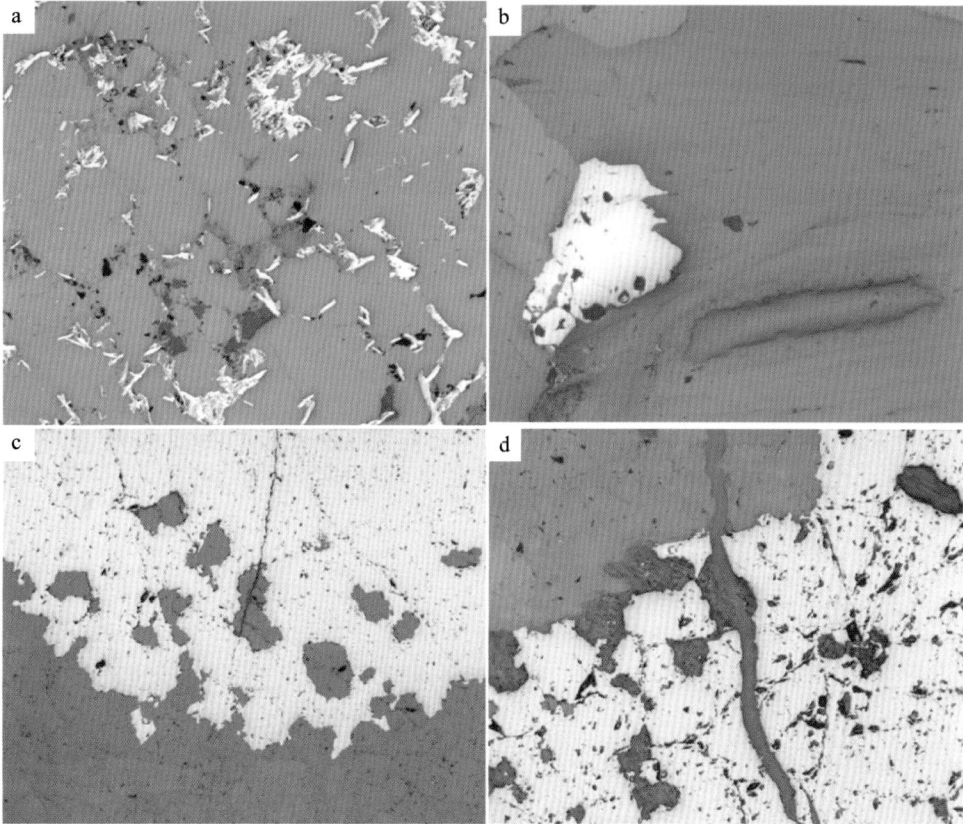

图4-48 宏铁山铁矿点矿石镜下特征

a.叶片状辉钼矿;b.他形粒状磁铁矿;c.透辉石的交代残余结构;d.金云母细脉穿切磁铁矿和透辉石。

辉钼矿石:呈浸染状、角砾状构造,叶片状结构。金属矿物为磁铁矿、辉钼矿、硼镁铁矿、磁黄铁矿、黄铁矿、闪锌矿、方铅矿、黄铜矿,非金属矿物组合与磁铁矿石的基本相同。

4.2.3.4 矿点成因

宏铁山晚三叠世复式花岗岩体,侵入对宏山-库滨北北东向复式褶断带土门岭组镁碳酸盐岩-碎屑岩建造,在褶皱构造纵横断裂的控制下,在侵入接触带与层间硅钙界面形成矽卡岩-热液成矿作用,经高温石榴石-中高温矽卡岩磁铁矿阶段、中温热液-辉钼矿硫化物阶段,形成了矽卡岩型铁钼矿体,之后又叠加了隐爆角砾岩型辉钼矿体。

据与成矿有关的中粒花岗闪长岩和二长花岗岩的锆石 U-Pb 年龄 203.1±1.3 Ma、203.6±1.0 Ma,辉钼矿的 Re-Os 年龄 199.3±2.6 Ma,矿体被早侏罗世闪长玢岩、花岗细晶岩侵蚀破坏的现象,研判矿点成矿地质时代为晚三叠世。

4.3 早侏罗世(J_1)霍吉河钼矿床地质特征

该矿床是黑龙江省第六地质勘查院 2004—2006 年在开展逊克县高峰一带多金属矿预查时发现,2007年完成了普查-详查工作,2008 年完成了勘探工作。估算钼 18.95 万 t、平均品位 0.071%,属于大型斑岩型钼矿床。

4.3.1 矿区地质特征

矿床位于矿田东部霍吉河-红旗山北北西向褶断带中段、红旗山早侏罗世火山喷发带西缘的火山构造中,局部分布有二浪河组(J_1er)和宁远村组(K_1n),晚三叠-早侏罗世中酸性-酸性岩浆侵入活动强烈,并于早侏罗世形成了大规模的斑岩型钼矿成矿作用(图4－49)。

4.3.1.1 矿区地层

二浪河组(J_1er):分布于矿区的东部,近南北向带状展布,为一套陆相中性－酸性火山岩建造。主要岩性下部为安山质凝灰岩,上部为流纹质凝灰熔岩、片理化流纹岩。被早侏罗世花岗岩侵入,局部具有角岩化现象;被宁远村组(K_1n)酸性火山岩覆盖。

宁远村组(K_1n):在矿区南部与北部零星分布,为一套陆相酸性火山岩建造,主要岩性流纹岩、珍珠岩及凝灰熔岩、凝灰岩等。

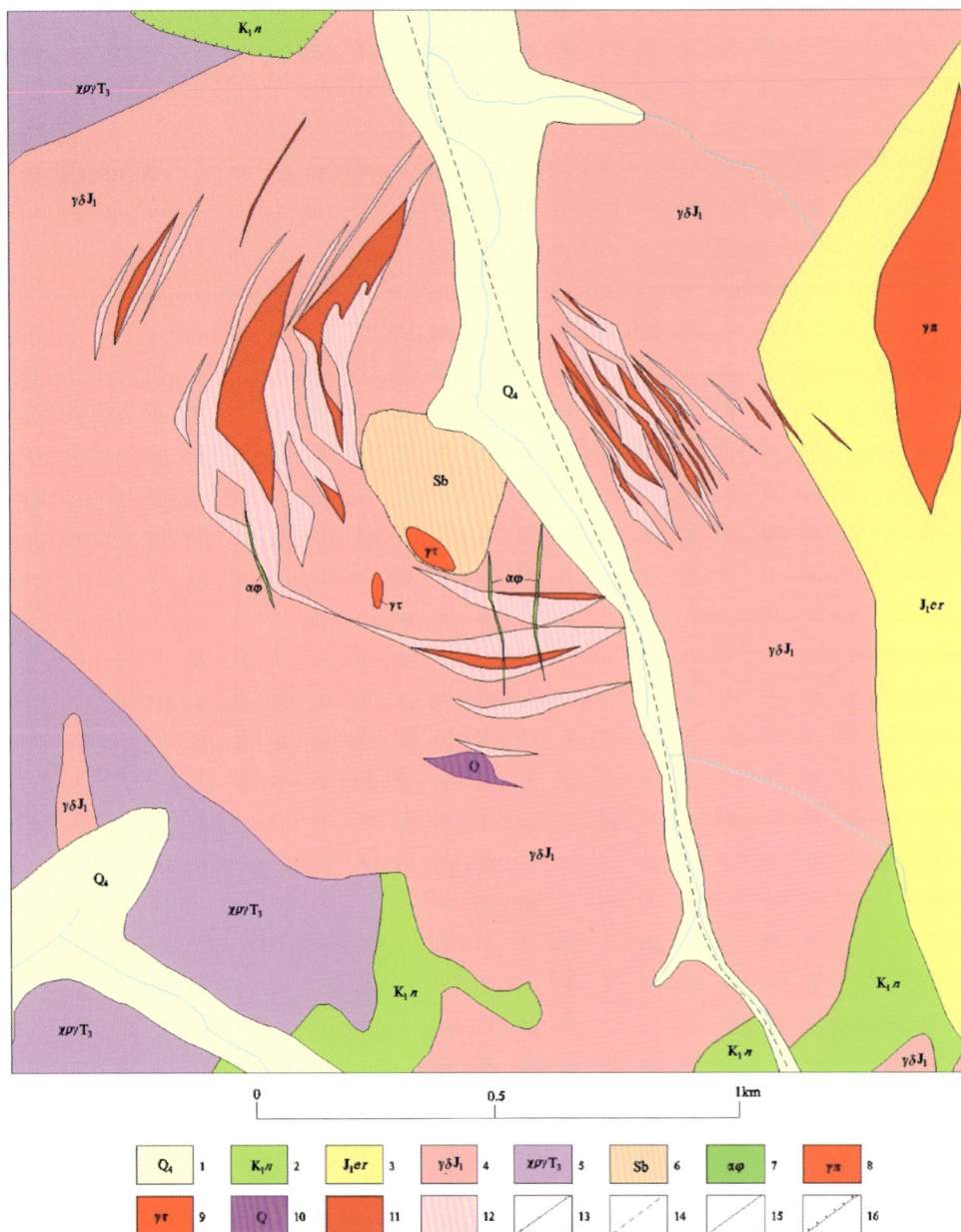

图4－49 霍吉河钼矿床地质略图(据黑龙江省第六地质勘查院2010年资料修编)

1.第四系松散堆积物;2.宁远村组酸性火山岩;3.二浪河组中酸性火山岩;4.花岗闪长岩;5.碱长花岗岩;6.隐爆角砾岩;7.钠长斑岩脉;
8.花岗斑岩脉;9.花岗细晶岩脉;10.石英脉;11.钼工业矿体;12.钼低品位矿体;13.隐爆角砾岩筒;14.隐伏断裂;
15.地质界线;16.不整合地质界线。

4.3.1.2　矿区构造

1）控矿构造:矿床受早侏罗世红旗山火山喷发带西缘基底隆起中的环状火山构造控制,环状火山构造的成生主要受控于霍吉河－红旗山北北西向褶断带的纵向和横向断裂带交会处。

长期活动的纵向压扭性断裂带,沿霍吉河南沟展布,与横向张扭性断裂的交会处既控制了环状火山的喷发,也控制了北北西向带状展布的复式成矿花岗岩体的侵入及隐爆角砾岩筒热液活动中心。

2）容矿构造:矿区西南和西北部露出的碱长花岗岩($\chi\rho\gamma T_3$)、东部和南部残留的二浪河组(erJ_1)火山岩及花岗斑岩、成矿花岗闪长岩($\gamma\delta J_1$)和二长花岗岩($\eta\gamma J_1$)中发育的环状容矿断裂等表明:矿床所处构造部位应是一处早侏罗世火山喷发中心,在被细－中粗粒－斑状花岗闪长岩＋中细粒－似斑状二长花岗岩的脉动侵入过程中,晚期富含大量成矿流体的细粒二长花岗岩前锋带发生的隐爆作用,加大了基底中火山环状断裂的活动强度,为后续成矿流体运移及钼矿床就位提供了构造空间。

（1）火山构造:大致呈圆形,蚀变影响范围直径约3.0 km。中心部位的隐爆角砾岩体是成矿流体上升活动的通道,大致呈筒状,直径约500 m。西南壁近直立,7线ZK0728孔深310 m仍处于角砾岩中;北东壁向南西缓倾,7线ZK0701孔上部角砾岩厚度为157 m(图4－50),15线SHK1孔上部角砾岩厚度为83 m。岩筒的周围是环状断裂带,宽度500~700 m,大致与钼成矿密切相关的黄铁绢英岩化带相对应。

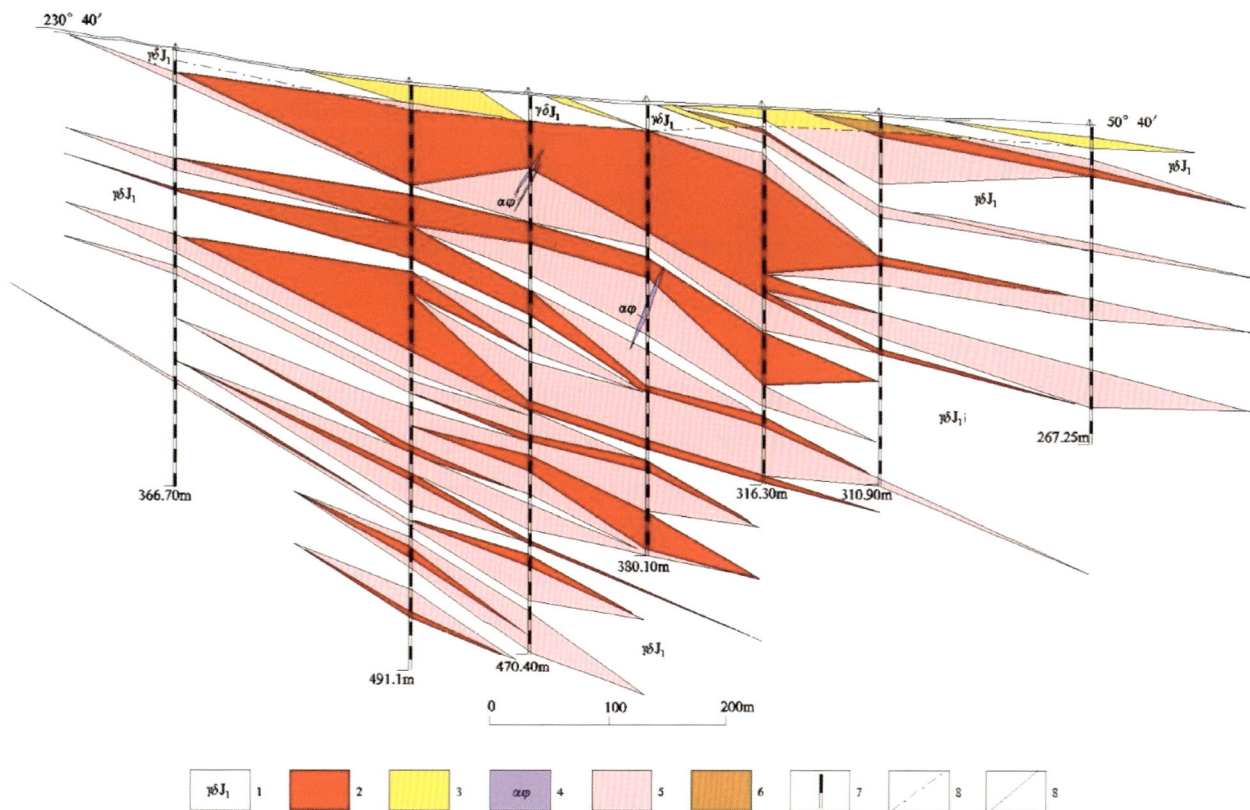

图4－50　霍吉河斑岩钼矿床西矿段7线地质剖面略图(据黑龙江省第六地质勘查院2010年资料修编)

1.斑状花岗闪长岩;2.原生钼矿体;3.低品位矿体地表氧化矿;4.钠长斑岩脉;5.原生低品位钼矿体;
6.工业矿体地表氧化矿;7.基本分析取样位置;8.氧化矿石与原生矿石界线;9.地质界线。

隐爆角砾岩由角砾和胶结物组成。角砾成分为细粒花岗闪长岩($\gamma\delta J_1$),偶见早期石英脉角砾,多数粒径在1 cm以下,大者可达2 cm以上;角砾以棱角状为主,次棱角状为辅。角砾间由硅质(石英颗粒集合体)和石英细网脉胶结,局部胶结物中发育黄铁矿化、辉钼矿化。

(2)北北西向断层带:主要发育于矿层间或矿层内,压扭性,长 100~1000 m,厚度几米至几十米,倾向北东东,倾角 10°~30°。断层带内花岗岩破碎、蚀变强烈,主要为黏土化、绢云母化、绿泥石化、绿帘石化、弱黄铁矿化和辉钼矿化。断层上下盘两侧的岩石,有向外破碎蚀变变弱、黄铁矿化和辉钼矿化增强的趋势,尤其是密集断层带与隐爆角砾岩筒交会部位、或密集断层带之间、或与北东向张性破碎带交会部位,矿化显著或明显增强。由此指示断层带在成矿过程中,主要起到了运移成矿流体及富集成矿的作用。

4.3.1.3 矿区侵入岩特征

1)侵入岩分布:晚三叠世碱长花岗岩($\chi\rho\gamma T_3$)分布于西北隅与西南隅;早侏罗世花岗闪长岩($\gamma\delta J_1$)+二长花岗岩($\eta\gamma J_1$)+花岗细晶岩($\gamma\iota J_1$)+花岗斑岩($\gamma\pi J_1$)组合大面积分布,多次脉动侵入活动形成了大型斑岩钼矿床。侵入岩体的分布、产状、侵入关系等特征见表 4-20。

表 4-20 霍吉河钼矿区花岗质岩浆侵入活动一览表

时代	岩石组合	分布	代表性岩体	产状	成岩年龄	侵入关系	成矿作用
晚三叠世	碱长花岗岩($\chi\rho\gamma T_3$)	分布于矿区的西北和南西部,区域上呈近南北向带状展布		岩株		被早侏罗世花岗岩侵入	
早侏罗世	细粒-中粗粒-斑状花岗闪长岩($\gamma\delta J_1$)+细粒-中细粒-似斑状二长花岗岩($\eta\gamma J_1$)+花岗细晶岩($\gamma\iota J_1$)+花岗斑岩($\gamma\pi J_1$)	复式岩体呈北北西向带状分布,花岗细晶岩分布于岩筒内及附近,花岗斑岩分布于矿区东部	霍吉河复式岩体	小岩株状	锆石 U-Pb LA-ICP-MS 194.6~181 Ma	成矿复式岩体侵入晚三叠世花岗岩和二浪河组(J_1er)岩石,花岗闪长岩和二长花岗岩呈相变关系,以前者为主,被花岗细晶岩、花岗斑岩侵入	霍吉河大型斑岩钼矿

2)侵入岩与成矿的关系:以往勘查成果和本次岩芯编录查明,矿床侵入岩为:浅部钼矿化花岗闪长岩(图 4-51a)→深部钼矿化斑状花岗闪长岩(图 4-51b)→侵入斑状花岗闪长岩和隐爆角砾岩筒的钼矿化花岗细晶岩(图 4-51c)→侵入钼矿体的墨绿色基性岩脉(图 4-51d)。

浅部花岗闪长岩中,未见明显的钾长石斑晶,花岗结构,主要矿物为石英、斜长石和钾长石、黑云母(含量 10%~15%),局部硅化较强;向深部逐渐过渡为斑状花岗闪长岩,可见明显的钾长石斑晶,似斑状结构,基质主要由石英、斜长石及钾长石、黑云母构成,ZK2701 钻孔中主要分布于 308 m 以下;两种岩石间未见截然的界限,表现为渐变过渡的接触关系,并且两者均发育有细脉浸染状辉钼矿化,反映两者应为同一岩浆源不同脉动阶段的产物。

斑状花岗闪长岩被花岗细晶岩脉穿插,在接触带附近发育有烘烤边;花岗细晶岩中可见斑状花岗闪长岩的捕掳体。在 23 线 TC2311 中,见花岗细晶岩侵入花岗闪长岩、隐爆角砾岩体,而且花岗细晶岩具辉钼矿化。这些现象表明,花岗细晶岩晚于隐爆角砾岩体形成,也发育有细脉浸染状辉钼矿化。

所见北北东向墨绿色基性岩脉,切割钼矿体,其内未见辉钼矿化,应为成矿后的产物。

3)成矿花岗岩的岩石地球化学、成岩年龄、形成构造环境和成因等特征见 3.2"矿田岩浆岩"。

4.3.1.4 矿区蚀变矿化特征

据矿床勘探报告和本次研究认识,矿区蚀变矿化的强度与火山构造、成矿复式花岗闪长岩体的脉动侵入-热液活动中心息息相关。按蚀变类型形成的先后、空间分布、与成矿的关系,划分为早期形成的钾化带、晚期形成的黄铁绢英岩化带和泥化带。钾化带为复式岩体脉动侵入活动晚期残余气液蚀变产生。叠加的黄铁绢英岩化带和泥化带为岩浆期后热液蚀变产生,主要受钾化带中的成矿热液活动中心,即隐爆角砾岩筒与环状和北西向断裂带控制。

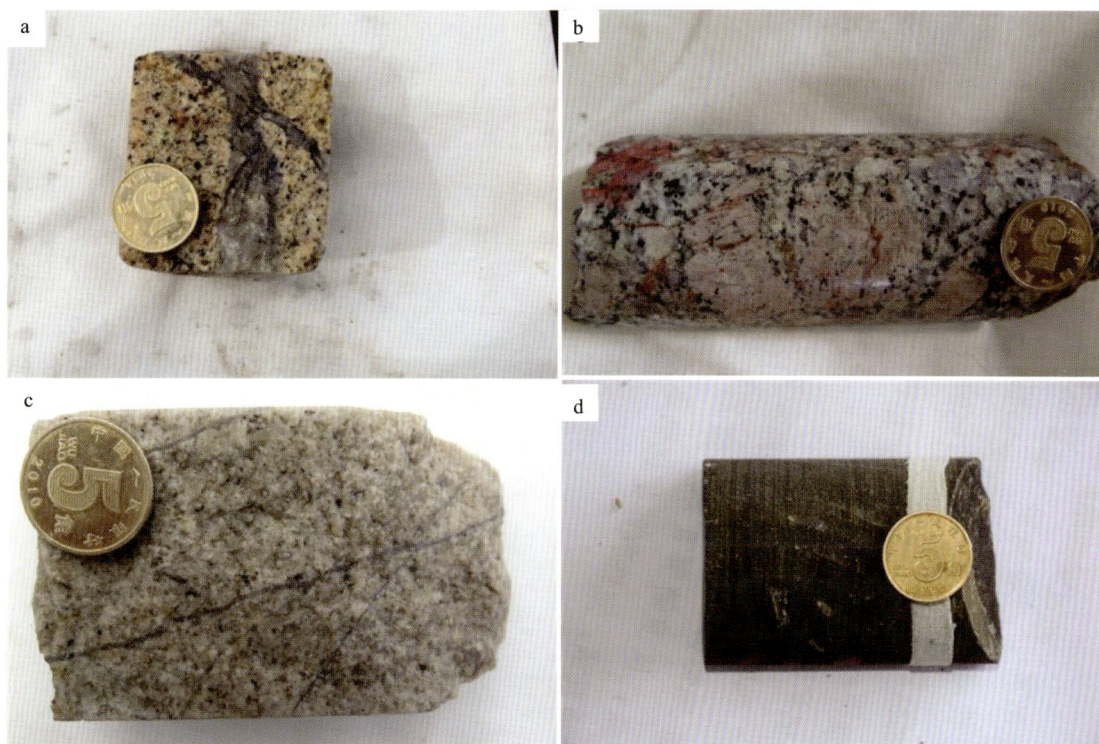

图4-51 霍吉河钼矿床主要侵入岩岩石类型
a. 石英细脉状辉钼矿化花岗闪长岩;b. 斑状花岗闪长岩;c. 石英细脉状辉钼矿化细粒二长花岗岩;d. 基性脉岩。

1)钾化与黄铁绢英岩化带:大致以环状断裂的外缘为界,内环为强钾化和黄铁绢英岩化带,自隐爆角砾岩筒边缘向外大致呈环带状分布,带宽500~700 m,与成矿关系密切,是主要钼矿体的赋存空间;外环为较弱的钾化和黄铁绢英岩化带,自内环边缘向外至二浪河组(J_1er)火山岩、火山构造基底碱长花岗岩($\chi\rho\gamma T_3$),宽400~500 m,只分布有数条规模较小的钼矿体。

(1)钾化:包括钾长石化和黑云母化,按产出状态分为交代和细脉充填两种类型。钾长石化主要表现为花岗闪长岩/二长花岗岩中的斜长石被钾长石交代(图4-52a),斜长石产生的净边结构、港湾状结构、钾长石包裹斜长石;其次是呈脉状或团块状分布的微细粒钾长石集合体,或是钾长石、石英、黑云母的微晶集合体呈细脉状产出(图4-53a),并伴生黄铁矿化、辉钼矿化等。

黑云母化主要表现为岩石中黑云母呈团块状与脉状集合体集中分布,或是黑云母微晶集合体呈细脉状穿插于交代形成的钾长石颗粒间。

钾化阶段形成的石英脉规模较大,温度较高,辉钼矿化较弱。

(2)黄铁绢英岩化(图4-52d):主要围绕成矿流体活动中心隐爆角砾岩筒分布,受环状及北北西向等断层带的控制,在岩筒陡倾部位的附近或与岩筒交会的断层带附近,蚀变显著增强、深度大于700 m,往往形成规模较大、品位较高的钼矿体。

主要蚀变矿物:以绢云母、石英、黄铁矿、辉钼矿为主,偶见方铅矿、闪锌矿、黄铜矿、磁铁矿等。

绢云母化:一是斜长石和钾长石被绢云母交代,二是绢云母与石英、辉钼矿等形成的团块、细脉、网脉(图4-52b)。

硅化:主要呈石英细脉或网脉状产出,细脉状或细脉浸染状辉钼矿化较强(图4-53b、图4-54b)。成矿晚期形成的石英方解石脉基本无辉钼矿化(图4-53d)。

图4-52 霍吉河钼矿床主要围岩蚀变类型

a.钾长石化;b.硅化-绢云母化;c.绿帘石化;d.绢英岩化。

图4-53 霍吉河钼矿床不同类型脉体及其穿插关系

a.石英-钾长石脉;b.石英-辉钼矿脉;c.石英-黄铁矿脉;d.石英-方解石脉。

2)泥化带:主要受环状及北北西向等断层带的控制,是成矿晚期含大量天水的低温成矿流体在断层带内及两侧的产物,一般呈带状分布。主要矿物组合为:高岭土、迪开石、水白云母、蒙脱石等。

3)其他蚀变矿物:矿区青盘岩化带不发育,仅在断层带两侧可见厚度有限的绿泥石化和绿帘石化(图4-52c)。其他蚀变有黑云母的绿泥石化,成矿晚期的硬石膏化、碳酸盐化。

图4-54　霍吉河钼矿床矿石构造

a. 岩体中浸染状辉钼矿;b. 岩体中细脉状辉钼矿;c. 脉状黄铁矿;d. 团块状黄铁矿;矿物代码:Mot-辉钼矿;Po-磁黄铁矿;Py-黄铁矿。

4.3.2　矿体地质特征

根据矿体在隐爆角砾岩筒周围集中分布和产出的状况,以霍吉河林场南沟断裂为界,将矿床划分为东西2个矿段。西矿段为主要含矿段,工程控制程度较高,圈出工业矿体13条,V号为矿床的主矿体;以露头矿为主,中等剥蚀程度。东矿段工程控制程度较低,初步圈出工业矿体24条,主要矿体为Ⅺ号;以隐伏矿为主,矿体的品位较高,走向和倾向均未进行追索控制,资源潜力很大。

1)西矿段:受环状断裂带控制,围绕隐爆角砾岩筒西侧呈缓倾的半圆弧状分布,产状变化较大,由北部走向北北东-倾向南东东,经中部走向近南北-倾向东,连续渐变为走向近东西-倾向北。走向延长约2500 m,宽400~500 m,矿化连续性好、规模大、厚度稳定。

矿体呈透镜状-脉状,总体产状与矿段的产状变化基本一致,倾角15°~25°。走向延长200~1300 m,地表宽度34~150 m,最大厚度14~298 m、平均厚度10.02~107.23 m,最大倾向延深200~1100 m,赋存标高范围559~-180 m,平均品位0.064%~0.079%。

V号主矿体:呈缓倾弧形透镜状,具分枝复合、膨大收缩、尖灭再现的特征,总体产状与矿段的产状基本一致,倾角15°~20°。走向延长大于1300 m,地表宽度60~150 m,最大厚度298 m、平均厚度107.23 m,最大倾向延深大于1100 m,赋存标高范围559~110 m,平均品位0.068%。

2)东矿段:位于隐爆角砾岩筒东侧,受北北西向断层带控制,呈带状分布,产状较稳定。控制长约800 m、向两端延伸部位未控制,宽280~400 m。

矿体呈透镜状-脉状,产状与矿段的一致,倾向45°~75°、倾角10°~26°。走向延长200~700 m,地表宽度 8~32 m,最大厚度 10.54~129.9 m、平均厚度 6.18~76.5 m,最大倾向延深 150~660 m,赋存标高范围 560~0 m,平均品位 0.063%~0.130%。

XI号矿体:属于隐伏矿体,位于隐爆角砾岩筒的边部,控制程度较低,呈缓倾透镜状,倾向 50°、倾角 20°~26°。走向延长大于 650 m,最大厚度 129.9 m、平均厚度 42.67 m,最大倾向延深 540 m,赋存标高范围 340~120 m,平均品位 0.091%。矿体走向和倾向均未进行追索控制,资源潜力很大。

4.3.3 矿石特征

1)矿石构造:钼矿石主要为细脉浸染状构造,其次为浸染状(图 4-54a)、细脉状(图 4-54b、c),团块状构造(图 4-54d)、角砾状构造分布较少。

浸染状构造:常见辉钼矿、黄铁矿、磁黄铁矿以浸染状分布于赋矿碎裂岩石中,矿物集合体粒径 0.01~1.00 mm。

细脉状构造:辉钼矿与石英、钾长石、黑云母等组成的细脉、及少量黄铁矿细脉,呈网脉状分布于赋矿岩石中,脉宽一般为 0.2~1.0 mm,少数可达 3~5 mm。细脉状构造常与浸染状构造组构成细脉浸染状构造。

团块状构造:为辉钼矿集合体呈较大团块状分布于赋矿岩石中,团块粒径一般为 2~3 mm。

角砾状构造:主要分布于隐爆角砾岩筒及断层破碎带部位。

2)矿石结构:以自形-自半形晶片状结构、他形-半自形晶粒状结构为主,其次为嵌晶结构、针状结构、包含结构及交代结构。

自形-自半形晶片状结构:辉钼矿呈显微鳞片状或叶片状集合体与粒状石英、钾长石共生(图 4-55d)。

他形-自半形晶粒状结构:黄铁矿、黄铜矿、磁黄铁矿等金属硫化物主要呈他形-半自形晶粒状结构分布于石英等透明矿物中(图 4-55a、b、c、e、f)。

嵌晶结构:辉钼矿与磁铁矿、黄铁矿等连生在一起,相互间形成的镶嵌结构。

包含结构:主要表现为磁黄铁矿、黄铜矿被包裹于黄铁矿内部(图 4-55a、f),说明磁黄铁矿和黄铜矿的形成应早于黄铁矿。

交代结构:黄铁矿交代周围的石英等透明矿物(图 4-55c)。

3)矿石矿物成分:矿石的矿物成分比较简单。

金属矿物:以辉钼矿、磁铁矿、黄铁矿为主,还有少量的黑钨矿、黄铜矿、磁黄铁矿、闪锌矿、方铅矿等,偶见自然金、锡石等。

辉钼矿:以石英-辉钼矿细脉状产出者,一般为自形-半自形叶片状,大小约为 0.05 mm。以浸染状或团块状产出者,一般为半自形-他形晶粒状,大小约为 0.04 mm。

磁铁矿:常与浸染状产出的辉钼矿连生,呈他形粒状,粒径 0.04~0.10 mm。

黄铁矿:一般为他形粒状或片状集合体,粒径 0.1~0.6 mm。

黑钨矿:在透明矿物中与磁铁矿共生,呈半自形板状,集合体粒径 1~2 mm。

黄铜矿:嵌生于石英或包含于黄铁矿中,他形粒状,粒径 0.1~0.3 mm。

磁黄铁矿:一般呈浸染状分布,粒径约 0.05 mm。

闪锌矿:镶嵌在透明矿物中,内部有黄铜矿固溶体析出。

非金属矿物:以斜长石、钾长石、石英、黑云母、绿泥石、绿帘石为主,少量的金红石、磷灰石、方解石,微量的石膏、独居石、锆石、榍石等。

4.3.4 成矿阶段

据成矿复式花岗岩体的脉动侵入-热液活动与蚀变矿化的成生关系、矿石的结构构造与矿物共生组合的关系、脉体相互间的穿插关系等特征,将矿床划分为 3 个成矿期、4 个成矿阶段(表 4-21)。

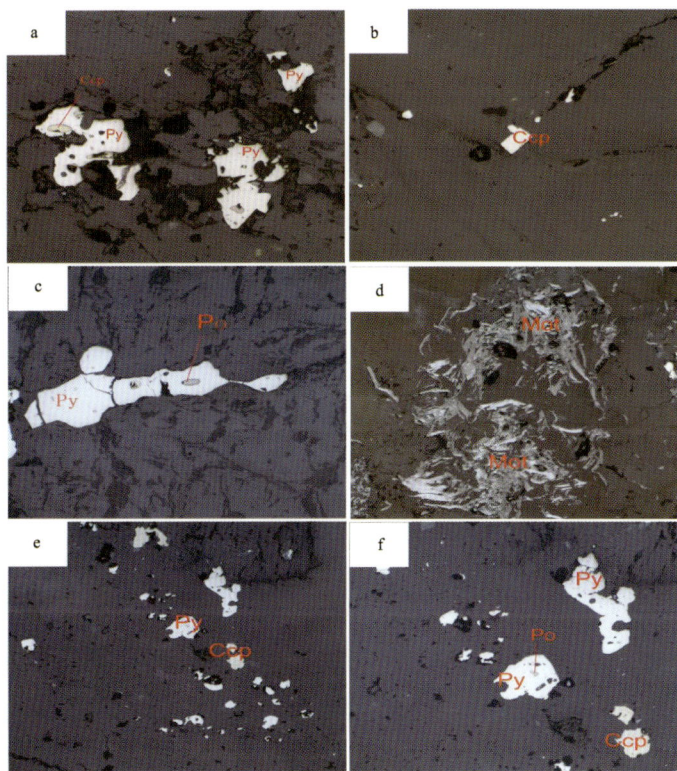

图4-55　霍吉河钼矿床矿石结构特征

a.黄铜矿被黄铁矿包围;b.自形粒状的黄铜矿分布于不透明矿物中;c.磁黄铁矿分布于黄铁矿中;d.呈叶片集合状产出的辉钼矿;
e.呈乳浊状分布的黄铜矿;f.少量磁黄铁矿分布于黄铁矿中。矿物代码:Ccp.黄铜矿;Py.黄铁矿;Po.磁黄铁矿;Mot.辉钼矿。

表4-21　霍吉河钼矿床主要矿物生成顺序表

矿物生成顺序	岩浆晚期残余气液成矿期	岩浆期后热液成矿期				表生成矿期
	黑云母-钾长石-石英化阶段（Ⅰ）	黄铁绢英岩-浸染状辉钼矿阶段（Ⅱ）	热液充填-交代阶段（Ⅲ）			表生氧化成矿阶段（Ⅳ）
			石英-辉钼矿脉（Ⅲ-1）	石英-黄铜矿脉（Ⅲ-2）	石英-方解石脉（Ⅲ-3）	
黑云母	——————					
钾长石	——————					
石　英	——————	————	————	————	————	
金红石	- - - - - -					
磷灰石	- - - - - -					
白云母		- - - - - - -				
绢云母		————	- - - - - - -	- - - - - - -		
绿泥石		- - - - - -	- - - - - - -	- - - - - - -		
绿帘石		- - - - - -				
方解石					- - - - - - - - -	

续表 4－21

矿物生成顺序	岩浆晚期残余气液成矿期	岩浆期后热液成矿期				表生成矿期
	黑云母－钾长石－石英化阶段（Ⅰ）	黄铁绢英岩－浸染状辉钼矿阶段（Ⅱ）	热液充填－交代阶段（Ⅲ）			表生氧化成矿阶段（Ⅳ）
			石英－辉钼矿脉（Ⅲ－1）	石英－黄铜矿脉（Ⅲ－2）	石英－方解石脉（Ⅲ－3）	
方解石				------	------	硬石膏
高岭石					------	
辉钼矿	------	━━━━━	━━━━━	-----		
黑钨矿						
磁铁矿	------					
黄铁矿	------	━━━━━	━━━━━	━━━━━		
磁黄铁矿				------		
黄铜矿				------		
闪锌矿				------		
方铅矿				------		
褐铁矿						━━━━━
钼华						━━━━━

注：——代表主要矿物主要生成阶段；------代表次要矿物主要生成阶段；------代表微量矿物生成阶段。

黑云母－钾长石－石英化阶段（Ⅰ）：主要为成矿复式岩体的主体—花岗闪长岩质岩浆晚期残余气液蚀变产生的钾长石化、黑云母化、石英化及少量的辉钼矿化、磁铁矿化、黄铁矿化。

黄铁绢英岩化阶段（Ⅱ）：为岩浆期后热液强烈活动，充填交代赋矿岩石形成的浸染状辉钼矿化，围绕隐爆角砾岩筒分布，是钼的主要成矿阶段之一。蚀变矿物组合以绢云母、石英、黄铁矿、辉钼矿为主，以及少量金红石和磷灰石等。

热液充填－交代阶段（Ⅲ）：黄铁绢英岩化阶段之后，成矿热液以裂隙充填－交代的形式形成石英－辉钼矿（Ⅲ－1）、石英－黄铜矿和闪锌矿（Ⅲ－2）、石英－方解石及硬石膏（Ⅲ－3）等细脉和网脉。浸染状辉钼矿化叠加石英－辉钼矿细网脉部位，形成品位较高的细脉浸染状钼矿石。在石英－黄铜矿脉中，形成黄铁矿、黄铜矿、闪锌矿等硫化物共生。石英－方解石、硬石膏（Ⅲ－3）脉，是成矿后热液活动的产物。

表生成矿期的氧化阶段（Ⅳ）：原生辉钼矿化在地表氧化条件下，形成的矿物组合。

4.3.5 成矿流体特征

4.3.5.1 流体包裹体的岩相学

本次采取钾长石－石英阶段（Ⅰ）、石英－辉钼矿脉亚阶段（Ⅲ－1）、石英－黄铜矿脉亚阶段（Ⅲ－2）、石英－方解石脉亚阶段（Ⅲ－3）13件石英脉样品，对石英中的流体包裹体进行了测温、激光拉曼成分分析研究。测温实验在中国地质大学(武汉)国家级实验教学示范中心完成，单个包裹体激光拉曼光谱分析在中国地质大学(武汉)地质过程与矿产资源国家重点实验室完成。

1)包裹体成因类型。矿床的流体包裹体可分为以下三类：一是原生包裹体，形态呈矩形、负晶形或不规则状，大小一般为 $4\sim20~\mu m$，多呈集群或者孤立状产出；二是次生包裹体，在石英中常见，一般粒径较小，为 $2\sim6~\mu m$，常呈线状穿过矿物颗粒边界；三是假次生包裹体，该类包裹体的分布较少，并且其粒径也较小，不易观察。

2)包裹体相态:通过详细的岩相学观察,根据流体包裹体常温状态下的相态特征,将包裹体相态类型划分为五类。

L型:纯液相,多出现在晚阶段的矿物(如方解石)中,数量很少。显微境下只能观察到纯净的液相,基本上看不到气泡。形态多呈不规则状,粒径约 10 μm。

V型:纯气相,一般出现在早阶段的石英中,气泡充填了整个包裹体,显微境下只能观察到黑色的气相。形态多为圆形或者不规则状,大小为 4~8 μm。

W_1(L+V)型:包裹体含有气相和液相,气相占体积 10%~35%,属富液两相包裹体。一般呈较规则的矩形、圆形以及负晶形等,大小在 4~20 μm,是主要研究对象(图 4-56a、d、g)。

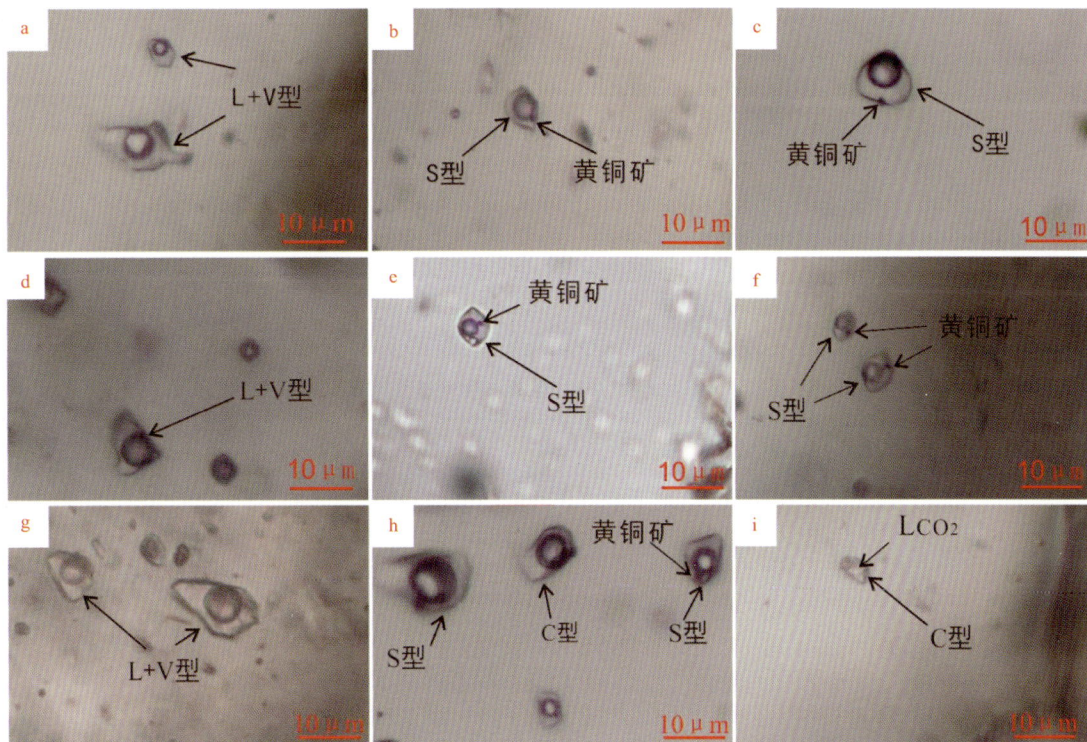

图 4-56　霍吉河钼矿床流体包裹体岩相学特征

a. 第 I 阶段 W_1 型流体包裹体;b. 第 I 阶段含黄铜矿的 S 型包裹体;c. 第 I 阶段含黄铜矿的 S 型流体包裹体;

d. 第 II + III-1 阶段 W_1 型流体包裹体;e. 第 II + III-1 阶段含黄铜矿 S 型流体包裹体;f. 第 II + III-1 阶段含黄铜矿 S 型流体包裹体;

g. 第 III-2 阶段 W_1 型流体包裹体;h. 第 III-2 阶段含黄铜矿流体包裹体和含 CO_2 三相流体包裹体;i. 第 III-2 阶段含 CO_2 三相流体包裹体。

C型:在石英-黄铜矿、闪锌矿阶段的石英中观察到了含 CO_2 三相包裹体,主要由气相 CO_2、液相 CO_2 和液相 H_2O 三部分组成。由于包裹体中气相的 CO_2 和液相的 CO_2 界限区分不是特别明显,较难观察。包裹体大小约为 8 μm,CO_2 气相约占总体积的 60%(图 4-56i)。

S型:主要为含黄铜矿多相包裹体。这类包裹体主要出现在主成矿阶段,肉眼可观察到气相的 CO_2、液相的 H_2O 和固相的子矿物。这类包裹体的大小在 4~12 μm,形态大多数呈规则的圆形以及椭圆形。经激光拉曼分析,该类型包裹体中的子矿物主要为黄铜矿(图 4-56b、c、e、f、h),可能还存在其他矿物相的子矿物。

3)矿床各成矿阶段的流体包裹体特征存在较明显的差别。

钾长石-石英阶段(I):这一阶段的包裹体类型相对简单,发育 W_1 型和少量 S 型包裹体,大部分直径相对较小。其中,S 型包裹体直径只有 4 μm 左右,激光拉曼分析显示其子矿物为黄铜矿。W_1 型的包裹体直径约 6 μm,均呈现孤立状分布。因此,该阶段的包裹体由于个数较少,所获得的显微测温数据也较少。

黄铁绢英岩-辉钼矿阶段(Ⅱ)与石英-辉钼矿脉亚阶段(Ⅲ-1):该阶段石英中发育三种类型的包裹体,以 W_1 型为主、少量 S 型和 V 型。激光拉曼分析表明子矿物为黄铜矿。

石英-黄铜矿脉亚阶段(Ⅲ-2):主要观察到 W_1 型和 C 型的包裹体,以 W_1 型为主,该类包裹体岩相学特征较清晰,便于研究。C 型包裹体的数量非常少,难以观察。

石英-方解石脉亚阶段(Ⅲ-3):这一阶段的包裹体类型较为简单,主要为 W_1 型包裹体,还可以观察到极少数的、较小的 L 型包裹体。

4.3.5.2 流体包裹体的成矿温度和流体成分

本次观察到的流体包裹体大多为 W_1 型,并作为主要形态类型存在于主要钼成矿阶段的石英中(表4-22)。利用激光拉曼光谱对不同阶段流体包裹体的不同相态成分进行了系统测定,测试成果详见表4-22。

表4-22 霍吉河斑岩型钼矿床流体包裹体特征及测温结果

包裹体测温结果						包裹体流体成分激光拉曼测试结果				
成矿阶段	相态类型	形态和大小	冰点温度/℃	均一温度/℃	盐度/(%Naclequiv)	主矿物(阶段)	包裹体类型	测试对象	成分/个	拉曼峰值/(cm⁻¹)
钾长石-石英阶段(Ⅰ)	S型	圆形、椭圆形、不规则形,大小4~18 μm	3.55~10.61	-7.1~-2.1	276.3~389.9	石英(Ⅰ)	W_1 型流体包裹体	气相	CO_2/4	1385、1282
	W_1型	主要为圆形、椭圆形、负晶形、不规则形和矩形,大小4~16 μm					W_1 型流体包裹体	液相	H_2O/1	3415
黄铁绢英岩-辉钼矿阶段(Ⅱ)与石英-辉钼矿脉亚阶段(Ⅲ-1)	V型	圆形、椭圆形、矩形、负晶型及不规则形,大小为4~8 μm	-7.6~-2.2	235.1~380.2	2.07~11.22	石英(Ⅲ-1)	S型流体包裹体	子矿物	黄铜矿/4	287
	W_1型	主要为圆形、椭圆形、负晶形、不规则形和矩形,大小4~16 μm					W_1 型流体包裹体	气相	CO_2/2	1384、1281
	S型	圆形、椭圆形、不规则形,大小4~18 μm					W_1 型流体包裹体	液相	H_2O/2	3418
石英-黄铜矿脉亚阶段(Ⅲ-2)	W_1型	主要为圆形、椭圆形、负晶形、不规则形和矩形,大小4~16 μm	-5.3~-2.4	223.6~362.4	3.87~8.41	石英(Ⅲ-2)	W_1 型流体包裹体	气相	CO_2/2	1386、1280
	C型	主要为圆形、椭圆形,大小约为8 μm					W_1 流体包裹体	液相	H_2O/1	3410
石英-方解石亚阶段(Ⅲ-3)	L型	主要为圆形、椭圆形,大小约为10 μm	-4.9~-1.8	239.6~324.8	3.06~7.73		S型流体包裹体	子矿物	黄铜矿/2	291
	W_1型	主要为圆形、椭圆形、负晶形、不规则形和矩形,大小4~16 μm								

W_1 型流体包裹体,在加热过程中流体包裹体气泡会缓慢变小直至消失,最终均一成液相。在实验条件的限制下,均一温度的测定易于冰点的测定,因此同一测温片测出的均一温度数据多于冰点的数据。

　　L 型、V 型的包裹体个数极少,直径也较小,未能对其进行研究。C 型包裹体在岩相学观察时较少,在进行显微测温时未能找到该类型包裹体。含 NaCl 的 S 型流体包裹体较少,未能测定 NaCl 子晶的融化温度,只能利用含子矿物黄铜矿的冰点温度计算盐度(因测试仪器达不到子矿物黄铜矿融化的温度要求,而未能测试到融化温度)。因此,研究矿床成矿流体特征的数据主要来源于 W_1 型流体包裹体的测定结果(表 4-22、图 4-57)。

　　结合以往研究者(郭嘉,2009;陈静,2011;谭红艳,2013)对矿床石英脉中的流体包裹体的测试结果(表4-23、表4-24),将矿床各成矿阶段的成矿温度、流体成分特征总结如下。

表 4-23　霍吉河钼矿床流体包裹体显微测试结果

资料来源	采样测试对象		类型/测试数量	均一温度/℃			冰点/℃	盐度/wt% NaCl		
				变化范围	均值	峰值区间		变化范围	均值	峰值区间
郭嘉, 2009	含矿石英脉		S 型/3	318~362		246.9~362;	子晶为 NaCl	39.23~42.42		39.23~42.42; 5.2~7.2; 0.35~3.20
			W_1 型/34	185.3~360.0		185.3~205.3	-5.1~-0.1	0.35~7.99		
陈静, 2011	辉钼矿石英脉	HJ06	W_1 型/32	152.3~430.0	272.1		-4.1~-1.1	1.90~6.58	4.16	
		HJ06	S 型/3	346.8~420.8	372.27		子晶为 NaCl	41.29~47.6	43.44	
		H-K3	W_2 型/12	163.4~402.7	266.19					
		H-K3	W_1 型/19	255.7~370.1	316.2	300~360	-4.3~-3.9	6.29~6.87	6.48	39.23~47.6 3.05~6.58
		H-W3	W_2 型/18	206.7~367.8	309.66	220~280				
		H-W3	W_2 型/60	178.3~388.3	281.5		-3.3~-1.8	3.05~5.40	4.00	
		H-W1	W_2 型/5	211.6~334.7	254.44					
		H-W1	W_1 型/50	185.3~360.1	277.14		-3.5~-1.8	3.05~5.70	4.36	
		HJ04	S 型/4	318.0~386.5	346.88		子晶为 NaCl	39.23~44.7	41.45	
	无矿或贫矿石英脉	HJ05	W_1 型/19	197.2~353.7	294.3		-6.3~-4.5	7.15~9.60	8.39	
		HJ05	W_1 型/30	275.1~364.4	323.02		-6.3~-3.4	5.55~9.60	7.17	
		HZK1	W_2 型/6	150.3~327.3	204.83	280~360				5.25~9.60
		HZK1	W_1 型/30	236.5~342.5	292.08	180~200	-5.0~-3.2	5.25~7.86	6.55	
		H-B49	W_1 型/11	158.3~337.2	268.67		-5.5~-5.4	8.40~8.54	8.47	
谭红艳, 2013	石英硫化物脉	HZK2	W_1 型/20	168.4~250.5	208.22	160~280				2.06~5.70
		H-W8	W_1 型/18	196.0~360.7	277.44		-4.3~-0.4	0.70~6.90	3.13	
	辉钼矿石英脉	BG11	W_1 型/6		211.3		-7.8		11.5	
		BG13	W_1 型/4		340.5		-8.9		12.8	
	无矿石英脉	BG12	W_1 型/4		112.8		-0.4		0.8	
本次工作	钾长石-石英阶段(Ⅰ)		S 型	276.3~389.9		320~360	-7.1~-2.1 子晶为黄铜矿	3.55~10.61		4.0~5.71
			W_1 型							
	石英-辉钼矿脉亚阶段(Ⅲ-1)		S 型	235.1~380.2		300~340	-7.6~-2.2 子晶为黄铜矿	2.07~11.22		4.03~5.81
			W_1 型							
	石英-黄铜矿脉亚阶段(Ⅲ-2)		V 型	223.6~362.4		300~339	-5.3~-2.4	3.87~8.41		4.49~5.81
			W_1 型							
			C 型							
	石英-方解石亚阶段(Ⅲ-3)		W_1 型	239.6~324.8		240~280	-4.9~-1.8	3.06~7.73		2.06~3.86
			L 型							

注:L+V/W_1型,富液体的气液两相包体;V+L/W_2型,富气体的气液两相包体;C型,含CO_2气体相的包体;V型,纯气相包体;L型,纯液相包体;S型,含子矿物的多相包体(卢焕章等,2004;陈衍景等,2007)。

表4-24　以往辉钼矿石英脉的流体包裹体成分分析结果表(谭红艳,2011)

样品编号	测定对象	气相成分/(μl/g)						液相离子成分/(μg/g)							
		H_2	N_2	CO	CH_4	CO_2	$H_2O_气$	Ca^{2+}	F^-	Cl^-	NO_3^-	SO_4^{2-}	Na^+	K^+	Mg^{2+}
DK13	石英	0.5915	2.090	0.3431	0.2103	2.523	2.864×10^5	0.9475	1.657	0.1590	1089	7.607	3.639	2.049	58.49
DK14	石英	0.2199	1.913	0.1273	0.0729	2.884	2.285×10^5	—	6.053	—	1736	7.236	1.253	1.396	36.38
DK15	石英	0.5349	8.466	0.2755	0.2133	13.15	2.059×10^5	—	1.413	—	45.14	2.390	0.694	0.711	14.24
DK17	石英	1.1150	5.317	0.4298	0.3141	12.70	2.102×10^5	—	1.775	—	40.70	2.614	0.613	0.694	13.83

注:测试单位为核工业北京地质研究院分析测试研究中心。"—"表示未检出。

1)钾长石-石英阶段(Ⅰ):(W_1+S)型流体包裹体总体均一温度和盐度变化范围为276.3~389.9℃、3.55wt%~10.61wt% NaCl,峰值区间为320~360℃、4.00wt%~5.71wt% NaCl。

W_1型流体包裹体中,气相成分CO_2的峰值为1385 cm^{-1}、1282 cm^{-1}(图4-58a),液相成分H_2O的峰值为3415 cm^{-1}(图4-58c)。S型流体包裹体子矿物成分为黄铜矿,峰值为287 cm^{-1}(图4-58b)。

2)黄铁绢英岩-辉钼矿阶段(Ⅱ)与石英-辉钼矿脉亚阶段(Ⅲ-1):(W_1+W_2+S+L+C+V)型流体包裹体总体均一温度和盐度变化范围为152.3~430℃、0.35wt%~12.8wt% NaCl,主峰值区间为246.9~362℃、3.05wt%~12.8wt% NaCl,次要主峰值区间为185.3~280℃、0.35wt%~3.2wt% NaCl。

S型流体包裹体发育NaCl和黄铜矿等子晶,均一温度和盐度变化范围为318~420.8℃、39.23wt%~47.6wt% NaCl,所反映的流体减压沸腾作用,与矿床中心产出的隐爆角砾岩筒相吻合。

W_1型流体包裹体中,气相成分CO_2的峰值为1384 cm^{-1}、1281 cm^{-1},液相成分H_2O的峰值为2418 cm^{-1}。S型流体包裹体子矿物为黄铜矿,峰值为287 cm^{-1}(图4-58d)。与以往研究者测定的细脉状石英-辉钼矿脉的流体包裹体成分基本相当(表4-23)。

以往流体成分测定结果:气相成分以H_2O、CO_2为主,次为N_2,含H_2、CO、CH_4等。液相成分以水为主,阳离子成分以Na^+、Ca^{2+}为主,次为K^+、Mg^{2+},阴离子成分以SO_4^{2-}、Cl^-为主。

结合矿床的蚀变矿化特征,认为主成矿阶段钼成矿流体的活动特征为:

(1)在岩浆晚期残余气液形成黑云母-钾长石-石英蚀变之后,岩浆期后成矿流体向上运移聚集,温压和盐度增高,活动性增强,在矿床中心断裂构造交会处由于减压作用而产生了气液隐爆作用,在隐爆角砾岩筒周围交代形成黄铁绢英岩化和浸染状辉钼矿化,稍后形成了温度和盐度都较高的细脉状石英辉钼矿化;当岩筒及附近细晶花岗岩的再次侵入,天水的混合,又发生了一次温度和盐度都较低的成矿流体活动,形成了较晚的细脉状石英辉钼矿化。

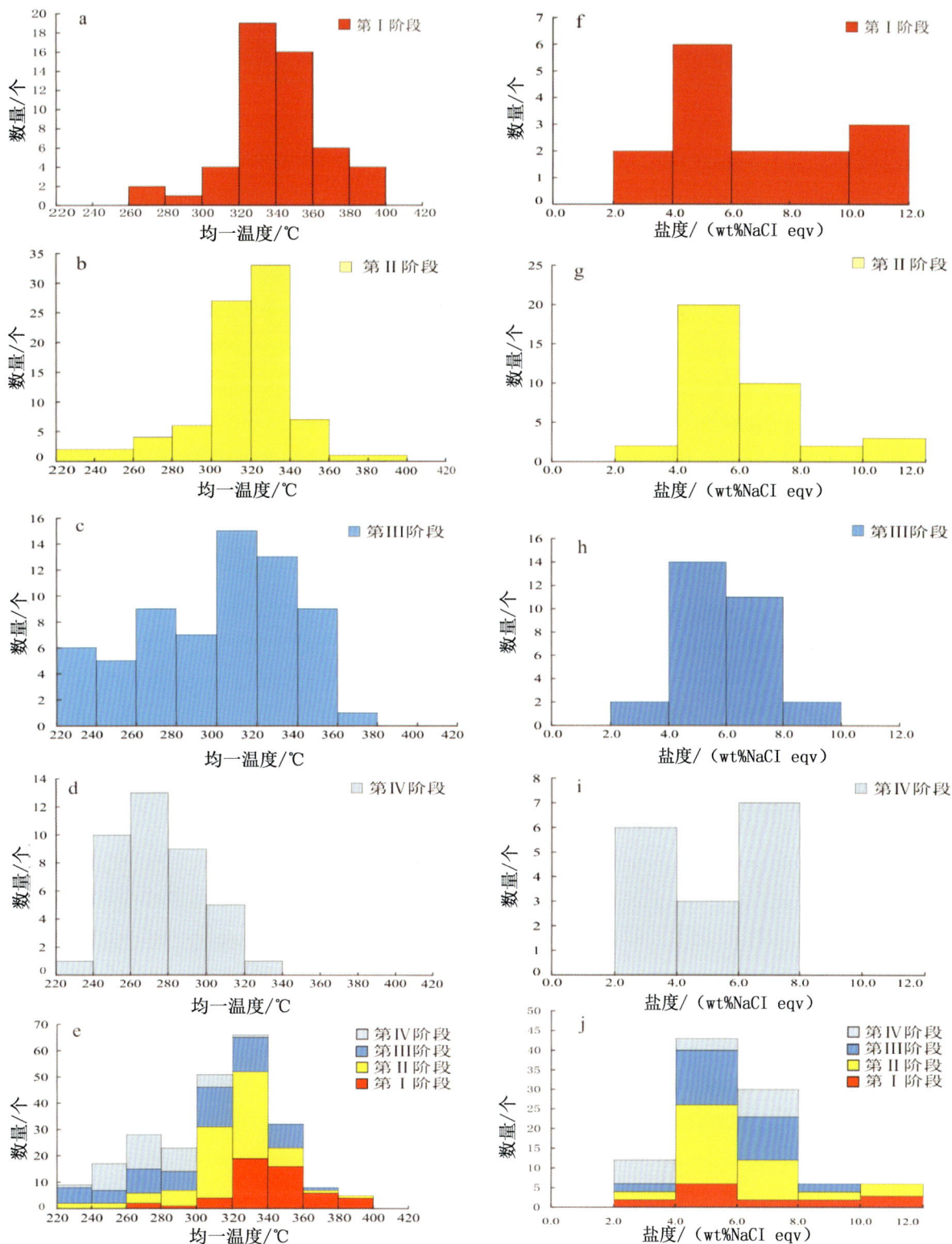

图 5 – 57　霍吉河钼矿床流体包裹体均一温度直方图

a. Ⅰ阶段均一温度直方图；b. Ⅱ阶段与Ⅲ – 1 亚阶段均一温度直方图；c. Ⅲ – 2 亚阶段均一温度直方图；d. Ⅲ – 3 亚阶段均一温度直方图；

e. Ⅰ至Ⅲ阶段均一温度直方图；f. Ⅰ阶段盐度直方图；g. Ⅱ阶段与Ⅲ – 1 亚阶段盐度直方图；h. Ⅲ – 2 亚阶段盐度直方图；

i. Ⅲ – 3 亚阶段盐度直方图；j. Ⅰ至Ⅲ阶段盐度总直方图。

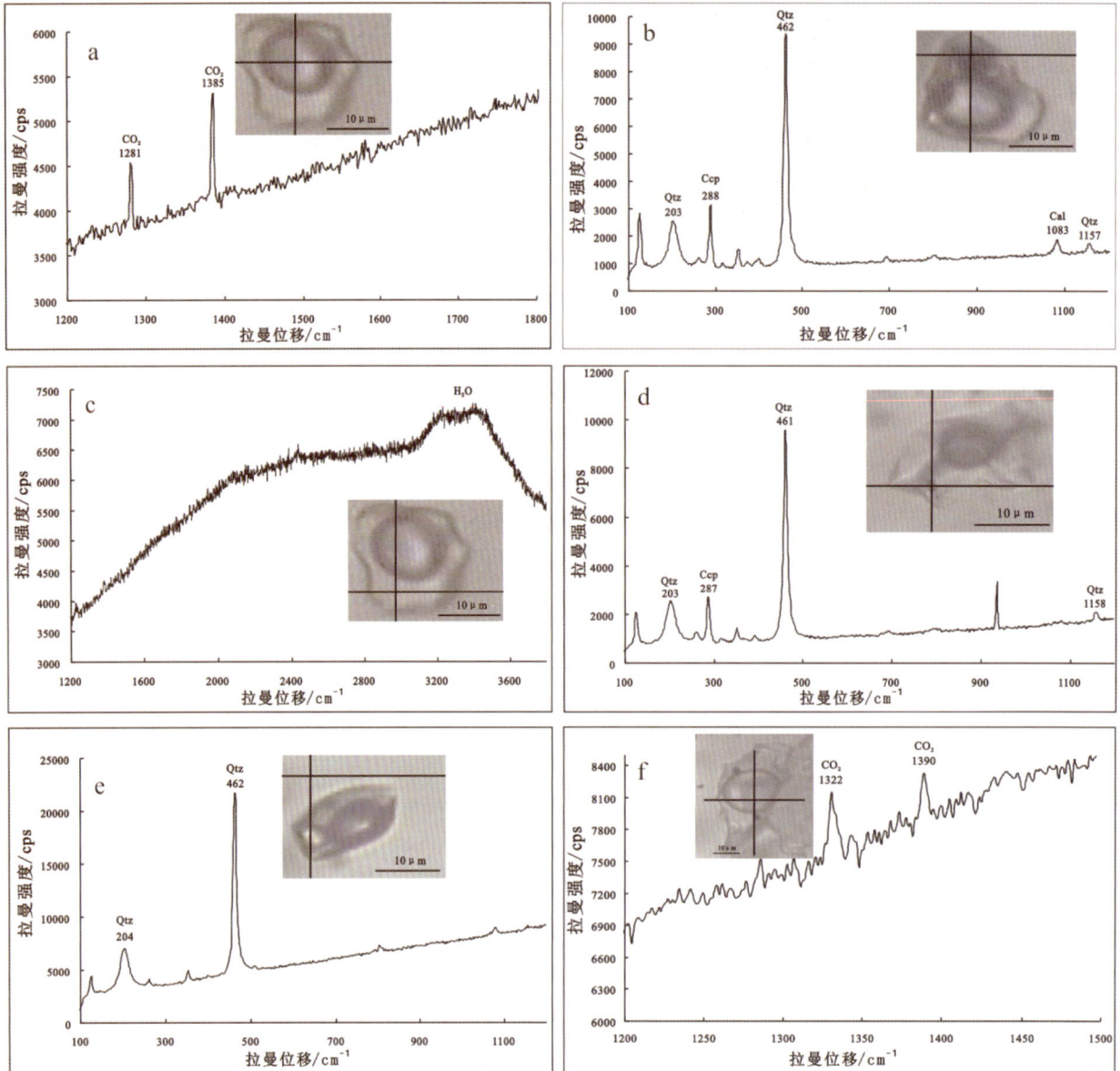

图4－58　霍吉河钼矿床流体包裹体激光拉曼分析图谱

a. 第Ⅰ成矿阶段 W_1 型包裹体气相图谱；b. 第Ⅰ成矿阶段 S 型包裹体子矿物图谱；c. 第Ⅰ成矿阶段 W_1 型液相图谱；d. 第Ⅲ－1 成矿亚阶段 S 型子包裹体矿物图谱；e. 第Ⅲ－2 成矿亚阶段主矿物图谱；f. 第Ⅲ－2 成矿亚阶段 W_1 型包裹体液相图谱。十字中心为激光拉曼测试位置。

（2）富气相包裹体与含盐类子矿物包裹体共存，表明流体不混溶和沸腾现象的存在，说明沸腾是成矿物质沉淀的重要因素之一。

（3）蚀变中基本无萤石出现的特征表明，矿床应属于贫氟钼矿床，成矿流体属于 $(Ca^{2+} + Mg^{2+})SO_4^{2-} + (Na^+ + K^+)Cl^- + H_2O + CO_2$ 体系。在成矿均一温度主峰区间内，先后存在着中等和低盐度两种不同组分的流体，表明成矿过程中成矿流体与天水发生了混合，再次形成了辉钼矿沉淀。

3）石英－黄铜矿脉亚阶段（Ⅲ－2）：$(W_1 + C)$ 型流体包裹体总体均一温度和盐度变化范围为 168.4 ~ 360.7℃、0.7wt% ~ 8.41wt% NaCl，两个主峰值区间分别为 300 ~ 339℃ 和 4.03wt% ~ 5.81wt% NaCl、160 ~ 280℃ 和 2.06wt% ~ 5.7wt% NaCl。

W_1 型流体包裹体中，气相成分 CO_2 的峰值为 1386 cm^{-1}、1280 cm^{-1}（图4－58f），液相成分 H_2O 的峰值

为 3410 cm⁻¹。S 型流体包裹体子矿物成分为黄铜矿,其拉曼峰值为 291 cm⁻¹。

4)石英 – 方解石亚阶段(Ⅲ – 3):(W₁ + L)型流体包裹体总体均一温度和盐度变化范围为 112.8 ~ 324.8℃、0.8wt% ~ 7.73wt% NaCl,主峰值区间为 240 ~ 280℃ 和 180 ~ 200℃、2.06wt% ~ 5.70wt% NaCl。

综上所述,霍吉河钼矿床成矿流体属于(Ca^{2+} + Mg^{2+})SO_4^{2-} + (Na^+ + K^+)Cl^- + H_2O + CO_2 体系,早期主成矿阶段具高 – 中温(246.9 ~ 362.0℃)、中等盐度(3.05wt% ~ 12.80wt% NaCl)的特点,晚期次要成矿阶段具中低温(185.3 ~ 280℃)、低盐度(0.35wt% ~ 3.2wt% NaCl)的特点。

4.3.6　同位素特征

4.3.6.1　氢 – 氧同位素特征

本次及前人主要采取石英 – 辉钼矿脉(Ⅲ – 1)样品,测试研究了石英的氢 – 氧同位素组成(表 4 – 25)。15 件研究样品的 $\delta^{18}O_{H_2O}$ 值为 – 3.51‰ ~ 7.62‰,δD_{V-SMOW} 值为 – 110.0‰ ~ – 78.4‰。

表 4 – 25　霍吉河钼矿床氢氧同位素分析结果

编号	矿物	$\delta^{18}O_{石英}$‰	T_h/℃	$\delta^{18}O_{H_2O}$‰	δD_{V-SMOW}‰	资料来源
HJH – 2	石英	10.7	320	4.49	–	本次工作
HJH – 49	石英	9.9	320	3.69	–	
HJH – 50	石英	9.7	300	2.81	–	
HJH – 58	石英	9.5	280	1.85	–	
HJH – 69	石英	10.3	320	4.09	–	
13HJH11	石英	11.3	400	7.24	– 107.00	张勇等,2015
13HJH12	石英	8.8	400	4.74	– 110.00	
13HJH13	石英	11.2	350	5.89	– 104.00	
13HJH17 – 1	石英	9.9	300	3.01	– 106.00	
13HJH22	石英	8.2	200	– 3.51	– 101.00	
13HJH24	石英	8.7	200	– 3.01	– 105.00	
DKH14	石英	13.3	305.5	6.22	– 78.40	谭红艳,2013
DKH15	石英	13.9	305.5	6.82	– 94.30	
DKH16	石英	14.7	305.5	7.62	– 85.20	
DKH17	石英	11.5	305.5	4.42	– 86.60	

在 δD_{V-SMOW} – $\delta^{18}O_{H_2O}$ 图解(图 4 – 59)上,H – O 同位素数据点多数落在岩浆水的下方和左下方,少数数据点落在岩浆水区域与大气降水线之间,结合流体包裹体的研究成果,认为成矿流体主要为岩浆水,成矿过程中有大气降水的混合。

4.3.6.2　氦 – 氩同位素特征

为了示踪矿床的成矿流体来源,本次研究分析的 2 件黄铁矿样品稀有气体 He – Ar 同位素组成(表 4 – 26)表明,³He 值[(0.015 ~ 1.573)× 10⁻¹² cc. STP/g]和 ³He/⁴He 比值(< 4.9),明显小于洋中脊玄武岩(26.6 × 10⁻¹² cc. STP/g、7 ~ 9Ra)和上地幔的值(174 × 10⁻¹² cc. STP/g、6 ~ 7Ra),高于大陆地壳的值(0.02Ra),指示成矿流体可能为上地幔和下地壳两个端元的混合物。相同样品中的 ³⁶Ar 值[(0.07 ~ 0.31)× 10⁻⁹cc. STP/g]与洋中脊玄武岩(0.074 × 10⁻⁹cc. STP/g)和上地幔的值(0.27 × 10⁻⁹cc. STP/g)较为接近,也显示出幔源流体的加入。⁴⁰Ar/³⁶Ar 的比值(312.1 ~ 563.0)要高于大气的比值(295.5),也指示了幔源或地壳的流体加入。在 ³He 与 ⁴He 图解(图 4 – 60)中,两个样品点均落入了幔源 He 与壳源 He 之间的区

域,指示该矿床的成矿流体可能来源于壳幔的混合。

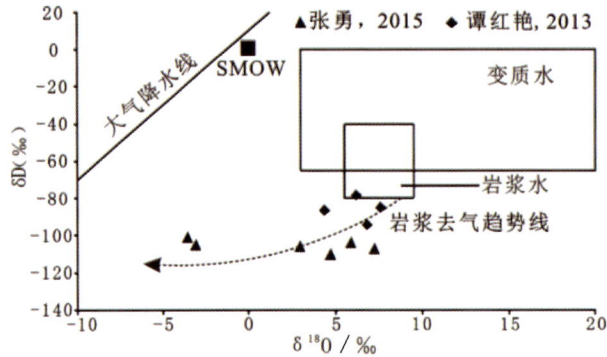

图 4 – 59　霍吉河钼矿床 $\delta D – \delta^{18}O$ 图解(底图据 Taylor,1974)

表 4 – 26　霍吉河钼矿床硫化物氦和氩同位素的组成

样品	矿物	$^4He(E^{-7}ccSTP/g)$	$^3He/^4He(Ra)$	$^{40}Ar(E^{-7}ccSTp/g)$	$^{40}Ar(E^{-7}ccSTp/g)$	$^{40}Ar/^{36}Ar$	$^{38}Ar/^{36}Ar$
HJH – 31	黄铁矿	0.3	0.47	0.2	–	312.1	0.186
HJH – 30	黄铁矿	2.9	4.9	1.1	0.5	563.5	0.186

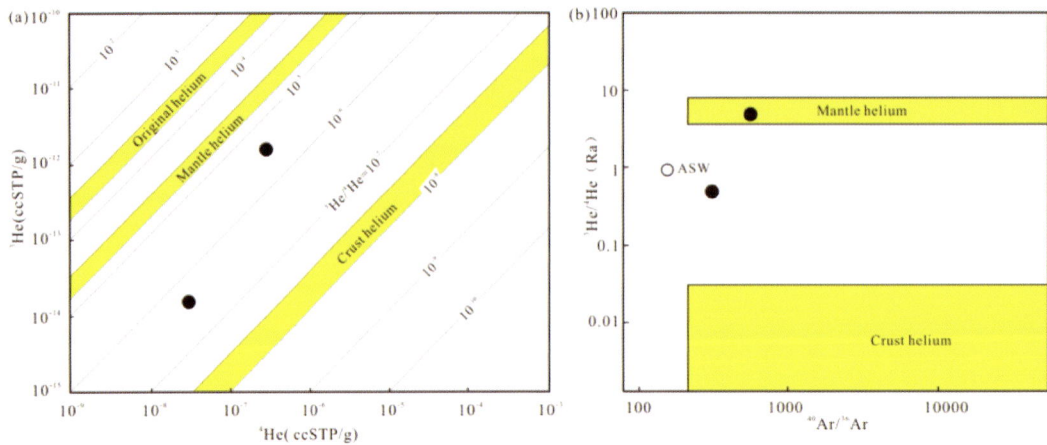

图 4 – 60　霍吉河钼矿床黄铁矿 ^3He 与 ^4He 和 $^3He/^4He$ 与 $^{40}Ar/^{36}Ar$ 图解

4.3.6.3　硫同位素特征

本次及前人主要采取含黄铁矿钼矿石样品,测试研究了黄铁矿的硫同位素组成(表 4 – 27)。4 件黄铁矿的 $\delta^{34}S$ 值为 1.2‰ ~ 5.8‰,与岛弧玄武岩 – 安山岩的 $\delta^{34}S$ 值相当,指示成矿流体中的硫应主要来源于活动陆缘弧环境形成的岩浆硫。

表 4 – 27　霍吉河钼矿床中黄铁矿的硫同位素测试结果

样号编号	样品描述	测试对象	$\delta^{34}S_{V-CDT}/‰$	资料来源
HJH – 30	含黄铁矿的矿石	黄铁矿	3.8	本次工作
HJH – 31	含黄铁矿的矿石	黄铁矿	5.8	
DKH11	含黄铁矿的矿石	黄铁矿	1.2	谭红艳,2013
DKH12	含黄铁矿的矿石	黄铁矿	1.8	

4.3.6.4　铅同位素特征

本次2件钼矿石中的黄铁矿样品、以往6件二长花岗岩和花岗细晶岩样品的铅同位素分析结果(表4-28)总体上具有如下变化特征：$^{206}Pb/^{204}Pb$ 比值，黄铁矿的＜二长花岗岩的＜花岗细晶岩的；$^{207}Pb/^{204}Pb$ 比值，黄铁矿的＞花岗细晶岩的＞二长花岗岩的；$^{208}Pb/^{204}Pb$ 比值，黄铁矿的＜二长花岗岩的＜花岗细晶岩的。

在 $^{207}Pb/^{204}Pb$ - $^{206}Pb/^{204}Pb$ 和 $^{208}Pb/^{204}Pb$ - $^{206}Pb/^{204}Pb$ 增长曲线图上(图4-61)，投影点落在造山带铅同位素增长模式曲线附近。在铅同位素的 $\Delta\gamma - \Delta\beta$ 成因分类图解上(图4-62)，投影点多数落在岩浆作用区域，个别点落在地幔源铅区域。由此判断，成矿物质主要源于活动陆缘造山带壳幔混源的岩浆作用。

表4-28　霍吉河钼矿床 Pb 同位素测试结果简表

样品	测试对象	$^{206}Pb/^{204}Pb$		$^{207}Pb/^{204}Pb$		$^{208}Pb/^{204}Pb$		μ	ω	Th/U	$\Delta\alpha$	$\Delta\beta$	$\Delta\gamma$	资料来源
		分析数据	平均值	平均值	分析数据	分析数据	平均值							
HJH-30	钼矿石中的黄铁矿	18.745	18.773	15.594	15.599	38.275	38.315	9.42	34.09	3.5	80.09	16.98	21.47	本次工作
HJH-31	钼矿石中的黄铁矿	18.8		15.603		38.354		9.43	34.21	3.51	83.26	17.56	23.57	
110723-1	黑云母二长花岗岩	18.734		15.554		38.267		9.35	33.77	3.5	79.46	14.37	21.25	张琳琳，2012
110723-5	黑云母二长花岗岩	19.401	19.105	15.606	15.585	38.696	38.546	9.4	32.71	3.37	117.89	17.76	32.7	
090817-13	黑云母二长花岗岩	19.242		15.589		38.629		9.38	33.04	3.41	108.73	16.65	30.91	
090817-14	黑云母二长花岗岩	19.041		15.592		38.592		9.4	33.86	3.49	97.15	16.85	29.93	
090817-11	黑云母二长花岗岩	19.202		15.612		38.656		9.42	33.52	3.44	106.42	18.15	31.63	
090817-12	花岗细晶岩	19.159	19.159	15.596	19.159	38.592	38.592	9.4	33.34	3.43	103.95	17.11	29.93	

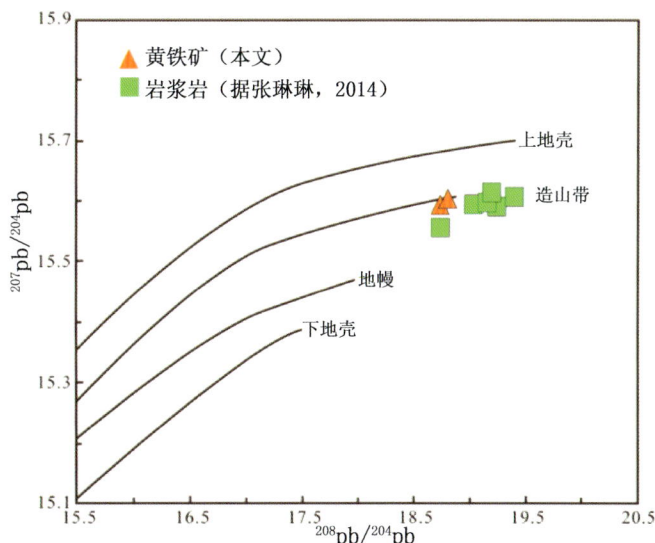

图4-61　霍吉河钼矿床矿石及围岩铅同位素 $^{207}Pb/^{204}Pb$ - $^{206}Pb/^{204}Pb$ 图解(底图据 Zartman 等，1981)

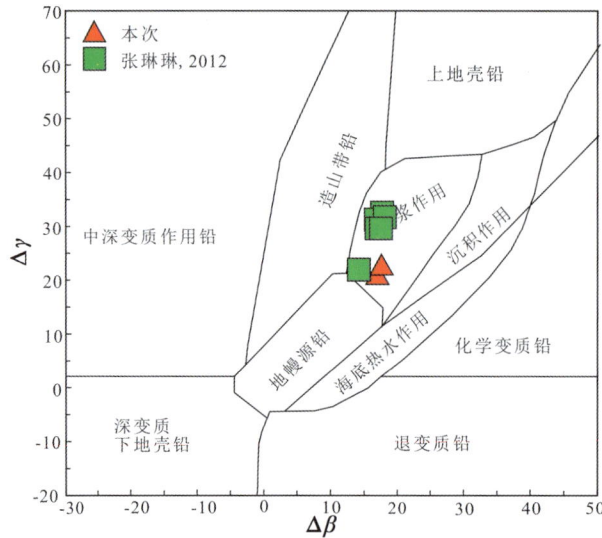

图 4 - 62　霍吉河钼矿床矿石及围岩铅同位素的 $\Delta\gamma - \Delta\beta$ 成因分类图解(据朱炳泉等,1998)

4.3.6.5　铼 - 锇同位素特征

本次和以往采集取的 Re - Os 同位素测年样品主要为细脉状辉钼矿石。本次 4 件 Re - Os 同位素测年样品测得的模式年龄为 179.2 ~ 182.4 Ma(表 4 - 29),与张琳琳 2012 年测得的 Re - Os 模式年龄 180.7 ~ 181.3 Ma,谭红艳 2013 年测得的 Re - Os 模式年龄 179.8 ~ 183.3 Ma、加权平均年龄 181.2 ± 1.8 Ma、等时线年龄 176.3 ± 5.1 Ma,杜晓慧 2015 年测得的 Re - Os 模式年龄 176.9 ~ 178.7 Ma、加权平均年龄 177.6 ± 1.1 Ma、等时线年龄 176.6 ± 3.2 Ma 基本相当,略小于成矿花岗岩的锆石 U - Pb 年龄 190.1 ~ 193.4 Ma,认为霍吉河斑岩钼矿床的成矿时代应为早侏罗世晚期 180 Ma 左右,是印支晚期构造 - 岩浆活动的产物。

表 2 - 29　霍吉河钼矿床辉钼矿 Re - Os 同位素测试结果一览表

资料来源	样品编号	样品质量 /g	Re /10⁻⁶ 测定值	Re /10⁻⁶ 不确定度	普 Os /10⁻⁹ 测定值	普 Os /10⁻⁹ 不确定度	¹⁸⁷Re /10⁻⁶ 测定值	¹⁸⁷Re /10⁻⁶ 不确定度	¹⁸⁷Os /10⁻⁹ 测定值	¹⁸⁷Os /10⁻⁹ 不确定度	模式年龄/Ma 年龄	模式年龄/Ma 不确定度
张琳琳, 2012	HJH090817 - 3	0.05046	12.04	0.09	0.0043	0.0096	7.565	0.057	22.89	0.21	181.3	2.6
	HJH090817 - 5	0.05026	30.92	0.23	0.0566	0.0143	19.430	0.140	58.58	0.48	180.7	2.5
谭红艳, 2013	TWH1 - 1	0.05068	19.80	0.15	0.5638	0.0576	12.44	0.09	37.55	0.36	180.9	2.7
	TWH1 - 2	0.05080	21.72	0.16	0.0049	0.0274	13.65	0.10	41.04	0.35	180.2	2.5
	TWH1 - 4	0.05099	17.33	0.14	0.0521	0.0211	10.89	0.09	33.30	0.30	183.3	2.7
	TWH1 - 5	0.05063	13.19	0.10	0.0049	0.0000	8.292	0.06	25.24	0.25	182.5	2.7
	TWH1 - 3	0.03089	20.09	0.16	0.0896	0.0181	12.63	0.09	37.89	0.30	179.8	2.5
杜晓慧, 2015	13HJH11	0.006	27.58	0.21			17.33	0.13	51.58	0.48	178.3	2.6
	13HJH13	0.030	18.91	0.14			11.88	0.09	35.44	0.28	178.7	2.4
	13HJH20	0.030	17.92	0.14			11.26	0.09	33.27	0.27	177.1	2.5
	13HJH22	0.030	36.50	0.28			22.94	0.18	67.72	0.54	176.9	2.4
	13HJH25	0.031	31.05	0.23			19.51	0.15	57.70	0.46	177.2	2.4
本次工作	HJH - 21		57.491	0.398	0.0016	0.055	36.134	0.250	110	0.7	182.4	2.5
	HJH - 22		45.262	0.370	0.5761	0.023	28.448	0.233	86.4	0.56	181.9	2.6
	HJH - 23		19.515	0.131	0.1181	0.037	12.266	0.82	37.1	0.22	181.4	2.4
	HJH - 22		45.338	0.663	0.8090	0.020	28.496	0.417	85.2	0.62	179.2	3.4
平均			27.166				17.073		51.306			

辉钼矿中 Re 含量(12.040~57.291)×10^{-6}、均值27.166×10^{-6},^{187}Os 含量(22.89~110.00)×10^{-9}、均值51.306×10^{-9},明显高于晚三叠世翠宏山－翠中等矿床中辉钼矿 Re 和^{187}Os 含量的一个数量级,结合矿区的构造－岩浆活动特征,研判霍吉河钼矿床的成矿物质应来源于壳幔混源岩浆。

4.3.7　矿床成因

1)主要成矿地质要素:

(1)矿田处于古元古代－中生代多旋回活动大陆边缘岩浆弧、早侏罗世陆缘火山弧陆碰撞造山阶段隆起伸展的构造环境,与成矿有关的 A$_2$ 型花岗岩属于 I 型花岗质岩浆演化而成。

(2)复式小岩株的侵入和成矿作用,受控于早侏罗世红旗山火山喷发带西缘的北北西向褶断带及环状火山构造。

(3)矿床蚀变和矿化呈环带状分布,钾化带为脉动侵入活动晚期残余气液蚀变产生,叠加的黄铁绢英岩化带和泥化带为岩浆期后热液蚀变产生,隐爆角砾岩筒为成矿热液活动中心,斑岩型钼矿化主要形成于黄铁绢英岩化阶段。

2)成矿复式岩体的地球化学特征:岩石组合为细－中粗粒＋似斑状花岗闪长岩/二长花岗岩＋花岗细晶岩,属于亚碱性、准铝质－弱过铝质、钾玄岩－高钾钙碱性系列。Sr－Nd－Hf 同位素特征显示,岩浆源于中元古代加积壳幔的熔融。

3)成矿物质来源:成矿流体属于(Ca^{2+}＋Mg^{2+})SO_4^{2-}＋(Na^+＋K^+)Cl^-＋H_2O＋CO_2 体系,主成矿阶段具高－中温、中等盐度的特点,次要成矿阶段具中低温、低盐度的特点,成矿流体主要来源于岩浆水,成矿过程中有天水的混合;氦－氩、氢－氧、硫、铅、铼－锇同位素组成特征显示,成矿物质主要来源于活动陆缘弧碰撞造山环境下壳幔物质混熔演化产生的 A$_2$ 型花岗岩。

4)成矿时代:本次和以往获得的细脉状辉钼矿石 Re－Os 同位素模式年龄 177.1~183.3 Ma、加权平均年龄 177.6~181.2 Ma、等时年龄 176.3~176.6 Ma,略小于成矿花岗岩锆石 U－Pb 年龄 190.1~193.4 Ma,成矿时代为早侏罗世 180 Ma,是印支晚期构造－岩浆活动形成的斑岩钼矿床。

4.4　其他矿(化)点地质特征

翠宏山铁多金属矿田内,除前述研究的主要矿床(点)外,还在西马鲁河北北东向褶断带、对宏山－库滨北北东向褶断带、早白垩世友谊火山喷发带等控矿构造的有利部位,分布有多处铁多金属矿床(点)、金矿(化)点。为较全面的分析矿田的成矿特征、总结成矿规律、开展成矿预测,将这些工作程度和研究程度较低的矿床、矿(化)点的地质特征列于表 4－30。

前述控矿构造中,西马鲁河北北东向褶断带的成矿特征与翠北－翠宏山褶断带的成矿特征相似,具有形成大型铁多金属矿的资源潜力,叠加复合成矿时代为顶寒武世与晚三叠世,成矿类型为矽卡岩－斑岩型;对宏山－库滨北北东向褶断带的成矿类型为矽卡岩－斑岩型,成矿时代为晚三叠世;红旗山北北西向褶断带的主要成矿类型为矽卡岩－斑岩型,成矿时代为晚三叠世－早侏罗世;早侏罗世的金成矿作用主要与北西向韧性剪切带叠加早侏罗世火山－热液活动有关,成矿类型为破碎蚀变岩型;早白垩世的金成矿作用主要与板子房期、宁远村期的中性－酸性火山－热液活动有关,成矿类型为浅成中低温热液变岩型。

表4-30 翠宏山铁多金属矿田矿床、矿（化）点地质特征一览表

图中编号	名称	控矿要素	矿（化）体特征	成矿类型	成矿时代
2	西马鲁河（M73-99）铁矿点	位于褶断带东北段，磁铁矿体产于碎裂碱长花岗岩（$\kappa\rho\gamma\in_4$）中的北东东向张扭性破碎带中，主要蚀变为绿帘石化、硅化	圈出1条长度小于50 m的脉状磁铁矿体，厚2.1 m，产状340°∠52°，全铁品位45.34%	热液充填型	$\in_4$
3	反帝反修山（M7北）铁矿点	西马鲁河北北东向褶皱断裂侵入接触构造带（V-1）。位于褶断带中段，碱长花岗岩（$\kappa\rho\gamma\in_4$）和花岗斑岩$\gamma\pi T_3$侵入铅山山组（$\in_1 q$）白云质结晶灰岩形成的砂卡岩东向张扭性破碎带控制，蚀变为砂卡岩化、阳起石化、透闪石、蛇纹石化（V-1）	2条脉状磁铁矿体的产状为333°∠64°。Ⅰ号矿体产于灰岩与碱长花岗岩（$\kappa\rho\gamma\in_4$）的侵入接触带内，长300 m，水平厚6 m，全铁品位25.89%。Ⅱ号矿体产于花岗斑岩（$\gamma\pi T_3$）与碱长花岗岩（$\kappa\rho\gamma\in_4$）的侵入接触带内，长100 m，水平厚1.5 m，全铁品位20.77%。金属矿物为磁铁矿、辉钼矿、闪锌矿	斑岩-砂卡岩型	$\in_4 + T_3$
M7	翠巍（M7）钼铅锌矿点	位于褶断带南西段，石英闪长斑岩[（$\delta o\pi + \gamma\pi$）T_3]侵入碎裂碱长花岗岩（$\kappa\rho\gamma\in_4$），绢云母化碳酸盐化、黄铁矿化蚀变强烈。翠宏山北北西北东向褶皱侵入接触构造带（V-2）	碎裂碱长花岗岩（$\kappa\rho\gamma\in_4$）有磁铁矿化、黄铁矿化和辉钼矿化。石英闪长斑岩（$\delta o\pi T_3$）中见1%~2%的磁铁矿化，2%~3%的闪锌矿化，3%的黄铁矿化。花岗斑岩（$\gamma\pi T_3$）中见强烈的黄铁矿化	斑岩-砂卡岩型	（$\in_4 + T_3$）
7	库南小型铅锌矿床	翠北-翠宏山北北西向褶皱侵入接触断构造带（V-2）。矿床位于褶断带西部翠中向斜西翼，粗粒二长花岗岩（$\eta\gamma\in_{2-3}$）侵入铅山山组（$\in_1 q$）结晶灰岩形成的层间砂卡岩带中，主要蚀变为砂卡岩化、透闪石化、阳起石化、萤石化、绿帘石化、硅化等	ⅩⅣ、Ⅸ号矿体为主矿体，ⅩⅣ号矿体上盘分布有6条从属小矿体，矿体呈脉状产出。ⅩⅣ号铅锌矿体长250 m，厚2~3 m，倾斜延深200 m，走向325°，倾向东北，倾角45°~60°，平均品位：Pb 2.58%，Zn 2.98%，Cu 0.26%；从属矿体延长120 m，倾向延深200 m，厚1.75~2.26 m，走向302°，倾向东北，倾角45°~60°，平均品位：Pb 3.17%，Zn 3.41%。主要金属矿物有方铅矿、铁闪锌矿、磁黄铁矿、黄铜矿、辉银矿、磁铁矿、少量菱铁矿、辉铜矿和锡石	砂卡岩型	$\in_{2-3}$

续表 4－30

图中编号	名称	控矿要素	矿(化)体特征	成矿类型	成矿时代
5、6	翠宏山与翠中大型铁多金属矿床	翠宏山铁多金属矿床位于褶断带东部即翠宏山背形侵入接触构造带的核部及两翼，翠中铁多金属矿床位于褶断带西部即翠中向形侵入接触构造带的核部及两翼。 顶寒武世细粒二长花岗岩($\eta\gamma\in_4$)＋粗－中细粒碱长花岗岩($\kappa\rho\gamma\in_4$)侵入铅山组($\in_1 q$)主要形成斑岩－矽卡岩型钨与铁钨铅锌矿石，晚三叠世中细粒二长花岗岩($\eta\gamma T_3$)＋细粒碱长花岗岩($\kappa\rho\gamma T_3$)＋花岗斑岩($\gamma\pi T_3$)再次侵入主要形成斑岩型为主的钼矿石。 铁多金属矿体主要赋存于接触带，钨钼矿体主要赋存于内接触带，铅锌铜多金属矿体主要赋存于外接触带层间矽卡岩带	翠宏山矿床埋深 0～660 m，整体走向北北西，长约 2200 m，北部 58 线最宽达 400 m，南部最窄至 50 m。矿床由 4 条主矿体、50 余条从属矿体构成。矿体分枝复合发育，形态复杂，倾向、倾角变化大。 Ⅰ和Ⅱ号铁多金属矿体规模最大，长 400 m，走向上向南西东倾伏，地表向下延深至 610 m。形态、产状变化复杂，厚度变化大，具分枝复合、急剧膨大尖灭的特征。中部 58－52 线间，矿体呈较完整的背形脉状－厚大透镜状－囊状，横向最大宽度 1000 m，最大厚度达 200 m；50－42 线间，矿体赋存于背形矽卡岩带的西翼，倾向北北东，上部陡倾、下部缓倾至近水平。估算探明＋控制＋推断铁矿石量 2909.4 万 t、锌 11.15 万 t，平均品位：全铁 46.20%、锌 1.97%。 Ⅲ号钼钨矿体长约 1650 m，地表向下延深至 660 m，水平厚度：平均 10.09 m、最大 28.50 m。矿体赋存于(Ⅰ＋Ⅱ)铁多金属矿体西侧矽卡岩带中，矽卡岩型钼钨矿体呈似层状，形态简单、产状稳定，走向北北西、倾角近直立，沿走向和倾向均有分支复合现象。估算探明＋控制＋推断钼 4.02 万 t、三氧化钨 5.74 万 t，平均品位：钼 0.138%、钨 0.199%。 Ⅲ′号钼钨矿体长约 1550 m，地表向下延深至 560 m，水平厚度：平均 10 m、50 线最大 33 m。矿体赋存在Ⅲ号矽卡岩型钨钼矿体西侧矽卡岩化糜棱岩化细粒二长花岗岩、花岗斑岩中，与Ⅲ号矿体平行，呈似层状，形态、产状较稳定，为斑岩型钼钨矿体。估算探明＋控制＋推断钼 1.69 万 t、三氧化钨 2.14 万 t，平均品位：钼 0.108%、三氧化钨 0.160%。 Ⅴ号铁多金属矿体长 1150 m，从地表向下延深 500 m，水平厚度：平均 3.6 m、最大 11.90 m。矿体呈脉状赋存于粗－中细粒碱长花岗岩与白云质结晶灰岩的侵入接触矽卡岩带中，走向北北西、倾向南西西、倾角 83°～89°。以铁钼钨矿石为主，北西段伴生铅锌，南东矿段伴生铜。估算推断铁矿石量 53.5 万 t、铅 1.5 万 t、锌 1.77 万 t，平均品位：全铁 38.46%、锌 3.15%、铅 1.65%。 翠中矿床埋深 600～1200 m，由 5 条主矿体、60 余条从属矿体构成，整体向北北西陡倾伏		

续表 4 - 30

图中编号	名称	控矿要素	矿（化）体特征	成矿类型	成矿时代
5、6	翠宏山与翠中大型铁多金属矿床		IV 号铁多金属矿体是最大矿体，位于细中－粗粒碱长花岗岩（$\eta\gamma \in_4$）超覆侵入铝山组（$\in_1 q$）形成的向形隆起接触构造带核部，主要赋存于接触矽卡岩带中，矿体形态比较复杂，产状变化较大，矿石类型主要变为铁、铁锌、铁钨钼、钼钨型。勘探线横向剖面上，矿体大致呈"上凹下凸"的复杂透镜状，分枝复合特征明显，中部 207 线矿体最宽约 700 m，最厚约 221 m，向两翼扬起厚度变薄至尖灭，西南翼向北东倾，倾角 40°～60°，东北翼向南西倾，倾角 30°～60°。矿体纵向剖面上，整体向北北西陡倾伏，倾伏角 60°～70°，207 线赋存最低标高为－620～－250 m；207 线北西侧的 203 线，向南东经 211 线至 219 矿体尖灭的标高为 50 m，矿体倾向延长约 800 m。估算控制+推断铁和铁多金属矿石量 3656.53 万 t，全铁平均品位 43.33%；三氧化钨 3.46 万 t，平均品位 0.234%；钼 1.48 万 t，平均品位 0.080%；锌 4.37 万 t，平均品位 1.07%。 III 和 II 号钼矿矿体位于向形构造核部，IV 号矿体的上部。主体赋存于顶寒武世粗－中细粒碱长花岗岩（$\eta\gamma \in_4$）中，局部赋存于晚三叠世细粒碱长花岗岩、花岗斑岩的小岩枝或岩脉中。矿体呈复杂变化的透镜状－脉状，产状变化特征与 IV 号矿体大体相同。III 号钨钼矿矿体倾向延长约 300 m，宽约 500 m，最大厚度 72.90 m。II 号钨钼矿矿体倾向延长约 300 m，宽约 500 m，最大厚度 87.10 m。III 号钼矿矿体估算控制+推断铁多金属矿石量 155.34 万 t，全铁平均品位 44.10%；三氧化钨 0.72 万 t，平均品位 0.366%；钼 0.16 万 t，平均品位 0.088%；锌 0.44 万 t，平均品位 1.34%，铜 0.16 万 t，平均品位 0.56%。II 号估算控制+推断三氧化钨 0.30 万 t，平均品位 0.103%；钼 0.04 万 t，平均品位 0.041%		

续表 4 - 30

图中编号	名称	控矿要素	矿(化)体特征	成矿类型	成矿时代
5,6	翠宏山号翠中大型铁多金属矿床		Ⅰ号铁多金属矿体位于向形构造的西南翼，Ⅱ、Ⅲ号钨钼矿体的上部。赋存于粗-中细粒碱长花岗岩($\eta\gamma\in_4$)中的矽卡岩带内。矿体倾向延长约200 m，宽约200 m，最大厚度30.43 m，倾向北东，倾角约70°。Ⅴ号铁多金属矿体位于向形构造带带的东北翼，Ⅳ号矿体的下部。赋存于中细粒碱长花岗岩($\eta\gamma\in_4$)的侵入接触带带及铅山组($\in_1 q$)大理岩及结晶灰岩的层间矽卡岩带中。矿体倾向延长约300 m，宽约300 m，最大厚度115.90 m，倾向北西，倾角约50°估算控制+推断铁和铁多金属矿石量1770.13万t，全铁平均品位43.08%；三氧化钨0.17万t，平均品位0.277%；钼0.12万t，平均品位0.043%；铅0.37万t，平均品位1.41%；锌1.33万t，平均品位1.33%	叠加复成矿砂卡岩-斑岩型	$\in_4 + T_3$
4	翠北铁多金属矿点	位于碍绿断带北段夸部库尔滨河向斜东翼，铅山组($\in_1 q$)残留的两条白云质大理岩层夸粗粒花岗闪长岩($\delta\gamma T_3$)+花岗斑岩($\gamma\pi T_3$)侵入形成两条南北向矽卡岩化带，主要蚀变为矽卡岩化、阳起石、绿帘石、透闪石、萤石化、绿泥石化、硅化、黄铁矿化等	矿体呈透镜状或扁豆状产出，走向近南北，向西陡倾，倾角60°~65°。Ⅰ号矿体长约170 m，平均宽14.15 m，倾向最大延深80 m，全铁品位25%~60%，从上至下品位逐渐变低。Ⅰ-1号矿体长约100 m，平均宽12.51 m，倾向最大延深80 m，全铁品位25%~45%，全铁品位25%~58.45%。Ⅱ号矿体长约75 m，平均宽6.4 m，倾向最大延深50 m，全铁品位25%~58.45%。金属矿物主要为磁铁矿化、黄铜矿化、辉钼矿化、黄铜矿化	砂卡岩型	T_3

续表4-30

图中编号	名称	控矿要素	矿(化)体特征	成矿类型	成矿时代
11	红旗山小型铁多金属矿床	矿床位于褶断带西部向斜核部的东翼及核部,3条矿体赋存于花岗闪长岩+碱长花岗斑岩+花岗斑岩[($\gamma\delta+\kappa\rho\gamma+\gamma\pi$)$T_3$]侵入铅山组($\leqslant_1 q$)的层间砂卡岩内,硅钙界面形成的层间砂卡接触构造(V-3)。主要蚀变为砂卡岩化、硅化、蛇纹石化、绢云母化(云英岩)化、绿纹泥石化、碳酸盐化等	Ⅱ-1号铁锌矿体,呈透镜状-脉状,长400 m,倾向南西西,倾角53°~63°,2线最大厚度:铁39.39 m,铁锌15.25 m,倾向最大延深420 m,全铁平均品位34.25%,锌平均品位7.01%。Ⅲ-13号铁锡隐伏矿体,呈囗形透镜状,南北长约600 m;西翼东倾,倾角45°~60°;7线矿体最大厚度30 m,具尖灭在现的特征;东翼西倾,倾角45°~80°,具尖灭再现的特征;全铁23.08%~41.46%,锡0.30%~0.92%。Ⅰ号矿带由7条层间豆荚状小矿体组成,沿走向和倾向均显示出迅速尖灭的特征,规模甚小,矿体长12~38 m,地表宽2~5.50 m,钻孔视厚1.53 m,倾角60°~75°。主要金属矿物为磁铁矿、闪锌矿、方铅矿、锡石、毒砂、磁黄铁矿、黄铁矿、硼镁铁矿、黄铜矿、白铁矿、铜兰、赤铁矿等	砂卡岩型	T_3
8	高峰铁多金属矿化点	位于早侏罗世红旗山火山喷发带北缘基底隆起二长花岗岩+碱长花岗岩[($\eta+\kappa\rho\gamma$)T_3]中	磁铁矿化、辉钼矿化	热液脉型	T_3
9	霍吉河大型钼矿床	矿床位于褶断带中段,早侏罗世火山喷发隆起中的火山构造内,岩石组合为花岗闪长岩($\gamma\delta J_1$)+花岗细晶岩长花岗岩($\gamma\eta J_1$)+花岗斑岩($\gamma\pi J_1$),矿化位于早侏罗世红旗山火山活动中心变环爆隆角砾岩筒与褶断构造热液活动中心的纵向和横向断裂带交合部位控制。蚀变分带(钾化带,叠加黄铁绢英岩化带和泥化带	矿床由东、西两个矿段37条工业矿体组成。西矿段:受环状断裂带控制,围绕隐爆角砾岩筒西侧呈倾斜的半圆弧状分布,产状变化较大,由北部走向近东北东—倾向南东东,经中部走向近南北—倾向北,矿化连续性好,规模大,厚度稳定。矿体呈透镜状,宽400~500 m,总体产状与矿段的产状变化基本一致,倾角15°~25°;走向延长200~1300 m,地表宽度34~150 m,最大厚度14~298 m,平均厚度10.02~107.23 m,最大倾向延深200~1100 m,赋存标高范围-180~559 m,平均品位0.064%~0.079%;主矿体为V号矿体。东矿段:位于隐爆角砾岩筒东侧,受北北西向断层带控制,呈带状分布,产状较稳定,控制长约800 m,向两端延伸部位未控制,宽280~400 m,矿体呈透镜状-脉状,产状与矿段的产状一致,倾向10°~26°,倾角45°~75°,走向延长200~700 m,地表状与XI号矿体段的一致,走向延长200~700 m,最大倾向宽度8~32 m,最大厚度10.54~129.9 m,赋存标高560~0 m,平均厚度6.18~76.5 m,最大倾向延深150~660 m,平均品位0.063%~0.130%;主矿体为XI号矿体。主要金属矿物为辉钼矿、磁铁矿、黄铁矿、少量的黑钨矿、黄铜矿、磁黄铁矿、闪锌矿、方铅矿等	斑岩型	J_1

续表 4－30

图中编号	名称	控矿要素		矿(化)体特征	成矿类型	成矿时代
10	汤北钼矿化点		位于褶断带南东段西部二长花岗岩＋碱长花岗岩〔($\eta\gamma + \kappa\rho\gamma + \gamma\pi$)$T_3$〕中，黄铁绢英岩化带受北北西向压扭性破碎带控制	槽探查证土壤异常发现钼矿体 1 条、钼矿化体 6 条，主要金属矿物为辉钼矿、黄铁矿	斑岩型	J_1
12	永续钼矿化点	对宏山－库滨北东向褶断侵入接触构造带(Ⅴ－4)	位于褶断带北东段东部，钼矿化产于不等粒碱长花岗岩($\kappa\rho\gamma T_3$)侵入细－粗粒($\eta\gamma T_3$)的接触带部位。主要蚀变为绿泥石化、硅化、黄铁矿化	浸染状辉钼矿化带产状 250°∠80°，主要金属矿物为辉钼矿、黄铁矿	热液脉型	T_3
13	对宏山铁矿点		位于褶断带南中段，土门岭组(P_2t)白云质结晶灰岩被英云闪长岩＋花岗斑岩〔($\gamma\delta o + \gamma\pi$)$T_3$〕侵入形成南北向矽卡岩带，受南北向断裂控制，主要蚀变为矽卡岩化、硅化、蛇纹石化、黄铁矿化	圈出 3 条脉状磁铁矿体，长 75～100 m，厚 2.4～7.2 m，产状 210°～290°∠31°～55°，全铁品位 40%～60%。主要金属矿物为磁铁矿，估算推断铁矿石，6.7 万 t	矽卡岩型	T_3
14	宏铁山铁多金属矿点		矿床位于褶断带中南段、花岗闪长岩＋二长花岗岩＋碱长花岗岩＋花岗斑岩〔($\gamma\delta + \eta\gamma + \chi\rho\gamma + \gamma\pi$)$T_3$〕侵入土门岭组($P_2t$)中的背斜东翼硅钙界面形成的层间隙卡岩带中，其中发育钼矿化隐爆角砾岩筒。6 条矽卡岩带的主要蚀变为矽卡岩化、硅化、蛇纹石化、绢云母化、绿泥石化、硅化、黄铁矿化等	矿体呈脉状或透镜状产出，走向上具有分枝复合、尖灭再现的特征，走向北北西 330°至近南北，总体东倾，倾角 32°～81°，全铁品位 32.36%～47.62%、钼品位 0.023%～0.205%。Ⅰ号铁钼矿体脉状，长约 650 m，水平均厚 5.15 m，倾向延伸大于 50 m，浅部为磁铁矿体，深部为钼矿体，走向 330°，倾向北东东、倾角 45°～60°；矿体个别地段含硼镁铁矿、黄铜矿，硼品位 0.02%～1.83%、铜品位 0.1%。Ⅱ号磁铁矿体透镜状，长约 65 m，水平均厚 6.8 m，走向 355°，东倾，倾角 77°。Ⅲ号铁矿体扁豆状，长大于 30 m，水平均厚 8 m，走向 336°，倾向北东东，倾角 32°。金属矿物主要为磁铁矿、硼镁铁矿、辉钼矿、磁黄铁矿、黄铁矿、闪锌矿、方铅矿、黄铜矿等	矽卡岩－斑岩型	T_3

续表 4-30

图中编号	名称	控矿要素		矿(化)体特征	成矿类型	成矿时代
15	库滨铅锌矿床		位于褶断带中段,土门岭组(P_2t)含砾砂岩、白云质结晶灰岩、粉砂质板岩的硅钙界面被闪长玢岩+花岗斑岩+花岗细晶岩[($\delta\mu+\gamma\pi+\gamma\iota$)$T_3$]侵入形成2条北北东向蚀变矿化带。主要蚀变为矽卡岩化、硅化、绿泥石化、滑石化、绢云母化、碳酸盐化、黄铁矿化等	圈出5条脉状-透镜状铅锌矿体,矿体长100~350 m,水平均厚1.34~25.00 m,产状(280°~300°)∠(55°~70°),铅加锌品位1.56%~3.82%,伴生银1.4~8.4g/t,估算333类型金属量:铅1.6万t、锌3.6万t	热液脉型	T_3
17	库源西山铁矿点		位于褶断带南西段东南侧向斜西翼,土门岭组(P_2t)砂板岩被碱长花岗岩($\kappa\rho\gamma T_3$)侵入形成南北向矽卡岩带,被二浪河组(J_1er)覆盖。侵入接触带受南北向断裂控制,蚀变为阳起石化、透闪石化、黄铁矿化等,矿体赋存于矽卡岩化细砂岩中	圈出两条脉状磁铁矿体,Ⅰ号矿体长100 m、宽1~3 m,Ⅱ号矿体长25 m、宽2 m,产状90°∠(45°~57°),全铁品位30%~32%。主要金属矿物为磁铁矿,非金属矿物主要为阳起石和透闪石。估算推断铁矿石量2万t	矽卡岩型	T_3
18	库源铁矿点		位于褶断带南西段东南侧背斜核部,土门岭组(P_2t)砂板岩被英云闪长岩+碱长花岗岩[($\gamma\delta o+\kappa\rho\gamma$)$T_3$]侵入形成2条南北向矽卡岩带,被二浪河组($J_1er$)覆盖。侵入接触带受南北向及北北西向断裂控制,蚀变为矽卡岩化、阳起石化、绿泥石化、硅化、黄铁矿化等,矿化与阳起石化和硅化有关	圈出两条磁铁矿体,Ⅰ号矿体呈脉状,Ⅱ号矿体呈束状,长175 m、180 m,厚8.18 m、12.5 m,北薄南厚,产状(53°~85°)∠(40°~70°),全铁品位30.2%~52.28%,伴生矿品位:锡0.16%~0.24%、铜0.08%~0.09%。矿石致密块状、局部为细脉浸染状,金属矿物为磁铁矿、黄铁矿、锡石、黄铜矿、闪锌矿、方铅矿,非金属矿物为阳起石和石英。估算333类型铁矿石量32.6万t	矽卡岩型	T_3
19	新风林场钼矿化点		位于褶断带西南段东部花岗斑岩($\gamma\pi T_3$)侵入碱长花岗岩($\kappa\rho\gamma T_3$)的接触带中,蚀变矿化带受北西向张扭性裂隙控制。主要蚀变为黄铁绢英岩化、硅化、萤石化、绿帘石化	主要金属矿物为辉钼矿化、黄铜矿化、黄铁矿化,钼含量0.01%~0.02%	热液脉型	T_3

续表 4 - 30

图中编号	名称	控矿要素	矿（化）体特征		成矿类型	成矿时代
1	枫林枫场金矿点	友谊南北向火山喷发带	枫林北 486 高地北北西向糜棱岩带（Ⅴ–5）	位于早侏罗世 504 高地东北东向二浪河期火山喷发带（Ⅴ–7）西南隆起区，片麻状二长花岗岩（$\eta\gamma O_2$）和二长花岗岩（$\eta\gamma P_3$）中的北西向韧性剪切带中。右行走滑韧性剪切带宽大于 800 m，糜棱面理产状 220° ∠60°，叠加脆性挤压变形，被北东向断裂错断。金矿化蚀变应与二浪河期火山热液活动有关	槽探工程查证 1∶2 万土壤剖面金异常时，发现含金石英脉转石。石英脉为灰白色糖粒状集合体，局部可见晶洞构造，晶洞内可见褐铁矿化，拣块样 Au 品位 9.89×10^{-6}	蚀变岩型	J_1（?）
16	友谊金矿化点	枫林北 486 高地北北西向糜棱岩带（Ⅴ–5）	友谊南北向火山喷发带（Ⅴ–11）	位于早白垩世友谊火山喷发带（Ⅴ–8）板子房期火山构造中。主要岩石为玄武安山岩、安山岩、安山质角砾岩、安山质凝灰岩中。北东向、北西向线性及环状断裂发育，安山质角砾凝灰岩中黄铁矿化和绿泥石化、硅化强烈	在强蚀变安山质岩屑晶屑凝灰岩中发现矿化体 1 条，产状不清，拣块样金品位 0.38×10^{-6}	浅成低温热液型中	K_1

4.5 矿田成矿规律

4.5.1 矿床时空分布及成矿类型

前述矿床(点)地质特征、控矿构造特征、岩石建造与成矿的关系(表4-31)表明,矿田金属成矿作用主要受隐伏基底的分布范围、褶断带铅山组残留块体的规模、成矿花岗岩体侵位高度和剥蚀程度、动力变形变质带的强弱和发育部位、上叠火山构造活动强度等多种成矿地质要素的联合控制,具有多旋回、多期、多阶段复合叠加成矿的特点。

4.5.1.1 成矿期和成矿类型

矿田的主成矿期为顶寒武世、晚三叠世、早侏罗世,其次为晚寒武世、早白垩世;与区域构造-岩浆岩-成矿事件相比(表4-32),具有晚二叠世成矿作用尚未发现、晚三叠世成矿作用显著的特点。主要成矿类型:铁多金属为矽卡岩-斑岩型,钼为斑岩型,铅锌为矽卡岩型,金为浅成中低温热液-蚀变岩型。

1)晚寒武世铅锌成矿期:以分布于翠北-翠宏山北北西向褶断侵入接触构造带(V-2)的库南矽卡岩型铅锌矿床为代表,产生矽卡岩型成矿作用的中-晚寒武世粗粒二长花岗岩的成岩年龄为517.43 Ma,当是顶寒武世主成矿作用发生的初始阶段。

2)顶寒武世铁多金属主成矿期:以分布于翠北-翠宏山北北西向褶断侵入接触构造带(V-2)的翠宏山与翠中铁多金属矿床为代表,产生复成矽卡岩-斑岩型成矿作用的是顶寒武世花岗岩组合体。

顶寒武世成矿花岗岩组合体的成岩年龄503~489 Ma、加权值为494 Ma,与佳木斯地块大盘道岩组(Pt₁d)硅铁建造中羊鼻山矽卡岩型钨矿床的成岩成矿年龄508 Ma、多宝山岛弧区斑岩铜(钼)矿床中辉钼矿的成矿年龄506 Ma大致相当(表4-32),结合翠宏山与翠中矿床复杂的成矿地质特征,表证顶寒武世在区域上发生了明显的矽卡岩-斑岩型钨钼、铁多金属成矿作用。

3)晚三叠世铁多金属主成矿期:以分布于翠北-翠宏山北北西向褶断侵入接触构造带(V-2)的翠宏山-翠中铁多金属矿床、对宏山-库滨北北东向褶断侵入接触带(V-3)的宏铁山矽卡岩型铁钼矿点、红旗山北北西向褶断侵入接触带(V-4)的红旗山矽卡岩型铁锌锡矿床为代表,产生复成矽卡岩-斑岩型成矿作用的是晚三叠世花岗岩组合体。

晚三叠世成矿花岗岩复式岩体的成岩年龄区间值为204~193 Ma、加权值为200 Ma,与辉钼矿的成矿年龄区间205~199 Ma、加权值203 Ma基本一致,结合矿田早侏罗世二浪河期火山岩(成岩年龄区间200~179 Ma、加权值190 Ma)不整合于晚三叠世花岗岩之上、被早侏罗世花岗岩(成岩年龄区间181~176 Ma、加权值179 Ma)侵入、翠宏山-翠中矿区、翠北铁矿床铁多金属矿体被早侏罗世正长花岗岩侵蚀穿插破坏的特征,表明该期成矿作用发生于早侏罗世二浪河期火山喷发之前的晚三叠世,与区域上小西林铅锌矿田的主成矿期一致。

表4-31 矿田及区域岩浆岩成岩成矿时代一览表

矿床(点)名称及编号	矿床规模	成矿元素	控矿构造	容矿构造	沉积岩	岩浆岩	成岩时代/Ma	成矿时代/Ma	成因类型
库南铅锌矿床(7)	小型	铅锌		翠中向斜西翼结晶灰岩层间砂卡岩带	铅山组($∈_1q$)碳泥硅灰建造残留岩块	粗粒二长花岗岩($ηγ∈_{2-3}$)	锆石 LA-ICP-MS 517.7±7.3	$∈_{2-3}$	层间砂卡岩型
翠宏山钨多金属铁矿床(5,6)	大型	铁、钨、钼、铅、锌、铜	①处于南北向带状展布隐伏基底东凤山岩群(Pt_1D)和铅山组($∈_1q$)的边缘部位; ②翠北-翠宏山北西向褶断侵入接触构造带(V-2)	①翠宏山背斜与翠中向斜的核部,公共翼,纵向及横向裂隙联合控制侵入接触砂卡岩带,层间砂卡岩带; ②铁多金属矿体主要赋存于接触带,钨钼矿体主要赋存于内接触带,铅锌铜多金属矿体主要赋存于外接触带层间砂卡岩带	铅山组($∈_1q$)碳泥硅灰建造残留岩块	英云闪长岩($γδo∈_4$)	锆石 LA-ICP-MS 499.0±1.0;刘建峰,2008	$∈_4$	接触带和层间砂卡岩-斑岩型
						粗粒花岗闪长岩($γδ∈_4$)	锆石 LA-ICP-MS 493.0±4.0;陈贤,2018		
						黑云母花岗岩($ηγ∈_4$)	锆石 LA-ICP-MS 496±1.5;陈贤,2014		
						细粒二长花岗岩($ηγ∈_4$)	锆石 LA-ICP-MS 490.4±5.6		
						粗粒碱长花岗岩($κργ∈_4$)	锆石 LA-ICP-MS 502.8±2.9		
						辉钼矿化粗粒碱长花岗岩($κργ∈_4$)	锆石 LA-ICP-MS 483.9±3;谭成印,2016		
						碱长-正长花岗岩($κργ-ξγ∈_4$)	锆石 SHRIMP 491±2.4;Hu et al.,2014		
						平均年龄值	494($∈_4$)	辉钼矿 Re-Os 204.0±3.9	
						二长花岗岩($ηγT_3$)	锆石 SHRIMP199.0±3.1;郤军,2011		
						二长花岗岩($ηγT_3$)	锆石 LA-ICP-MS 193.0±1.0;陈贤,2014	Re-Os 205.1±1.9	
						斑状二长花岗岩($ηγT_3$)	锆石 LA-ICP-MS 199.8±1.3;谭成印,2016		
						细粒碱长花岗岩($κργT_3$)	锆石 SHRIMP 199.8±1.8;韩成满,2015	Re-Os 198.9±3.7(等时);郝宇杰,2013	
						细粒碱长花岗岩($κργT_3$)	锆石 LA-ICP-MS 201.0±6.4	Re-Os 205.1±1.9(等时);陈贤,2014	
						碱长花岗岩($κργT_3$)	锆石 LA-ICP-MS 204.0±2.0;陈贤,2018	Re-Os 204.0±3.9(等时);陈贤,2014	
						花岗斑岩($γπT_3$)	锆石 LA-ICP-MS 192.7±7.0		
						平均年龄值	199(T_3)	203	

续表4-31

矿床（点）名称及编号	矿床规模	成矿元素	主要成矿要素				成岩时代/Ma	成矿时代/Ma	成因类型
			控矿构造	容矿构造	沉积岩	岩浆岩			
翠北铁多金属矿床(4)	小型	铁、钼		库东滨河斜东翼侵入接触带	铅山组(∈₁q)碳泥硅灰建造残留岩块	中粗粒花岗闪长岩($\gamma\delta T_3$)+花岗斑岩($\gamma\pi T_3$)	锆石 LA-ICP-MS 201.4±5.5($\gamma\delta T_3$)	T_3	接触带砂卡岩型
西马鲁河铁矿点(2)	矿点	铁	①处于隐伏基底岩山岩群(Pt₁D)和铅山组(∈₁q)区内；②西马鲁河北北东向褶断构造带(V-1)	北东东向张扭性破碎带		碎裂粗粗粒碱长花岗岩($\kappa\rho\gamma\in_4$)	$\in_4$、T_3	$\in_4$、T_3	热液充填型
反帝反修山铁矿点(3)	矿点	铁		北东东向碎带控制的侵入接触砂卡岩带	铅山组(∈₁q)碳泥硅灰建造残留岩块	碱长花岗岩($\kappa\rho\gamma\in_4$)+花岗斑岩($\gamma\pi T_3$)	$\in_4$、T_3	$\in_4$、T_3	接触带砂卡岩型
翠巍(M7)铁多金属矿点	矿点	铁、钼、铅、锌		北东东向张扭性断裂带控制的侵入砂卡岩带	铅山组(∈₁q)碳泥硅灰建造残留岩块(?)	碱长花岗岩($\kappa\rho\gamma\in_4$)+石英闪长岩($\delta o\pi$)+花岗斑岩($\gamma\pi T_3$)	$\in_4$、T_3	$\in_4$、T_3	砂卡岩-斑岩型
红旗山铁多金属矿床(11)	小型	铁、锡、锌	①处于近南北向展布基底岩群(Pt₁D)和铅山组(∈₁q)的边缘部位；②红旗山北北东向褶断构造带西侧侵入接触带(V-4)；③早侏罗世红旗山火山喷发岩边缘隆起岩带(V-9)	西部倒转向斜硅钙界面砂卡岩带	铅山组(∈₁q)碳泥硅灰建造残留岩块	英云闪长岩($\gamma\delta o T_3$)+花岗闪长岩($\gamma\delta T_3$)+中粒碱长（正长）花岗岩($\kappa\rho\gamma T_3$)+花岗斑岩($\gamma\pi T_3$)	锆石 LA-ICP-MS203.1±1.3($\kappa\rho\gamma T_3$)	203(T_3)	层间砂卡岩型
高峰铁多金属矿化点(8)	矿化点	铁、钼		脉状		二长花岗岩($\eta\gamma T_3$)+中粒碱长花岗岩($\kappa\rho\gamma T_3$)	T_3	T_3	热液脉状
霍吉河钼矿床(9)	大型	钼		褶断带纵向及横向($\in_1 J_1$),环状火山构造(J_1)联合控制		细脉状辉钼矿化花岗闪长岩($\gamma\delta J_1$)；辉钼矿化花岗闪长岩($\gamma\delta J_1$)；花岗闪长岩($\gamma\delta J_1$)；细粒花岗闪长岩($\gamma\delta J_1$)	辉钼矿化花岗闪长岩 锆石 LA-ICP-MS 193.4±1.1；辉钼矿化花岗闪长岩 锆石 LA-ICP-MS 190.3±2.4,张淼,2013；花岗闪长岩 锆石 LA-ICP-MS 184.0±1.5,陈静,2012；细粒花岗闪长岩 锆石 LA-ICP-MS 193.6±1.4,谭红艳,2013	辉钼矿 Re-Os176.3±5.1(等时),谭红艳,2013；Re-Os176.6±3.2(等时),杜晓慧,2014；Re-Os 180.7±2.5(加权),张琳琳,2014	斑岩型

续表4-31

矿床(点)名称及编号	矿床规模	成矿元素	主要成矿要素					成矿时代/Ma	成因类型
			控矿构造	容矿构造	沉积岩	岩浆岩	成岩时代/Ma		
						辉钼矿化中细粒花岗闪长岩(γδJ₁)	锆石 LA－ICP－MS 181±1.9;谭红艳,2013	Re－Os 181.3±2.6(加权);张琳琳,2014	
						斑状花岗闪长岩(γδJ₁)	锆石 LA－ICP－MS 192.8±1.2	Re－Os 177.8±1.2(加权);孙景贵,2016	
						二长花岗岩(ηγJ₁)	锆石 LA－ICP－MS 182.1±2.2;孙景贵,2011	179(J₁)	
						二长花岗岩(ηγJ₁)	锆石 LA－ICP－MS 186.0±1.7;杨言辰,2012		
						二长花岗岩(ηγJ₁)	锆石 LA－ICP－MS 184.92±0.9;郭嘉,2009		
						辉钼矿化花岗细晶岩(γιJ₁)	锆石 LA－ICP－MS 190.1±2.3		
						平均年龄值	188(J₁)		
汤北钼矿化点(10)	矿化点	钼		北北西向压扭性破碎带		二长花岗岩(ηγJ₁) + 中碱长花岗岩(κργJ₁)	J₁	J₁	热液脉状
库滨铅锌矿床(15)	小型	铅,锌	①处于隐伏基底东凤山岩群(Pt₁D)和铅山底组(∈₁q)区内及边缘部位;	向斜东翼硅钙界面矽卡岩带	土门岭组(P₂t)白云质结晶灰岩	闪长玢岩(δμT₃) + 花岗斑岩(γπT₃) + 花岗细晶岩(γιT₃)	T₃	T₃	层间矽卡岩型
宏铁山铁多金属矿点(14)	矿点	铁,钼		北北西向背斜东翼硅钙界面及侵入接触砂卡岩带	土门岭组(P₂t)白云质结晶灰岩	花岗闪长岩(γδT₃) + 似斑状二长花岗岩(ηγT₃) + 中－细碱长花岗岩(χργT₃) + 花岗斑岩(γπT₃)	锆石 LA－ICP－MS 202.2±2.7(γδT₃) 锆石 LA－ICP－MS 203.6±1.0(ηγT₃)	202(T₃)	砂卡岩－斑岩型

续表4-31

矿床(点)名称及编号	矿床规模	成矿元素	主要成矿要素					成矿时代/Ma	成因类型
			控矿构造	容矿构造	沉积岩	岩浆岩	成岩时代/Ma		
对宏山铁矿点(13)	矿点	铁	②对宏山-库滨北东向褶断侵入接触带(V-3)	南北向断裂	土门岭组(P₂t)白云质结晶灰岩	英云闪长岩(γδoT₃)+花岗斑岩(γπT₃)	T₃	T₃	矽卡岩型
库源西山铁矿点(17)	矿点	铁		向斜西翼受南北向断裂控制的侵入接触带	土门岭组(P₂t)砂板岩	碱长花岗岩(χργT₃)	T₃	T₃	矽卡岩型
库源铁矿点(18)	矿点	铁		背斜核部受南北向断裂控制的侵入接触带	土门岭组(P₂t)砂板岩	碱长花岗岩(χργT₃)	T₃	T₃	矽卡岩型
永续钼矿化点(12)	矿化点	钼		侵入接触带		细-粗粒二长花岗岩(ηγT₃)+不等粒碱长花岗岩(κργT₃)	T₃	T₃	热液脉型
枫桦林金矿点(1)	矿点	金	①处于隐伏基底东风山岩群(Pt₁D)和绍山组(∈₁q)区内及边缘部位；②晚二叠世-晚三叠世枫林北西向糜棱岩带(V-5)；③早侏罗世二浪河期504高地北北东向火山喷发带(V-7)	北西向糜棱岩带		二长花岗岩(ηγO₁₋₂)；二长花岗岩(ηγO₁₋₂)；二长花岗岩(ηγO₁₋₂)；平均年龄值；安山质岩屑晶屑凝灰岩(J₁er)；英安质角砾凝灰岩(J₁er)；流纹岩(J₁er)；流纹岩(J₁er)；平均年龄值	锆石LA-ICP-MS 464.1±5.0；锆石LA-ICP-MS 464.2±5.7；锆石LA-ICP-MS 482.1±7.1；470(01-2)；锆石LA-ICP-MS 200.0±2.5；锆石LA-ICP-MS 186.9±2.6；锆石LA-ICP-MS 193.8±1.8；锆石LA-ICP-MS 179.2±3.7；190(J₁)（1:5万区调,武警黄金部队二支队,2016）	190(J₁)	蚀变岩型
友谊金矿化点(16)	矿化点	金	早白垩世翠中南向火山喷发带(V-8)	板子房期火山构造中的北西向构造带	板子房期中性火山岩(K₁b)	安山岩	锆石LA-ICP-MS 117.8±1.7;1:5万区调,武警黄金部队二支队,2016	118(K₁)	浅成中低温热液型

表4-32　区域与成矿有关的岩浆岩成岩成矿时代一览表

矿床名称	矿种	成因类型	成矿岩石锆石U-Pb年龄/Ma		成矿年龄/Ma	
羊鼻山铁钨矿床	铁、钨	矽卡岩型	混合岩化片麻状花岗岩:507.6±1.0	赵华雷,2014		
多宝山铜矿床	铜(钼)	斑岩型	花岗闪长岩:485±8	葛文春,2007	辉钼矿:Re-Os,506±14(等时)	赵一鸣,1997
			铜山花岗闪长斑岩:479.5±4.6	崔根,2007		
高岗山钼矿床	钼	斑岩型			辉钼矿:Re-Os,247	Zhang et al.,2017
平顶山金矿床	金	蚀变岩型	250	包真艳,2014		
大西林铁矿	铁	矽卡岩型	似斑状二长花岗岩:199.5±0.58	韩振哲,2011		
			中细粒二长花岗岩:186.8±1.3	谭红艳,2013		
老道庙沟铅锌矿床	铅锌	矽卡岩型	209	陈静,2011		
小西林铅锌矿床	铅锌	矽卡岩型	二长花岗岩:202.6±4.8	邵军,2006		
			二长花岗岩:197±1.0	韩振哲,2011		
			细粒斑状花岗岩:193.6±1.4	谭红艳,2013		
鹿鸣钼矿床	钼	斑岩型	二长花岗岩:201±4.0	邵军,2006	辉钼矿:Re-Os,177.4±3.3(等时)	谭红艳,2013
			二长花岗岩:176±4.0			
			二长花岗岩:174±1.9	张苏江,2009		
			二长花岗岩:179.5±1.1	孙珍军,2010		
			黑云母二长花岗岩:195.4±1.0	陈静,2011		
			二长花岗岩:176.1±2.2	杨言辰,2012		
			中粒二长花岗岩:187.1±1.2	谭红艳,2013		
			细粒碱长花岗岩:192.0±3.0			
			斑状碱长花岗岩:187.4±1.5			
			花岗斑岩:197.6±1.0	陈静,2011		
徐老九沟铅锌矿床	铅锌	矽卡岩型	花岗闪长岩:175.8±3.4	邵军,2006		
			中粒二长花岗岩:181.2±1.1	Hu et al.2014a		
			似斑状二长花岗岩:179.9±1.0			
二股西山铁多金属矿床	铁、铅锌	矽卡岩型	花岗闪长岩:192.3±4.6	邵军,2006		
			斑铜矿化花岗岩:185.8±1.7	谭红艳,2013		
二股东山铁多金属矿床	铁、铅锌	矽卡岩型	碱长花岗岩:179.3±4.6	邵军,2006	辉钼矿:Re-Os,182.2±2.7(等时)	梁本胜,2014
			似斑状细粒花岗闪长岩:185.8±1.7	谭红艳,2013		
			黑云母花岗闪长岩:186.5±5.0	梁本胜,2014		
			中细粒二长花岗岩:191.4±2.2			
			黑云母二长花岗岩:183.74±0.65	任亮,2017		
响水河铅锌矿床	铅锌银	矽卡岩型	花岗闪长岩:193.8±1.3	陈静,2011		
大安河金矿床	金	矽卡岩型	辉长岩:189±3	唐臣,2011		
			辉石闪长岩:195.1±1.1	谭红艳,2013		
弓棚子铜矿床	铜、钨锡	矽卡岩型	细粒花岗闪长岩:180.7±2.3			

续表 4 – 32

矿床名称	矿种	成因类型	成矿岩石锆石 U – Pb 年龄/Ma		成矿年龄/Ma	
宝山铜钨矿床	铜、钨	矽卡岩型	角闪石英二长岩:252.45 ± 0.7	任亮,2017	辉钼矿:Re – Os,250.3 ± 3.4	任亮,2017
			似斑状黑云母花岗岩:251.10 ± 0.98			
五道岭钼矿床	钼	矽卡岩 – 斑岩型	碱长花岗岩:180.9 ± 4.6	韩振哲,2009		
			碱长花岗岩:193.9 ± 1.3	史鹏会,2012		
			石英斑岩:193.6 ± 1.1			
团结构金矿	金	斑岩型	斜长花岗斑岩:113.2 ± 1.1	陈静,2011		
高松山金矿	金	浅成中低温热液型	99.3 ± 0.4	Hao et al. ,2016		

该期成矿作用与顶寒武世铁多金属主成矿期叠加,则形成以翠宏山、翠中为代表的叠加复成矽卡岩 – 斑岩型铁多金属矿床。

4)早侏罗世钼(金)主成矿期:以分布于霍吉河 – 红旗山北北西向褶断侵入接触构造带(Ⅴ – 4)的霍吉河斑岩型钼矿床、枫林北西向糜棱岩带的金矿点为代表,产生大型斑岩型成矿作用的是早侏罗世复式花岗岩体;北西向糜棱岩带中的金成矿作用应与早侏罗世火山 – 热液活动有关,在后续勘查中还需进一步证实。

早侏罗世成矿复式花岗岩体的成岩年龄区间值为 193 ~ 181 Ma、加权值为 188 Ma,略早于辉钼矿的成矿年龄区间 181 ~ 176 Ma、加权值 179 Ma,与区域上鹿鸣钼矿床、二股东山铁多金属矿床的主成矿期一致。

5)早白垩世浅成中低温热液金成矿期:目前仅在翠中南北向火山喷发带(Ⅴ – 8)的板子房期火山构造中发现了一处友谊金矿化点,金矿化安山质火山岩的成岩年龄为 118 Ma,成矿地质条件与东安金矿床的类似,具有较大的资源潜力。

4.5.1.2 矿床(点)空间定位

矿床(点)的空间定位,受控于大型构造"隐伏基底、褶断侵入接触构造带、糜棱岩带、火山喷发带"及其构造复合部位。

1)隐伏基底控制着矿床的定位。铁多金属矿床主要分布于重磁异常联合反演推断的隐伏基底内或边缘部位。隐伏基底由古元古界东风山岩群(Pt_1D)硅铁建造和下寒武统铅山组($\in_1q$)碳泥硅灰建造构成。

2)复式褶断侵入接触构造带控制着矿床的成生。矿田内的铁多金属矿床主要分布于 4 条复式褶断侵入接触构造带内。复式褶断侵入接触构造带由下寒武统铅山组($\in_1q$)及中二叠统土门岭组(P_2t)沉积建造、晚 – 顶寒武世花岗岩〔$(\gamma\delta o + \gamma\delta + \eta\gamma + \kappa\rho\gamma)\in_4$〕组合、晚三叠世花岗岩〔$(\gamma\delta + \eta\gamma + \kappa\rho\gamma + \gamma\pi)T_3$〕组合、早侏罗世花岗岩〔$(\gamma\delta + \eta\gamma + \kappa\rho\gamma + \gamma\iota)J_1$〕组合构成。

3)北西向糜棱岩带与早侏罗世二浪河期火山喷发带叠加部位,控制着蚀变岩型金矿化的成生与分布。

4)早白垩世火山喷发带中的火山机构,控制着浅成中低温热液型金矿化的成生与分布。

5)矿体的空间定位,受控于大型构造内部的次级构造。

(1)背向斜核部的滑脱构造、背向斜转换的公共翼、硅钙界面的层间剥离构造带,纵横断裂交会部位,均是矽卡岩型铁多金属矿体的有利赋矿空间。

(2)背向形侵入接触构造带具有明显的成矿分带现象。侵入接触内带花岗岩中以钨钼成矿为主,以出现符山石矽卡岩与发育萤石化、绿帘石化、硅化为特征;侵入接触带部位以铁、铁多金属成矿为主,以出现符山石和金云母矽卡岩与发育蛇纹石化、阳起石化为特征;侵入接触外带层间矽卡岩带中以铅锌(铜银)成矿为主,以出现黑柱石矽卡岩与发育阳起石化、绿泥石化为特征。

(3)斑岩型钼、钨钼矿体主要赋存于成矿岩体中的黄铁绢英岩化带、萤石和硅化带中。

4.5.2　岩浆岩成因演化与成矿

构造岩浆活动是矿田内各种成矿作用中不可缺少的主导成矿要素,是成矿流体活动、成矿物质富集成矿的源驱动力。研究总结岩浆活动特征与成矿的关系,可以为找矿勘查提供理论依据和判别标志。

4.5.2.1　岩浆岩时空分布与成矿

矿田内,中-顶寒武世、早-中奥陶世、晚三叠世花岗质岩浆侵入活动,明显受隐伏基底东风山岩群(Pt_1D)分布区和复式褶断带构造系统控制,岩体均呈复式小岩株状产出,多次脉动侵入活动特征明显。早侏罗世中酸性-酸性岩浆喷发-侵入活动强烈,仅在翠中铁多金属矿区的南部、504高地等局部地区分布有二浪河期中酸性-酸性火山岩,可在火山构造边缘的糜棱岩带中形成蚀变岩型金矿化;花岗岩类以大面积分布的岩基状正长花岗岩为主,侵入破坏熔噬早期地质体。早白垩世中酸性-酸性岩浆喷发活动比较强烈,在梅山、友谊等局部地区分布有板子房期中性火山岩、宁远村期酸性火山岩,并在火山构造中形成浅成中低温热液型金矿化,花岗质侵入岩不发育。

成矿花岗岩分布,明显受隐伏基底东风山岩群(Pt_1D)之上复式褶断带控制,成矿岩体均呈小岩株状产出。中-顶寒武世成矿复式小岩株,分布于西马鲁河(Ⅴ-1)、翠北-翠宏山(Ⅴ-2)铅山组褶断带中,成矿岩石为中细粒花岗闪长岩、中粗粒二长花岗岩、中细粒-中粗粒碱长花岗岩;晚三叠世复式小岩株,分布于翠北-翠宏山(Ⅴ-2)、对宏山-库滨(Ⅴ-3)、红旗山(Ⅴ-4)及西马鲁河(Ⅴ-1)褶断带中,成矿岩石为中粗粒花岗闪长岩、中粗粒二长花岗岩、中细粒-中粗粒碱长花岗岩;早侏罗世成矿复式岩株,分布于红旗山(Ⅴ-4)褶断带中,成矿岩石为细-中粗粒花岗闪长岩-二长花岗岩、斑状花岗闪长岩-二长花岗岩、花岗细晶岩。

4.5.2.2　岩浆岩成因演化与成矿

1)每期岩浆岩的岩石化学系列演化特征为:由中性→中酸性→酸性演化,SiO_2含量逐渐增高;$Na_2O < K_2O$,K_2O含量逐渐增高;$(Fe_2O_3 + FeO) > CaO > MgO$,$MgO$含量低;铝饱和指数A/CNK比值逐渐增大,由准铝质→过铝质→强过铝质演化;分异指数DI(58→96)逐步增高,由钙碱性系列→高钾钙碱性系列→钾玄岩系列演化,且以高钾钙碱性系列+钾玄岩系列为主(表4-33)。

在Yb-Sr图解(图4-63)中反映的钠质系列属性,指示花岗岩成岩结晶分异过程中曾发生过强烈的钾交代作用。

2)岩浆岩具有活动陆缘弧岩浆中等至较高程度结晶分异的特征(图4-64、4-65),并与Th-Th/Nd成岩过程图解(Schiano et al.,2010)、Y-Sr/Y岩石成因图解(Defant and Drummond,1990)的验证结果一致。

在La-La/Sm判别图解上(图4-65),早侏罗世成矿花岗岩的部分投影点沿平衡部分熔融作用直线分布,晚二叠世二长花岗岩的少数投影点也有沿该直线分布的趋势,而且具有这样分布的投影点在Yb-Sr图中则分布于高Sr低Yb型埃达克岩区、在$(Yb)_N - (La/Yb)_N$图中(图4-64)也分布于埃达克岩区,由此而反映出源区岩浆中可能有俯冲洋壳部分熔融成分的加入。

花岗岩的Zr/Hf比值为25~55(Zr/Hf比值:高分异型的小于25,中等分异型为25~55,弱分异型的大于55),变化范围较大。Nb/Ta比值为5.0~19.9(Nb/Ta比值:单纯岩浆结晶分异和岩浆-热液共同作用的分界值为5,陆壳为12~13,地幔为15~18,球粒陨石为19.9),变化也较大。总体上,岩浆的结晶分异程度属于中等-较高(Breiter et al.,2014;Ballouard et al.,2016);而成矿岩石的Zr/Hf比值接近25,Nb/Ta比值小于12,岩浆的结晶分异程度要相对更高一些。

依据Frost et al.(2001)划分Fe质、Mg质两类花岗岩边界线性公式FeO/(FeO + MgO) = 0.446 + 0.0046×SiO_2的计算结果,中-晚寒武世、早-中奥陶世、晚二叠世、早侏罗世花岗岩类的FeO/(FeO + MgO) < 0.446 + 0.0046×SiO_2,应属于Mg质花岗岩类;而顶寒武世、晚三叠世花岗岩类的FeO/(FeO + MgO) > 0.446 + 0.0046×SiO_2,则属于Fe质花岗岩类。

表4-33 翠宏山矿田岩浆岩基本特征一览表

	地质时代	中-晚寒武世	顶寒武世		早-中奥陶世	晚二叠世	
	岩体名称	库南岩体	翠中复式岩体		枫桦林场东岩株	宏铁山二长花岗岩中残留包体	枫桦林场东488高地岩体
	岩石名称	粗粒二长花岗岩	翠宏山细粒花岗闪长岩	翠中粗-中细粒碱长花岗岩	似斑状二长花岗岩	二长闪长岩	粗斑状中细粒二长花岗岩
岩石矿物特征	颜色、结构	浅肉红色，粗粒结构	灰白-浅粉色，碎裂构造	碎斑结构，碎裂-糜棱状构造	细中-中粗粒结构，条带状构造	深灰色-灰紫色，细粒结构	含粗斑中细粒花岗结构
	矿物成分/%	Pl:10,Or:55,Q:30,Bi:5	Pl:20~30,Ab+Or:30~40,Q:30~35,Bi:5~7	Pl:15~25,Ab+Or:40~55,Q:30~40,Bi:3~7	斑晶:Ab+Or:10~15;基质:Pl:25~45,Ab+Or:20~30,Q:20~30,Bi:2~5,Hb:2~5		粗环斑Ab+Or:10~15;基质Ab+Or:20~30,Pl:20~30,Q:20~25,Bi:2~5
	蚀变矿化	Sk、Ser、Chl、Q、Py	Ab、Ser、Chl、Fl、Py	Sk、Tre、Ep、Fl、Py			
岩石地球化学特征 主量元素地球化学特征（范围/均值:单位%）	SiO_2	(74.04~75.79)/74.87	(64.34~65.38)/64.85	(72.49~74.34)/73.69	(70.45~75.48)/73.60	(53.41~54.22)/53.82	(68.86~80.18)/72.51
	Al_2O_3	(12.98~13.5)/13.15	(16.90~17.78)/17.32	(13.01~13.59)/13.23	(11.66~15.51)/13.88	(14.75~15.34)/15.13	(11.53~15.95)/14.77
	Fe_2O_3+FeO	(1.13~1.31)/1.22	(1.46~2.01)/1.66	(3.33~4.03)/3.65	(1.40~3.22)/1.88	(7.17~7.44)/7.28	(1.06~2.38)/1.70
	$Fe_2O_3/FeO(0.5)$	(0.20~0.38)/0.31	(0.005~0.007)/0.006	(1.21~1.37)/1.30	(1.03~2.13)/1.55	(0.19~0.24)/0.22	(0.81~3.60)/1.50
	MgO	(0.13~0.69)/0.39	(0.29~0.44)/0.34	(0.14~0.22)/0.17	(0.124~0.601)/0.30	(6.97~7.6)/7.22	(0.131~1.26)/0.53
	$FeO/(FeO+MgO)$	(0.62~0.86)/0.74	(0.82~0.84)/0.83	(0.87~0.92)/0.90	(0.62~0.89)/0.73	(0.44~0.49)/0.46	(0.55~0.70)/0.60
	$0.446+0.0046\times SiO_2$	(0.78~0.79)/0.79	(0.74~0.75)/0.74	(0.78~0.79)/0.79	(0.77~0.79)/0.78	(0.69~0.70)/0.69	(0.76~0.81)/0.78
	CaO	(0.82~3.96)/2.18	(2.96~4.10)/3.46	(0.85~1.10)/0.94	(0.201~1.07)/0.63	(7.06~7.91)/7.42	(0.20~2.62)/1.39
	Na_2O+K_2O	(4.16~9.06)/6.72	(10.00~10.11)/10.08	(8.40~8.91)/8.67	(6.12~10.6)/8.03	(5.89~6.21)/6.06	(5.40~8.04)/7.23
	Na_2O/K_2O	(0.26~0.56)/0.39	(82.33~100.00)/92.75	(0.55~0.71)/0.63	(0.49~1.09)/0.74	(2.32~3.12)/2.80	(0.34~1.34)/0.89
	A/CNK	(1.05~1.08)/1.07	(0.71~0.81)/0.76	(0.91~1.05)/1.02	(0.98~1.34)/1.18	(1.10~1.15)/1.12	(1.07~1.66)/1.22
	A/NK	(1.19~2.60)/1.71	(1.03~1.07)/1.05	(1.11~1.21)/1.18	(1.08~1.38)/1.31	(2.39~2.58)/2.50	(1.29~1.73)/1.51
	DI	(75.65~93.17)/85.25	(85.11~88.11)/86.92	(89.49~91.34)/90.10	(87.52~94.12)/91.47	(46.77~49.02)/47.89	(78.49~93.27)/87.07
	σ	(0.53~2.63)/1.52	(4.49~4.64)/4.57	(2.26~2.59)/2.46	(1.15~4.08)/2.20	(3.04~3.44)/3.26	(1.66~2.37)/1.88

续表4~33

地质时代	中~晚寒武世	顶寒武世		早-中奥陶世	晚二叠世	
岩体名称	库南岩体	翠中复式岩体		枫桦林场东岩株	宏铁山二长花岗岩中残留包体	枫桦林场东488高地岩株
岩石名称	粗粒二长花岗岩	翠宏山细粒花岗闪长岩	翠中粗-中细粒碱长花岗岩	似斑状二长花岗岩	二长闪长岩	粗斑中细粒二长花岗岩
岩石化学系列	亚碱性,过铝质,钾玄岩-高钾钙碱性系列	碱性,过铝质,钾玄岩系列	亚碱性,准铝质-过铝质,钾玄岩-钙碱性系列	亚碱性,过铝质,钾玄岩-高钾钙碱系列	碱性-亚碱性,过铝质,钾玄岩-钙碱性系列	亚碱性,钾玄岩-高钾钙碱性系列
LREE	(203.78~248.74)/221.78	(154.16~292.75)/194.07	(208.99~286.12)/232.15	(88.34~160.23)/122.36	(163.26~195.52)/183.15	(31.66~234.75)/112.07
HREE	(81.56~97.64)/87.81	(58.32~82.42)/71.81	(76.77~110.24)/88.24	(21.29~37.86)/30.52	(35.21~44.43)/39.87	(6.24~43.54)/19.88
ΣREE	(285.62~346.38)/309.59	(192.27~375.17)/259.30	(285.76~396.36)/316.00	(115.32~216.73)/152.88	(198.47~239.47)/223.01	(38.72~259.92)/131.95
LREE/HREE	(2.46~2.56)/2.52	(2.20~3.55)/2.69	(2.52~2.73)/2.63	(2.85~9.18)/4.21	(4.39~4.78)/4.60	(2.62~10.91)/6.53
La/Yb	(6.06~6.87)/6.63	(4.63~9.79)/6.30	(6.13~7.01)/6.59	(6.19~18.86)/11.34	(11.73~13.64)/13.03	(8.93~40.58)/21.44
δEu	(0.14~0.20)/0.16	(0.07~0.09)/0.08	(0.13~0.20)/0.16	(0.37~0.67)/0.49	(0.82~0.92)/0.84	(0.54~1.38)/0.87
δCe	(0.99~1.02)/1.00	(0.93~1.03)/0.98	(1.03~1.06)/1.05	(0.56~1.18)/0.96	(1.02~1.05)/1.03	(0.88~1.25)/1.00
Zr/Hf(25,55)	(29.02~30.92)/29.69	(26.57~31.30)/29.30	(25.30~27.73)/26.95	(26.60~37.90)/29.50	(42.86~44.73)/43.75	(21.84~32.49)/26.20
Nb/Ta(5)	(7.19~11.00)/9.10	(6.95~9.62)/8.53	(6.68~14.31)/10.24	(11.74~20.37)/14.52	(12.71~19.50)/16.38	(6.50~15.00)/12.51

稀土元素(范围/均值,单位10^{-6})

续表 4－33

地质时代		中－晚寒武世	顶寒武世		早－中奥陶世	晚二叠世	
岩体名称		库南岩体	翠中复式岩体		枫桦林场东岩体	宏铁山二长花岗岩中残留包体	枫桦林场东488高地岩体
岩石名称		粗粒二长花岗岩	翠宏山细粒花岗闪长岩	翠中粗－中细粒碱长花岗岩	似斑状二长花岗岩	二长闪长岩	粗斑中细粒二长花岗岩
微量元素特征		P、Ti显著亏损，Ba、Sr亏损，Rb、Th、U富集	K、Rb、Ba明显亏损，Th、U富集	K、Ba明显亏损，Rb、Th、U富集	Sr、P、Ti强烈亏损，Cs、Ba、U、Ta、Nb亏损，Rb、Th、K富集	具显著的Nb、Ta负异常，Ba、P，Ti弱亏损，富集Rb、Pb	显著的Nb、Ta、P，Ti负异常，Sr弱亏损，Hf相对富集
Sr－Nd－Hf同位素	全岩(^{87}Sr/^{86}Sr)i	0.69976～0.70141	0.71063～0.71073	0.70303～0.70635	0.731915～0.736869	0.736869	0.709277～0.71178
	全岩 $\varepsilon_{Nd}(t)$	－6.0～－4.9	－2.5～－0.8	－4.9～－4.7		0.2～0.8	
	全岩 Nd(T_{DM2})	19790～2267 Ma	1420～1286 Ma	1623～1609 Ma		923～968 Ma	
	锆石 ^{176}Hf/^{177}Hf	0.282389～0.282452	0.282590～0.282686	0.282232～0.282490		0.282713～0.282801	
	锆石 $\varepsilon_{Hf}(t)$	－2.46～－0.93	3.64～7.11	－8.62～0.23		2.96～6.24	
	锆石 Hf(T_{DM2})	1511～1624 Ma	1201～992 Ma	1992～1433 Ma		864～1070 Ma	
岩石锆石 ^{206}Pb/^{238}U 年龄	LA－ICP－MS	517.7±7.3 Ma	496～490.4 Ma	502.8～488.9 Ma	482.1～464.1 Ma	257 Ma	
	SHRIMP		471 Ma				
岩石成因类型、构造环境		I型花岗岩台演化的A2型花岗岩，碰撞后陆缘隆升伸展环境	I型花岗岩，活动陆缘弧陆碰撞造山环境		I型花岗岩，弧陆碰撞晚造山期弧陆碰撞造山伸展构造环境	I型花岗岩，陆缘火山弧陆陆碰撞的构造环境	
成矿特征	矿种	铅锌（银、铜）	铁、铅锌、钨、钼		铁、铅锌、钨、钼		
	成因类型	矽卡岩型	矽卡岩型		矽卡岩型		
	代表矿床	库南小型铅锌矿床	翠宏山大型铁多金属矿床		翠中大型铁多金属矿床		

续表4-33

地质时代		晚三叠世					
岩体名称		翠宏山复式岩体			翠北岩体	发铁山复式岩体	红旗山复式岩体
岩石名称		翠宏山中细粒二长花岗岩	翠中-翠宏山碱长花岗岩	翠宏山花岗斑岩	中粗粒花岗闪长岩	中粒二长花岗岩	细-中粗粒碱长花岗岩
岩石矿物特征	颜色，结构	中-细粒结构，碎裂构造	深灰色-灰紫色，细粒结构	暗红色，斑状结构			细-中粗粒结构，碎裂结构
	矿物成分/%	Pl:30、Ab+Or:30、Q:30、Bi:1~7	Pl:25~35、Ab+Or:30~40、Q:30~40、Bi:5~10	斑晶含量45，Or:40、Hb:5；基质含量55，主要为Q、Bi、Pl		Pl:30、Ab+Or:35、Q:30、Bi:5	Pl:10~25、Ab+Or:40~70、Q:15~25
	蚀变矿化		K、Ser、Chl、Fl、Py	K、Q			Sk、Q、Py
岩石地球化学特征 主量元素地球化学特征（范围/均值，单位%）	SiO_2	74.62	(71.33~76.19)/73.73	(72.22~75.90)/75.03	(65.02~66.74)/65.83	(73.23~74.06)/73.49	(73.86~74.79)/74.4
	Al_2O_3	12.54	(12.85~14.26)/13.75	(12.22~15.28)/12.89	(16.08~16.64)/16.39	(13.25~13.80)/13.64	(13.16~13.78)/13.40
	$Fe_2O_3+FeO^*$	2.63	(0.35~4.17)/2.25	(0.67~0.80)/0.75	(3.40~3.71)/3.58	(1.11~2.07)/1.67	(1.49~1.91)/1.70
	$Fe_2O_3/FeO(0.5)$	0.38	(1.34~2.50)/1.73	(0.01~0.02)/0.01	(0.29~0.37)/0.32	(0.37~0.65)/0.45	(0.23~0.30)/0.27
	MgO	0.68	(0.05~0.32)/0.21	(0.01~0.08)/0.04	(0.68~0.74)/0.72	(0.27~0.41)/0.33	(0.11~0.15)/0.13
	$FeO/(FeO+MgO)$	0.74	翠宏山(0.63~0.80)/0.75；翠中(0.83~0.87)/0.85	(0.89~0.97)/0.95	(0.78~0.79)/0.79	(0.73~0.79)/0.77	(0.88~0.93)/0.91
	$0.446+0.0046×SiO_2$	0.79	翠宏山(0.73~0.80)/0.77；翠中(0.77~0.78)/0.78	(0.78~0.80)/0.79	0.75/0.75	(0.78~0.79)/0.78	0.79/0.79
	CaO	0.74	(0.61~1.88)/1.05	(0.68~0.80)/0.75	(2.11~2.28)/2.19	(0.98~1.54)/1.23	(0.62~0.70)/0.64
	Na_2O+K_2O	8.21	(8.52~9.02)/8.81	(8.93~10.39)/9.26	(9.25~9.55)/9.45	(8.47~8.92)/8.69	(8.83~9.40)/9.09
	Na_2O/K_2O	0.63	(0.69~0.91)/0.83	(0.68~1.26)/0.82	(0.87~0.94)/0.91	(0.76~0.89)/0.82	(0.68~0.89)/0.79
	A/CNK	1.04	(1.00~1.07)/1.02	(0.93~0.96)/0.94	(0.97~1.00)/0.98	(1.34~1.41)/1.37	(1.00~1.01)/1.01
	A/NK	1.17	(1.12~1.19)/1.16	(1.04~1.05)/1.04	(1.27~1.30)/1.28	(1.53~1.60)/1.57	(1.10~1.12)/1.11
	DI	90.10	(87.61~95.55)/91.12	(95.60~96.25)/95.99	(81.17~82.80)/81.87	(90.22~91.48)/90.81	(93.29~93.78)/93.51
	σ	2.13	(2.21~2.77)/2.55	(2.44~3.69)/2.70	(3.62~4.05)/3.88	(2.31~2.61)/2.47	(2.29~2.86)/2.65

续表4-33

地质时代		晚三叠世					
岩体名称		翠宏山复式岩体			翠北岩体	宏铁山复式岩体	红旗山复式岩体
岩石名称		翠宏山中细粒二长花岗岩	翠中-翠宏山细粒碱长花岗岩	翠宏山花岗斑岩	中粗粒花岗闪长岩	中粒二长花岗岩	细-中粗粒碱长花岗岩
岩石化学系列		亚碱性、准铝质-过铝质、钾玄岩-高钾钙碱性系列	亚碱性、准铝-过铝质、高钾钙碱性系列	碱性-亚碱性、准铝质、高钾钙碱性系列	碱性、准铝质、钾玄岩系列	亚碱性、过铝质、高钾钙碱性系列	亚碱性、准铝质、钾玄岩-高钾钙碱性系列
岩石矿物特征	稀土元素(范围/均值,单位10^{-6}) LREE	146.09	(66.62~191.78)/160.06	(107.77~131.50)/115.30	(187.04~284.3)/260.12	(187.48~231.91)/207.82	(227.84~297.47)/250.23
	HREE	93.39	(15.95~47.40)/28.06	(29.69~36.88)/31.79	(45.61~52.18)/48.95	(30.42~32.84)/31.11	(58.70~83.35)/71.56
	ΣREE	181.48	(108.69~229.85)/188.12	(181.85~225.88)/195.02	(238.03~333.59)/302.80	(217.90~253.05)/238.93	(298.75~376.24)/321.79
	LREE/HREE	1.56	(1.58~11.19)/7.46	(1.39~1.48)/1.45	(3.67~6.07)/5.34	(6.16~7.28)/6.67	(2.89~4.26)/3.54
	La/Yb	4.74	(0.87~11.19)/6.82	(2.91~3.17)/3.04	(9.41~18.42)/15.76	(16.59~20.78)/18.55	(8.13~15.27)/10.91
	δEu	0.09	(0.05~0.50)/32	(0.04~0.06)/0.04	(0.92~1.08)/1.02	(0.47~0.63)/0.56	(0.12~0.13)/0.12
	δCe	0.63	(0.91~1.07)/1.01	(0.99~1.04)/1.02	(0.95~0.97)/0.96	(0.96~0.99)/0.97	(1.02~1.04)/1.03
	Zr/Hf(25,55)		翠宏山(6.91~9.83)/8.04;翠中(35.34~38.04)/36.37;	(25.56~27.70)/26.34	(48.17~54.67)/51.71	(34.46~38.62)/35.96	(31.59~36.18)/33.01
	Nb/Ta(=5)		翠宏山(4.10~10.43)/6.51;翠中10.80~14.63)/12.34	(12.68~13.70)/13.23	(11.22~13.29)/12.27	(10.1~11.89)/11.07	(11.69~13.07)/12.13
	微量元素特征	Ba,Sr,P,Ti明显亏损,Rb,Th,U相对富集	Ba,Sr,P,Ti显著亏损,Ru,Th,U,Hf富集	Ba,Sr,P,Ti显著亏损Ru,Th,U,Hf富集	Nb,Ta,P,Ti负异常显著,Sr亏损,Pb富集	Nb,Ta,P,Ti负异常显著,Ba,Sr亏损,Pb,Ru,Th,U富集	Ba,Nb,Ta,P,Ti显著亏损,Nb,Ta,Sr亏损,Ru,Th,U,Pb富集

续表4-33

晚三叠世

地质时代	翠宏山复式岩体		翠宏山花岗斑岩	翠北岩体	宏铁山复式岩体	红旗山复式岩体
岩石名称	翠宏山中细粒二长花岗岩	翠中-翠宏山碱长花岗岩	翠宏山花岗斑岩	中粗粒花岗闪长岩	中粒二长花岗岩	细-中粗粒碱长花岗岩
全岩 $^{87}Sr/^{86}Sr$ i		0.70663~0.70670	0.71095~0.71214	0.70847~0.70855	0.70662~0.70683	0.70710~0.70731
全岩 $\varepsilon_{Nd}(t)$		-0.7~-0.3	-3.8~-3.2	-2.9~-2.4	-1.1~-0.6	-2.7~-1.1
全岩 $Nd(T_{DM2})$		1010~1043 Ma	1233~1287 Ma	1175~1219 Ma	1030~1070 Ma	1151~1201 Ma
锆石 $^{176}Hf/^{177}Hf$		0.282732~0.282848	0.282656~0.282749	0.282724~0.282813	0.282716~0.282767	0.282726~0.282828
锆石 $\varepsilon_{Hf}(t)$		2.44~6.12	~0.69~2.90	1.97~5.08	2.07~3.71	2.43~5.53
锆石 $Hf(T_{DM2})$		819~1057 Ma	1023~1244 Ma	884~1079 Ma	982~1085 Ma	856~1067 Ma
岩石锆石 $^{206}Pb/^{238}U$ 年龄 LA-ICP-MS		201±6.4 Ma	192.2 Ma	201.4±5.5 Ma	203.6±1.0 Ma	203.1±1.3 Ma
岩石锆石 $^{206}Pb/^{238}U$ 年龄 SHRIMP	199~192.8 Ma					
岩石成因类型、构造环境	I型花岗岩	I型花岗岩	A2型花岗岩	I型花岗岩	I型花岗岩	A2型花岗岩
岩石成因类型、构造环境	活动陆缘火山弧-陆陆碰撞的构造环境，是碰撞过程中源于上地幔-下地壳I型岩浆同化部分上地壳物质结晶分异的综合产物					
成矿特征 矿种	铁、铅锌、钨、钼	铁、铅锌、钨、钼	钨、钼	铁、铅锌、钼	铁、铅锌、钼	铁、锡、铅锌
成矿特征 成因类型	叠加矽卡岩型	叠加矽卡岩型	叠加斑岩型	矽卡岩型	矽卡岩型	矽卡岩型
成矿特征 代表矿床	翠宏山大型铁多金属矿床	翠中-翠宏山大型铁多金属矿床	翠宏山大型铁多金属矿床	翠北小型铁金属矿床	宏铁山小型铁多金属矿床	红旗山小型铁锡锌矿床

续表 4-33

地质时代				早侏罗世				
岩体名称	二浪河期火山岩			霍吉河复式岩株				
岩石名称	粗面安山岩	粗面英安岩	流纹岩	细-中粗粒花岗闪长岩	斑状花岗闪长岩	中细粒二长花岗岩	似斑状二长花岗岩	花岗细晶岩
岩石矿物特征 颜色,结构				灰白色或浅肉红色,细粒-中粒-中粗粒结构	浅肉红色,似斑状结构	中细粒不等粒结构	灰白色至肉红色,似斑状结构	灰白色,细粒结构
矿物成分/%				Pl:44~53,Or:17~25,Q:25~30,Bi:5	斑晶 Or:35,基质 Pl:15,Or:20,Q:25,Bi:5	Pl:40~45,Ab+Or:30~35,Q:20,Bi:5	Pl:20,Or:35,Q:30,Bi:10,Mu:10	Pl:40,Or:25,Q:30,Bi:5
蚀变矿化				K,Ser,Chl,泥化,Py,Mol				
主量元素地球化学特征(范围/均值,单位%) SiO_2	57.05	63.13	(70.78~78.22)/73.42	(60.06~69.34)/65.97	(66.83~70.96)/69.57	(66.05~69.40)/67.09	(67.75~70.32)/69.02	(76.96~78.49)/77.67
Al_2O_3	19.58	15.66	(13.16~17.33)/14.76	(13.08~15.26)/14.23	(14.14~15.49)/14.72	(14.48~16.06)/15.28	(13.80~15.38)/14.79	(11.21~12.04)/11.61
Fe_2O_3+FeO	5.77	7.68	(0.61~4.01)/2.26	(2.24~7.98)/3.81	(1.65~3.55)/2.44	(2.65~4.90)/3.58	(2.28~4.11)/2.86	(0.47~0.81)/0.60
$Fe_2O_3/FeO(0.5)$	0.44	0.71	(0.57~18.00)/5.19	(0.81~5.76)/2.80	(0.62~1.28)/0.90	(0.87~2.68)/1.41		(0.31~0.46)/0.38
MgO	2.88	1.48	(0.12~0.86)/0.34	(1.00~2.13)/1.60	(0.77~1.50)/1.04	(1.26~1.75)/1.49	(0.95~1.74)/1.20	(0.07~0.18)/0.12
$FeO/(FeO+MgO)$	0.58	0.74	(0.20~0.88)/0.58	(0.14~0.74)/0.45	(0.52~0.57)/0.55	(0.36~0.61)/0.49	(0.76~0.77)/0.76	(0.72~0.84)/0.78
$0.446+0.0046\times SiO_2$	0.71	0.74	(0.77~0.81)/0.78	(0.72~0.79)/0.75	(0.75~0.77)/0.76	(0.75~0.77)/0.75		0.80/0.80
CaO	6.77	4.46	0.13~1.83	(2.11~3.83)/2.81	(1.72~2.61)/2.08	(1.67~2.75)/2.45	(1.98~2.79)/2.33	(0.30~0.46)/0.37
Na_2O+K_2O	7.15	7.45	(6.77~9.88)/8.21	(6.88~8.84)/7.94	(7.19~8.20)/7.79	(6.40~8.29)/7.26	(7.17~8.55)/7.72	(8.27~8.69)/8.48
Na_2O/K_2O	0.17	0.93	(1.00~1.96)/1.32	(0.45~1.05)/0.70	(0.66~0.82)/0.74	(0.46~0.78)/0.67	(0.61~0.92)/0.76	(0.34~0.36)/0.35
A/CNK	1.29	0.87	(0.91~1.70)/1.1	(0.78~1.02)/0.92	(1.00~1.08)/1.05	(0.96~1.26)/1.11	(0.92~1.06)/1.02	(1.03~1.06)/1.04
A/NK	1.75	1.53	(1.22~1.56)/1.36	(1.24~1.62)/1.38	(1.33~1.61)/1.42	(1.34~1.88)/1.64	(1.37~1.52)/1.45	(1.10~1.13)/1.11
DI	57.42	68.4	(83.07~94.4)/90.25	(71.77~81.95)/78.34	(77.13~86.38)/83.00	(76.16~81.31)/77.64	(77.89~82.89)/81.54	(95.71~97.11)/96.37
σ	3.63	2.76	(1.36~3.51)/2.28	(2.14~3.31)/2.70	(2.13~2.39)/2.26	(1.55~2.73)/2.11	(1.87~2.80)/2.28	(1.97~2.21)/2.07

续表 4-33

地质时代		早侏罗世							
岩体名称		二浪河期火山岩			霍吉河复式岩株				
岩石名称		粗面安山岩	粗面英安岩	流纹岩	细-中粗粒花岗闪长岩	斑状花岗闪长岩	中细粒二长花岗岩	似斑状二长花岗岩	花岗细晶岩
岩石化学系列		属于准铝过铝质、高钾钙碱性岩石系列	属于准铝质、高钾钙碱性岩石系列	属于准-过铝质、钾玄岩-高钾钙碱性岩系列	亚碱性、准铝质、钾玄岩-高钾钙碱性系列	亚碱性、弱过铝质、钾玄岩-高钾钙碱性系列	亚碱性、过铝质、钾玄岩-高钾钙碱性系列	亚碱性、弱过铝质、钾玄岩-高钾钙碱性系列	亚碱性、弱过铝质、钾玄岩系列
稀土元素（范围/均值，单位 10^{-6}）	LREE	311.74	153.22	(106.58~267.22)/169.12	(73.27~233.67)/141.69	(99.9~134.5)/117.25	(73.91~135.88)/106.22	(106.84~138.89)/120.51	(49.87~83.68)/64.45
	HREE	237.04	16.14	(18.06~66.83)/50.43	(15.92~29.20)/22.27	(16.02~23.57)/19.03	(17.07~29.24)/23.64	(19.03~24.50)/21.14	(5.92~11.61)/8.46
	ΣREE	74.70	43.08	(160.44~323.92)/219.55	(89.18~262.87)/163.96	(116.06~158.07)/136.29	(95.71~165.12)/129.87	(125.87~159.43)/141.65	(56.86~90.71)/72.91
	LREE/HREE	3.17	2.19	(1.98~6.72)/3.59	(4.60~8.00)/6.28	(5.48~7.16)/6.25	(3.10~5.42)/4.51	(4.89~6.76)/5.74	(5.21~11.90)/8.09
	La/Yb	11.37	30.91	(3.38~27.53)/10.22	(10.96~24.99)/19.37	(16.99~24.98)/20.61	(12.91~17.66)/15.79	(12.72~22.08)/16.80	(14.60~43.57)/25.61
	δEu	0.85	0.58	(0.46~1.01)/0.81	(0.72~0.91)/0.81	(0.77~0.84)/0.81	(0.69~0.88)/0.78	(0.79~0.86)/0.84	(0.66~0.87)/0.77
	δCe	1.06	0.90	(0.84~1.09)/0.97	(0.91~1.03)/0.94	(0.91~0.99)/0.94	(0.25~1.01)/0.77	(0.83~0.92)/0.89	(0.73~0.83)/0.76
	Zr/Hf(25,55)	29.58	31.66	(26.55~39.74)/32.95	(19.24~36.41)/29.39	(36.50~38.63)/37.13	(23.56~38.72)/28.22	(29.93~38.19)/31.64	(24.74~29.35)/26.68
	Nb/Ta(=5)	11.88	11.46	(10.43~14.70)/12.62	(1.86~23.74)/9.78	(11.50~13.17)/12.55	(10.79~65.60)/18.45	(7.16~10.04)/8.70	(7.75~11.33)/9.55
微量元素特征		Ba、Sr、P、Ti负异常显著、Nb、Ta、K亏损，Th、U、Zr、Hf富集	Sr、P、Ti负异常显著、Ba、Nb、Ta亏损、Th、U、Zr、Hf富集		Cs、Ba、Ta、Nb、P、Ti为弱-较强亏损，Ru、Th、U、Zr、Hf富集	亏损Nb、Ta、P、Ti，富集Th、U、Pb	Cs、Ba、Ta、Nb、Sr、P为弱-明显负异常，Rb、U、Hf相对富集	Ba、Nb、P、Ti显著亏损、Ru、U、Th、Pb、Hf富集	Cs、Ba、Ta、Nb、P、Ti为弱-较强亏损，Ru、Th、U、Zr、Hf相对富集

续表 4-33

地质时代				早侏罗世				
岩体名称	二浪河期火山岩			霍吉河复式岩株				
岩石名称	粗面安山岩	粗面英安岩	流纹岩	细-中粗粒花岗闪长岩	斑状花岗闪长岩	中细粒二长花岗岩	似斑状二长花岗岩	花岗细晶岩
Sr-Nd-Hf同位素 — 全岩($^{87}Sr/^{86}Sr$)i					0.70710~0.70745			0.70607~0.70642
Sr-Nd-Hf同位素 — 全岩 $\varepsilon_{Nd}(t)$					-1.1~-0.7			-1.3~-1.1
Sr-Nd-Hf同位素 — 全岩 $Nd(T_{DM2})$					1031~1064 Ma			1065~1080 Ma
Sr-Nd-Hf同位素 — 锆石$^{176}Hf/^{177}Hf$					0.282728~0.282812			0.282689~0.282905
Sr-Nd-Hf同位素 — 锆石 $\varepsilon_{Hf}(t)$				1.46~3.62	2.32~5.38			0.68~7.99
Sr-Nd-Hf同位素 — 锆石 $Hf(T_{DM2})$				977~1117 Ma	868~1061 Ma			703~1162 Ma
岩石锆石$^{206}Pb/^{238}U$年龄 — LA-ICP-MS	200~186.9 Ma		193.8~179.2 Ma	193.4~184.0 Ma	192.8 Ma			190.1 Ma
岩石锆石$^{206}Pb/^{238}U$年龄 — SHRIMP						186 Ma	184.92 Ma	
岩石成因类型、构造环境	活动陆缘火山弧岩区、板块汇聚碰撞造山的构造伸展环境			I型花岗岩、A型花岗岩；活动陆缘火山弧弧陆碰撞造山隆起伸展的构造环境				
成矿类型 — 矿种	金			钼				
成矿类型 — 成因类型	与糜棱岩带金矿化有关			斑岩型				
成矿类型 — 矿床规模、代表矿床	枫林金矿点			霍吉河大型钼矿床				

续表4-33

		早侏罗世						
地质时代	岩体名称	翠中	翠宏山	霍吉河幅	三兴山幅	白桦林场幅		
	岩石名称	细粒花岗闪长岩	石英二长岩	二长花岗岩	二长花岗岩	中粗粒似斑状二长花岗岩	中细粒正长花岗岩	微细粒斑状花岗岩
岩石矿物特征	颜色、结构	细粒结构						
	矿物成分/%							
	蚀变矿化							
岩石地球化学特征 主元素地球化学特征（范围值/均值，单位%）	SiO_2	72.54	66.39	74.22	(68.53~77.16)/73.17	(73.77~76.11)/74.94	76.29	77.43
	Al_2O_3	13.84	15.98	12.74	(11.95~15.60)/13.62	(12.70~13.69)/13.20	12.46	12.1
	Fe_2O_3+FeO	3.33	3.40	3.01	(1.67~3.25)/2.36	(1.37~1.85)/1.61	1.51	1.04
	$Fe_2O_3/FeO(0.5)$	1.30	0.47	0.25	(0.25~1.09)/0.80	(0.56~37.60)/19.08	29.20	19.80
	MgO	0.357	0.45	0.70	(0.07~1.08)/0.49	(0.114~0.18)/0.15	0.03	0.03
	$FeO/(FeO+MgO)$	0.80	0.84	0.77	(0.59~0.92)/0.78	(0.22~0.82)/0.52	0.63	0.63
	$0.446+0.0046 \times SiO_2$	0.78	0.75	0.79	(0.76~0.80)/0.78	(0.79~0.80)/0.80	0.80	0.80
	CaO	1.05	1.57	0.78	(0.20~2.71)/1.25	(0.45~0.86)/0.66	0.23	0.28
	Na_2O+K_2O	8.98	10.73	8.16	(8.16~9.18)/8.71	(8.38~8.39)/8.39	8.23	8.13
	Na_2O/K_2O	0.87	0.81	0.95	(0.66~0.94)/0.76	(0.91~1.00)/0.39	0.83	0.76
	A/CNK	0.99	0.93	1.02	(0.97~1.01)/0.99	1.05/1.05	1.09	1.07
	A/NK	1.15	1.12	1.15	(1.04~1.41)/1.18	(1.12~1.20)/1.16	1.13	1.12
	DI	89.88	87.63	89.13	(80.10~96.53)/89.49	(92.14~95.15)/93.65	95.87	96.41
	σ	2.73	4.89	2.13	(2.26~2.74)/2.54	(2.12~2.28)/2.20	2.03	1.92

续表 4 - 33

地质时代	早侏罗世						
岩体名称	翠中	翠宏山	霍吉河幅	三兴山幅	白桦林场幅	中细粒正长花岗岩	微细粒斑状花岗岩
岩石名称	细粒花岗闪长岩	石英二长岩	二长花岗岩	二长花岗岩	中粗粒似斑状二长花岗岩		
岩石化学系列	亚碱性,准铝质,高钾钙碱性系列	碱性,准铝质,钾玄岩系列	亚碱性,过铝质,高钾钙碱性系列	亚碱性,准-过铝质,钾玄岩-高钾钙碱性系列	碱性,过铝质,高钾钙碱性系列		
稀土元素范围/均值,单位 10^{-6} — LREE	168.89	198.52	110.57	(87.22~188.62)/123.11	(70.90~93.99)/82.45	85.58	87.66
HREE	55.03	49.62	40.62	(20.30~67.05)/43.54	(29.90~30.01)/29.96	48.10	55.47
∑REE	223.92	248.14	151.19	(113.80~255.67)/166.65	(101.00~123.89)/112.45	133.68	143.13
LREE/HREE	3.07	4.00	2.72	(2.02~4.61)/3.15	(2.36~3.14)/2.75	1.80	1.58
La/Yb	8.81	11.28	3.88	(4.22~11.01)/7.71	(2.97~3.62)/3.30	3.23	3.02
δEu	0.33	1.13	0.39	(0.10~0.80)/0.39	(0.26~0.53)/0.40	0.11	0.08
δCe	0.71	1.03	1.71	(0.98~1.43)/1.13	(1.42~2.85)/2.14	0.92	0.94
Zr/Hf(25,55)	25.54	40.00		(14.31~30.30)/23.29	(23.51~25.62)/24.57	21.42	22.29
Nb/Ta(=5)	10.77	15.18		(6.74~8.07)/7.46	(15.87~16.08)/15.98	12.84	14.23
微量元素特征	Cs、Ba、Nb、Sr、P、Ti 亏损,Ru、U、Th、Zr、Hf 富集	Th、U、Nb、Ta、P、Ti 亏损,Ba、K、Zr、Hf、Y 富集	Ba、Nb、Sr、P、Ti 亏损,Ru、U、Th、Zr、Hf 富集	Cs、Ba、Nb、Sr、P、Ti 亏损,Ru、U、Th、Zr、Hf 富集	Ba、Nb、P、Ti 亏损,Ru、U、Th、Pb、Hf 富集	Ba、Nb、P、Ti、U 亏损,Ru、Th、Hf 富集	Ba、Nb、P、Ti、U 亏损,Ru、Th、Hf 富集

续表 4-33

		翠中	翠宏山	霍吉河幅	三兴山幅	白桦林场幅		
地质时代		早侏罗世						
岩体名称		翠中	翠宏山	霍吉河幅	三兴山幅	白桦林场幅		
岩石名称		细粒花岗闪长岩	石英二长岩	二长花岗岩	二长花岗岩	中粗粒似斑状二长花岗岩	中细粒正长花岗岩	微细粒斑状花岗岩
Sr-Nd-Hf同位素	全岩 $(^{87}Sr/^{86}Sr)i$					0.718444	0.873353	0.856222
	全岩 $\varepsilon_{Nd}(t)$							
	全岩 $Nd(T_{DM2})$							
	锆石 $^{176}Hf/^{177}Hf$							
	锆石 $\varepsilon_{Hf}(t)$							
	锆石 $Hf(T_{DM2})$							
岩石锆石 $^{206}Pb/^{238}U$ 年龄	LA-ICP-MS	188.4 Ma	177.5 Ma	192.8 Ma	178 Ma	191.8~190.4 Ma	190.6 Ma	178.0 Ma
	SHRIMP							
岩石成因类型、构造环境		I型花岗岩、A型花岗岩;活动陆缘火山弧陆陆碰撞造山隆起伸展的构造环境						
成矿特征	矿种	钼						
	成因类型	斑岩型						
	代表矿床	矿化						

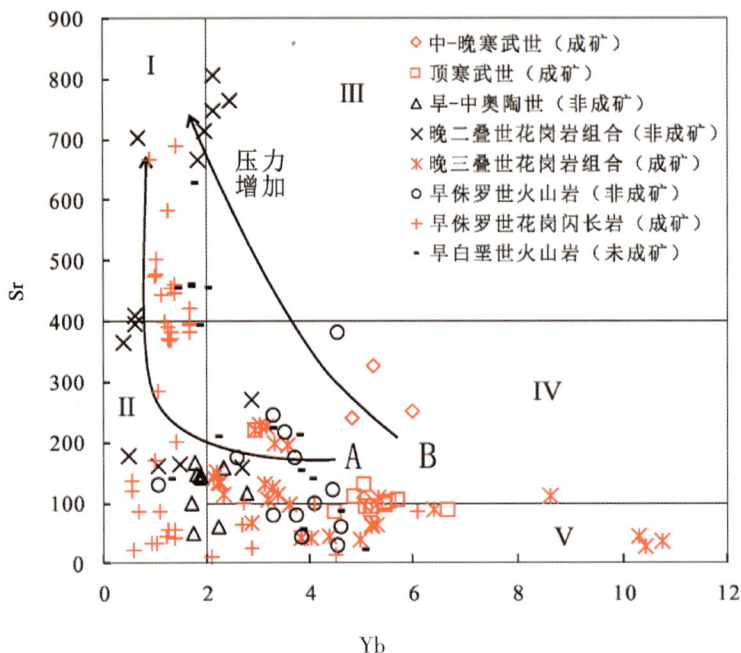

图 4-63 矿田花岗岩类在 Yb-Sr 图中的分布(据张旗等,2006)

Ⅰ.高 Sr 低 Yb 型;Ⅱ.低 Sr 低 Yb 型;Ⅲ.高 Sr 高 Yb 型;Ⅳ.低 Sr 高 Yb 型;Ⅴ.非常低 Sr 高 Yb 型。A.为钠质系列,
从低 Sr 高 Yb 型→高 Sr 低 Yb 型→高 Sr 低 Yb 型演化,压力逐渐增加;B.为钾质系列(正长岩、钾玄岩),
从低 Sr 高 Yb 型→高 Sr 高 Yb 型→高 Sr 低 Yb 型演化,压力逐渐增加。

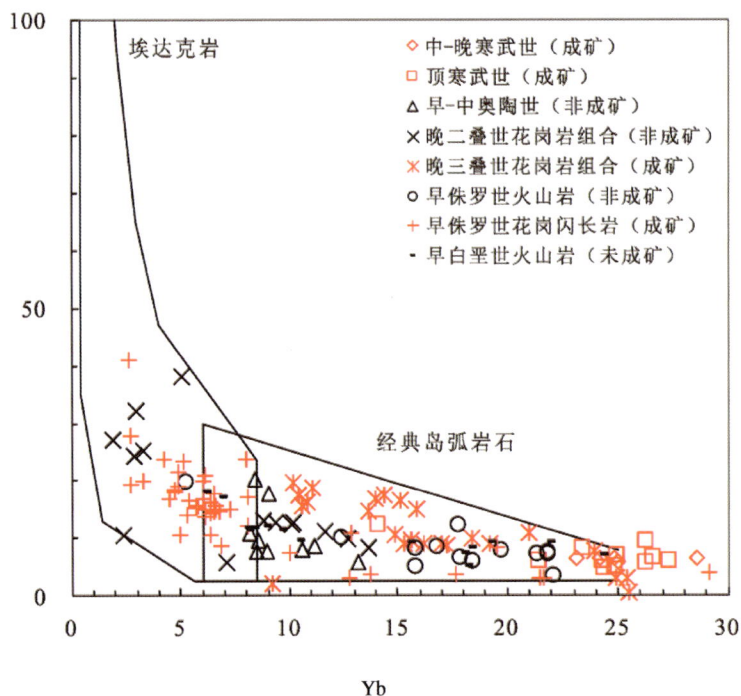

图 4-64 矿田花岗岩类在 Yb-La/Yb 图中的分布(据 Defant and Drummond,1990)

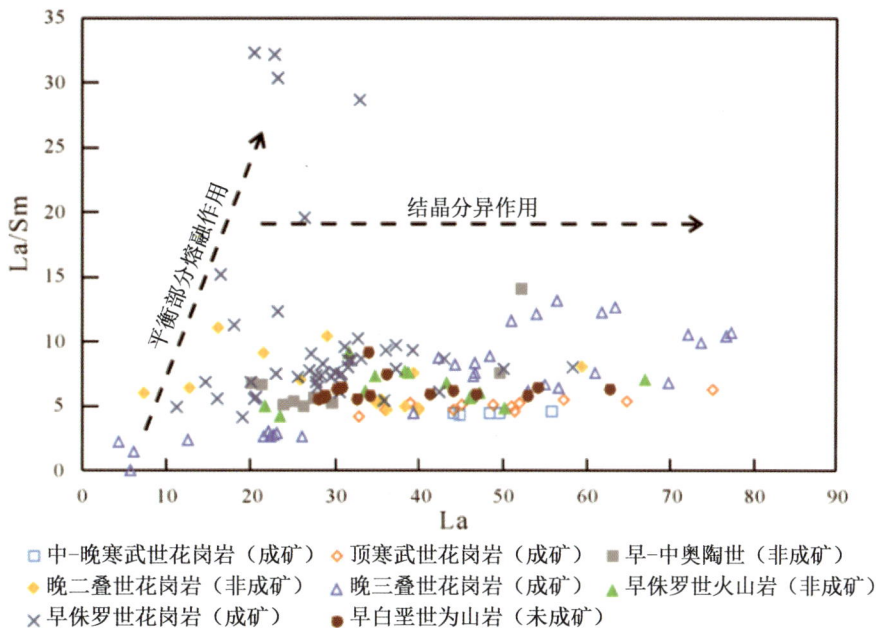

图4-65　成岩过程 La-La/Sm 判别图解(据 M. Treuil et al.,1975)

在前述花岗岩成因类型的研判中,对早-中奥陶世、晚二叠世、早侏罗世具有 I 型和 S 型双重属性的花岗岩未进行明确区分,对中-晚寒武世、晚三叠世、早侏罗世的 A 型花岗岩的亚类未进行划分。按照国内外普遍认可的利用花岗岩中 P_2O_5 和 SiO_2 含量线性正负相关性区分 I 型和 S 型花岗岩的方法,依据矿田内花岗岩类具有 P_2O_5 含量随 SiO_2 含量增高而降低的线性关系,将未区分的 I+S 型花岗岩进一步厘定为 I 型花岗岩;利用 Nb-Y-Ce 和 Nb-Y-3Ga 图解(Eby et al.,1990、1992)将 A 花岗岩进一步厘定为 A_2 型花岗岩,至于早侏罗世霍吉河成矿复式岩体所显示的 I 型和 A_2 型双重属性,可能是 I 型花岗岩进一步结晶分异的反映。总体上,矿田内各期花岗岩类的成因类型主要为 I 型和 A_2 型。

花岗岩的成矿专属性:① 总体上,成矿花岗岩的结晶分异常度相对较高。② 矽卡岩型铁多金属矿床的成矿花岗岩为 Fe 质花岗岩。一般情况下,形成大中型矿床 Fe 质花岗岩的 Fe_2O_3/FeO 比值大于 0.5,属于磁铁矿系列花岗岩;形成小型矿床 Fe 质花岗岩的 Fe_2O_3/FeO 比值小于 0.5,属于钛铁矿系列花岗岩。③ 斑岩型钨钼(锡)矿床的成矿花岗岩为 Mg 质花岗岩类。一般情况下,形成大型钼矿床的 Mg 质花岗岩的 Fe_2O_3/FeO 比值大于 0.5,属于磁铁矿系列花岗岩;形成大中型钨钼(锡)矿床的 Mg 质花岗岩的 Fe_2O_3/FeO 比值小于 0.5,属于钛铁矿系列花岗岩,翠北、红旗山小型铁多金属矿床的成矿花岗岩体符合该项成矿条件,还应具有相当的找矿潜力。

上述结果,与 Blevin(2003)、Vigneresse(2007)、Spencer(2015)研究认识基本一致(W、Sn 主要与钛铁矿-还原型花岗岩有关,而 Cu、Mo 则主要与磁铁矿-氧化型花岗岩关系密切)。

3)岩浆岩源区及构造环境。翠中-翠宏山矿区、霍吉河矿区的成矿花岗岩和矿石金属硫化物的铅同位素组成显示,成岩-成矿物质主要来源于活动陆缘造山带、上下地壳之间的壳体(图4-66),主要由岩浆作用形成(图4-67),有少量的亏损幔源物质及沉积物质加入,反映成岩-成矿物质应与古元古代东风山岩群硅铁建造(老地壳)、下寒武统铅山组有一定的物质联系。

矿田内,成矿花岗岩类的 $(^{87}Sr/^{86}Sr)_i$ 比值为 0.700~0.712,非成矿花岗岩类的比值为 0.718~0.831(表3-35),两者比值相差明显。成矿花岗岩类的锶同位素组成中,中-顶寒武世的具有比值变化范围较大 0.700~0.711,时代越老比值越小,具有壳幔混源岩浆的特点;晚三叠-早侏罗世的具有比值变化范围较小

0.707~0.711,主要为下地壳源岩浆的特点(图4-68)。

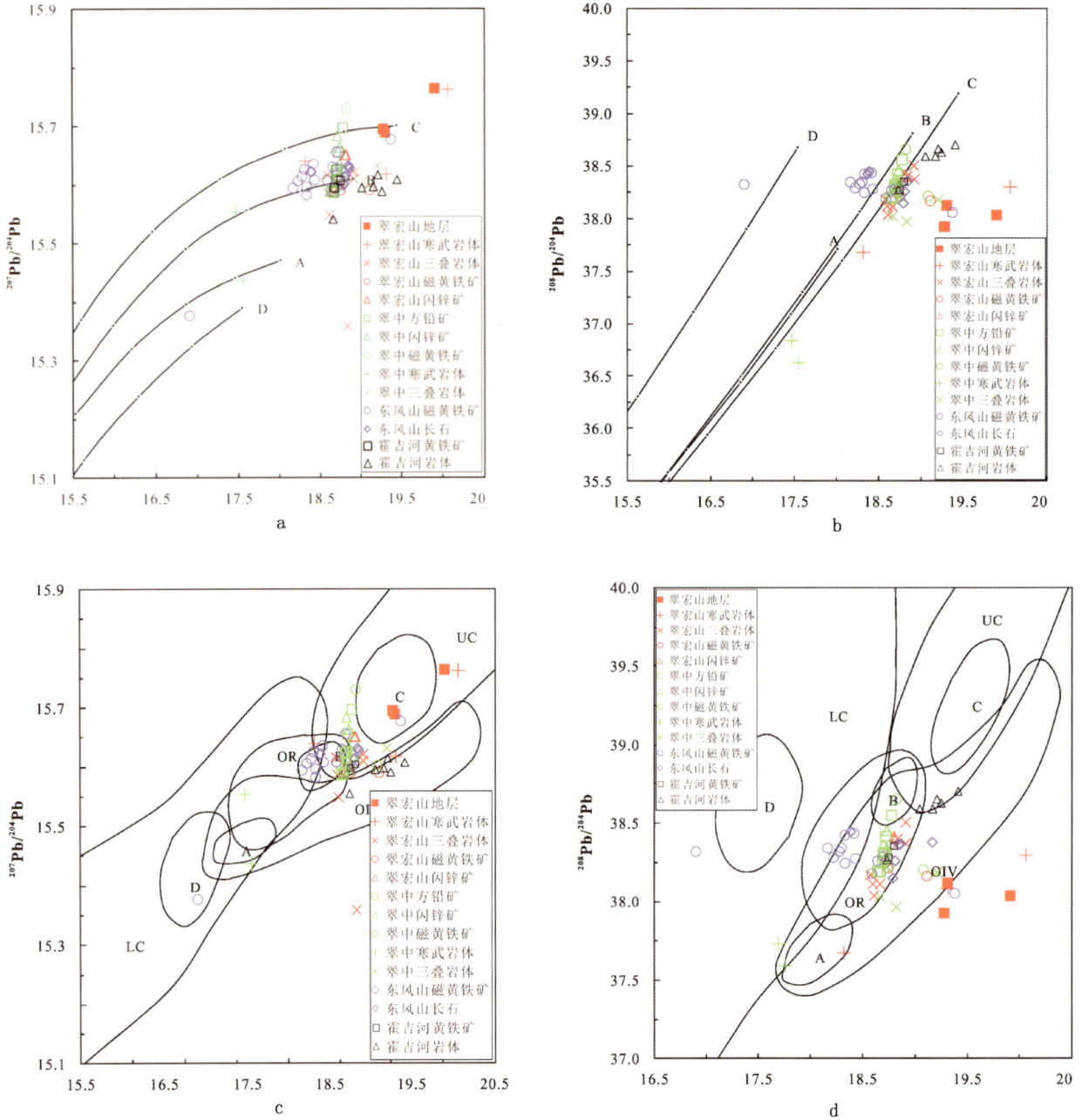

图4-66 翠宏山-翠中矿区、霍吉河矿区铅同位素增长曲线与构造模式图(Zartman and Doe,1981)

a 和 b:$^{207}Pb/^{204}Pb$ - $^{206}Pb/^{204}Pb$ 和$^{208}Pb/^{204}Pb$ - $^{206}Pb/^{204}Pb$ 增长曲线图:A.地幔,B.造山带,C.上地壳,D.下地壳。

c 和 d:$^{208}Pb/^{204}Pb$ - $^{206}Pb/^{204}Pb$ 和$^{207}Pb/^{204}Pb$ - $^{206}Pb/^{204}Pb$ 构造环境判别图:LC.下地壳,UC.上地壳,

OR.造山带,OIV.洋岛火山岩;A、B、C、D 分别为样品理论值集中区。

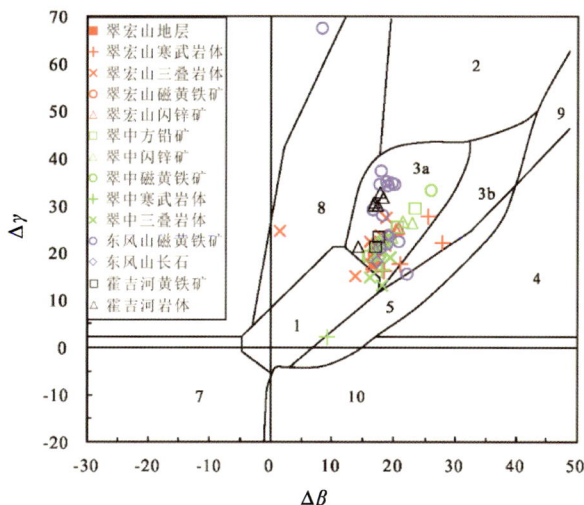

图4-67　翠宏山-翠中矿区、霍吉河矿区铅同位素 $\Delta\beta-\Delta\gamma$ 成因图解(据朱炳泉,1998)

1.地幔源铅;2.上地壳源铅;3.上地壳与地幔混合的俯冲带铅(3a-岩浆作用;3b-沉积作用);4.化学沉积作用铅;5.海底热水作用铅;
6.中深变质作用铅;7.深变质下地壳铅;8.造山带铅;9.古老页岩上地壳铅;10.退变质铅。

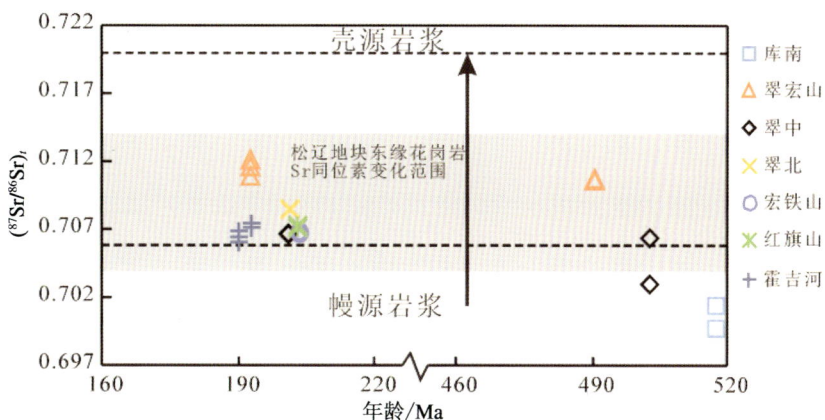

图4-68　矿田成矿花岗岩类与松辽地块东缘花岗岩类的 Sr 同位素组成对比图(据宋贤,2018)

灰色区域为松辽地块东缘花岗岩($^{87}Sr/^{86}Sr$) 比值变化范围0.704~0.714,小于0.706为幔源,大于0.714老地壳,大于0.72壳源岩浆。

　　矿田内,成矿花岗岩的锆石铪同位素特征表明:中-顶寒武世库南粗粒二长花岗岩、翠中黑云母二长花岗岩+粗粒碱长花岗岩的二阶段模式年龄为1992~1433 Ma(图4-69)、$\varepsilon_{Hf}(t)$值为负值(图4-70),反映岩浆起源于古元古代滹沱河纪-中元古代长城纪老地壳部分熔融;顶寒武世翠宏山细粒花岗闪长岩的二阶段模式年龄为1201~992 Ma、$\varepsilon_{Hf}(t)$值为正值,反映岩浆起源于中元古代蓟县纪中老地壳部分熔融;晚三叠-早侏罗世的成矿花岗岩类二阶段模式年龄为1244~819 Ma、$\varepsilon_{Hf}(t)$值为正值,反映岩浆起源于中元古代蓟县纪中老地壳-新元古代清白口纪新地壳的部分熔融;并且,可能有少量亏损地幔物质的加入。成矿花岗岩类锆石铪同位素特征在反映源区性质的同时,也反映了在古元古代、中元古代、新元古代发生3次地壳增生事件,与区域元古代的构造发展演化特征基本一致。

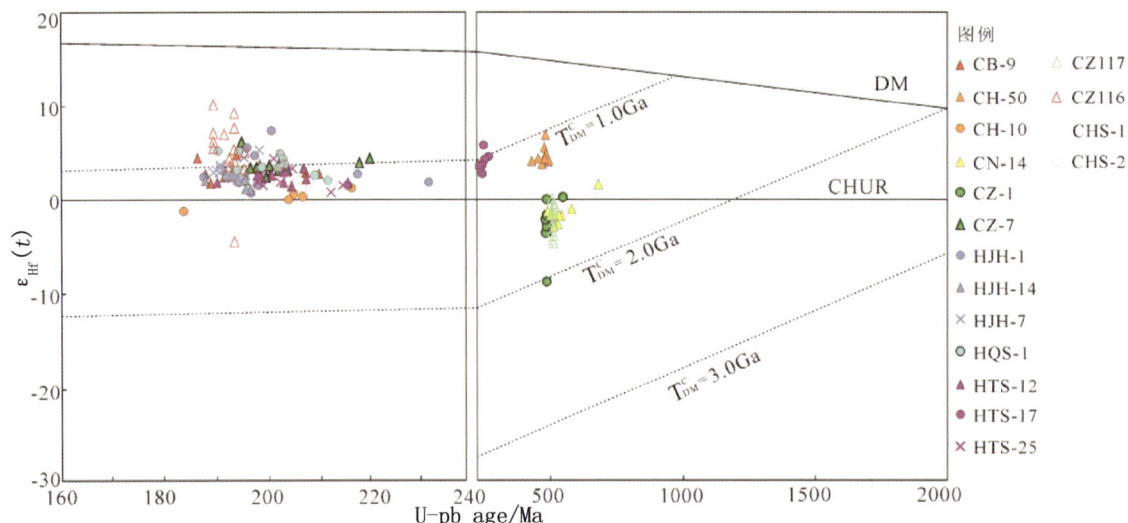

图 4 – 69　矿田成矿花岗岩类锆石 U – Pb 年龄与 $\varepsilon_{Hf}(t)$ 图解

CB – 9:翠北中粗粒花岗闪长岩($\gamma\delta T_3$);CH – 50:翠宏山细粒花岗闪长岩($\gamma\delta\in_4$);CH – 10:翠宏山花岗斑岩($\gamma\pi T_3$);CN – 14:库南粗粒花岗闪长岩($\gamma\delta\in_{2-3}$);CZ – 1:翠中粗粒碱长花岗岩($\kappa\rho\gamma\in_4$);CZ – 7:翠中细粒碱长花岗岩($\kappa\rho\gamma T_3$);HJH – 1:霍吉河花岗细晶岩($\gamma\iota J_1$);HJH – 14:霍吉河中粗粒花岗闪长岩($\gamma\delta J_1$);HJH – 7 霍吉河斑状花岗闪长岩($\pi\gamma\delta J_1$);HQS – 1:红旗山中粒碱长花岗岩($\kappa\rho\gamma T_3$);HTS – 12:宏铁山二长闪长岩包体($\eta\delta P_3$);HTS – 17:宏铁山中粒二长花岗岩($\eta\gamma T_3$);HTS – 25:宏铁山花岗闪长岩($\gamma\delta T_3$)。

综合前述岩浆岩的成岩时代、Sr – Nd – Hf 同位素组成特征,以及翠中、翠宏山大型铁多金属矿、霍吉河大型钼矿的微量和稀土元素含量变化特征、硫同位素组成、氢氧同位素组成、流体包裹体成分特征、铼 – 锇同位素组成等,矿田内成矿花岗岩类总体上属于活动大陆边缘壳幔混源、中等偏高结晶分异 I 型和 A_2 花岗岩成矿体系。

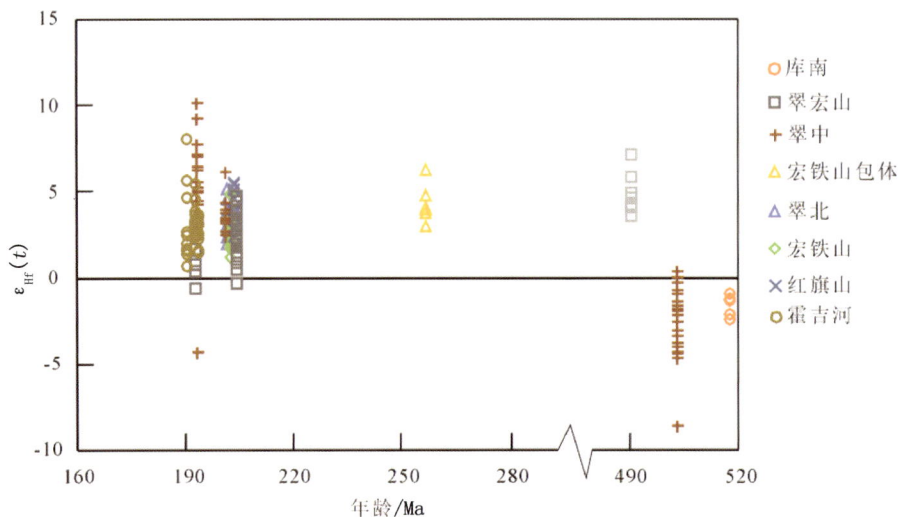

图 4 – 70　矿田成矿花岗岩类锆石 U – Pb 年龄与 $\varepsilon_{Hf}(t)$ 对比图

4.5.3　成矿流体特征

1)多旋回复成矽卡岩 – 斑岩型铁多金属矿床,以翠宏山、翠中大型矽卡岩型铁多金属矿区为例。

(1)顶寒武世矽卡岩成矿期,成矿流体具有从高温、高盐度、富含 CO_2 气体,向中高温 – 中低温、低盐度、低 CO_2 气体含量演化的特征,铁钨(钼)矿体形成于中高温阶段,铅锌铜矿体形成于中低温阶段。

① 早矽卡岩阶段,岩浆残余流体具有高温 322.5～525.5℃、高盐度 14.8%～24.8%(NaCl)的特点;② 白钨矿阶段,中高温含矿热液的温度和盐度降低至 298.4～377.2℃、3.5%～8.5%(NaCl);③ 磁铁矿阶段,磁铁矿体中含有大量的白钨矿化矽卡岩角砾,是含铁成矿热液因构造减压沸腾发生隐爆作用的反映;④ 辉钼矿阶段,含矿热液富含 CO_2 气体,成矿温度 178.2～385.2℃、盐度 1.9%～11.1%(NaCl),以交代白钨矿为特征;⑤ 铅锌铜阶段,大气降水的不断加入,温度和盐度降至 120.0～243.2℃、4.96%～8.95%(NaCl),主要以充填交代的方式形成铅锌铜矿体,含矿热液属于 $(Ca^{2+}+Mg^{2+})SO_4^{2-}+(Na^++K^+)(Cl^-+F^-)+H_2O+CO_2+N_2+H_2$ 体系,磁铁矿、黄铜矿、闪锌矿等矿石的角砾被碳酸盐矿物胶结,成矿流体也曾发生过隐爆作用。

(2)晚三叠世斑岩型钨钼成矿期,翠宏山矿床表证矽卡岩型铁钨多金属矿化期次的脉体先后穿插切割关系、花岗斑岩中的细脉浸染状辉钼矿化特征表明,钼成矿较晚。成矿流体富含 CO_2 气体,温度为 179.0～384.1℃、盐度为 3.55%～9.60%(NaCl),减压沸腾隐爆作用形成了矽卡岩型和花岗岩型的角砾状矿石;花岗斑岩体中的细脉浸染型钼矿体的成矿温度和盐度降低为 160.0～251.1℃、4.96%～8.95%(NaCl)。

2)早侏罗世斑岩型钼矿床,以霍吉河大型钼矿床为例。

成矿流体属于 $(Ca^{2+}+Mg^{2+})SO_4^{2-}+(Na^++K^+)Cl^-+H_2O+CO_2$ 体系,主成矿阶段具高－中温、中等盐度的特点,次成矿阶段具中低温、低盐度的特点,成矿流体主要来源于岩浆水,成矿过程中有天水的混合。

4.5.4　矿床成矿系统

根据翠宏山－翠中、霍吉河等矿床(点)的地质特征与主要控矿要素,确定了 4 个重要多旋回褶断复成矽卡岩－斑岩型铁多金属矿成矿系统、1 个蚀变岩型金矿成矿系统、2 个火山中低温热液型金多金属矿成矿系统。

1)4 个重要铁多金属矿成矿系统为:

(1)翠北－翠宏山北北西向多旋回褶断复成矽卡岩－斑岩型铁多金属矿成矿系统($\in_{3-4}$+T₃)。

(2)霍吉河－红旗山北北西向多旋回褶断矽卡岩－斑岩型铁多金属矿成矿系统(T₃+J₁)。

(3)西马鲁河北北东向多旋回褶断复成矽卡岩－斑岩型铁多金属矿成矿系统($\in_4$+T₃)。

(4)对宏山－库滨北北东向褶断矽卡岩(－斑岩)型铁多金属矿成矿系统(T₃)。

成矿地层:为铅山组($\in_1 q$)碳泥硅灰建造,土门岭组(P₂t)碎屑岩－碳酸盐岩建造。

成矿花岗岩组合:顶寒武世复式岩株[$(\gamma\delta o+\gamma\delta+\eta\gamma+\kappa\rho\gamma)\in_4$]的锆石铀－铅成岩年龄为 503～489 Ma、加权年龄为 494 Ma,成矿主体岩石为($\eta\gamma+\kappa\rho\gamma$);晚三叠世复式岩株[$(\gamma\delta+\eta\gamma+\kappa\rho\gamma+\gamma\pi)T_3$]的锆石铀－铅成岩年龄为 204～193 Ma、加权年龄为 200 Ma,成矿主体岩石为($\eta\gamma+\kappa\rho\gamma+\gamma\pi$),辉钼矿铼－锇成矿年龄为 205～199 Ma、加权年龄为 203 Ma;早侏罗世复式岩株[$(\gamma\delta+\eta\gamma+\kappa\rho\gamma+\gamma\iota)J_1$]的锆石铀－铅成岩年龄为 193.6～181 Ma、加权年龄 188 Ma,成矿主体岩石为($\gamma\delta+\eta\gamma$),辉钼矿铼－锇成矿年龄 193.6～181 Ma、加权年龄为 179 Ma;成矿花岗岩均属于弧陆碰撞造山隆升伸展环境下形成的壳幔混源、中至结晶分异常程度较高的 I 型及 A₂ 型花岗岩成矿体系,岩石属于亚碱性、准铝质－过铝质、钾玄岩－高钾钙碱性系列,磁铁矿系列 Fe 质花岗岩的矽卡岩型铁多金属矿成矿作用显著,磁铁矿系列 Mg 质花岗岩的斑岩型钼矿成矿作用显著,钛铁矿系列 Mg 质花岗岩的斑岩型钨钼(锡)矿成矿作用显著。

2)3 个一般成矿系统为:

(1)枫桦北蚀变岩型金矿成矿系统(J₁)、与北西向糜棱岩带和二浪河期火山活动有关。

(2)友谊浅成中低温热液型金矿成矿系统(K₁)。

(3)梅山有色金属成矿系统(K₁)。

陆缘火山弧属于粗玄岩－钙碱性系列火山岩组合,勘查程度低。

4.5.5 矿田成矿－找矿模型

据矿田内矿床(点)地质地球化学特征、控制矿床时空分布的成矿地质要素、物化探找矿信息,建立了矿田"三位一体"成矿模型(图4－71)、综合找矿预测模型(表4－34),包括4个重要的多旋回褶断复成矽卡岩－斑岩型铁多金属矿成矿系统、早侏罗世蚀变岩型金矿成矿系统、早白垩世浅成中低温热液型金及有色金属矿成矿系统。

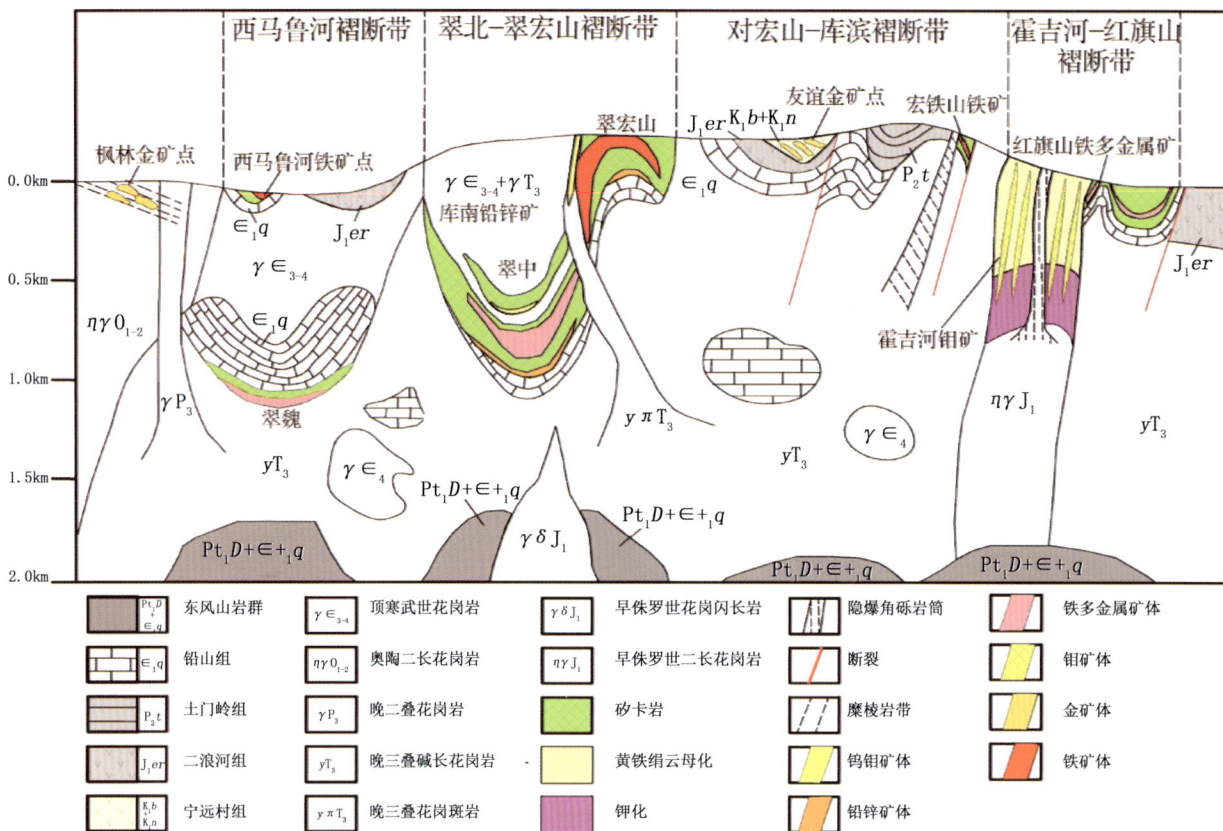

图4-71　翠宏山铁多金属矿田"三位一体"成矿模型

多旋回褶断复成矽卡岩－斑岩型铁多金属矿床的控矿构造为:隐伏基底东风山岩群(Pt_1D)硅铁建造＋铅山组($\in_1 q$)碳泥硅灰建造分布范围、北北西向或北北东向复式褶断侵入接触构造带;成矿地质体为:铅山组($\in_1 q$)碳泥硅灰建造、土门岭组($P_2 t$)碳酸盐岩－碎屑岩沉积建造、中－晚寒武世粗粒花岗闪长岩＋细粒二长花岗岩组合、顶寒武世粗粒英云闪长岩/花岗闪长岩＋细粒二长花岗岩＋细中粒－粗粒碱长花岗岩组合、晚三叠世中粗粒花岗闪长岩＋二长花岗岩＋细粒碱长花岗岩＋花岗斑岩组合;成矿结构面为:受纵向和横向断裂带、褶皱核部滑脱构造带、层间剥离构造带(硅钙界面)控制的侵入接触部位的矽卡岩带与层间矽卡岩带、糜棱岩带及节理裂隙带。

早侏罗世斑岩型钼矿床控矿构造为:复式褶断侵入接触构造带与早侏罗世火山喷发带边缘隆起叠加部位;成矿地质体为:早侏罗世细粒－中粗粒－斑状花岗闪长岩＋细粒－中细粒－似斑状二长花岗岩＋花岗细晶岩＋花岗斑岩组合;成矿结构面为:火山构造环状断裂带、隐爆角砾岩筒、褶断带的纵向和横向断裂带交会部位。

表4-34 翠宏山铁多金属矿田"三位一体"综合找矿模型

成矿类型	复式褶断复成矽卡岩-斑岩型铁多金属矿床	斑岩型钼矿床	蚀变岩型金矿化	浅成中低温热液型金矿化
代表性矿床	翠宏山与翠中铁多金属矿床,库南铅锌矿床,红旗山铁多金属矿床,宏伟山铁多金属矿点	霍吉河钼矿床	枫林金矿点	友谊金矿化点
成矿地质背景	伊春-延寿岩浆弧(Ⅲ-6),伊春陆缘浅海盆地(Ⅳ-4),总体上属于活动大陆边缘的构造环境;小兴安岭-张广才岭铁多金属成矿带(3-5)北段,伊春铁多金属成矿亚带(4-16)			
控矿构造	①隐伏基底:东风山岩群(Pt_1D)硅泥质灰建造分布区及其边缘。②北向或北北东向复式褶断硅建造及其边缘:A.西马鲁河北北东向复式褶断侵入接触构造带(V-1);B.翠北-翠宏山北北西向复式褶断侵入接触构造带(V-2);C.霍吉河-翠宏山北北西向复式褶断侵入接触构造带(V-3);D.对宏山-库滨北北东向复式褶断侵入接触构造带(V-4)	①复式褶断侵入接触构造带与②早侏罗世火山喷发带边缘叠加部位。如产于霍吉河-红旗山北北西向复式褶断侵入接触构造带(V-3)与红旗山南北向火山喷发带(V-9)边缘隆起叠加部位火山机构中的霍吉河钼矿床	①隐伏基底分布区;②北西向韧性剪切带(V-5)与早侏罗世火山喷发带(V-7)边缘叠加部位	①隐伏基底分布区;②早白垩世友谊南北向火山喷发带(V-11)中的火山机构
成矿地质体	①沉积建造:A.铅山组($\in_1 q$)碳泥质灰建造;B.土门岭组($P_2 t$)碳酸盐岩-碎屑岩沉积建造。②花岗岩组合:A.中-晚寒武世粗粒花岗闪长岩+细粒花岗闪长岩组合;B.顶寒武世粗粒黑云花岗闪长岩/花岗岩+细粒-中粒二长花岗岩+细中粒-粗粒中粒碱长花岗岩组合;C.晚三叠世中粗粒花岗闪长岩+二长花岗岩+细粒碱长花岗岩+花岗斑岩组合	早侏罗世粗粒-中粗粒-斑状花岗闪长岩+细粒-细中粒-似斑状二长花岗岩+花岗细晶岩+花岗斑岩组合	早侏罗世二浪河期潜火山岩岩脉	板子房组($K_1 b$)中性火山岩
成矿结构面/容矿构造	受纵向和横向断裂带,褶皱核部滑脱构造带,层间剥离构造带,层间剥离构造带(硅钙界面)控制的侵入接触带与层间砂卡岩带;蔗棱岩带岩带及节理裂隙带	火山构造环状裂隙带,隐爆角砾岩筒,褶断带的纵向和横向断裂交会部位	北西向蔗棱岩带中叠加的脆性构造	北西向构造破碎带
赋矿岩石	①砂卡岩型铁多金属矿体:矿体赋存于金云母-透辉石-石榴石砂卡岩中。②斑岩型钨钼矿体:矿体赋存于中细粒-粗粒碱长二长-碱长花岗岩,细粒花岗岩,花岗斑岩中	花岗闪长岩+斑状花岗闪长岩+二长花岗岩+花岗斑岩	蔗棱岩化花岗岩+花岗质蔗棱岩+石英脉	安山岩,安山质角砾岩,安山质凝灰岩

续表 4－34

成矿类型	复式褶断复成矽卡岩－斑岩型铁多金属矿床	斑岩型钼矿床	蚀变岩型金矿化	浅成中低温热液型金矿化
蚀变矿化分带	①矽卡岩型矿化蚀变：A.侵入接触内带花岗岩中的钨钼矿化，以符山石为标志，萤石化、硅化、绿帘石化发育；B.侵入接触矽卡岩带中的铁多金属矿化，以金石为标志，蛇纹石化、阳起石化发育；C.侵入接触外带同矽卡岩中的铅锌矿化，以黑柱石、符山石为标志，阳起石化、绿泥石化发育。②斑岩型钨钼矿化蚀变：钾化、硅化、萤石化、绿泥石化	①钾化带：包括钾长石化和黑云母化－硅化，以弱辉钼矿化；②黄铁绢英岩化－硅化＋强辉钼矿化；③泥化带，主要沿断裂构造带分布	硅化，黄铁矿化	强硅化、绿泥石化和黄铁矿化
矿石结构构造	①矽卡岩型矿石为致密块状、稠密浸染状、角砾状，团矿状构造，他形－半自形粒状结构；B.铜矿石为浸染状、团块状状构造，半自形－自形晶粒状；C.钨钼矿石为浸染状细脉－浸染状细脉，团块状构造，他形晶粒状，叶片状结构；他形－自形晶粒状，叶片状结构。②斑岩型钨钼矿石：细脉浸染状，团块状构造，他形－自形晶粒状，叶片状结构	钼矿石主要为细脉浸染状构造，次为浸染状、细脉状－角砾状构造，团块状构造，他形－半自形片状结构；他形－半自形粒状结构		
主要金属矿物	①矽卡岩型矿石：磁铁矿、辉钼矿、白钨矿、闪锌矿、黄铜矿、锡石、黄铁矿、磁黄铁矿、黄铜矿、黄铁矿、磁黄铁矿、黄铜矿、方铅矿、闪锌矿。②斑岩型钨钼矿石：辉钼矿、白钨矿、锡石、方铅矿、闪锌矿	以辉钼矿、磁铁矿、黄铁矿为主，少量的黑钨矿、黄铜矿、磁黄铁矿、闪锌矿、方铅矿等	褐铁矿（黄铁矿）、自然金	
主要非金属矿物	①矽卡岩型矿石：辉石、石榴石、金云母、斜硅铵石、黑柱石、符山石、阳起石、绿帘石、透闪石、蛇纹石、石英、石榴石、斜长石、方解石、透辉石、绿泥石、萤石。②斑岩型钨钼矿石：钾长石、斜长石	以斜长石、钾长石、石英、黑云母、绿泥石、绿帘石为主，少量的金红石、绿泥石、方解石		

续表4-34

成矿类型	复式褶断复成矿卡岩-斑岩型铁多金属矿床	斑岩型钼矿床	蚀变岩型金矿化	浅成中低温热液型金矿化
流体包裹体特征	包裹体类型：主要为气液两相包裹体+含子矿物多项包裹体 ①矽卡岩成矿：成矿流体具从高温、高盐度、富含CO₂气体，向中高-中低温、低盐度、低CO₂气体演化的特征。中高温钨钼矿化、中低温铅锌矿化。A.早矽卡岩阶段：岩浆晚期残余流体具高温、高盐度的特征；B.白钨矿阶段：高温298.4~377.2℃，低中盐度3.5%~8.5%(NaCl)；C.磁铁矿阶段：构造减压沸腾作用明显；D.辉钼矿阶段：早期富含CO₂气体，高温315.2~385.2℃，中低盐度3.37%~9.9%(NaCl)，晚期温度178.2~371.4℃，盐度变化较大1.9%~11.1%(NaCl)；E.铅锌矿阶段：大气降水加入，温度120~243.2℃，盐度4.96%~8.95%(NaCl)，成矿流体属于(Ca²⁺+Mg²⁺)SO₄²⁻+(Na⁺+K⁺)(Cl⁻+F⁻)+H₂O+CO₂体系。②斑岩成矿：岩浆晚期残余流体具高温、高盐度，富含CO₂气体。A.早期含矿热液温度179.0~384.1℃，盐度3.55%~9.6%(NaCl)；B.晚期减压沸腾及隐爆作用明显，温度160.0~251.1℃，盐度4.96%~8.95%(NaCl)	主要为气液两相包裹体+含子矿物多项包裹体 ①钾长石-石英阶段：岩浆晚期残余流体具高温、高盐度，子晶为黄铜矿；均一温度和盐度为276.3~389.9℃，3.55%~10.61%(NaCl)，峰值为320~360℃，4.00%~5.71%(NaCl)；②石英-辉钼矿阶段：均一温度和盐度为152.3~430.0℃，0.35%~12.8%(NaCl)，主峰246.9~362.0℃，3.05%~12.8%(NaCl)，次主峰185.3~280.0℃，0.35%~3.20%(NaCl)		
稳定同位素特征	①氢氧同位素：磁铁矿δ¹⁸O$_{SMOW}$为0.2%~2.5%；钨钼矿石英δ¹⁸O$_{SMOW}$为7.6%~9.2%，δ¹⁸O$_{H_2O}$为-0.9%~0.7%，δD$_{V-SMOW}$为-128.9%~-124%；石英脉δ¹⁸O$_{SMOW}$为6.9%~8.2%，δ¹⁸O$_{H_2O}$为-2.89%~-1.60%，δD$_{V-SMOW}$为-129.3%~-107.4%；方解石δ¹⁸O为2.4%~12.1%。②硫同位素：金属硫化物的δ³⁴S=0.4%~5.0%。③铅同位素：金属硫化物的²⁰⁶Pb/²⁰⁴Pb为18.650~19.110，²⁰⁷Pb/²⁰⁴Pb为15.727~15.584，²⁰⁸Pb/²⁰⁴Pb为38.160~38.650	①石英δ¹⁸O$_{H_2O}$为-3.51%~7.62%，δD$_{V-SMOW}$为-110%~-78.4%。②黄铁矿的δ³⁴S为1.2%~5.8%。③钼矿石中黄铁矿的²⁰⁶Pb/²⁰⁴Pb为18.745~18.800，²⁰⁷Pb/²⁰⁴Pb为15.594~15.603，²⁰⁸Pb/²⁰⁴Pb为38.275~38.354		

续表 4-34

成矿类型	复式褶断复成矽卡岩-斑岩型铁多金属矿床	斑岩型钼矿床	蚀变岩型金矿化	浅成中低温热液型金矿化
成矿深度	2 km 以浅	2 km 以浅		
成矿时代	晚寒武世 PbZn 成矿期:517.43 Ma;顶寒武世 Fe、W、Mo、Pb、Zn 主成矿期:503~489 Ma;晚三叠世 Fe、W、Mo、Pb、Zn 主成矿期:205~199 Ma	早侏罗世 181~176 Ma	早侏罗世	早白垩世
地球物理异常	①重力异常:A.控制矿床时空分布的复式褶断侵入接触构造带均处于1:25万区域剩余重力高异常或高异常梯级带部位;B.矿床处于1:1万重力高异常或高异常梯级带部位。②电磁异常:A.1:5万航磁异常,1:1万磁异常梯级带;B.可控源音频大地电磁测深为视电阻率异常梯级带;C.频谱激电测量为低阻高极化率异常带	①处于1:25万区域剩余重力低异常区,1:5万航磁异常的正负磁场衔接部位。②1:1万激电中梯异常:ηS 呈环带状分布,中带视极化率为 2.33%~3.31%,视电阻率为 400~1000 $\Omega \cdot M$ 与矿体对应	处于1:25万区域剩余重力高异常区内,1:5万航磁异常的负磁场衔接部区	处于1:25万区域剩余重力高异常区内,1:5万航磁异常的正负磁场衔接部位
地球化学异常	1:5万水系沉积物异常:主成矿元素为 Pb、Zn、W、Mo、Sn、Cu、Ag,中低温(Au、Ag、As、Sb)-中温(Pb、Zn、Cu)-中高温(W、Mo、Sn、Bi)元素异常发育	1:5万水系沉积物组合异常由 Mo、Ag、As、Sb、Bi、Cu、Pb、Zn 异常组成,Mo 异常面积大强度高,具内带;1:2万土壤组合异常主要由 Mo、Cu、Sb 异常组成,异常面积大强度高,具内带	1:5万水系沉积物组合异常由 Mo、Ag、Cu 等异常组成	1:5万水系沉积物组合异常由 Au、Ag、As、Sb、Hg 异常组成

第5章　矿田找矿预测及勘查方法总结

5.1　找矿远景区预测

5.1.1　找矿远景区划分

按照建立的矿田找矿预测模型,依据已知矿床(点)的规模和成矿类型、控矿构造和成矿地质体与成矿结构构面发育程度、物化探异常找矿信息强弱程度的组合情况,划分找矿远景区类别(表5-1)。

表5-1　翠宏山铁多金属矿田找矿远景区分类准则

成矿要素	Ⅰ类找矿远景区	Ⅱ类找矿远景区	Ⅲ类找矿远景区
成矿地质条件	1. 多旋回复成矽卡岩－斑岩型铁多金属矿床。 ①深部处于隐伏基底东风山岩群(Pt_1D)硅铁建造＋铅山组碳泥硅灰建造分布区或边缘部位;②位于铅山组或土门岭组的复式褶断侵入接触构造带上;③碳酸盐岩残留体规模大,成矿花岗闪长岩＋二长花岗岩＋碱长花岗岩＋浅成花岗斑岩的复式岩体发育;④纵横断裂、硅钙界面等成矿结构面发育。 2. 早侏罗世斑岩型钼(铜)矿床。 ①复式褶断侵入接触构造带上叠早侏罗世火山喷发带及边缘隆起火山机构发育;②早侏罗世花岗闪长岩＋二长花岗岩＋浅成花岗斑岩复式岩体;③纵横断裂、环状断裂发育	1. 多旋回复成矽卡岩－斑岩型铁多金属矿床。 ①深部距离隐伏基底区边缘稍远;②浅部处于复式褶断侵入接触构造带上;③碳酸盐岩残留体较大,成矿岩体较发育;④成矿结构面较发育。 2. 早侏罗世斑岩型钼(铜)矿床。 ①早侏罗世火山喷发带边缘隆起;②早侏罗世复式岩体较发育;③成矿结构面较发育。 3. 早侏罗世蚀变岩型金矿床。 ①隐伏基底分布区;②韧性剪切带离早侏罗世火山喷发带较近	1. 多旋回复成矽卡岩－斑岩型铁多金属矿床。 ①处于复式褶断侵入接触构造带上;②碳酸盐岩残留体较小,有成矿岩体。 2. 早侏罗世斑岩型钼(铜)矿床。有早侏罗世复式岩体。 3. 早侏罗世蚀变岩型金矿床。韧性剪切带离上叠火山喷发带较远。 4. 早白垩世中低温热液型金多金属矿床。 ①早白垩世火山喷发带中火山机构发育;②北西向构造破碎带发育
直接找矿信息	①有中型以上矿床分布;②有显著的1∶5万水系沉积物组合异常,元素组合与目标矿床接近,处于成矿有利部位且与物探异常叠加良好	①有小型矿床、矿点分布;②有明显的1∶5万水系沉积物组合异常,元素组合与目标矿床具可比性,处于成矿有利部位且与物探异常叠加	有矿化点或1∶5万水系沉积物组合异常分布,处于较有利的成矿部位
间接找矿信息	①蚀变强烈,分带明显;②1∶5万航磁异常经推断解释为找矿提供了明显的找矿信息,区内存在两种以上间接信息	①蚀变较强,分带不明显;②1∶5万航磁异常经推断解释具有多解性	①蚀变强度一般,无分带现象;②1∶5万航磁异常具有多解性

矿田内共划分出找矿远景区7处,其成矿地质条件及资源潜力总体评价见表5-2所列。

Ⅰ类找矿远景区:成矿条件十分有利,预测依据充分,资源潜力大,可优先部署勘查工作的地区。划分出 2 处，分别为翠北－翠中多旋回复成矽卡岩－斑岩型铁多金属矿找矿远景区（$\in_{3-4}+T_3$）（Ⅰ－1）、霍吉河－红旗山多旋回矽卡岩－斑岩型钼（铜）矿找矿远景区（T_3+J_1）（Ⅰ－2）。

Ⅱ类找矿远景区：成矿条件有利，预测依据较充分，资源潜力较大，可部署勘查工作的地区。划分出 3 处，分别为西马鲁河多旋回复成矽卡岩－斑岩型铁多金属矿找矿远景区（$\in_{3-4}+T_3$）（Ⅱ－1）、宏铁山－库滨矽卡岩（－斑岩）型铁多金属矿找矿远景区（T_3）（Ⅱ－2）、枫桦蚀变岩型金矿找矿远景区（J_1）（Ⅱ－3）。

Ⅲ类找矿远景区：据成矿条件，有可能发现矿产资源的地区，可以安排适量勘查工作的地区。划分出 2 处，分别为梅山铜钼多金属矿找矿远景区（K_1）（Ⅲ－1）、友谊金矿找矿远景区（K_1）（Ⅲ－2）。

5.1.2 找矿远景区成矿地质条件及资源潜力评价

1）翠北－翠中多旋回复成矽卡岩－斑岩型铁多金属矿找矿远景区（Ⅰ－1）：成矿地质条件十分有利，物化探成矿信息显著，资源潜力较大，应优先部署勘查工作。

预测翠宏山Ⅰ＋Ⅱ号矿体在 42－30 线 0～－200 m 标高间可增加铁多金属矿石量 1500 万 t，东侧库尔滨河向形侵入接触构造带深部预测铁多金属矿石量 500 万 t。

翠中 207 线至 211 线间受北东东向断裂控制的厚大铁多金属矿体及延伸部位、215 线 1570 m 以下矽卡岩带，经钻探工程进一步控制，预测可增加铁多金属矿石量 2000 万 t。

对翠北铁多金属矿周围、YHs－5、YHs－3 异常西部花岗斑岩发育部位的 W、Mo、Sn 异常中心，开展斑岩型锡钨钼矿的找矿工作，预测可增加锡钨钼金属量 7 万 t。

对找矿远景区南部分布于早侏罗世二浪河期火山岩中的 4 处丙类异常，应安排适量的勘查工作，寻找火山岩之下的矽卡岩型铅锌矿，预测可增加铅锌金属量 5 万 t。

2）霍吉河－红旗山晚三叠世－早侏罗世矽卡岩－斑岩型钼（铜）矿找矿远景区（Ⅰ－2）：成矿地质条件十分有利，化探成矿信息显著，资源潜力较大，应优先部署勘查工作。

对红旗山Ⅰ、Ⅱ号矿带深部、Ⅲ号矿带东部的两条绢英岩化带，开展钻探验证工作，寻找深部矽卡岩－云英岩型锡多金属矿。

对霍吉河钼矿隐爆角砾岩筒东部附近的厚度大、品位高的钼矿体，应进一步开展钻探工程控制，扩大矿床规模，提高矿床的工业品位。

找矿远景区南部 YHs－6 异常与霍吉河钼矿 JHs－27 的特征相同，具大型斑岩铜钼矿的资源潜力，应适量安排钻探验证与控制工作。

3）西马鲁河多旋回复成矽卡岩－斑岩型铁多金属矿找矿远景区（Ⅱ－1）：成矿地质条件十分有利，物探成矿信息显著，资源潜力大，应优先部署勘查工作。

翠巍 M7 磁异常特征和成矿地质条件与翠中铁多金属矿基本相同，具有很大的铁多金属矿资源潜力，通过钻探验证与控制，预测可提交铁多金属矿石量 1 亿 t。

4）对宏山－库滨晚三叠世复成矽卡岩－斑岩型钼（铜）矿找矿远景区（Ⅱ－2）：成矿地质条件有利，资源潜力较大，应部署适量的勘查工作。

表5-2　翠宏山铁多金属矿田找矿远景区成矿地质条件及资源潜力分析

远景区名称	位置面积	成矿地质条件	重磁异常特征	1:5万水系沉积物异常特征（单位：$Au \times 10^{-9}$，其他元素 $\times 10^{-6}$）	矿化蚀变	资源潜力总体评价及勘查工作建议
翠北－翠宏多金属旋回复式斑岩型铁多金属矿找矿远景区（I-1）	位于矿田中部，翠北～翠宏北向展布带状展布，面积约58 km²	成矿地质条件十分有利，已发现翠中与翠宏山大型铁多金属矿床、库南小型铅锌矿多金属矿点。①隐伏基底：东风山岩群(Pt_1D)硅铁建造+铅山组(ε_1q)碳泥硅灰建造区及其边缘。②成矿核心地区－翠中北北西向复式褶皱断陷入接触构造带规模大，长约13 km，宽约7 km，花岗岩质岩浆侵入－热液活动强烈。③中－晚燕武世粗粒花岗闪长岩－细粒二长花岗岩组合，顶寒武世中粗粒二长花岗岩+细中粒碱长云闪长岩/花岗闪长岩+征粒二长花岗岩组合，晚三叠世中粗粒碱长花岗岩+二长花岗岩组细粒碱长花岗岩+花岗斑岩组合的复式岩体。④纵向和横向断裂带、褶皱核部滑脱剥离砂岩带、层间剥离砂卡岩带、剥离砂卡岩带及节理裂隙带发育。⑤南段上叠早侏罗世二浪河期中性－酸性岩浆喷发，火山机构发育，如531高地、620高地，对早期形成的矿床起到了一定的保护作用	①1:25万剩余重力异常特征：位于南北向带状剩余重力高及梯级带上，是深部隐伏基底东风山岩群和铅山组的反映。②1:5万航磁异常特征：区内主要呈现大面积负磁异常的特点，局部发育较强的异常M71和M71'等矿床引起。M71呈南北向展布的带状异常，长3 km，宽1 km，南东缓～北西向，极大值3100 nT，为翠宏山大型铁多金属矿床引起；M71'位于M71南部，近北西向展布，由翠山大型铁多金属矿床引起，极大值600 nT，曲线规则，由翠中大型铁多金属矿床引起	区内有6处主要异常，其中YHs-5,3为甲类矿致异常，YHs-13,16,18,19为丙类异常。甲类异常面积大，强度高，组分复杂，单元素异常套合较好，浓集中心明显。①YHs-5中低温(Au, Ag, As, Sb)－中温(Pb, Zn, Cu)－中高温(W, Mo, Sn, Bi)元素异常发育齐全，东部浓集中心是翠宏山大型铁多金属矿床的反映，南部浓集中心是翠中大型铁多金属矿床中矿集中心，库南小型铅锌矿的反映为中大型铅锌矿Pb, Zn成矿规模为中型，极值为1163,750,Cu成矿规模为大中型，极值1383；W，Mo成矿规模为大中型，极值为20,9,2,Sn共伴生于钨钼矿体中，极值130。②YHs-3以W, Mo, Sn, Pb, Zn异常为主，极值：Pb 118,Zn 343,W 95.1,Mo 11,Sn 54,Bi 12.83,中低温－中温－中高温元素异常发育，翠宏北中心，东北部Pb, Zn异常中心发现翠北铁多金属矿点，西部异常中心尚未开展勘查工作。③4处丙类异常位于火山岩中，推断为下伏铅锌矿引起	①YHs-5中，发现大规模砂卡岩带，成矿范围与花岗岩型钨钼化有关的钾化，萤石化、绿泥石化等蚀变。砂卡岩带中矿化分带明显：侵入带为钼铁钨矿化，侵入接触带为铁多金属卡岩矿化，层间砂卡岩矿化中为铅锌铜矿化。②YHs-3中，任东北部铅锌异常合部位发现2条砂卡岩带	①翠中209线矿体向北东，南西延伸处未控制，南部4线向深部深部未验证，预测铁多金属矿石量1500万t;215线1570 m以下砂卡石量1500万t。②翠宏山I+II号矿体在42－30线0～200 m标高间可增加铁多金属矿石量1500万t。③翠宏山东部库尔滨河向形侵入接触构造带预测铁多金属矿石量500万t。④YHs-5,3的西部W，Mo，Sn异常中心，花岗斑岩发育部位未开展勘查工作，预测锡钨钼铜7万t。⑤优先部署勘查工作

续表 5 - 2

远景区名称	位置面积	成矿地质条件	重磁异常特征	1:5万水系沉积物异常特征（单位:Au×10⁻⁹,其他元素×10⁻⁶）	矿化蚀变	资源潜力总体评价及勘查工作建议
霍吉河-红旗山晚三叠世-早侏罗世砂卡岩-斑岩钼(铜)矿型找矿远景区 (Ⅰ-2)	位于矿田东部,南北向展布,东部未封闭,面积约91 km²	成矿地质条件十分有利,已发现霍吉河大型钼矿床,红旗山小型铁锌锡铜矿床,汤北铜矿化点。①南半部处于隐伏基底分布区及其边缘,分布有红旗山小型砂卡岩型铁锌锡矿床;北半部处于霍吉河大型钼矿床,分布有霍吉河大型斑岩钼矿床。②成矿核心为北北西向红旗山复式褶断构造带与早侏罗世一浪河期中性-酸性火山喷发带及边缘隆起叠加部位。褶断带长约11 km,宽约3 km。③晚三叠世中粗粒花岗闪长岩+二长花岗岩+细粒碱长花岗岩+花岗斑岩组合,中粗粒-斑状花岗岩-中细粒-细粒似斑状二长花岗岩+花岗斑岩的复合式岩体侵入活动频繁强烈。④纵向和横向断裂带,褶皱核部滑脱剥离砂卡岩带,破碎带及节理裂隙带发育。⑤二浪河期火山喷发带,边缘隆起火山机构发育,常形成隐爆角砾岩及岩浆式热液活动中心	①1:25万剩余重力异常特征:东南部为重力高异常梯级带,是隐伏基底的反映;北部和西部为重力低异常区。②1:5万航磁异常特征:东半部为负磁异常,M73-102位于正负磁场梯级带上,异常尖陡,梯度变化大,曲线规则圆滑,宽约0.5 km,极大值200 nT,由红旗山铁多金属矿引起。西半部由多条南北向条状正磁异常构成,南部M73-104由中中性-酸性脉岩引起	JHs-27和YHs-7,9为矿致异常,YHs-6为乙类异常。①JHs-27由Mo,W,Ag,As,Sb,Bi,Pb,Zn等单元素异常组成,Mo单元素,极大值:Mo184.12,W16,Ag0.943,As32.3,Sb3.17,Bi4.4,Pb174.8,Zn201.5,由霍吉河大型斑岩钼矿床引起。②YHs-6由Mo-7,Cu-4套合组成,Mo-7具中带,极值Mo90,Cu-4具内带,极大值171.1,黄铁矿化,辉钼矿化发育,异常特征和成矿条件与JHs-27相同,具大型斑岩铜钼矿床的资源潜力。③YHs-7由Ag,Bi,Pb,Zn,Sn异常组成,浓集中心明显,极大值:Ag1.2,Pb137,Zn202,Sn19,由红旗山Ⅰ,Ⅱ号铁锌矿引起。④YHs-9由Au,Ag,As,Bi,Pb,Zn,Sn异常组成,强度较高,浓集中心明显,极大值:Ag1.4,Pb302,Zn325,Sn54,由红旗山Ⅲ号铁锌锡矿床带引起	①红旗山铁多金属矿床发育3条铁锌锡矿化砂卡岩带,2条黄铁矿绢英岩矿化带。②霍吉河钼矿床具有黄铁蚀变岩叠加黄铁绢英岩化,钾化叠加辉钼矿化带分带特征,钾化-硅化-绢英岩化带,强辉钼矿化带,泥化带主要沿断裂带分布。③YHs-6内黄铁矿化,辉钼矿化发育	①砂卡岩型铁多金属矿床:红旗山Ⅰ,Ⅱ号矿床深部未控制,Ⅲ号矿床东部的两条绢英岩化带未控制,具有一定的资源潜力。隐伏砂卡岩型铁矿床,具有较大潜力。②霍吉河钼矿床东侧的钼爆角砾岩简东侧矿体厚度大,品位高,控制程度低,具有较大的潜力。③YHs-6异常与霍吉河钼矿JHs-27的特征相同,具大型斑岩铜钼矿床的资源潜力。④应优先部署勘查工作

续表 5-2

远景区名称	位置面积	成矿地质条件	重磁异常特征	1:5万水系沉积物异常特征（单位：$Au \times 10^{-9}$，其他元素 $\times 10^{-6}$）	矿化蚀变	资源潜力总体评价及勘查工作建议
西马鲁河旋回复杂成矿斑-砂卡岩型铁多金属矿找矿远景区（II-1）	位于矿田的西北部，呈北北东向带状展布，长约15 km，宽约3 km，面积约44 km²	成矿地质条件有利，已发现西马鲁河铁多金属矿点（M73-99）、翠魏铜铝锌矿点（M7）。①位于矿田的西北部反帝反修山铁矿点分布区及边缘。②成矿核心北北东向西马鲁河复武器断复接触构造带规模大，长约15 km，宽约3 km。③顶寒武世碎裂碱长花岗岩、晚三叠世碎裂碱长斑岩+花岗斑岩的复合岩体发育，岩浆活动频繁强烈。④纵向和横向断裂带发育，北东向张扭性破碎带发育	①1:25万剩余重力异常特征：南西段位于重力高反映的隐伏基底分布区，北东段处于重力高梯级带部位。②1:5万航磁场的梯级带特征：处于正负磁场的梯级带部位，南东侧负磁场中分布有M7、M7北、M73-99。M7有两处负异常中心，走向北东东，长3.5 km，宽1 km，曲线规则圆滑，规律性较好，极大值1700 nT，异常特征与成矿地质条件与翠金属矿的床一致，推断为大型铁多金属矿床；M7北点状异常极大值300 nT，是反映反修山铁矿点的反映；M73-99串珠状异常走向北东，极大值600 nT，是西马鲁河铁矿点的反映	找矿远景区内分布有SHs-15、17、18三处乙类异常，主要由Pb、Zn、Mo、W异常组成，异常面积小，强度一般。①SHs-15由西马鲁河铁矿点（M73-99）引起。②SHs-18由反帝反修山铁矿点（M7北）引起	①西马鲁河（M73-99）铁矿点蚀变较弱，主要为绿帘石化、硅化。②反帝反修山铁矿点（M7北）蚀变较强，主要为砂卡岩化、阳起石化、透闪石、蛇纹石化。③翠魏铜铝锌矿点（M7）绢云母化、黄铁矿化蚀变强烈	①M7磁异常特征和成矿地质条件与翠中铁多金属矿床基本相同，应具有很大的铁多金属矿资源潜力，以在施工的两个验证孔太浅，孔深不足250 m，仅见较强的钼、铅、锌矿化。预测铁多金属矿石量1亿t。②应优先部署勘查工作

铁多金属矿田找矿模型与找矿方向研究

续表 5-2

远景区名称	位置面积	成矿地质条件	重磁异常特征	1:5万水系沉积物异常特征（单位：Au×10⁻⁹，其他元素×10⁻⁶）	矿化蚀变	资源潜力总体评价及勘查工作建议
对宏山-库滨铁多金属成矿远景区（Ⅱ-2）	位于矿田中南部，呈北北东向带状展布，南部未封闭，面积约66 km²	成矿条件有利，已发现库滨铅锌矿床，宏铁山等铁矿点3处，钼矿化点2处。①位于隐伏基底分布区及东缘。②成矿核心为北东向对宏山-库滨复式褶断侵入接触构造带规模大，长约15 km，宽约3 km。③晚三叠世岩浆侵入—热液活动强烈。③晚三叠世黑云二长花岗岩+花岗闪长岩+二长花岗岩+碱长花岗岩组合的复式斑岩岩体侵入活动频繁强烈。④纵向和横向节理裂隙带发育。⑤南部局部地段叠置上叠早侏罗世三浪河期中性—酸性火山岩，对早期形成的矿床有一定的保护作用	①1:25万剩余重力异常特征：处于南北向带状展布的重力高及东侧梯级带部位，推测为隐伏基底的反映。②1:5万磁异常特征：在大面积低缓正负磁场中分布有M73-96、M8、M73-91、M73-96、M73-97磁异常。M73-98走向北东，长1 km，宽0.7 km，呈椭圆状，曲线圆滑规则，强度200 nT，可能为火山岩之下砂卡岩型铁多金属矿引起。M8为孤立正磁异常，异常展布，北侧伴生负磁异常，异常尖陡，梯度变化大，宽约0.6 km，极大值为1000 nT，是宏铁山铁矿点的反映；M73-91异常位于串珠状负磁异常带的梯级带上，北东走向，长1.5 km，宽0.4 km，强度较弱，是库滨铅锌矿床的反映；M73-96孤立的正磁异常，位于正负磁场梯级带上，走向北北东，长0.8 km，宽0.5 km，强度600 nT，是库源西山铁矿点的反映；M73-97位于北东向负磁异常带上，长1.2 km，宽0.4 km，强度较弱，是库源西山铁矿点的反映	YHs-21为甲类异常，4处异常中心为宏铁山等砂卡岩型铁多金属矿床（点）引起；YHs-12,17,28等4处异常为丙类异常。①YHs-21面积大，组分复杂，规模合好，东北部异常中心由Au,Ag,As,Cu,Pb,Zn,Mo,W,Sn异常组成，分布宏滨铅锌矿点，极大值：Ag 1.3,As 117,Zn 306,Pb 80,Cu 49.5,W 23.7,Sn 17；东南部异常中心由Au,Ag,Cu,Pb,Zn,Mo,Sn异常组成，分布库滨铅锌矿，极大值：Zn 206,Pb 56,Cu 249.4,Mo 30,Sn 50；其他两处异常中心分别与库源铁矿点对应。②YHs-12分布于火山岩之上，与M73-98对应，推测由火山源西山铁矿之下的砂卡岩型铁多金属矿引起	晚三叠世复式花岗岩体侵入土门岭组碳酸盐岩形成的多条砂卡岩带，多处铁多金属矿床（点）。①宏铁山铁多金属矿点：发现6条北北西—南北向脉状延伸的砂卡岩矿化带。②库滨铅锌矿床：发现2条北北东向砂卡岩矿化带。③库源铁矿点：发现2条南北向砂卡岩矿化带。④库源西山铁矿点：发现1条南北向砂卡岩矿化带	①北部YHs-12分布于火山岩之上，与M73-98对应，推测火山岩组之下铅山组中有可能形成规模较大的砂卡岩型铁多金属矿。②宏铁山铁多金属矿成矿二长花岗岩中本次野外工作新发现的次级砂卡岩化角砾岩筒强烈钼矿化，矿区具有较大的斑岩钼矿床找矿潜力。③应优先部署铁山铁多金属矿点外围勘查工作

续表 5-2

远景区名称	位置面积	成矿地质条件	重磁异常特征	1:5万水系沉积物异常特征（单位：Au×10⁻⁹，其他元素×10⁻⁶）	矿化蚀变	资源潜力总体评价及勘查工作建议
枫桦早侏罗世侏罗世蚀变岩型金矿远景区（Ⅱ-3）	位于矿田西北部，北东向带状分布，向北东封闭，面积约48 km²	①位于隐伏基底分布区。②枫林北高地486高地北西向糜棱岩带分布于早二中奥陶世片麻状二长花岗岩中，动力变形和晚二叠世二长花岗岩规模较大，规模大于早侏罗世二浪河期火山喷发高地北东向二浪河期火山喷发带西南隆起区。右行走滑糜棱隆起区，岩带长约11 km，宽大于0.8 km，由内外分布有硅化的花岗质碎裂岩－超糜棱岩，糜棱面理产状220°∠60°，叠加脆性挤压变形，被北东向断裂错断。金矿化与二浪河期火山热液活动有关	①1:25万剩余重力异常特征：处于重力高异常区的中部。②1:5万航磁异常特征：处于平缓动力的负磁异常区	SHs-02异常整体呈北西向条状展布，以Au、Mo为主。Au-02面积4.76 km²，均值2.84，极值7.20；Mo-04异常面积0.86 km²，极值12.30，分带值元素12.30。异常内各元素异常套合较好，强度较高，规模较大，具有一定的浓集中心和浓度分带。经初步槽探工程查证，发现金矿点1处，为矿致异常	槽探工程查证土壤剖面金异常时，发现含金石英脉转石。石英脉为灰白色糖粒状集合体，局部见晶洞构造，晶洞内见褐铁矿化，拣块样金Au品位9.89 g/t	①北西向糜棱岩带叠加早侏罗世二浪河期火山活动，已发现工业金矿石英转石，蚀变岩型金矿成矿地质条件伴良好，工作程度低，金资源潜力较大。②应部署勘查工作
早白垩世梅山铜钼多金属矿远景区（Ⅲ-1）	位于矿田东北角，北西向带状分布，向北东未封闭，面积约85 km²	①上叠早白垩世梅山火山喷发带的基底岩石为晚三叠世侏罗世二长－正长花岗岩组合。②火山喷发带主要由板子房组中性火山岩，及少量宁远村组酸性火山岩构成，其内火山机构较发育，如549高地、520高地、598高地、582高地等火山机构。③北北西向断裂构造，与北北东向断裂交会部位控制着火山机构的分布	①1:25万剩余重力异常区及北部的梯级带上，可能是中性的岩浆活动中心的反映。②1:5万航磁异常特征：处于强度较大的跳跃性正磁场区，整体呈圆形，边部有北东向。条带状中性火山岩房组中性火山岩，及少量宁远村组酸性火山岩组成的火山构造，是成矿有利部位	分布JHs-9、10、11三处乙类异常，JHs-12、18、19、20四处丙类异常。①JHS-10主要由Mo、Cu、Bi、Ag异常组成，异常套合紧密，浓集中心明显，Mo异常具内带；浓集中心分布在晚三叠世正长花岗岩内，推测由钼矿化引起。②JHS-11由Ag、As、Sb、Bi、Hg、Cu、Zn、W、Mo异常组成，异常套合紧密，浓集中心明显，以W、Mo为主，Mo具内带，W具有中带。②处浓集中心分布在中性－酸性火山机构中，推测由斑岩型Mo、Cu矿化引起		工作程度低，具备斑岩型铜钼矿的成矿条件，应安排适当的勘查工作，查明成矿地质条件和成矿潜力

续表 5 - 2

远景区名称	位置面积	成矿地质条件	重磁异常特征	1:5万水系沉积物异常特征（单位:Au×10^{-9}，其他元素×10^{-6}）	矿化蚀变	资源潜力总体评价及勘查工作建议
早白垩世找友谊金矿矿远景区（Ⅲ-2）	位于矿田中南部，呈北南向状分布于南末闭，面积约31 km²	①找矿远景区位于上叠早白垩世找友谊火山喷发带的南半部，基底岩石为早中奥陶世二长花岗岩，晚三叠－早侏罗世二长－正长花岗岩组合，早侏罗世二浪河期中性－酸性火山岩。②火山喷发带主要由板子房组中性火山岩及少量宁远村组酸性火山岩构成，其内火山机构较发育，如541高地、542高地火山机构。③南北向断裂是控制火山喷发带的主体构造，与北东向、北西向断裂交会部位控制着火山机构的分布。蚀变矿化带受火山机构中的北向破碎带控制	①1:25万剩余重力异常特征：处于重力低异常区及东北部和西部的梯级带上，可能是中生代密度较低的岩浆活动中心的反映。②1:5万航磁异常特征：主要表现为正负相间南北向带状磁场区，板子房组中性火山岩磁性较高、宁远村组酸性火山岩磁性较低，是成矿有利部位	BHs－27为乙类异常，分布于541高地板子房组安山岩、安山质火山碎屑岩中，绿泥石化、黄铁矿化较强。异常以Au、Ag、As、Hg为主，单元素异常面积大、强度高、套合好、规模大，成矿地质条件有利。经槽探工程对土壤剖面金异常初步查证，发现金矿化点1处，具有较好的成矿的潜力	安山岩、安山质火山碎屑岩中绿泥石化、黄铁矿化较强	工作程度低，具备浅成中低温热液型金矿的成矿条件，应安排适当的勘查工作，查明成矿地质条件和成矿潜力

对宏铁山铁多金属矿点矽卡岩带与成矿二长花岗岩中新发现的强烈钼矿化角砾岩筒,安排适量的勘查工作,大致查明岩筒的资源潜力。

对北部分布于火山岩之上的 YHs-12 异常,应开展探测有效深度达 1000 m 的物探剖面测量工作,寻找火山岩之下铅山组中规模较大的矽卡岩型铁多金属矿。

5)枫桦早侏罗世蚀变岩型金矿找矿远景区(Ⅱ-3):成矿地质条件有利,化探成矿信息显著,金资源潜力较大,应部署适量的勘查工作。

6)早白垩世友谊金矿找矿远景区(Ⅲ-2)与梅山铜钼多金属矿找矿远景区(Ⅲ-1):成矿地质条件有利,化探成矿信息明显,应部署适量的勘查工作。

5.2 找矿靶区预测及验证

5.2.1 找矿靶区划分

据找矿远景区内已知矿床的规模、控矿地质要素的控制研究程度、物化探异常的显著及吻合程度、预测资源潜力大小等条件,划分找矿靶区的类型,提出勘查工作部署建议(表5-3)。

表5-3 翠宏山铁多金属矿田找矿靶区分类准则一览表

分类要素	靶区级别分类准则		
	A 类找矿靶区	B 类找矿靶区	C 类找矿靶区
成矿地质条件	已知矿床的边部及深部、或与已知矿床成矿条件对比,控矿构造、岩浆成矿作用或变质作用、容矿地层等控矿因素基本清楚	已知矿床的周围、或与已知矿床成矿条件对比,控矿构造、岩浆成矿作用或变质作用、容矿地层等控矿因素比较清楚	控矿构造、岩浆成矿作用或变质作用、容矿地层等控矿因素不甚清楚或不清楚
矿床、矿(化)点条件	有已知矿床,具有中型及以上规模的预测资源量	有已知矿点,具有中型及以上规模的预测资源量	有已知矿化点,具有小型及以上规模的预测资源量
蚀变发育程度	反映与成矿有关的蚀变作用强烈、规模较大、分带明显	虽然反映与成矿有关的蚀变作用强烈,但规模较小、分带欠佳	蚀变较弱
物探异常特征	通过与同类型已知矿床的区域地球物理场和局部异常特征对比,提供了较好成矿信息,矿致异常的可能性大	区域地球物理场推断可信,局部异常属于可能的矿致异常,但具有多解性	对地球物理资料推断解释依据不足
化探异常特征	异常的强度和规模大,元素组合特征与已知矿床的异常相似,证明为矿致异常,且异常处于成矿有利部位	异常有一定的强度和规模,元素组合特征与已知矿床的异常有可比性,但规模较小或可认为属于新类型矿床,且异常处于较有利成矿部位	异常与已知矿床难以类比,元素组合单一强,度一般
工作建议	优先部署勘查工作	可部署勘查工作	可安排少量的勘查工作

矿田内,共划分出找矿靶区 16 处,各找矿靶区的名称、位置、地质特征、资源潜力分析等见表5-4,其中 A 类 4 处、B 类 7 处、C 类 5 处。铁多金属矿找矿靶区 10 处,其中 A 类 3 处、B 类 4 处、C 类 3 处;钨钼锡铅锌铜矿找矿靶区 4 处,其中 A 类 1 处、B 类 1 处、C 类 2 处;金矿 B 类找矿靶区 2 处。

通过综合成矿信息类比,对各找矿靶区的资源潜力进行了预测(表5-5)。

依据已知矿体延伸外推预测的资源量相当于 334_1 类型,依据综合成矿信息预测的资源量相当于 334_2 类型。报告中预测的资源量未细分,统称为预测资源量。

预测结果表明,矿田内尚有相当大的资源潜力。其中:

1)铁多金属矿的资源潜力可达 1.5 亿 t,主要分布于翠巍铁多金属矿找矿靶区(B-1)、翠宏山铁多金属矿找矿靶区(A-2)、翠中铁多金属矿找矿靶区(A-1)。

2)钼钨锡矿的资源潜力可达 25 万 t,主要分布于翠中外围锡多金属矿找矿靶区(B-2)、汤北铜钼多金属矿找矿靶区(B-4)、霍吉河钼矿找矿靶区(A-4)、宏铁山钼钨矿找矿靶区(B-5)。

3)金资源潜力可达 10 t,主要分布于枫林北金矿找矿靶区(B-6)、友谊金矿找矿靶区(B-7)。

表 5 – 4　翠宏山铁多金属矿田找矿靶区成矿地质条件及资源潜力分析一览表

远景区名称	靶区名称	成矿地质条件	蚀变矿化特征	物探异常特征	化探异常特征	预测目标及下步工作建议
翠北 – 翠中多金属复合卡旋回成矿斑岩型铁多金属矿找矿远景区（Ⅰ－1）	翠中铁多金属矿找矿靶区（A－1）面积1.95 km²	已发现翠中大型铁多金属矿床，控矿因素基本清楚。①处于翠北－翠中北西向复式褶断侵入接触构造带中的向形隐蔽层构造带部位，花岗岩浆侵入－热液活动强烈。②顶部寒武世粗粒黑云闪长岩／花岗闪长岩＋细中粒花岗岩＋细中粒粗粒碱长花岗岩组合，晚三叠世中粗粒花岗闪长岩＋二长花岗岩＋细粒碱长花岗岩＋花岗斑岩组合的复式岩体发育。④纵向和横向断裂带、层间剥离离砂卡岩带、廖棱岩带及节理裂隙带等成矿结构面发育	翠中矿床的向形砂卡岩带规模大，成矿围与斑岩型钨钼矿化有关的钾化、萤石化、绿泥石化等蚀变。矿化蚀变具有多旋回、多期叠加成矿的特征。化之分带明显。上部侵入接触带花岗岩中为钨钼矿化，侵入接触砂卡岩带为铁多金属矿，下部的层间砂卡岩带中为铅锌铜矿化。①寒武世砂卡岩成矿期蚀变矿化：A. 侵入接触带矿化。②处于翠北中北西向复式褶断侵入接触构造带中的向形隐蔽层，花岗岩浆侵入－热液活动强烈。③顶部寒武世粗粒黑云闪长岩／花岗闪长岩＋细中粒花岗岩＋细中粒粗粒碱长花岗岩组合的边缘。B. 层间向形砂卡岩带：主要分布于211－223走向线间，呈厚大透镜体状，产状与向东北翼一致。走向长约500 m，横向最大延览约1000 m，219线最大厚度大于400 m，是铅锌矿体的主要成矿部位；C. 岩体、早期砂卡岩及围岩交代热液变化变明显，由内及外划分为钨锡钼－萤石绿帘石闪长岩化带，铅锌铜－磁铁矿－阳起石绿泥石化化带、滋铁矿－蛇纹石阳起石化带、铅纹石化带、铅钉铜－阳起石叠加热液蚀变砂卡岩化带。②晚三叠世斑岩型砂卡岩成矿期蚀变：一是斑岩本身发育的斑岩型蚀变－韧性变形变带中，就合矿体变带中，就合矿体变带中：铁多金属矿点。③砂卡岩型矿化。铅锌铜矿物为石英浸染状、团块浸染状、角砾状，团块状、团块状构造；铅锌铜砂卡岩成矿结构：铅钉铜为细脉、主要金属矿物：磁铁矿、锡铜矿、方铅矿、闪锌矿，他形－自形晶粒状，叶片状结构；主要金属矿物：方铅矿、黄铜矿、石榴石、金云母、绿帘石。④斑岩型铅铜矿化，浸染状－团块浸染状，团块状构造，他形－自形晶粒状；主要金属矿物：钨锡铜矿、萤石、石英、绿帘石、绿泥石、斜长石	①位于1:25万南北向带状剩余重力异常的梯级带上。1:1万重力剖面测量圈有三个重力高异常带 G1、G2、G3。G1 异常近东西向，长400 m，宽200 m，由翠中矿床西翼引起；G2 异常轴向北西，长420 m，宽150 m，由翠中矿床南部矿体引起；G3 异常由翠宏山矿床Ⅴ号矿体南延部分引起。②处于1:5万航磁M71′异常区内，异常由翠中大型铁多金属矿床引起。1:1万磁法测量圈定一处高磁异常带 C－09，处于负磁场为有景磁场中，长1.5 km，宽1 km，面积约1.1 km²，强度500～1000 nT，极值为3193.31 nT，由深部600～1350 m间的铁多金属矿体引起。③1:1万控源音频大地电磁测深:203－223线分为高阻600 m以浅以低阻为主，局部穿插中高阻，低阻具有整体向北倾斜的特点，600～950 m间，以中阻为主，局部为高阻;950～1600 m间，由低阻和梯级带构成。低阻异常带主要由含水破碎带及低阻铅锌铜矿化引起	处于 YHs－5 异常中，异常南部浓集中心，是翠中大型铁多金属矿、库南小型铅锌矿的反映。Pb、Zn成矿规模为中型，W、Mo 成矿规模为大中型，以往未开展过大比例尺土壤测量工作	①209线铁多金属矿体厚大部位仅1个钻孔控制，预测的梯级带可通过勘探工作可增加铁多金属矿石量500万 t。②215线1570 m以下砂卡岩带未控制，预测可增加铁多金属矿石量500万 t。③在开展прос工作时进行钻探工程控制。

245

续表5-4

远景区名称	靶区名称	成矿地质条件	蚀变矿化特征	物探异常特征	化探异常特征	预测目标及下步工作建议
	翠宏山铁多金属矿找矿靶区（A-2）；面积2.88 km²	已发现翠宏山大型铁多金属矿床，控矿因素基本清楚。①处于隐伏基底的边缘。②处于翠北-翠中北西向复式褶皱侵入接触构造带中的背形接触接触带部位。③成矿花岗岩组合与翠中铁多金属矿床的基本特征相同。④纵向和横向剥离断裂背斜核部滑脱砂卡岩带，矿层间剥离裂隙带及节理裂隙带等成矿结构面发育	矿化蚀变特征与翠中铁多金属矿床的基本相同。矿化分带明显，西部接触带花岗岩内带为钨钼矿化，中部接触带砂卡岩带为铁多金属矿化，东部的层间砂卡岩带中为铅锌铜矿化。①顶寒武世砂卡岩成矿期蚀变矿化：A.侵入接触砂卡岩带：74-15线间连续分布，延长约4500 m，走向北北西，倾向南西，一囊状产出，横向最大透镜状厚度可达1000 m，最大厚度约300 m；北部74-60线间，呈尾态复状-囊状的背形完整的背斜处复状宽约1000 m，南部50-15线间，陡倾至近直立，最大水平厚度约100 m；赋存的脉状矿体产出，赋存的主体（Ⅰ+Ⅱ）号铁多金属钼矿体；B.层间砂卡岩带：分布于56-46线间，呈脉状产出，走向北北西，向北北东陡倾，规模均较小，主要赋存铁锌锡矿，早期砂卡岩及围岩受热液交代蚀变明显，由内及外可划分为钨锡矿铜-蛇纹石化带，磁铁矿；C.岩体，早期石绿石阳起石化带-阳起石绿泥石化带-蛇纹石化带。②晚三叠世热液-斑岩叠加期蚀变矿化；③矿石量加围岩蚀变矿化特征：与上述翠中铁多金属矿床的基本相同	①位于1:25万南北向带状调余重力异常的梯级带上。②处于1:5万航磁M71异常带区内，异常由翠宏山大型铁多金属矿床引起。1:1万磁法测量圈定处高磁异常带C-08，处于翠谷磁场为背景约1.0 km²，长2.4 km，宽0.6 km，面积约处磁场中，强度500~2000 nT，极值为5346.02 nT；由三个异常中心组成，异常曲线呈锯齿状变化，梯度变化大，近北北西向展布，北部伴生负磁场，是翠宏山铁多金属矿床引起	处于YHs-5异常东部浓集中心，是翠宏山大型铁多金属矿床的反映。Pb、Zn成矿规模为中型，W、Mo成矿规模为大型，Sn共伴生于钨钼矿体中	①预测Ⅰ+Ⅱ号矿体在42-30线间可增加铁多金属矿石量1500万t。②翠中207线铁多金属矿体向北东延入本区的部分尚未控制，预测铁多金属矿石量500万t。③东部伊春河向形褶皱侵入接触河向形断裂带预测铁多金属矿石量500万t。④优先开展勘查工作
	库南铁多金属矿找矿靶区（A-3）；面积0.32 km²	已发现库南小型铅锌矿床，控矿因素基本清楚。①处于隐伏基底-翠中北西向复式褶皱侵入接触构造带的西翼。③中-顶寒武世岩组合与翠中花岗岩组合的基本相同。④金属矿床的层间剥离砂卡岩带，节理裂隙带等成矿结构面发育	蚀变以层间砂卡岩为主，接触带砂卡岩、透闪带砂卡岩规模较小。①主要蚀变岩石类型有石榴石砂卡岩、铅锌铜矿化的透闪石化，萤石化，与含石的透辉石化有关。A.接触带砂卡岩，分布于215-225线间，控制长约500 m，宽10余米，走向北北西，向南南西倾，赋存Ⅷ号铅锌矿体。B.层间砂卡岩主要铅锌铜矿化，阳起石化，绿帘石化约500~600 m，走向10余米，走向北北西，向北东陡倾，赋存Ⅸ、Ⅷ号铅锌铜矿体。②石特征：主要为块状、稠密浸染状构造，稀疏浸染状，矿物粒度较大，以自形-半自形中细粒结构，矿石结晶粒较好，次为自形-半自形粗粒结构；主要金属矿物有方铅矿、辉银矿、黄铜矿、磁铁矿、少量磁铁矿和锡矿石；主要非金属绢云母为透辉石、石英，少量萤石、绿泥石，方解石，钴铅	①位于1:25万南北向带状调余重力异常的梯级带上。处于1:1万重力高异常G1、G2向本区的延伸部位。②处于1:1万磁M71异常区内，处于1:5万航磁M71异常区内1:5万航磁异常C-09向南南延伸	处于YHs-5异常集中心的南部	翠中207线铁多金属矿向南西延入本区的部分尚未控制，预测铁多金属矿石量500万t，优先开展勘查工作

续表 5－4

远景区名称	靶区名称	成矿地质条件	蚀变矿化特征	物探异常特征	化探异常特征	预测目标及下步工作建议
	翠中铁多金属矿外围锡多金属找矿靶区（B－2）；面积20.70 km²	已发现翠北铁多金属矿点，控矿因素比较清楚。①处于隐伏基底的边缘。②处于翠北－翠中北西向复背式褶断侵入花岗岩带的北段及翠宏山向形构造带内。③成矿花岗岩组合特征与翠宏山大型矿床的相同。④纵向和横向断裂带、背斜核部滑脱砂卡岩带,层间剥离砂卡岩带,糜棱岩带及节理裂隙带等构成矿的结构构面发育	①翠北铁多金属矿点蚀变矿化由两条南北向脉状砂卡岩化带组成。西部Ⅰ号带位于花岗斑岩（$\gamma\pi T_3$）中,长约450 m,宽几米至百余米,向西陡倾,赋存Ⅰ、Ⅰ－1号铁矿体,深部被正长花岗岩（$\xi\gamma J_1$）侵蚀破坏。东部Ⅱ号带位于花岗斑岩（$\gamma\pi T_3$）上盘碱长花岗岩（$\chi\rho\gamma\in_4$）中,长北200 m,宽几米至几十米,向西陡倾,赋存Ⅱ号铁矿体。②翠宏山矽卡岩矿化阶段：早矽卡岩为主要为透辉石矽卡岩,金霞石矽卡岩,晚矽卡岩石榴石矽卡岩、金云母矽卡岩主要为阳起石矽卡岩,并被磁铁矿交代形成富矿;热液蚀变矿化阶段:阳起石、绿帘石、透闪石、萤石化、绿泥石化、硅化等,呈细脉状穿插于磁铁矿中。该阶段常形成较强的网状或网脉状辉铜矿化或网脉状黄铜矿化,少量的黄铜矿化。矿矿石特征:磁铁矿矿石主要为块状、条带状构造,自形－他形晶粒状结构;钼矿石主要为团块状、细脉状、浸染状,呈板状、叶片状结构;主要金属矿物有磁铁矿、赤铁矿、辉钼矿、黄铜矿、黄铁矿等;非金属矿物主要为阳起石、透闪石、金云母、石榴石、透闪石、硅镁石、绿泥石等。②翠中北部花岗斑岩（$\gamma\pi T_3$）发育地段:钾化、硅化、绿泥石发育	①位于1:25万南北向带状剩余重力异常的梯级带上。②北部1:1万磁法测量圈出两处磁异常C－06和C－07。C－06异常处于低磁平稳磁正场为背景场的磁场中,呈单峰异常,呈椭圆状景场分布,异常左侧伴生负磁场0.06 km²,极大值为2220.85 nT是翠北铁矿点引起。C－07异常处于负磁场为背景的磁场中,呈单峰异常,椭圆状分布,面积约0.05 km²,磁异常较大值为1455.49 nT,是翠宏山Ⅰ号磁铁矿体北延部分引起	①北部YHs－3异常之东部Pb、Zn异常中心是翠北铁矿点引起,异常中西部锡钨异常中心尚未开展工作。②南部YHs－5之西部锡钨异常中心也未开展工作	①翠北铁矿点周围为钼成矿有利部位。②YHs－3、5异常的西部是锡钨成矿有利部位。③优先开展勘查工作

续表 5-4

远景区名称	靶区名称	成矿地质条件	蚀变矿化特征	物探异常特征	化探异常特征	预测目标及下步工作建议
霍吉河－红旗山晚三叠世－早侏罗世斑岩型钼（铜）矿远景区（Ⅰ－2）	霍吉河钼矿找矿靶区（A－Ⅰ区）；面积7.70 km²	已发现霍吉河大型钼矿床，控矿因素基本清楚。①处于红旗山北北西向复式褶断断裂带与武都断隆二浪河边缘隆起叠加部位的早侏罗世火山机构中。②早侏罗世喷发的火山岩、斑岩－中粗粒－细粒－斑状花岗闪长岩＋中细粒－似斑状二长花岗岩＋花岗细晶岩＋花岗斑岩组合的式岩体脉动侵入。③热液活动频繁强烈。处于火山构造环岩筒周围、褶断带纵向和横向断裂带交会部位	①钾化与黄铁绢英岩化带：大致以环状断裂的外界为界，内环为强钾化和黄铁绢英岩化带，自隐爆角砾岩筒边缘向外大致呈环带状分布，带宽500～700 m，是主要钼矿体的赋存空间；外环为较弱的钾化和黄铁绢英岩化带，自内环边缘向外至二浪河组（J_1er）火山岩、碱长花岗岩（$\chi\rho\gamma T_3$），宽400～500 m。A.钾长石化和黑云母化－硅化＋弱辉钼矿化带：石英脉规模较大，温度较高，辉钼矿化较弱。B.黄铁绢英岩化－硅化＋强辉钼矿化带：主要围绕成矿流体活动中心隐爆角砾岩筒附近，在岩筒倾部位分布，受环状及北北西向等断层带的控制，蚀变显著增强，深度大于700 m，往往形成规模较高的钼矿体。②泥化带：主要受环状及北北西向等断层带控制，是成矿的晚期含大量天水的低温成矿流体在断层带内及两侧的产物，一般呈带状分布；主要矿物组合为高岭石、迪开石、水白云母、蒙脱石等。③青盘岩化带：仅在断层带两侧可见厚度有限的绿泥石化和绿帘石化；其他蚀变有绿泥石化、碳酸盐化等。④钼矿石特征：主要为细脉状、细脉浸染状、浸染状，团块状、角砾状构造较少，其次为片状；以自形－半自形晶结构为主，他形－半自形晶结构，包含及交代结构，形粒状结构为主，其次为嵌晶、针状，还有少量的黑金属矿物有辉钼矿、磁铁矿、闪锌矿、方铅矿为主，还有少量的黑钨矿、黄铜矿、磁铁矿等，偶见自然金、锡石；非金属矿物有斜长石、钾长石、石英、黑云母、绿帘石、少量的金红石、磷灰石、锆石、微量的石膏、独居石、方解石、褐石等	①处于1:25万区域剩余重力低异常区，1:5万航磁异常的正负磁场衔接部位。②1:1万激电中梯异常：视极化率呈环状带分布，中带视极化率为2.33%～3.31%，视电阻率为400～1000 Ω·M与矿体对应	①1:5万水系沉积物组合异常由Mo、Ag、As、Sb、Bi、Cu、Pb、Zn异常组成，Mo异常面积大、强度高，具内带。②1:2万土壤组合异常主要由钼及Cu、Sb异常组成，异常面积大强度高，具内带	①隐爆角砾岩筒东部附近的钼矿体厚度大、品位高，控制程度低，具有较大的潜力。②优先开展勘查工作

续表 5-4

远景区名称	靶区名称	成矿地质条件	蚀变矿化特征	物探异常特征	化探异常特征	预测目标及下步工作建议
	红旗山金多金属外围多金属锡金找矿靶区（B-3）；面积6.85 km²	已发现红旗山小型铁多金属矿床，矿床外围控矿因素比较清楚。①位于隐伏状基底分布边缘。②处于红旗山北北西向复式褶断侵入接触构造带南段。③晚三叠世中粗粒花岗闪长岩+二长花岗岩+细粒碱长花岗岩组合的复式岩体复式岩基。④受纵向和横向断裂带、层间裂隙构造控制的矽卡岩带、剥离构造滑脱带控制的矽卡岩带、糜棱岩带及节理裂隙带为容矿构造	①矽卡岩铁锡矿矿化：早矽卡岩、金云母矽卡岩、晚矽卡岩等为透辉石矽卡岩，石榴石矽卡岩，透闪石绿泥石矽卡岩，产生磁铁矿、锡石矿化。热液蚀变矿化：绢英岩化，硅化，蛇纹石化。②石榴石矽卡岩、云英岩蚀变矿化带发现3条矽卡岩蚀变矿化带。A. Ⅰ、Ⅱ号带分布于西部西的北矽卡岩带，呈状或透镜状，北段走化较大，长600余米，倾角40~65°；Ⅰ号带走向北北东，中段和南段走向北北东，Ⅲ号带分布于西部倒转向斜南段核部，呈脉状或透镜状等的铁钨锡矿矿体。B. 2条绢英岩+云英岩蚀变矿化带分布于东部背斜的南段砂岩中，呈似层状或脉状，南北长300~500 m，东西宽10~50 m，主要与花岗斑岩的侵入活动有关。锡矿化。③矿石特征：矿石以浸染状构造为主、块状构造、网脉状构造、半自形-他形状结构为主，次为交代残余结构、骸晶结构；磁铁矿和铁锡矿等的金属矿物有磁铁矿、锡石、毒砂、磁黄铁矿、黄铜矿、硼镁铁矿、闪锌矿等，非金属矿物有磁石、滑石、透闪石，绿泥石、硅化石、毒砂等，金属矿物及微量的金属矿物有锡石、毒砂、斜锌矿	①处于1:25万区域重力高异常梯级带部位。②处于1:5万航磁异常M73-102异常内。1:1万磁异常有7处 M1-M7。M1长550 m，宽150 m，近南北分布，极大值5912 nT，由磁铁矿体引起；M2长300 m，宽50 m，呈狭长线状展布，走向北北东，异常极大值1800 nT，由花岗正长斑岩引起；M3呈不规则，强度220 nT，推断由斜南段长轴约1000 m，东西宽约300 m；均形成规模不等的铁钨锡矿矿体。B. 2条绢英岩+云英岩蚀变矿化带分布于东部背斜的南段砂岩中，呈似层状或脉状，南北长300~500 m，由磁铁矿体引起12855 nT，由磁铁矿体引起；M5长500 m，宽300 m，呈椭圆状分布，极大值10470 nT，由侵入岩体引起；M6强度700 nT，由侵入岩引起；M7长2000 m，宽500 m，呈长条状展布，极大值1200 nT，由斜长花岗岩引起。③1:1万激电中梯异常6处 d1-d6。d5长500 m，宽300 m，呈长条状，长150~200 m，宽150~200 m，强度3.2%~12.7%	③YHs-7由Ag，Bi，Pb，Zn，Sn异常组成，浓集中心明显，由Ⅰ、Ⅱ号铁锌矿带引起。④YHs-9由Au，Ag，As，Bi，Pb，Zn，Sn异常组成，强度较高，浓集中心明显，由Ⅲ号铁锌锡矿带引起	①Ⅰ、Ⅱ号矿带深部未控制，Ⅲ号矿带东部的两条绢英岩化带未控制，具有一定的资源潜力。②优先开展检查工作
	汤北铜钼金多金属找矿靶区（B-4）；面积6.71 km²	已发现汤北铜钼矿化点，控矿因素比较清楚。①处于红旗山二浪河期南北向火山喷发带西部边缘。②隆起带早侏罗世二长-碱长花岗岩复式岩体中。③北北西向压扭性破碎带发育	黄铁绢英岩化带受北北西向压扭性破碎带控制。槽探查证土壤异常发现钼矿化体1条，主要金属矿物为辉钼矿、黄铁矿	①处于1:25万剩余重力低异常区。②1:5万航磁异常呈南北向正磁异常构成，南部由多条南北向中酸性岩脉构成，南部M73-104由中中性-中酸性岩脉引起	1:2万矿致异常Ht-15 南北长3 km，东西宽2 km，Mo，Cu异常套合好，浓集中心明显，具内带	预测具有大型斑岩（铜）矿的资源潜力，可安排勘查工作

续表 5 - 4

远景区名称	靶区名称	成矿地质条件	蚀变矿化特征	物探异常特征	化探异常特征	预测目标及下步工作建议
西马鲁河复多旋回成矿卡岩-斑岩型铁多金属矿找矿远景区（Ⅱ-1）	翠巍铁多金属矿找矿靶区（B-1）；面积5.37 km²	已发现翠巍（M7）钼多金属矿点,控矿因素较清楚。①位于隐伏基底分布区。②处于北东向西马鲁河复式褶断带入接触带的西南段。③顶寒武世晚三叠世酸性花岗岩,晚三叠世碎裂碱长花岗岩+花岗斑岩复云母长英岩体侵入活动频繁强烈,北东向纵向和横向断裂发育④纵向张扭性破碎带发育	翠巍钼铅锌矿点（M7）:碎裂碱长花岗岩发育磁铁矿化,英云闪长斑岩（δoπT₃）中含黄铁矿化和辉钼矿化,2%~3%的闪锌矿化,3%的黄铁矿化。花岗斑岩（γπT₃）中见强烈的黄铁矿矿化。碳酸盐化,黄铁矿化普遍强烈1%~2%的磁铁矿化,2%~3%的黄铜矿化,绢云母化	重磁异常吻合好,其特征与翠中大型铁多金属矿床的相同。①在1:25万剩余重力高异常区内,1:1万重力测量圈出4处重力高中心（G1-G4）,2处重力高异常区（G5-G6）。G1 轴向北东,长500 m,宽350 m,面积约0.175 km²,C2轴向近东西,长300 m,宽100 m,面积0.03 km²,G3轴向北东,G4轴向东西,长400 m,宽150 m,推断由砂卡岩型铁多金属或中基性岩脉引起;G5 和 G6与C12磁异常吻合,走向北东,异常强度弱,推断为砂卡岩型铁多金属矿或中基性岩脉引起。②在1:5万磁测量常M7内,1:1万磁法测量圈出2处正磁异常区。C12 走向北东,长1.2 km,宽0.7 km,强度500~2000 nT,极值4594.51 nT,异常由多个高中心组成,C-13 走向北东,长1.2 km,宽0.6 km,强度500~1400 nT,极值3413.72 nT,异常由多个高值中心组成,推断磁异常由砂卡岩型铁多金属矿引起。③C12,C-13之上可控源音频大地电磁测深视电阻率异常主要位于1000 m以浅地段,从上到下分为低阻1.5~316 Ω·m,中阻316-1259 Ω·m,高阻大于1259 Ω·m三类异常。其中,C13 之上北部与南部的视电阻率异常结构相差较大,推断北部铁多金属矿的类似,与翠中铁多金属异常和稀级物富集或能是金属硫显异常或破碎带引起		①成矿地质条件,控矿要素,重磁异常特征,与翠中大型铁多金属矿床类似,预测铁多金属矿石量1亿 t。②优先部署勘查工作,为伊春西林钢铁基地提供有效的后备资源

250

续表 5－4

远景区名称	靶区名称	成矿地质条件	蚀变矿化特征	物探异常特征	化探异常特征	预测目标及下步工作建议
	反帝反修山铁多金属找矿靶区（C-1）；面积5.14 km²	已发现反帝反修山（M7北）铁多金属矿点,控矿因素较清楚。①位于隐伏基底分布区的边缘。②处于北北东向与马鲁河复式褶皱侵入接触构造带中段。③顶寒武世、晚三叠世碎裂碱长花岗岩,花岗斑岩。④纵向和横向断裂带,北北东向张扭性破碎带发育	碱长花岗岩和花岗斑岩侵入铅山组（$\in_1 q$）白云质结晶灰岩形成的矽卡岩带,受北东东向张扭性破碎带控制,其内圈出的2条脉状磁铁矿体,广状为333°∠64°。I号矿体产于碱长花岗岩与灰岩入接触带内,长300 m,水平厚6 m,全铁品位25.89%。II号矿体产于碱长花岗岩与灰岩入接触带内,长100 m,水平厚1.5 m,全铁品位20.77%。蚀变为矽卡岩化,透闪石,蛇纹石化	①处于1:25万剩余重力异常高梯级带部位。②任1:5万航磁异常M7北内,1:1万磁法测量圈出3处正磁异常。甲异常长约200 m,宽20~40 m,异常值1000~2000 nT,为蛇纹石金云母矽卡岩引起;乙异常宽度小,峰值高,是磁铁矿引起;丙异常长50 m,宽30 m,异常值达1000 nT,推断由深部磁铁矿引起	SHs－18 由反帝反修山铁矿点（M7北）引起	预测资源量有限,可适当安排找钼矿的勘查工作
	检查站铁多金属找矿靶区（C-2）；面积0.17 km²	处于河合中,控矿因素不清楚。①位于隐伏基底分布区的边缘。②处于北北东向马鲁河复式褶断侵入接触构造带北段		①处于1:25万剩余重力异常高梯级带部位。②处于1:5万航磁正负磁场的梯级带部位。1:1万磁法测量圈出一孤立的单峰正异常,呈椭圆圈状分布,曲线圆滑规则,磁异常强度在500~1000 nT之间变化,南部伴有负磁异常,面积约0.1 km²,极大值为1807.25 nT,推断由含磁性矿化体引起		预测资源量有限,可适当安排找钼矿的勘查工作

续表 5-4

远景区名称	靶区名称	成矿地质条件	蚀变矿化特征	物探异常特征	化探异常特征	预测目标及下步工作建议
对宏山-库滨铁多金属成矿远景区（Ⅱ-2）	宏铁山（M8）铁多金属钼矿找矿靶区（B-5）；面积1.06 km²	已发现宏铁山（M8）铁多金属钼矿点，控矿因素较清楚。①位于隐伏基底分布区的边缘。②处于北北东向对宏山-库滨复式褶断侵入接触构造带南段背斜构造中。③晚三叠世英云闪长岩+花岗闪长岩+二长花岗岩+碱长花岗岩组合的复式岩组侵入活动频繁强烈。④纵向和横向断裂带发育，层间剥离砂卡岩发育	①复式花岗岩岩体侵入土门岭组（P₂t），在硅钙界面形成6条北北西-近南北向脉状砂卡岩矿化带，受压扭性断层控制，北端被二浪河组（J₁σ）火山岩覆盖，其中发育钼矿化隐爆角砾岩筒；主要蚀变为砂卡岩化、硅化、蛇纹石化、绢云母化、绿泥石化、硅化、黄铁矿化等。东部砂卡岩带赋存Ⅰ、Ⅱ号矿体，走向连续性较好，总体长约2400 m，宽几米至百余米；西部砂卡岩带赋存Ⅲ号矿体，宽几米至十几米。②矿体呈脉状或透镜状产出，走向北西330°至近南北，走向上具有分枝复合、尖灭再现的特征，走向北西330°~47.62%，钼品位0.023%~0.205%。Ⅰ号铁钼矿体水平均厚5.15 m，倾向延伸大于50 m，深部为磁铁矿东倾，倾角32°~81°，全铁品位32.36%~47.62%，钼品位0.023%~0.205%，倾向330°，倾向北东东，倾角45°~60°，矿体个别地段含硼镁铁矿，深部为硼镁铁矿，走向330°，硼品位0.02%~1.83%，铜品位0.1%。③矿石特征：磁铁矿、他形粒状结构，交代残余结构；辉钼矿呈浸染状、条带状以及条带状构造，半自形浸染状，黄铜矿、硼镁铁矿、闪锌片状结构；金属矿物有磁铁矿、黄铜矿、方铅矿、辉钼矿，非金属矿物为硅镁石、透辉石、石榴石、绿帘石、绿泥石、石英方解石	①处于1:25万剩余重力异常高梯级带部位。②处于1:5万航磁异常M8内	YHs-21东北部异常中心由Au、Ag、As、Cu、Pb、Zn、Mo、W、Sn异常组成，极大值（×10⁻⁶）：Ag 1.3，As 117，Zn 306，Pb 80，Cu 49.5，W 23.7，Sn 17	在砂卡岩带及成矿二长花岗岩中发现强烈钼矿化，预测二长花岗岩角砾岩筒，有较大的斑岩型钼矿找矿潜力，应部署勘查找矿工作
	M73-98铁多金属矿找矿靶区（C-3）；面积6.79 km²	控矿因素不清楚。①位于隐伏基底分布区的边缘。②处于北北东向对宏山-库滨复式褶断侵入接触构造带北段铅山组和二浪河组火山岩中。③晚三叠世英云闪长岩+二长花岗岩+花岗斑岩复式岩体发育。④纵向和横向断裂带发育		①处于1:25万剩余重力异常高梯级带部位。②1:5万航磁异常M73-98走向北东，长1 km，宽0.7 km，呈椭圆圆状，曲线圆滑规则，强度200 nT，可能为火山岩之下砂卡岩型铁多金属矿引起	二浪河组火山岩之上的YHs-21号M73-98 12号与M73-98对应，推测由火山岩之下的砂卡岩型铁多金属矿引起	①预测火山岩组之下铅山组中可能存在规模较大的砂卡岩型铁多金属矿。②应安排适当的勘查找矿工作

续表 5-4

远景区名称	靶区名称	成矿地质条件	蚀变矿化特征	物探异常特征	化探异常特征	预测目标及下步工作建议
枫桦金矿找矿远景区（Ⅱ-3）	枫桦北金矿找矿靶区（B-6）；面积14.62 km²	控矿因素比较清楚。①位于隐伏基底分布区。②位于枫桦北486高地北西向糜棱岩带与早侏罗世504高地北西向糜棱岩带期火山喷发带西南隆起区复合部位	枫桦北486高地北西向糜棱岩带分布于早-中奥陶世片麻状二长花岗岩和晚三叠世二长糜棱岩中,动力变形变质程度较高,规模较大;糜棱岩带长约11 km,宽大于0.8 km,由外及内分布有硅化的花岗质碎裂岩-超糜棱岩,糜棱面理产状220°∠60°,叠加脆性挤压变形,被北东向断裂错断。金矿化与二浪河浪活期火山热液活动有关。槽探工程查证土壤面金异常时,发现含石英脉转石。石英脉为灰白色糖粒状集合体,局部见褐铁矿化,晶洞内见晶洞构造,晶洞内见褐铁矿化,晶洞内见金。拣块样Au品位9.89 g/t	①处于1:25万剩余重力高异常区的中部。②处于1:5万航磁平缓的负磁异常区	SHs-02为矿致异常。Au-02面积4.76 km²,均值284×10⁻⁹,极值720×10⁻⁹	①成矿条件有利,已发现金矿石,工作程度低,金资源潜力较大。②部署勘查工作
早白垩世梅山铜钼多金属矿找矿远景区（Ⅲ-1）	梅山铜钼多金属矿找矿靶区（C-4）；面积1.06 km²	控矿因素不清楚。①上叠早白垩世梅山火山喷发带基底为晚三叠-早侏罗世二长-正长花岗岩。②板子房组及宁远村组中的北北西向与北北东向断裂交会处火山机构发育		①处于1:25万剩余重力低异常区梯级带上。②处于1:5万强烈的跳跃性正磁场区	分布JHS-10、11,2三处乙类异常。推测JHS-10、11异常由由斑岩型Mo、Cu矿化引起	工作程度低,具备斑岩型铜钼矿的成矿条件,应安排适当的勘查工作,查明成矿地质条件和成矿潜力

续表 5 - 4

远景区名称	靶区名称	成矿地质条件	蚀变矿化特征	物探异常特征	化探异常特征	预测目标及下步工作建议
	580 高地铅锌多金属找矿靶区（C - 5）；面积27.81 km²	控矿因素不清楚。①上叠早白垩世梅山火山喷发带基底为晚三叠－早侏罗世二长－正长花岗岩。②板子房组及宁远村组中的北西向与北东向断裂交会处火山机构发育		①处于 1：25 万剩余重力异常区梯级带上。②处于 1：5 万强烈的跳跃性正磁场区	分布 JHs - 12、18、19、20 四处丙类异常，推测由中热液型铅锌矿化引起	工作程度低，具备热液型铅锌矿的成矿条件，应安排适当的勘查工作，查明成矿地质条件和成矿潜力
早白垩世友谊金矿找矿远景区（Ⅲ - 2）	友谊金矿找矿靶区（B - 7）；面积13.64 km²	控矿因素比较清楚。①位于早白垩世友谊火山机构南部火山机构中，基底为早中奥陶世二长花岗岩、晚三叠－早侏罗世二长－正长花岗岩，早侏罗世二浪河组火山岩。②板子房组及宁远村组的南北向与北东向、北西向断裂交会部位火山机构发育	蚀变矿化带受火山机构中的北西向破碎带控制。主要岩石为玄武安山岩、安山岩、安山质角砾岩、安山质凝灰岩中，北东向线性及环状断裂发育，安山质岩屑晶屑凝灰岩中黄铁矿化和绿泥石化、硅化强烈，经槽探工程查证，发现金矿化 1 处，品位 0.38 × 10⁻⁶	①处于 1：25 万剩余重力异常低异常区。②处于 1：5 万南北向带状航磁异常正负相间磁场区	BHs - 27 为金矿化引起的异常，异常以 Au、Ag、As、Hg 为主，金异常面积大，强度高，套合好，规模大	工作程度低，具备浅成中低温热液型金矿的成矿条件，金资源潜力较大，应安排勘查工作

表 5-5　翠宏山铁多金属矿田找矿靶区成矿地质条件及资源潜力分析一览表

找矿远景区名称	找矿靶区名称	预测目标位置	预测资源量
翠北－翠中铁多金属找矿远景区（Ⅰ-1）	翠中铁多金属找矿靶区（A-1）	209线Ⅳ号矿体厚大部位可增加铁多金属矿石量500万t；215线1570 m以下矽卡岩带可增加铁多金属矿石500万t，铅锌10万t	铁多金属矿石1000万t，铅锌10万t
	翠宏山铁多金属找矿靶区（A-2）	Ⅰ号矿体在42-30线0～-200 m标高区间可增加铁多金属矿石1500万t；翠中207线Ⅳ号矿体向北东延入部分可增加铁多金属矿石500万t；东部库尔滨河向形褶断侵入接触构造带预测铁多金属矿石500万t	铁多金属矿石2500万t
	库南铁多金属矿找矿靶区（A-3）	翠中207线Ⅳ号矿体向南西延伸部分可增加铁多金属矿石500万t	铁多金属矿石500万t
	翠中外围锡多金属找矿靶区（B-2）	翠北铁矿点周围为钼成矿有利部位，预测钼2万t；YHs-3、YHs-5异常西部是锡钨成矿有利部位，预测锡钨5万t	钼2万t，锡钨5万t
	合计		铁多金属矿石4000万t，铅锌10万t；钼2万t；锡钨5万t。
高峰钼（铜）找矿远景区（Ⅰ-2）	霍吉河钼找矿靶区（A-4）	隐爆角砾岩筒东侧5万t	钼5万t
	红旗山外围锡多金属找矿靶区（B-3）	Ⅰ、Ⅱ号矿带深部，Ⅲ号矿带东部两条绢英岩化带未控制	锡1万t
	汤北铜钼多金属找矿靶区（B-4）	预测具有大型斑岩钼（铜）矿的资源潜力	钼10万t
	合计		钼15万t，锡1万t
西马鲁河铁多金属找矿远景区（Ⅱ-1）	翠巍铁多金属找矿靶区（B-1）	成矿地质条件和物探异常显著程度与翠中、翠宏山相似	铁多金属矿石1亿t
	反帝反修山铁多金属找矿靶区（C-1）	资源潜力较小	
	检查站铁多金属找矿靶区（C-1）	资源潜力较小	
	合计		铁多金属矿石1亿t
对宏山－库滨铁多金属成矿远景区（Ⅱ-2）	宏铁山钼钨找矿靶区（B-5）	矽卡岩带及二长花岗岩中发现强烈钼矿化角砾岩筒，钼资源潜力较大	钼2万t
	M73-98铁多金属找矿靶区（C-1）	火山岩之下铅山组中可能存在规模较大的矽卡岩型铁多金属矿	铁多金属矿石1000万t
	合计		铁多金属矿石1000万t；钼2万t
枫桦金找矿远景区（Ⅱ-3）	枫桦北金找矿靶区（B-6）	成矿条件有利，已发现金矿石转石，工作程度低，金资源潜力较大	金5 t

找矿远景区名称	找矿靶区名称	预测目标位置	预测资源量
梅山铜钼多金属找矿远景区（Ⅲ-1）	梅山铜钼多金属找矿靶区（C-4）	工作程度低,具备斑岩型铜钼矿的成矿条件,具有中型钼矿的资源潜力	
	580高地铅锌多金属找矿靶区（C-4）	工作程度低,具备热液型铅锌矿的成矿条件	
友谊金找矿远景区（Ⅲ-2）	友谊金找矿靶区（B-7）	工作程度低,具备浅成中低温热液型金矿的成矿条件,金资源潜力较大	金5 t
总计			铁多金属矿石1.5亿t,铅锌10万t,钼19万t,锡钨6万t,金10 t

5.2.2 重要找矿靶区资源潜力分析及验证

重点对翠中（A-1）、翠宏山（A-2）、翠巍（B-1）3处资源潜力较大的铁多金属找矿靶区进行资源潜力分析,所必需的大比例尺物探异常特征如下所述。

5.2.2.1 翠中、翠宏山铁多金属找矿靶区资源潜力分析及验证成果

对2010—2017年取得的翠宏山（M71）、翠中（M71′）1:1万重磁等数据成果进行了化极、正演与反演处理,预测圈定了找矿有利部位,并对215线预测的成矿地质体进行了钻探验证。

1）岩矿石物性特征。

翠中、翠宏山铁多金属矿床岩矿石磁性统计结果（表5-6、表5-7）表明,磁铁矿磁性最强,含矿矽卡岩次之,成矿岩体为弱磁性。因此,磁异常主要为磁铁矿、含矿矽卡岩及有磁性围岩所引起。

翠中岩矿石密度统计结果（表5-8）表明,磁铁矿为高密度,矿（化）体具有一定规模时可引起局部重力高异常。

表5-6 翠中铁多金属矿岩矿石磁性参数统计表

岩矿石名称	样本数/块	磁化率 $\kappa(10^{-6} \cdot 4\pi \cdot SI)$			剩磁 $Jr(10^{-3} \cdot SI)$		
		最小值	最大值	平均值	最小值	最大值	平均值
碱长花岗岩	11	84.36	77523.27	25713.20	24.27	6185.65	1550.40
细粒花岗岩	17	1211.71	244793.30	68264.80	55.04	3420.99	790.70
磁铁矿矿石	35	798081.91	2756018.48	1456298.6	667.92	115750.70	17058.72
矽卡岩（含矿）	9	23619.86	961183.35	470824.06	906.98	43552.61	10141.72
花岗岩	7	1447.72	176191.40	34292.97	81.58	1422.36	932.77

表5-7 翠宏山铁多金属矿岩矿石磁性参数统计表

岩矿石名称	样本数/块	磁化率 $\kappa/(10^{-5} SI)$		剩磁 $Jr/(10^{-3} A/m)$		总磁化强度/(A/m)
		平均值	变化范围	平均值	变化范围	
二长花岗岩	18	61	15~140	14	2~41	0.0411714
似斑状花岗岩	22	217	20~418	89	18~253	0.185659
英云闪长岩	30	926	553~1477	30	6~131	0.442471
细粒闪长岩（脉）	2	96	58~134	19	16~25	0.0617615

续表 5-7

岩矿石名称	样本数/块	磁化率 κ/(10⁻⁵ SI)		剩磁 Jr/(10⁻³A/m)		总磁化强度/(A/m)
		平均值	变化范围	平均值	变化范围	
块状大理岩	5	514	290~1012	108	56~195	0.336952
条带状大理岩	12	368	43~1255	181	14~1364	0.344919
结晶灰岩	30	320	77~569	20	4~46	0.162538
泥质板岩	30	1360	789~2594	1417	518~4070	2.02279
矽卡岩	55	1011	323~2088	1120	7~3044	1.57033
磁铁矿矿石	30	197162	106185~264049	47809	2340~180254	135.631

表 5-8　翠中-翠宏山铁多金属矿区岩矿石密度统计表

编号	岩矿石名称	样本数/块	密度/(g/cm³)	编号	岩矿石名称	样本数/块	密度/(g/cm³)
w2	硅化二长花岗岩	33	2.63	w7	结晶灰岩	30	2.70
w9	似斑状花岗岩	30	2.63	w10	角岩化泥质岩	30	2.84
w6	英云闪长岩	30	2.64	w11	矽卡岩化泥硅质岩	30	2.81
w1	闪长岩(脉)	3	2.94	w8	石榴子石矽卡岩	30	3.55
w3	块状大理岩	30	2.72	w4	磁铁矿(矿石)	30	4.45
w5	条带状大理岩	30	2.72				

2)翠中 207 线 1:1 万重磁异常反演结果。

翠中、翠宏山磁异常由南北两个北北西向的局部正磁异常组成(图 5-1),位于铅山组与花岗岩的接触带附近,强磁异常均与出露或钻遇的浅部矿体吻合。北部 M71 异常较狭长,反映主矿体埋藏较浅。南部 M71′异常较宽大,反映主矿体埋藏较深;异常极大值偏向西侧,平面等值线间距西窄东宽,为浅部 X、XI 号矿体向东倾斜的反映。

化极后,M71′异常南部的局部正磁异常范围有一定的收缩,且往北移,强磁异常与地表 X 号铁铅矿体吻合得更好;异常北窄南宽,最宽处位于 207 线附近,反映了磁性体在北部埋藏较浅,而南部埋藏较深。M71′与 M71 异常的南段组成"U"型异常分布特征。

化极磁异常垂向一阶导数主要为了突出浅部异常及区分叠加异常。M/1 和 M71′均由多条北北西向局部异常叠加而成(图 5-2),异常的复杂分布反映了控矿构造及矿体分布的复杂性。

207 线厚大磁铁及铁多金属矿体形态大致呈 U 形,1:1 万重、磁、可控源音频大地电磁测深等资料比较丰富,因此对引起局部磁异常的原因分析主要在该线进行。已知矿体正演计算并与实测磁异常、重力异常进行对比分析结果(图 5-3)表明,磁异常、重力异常主要为矿体及含铁矿化有磁性围岩共同引起,成矿花岗岩体为弱磁或无磁、密度低,无法产生 M71 与 M71′局部磁异常及重力异常。

与磁异常相似,布格重力异常也表现出两侧高中间低的 U 形地质体异常特征(图 5-4),局部重力异常主要反映了高密度的矿体及矿化体。模型正演异常与实测异常基本拟合,但反映出在地质剖面的左上方和右上方还存在一定规模的高密度地质体。

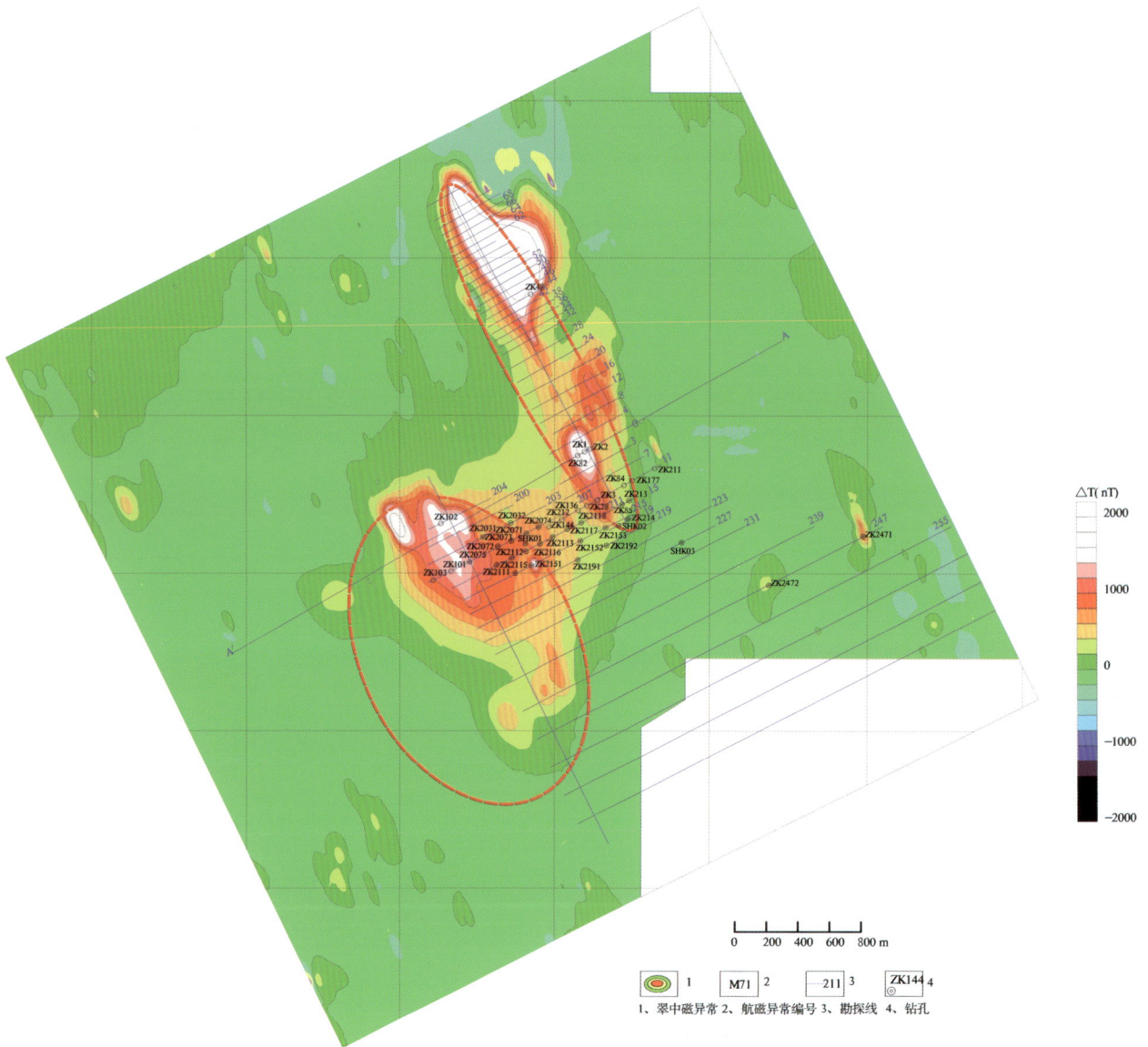

图 5 - 1　翠中、翠宏山矿区 1∶1 万 ΔT 异常化极平面等值线图

（据黑龙江省矿业集团 2013 年资料编制）

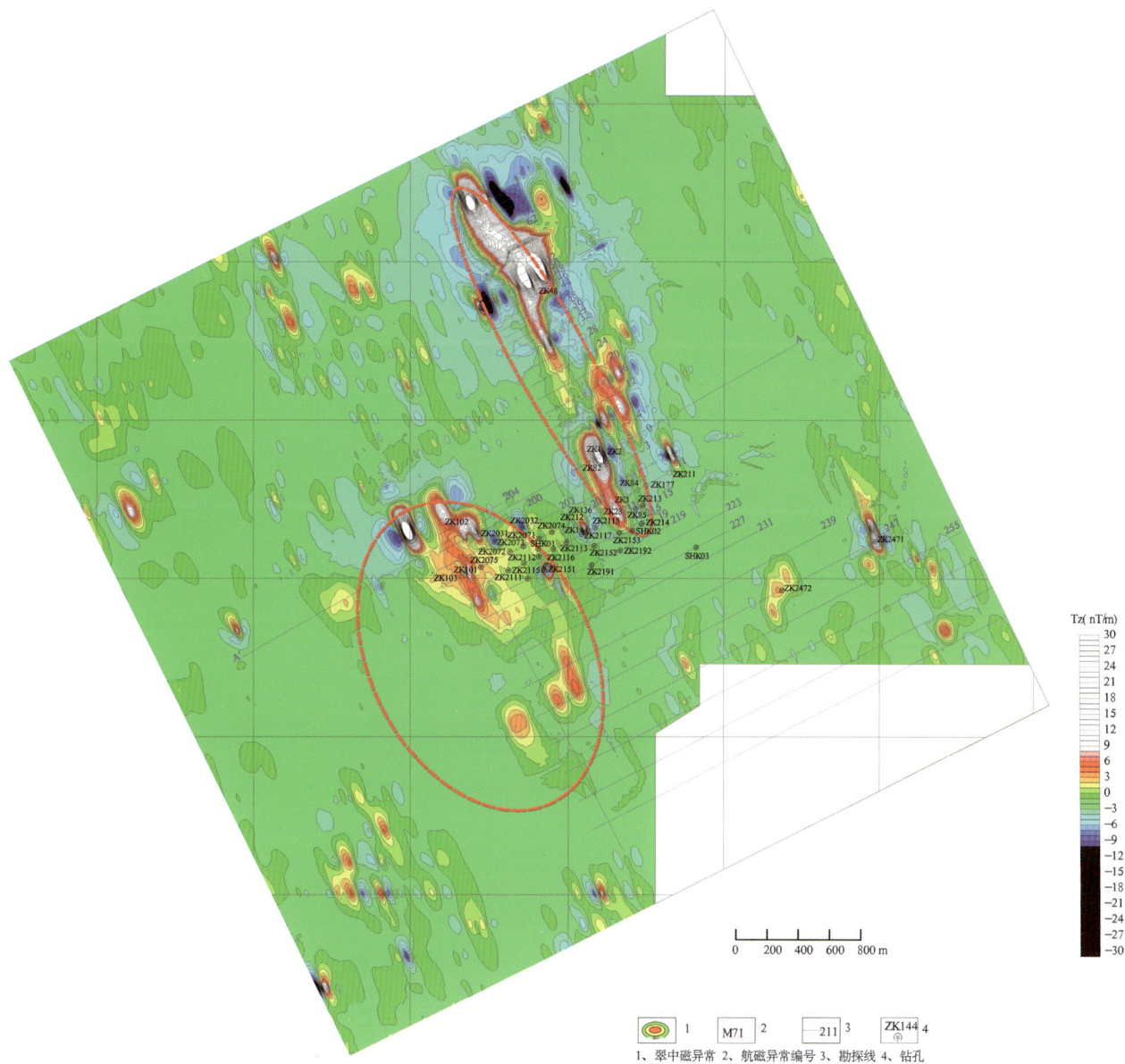

图 5 - 2 翠中、翠宏山矿区 1:1 万 ΔT 化极异常垂向一阶导数平面等值线图

（据黑龙江省矿业集团 2013 年资料编制）

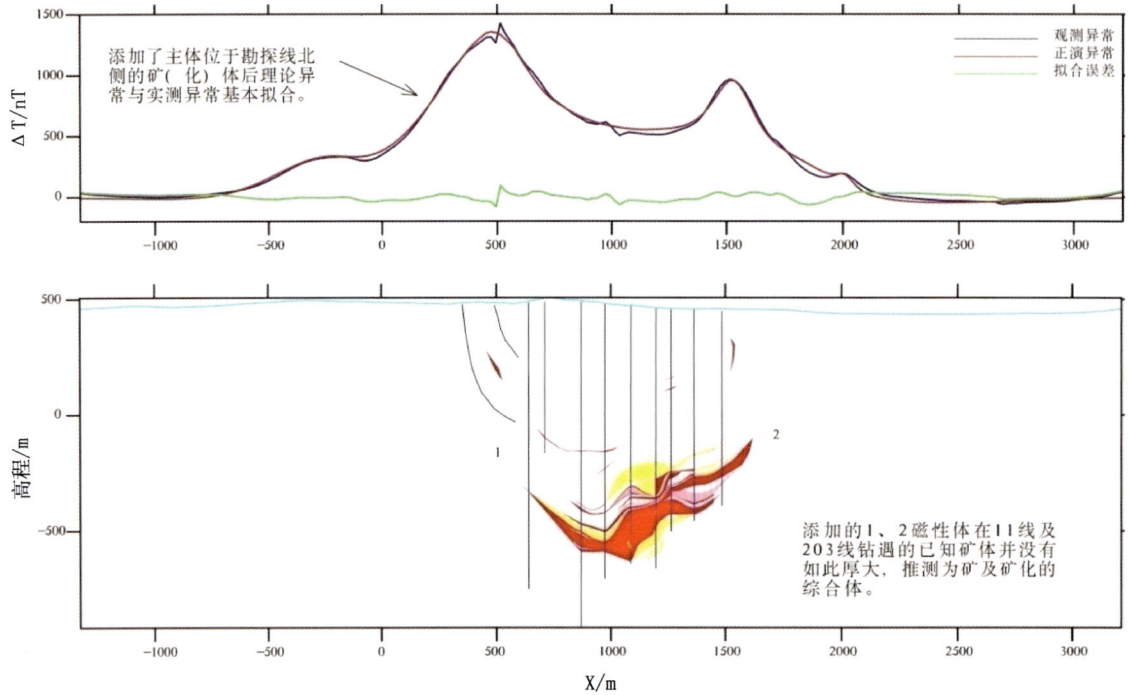

图 5 - 3　207 线勘探剖面模型正演磁异常与实测磁异常对比图

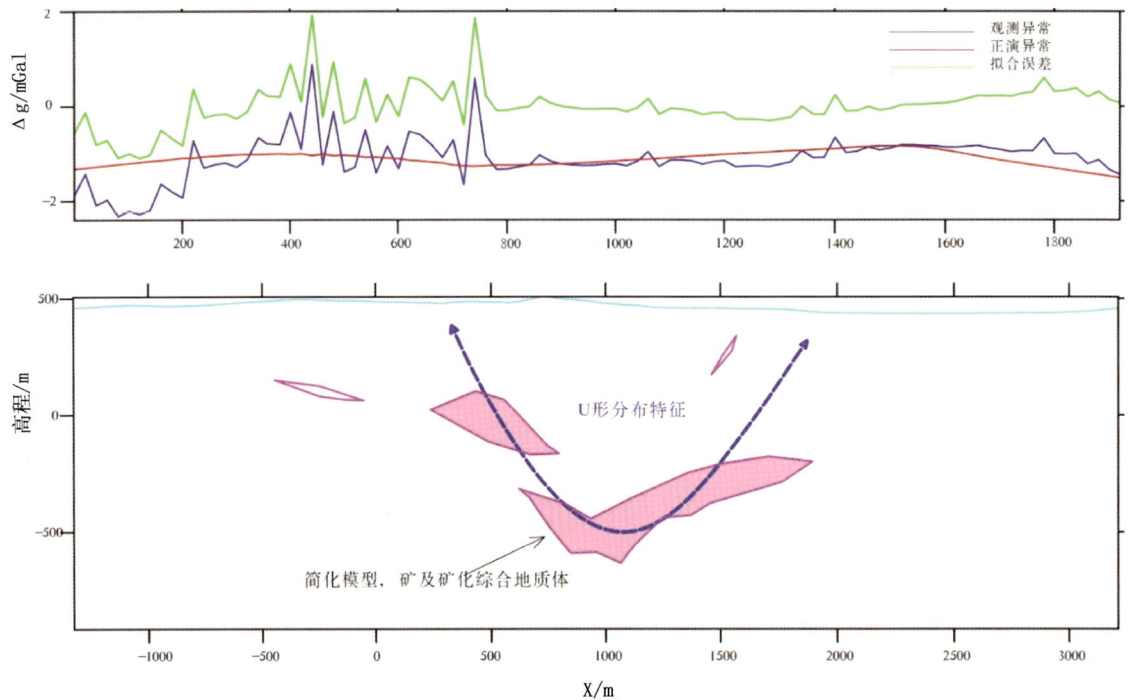

图 5 - 4　207 线勘探剖面模型正演重力异常与实测重力异常对比图

3）翠中 1∶1 万磁异常 2.5D 反演结果。

（1）矿（化）体在 204、203、207、211、215 线主要按 U 形特征分布，矿（化）体在 207 - 211 线规模及厚度、埋深最大，向北东、向南西逐渐收缩抬起。

（2）204 线 250 m、600 m 附近，埋深 250 m 上下可能存在盲矿（化）体（图 5 - 5、图 5 - 6）。

（3）203 线 U 形核部可能存在盲矿体,且与北侧 204 线和南侧 207 线 U 形核部矿(化)体相连。

（4）207 线 500 m 附近、埋深 600 m 上下,可能存在的盲矿(化)体处于 ZK103 孔下方、ZK2075 孔西侧,为 203 线④号矿(化)体向南延伸部分。①号厚大的主矿(化)体向东在 1500 m 附近尖灭(图 5 – 7)。

（5）211 线深部⑧号矿(化)体可能延深至 1500 m 以东(图 5 – 8)。

（6）215 线矿(化)体向西可延伸至 500 m 上下位置,向东可延伸至 2000 m 上下位置,因此在已有钻孔的东侧和西侧仍然还有找矿空间(图 5 – 9)。

（7）矿(化)体向南可延伸至 227 线,因此 215 勘探线以南仍然有找矿空间。

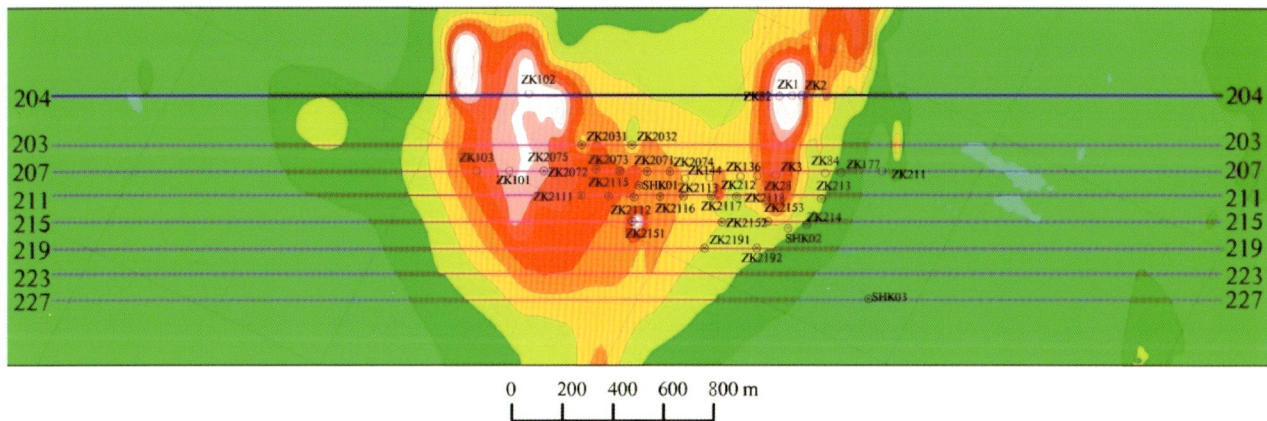

图 5 – 5　204 线位置及地质剖面(据黑龙江省矿业集团 2013 年资料编制)

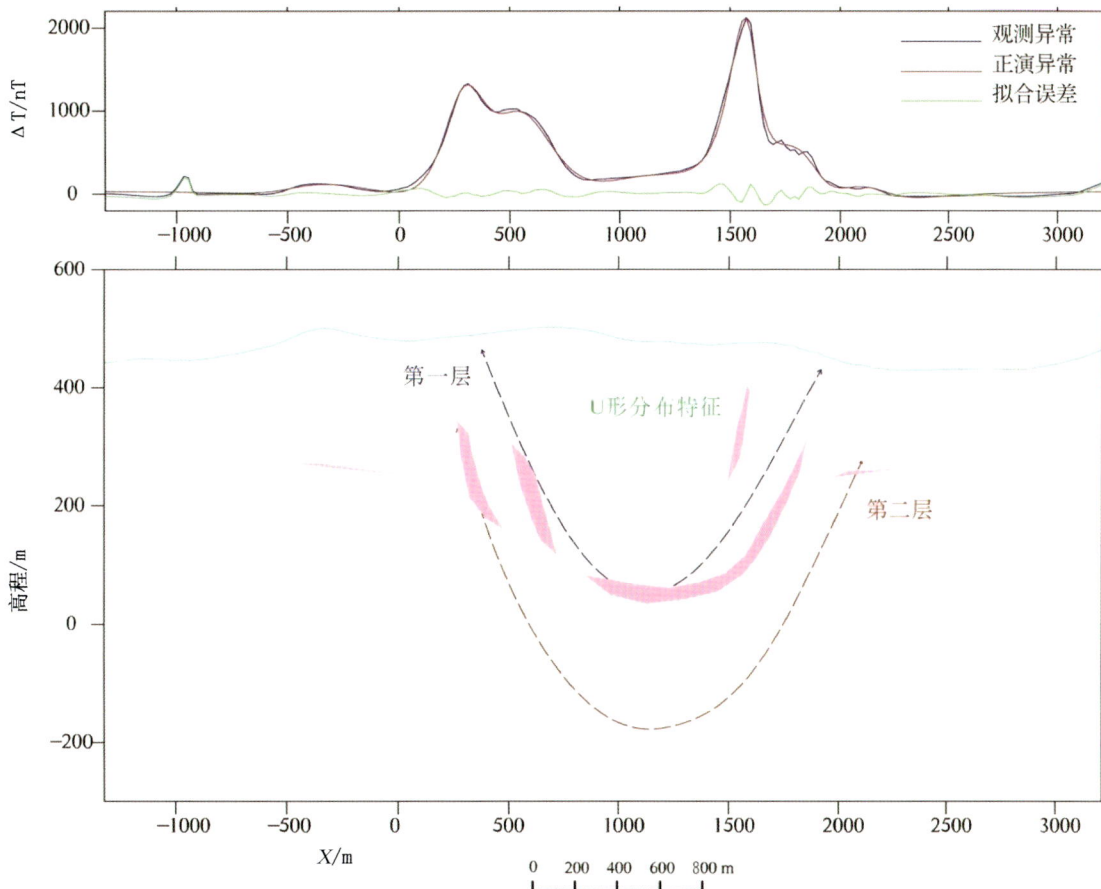

图 5 – 6　204 线 2.5D 反演结果剖面图

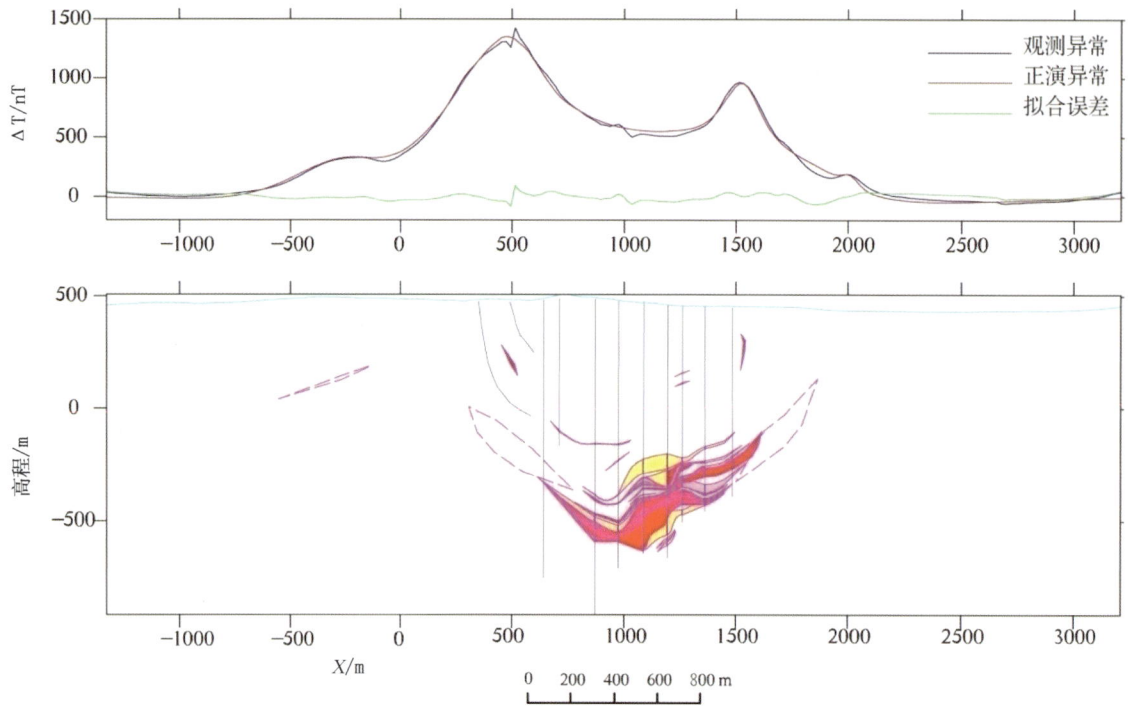

图 5 - 7　207 线 2.5D 反演结果剖面图(据黑龙江省矿业集团 2019 年资料编制)

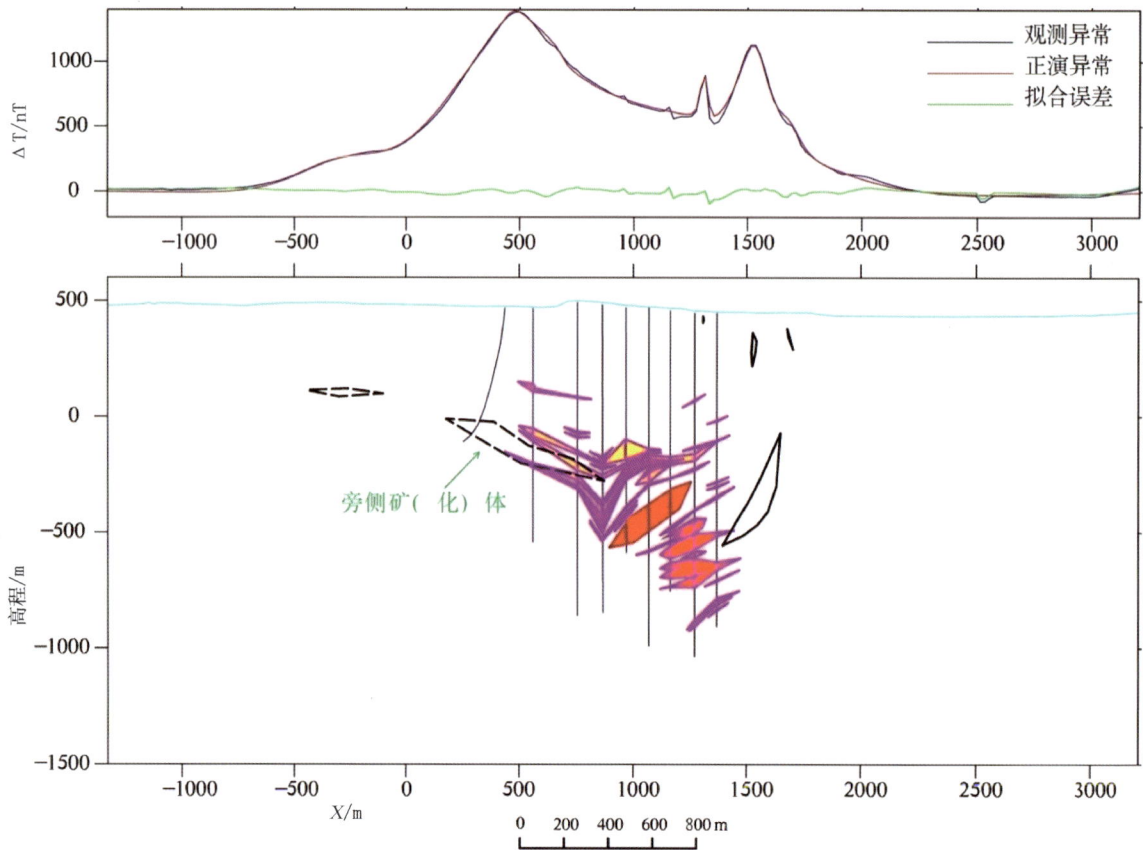

图 5 - 8　211 线 2.5D 反演结果剖面图

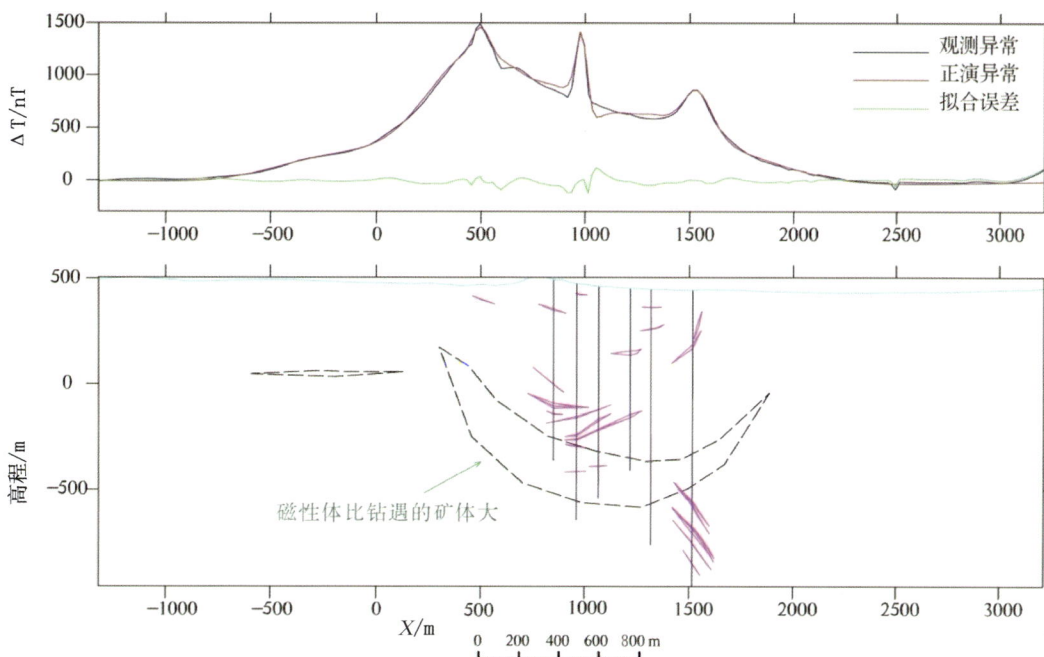

图 5-9　215 线 2.5D 反演结果剖面图(据黑龙江省矿业集团 2019 年资料编制)

4)翠中 1:1 万磁异常 3D 反演结果。

204、203、207、211、215 勘探线矿体形态总体上为一向形构造,但各有所异。利用 2.5D 反演误差较大,必须采用 3D 反演方法才能更加精细地获得磁性体的空间位置及展布。为使反演易于开展,在 3D 反演时不细致区分磁铁矿体、铁多金属矿体、矿化体,而是将有较强磁性地质体用一个综合磁性体表示,总磁化强度取磁铁矿、铁多金属矿、矿化的平均值约 30 A/m 进行反演(图 5-10 至图 5-15)。

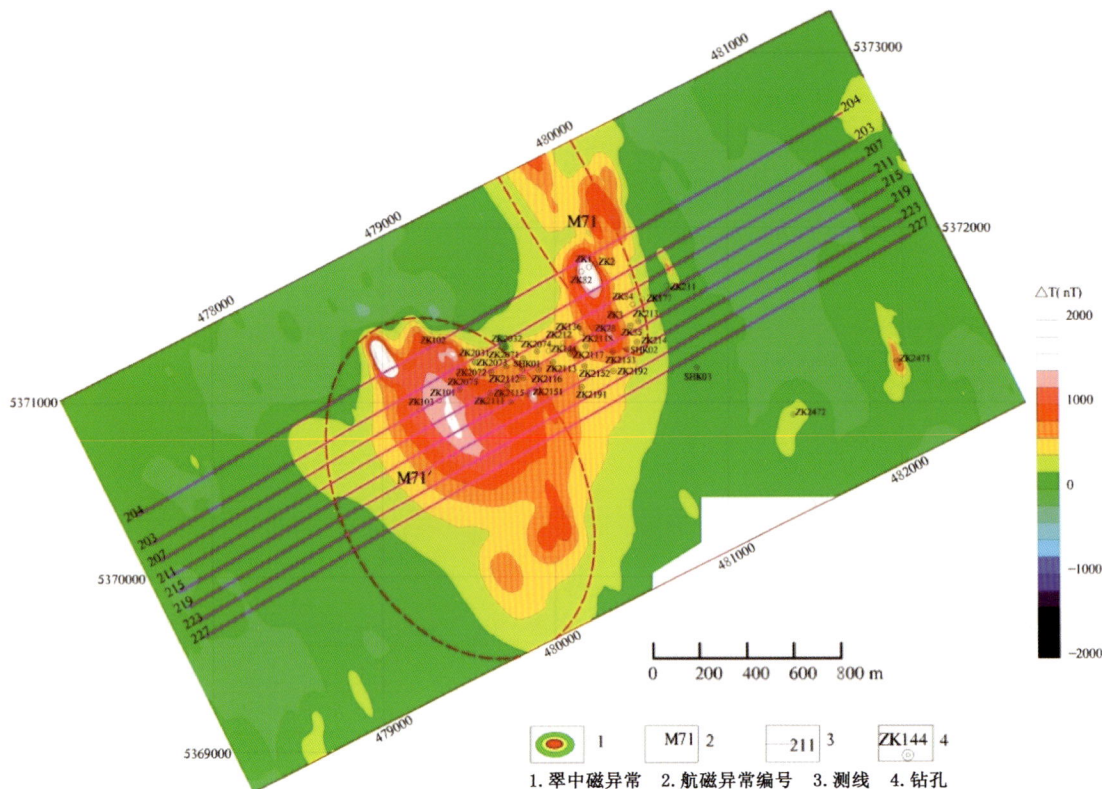

1.翠中磁异常 2.航磁异常编号 3.测线 4.钻孔

图 5 – 10   3D 反演的测线位置(据黑龙江省矿业集团 2019 年资料编制)

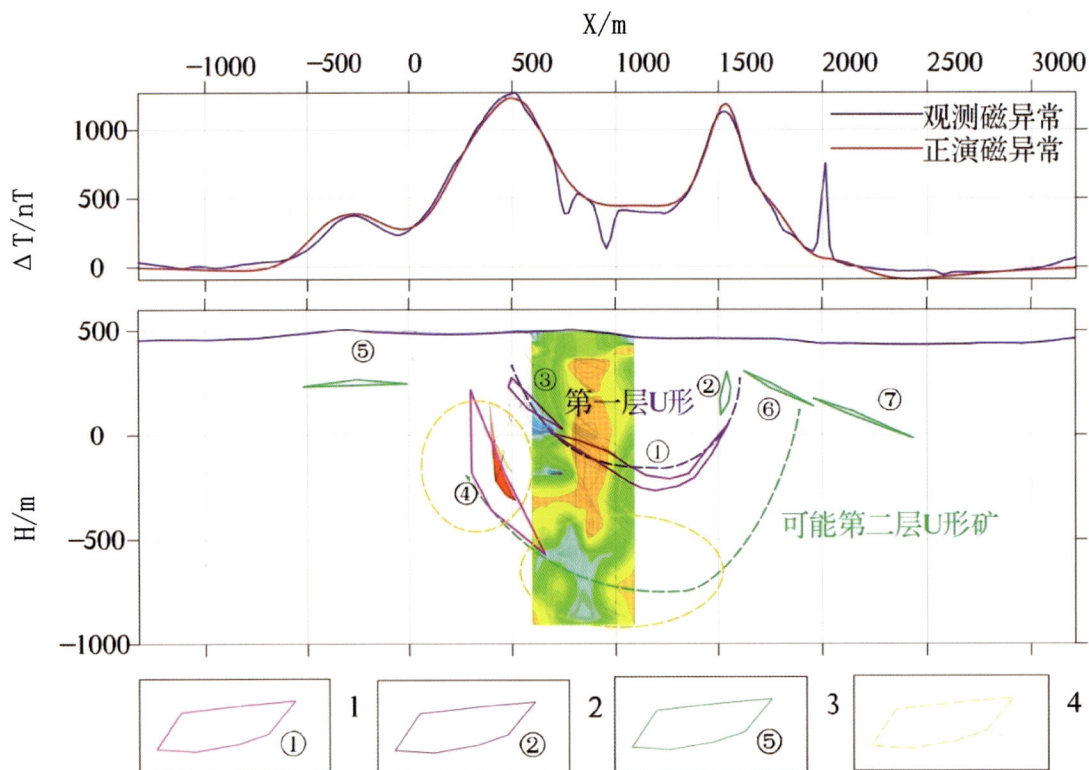

图 5 – 11   203 线 3D 反演结果剖面图

1.钻孔控制的磁性体;2.反演新加的磁性体;3.反演新加的磁性体;4.找矿有利部位。

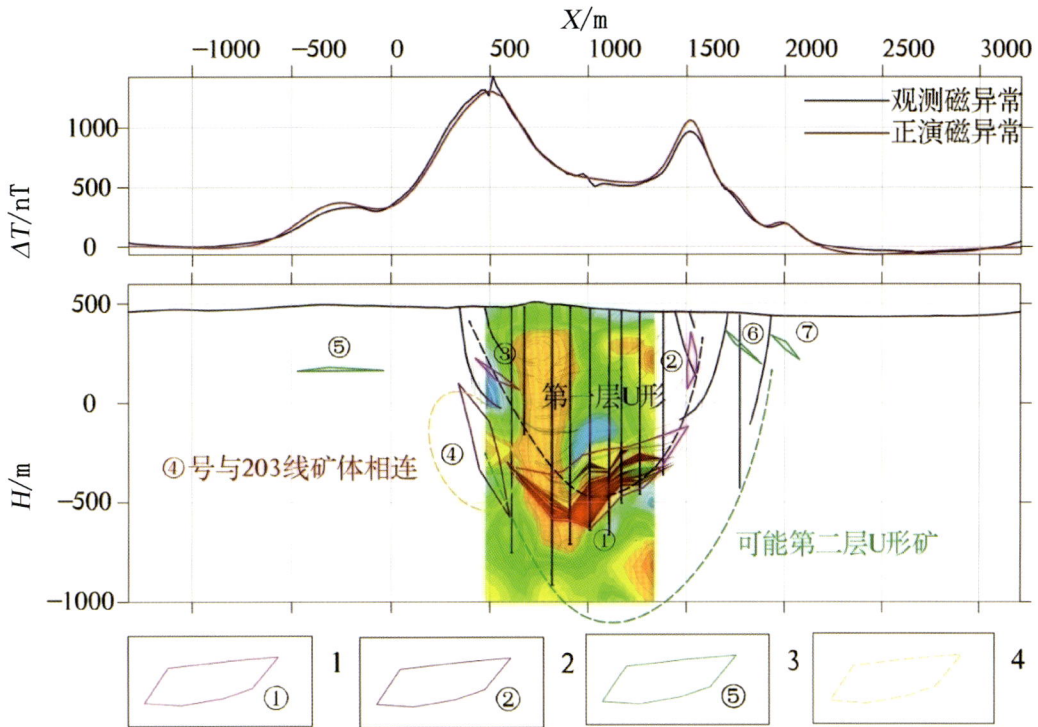

图 5 – 12　207 线 3D 反演结果剖面图(据黑龙江省矿业集团 2019 年资料编制)
1.钻孔控制的磁性体;2.反演新加的磁性体;3.反演新加的磁性体;4.找矿有利部位。

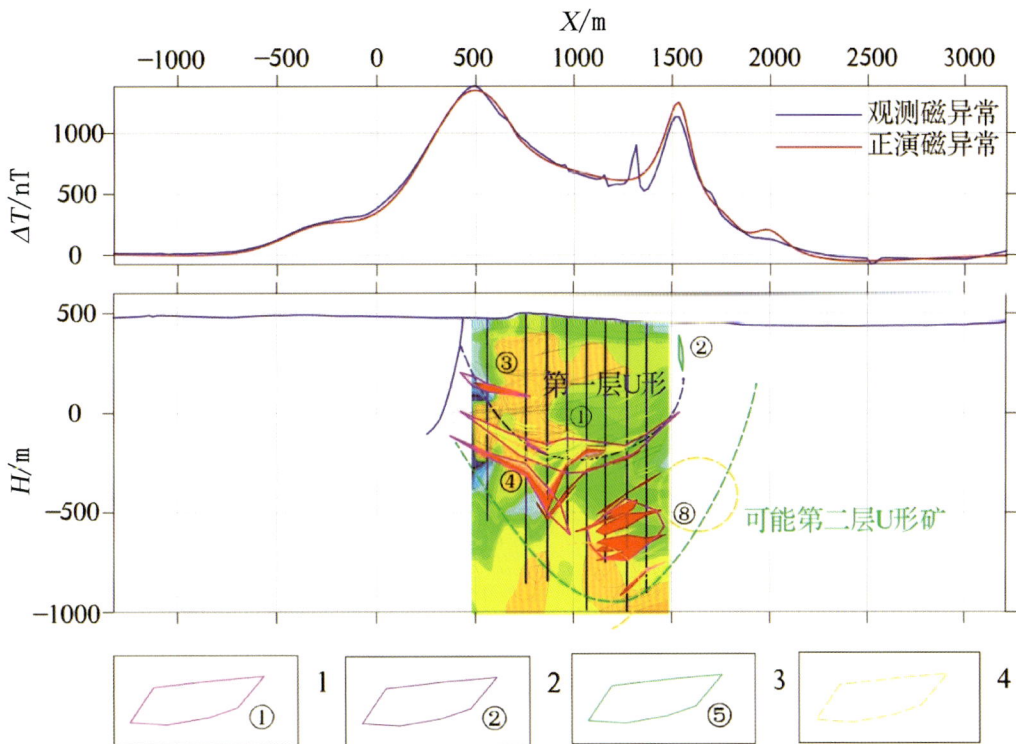

图 5 – 13　211 线 3D 反演结果剖面图
1.钻孔控制的磁性体;2.反演新加的磁性体;3.反演新加的磁性体;4.找矿有利部位。

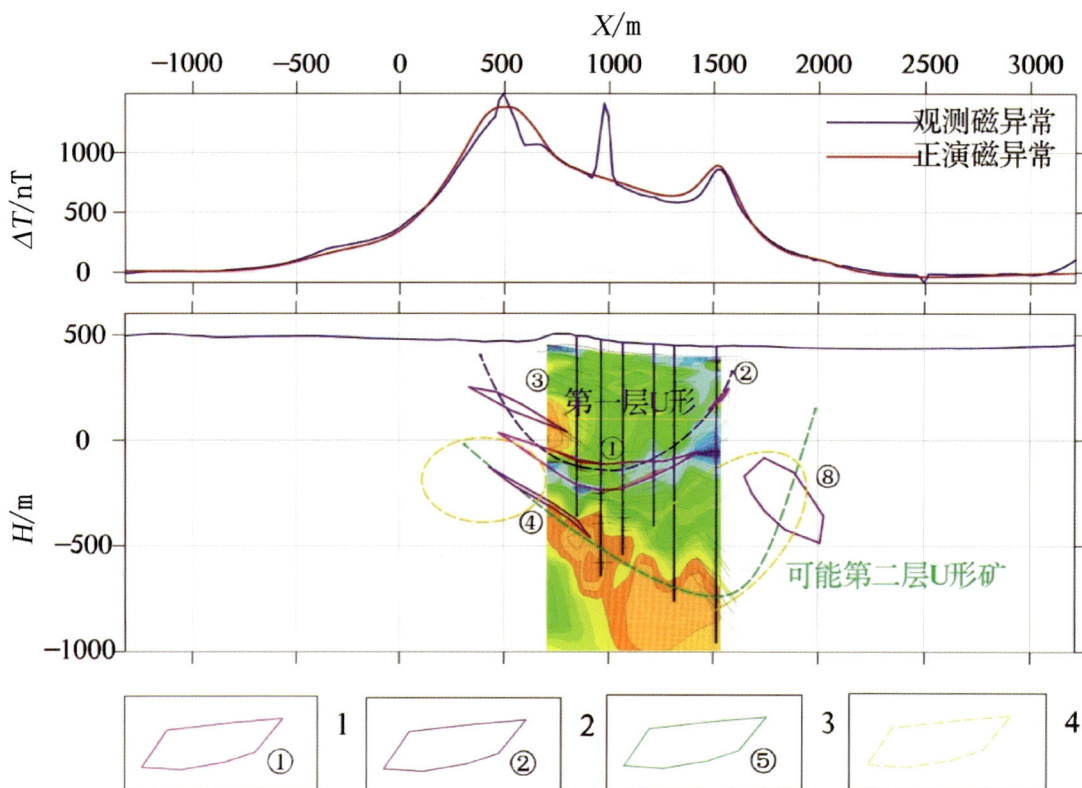

图 5 - 14 215 线 3D 反演结果剖面图(据黑龙江省矿业集团 2019 年资料编制)

1.钻孔控制的磁性体;2.反演新加的磁性体;3.反演新加的磁性体;4.找矿有利部位。

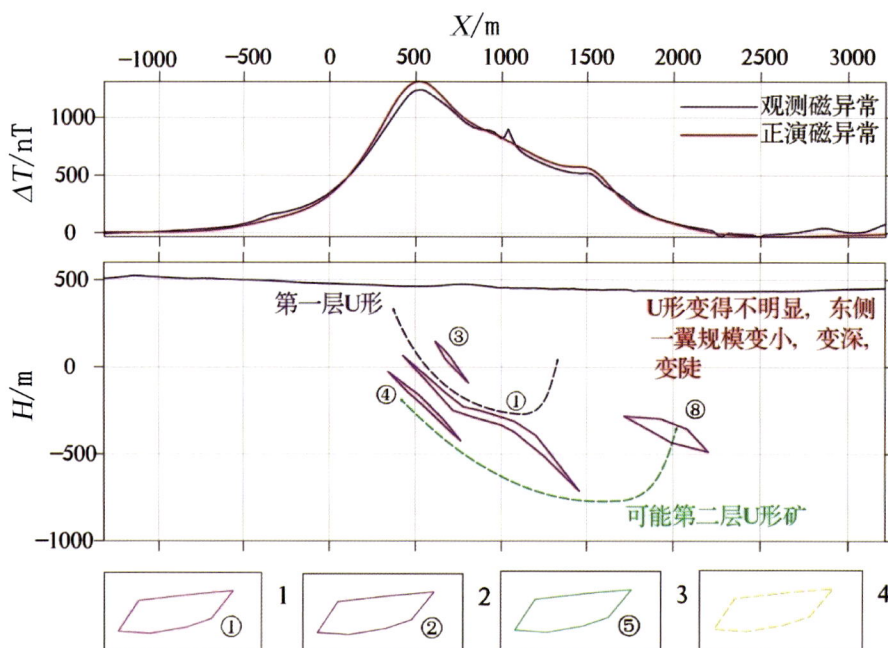

图 5 - 15 219 线 3D 反演结果剖面图(据黑龙江省矿业集团 2019 年资料编制)

1.钻孔控制的磁性体;2.反演新加的磁性体;3.反演新加的磁性体;4.找矿有利部位。

5)翠中预测靶区钻探工程验证成果。

黑龙江省矿业集团于 2017 年 8 月,据翠中基本查明的控矿地质要素,及 1∶1 万可控源音频大地电磁测深成果,对翠中铁多金属矿找矿靶区(A-1)215 线 1∶1 万磁异常 2.5D/3D 反演预测结果布设 ZK2154 钻孔进行了验证。验证结果:609.5～620.0 m 为铅钨矿化的矽卡岩化中粗粒二长花岗岩、铁钼钨铜铅锌矿化矽卡岩,厚 10.5 m;其中 618.6～620.0 m 为厚 1.4 m 的铁钼钨矿体,品位:Mt 22.91%、Mo 0.092%、WO_3 0.065%、Cu 0.135%、Pb 0.24%、Zn 0.64%。981.6～1018.5 m 为硅灰石石榴石透闪石矽卡岩,厚 36.9 m。1476.6-1546.0 m 为锌矿化符山石矽卡岩、石榴石矽卡岩,厚大于 69.4 m。其中 1501～1523 m 为 22 m 厚锌矿体,品位 0.35%～2.82%、平均品位 1.05%。验证成果表明:

(1)在 215 线磁异常 3D 反演预测的两处成矿有利部位中间地段,即 215 线可控源音频大地电磁测深剖面上低阻层与高阻层之间(深度 760～1000 m)的梯级带部位,981.6～1018.5 m 段赋存 36.9 m 厚矽卡岩;在高阻层之下(深度 1500 m)梯级带部位,1476.6～1546.0 m 段见厚大于 69.4 m 锌矿化矽卡岩。据此,对 215 线磁异常反演预测结果进行了修正(图 5-16)。

(2)圈出 22 m 厚锌矿体 1 条,扩大了Ⅵ号锌矿体的规模和远景,预测深部 1546 m 以下的侵入接触带部位可能赋存厚度较大的铁多金属矿体。

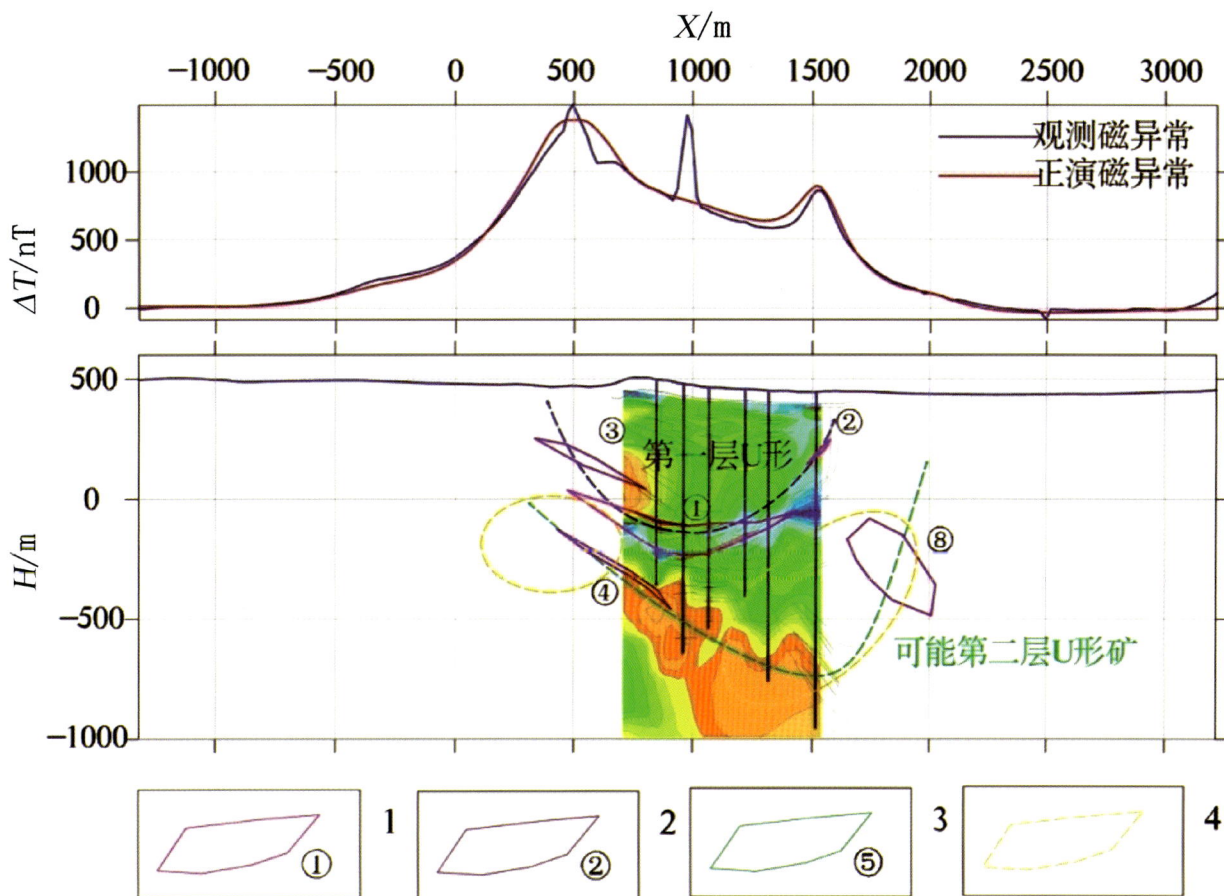

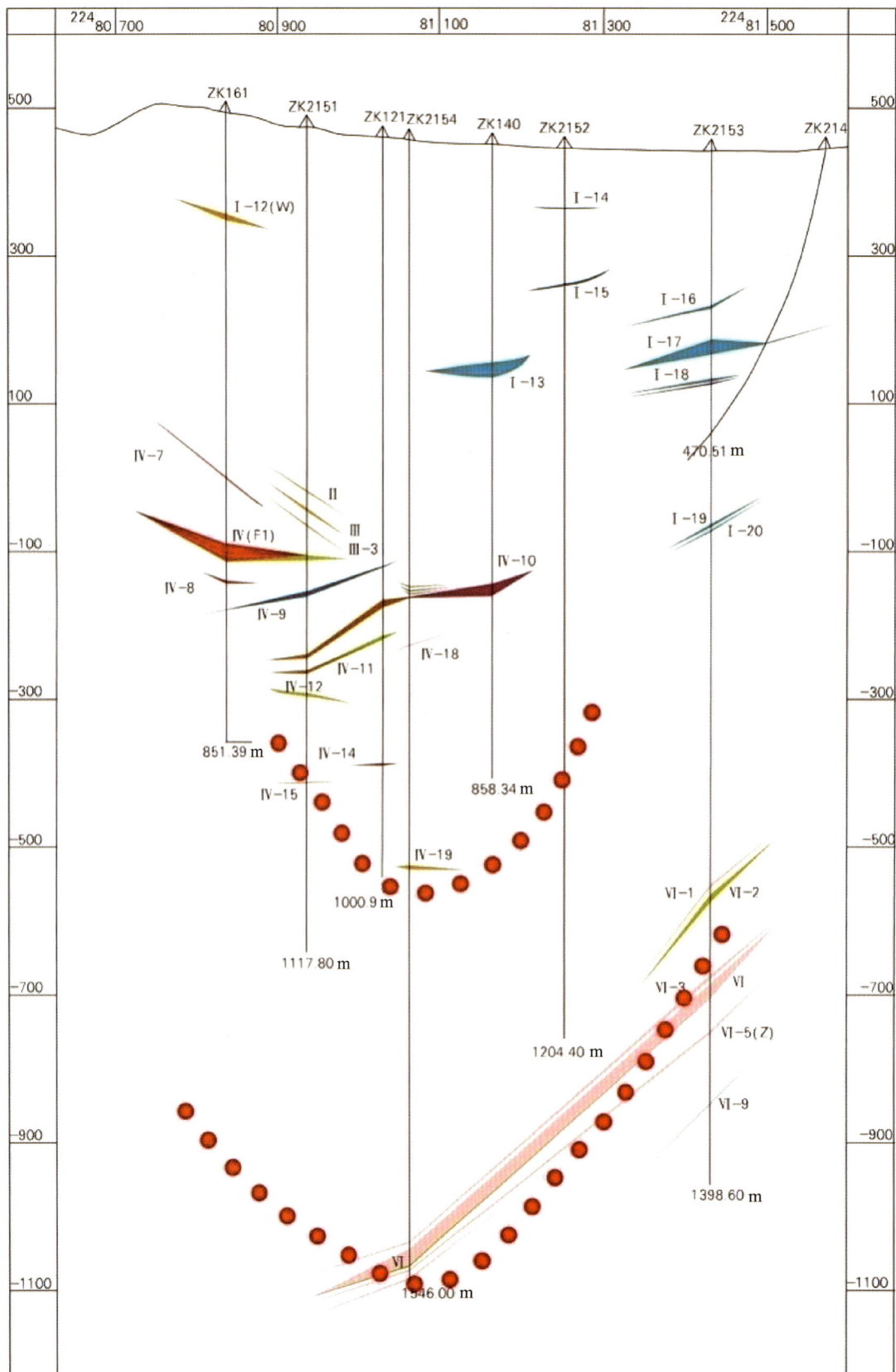

图 5 − 16　翠中 215 线物探反演与工程验证结果对比图(据黑龙江省矿业集团 2019 年资料编制)

1. 钻孔控制的磁性体;2. 反演新加的磁性体;3. 反演新加的磁性体;4. 找矿有利部位。

5.2.2.2　翠巍铁多金属矿找矿靶区资源潜力分析

翠巍（M7）铁多金属找矿靶区（B-1）位于翠宏山铁多金属矿田西部、西马鲁河北北东向褶断侵入接触构造带南段，成矿地质条件与翠宏山-翠中铁多金属矿床的相似，重磁异常成矿信息显著，具备形成大型复成矽卡岩型-斑岩型铁多金属矿的条件（表5-9、表5-10）。

对2012—2015年取得的翠巍（M7）1∶1万重磁等数据成果进行了化极、正演与反演处理，在与翠中M71′异常、翠宏山M71异常对比分析的基础上，预测圈定了找矿有利部位。

1）重磁异常特征。

该靶区与1∶5万航磁异常M7的范围基本一致，处于1∶25万剩余重力高异常内。M7异常有两处异常中心，走向北北东，长3.5 km，宽1 km，曲线规则圆滑，规律性较好，极大值1700 nT，异常特征与翠中（M71′）-翠宏山（M71）铁多金属矿致异常基本一致（表5-9、图5-17至图5-19），推断为大型铁多金属矿引起。

表5-9　翠巍（M7）与翠中（M71′）、翠宏山（M71）两处找矿靶区成矿地质条件对比表

成矿地质条件	翠中（M71′）、翠宏山（M71）铁多金属找矿靶区（A-1、A-2）	翠巍（M7）铁多金属找矿靶区（B-1）
控矿地质要素	①处于隐伏基底东风山岩群（Pt_1D）硅铁建造+铅山组（$\in_1 q$）碳泥硅灰建造区的边缘。②处于翠北-翠中北北西向复式褶断侵入接触构造带的向形和背形接触构造带部位。③顶寒武世粗粒英云闪长岩/花岗闪长岩+细粒二长花岗岩+细中粒-粗粒碱长花岗岩组合、晚三叠世中粗粒花岗闪长岩+二长花岗岩+细粒碱长花岗岩+花岗斑岩组合的复式岩体发育。④纵向和横向断裂带、向斜核部滑脱矽卡岩带、层间剥离矽卡岩带、糜棱岩带及节理裂隙带等成矿结构面发育	①位于隐伏基底分布区。②处于北北东向西马鲁河复式褶断侵入接触构造带的西南段。③顶寒武世碎裂碱长花岗岩、晚三叠世英云闪长斑岩+花岗斑岩复式岩体侵入活动频繁强烈。④纵向和横向断裂带、北东东向张扭性破碎带发育
蚀变矿化特征	①向形和背形矽卡岩带规模大，成矿花岗岩中发育大范围与斑岩型钨钼矿化有关的钾化、萤石化、绿泥石化等蚀变。②矿化蚀变具有多旋回、多期叠加成矿的特征。矿化分带明显，上部侵入接触内带花岗岩中为钨钼矿化，侵入接触矽卡岩带为铁多金属矿化，下部层间矽卡岩带中为铅锌铜矿化	翠巍钼铅锌矿点（M7）：碎裂碱长花岗岩发育磁铁矿化、黄铁矿化和辉钼矿化；英云闪长斑岩（$\delta o\pi T_3$）含1%～2%的磁铁矿、2%～3%的闪锌矿、3%黄铁矿；花岗斑岩（$\gamma\pi T_3$）中见强烈的黄铁矿化，整体上，绢云母化、碳酸盐化、黄铁矿化普遍强烈
重力异常特征	①位于1∶25万南北向带状剩余重力异常的梯级带上。②1∶1万重力剖面测量圈出一条北东向重力高异常带，有三个重力高异常G1、G2、G3，属于重磁同源异常。G1异常近东西向，长400 m，宽200 m，由翠中矿床西南部矿体引起；G2异常轴向北西，长420 m，宽150 m，由翠中矿床南部矿体引起；G3异常由翠宏山矿床Ⅴ号矿体南延部分引起	①处于1∶25万剩余重力高异常区内。②1∶1万重力测量圈出6处重力高异常G1-G6，属于重磁同源异常。G1轴向北东，长500 m，宽350 m，面积约0.175 km²；G2轴向近东西，长300 m，宽100 m，面积0.03 km²；G3轴向北东，规模较小；G4轴向东西，长400 m，宽150 m；G5和G6走向北东，异常强度弱；推断异常为矽卡岩型铁多金属矿引起

续表 5 - 9

成矿地质条件	翠中(M71′)、翠宏山(M71)铁多金属找矿靶区(A - 1、A - 2)	翠巍(M7)铁多金属找矿靶区(B - 1)
高磁异常特征	①处于 1:5 万航磁异常 M71 - M71′内,长 3 km,宽 1.7 km。M71 呈南北向展布的带状异常,南东缓、北西强,极大值 3100 nT,为翠宏山大型铁多金属矿引起;M71′近北西向展布,极大值 600 nT,曲线规则,由翠中大型铁多金属矿引起。上延 500 m,异常幅值为 280 - 440 nT;上延 1000 m,异常幅值为 150 ~ 200 nT。②1:1 万磁法测量:M71′内圈定的 C - 09 异常长 1.5 km,宽 1 km,面积约 1.1 km²,强度 500 ~ 1000 nT,极值为 3193.31 nT,由深部 600 ~ 1350 m 间的铁多金属矿体引起。M71 内圈出的 C - 08 异常长 2.4 km,宽 0.6 km,面积约 1.0 km²,强度 500 ~ 2000 nT,极值为 5346.02 nT;由三个异常中心组成,异常曲线呈锯齿状变化,梯度变化大,近北北西向展布,北部伴生负磁场,是翠宏山铁多金属矿床引起	①处于 1:5 万航磁异常 M7 内,M7 有两处异常中心,走向北北东,长 3.5 km,宽 1 km,曲线规则规律性较好,极大值 1700 nT。上延 500 m,异常幅值变为 350n ~ 400 nT;上延 1000 m,异常幅值为 150 ~ 240 nT。②1:1 万磁法测量圈出 2 处正磁常区。C - 12(ΔT1)异常走向北东,长 1.2 km,宽 0.7 km,强度 500 ~ 2000 nT,极值 4594.51 nT,异常由多个高值中心组成;C - 13(ΔT2)异常走向北东,长1.2 km,宽 0.6 km,强度 500 ~ 1400 nT,极值 3413.72 nT,异常由多个高值中心组成。推断磁异常由大型铁多金属矿引起
1:1 万可控源音频大地电磁测深视电阻率异常特征	①203 - 223 线分为高阻 3981 ~ 6310 Ω·m、低阻 158 ~ 1585 Ω·m、梯级带 1585 ~ 1981Ω·m 三类异常。高阻异常体由中细粒花岗闪长岩和碱长花岗岩引起;低阻异常区呈不规则状分布,梯级带主要分布在高阻异常的外侧,形态呈带状,梯级带和低阻区由铁铅锌多金属矿体、钨钼矿体引起。②600 m 以浅以低阻为主,局部穿插中高阻,低阻具有整体向北倾斜的特点;600 ~ 950 m 间,以中阻为主,局部为高阻;950 ~ 1600 m 间,由高阻和梯级带构成。低阻和梯级带主要由含水破碎带及铅锌铜矿化引起	视电阻率异常主要位于 1000 m 以浅部位,从上到下分为低阻 1.5 ~ 316.0 Ω·m、中阻 316 ~ 1259 Ω·m、高阻大于 1259 Ω·m 三类异常。其中,C13 之上北部与南部的视电阻率异常结构反差较大,与翠中铁多金属矿的类似。推断低阻异常和梯级带可能是金属硫化物富集或破碎带引起
化探异常特征	1:5 万水系沉积物异常 YHs - 5 中低温(Au、Ag、As、Sb) - 中温(Pb、Zn、Cu) - 中高温(W、Mo、Sn、Bi)元素异常发育齐全,东部浓集中心是翠宏山大型铁多金属矿的反映,南部浓集中心是翠中大型铁多金属矿、库南小型铅锌矿的反映。PbZn 成矿规模为中型、极值为 1163、750,Cu 共伴生于铅锌矿体中、极值1383;W、Mo 成矿规模为大中型、极值为 20、9.2,Sn 共伴生于钨钼矿体中、极值 130	处于西马鲁河宽阔的沼泽中,周围正地形地区圈出多处 1:5 万水系沉积物异常
矿床类型	矽卡岩 - 斑岩型	矽卡岩 - 斑岩型
矿床规模	铁、铅锌、钼均为中型,钨为大型	预测为大型铁多金属矿床

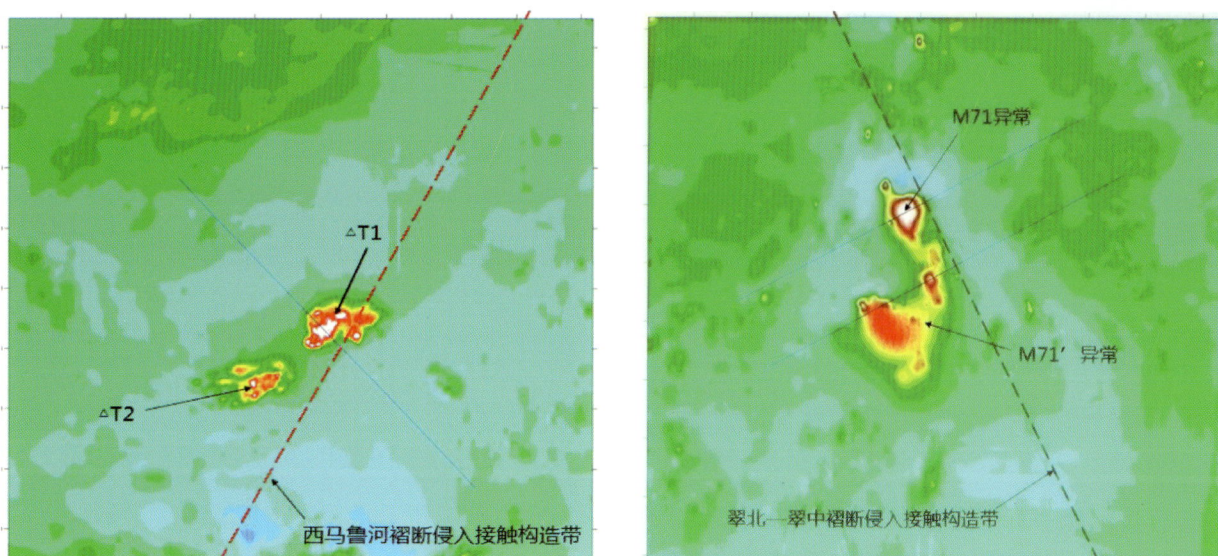

图 5 – 17　翠巍(左)、翠中 – 翠宏山(右)1∶5 万航磁异常对比图

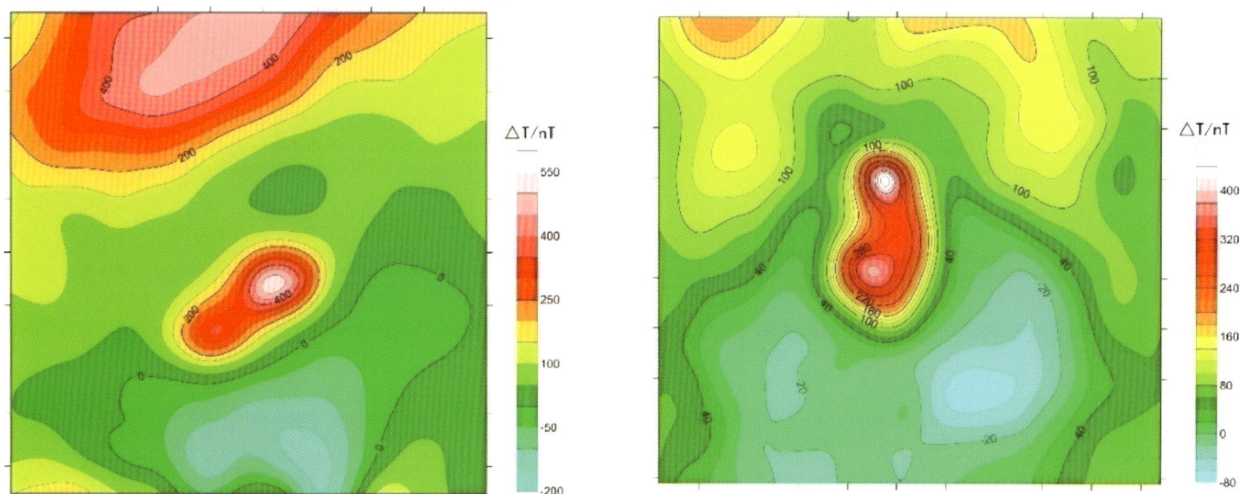

图 5 – 18　翠巍(左)、翠中 – 翠宏山(右)1∶5 万航磁异常上延 500 m 对比图

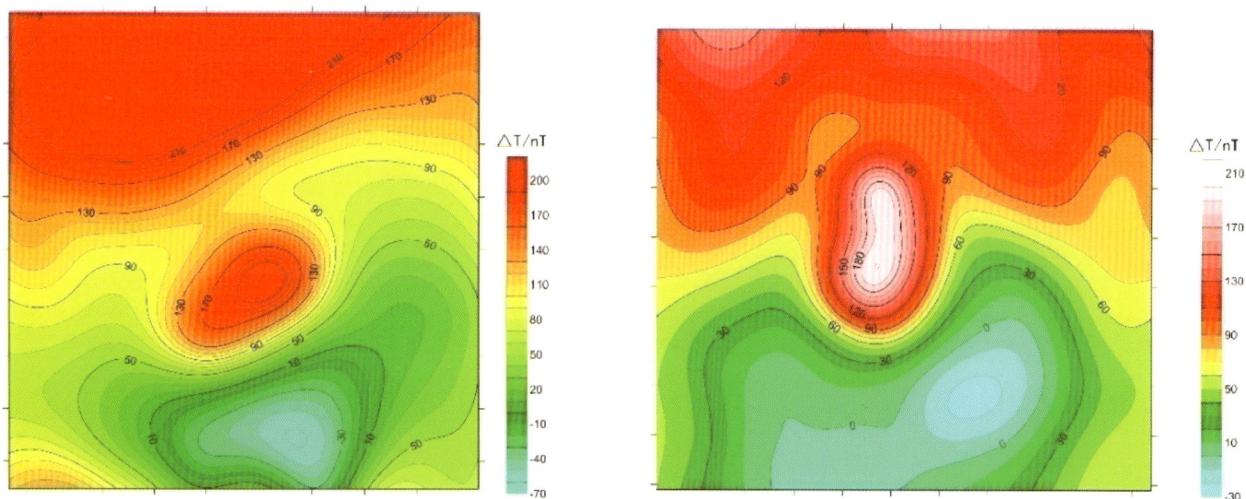

图 5 – 19　翠巍(左)、翠中 – 翠宏山(右)1∶5 万航磁异常上延 1000 m 对比图

黑龙江省矿业集团 2012—2013 年在翠巍圈出 2 处 1:1 万磁异常,6 处 1:1 万布格局部重力高异常(G1 至 G6),局部重力高异常 G1 至 G4 与 C13 磁异常对应,G5 和 G6 与 C12 磁异常对应,属于重磁同源异常。

C－12 异常,走向北东,长 1.2 km,宽 0.7 km,强度 500~2000 nT,极值 4594.51 nT,等值线图上以平稳正磁场为背景,东南与负磁场相邻,呈团状展布,等值线密集,梯度变化大,异常由多个高值中心组成。

C－13 异常,走向北东,长 1.2 km,宽 0.6 km,强度 500~1400 nT,极值 3413.72 nT,等值线图上以平稳正磁场为背景,南部与负磁场相邻,呈团状展布,等值线密集,梯度变化大,异常由多个高值中心组成。异常特征与翠中（C－09）、翠宏山（C－08）铁多金属矿的异常相似,推断 C－12、C－13 异常为矽卡岩－斑岩型铁多金属矿引起。

G1 异常,轴向北东,长 500 m,宽 350 m,面积约 0.175 km²。G2 异常,轴向近东西,长 300 m,宽 100 m,面积约 0.03 km²。G3 异常,轴向北东,规模较小。G4 轴向东西,长 400 m,宽 150 m,面积约 0.06 km²。G5 和 G6 走向北东,异常强度弱。

翠巍 M7 异常所处的 1:25 万剩余重力高异常中心,主要是东风山岩群结晶基底和铅山组上隆所引起的。由此推断,1:1 万布格重力高异常可能是基底隆起叠加矽卡岩型铁多金属矿所引起的。从局部重力异常图可以看出,重力高与重力低呈北东向条带状相间分布,且与磁异常的分布特征相似,反映了翠巍北东向复式褶断构造的特征。

翠巍重磁异常地质构造推断解译显示,区内可能存在一条近南北向的 F₁ 断裂将磁异常分割成 C－12 和 C－13 异常,也是重力高值区和重力低值区的分界线。C－12 和 C－13 异常由多个次一级的极值异常所构成,其分布基本形成了两条北东向展布的异常带,推测为北东向向形复式褶断侵入接触构造带的反映,其构造特征在重力异常图上也表现得十分明显。从化极磁异常图中可以看出等值线南东一侧较密集而北西一侧较稀疏,可能反映了向形构造总体往北西侧伏、南东翼产状较陡、北西翼产状较平缓的特点。

2)1:1 万可控源音频大地电磁测深视电阻率异常特征。

(1)翠中铁多金属矿可控源大地音频电磁测深异常特征:矿床多旋回复成蚀变矿化作用的叠加,使各类岩矿石的矿物成分、结构构造发生了很大变化,实测的视电阻率数值是各种地质作用结果的综合反映,并不是某种岩石单一的反映。

在 4 条测深断面上,大致可识别出高阻 3981~6310 Ω·m、低阻 158~1585 Ω·m、梯级带 1585~1981 Ω·m 三类异常。1500 m 以浅出现 1 处明显的近直立的高阻异常体及围绕其分布的梯级带和低阻异常区。

高阻异常体核心位于每条线 60 点左右,呈近直立的板状体,由 203 线至 215 线具有由深至浅逐渐尖灭的趋势,203 线最大宽度约为 300 m,215 线最窄为 50 m。整体走向为 153.5°,大致与中细粒花岗闪长岩和碱长花岗岩对应。低阻异常由 203 线至 215 线面积逐渐变大,呈不规则状分布。梯级异常带主要分布在高阻异常的外侧,等值线密集,形态呈带状,产状与高阻体的产状相似。

翠中测深断面与钻探工程实际控制的地质剖面图的对比结果表明,厚度较大的铁铅锌矿体、钨钼矿体,总体上与梯级带和低阻区相对应,厚度较小的铁铅锌矿体、钨钼矿体,反映的不明显。

(2)翠巍 M7 航磁异常可控源大地音频电磁测深异常特征:

① C－12 异常核心部位布设 70、80、90、100、110、120、130、140 线 8 条可控源大地音频电磁测深剖面。

在断面图上,异常主要出现在 1000 m 以浅部位,从上到下分为低阻 1.5~316 Ω·m、中阻 316~1259 Ω·m、高阻大于 1259 Ω·m 三类异常。

290 m 以浅部位,以中阻异常为主,局部出现高阻和低阻异常;290~560 m 部位,以低阻异常为主,局部穿插中阻和高阻异常;560~770 m 部位,以高阻异常为主,局部穿插中阻和低阻异常;770~1000 m 部位,以中阻异常为主,局部穿插高阻和低阻异常;1000 m 以下,主要为高阻异常。

1972 年,在 110 线 9 点附近施工直孔 ZK11,孔深 238.94 m,0～21 m 为第四系,21～216.5 m 为闪长玢岩、碱长花岗岩、花岗斑岩等,216.5～238.98 m 为破碎的花岗斑岩;在 110 线的 10 点附近施工斜孔 ZK12,北西 78°,孔深 244.60 m,二孔相距 72.5 m,钻孔岩性与 ZK11 相同,地质体倾向南东,倾角约 35°。在 110 线电阻率断面图上,第四系的视电阻率异常值为 79～126 Ω·m,闪长玢岩、白岗质花岗岩、花岗斑岩的视电阻率异常值为 126～501 Ω·m。在上部闪长玢岩中见磁铁矿化,中部碱长花岗岩和花岗斑岩中见到黄铁矿化和辉钼矿化,终孔部位为破碎花岗斑岩,推断深部低阻异常可能是破碎带或硫化物富集引起的。

② C-13 异常核心部位布设 200、210、220、230、240、250、260、270 线 8 条可控源大地音频电磁测深剖面。

在断面图上,从上到下分为低阻、中阻 316～1259 Ω·m、高阻大于 1259 Ω·m 三类异常,北部和南部异常结构相差较大,其特征如下:

200、210、220 线异常特征:140 m 以浅部位,主要为低阻异常;140～870 m 部位,为低、中、高阻异常相互穿插的异常区;870～1420 m 部位,主要为高阻异常,局部为中阻异常。

230、240、250、260、270 线异常特征:300 m 以浅部位,为中-低阻异常区;300～670 m 部位,为低阻异常区;670～1420 m 部位,为中-高阻异常分布区,异常具向南东倾斜的趋势。

综上所述,翠巍(M7)铁多金属找矿靶区与翠中(M71′)和翠宏山(M71)两处大型铁多金属找矿靶区的成矿地质构造条件、重磁同源异常特征、可控源音频大地电磁测深视电阻率异常都十分相似,也应具有大型矽卡岩-斑岩型铁多金属矿床的成矿潜力。

5.3　勘查方法总结

矿田内的金属矿产找矿勘查工作大致可分为"浅部矽卡岩-斑岩型铁多金属矿找矿勘查""浅部斑岩型钼矿找矿勘查""深部矽卡岩-斑岩型铁多金属矿找矿勘查"三个阶段。

5.3.1　浅部矽卡岩-斑岩型铁多金属矿找矿勘查阶段

20 世纪 60—90 年代,以检查 1:20 万与 1:5 万航磁异常为先导,先后发现并评价了翠宏山大型铁多金属矿床、红旗山等多处小型矿床及矿点。主要有效勘查方法手段组合为"1:10000～1:2000 磁法测量+地质填图→槽探+浅钻+钻探工程控制"。基本勘查工作流程为:

1)航磁异常检查:对地面定位后的航磁异常开展 1:10000～1:2000 磁法与地质简测,详细圈定筛选磁异常,大致了解成矿地质条件,利用槽探、钻探工程验证磁异常的含矿性、查明起因。

2)普查:对发现的铁多金属矿体或蚀变矿化带开展普查工作。利用槽探或浅钻、钻探工程基本查明矿体产状后追索扩大矿体规模,同时填制 1:10000～1:2000 地质图,圈定详查区段。

3)详查-勘探:主要利用槽探、浅钻、钻探、坑道等探矿工程对矿床开展详查-勘探工作,基本查明或详细查明矿床的控矿地质要素与矿床地质、矿石质量等特征。

5.3.2　浅部斑岩型钼矿找矿勘查阶段

2004—2010 年,通过预查,发现评价了霍吉河大型钼矿床及多处钼矿(化)点。有效的勘查方法手段组合为"1:5 万地质填图+水系沉积物测量→1:2 万～1:1 万地质填图+土壤+磁法+激电中梯测量→槽探+钻探工程控制"。基本勘查工作流程和工作程度为:

1)1:5 万预查或矿调:在 1:20 万水系沉积物测量圈定的成矿远景区或主成矿元素高背景区开展 1:5 万预查或矿调工作。通过 1:5 万地质填图,大致查明成矿地质背景,对圈定筛选出的水系沉积物组合异常开展 1:2 万～1:1 万地质简测、土壤地球化学测量与磁法和激电中梯测量,大致了解成矿地质条件,圈定筛选物化探综合异常;利用槽探工程对重要物化探综合异常开展揭露验证,圈定蚀变矿化带及矿(化)体。

2)普查:对发现的矿(化)点及成矿有利地段开展普查找矿工作。在利用槽探、钻探工程基本查明矿(化)体或蚀变矿化带的产状后,结合激电测深成果对矿体进行追索控制,大致查明控矿地质要素、矿体的规模与形态、产状和矿石质量,圈定详查区段。

3)详查–勘探:主要利用槽探、钻探工程对矿床开展详查–勘探工作,基本查明或详细查明矿床的控矿地质要素与矿床地质、矿石质量等特征。

5.3.3 深部矽卡岩–斑岩型铁多金属矿找矿勘查阶段

2010年,黑龙江省地矿局组织有关专家对翠宏山铁多金属矿区1966—1978年普查–初勘资料进行了深入分析研究,认为翠中原钻孔尚未控制的深部向形侵入接触构造带、翠巍M7航磁异常还应蕴藏着可观的铁多金属矿产资源。为落实国家"358"找矿行动,在黑龙江省自然资源厅支持下,黑龙江省地矿局集中全局主要技术力量和资本优势,决定实施"翠宏山深部和外围铁多金属矿整装勘查"项目。

1)整装勘查工作总体部署。

(1)确定了出资单位与勘查单位。出资单位为黑龙江省矿业集团(后调整为北瑞矿业有限公司),勘查单位为黑龙江省第六地质勘查院、黑龙江省矿业集团、黑龙江省地球物理勘查院。黑龙江省第六地质勘查院负责核心区"翠中铁多金属矿普查–详查"工作,黑龙江省矿业集团负责核心区外围的普查找矿工作,黑龙江省地球物理勘查院负责完成整装勘查区的1∶1万重力测量、频谱激电剖面测量、可控源音频大地电磁测深剖面测量等工作。

(2)成立了"翠宏山深部和外围铁多金属矿整装勘查"项目领导小组、前线指挥部、项目部,协调各方面资源,统一指挥生产,集中优秀人才开展联合技术攻关,指导找矿工作的部署,实现找矿突破。

2)核心区"翠中铁多金属矿详查"工作过程及勘查方法有效性。

(1)地质找矿预测:在深入研究厘定翠宏山铁多金属矿区控矿地质要素的基础上,建立了翠中铁多金属矿"向形侵入接触构造找矿预测模型"。

(2)物探剖面测量检验地质找矿模型:2010年10月,黑龙江省第六地质勘查院完成了1∶5000磁法测量0.6 km²,黑龙江省地球物理勘查院完成了203、207、211、215、219线可控源音频大地电磁测深剖面测量、频谱激电剖面测量工作。磁异常的化极、延拓、正演结果显示,剩余磁异常强度较高、埋藏较深;频谱激电剖面测量、可控源音频大地电磁测深剖面测量的结果显示,深部向形成矿构造明显,与地质找矿预测模型基本吻合。论证认为,应对深部成矿有利部位开展钻探验证。

(3)钻探验证–普查:2011年7月,211线布设的第一个验证孔ZK2111,在深部见到了比较厚大的铁多金属矿体,验证了地质找矿预测模型可信性和物探测量的有效性,并于当年完成了普查工作。

(4)详查:2012年4月—2013年3月,完成了前期详查工作,取得了深部找矿突破。

2015年7月,完成了207、215、219、223、227线1∶1万重力剖面测量6.6 km,重力高异常由已知厚大铁多金属矿体引起,验证了1∶1万重力测量找矿方法的有效性。

(5)本次开展的"翠宏山铁多金属矿田找矿模型与找矿方向研究":2016年—2017年5月,据翠中详查成果,进一步完善了翠中向形侵入接触构造找矿模型,利用重磁测量数据进行了2.5D/3D正反演预测。2017年5—12月,对本次预测的215线深部找矿层位布设ZK2154孔进行了验证。在孔深1476.6～1546.0 m段,发现厚度大于69.4 m的锌矿化矽卡岩带,其中1501～1523 m为22 m厚的锌矿体,品位0.35%～2.82%、平均品位1.05%;证实了深部预测的可信度,发现了新的成矿矽卡岩带,扩大了Ⅵ号锌矿体的规模和找矿空间。

(6)取得的主要详查成果。

①在深部 600 ~ 1400 m 空间共圈出 6 个矿体群,初步估算控制 + 推断铁和铁多金属矿石量 6037.5 万 t、三氧化钨 5.28 万 t、钼 2.33 万 t、铅 2.05 万 t、锌 16.28 万 t。

② 有效的勘查方法手段组合为"矿区控矿要素与地质找矿模型研究→1∶10000 ~ 1∶5000 磁法和重力测量→1∶1 万频谱激电和可控源音频大地电磁测深剖面测量检验地质找矿模型→钻探验证地质找矿模型→建立重磁电正反演预测模型→钻探工程控制",为小兴安岭 – 张广才岭铁多金属成矿带深部找矿勘查提供了示范。

附　表

附表 I－1　库南铅锌矿中－晚寒武世粗粒二长花岗岩主量元素成分和微量、稀土元素组成测试分析结果表

样品编号	CN－13	CN－15	CN－28	CN－30	CN－31
采样位置	库南铅锌矿矿石堆	库南铅锌矿矿石堆	库南铅锌矿矿石堆	库南铅锌矿矿石堆	库南铅锌矿矿石堆
岩石类型	粗粒二长花岗岩	粗粒二长花岗岩	粗粒二长花岗岩	粗粒二长花岗岩	粗粒二长花岗岩
SiO_2	75.79	74.78	75.16	74.57	74.04
TiO_2	0.14	0.12	0.13	0.14	0.14
Al_2O_3	12.98	13.00	13.12	13.13	13.51
Fe_2O_3	0.21	0.21	0.36	0.34	0.31
FeO	0.95	1.07	0.95	0.90	0.82
MnO	0.03	0.02	0.02	0.03	0.02
MgO	0.69	0.44	0.16	0.55	0.13
CaO	3.96	2.53	0.85	2.72	0.82
Na_2O	0.86	1.76	2.97	1.26	2.80
K_2O	3.30	4.32	5.30	4.76	6.26
P_2O_5	0.02	0.02	0.02	0.02	0.03
烧失量	0.99	1.02	0.96	1.07	0.97
总计	99.92	99.29	100.00	99.49	99.85
Na_2O+K_2O	4.16	6.08	8.27	6.02	9.06
Na_2O/K_2O	0.26	0.41	0.56	0.26	0.45
A/CNK	1.06	1.07	1.08	1.08	1.05
A/NK	2.60	1.71	1.23	1.81	1.19
SI	11.48	5.64	1.64	7.04	1.26

276

续附表 I - 1

样品编号	CN - 13	CN - 15	CN - 28	CN - 30	CN - 31
采样位置	库南铅锌矿矿石堆	库南铅锌矿矿石堆	库南铅锌矿矿石堆	库南铅锌矿矿石堆	库南铅锌矿矿石堆
岩石类型	粗粒二长花岗岩	粗粒二长花岗岩	粗粒二长花岗岩	粗粒二长花岗岩	粗粒二长花岗岩
DI	75.65	83.10	92.35	81.97	93.17
AR	1.65	2.29	3.90	2.22	4.44
σ	0.53	1.16	2.12	1.14	2.63
$Fe_2O_3/FeO(0.5)$	0.22	0.20	0.38	0.38	0.37
$FeO/(FeO + MgO)$	0.65	0.71	0.85	0.62	0.86
$0.446 + 0.0046 \times SiO_2$	0.79	0.79	0.79	0.79	0.79
La	44.20	45.00	49.60	55.80	48.40
Ce	95.00	93.00	104.50	113.00	105.00
Pr	12.15	11.80	12.90	14.00	13.25
Nd	44.10	42.90	48.00	53.50	47.20
Sm	9.73	9.98	10.75	11.85	10.60
Eu	0.61	0.50	0.48	0.59	0.51
Gd	9.01	9.13	10.35	10.70	10.10
Tb	1.41	1.36	1.52	1.59	1.50
Dy	8.36	8.65	9.38	10.10	8.91
Ho	1.70	1.71	1.83	2.02	1.80
Er	5.13	5.23	5.38	6.05	5.50
Tm	0.81	0.78	0.79	0.92	0.80
Yb	5.23	4.84	5.19	5.97	5.05
Lu	0.81	0.74	0.77	0.89	0.72

续附表 I-1

样品编号	CN-13	CN-15	CN-28	CN-30	CN-31
采样位置	库南铅锌矿矿石堆	库南铅锌矿矿石堆	库南铅锌矿矿石堆	库南铅锌矿矿石堆	库南铅锌矿矿石堆
岩石类型	粗粒二长花岗岩	粗粒二长花岗岩	粗粒二长花岗岩	粗粒二长花岗岩	粗粒二长花岗岩
Y	49.10	50.00	54.40	59.40	53.40
ΣREE	287.35	285.62	315.84	346.38	312.74
LREE	205.79	203.18	226.23	248.74	224.96
HREE	81.56	82.44	89.61	97.64	87.78
LREE/HREE	2.52	2.46	2.52	2.55	2.56
$(La/Yb)_N$	6.06	6.67	6.86	6.7	6.87
δEu	0.20	0.16	0.14	0.16	0.15
δCe	1.01	0.99	1.01	0.99	1.02
Li	26.40	18.80	11.00	22.70	8.50
Be	5.25	5.28	5.47	5.25	5.27
Sc	3.80	3.30	3.30	3.50	3.10
V	5.00	8.00	5.00	9.00	7.00
Cr	20.00	30.00	20.00	30.00	20.00
Co	1.00	0.80	0.50	0.90	0.60
Ni	5.70	2.60	0.50	3.80	0.50
Cu	1.30	12.00	2.10	1.70	2.20
Ga	20.50	22.90	22.40	23.90	23.10
Rb	249.00	305.00	320.00	367.00	392.00
Sr	324.00	237.00	95.60	250.00	107.00
Mo	3.51	12.40	2.25	2.74	2.54

续附表 Ⅰ - 1

样品编号	CN - 13	CN - 15	CN - 28	CN - 30	CN - 31
采样位置	库南铅锌矿矿石堆	库南铅锌矿矿石堆	库南铅锌矿矿石堆	库南铅锌矿矿石堆	库南铅锌矿矿石堆
岩石类型	粗粒二长花岗岩	粗粒二长花岗岩	粗粒二长花岗岩	粗粒二长花岗岩	粗粒二长花岗岩
Cs	7.54	5.83	5.43	8.38	6.03
Ba	651.00	505.00	261.00	557.00	299.00
Pb	15.50	31.00	37.00	28.00	40.30
Th	32.40	36.70	42.20	39.90	42.00
U	15.60	14.85	15.25	18.60	18.85
Hf	6.30	6.20	5.80	6.50	6.10
Zr	183.00	188.00	169.00	201.00	177.00
Sn	23.00	21.00	16.00	37.00	23.00
Nb	15.10	15.70	17.20	18.80	18.70
Ta	2.10	1.90	1.70	2.10	1.70
Zn	9.00	44.00	30.00	19.00	32.00
Tl	5.10	4.08	3.04	5.42	3.60
Zr/Hf(25,55)	29.05	30.32	29.14	30.92	29.02
Nb/Ta(5)	7.19	8.26	10.12	8.95	11.00

附表 I - 2 矿田顶寒武世花岗闪长岩、碱长花岗岩主量元素成分和微量、稀土元素组成测试分析结果表

样品编号	CH-50-19	CH-50-20	CH-50-21	CH-50-22	CH-50-23	YC127[1]	CZZHY1[2]	CZ-2	CZ-3	CZ-4	CZ-5	CZ-6
取样地点	106线穿脉南西端D001	106线穿脉南西端D002	106线穿脉南西端D003	106线穿脉南西端D004	106线穿脉南西端D005	鸡岭		SHK01孔148m左右	SHK01孔149m左右	SHK01孔150m左右	SHK01孔151m左右	SHK01孔152m左右
矿区	翠宏山矿区						翠中矿区					
岩石类型	细粒花岗闪长岩					二长花岗岩	粗粒碱长花岗岩					
SiO_2	64.76	64.77	65.38	64.34	64.99	69.32	73.65	72.49	73.63	73.93	74.34	74.12
TiO_2	0.14	0.13	0.1	0.14	0.15	0.49	0.152	0.17	0.13	0.14	0.14	0.14
Al_2O_3	16.9	17.58	17.78	17	17.34	14.28	13.01	13.59	13.26	13.2	13.05	13.28
Fe_2O_3	0.01	0.01	0.01	0.01	0.01	0.86	1.89	2.29	1.96	2.11	2	2.1
FeO	2	1.47	1.45	1.65	1.7	2.82	1.44	1.74	1.43	1.63	1.65	1.64
MnO	0.31	0.22	0.21	0.27	0.24	0.06	0.033	0.04	0.03	0.03	0.07	0.03
MgO	0.44	0.29	0.29	0.34	0.35	0.74	0.216	0.19	0.15	0.14	0.19	0.15
CaO	4.1	2.96	2.97	3.85	3.41	2.85	0.901	0.85	0.85	0.9	1.1	1.03
Na_2O	9.88	10	10	9.96	10	2.73	3.7	3.44	3.23	3.48	2.97	3.18
K_2O	0.12	0.11	0.1	0.1	0.11	4.55	5.21	5.24	5.39	5.41	5.43	5.32
P_2O_5	0.01	0.01	0.01	0.01	0.01	0.13	0.034	0.03	0.02	0.02	0.02	0.02
烧失量	0.45	0.42	0.48	0.61	0.5	0.61	0.63	0.9	0.82	0.66	0.68	0.71
总计	99.12	97.95	98.76	98.27	98.79	99.44	100.866	100.97	100.9	101.65	101.64	101.72
Na_2O+K_2O	10	10.11	10.1	10.06	10.11	7.28	8.91	8.68	8.62	8.89	8.4	8.5
Na_2O/K_2O	82.33	90.91	100	99.6	90.91	0.6	0.71	0.66	0.6	0.64	0.55	0.6
A/CNK	0.71	0.8	0.81	0.72	0.76	0.98	0.97	1.05	1.04	1	1.02	1.03
A/NK	1.03	1.06	1.07	1.03	1.05	1.51	1.11	1.2	1.19	1.14	1.21	1.21
DI	85.11	88.11	87.9	86.49	87.01	78.38	91.34	89.49	90.55	90.59	89.15	89.45

续附表 I - 2

样品编号	CH-50-19	CH-50-20	CH-50-21	CH-50-22	CH-50-23	YC127[1]	CZZHY1[2]	CZ-2	CZ-3	CZ-4	CZ-5	CZ-6
取样地点	106线穿脉南西端D001	106线穿脉南西端D002	106线穿脉南西端D003	106线穿脉南西端D004	106线穿脉南西端D005	鸡岭		SHK01孔148m左右	SHK01孔149m左右	SHK01孔150m左右	SHK01孔151m左右	SHK01孔152m左右
	翠宏山矿区							翠中矿区				
岩石类型	细粒花岗闪长岩					二长花岗岩		粗粒碱长花岗岩				
SI	3.53	2.44	2.45	2.82	2.88	6.32	1.74	1.48	1.24	1.1	1.56	1.21
AR	2.82	2.94	2.9	2.86	2.9	2.48	4.56	4.01	4.14	4.41	3.92	3.93
σ	4.54	4.59	4.49	4.64	4.58	2	2.59	2.56	2.43	2.57	2.26	2.33
Fe_2O_3/FeO	0.005	0.007	0.007	0.006	0.006	0.3	1.31	1.32	1.37	1.29	1.21	1.28
$FeO/(FeO+MgO)$	0.82	0.84	0.83	0.83	0.83	0.79	0.87	0.9	0.91	0.92	0.9	0.92
$0.446+0.0046\times SiO_2$	0.74	0.74	0.75	0.74	0.74	0.76	0.78	0.78	0.78	0.79	0.79	0.79
La	45.2	32.9	39	75.1	35.9	52.09	57.2	64.8	51.1	51.5	44.2	48.9
Ce	97.7	71	84.8	154.5	72.8	100.8	82.9	138.2	110.5	114	100.5	105
Pr	11.3	9.26	10.2	18.4	9.1	12.71	12.1	14.94	12.44	12.95	11.7	11.95
Nd	32.3	33.1	25.7	32.7	35.5	49.62	46.6	55.8	46.6	48.6	42.9	43.1
Sm	8.73	7.7	7.2	11.75	7.4	9.76	10.1	11.9	9.94	10.8	9.12	9.31
Eu	0.2	0.2	0.2	0.3	0.2	1.26	0.558	0.48	0.52	0.51	0.57	0.52
Gd	8.2	7.4	6.4	10.2	7.5	8.81	9.09	11.1	9.12	10	8.41	8.72
Tb	1.3	1.3	1.1	1.6	1.3	1.44	1.54	1.89	1.5	1.64	1.37	1.44
Dy	8.5	8	6.6	9.5	8	8.05	8.47	10.9	8.81	9.39	7.94	8.27
Ho	1.64	1.53	1.29	1.78	1.56	1.52	1.64	2.16	1.76	1.87	1.61	1.71
Er	5.1	4.78	3.93	5.24	4.82	3.98	4.76	6.55	5.2	5.6	4.82	5.37
Tm	0.8	0.8	0.6	0.8	0.8	0.52	0.724	1.01	0.83	0.84	0.78	0.86

续附表 I-2

样品编号	CH-50-19	CH-50-20	CH-50-21	CH-50-22	CH-50-23	YC127[1]	CZZHY1[2]	CZ-2	CZ-3	CZ-4	CZ-5	CZ-6
取样地点	106线穿脉南西端端D001	106线穿脉南西端端D002	106线穿脉南西端端D003	106线穿脉南西端端D004	106线穿脉南西端端D005	鸡岭		SHK01孔 148m左右	SHK01孔 149m左右	SHK01孔 150m左右	SHK01孔 151m左右	SHK01孔 152m左右
	翠宏山矿区							翠中矿区				
岩石类型	细粒花岗闪长岩		细粒碱长花岗岩			二长花岗岩		粗粒碱长花岗岩				
Yb	5.5	5.1	4.5	5.5	5.2	2.96	4.9	6.68	5.23	5.56	5.09	5.72
Lu	0.8	0.7	0.6	0.8	0.7	0.42	0.712	0.95	0.74	0.83	0.75	0.88
Y	45.2	41.4	33.3	47	40.4	35.81	50.4	69	51.4	54.5	46	52.4
ΣREE	272.47	192.27	225.42	375.17	231.18	289.75	291.7	396.36	315.69	238.59	285.76	304.15
$LREE$	195.43	154.16	167.1	292.75	160.9	226.24	209.46	286.12	231.1	238.36	208.99	218.78
$HREE$	77.04	71.01	58.32	82.42	70.28	63.51	82.24	110.24	84.59	90.23	76.77	85.37
$LREE/HREE$	2.54	2.2	2.87	3.55	2.29	3.56	2.55	2.6	2.73	2.64	2.72	2.56
$(La/Yb)_N$	5.89	4.63	6.22	9.79	4.95	12.62	3.76	6.96	7.01	6.64	6.23	6.13
δEu	0.07	0.08	0.09	0.08	0.08	0.41	0.17	0.13	0.16	0.15	0.2	0.17
δCe	1.03	0.98	1.02	0.99	0.96	0.93	0.73	1.05	1.04	1.05	1.06	1.03
Be	18	13.7	13.9	15.6	16.1		5.13					
Sc						10.3	3.04					
V	4	3	2	4	3	39.9	3.76					
Cr	7	5	4	4	4	8.36	21.6					
Co						6.26	0.666					
Ni						4.43	7.55					
Ga	32.3	31	33.8	34.4	34.1		20.7					
Rb	4.4	4.1	3.7	3.5	4.4	140	280	353	327	359	305	340

续附表 I-2

样品编号	CH-50-19	CH-50-20	CH-50-21	CH-50-22	CH-50-23	YC127[1]	CZZHY1[2]	CZ-2	CZ-3	CZ-4	CZ-5	CZ-6
取样地点	106线穿脉南西端D001	106线穿脉南西端D002	106线穿脉南西端D003	106线穿脉南西端D004	106线穿脉南西端D005	鸡岭		SHK01孔148m左右	SHK01孔149m左右	SHK01孔150m左右	SHK01孔151m左右	SHK01孔152m左右
	翠宏山矿区							翠中矿区				
岩石类型	细粒花岗闪长岩					二长花岗岩		粗粒碱长花岗岩				
Sr	92.4	89.2	82.3	95.8	84.8	216	108	83.5	89.4	97.7	127.5	102.5
Cs	0.91	0.76	0.79	0.8	0.87		7.86					
Ba	370	180	140	200	180	807	244	218	234	241	306	213
Pb							37.3	30.4	36.4	32.5	40.7	36.2
Th	50.4	53.3	55.9	53.3	52.6	12.3	35.3	70.7	53.5	43.6	43.2	43.6
U	11.3	13	12.5	8.3	12.6	2.97	12.1	14.4	27.1	13.4	15.1	12.9
Hf	10	12.1	10.8	9.8	11.8	7.1	7.43	8.2	7.5	6.8	7	7.5
Zr	313	365	287	288	343	261	188	226	208	185	186	205
B							6.17					
Nb	32.3	33.1	25.7	32.7	35.5	13	15.6	22.3	17	14.5	13.2	14.7
Ta	3.51	3.89	3.7	3.4	4.25	0.79	1.09	2.4	1.5	1.5	1.3	2.2
Zr/Hf(25,55)	31.3	30.17	26.57	29.39	29.07	36.76	25.3	27.56	27.73	27.21	26.57	27.33
Nb/Ta(5)	9.2	8.51	6.95	9.62	8.35	16.46	14.31	9.29	11.33	9.67	10.15	6.68

附表 I-3 早－中奥陶世二长花岗岩主量元素成分和微量、稀土元素组成测试分析结果表

样品编号	SXPM01TC03*	SXPM03TC16*	SXPM03TC17*	SXPM03TC43	SXPM03TC45	SXPM03TC47	SXPM03TC48	SXPM03TC101	SXPM02TC156
取样地点					三兴山幅				
岩石类型					二长花岗岩				
SiO_2	75.48	72.65	74.06	70.45	74.47	72.68	74.74	75.13	72.71
TiO_2	0.422	0.216	0.189	0.179	0.119	0.2	0.225	0.163	0.235
Al_2O_3	11.66	14.64	14.25	15.51	13.38	14.72	13.24	13.25	14.25
$Fe_2O_3/FeO*$	1.82/1.64	0.87/0.78	0.71/0.64	1.08/0.97	1.08/0.97	1/0.90	1.28/1.15	0.88/0.79	0.71/0.64
FeO	1.4	0.64	0.69	0.6	0.76	0.51	0.6	0.64	1.66
MnO	0.03	0.02	0.016	0.011	0.033	0.021	0.052	0.033	0.013
MgO	0.601	0.28	0.324	0.124	0.266	0.299	0.338	0.233	0.213
CaO	1.07	0.68	0.324	0.775	0.719	0.508	0.547	0.862	0.201
Na_2O	3.19	3.53	2.92	5.08	2.9	3.28	3.32	3.37	2.78
K_2O	2.93	4.86	4.85	5.52	5.03	5.12	4.13	4.11	5.73
P_2O_5	0.113	0.062	0.053	0.028	0.037	0.055	0.053	0.044	0.027
Na_2O+K_2O	6.12	8.39	7.77	10.6	7.93	8.4	7.45	7.48	8.11
Na_2O/K_2O	1.09	0.73	0.6	0.92	0.58	0.64	0.8	0.82	0.49
$TFeO+MgO+TiO_2$	4.06	1.92	1.84	1.87	2.12	1.91	2.31	1.83	2.75
Al_2O_3/TiO_2	27.76	67.78	75.4	86.65	112.44	73.6	58.84	81.29	60.64
CaO/Na_2O	0.34	0.19	0.11	0.15	0.25	0.15	0.16	0.25	0.07
A/CNK	1.12	1.19	1.34	0.98	1.16	1.24	1.21	1.14	1.28
A/NK	1.38	1.32	1.42	1.08	1.31	1.34	1.33	1.32	1.32
DI	87.52	91.59	92.07	94.12	91.45	91.87	91.56	91.37	91.72
SI	6.08	2.76	3.42	1	2.66	2.94	3.51	2.53	1.92

续附表 I - 3

样品编号	SXPM01TC03*	SXPM03TC16*	SXPM03TC17*	SXPM03TC43	SXPM03TC45	SXPM03TC47	SXPM03TC48	SXPM03TC101	SXPM02TC156
取样地点					三兴山幅				
岩石类型					二长花岗岩				
AR	2.85	3.42	3.28	4.73	3.57	3.46	3.35	3.26	3.86
σ	1.15	2.36	1.93	4.08	1.99	2.36	1.74	1.73	2.42
$Fe_2O_3/FeO(0.5)$	1.3	1.34	1.03	1.8	1.42	1.96	2.13	1.38	0.43
$FeO/(FeO+MgO)$	0.7	0.7	0.68	0.83	0.74	0.62	0.64	0.73	0.89
$0.446+0.0046\times SiO_2$	0.79	0.78	0.79	0.77	0.79	0.78	0.79	0.79	0.78
La	49.7	29.7	27.5	52.3	23.8	25	21.2	20.1	26.2
Ce	54.8	53.5	50.3	99.7	44	46.1	49.6	44.6	61.2
Pr	10.2	6.47	5.98	9.33	5.47	5.57	4.52	4.29	6.92
Nd	37.8	25	22.7	29.7	21.1	21.6	16.7	15.9	25.8
Sm	6.47	5.5	4.83	3.67	4.58	4.58	3.11	2.91	5.1
Eu	1.26	0.645	0.596	0.734	0.523	0.559	0.459	0.54	0.817
Gd	5.02	4.31	4.16	2.85	3.84	3.89	2.75	2.65	4.41
Tb	0.89	0.728	0.639	0.406	0.641	0.645	0.503	0.522	0.93
Dy	3.81	3.73	3.23	2	3.31	3.08	2.93	2.83	4.31
Ho	0.72	0.55	0.583	0.422	0.694	0.568	0.537	0.603	0.885
Er	2	2.02	1.6	1.23	2.06	1.6	1.49	1.68	2.23
Tm	0.276	0.346	0.24	0.216	0.367	0.304	0.268	0.272	0.377
Yb	1.89	2.33	1.7	1.75	2.76	1.79	1.87	1.77	2.21
Lu	0.232	0.305	0.211	0.219	0.389	0.206	0.225	0.257	0.305
Y	20.5	20.6	17.2	12.2	20.9	15.4	15.6	16.4	22.2

续附表 Ⅰ－3

样品编号	SXPM01TC03 *	SXPM03TC16 *	SXPM03TC17 *	SXPM03TC43	SXPM03TC45	SXPM03TC47	SXPM03TC48	SXPM03TC101	SXPM02TC156
取样地点					三兴山幅				
岩石类型					二长花岗岩				
ΣREE	195.57	155.83	141.47	216.73	134.43	130.89	121.76	115.32	163.89
ΣLREE	160.23	120.82	111.91	195.43	99.47	103.41	95.59	88.34	126.04
ΣHREE	35.34	35.02	29.56	21.29	34.96	27.48	26.17	26.98	37.86
ΣLREE/ΣHREE	4.53	3.45	3.79	9.18	2.85	3.76	3.65	3.27	3.33
$(La/Yb)_N$	18.86	9.14	11.6	21.44	6.19	10.02	8.13	8.15	8.5
δEu	0.65	0.39	0.4	0.67	0.37	0.39	0.47	0.58	0.51
δCe	0.56	0.9	0.92	1.02	0.91	0.92	1.18	1.12	1.09
Rb	65.3	173	164	137	193	160	130	134	177
Sr	140	156	99.2	49.7	116	147	142	166	58.4
Ba	872	773	707	281	438	727	780	930	567
Th	11.2	16.3	11.6	18.1	11.9	12.5	8.27	7.41	15.6
U	1.35	1.76	1.18	1.24	4.27	1.53	1.94	1.46	1.5
Hf	4.67	2.8	1.91	3.56	5.07	3.15	2.61	1.97	7.24
Zr	177	76.6	50.8	118	156	79	80.3	59.4	217
Nb	12.2	14.8	12.9	12.6	16.6	13.4	11.1	9.38	12.2
Ta	0.599	1.23	1.06	0.801	1.22	1.14	0.581	0.799	0.862
Zr/Hf(25,55)	37.9	27.36	26.6	33.15	30.77	25.08	30.77	30.15	29.97
Nb/Ta(5)	20.37	12.03	12.17	15.73	13.61	11.75	19.1	11.74	14.15
$^{87}Sr/^{86}Sr$		0.731915	0.736869						
$^{143}Nd/^{144}Nd$		0.512019	0.512065						
石英 $\delta^{18}O$ (‰)	3	3.6	5.5						

附表Ⅰ-4 矿田晚二叠世花岗岩主量元素成分和微量、稀土元素组成测试分析结果表

样品编号	SXPM03TC60[1]	SXPM12TC70[1]	SXPM12TC84[1]	SXPM17TC68[1]	SXPM24TC6[1]	SXPM26TC100[1]	SXPM25-1TC30[1]	SXPM25-1TC32[1]	SXPM25-1TC36[1]	HTS-31	HTS-32	HTS-33	HTS-34	HTS-35
取样地点	三兴山幅									宏铁山露天采坑北西端路口旁				
岩石类型	二长花岗岩									二长闪长岩		二长闪长岩包体		
SiO_2	73.33	73.16	80.18	75.17	68.86	68.68	71.25	71.08	70.87	54.22	54.04	53.55	53.89	53.41
TiO_2	0.245	0.411	0.055	0.063	0.48	0.6	0.29	0.3	0.27	0.99	1.03	1.01	1.03	1.04
Al_2O_3	13.88	15.13	11.53	13.86	15.79	15.45	15.58	15.95	15.77	15.1	15.21	14.75	15.34	15.24
$Fe_2O_3/FeO*$	1.08/0.97	0.89/0.80	0.055/0.25	3.64/0.58	1.21/1.09	1.34/1.20	0.99/0.89	1.04/0.93	0.81/0.73	1.3/1.17	1.4/1.26	1.2/1.08	1.3/1.17	1.4/1.26
FeO	0.93	0.43	0.25	0.42	1.17	1.66	0.71	0.72	0.59	5.91	5.77	6.24	5.99	5.88
MnO	0.031	0.004	0.004	0.018	0.021	0.042	0.044	0.032	0.044	0.14	0.14	0.17	0.16	0.14
MgO	0.402	0.335	0.131	0.204	0.92	1.26	0.55	0.53	0.48	6.97	6.98	7.67	7.15	7.34
CaO	0.894	0.196	0.932	0.256	1.6	2.62	2.09	1.92	2.02	7.49	7.91	7.06	7.1	7.53
Na_2O	3.76	1.82	2.7	2.63	3.96	3.13	4.21	3.97	4.08	4.57	4.46	4.32	4.55	4.36
K_2O	4.2	5.29	2.7	5.14	3.91	3.99	3.15	3.54	3.95	1.47	1.43	1.86	1.66	1.62
P_2O5	0.067	0.08	0.031	0.032	0.136	0.146	0.089	0.09	0.075	0.39	0.41	0.41	0.4	0.41
烧失量	1.14	2.23	1.39	1.54	1.74	0.9	0.84	0.66	0.8	0.83	0.86	0.84	0.82	0.9
总计	99.96	99.98	99.96	99.97	99.77	99.82	99.79	99.83	99.76	99.4	99.6	99.1	99.4	99.2
Na_2O+K_2O	7.96	7.11	5.4	7.77	7.87	7.12	7.36	7.51	8.04	6.04	5.89	6.18	6.21	5.98
Na_2O/K_2O	0.9	0.34	1	0.51	1.01	0.78	1.34	0.48	1.03	3.11	3.13	2.32	2.74	2.69
$TFeO+MgO+TiO_2$	2.55	1.98	0.49	1.27	3.66	4.72	2.44	2.48	2.07	15.04	15.04	16	15.34	15.52
Al_2O_3/TiO_2	56.65	36.81	209.6←	220	32.9	25.75	53.72	53.17	58.41	15.25	14.77	14.6	14.89	14.65
CaO/Na_2O	0.24	0.11	0.35	0.1	0.4	0.84	0.26	0.48	0.5	1.64	1.77	1.63	1.56	1.73
A/CNK	1.12	1.66	1.27	1.34	1.15	1.08	1.1	1.15	1.07	1.12	1.1	1.11	1.15	1.13
A/NK	1.29	1.73	1.56	1.4	1.47	1.63	1.51	1.54	1.43	2.5	2.58	2.39	2.47	2.55
DI	90.36	90.26	92.01	93.27	84.35	78.49	84.47	84.69	85.72	48.05	46.77	48.4	49.01	47.23
SI	3.88	3.84	2.24	2.26	8.25	11.08	5.74	5.42	4.85	34.47	34.83	36.03	34.62	35.63
AR	3.34	2.73	2.53	3.45	2.65	2.3	2.43	2.45	2.65	1.73	1.68	1.79	1.77	1.71

续附表 I-4

样品编号	SXPM03TC60[1]	SXPM12TC70[1]	SXPM12TC84[1]	SXPM17TC68[1]	SXPM24TC6[1]	SXPM26TC100[1]	SXPM25-1TC30[1]	SXPM25-1TC32[1]	SXPM25-1TC36[1]	HTS-31	HTS-32	HTS-33	HTS-34	HTS-35
取样地点	三兴山幅									宏铁山露天采坑北西端路口旁				
岩石类型	二长花岗岩									二长闪长岩		二长闪长岩包体		
σ	2.08	1.66	0.78	1.87	2.37	1.96	1.91	2	2.3	3.13	3.04	3.44	3.4	3.27
$Fe_2O_3/FeO(0.5)$	3.6	2.07	0.24	1.52	1.03	0.81	1.39	1.44	1.37	0.22	0.24	0.19	0.22	0.24
$FeO/(FeO+MgO)$	0.7	0.56	0.66	0.68	0.56	0.57	0.56	0.58	0.55	0.46	0.45	0.49	0.46	0.44
$0.446+0.0046\times SiO_2$	0.78	0.78	0.81	0.79	0.76	0.76	0.77	0.77	0.77	0.7	0.69	0.69	0.69	0.69
La	39.3	59.4	7.48	12.8	25.85	35.6	21.5	16.1	29.1	39.9	39.9	35	36.1	38.4
Ce	69	109	13.9	22.8	55.32	88.74	41.4	37.8	45.5	89.4	89	75.6	81.8	85.6
Pr	8.13	12.6	1.92	2.63	6.01	8.67	4.24	2.9	5.21	10.95	11.18	8.89	9.82	10.32
Nd	29.6	45.4	6.8	9.45	21.89	31.76	14.7	9.3	18	44.8	45.1	35.6	40.1	41
Sm	5.13	7.21	1.22	1.97	3.63	6.27	2.32	1.43	2.75	8.07	8.17	6.53	7.44	7.55
Eu	0.867	1.14	0.341	0.474	1	1.1	0.65	0.54	0.81	1.92	2.17	1.64	1.8	1.99
Gd	4.22	5.33	0.832	1.8	2.41	4.91	1.55	0.85	1.84	6.29	6.31	5.32	5.95	5.79
Tb	0.739	0.775	0.167	0.33	0.37	0.89	0.24	0.14	0.27	0.89	0.85	0.72	0.8	0.84
Dy	3.99	3.02	0.67	1.9	1.73	4.7	1.17	0.73	1.31	4.78	4.55	3.78	4.31	4.34
Ho	0.803	0.51	0.14	0.358	0.28	0.88	0.21	0.12	0.23	0.92	0.86	0.72	0.78	0.84
Er	2.19	1.25	0.379	1.15	0.79	2.6	0.6	0.37	0.68	2.66	2.37	2.07	2.38	2.34
Tm	0.401	0.207	0.067	0.217	0.12	0.44	0.1	0.06	0.1	0.39	0.34	0.29	0.32	0.34
Yb	2.66	1.05	0.49	1.48	0.69	2.86	0.6	0.4	0.61	2.44	2.13	1.84	1.95	2.11
Lu	0.325	0.131	0.073	0.211	0.11	0.44	0.1	0.07	0.1	0.36	0.3	0.27	0.3	0.29
Y	24.3	12.9	4.24	11.7	8.2	25.82	6	3.5	7.7	25.7	23.2	20.2	22.5	22.6
ΣREE	191.66	259.92	38.72	69.27	128.4	215.68	95.38	74.31	114.21	239.47	236.43	198.47	216.35	224.35
LREE	152.03	234.75	31.66	50.12	113.7	172.14	84.81	68.07	101.37	195.04	195.52	163.26	177.06	184.86
HREE	39.63	25.17	7.06	19.15	14.7	43.54	10.57	6.24	12.84	44.43	40.91	35.21	39.29	39.49
LREE/HREE	3.84	9.33	4.48	2.62	7.73	3.95	8.02	10.91	7.89	4.39	4.78	4.64	4.51	4.68

续附表 I - 4

样品编号	SXPM03TC60[1]	SXPM12TC70[1]	SXPM12TC84[1]	SXPM17TC68[1]	SXPM24TC6[1]	SXPM26TC100[1]	SXPM25-17TC30[1]	SXPM25-17TC32[1]	SXPM25-17TC36[1]	HTS-31	HTS-32	HTS-33	HTS-34	HTS-35
取样地点	三兴山幅									宏铁山露天采坑北端路口旁				
岩石类型	二长花岗岩									二长闪长岩包体			一长闪长岩包体	
$(La/Yb)_N$	10.6	40.58	10.95	6.2	26.87	8.93	25.7	28.87	34.22	11.73	13.44	13.64	13.28	13.05
δEu	0.55	0.54	0.98	0.76	0.97	0.58	0.99	1.38	1.04	0.79	0.89	0.82	0.8	0.89
δCe	0.9	0.93	0.88	0.91	1.05	1.2	1	1.25	0.84	1.03	1.02	1.02	1.05	1.03
Li										62.5	65.6	87.2	74.2	78.6
Be										2.01	1.71	1.78	1.7	1.6
Sc										20.9	20.1	20.8	19.8	19.7
V										154	160	163	155	171
Cr										320	330	330	340	350
Co										32	35.4	30.3	29.7	31
Ni										110.5	122	116.5	113	120
Cu										14.1	22.7	1.9	9.2	0.5
Ga										19.3	18.4	19.3	19.7	19.3
Rb	134	162	88.2	167	99.6	133.8	79	67	81	101	80.7	183.5	146.5	102.7
Sr	156	159	178	164	700.3	267.7	409	364	395	762	805	665	714	745
Mo										3.61	2.77	0.42	2.65	0.71
Cs										8.18	6.49	12.95	10.7	7.81
Ba	1100	1982	394	588	1046.7	567.2	515	635	750	449	433	461	430	431
Pb										8.1	9.1	5.9	6.2	9
Th	8.8	12.5	3.61	4.05	9.29	22.93	12.1	8.4	6.7	7.37	6.9	6.44	6.58	6.6
U	2.17	2.04	1.91	0.786	2.3	10.29	1.24	1.23	0.92	2.04	1.9	1.83	1.79	2.2
Hf	2.95	2.41	3.26	1.47	5.92	8.25	4.37	3.35	3.6	5.6	5.3	5.5	5.5	5.6
Zr	91.8	78.3	78.2	32.1	146.8	200.6	111	91	89	240	234	239	246	244
Sn										2	3	3	2	3

续附表 I-4

样品编号	SXPM03TC60[1]	SXPM12TC70[1]	SXPM12TC84[1]	SXPM17TC68[1]	SXPM24TC6[1]	SXPM26TC100[1]	SXPM25-1TC30[1]	SXPM25-1TC32[1]	SXPM25-1TC36[1]	HTS-31	HTS-32	HTS-33	HTS-34	HTS-35
取样地点	三兴山幅									宏铁山露天采坑北西端路口旁				
岩石类型	二长花岗岩									二长闪长岩包体				
Nb	13	11.4	1.95	4.15	8.31	15.04	8.2	7.8	6.9	8.9	7.8	7.4	7.8	7.8
Ta	1.12	0.565	0.295	0.412	0.65	1.83	0.6	0.53	0.46	0.7	0.5	0.4	0.5	0.4
Zn										101	97	122	113	103
Tl										0.86	0.86	1.52	1.31	0.77
Zr/Hf(25,55)	31.12	32.49	23.99	21.84	24.8	24.32	25.4	27.16	24.72	42.86	44.15	43.45	44.73	43.57
Nb/Ta(=5)	11.61	20	6.5	10.07	12.78	8.22	13.67	14.72	15	12.71	15.6	18.5	15.6	19.5
87Sr/86Sr					0.709277	0.71178		0.710045	0.710288					
143Nd/144Nd					0.512198	0.512312		0.512054	0.512104					
石英 δ18O(‰)								10.8	10.9					

注:样品编号右上角"数字",表示数据的出处。1:引自三兴山幅1:5万矿调报告,自中国武警黄金部队第一支队,2016年。

附表 I-5　矿田晚三叠世花岗岩主量元素成分和微量、稀土元素组成测试分析结果表

样品编号	CB-10	CB-11	CB-12	CB-13	CB-16	HTS-27	HTS-28	HTS-29	HTS-30	HTS-16	W14-12¹	HQS-2	HQS-3	HQS-4	HQS-5	HQS-6
取样地点	翠北铁矿旁的矿石堆					宏铁山露天采坑中部					翠宏山	红旗山矿石堆				
岩石类型	中粗粒花岗闪长岩					中粒二长花岗岩			中粒碱长花岗岩		二长花岗岩	中粒碱长花岗岩				
SiO_2	65.02	65.71	65.27	66.4	66.74	73.23	73.34	74.06	73.42	73.41	74.62	73.99	74.79	74.24	74.12	73.86
TiO_2	0.55	0.55	0.53	0.49	0.5	0.22	0.25	0.26	0.2	0.2	0.07	0.12	0.13	0.1	0.12	0.11
Al_2O_3	16.54	16.64	16.52	15.08	16.16	13.88	13.8	13.25	13.66	13.62	12.54	13.42	13.29	13.16	13.34	13.78
Fe_2O_3	0.88	0.99	0.81	0.8	0.83	0.7	0.6	0.6	0.4	0.3	0.73	0.31	0.33	0.43	0.44	0.29
FeO	2.83	2.71	2.75	2.73	2.57	1.08	1.38	1.47	1	0.81	1.9	1.32	1.24	1.45	1.47	1.2
MnO	0.14	0.16	0.15	0.13	0.14	0.05	0.06	0.07	0.06	0.06	0.04	0.04	0.04	0.04	0.04	0.03
MgO	0.73	0.74	0.74	0.71	0.68	0.31	0.36	0.41	0.27	0.3	0.68	0.14	0.15	0.11	0.12	0.14
CaO	2.28	2.14	2.26	2.15	2.11	1.2	1.16	0.98	1.27	1.54	0.74	0.64	0.64	0.62	0.67	0.7
Na_2O	4.5	4.48	4.57	4.49	4.41	4.05	4.06	3.84	3.86	3.75	3.18	3.98	3.92	4.16	4.19	3.79
K_2O	4.98	5	4.98	4.76	5.06	4.85	4.54	4.63	5.06	4.81	5.03	5.11	5.17	4.67	4.85	5.61
P_2O_5	0.15	0.15	0.15	0.13	0.13	0.04	0.05	0.05	0.03	0.04	0.04	0.01	0.01	0.01	0.01	0.01
烧失量	0.39	0.34	0.5	0.43	0.38	0.27	0.2	0.24	0.29	0.45		0.58	0.58	0.58	0.6	0.33
总计	98.99	99.61	99.23	99.31	99.71	99.9	99.8	99.9	99.5	99.3	99.57	99.66	100.29	99.57	99.97	99.85
Na_2O+K_2O	9.48	9.48	9.55	9.25	9.47	8.9	8.6	8.47	8.92	8.56	8.21	9.09	9.09	8.83	9.04	9.4
Na_2O/K_2O	0.9	0.9	0.92	0.94	0.87	0.84	0.89	0.83	0.76	0.78	0.63	0.78	0.76	0.89	0.86	0.68
$TFeO+MgO+TiO_2$						2.24	2.53	2.68	1.83	1.58	3.31					
Al_2O_3/TiO_2						55.52	55.2	50.96	68.3	68.1	179.14					
CaO/Na_2O						0.3	0.29	0.26	0.33	0.41	0.23					
A/CNK	0.98	1	0.97	0.98	0.97	1.37	1.41	1.4	1.34	1.35	1.04	1.01	1	1.01	1	1.01
A/NK	1.29	1.3	1.28	1.28	1.27	1.56	1.6	1.56	1.53	1.59	1.17	1.11	1.1	1.1	1.1	1.12

续附表 I－5

样品编号	CB-10	CB-11	CB-12	CB-13	CB-16	HTS-27	HTS-28	HTS-29	HTS-30	HTS-16	W14-12¹	HQS-2	HQS-3	HQS-4	HQS-5	HQS-6
取样地点	翠北铁矿劳的矿"石堆					岽铁山露天采坑中部					翠宏山	红旗山矿"石堆				
岩石类型	中粗粒花岗闪长岩					中粒二长花岗岩				二长花岗岩	二长花岗岩	中粒二长花岗岩		中粒碱长花岗岩		
DI	81.17	81.69	81.6	82.11	82.8	91.02	90.22	90.77	91.48	90.57	90.1	93.54	93.78	93.44	93.29	93.49
SI	5.24	5.32	5.34	5.26	5.02	2.82	3.29	3.74	2.55	3.01	5.9	1.29	1.39	1.02	1.08	1.27
AR	3.03	3.04	3.07	3.06	3.15	3.88	3.7	3.94	3.97	3.59	4.24	4.66	4.76	4.57	4.64	4.7
σ	4.03	3.93	4.05	3.62	3.76	2.62	2.43	2.31	2.61	2.4	2.13	2.66	2.6	2.49	2.62	2.86
$Fe_2O_3/FeO(0.5)$	0.31	0.37	0.29	0.29	0.32	0.65	0.43	0.41	0.4	0.37	0.38	0.23	0.27	0.3	0.3	0.24
$FeO/(FeO+MgO)$	0.79	0.79	0.79	0.79	0.78	0.78	0.79	0.78	0.79	0.73	0.74	0.9	0.88	0.93	0.92	0.9
$0.446+0.0046×SiO_2$	0.75	0.75	0.75	0.75	0.75	0.78	0.78	0.79	0.78	0.78	0.79	0.79	0.79	0.79	0.79	0.79
La	77.3	76.6	72.1	46.7	73.7	56.4	61.7	63.4	54	51.1	35	53	69.8	55.1	56.7	60.9
Ce	136.5	137.5	130.5	88.1	133	99.6	110.2	116.5	97.9	93.1	49	111.5	146.5	115	118	124
Pr	13.6	13.6	13.05	9.43	13.45	9.44	10.65	11.05	9.37	9.18	10.3	12.2	15.95	12.5	12.85	13.15
Nd	46.6	47	44.8	34.7	47.2	30.2	34.2	35.3	30.1	29	41	42.4	54.7	43.4	44.5	44
Sm	7.15	7.26	6.75	6.06	7.34	4.26	4.99	4.98	4.42	4.36	10.5	8.42	10.15	8.13	8.74	7.94
Eu	2.19	2.34	2.1	2.05	2.04	0.79	0.73	0.68	0.75	0.74	0.29	0.32	0.37	0.3	0.33	0.32
Gd	5.61	6.01	5.63	5.36	5.89	3.2	3.35	3.48	3.27	3.08	9.5	7.13	8.17	6.81	7.95	6.43
Tb	0.82	0.89	0.79	0.89	0.93	0.5	0.52	0.51	0.5	0.48	1.83	1.06	1.24	1.02	1.23	0.92
Dy	4.79	4.96	4.47	5.06	5.22	2.88	2.94	3.13	2.86	2.85	9.9	6.53	7.42	6.3	7.96	5.25
Ho	0.95	1.01	0.93	1.1	1.05	0.59	0.62	0.65	0.59	0.63	1.92	1.37	1.5	1.3	1.69	1.06
Er	2.96	2.99	2.89	3.43	3.25	1.98	1.98	2.16	1.98	1.92	5.24	4.09	4.55	3.91	5.07	3.21
Tm	0.48	0.48	0.44	0.55	0.51	0.33	0.32	0.34	0.33	0.32	0.86	0.61	0.65	0.57	0.77	0.43
Yb	3.01	3.16	2.93	3.56	3.32	2.18	2.13	2.31	2.26	2.21	5.3	4.01	4.39	3.84	5	2.86

续附表 I－5

样品编号	CB－10	CB－11	CB－12	CB－13	CB－16	HTS－27	HTS－28	HTS－29	HTS－30	HTS－16	W14－12¹	HQS－2	HQS－3	HQS－4	HQS－5	HQS－6
取样地点		翠北铁矿旁的矿石堆				宏铁山露天采坑中部					翠宏山		红旗山矿石堆			
岩石类型	中粗粒花岗闪长岩		中粒花岗闪长岩			中粒二长花岗岩					二长花岗岩		中粒碱长花岗岩			
Lu	0.48	0.49	0.43	0.54	0.51	0.33	0.32	0.36	0.35	0.33	0.84	0.61	0.67	0.59	0.78	0.44
Y	27.6	29.3	27.1	30.5	31.5	18.6	18.4	19.9	19	18.6	58	45.5	50.2	41.7	52.9	38.1
ΣREE	330.04	333.59	314.91	238.03	297.41	231.28	253.05	264.75	227.68	217.9	181.48	298.75	376.24	300.47	324.47	309.01
LREE	283.34	284.3	269.3	187.04	276.73	200.69	222.47	231.91	196.54	187.48	146.09	227.84	297.47	234.43	241.12	250.31
HREE	46.7	49.29	45.61	50.99	52.18	30.59	30.58	32.84	31.14	30.42	93.39	70.91	78.79	66.06	83.35	58.7
LREE/HREE	6.07	5.77	5.9	3.67	5.3	6.56	7.28	7.06	6.31	6.16	1.56	3.21	3.78	3.55	2.89	4.26
$(La/Yb)_N$	18.42	17.39	17.65	9.41	15.92	18.56	20.78	19.69	17.14	16.59	4.74	9.48	11.4	10.29	8.13	
δEu	1.02	1.05	1.01	1.03	0.92	0.63	0.51	0.47	0.58	0.59	0.09	0.12	0.12	0.12	0.12	0.13
δCe	0.95	0.96	0.97	0.97	0.96	0.96	0.97	0.99	0.98	0.97	0.63	1.04	1.04	1.03	1.03	1.02
Li	24.4	23.6	26.8	20.3	28.5	25.9	25.7	28	17	15.1		5.3	4.9	4.2	4.2	6.6
Be	1.85	2.29	1.84	3.1	2.33	2.71	2.54	2.81	2.76	2.63		4	3.93	4.01	4.7	3.29
Sc	10	9.7	10.2	5.2	9.4	2.8	1.8	2.4	2.4	2.5		2.8	2.8	2.5	3.5	2.5
V	20	21	20	18	17	12	12	12	9	10		12	15	12	8	11
Cr	10	10	10	10	10	10	10	10	20	10		20	20	20	20	30
Co	3.1	3.2	3.1	3.1	2.8	1.4	1.7	1.7	1.2	1.1		0.7	0.8	0.8	0.9	1
Ni	1.1	1	0.9	1.1	1	0.7	1.2	1.1	0.8	0.8		2.2	2.2	1.1	0.9	4.2
Cu	0.8	0.3	0.4	2.7	0.9	0.6	0.6	0.2	0.5	0.5		4.6	6.7	5.6	10.5	2.8
Ga	18.5	19.2	18.6	13.8	18.6	16.5	16.8	16.5	16.3	15.8		21.7	21.1	21.1	21.5	20.8
Rb	136	140.5	143.5	144.5	142.5	190	190.7	192.5	207	199.5		221	224	206	223	213
Sr	226	225	218	153.4	197	149.1	139.3	112	132.5	133		39.8	41.8	41.1	36.7	64.8

续附表 I-5

样品编号	CB-10	CB-11	CB-12	CB-13	CB-16	HTS-27	HTS-28	HTS-29	HTS-30	HTS-16	W14-12¹	HQS-2	HQS-3	HQS-4	HQS-5	HQS-6
取样地点	翠北铁矿旁的矿石堆					宏铁山露天采坑中部					翠宏山	红旗山矿石堆				
岩石类型	中粗粒花岗闪长岩					中粒二长花岗岩					二长花岗岩	中粒碱长花岗岩				
Mo	2.02	0.67	2.72	3.37	2.02	6.59	1.79	2.02	2.47	2.99		5.97	2.49	4.67	3.5	2.7
Cs	6.12	5.22	5.97	5.32	4.84	4.06	3.61	3.83	3.25	3.25		4.03	3.89	3.8	4.04	3.57
Ba	2180	2250	2070	1833	2020	988	865	719	911	855		295	310	236	241	321
Pb	25	26.8	30.1	28.3	33	19.5	19.1	19.3	19.6	18.9		24.3	22.5	20.2	19	32.6
Th	11.4	11.95	11.25	12.8	13.45	21.8	20.1	28.6	20.5	19.05		21.7	23.8	23.4	23.9	15.15
U	3.07	2.79	3.29	4.5	3.81	3.1	3.9	4.49	4.56	3.92		6.45	6.09	6.59	7.3	4.93
Hf	11.5	12.2	11.3	10.9	10.6	5.8	6.3	5.4	5.6	4.9		7.4	8	7.2	8.8	6.8
Zr	628	635	593	525	543	224	222	192	193	176		239	260	234	278	246
Sn	3	4	4	5	3	3	2	2	3	3		4	5	4	5	4
Nb	8.8	9.3	8.4	10.1	9.8	10.6	10.7	12.5	10.1	10.2		18.3	18	15.2	18	13.1
Ta	0.7	0.7	0.7	0.9	0.8	0.9	0.9	1.1	1	1		1.4	1.5	1.3	1.5	1.1
Zn	92	150	95	84	85	23	25	34	21	23		69	88	160	132	39
Tl	1.47	1.46	1.65	1.39	1.31	1.24	1.22	1.18	1.27	1.19		1.73	1.88	1.7	1.91	1.57
Zr/Hf(25,55)	54.61	52.05	52.48	48.17	51.23	38.62	35.24	35.56	34.46	35.92		32.3	32.5	32.5	31.59	36.18
Nb/Ta(5)	12.57	13.29	12	11.22	12.25	11.78	11.89	11.36	10.1	10.2		13.07	12	11.69	12	11.91

附表Ⅰ-6 矿田早侏罗世火山岩主量元素成分和微量、稀土元素组成测试分析结果表

样品编号	SXPM06TC 05¹	SXPM06TC 07¹	SXPM11TC 12¹	SXPM11TC 15¹	SXPM11TC 16¹	SXPM11TC 23¹	SXPM11TC 32¹	SXPM11TC 41¹	SXPM06TC 32¹	SXPM06TC 51¹	SXPM06TC 66¹	SXPM06TC 128¹	SXPM06TC 131¹
取样地点							三兴山幅						
岩矿定名	安山岩	英安质岩屑晶屑凝灰岩	流纹质岩屑晶屑凝灰岩	流纹岩	流纹质岩屑晶屑凝灰岩	英安质含角砾岩屑晶屑凝灰岩	英安岩	流纹质晶屑凝灰岩	英安质晶屑凝灰岩	英安质晶屑凝灰岩	流纹质屑晶屑凝灰熔岩	英安质凝灰熔岩	英安质角砾凝灰岩
TAS定名	粗面安山岩	粗面英安岩	流纹岩	流纹岩	流纹岩	流纹岩	流纹岩	流纹岩	流纹岩	流纹岩	流纹岩	流纹岩	流纹岩
SiO_2	57.05	63.13	70.78	76.64	78.22	71.49	70.93	76.76	71.04	73.14	71.93	72.76	73.88
TiO_2	1.03	0.63	0.24	0.22	0.24	0.45	0.43	0.12	0.44	0.41	0.39	0.28	0.26
Al_2O_3	19.58	15.66	17.33	14.28	13.16	14.9	15.26	13.77	14.52	15.75	14.69	14.32	14.36
Fe_2O_3	1.77	3.4	1.26	0.53	0.74	2.18	1.09	0.79	2.16	0.59	1.84	2.11	2.16
FeO	4	4.28	0.07	0.08	0.05	1.03	1.92	0.12	1.64	0.45	2.17	1.22	0.69
MnO	0.11	0.14	0.03	0.02	0.02	0.07	0.07	0.04	0.07	0	0.05	0.05	0.01
MgO	2.88	1.48	0.19	0.12	0.13	0.44	0.46	0.47	0.86	0.28	0.4	0.17	0.26
CaO	6.77	4.46	0.2	0.13	0.2	1.06	1.27	1.15	1.83	0.79	0.74	0.32	0.25
Na_2O	6.09	3.87	4.2	2.69	3.1	5.75	3.54	2.69	3.48	4.29	3.39	3.48	3.56
K_2O	1.06	3.58	5.68	5.27	4.09	2.5	4.93	4.08	4.23	4.29	4.73	5.57	4.79
P_2O_5	0.3	0.17	0.03	0.02	0.04	0.12	0.1	0.02	0.13	0.11	0.11	0.07	0.06
烧失量	0.98	1.14	1.56	1.31	1.7	1.32	1.8	1.78	1.11	1.38	1.75	1.45	1.58
总计	94.44	92.77	99.77	99.85	99.78	99.82	99.8	99.8	96.4	98.99	96.22	96.89	97.38
Na_2O+K_2O	7.15	7.45	9.88	7.96	7.19	8.25	8.47	6.77	7.71	8.58	8.12	9.05	8.35
K_2O/Na_2O	0.17	0.93	1.35	1.96	1.32	0.43	1.39	1.52	1.22	1	1.4	1.6	1.35
A/CNK	1.29	0.87	1.09	0.98	1.14	1.7	0.97	1.04	0.98	1.2	1.03	0.91	1.06
A/NK	1.75	1.53	1.33	1.41	1.38	1.22	1.37	1.56	1.41	1.34	1.37	1.22	1.3
DI	57.42	68.4	93	94.34	94.4	88.79	86.49	89.19	83.07	91.54	87.6	92.23	92.07
SI	18.23	8.91	1.68	1.39	1.61	3.72	3.85	5.79	6.98	2.83	3.19	1.36	2.28
AR	1.74	2.18	3.58	3.47	3.33	3.14	3.1	2.66	2.78	3.16	3.22	4.24	3.67
σ	3.63	2.76	3.51	1.88	1.47	2.39	2.57	1.36	2.12	2.44	2.28	2.75	2.26
AR	1.74	2.18	3.58	3.47	3.33	3.14	3.1	2.66	2.78	3.16	3.22	4.24	3.67

续附表 I－6

样品编号	SXPM06TC05¹	SXPM06TC07¹	SXPM11TC12¹	SXPM11TC15¹	SXPM11TC16¹	SXPM11TC23¹	SXPM11TC32¹	SXPM11TC41¹	SXPM06TC32¹	SXPM06TC51¹	SXPM06TC66¹	SXPM06TC128¹	SXPM06TC131¹
取样地点							三兴山幅						
岩矿定名	安山岩	英安质岩屑晶屑凝灰岩	流纹质岩屑晶屑凝灰岩	流纹岩	流纹质晶屑凝灰岩	英安质含角砾岩屑晶屑凝灰岩	英安岩	流纹质晶屑凝灰岩	英安质晶屑凝灰岩	英安质晶屑凝灰岩	流纹质岩屑晶屑凝灰熔岩	英安质凝灰熔岩	英安质角砾凝灰岩
TAS定名	粗面安山岩	粗面英安岩	流纹岩	流纹岩	流纹岩	流纹岩	流纹岩	流纹岩	流纹岩	流纹岩	流纹岩	流纹岩	流纹岩
Fe_2O_3/FeO	0.44	0.71	18	6.63	14.8	2.12	0.57	6.58	1.32	1.31	0.85	1.73	3.13
$FeO/(FeO+MgO)$	0.58	0.74	0.27	0.4	0.28	0.7	0.81	0.2	0.66	0.62	0.84	0.88	0.73
$0.446+0.0046 \times SiO_2$	0.71	0.74	0.77	0.8	0.81	0.77	0.77	0.8	0.77	0.78	0.78	0.78	0.79
La	50.2	23.5	21.79	47.29	33.67	46.31	46.14	31.71	43.3	66.9	38.3	38.7	34.8
Ce	111	44	52.39	93.83	63.57	92.38	95.9	56.01	81.3	123	70.2	72.7	63.9
Pr	12.7	6.07	6.2	11.54	8.15	11.01	11.46	6.77	9.43	14.7	7.88	8.03	7.43
Nd	50.7	25	21.31	41.06	28.67	40.83	42.24	22.59	35	52.1	27.7	28.9	26.5
Sm	10	5.43	4.28	7.73	5.38	7.89	8.1	3.44	6.29	9.34	4.86	5.05	4.72
Eu	2.44	1.14	0.61	0.93	0.7	1.38	1.31	0.82	1.03	1.18	0.73	0.52	0.46
Gd	8.45	4.6	3.57	6.23	4.54	6.84	6.9	2.41	5.32	7.22	3.88	3.93	4.33
Tb	1.57	0.97	0.82	1.24	0.92	1.25	1.27	0.4	1.01	1.4	0.8	0.84	0.8
Dy	8.21	5.14	5.24	7.19	5.59	6.81	7.09	1.98	5.55	6.02	3.96	4.33	4.66
Ho	1.58	1.08	1.15	1.42	1.14	1.33	1.39	0.35	1.07	1.18	0.81	0.96	1.09
Er	4.22	2.85	3.89	4.29	3.57	3.96	4.17	1.03	2.91	3.05	2.15	2.58	2.77
Tm	0.77	0.52	0.7	0.73	0.64	0.65	0.7	0.16	0.57	0.62	0.44	0.48	0.6
Yb	4.57	3.31	4.63	4.57	3.86	4.13	4.47	1.1	3.53	3.72	2.6	3.31	3.75
Lu	0.63	0.41	0.78	0.76	0.64	0.69	0.72	0.19	0.53	0.49	0.39	0.5	0.48
Y	44.7	29.2	33.08	40.4	32.63	38.2	39.81	10.44	30	33	21.4	26.5	26.5
ΣREE	311.74	153.22	160.44	269.21	193.67	263.66	271.67	226.84	323.92	186.1	139.4	197.33	182.79
LREE	237.04	105.14	106.58	202.38	140.14	199.8	205.15	176.35	267.22	149.67	121.34	153.9	137.81
HREE	74.7	48.08	53.86	66.83	53.53	63.86	66.52	50.49	56.7	36.43	18.06	43.43	44.98
LREE/HREE	3.17	2.19	1.98	3.03	2.62	3.13	3.08	3.49	4.71	4.11	6.72	3.54	3.06

续附表 I-6

样品编号	SXPM06TC 05[1]	SXPM06TC 07[1]	SXPM11TC 12[1]	SXPM11TC 15[1]	SXPM11TC 16[1]	SXPM11TC 23[1]	SXPM11TC 32[1]	SXPM11TC 41[1]	SXPM06TC 32[1]	SXPM06TC 51[1]	SXPM06TC 66[1]	SXPM06TC 128[1]	SXPM06TC 131[1]
取样地点						三兴山幅							
岩矿定名	安山岩	英安质岩屑晶屑凝灰岩	流纹质岩屑晶屑凝灰岩	流纹岩	流纹质晶屑岩屑凝灰岩	英安质含角砾岩屑晶屑凝灰岩	英安岩	流纹质晶屑岩屑凝灰岩	英安质晶屑凝灰岩	英安质晶屑凝灰岩	流纹质屑晶屑凝灰熔岩	英安质凝灰岩	英安质角砾凝灰岩
TAS定名	粗面安山岩	粗面英安岩	流纹岩	流纹岩	流纹岩	流纹岩	流纹岩	流纹岩	流纹岩	流纹岩	流纹岩	流纹岩	流纹岩
$(La/Yb)_N$	11.37	30.91	3.33	10.85	7.12	8.88	5.89	8.01	6.72	9.22	9.84	27.53	15.03
δEu	0.85	0.58	0.45	1.01	0.89	0.65	0.87	0.92	0.75	0.74	0.89	0.99	0.73
δCe	1.06	0.9	1.09	0.89	0.97	1.03	0.84	1.07	0.9	0.94	1.04	0.84	1.07
Li	25.9	22.2	9.01	12.47	21.34	25.07	25.91	25.84	38.9	13.6	41.7	9.47	14.9
Sc	20.1	10.9	4.6	6.24	4.35	7.86	7.49	1.64	6.53	5.71	4.9	4.91	5.12
V	79.4	54.4							31.5	29.9	27.5	15.7	17.4
Cr	24.7	11.1	4.2	2.1	4.8	3.2	4.9	1.8	3.72	2.62	2.5	1.75	2.28
Co	16.4	9.16	0.85	0.19	0.33	1.62	2.58	0.74	4.84	1.81	2.02	3.05	1.58
Ni	15.7	5.73	1.98	1.1	1.52	1.46	2.09	1.72	2.2	1.87	1.37	2.26	2.32
Ga	22	19.2	20.29	18.46	12.99	19.91	19.93	14.49	17.4	19.7	15.4	15	16.9
Rb	50.6	110	128.4	135.3	99.4	73.4	127	85.3	149	175	151	176	196
Sr	379	242	56.4	25.1	40.3	97	117.1	126.6	213	172	172	75.4	77.2
Cs	4.16	2.17							4.64	3.19	3.65	7.96	10.3
Ba	180	625	1211.9	785.4	758	496	749.1	834.8	811	843	733	1016	881
Th	21.9	15.8	12.27	15.21	15.24	11.55	12.74	7.18	16	26.9	20	18	20.4
U	5.86	4.36	4.59	6.42	7.06	3.24	3.87	1.98	4.58	8.08	4.51	4.88	5.04
Hf	8.18	4.99	7.56	5.62	6.1	5.34	6.23	2.23	4.59	5.75	4.95	7.28	7.2
Zr	242	158	237.1	214.6	194.4	212.2	232.7	59.2	135	192	140	232	242
Nb	15.2	10.2	17.5	15.03	13.37	16.17	14.85	11.16	12.1	15.9	12.3	13	14
Ta	1.28	0.89	1.29	1.07	1.01	1.1	1.11	1.07	0.9	1.5	1.12	1.01	1.21
Zr/Hf(25,55)	29.58	31.66	32.21	38.19	31.87	39.74	37.35	26.55	29.41	33.39	28.28	31.87	33.61
Nb/Ta(=5)	11.88	11.46	13.57	14.05	13.24	14.7	13.38	10.43	13.44	10.6	10.98	12.87	11.57

附表Ⅰ-7 矿田早侏罗世花岗闪长岩主量元素成分和微量、稀土元素组成测试分析结果表

样品编号	HJH-8	HJH-9	HJH-10	HJH-11	HJH-12	HJH1-B4[1]	HJH1-B57[1]	HJH-YX-B1[1]	HJH-YX-B2[1]	HJH-11-B17[2]	TWH2[2]	DKH12[2]	WLHH11[2]	CZZHY2[3]	CHS-22[4]
取样地点	霍吉河矿堆处													翠中	翠宏山
岩矿定名	斑状花岗闪长岩					中细-中粗粒花岗闪长岩					细粒花岗闪长岩				石英二长岩
SiO_2	70.8	68.36	66.83	70.92	70.96	66.34	67.5	69.34	60.06	64.28	65.95	74.21	68.35	72.54	66.39
TiO_2	0.41	0.49	0.56	0.42	0.39	0.74	0.71	0.44	0.7	0.5	0.56	0.25	0.46	0.196	0.43
Al_2O_3	14.14	14.88	15.49	14.45	14.62	15.04	13.81	13.08	13.45	15.26	14.3	13.52	14.65	13.84	15.98
Fe_2O_3	1.2	1.28	1.9	0.74	0.65	1	2.17	1.49	6.8	3.1	3.58	1	1.76	1.88	1.05
FeO	0.94	1.64	1.65	1.2	1	1.24	0.35	0.78	1.18	0.86	1.57	1.15	1.8	1.45	2.35
MnO	0.03	0.03	0.04	0.02	0.02	0.07	0.09	0.02	0.02	0.02	0.06	0.02	0.03	0.056	0.13
MgO	0.77	1.3	1.5	0.85	0.77	2.13	2.09	1.62	1.46	1.63	1.27	0.4	1	0.357	0.45
CaO	1.76	2.27	2.61	2.02	1.72	3.03	2.65	2.21	3.83	3.35	2.49	1.14	2.11	1.05	1.57
Na_2O	3.15	3.28	3.23	3.54	3.26	3.78	3.13	2.6	3.66	3.52	2.63	3.18	2.97	4.17	4.8
K_2O	4.79	4.18	3.96	4.61	4.94	5.06	5.22	5.78	3.98	3.36	4.69	4.47	5.18	4.81	5.93
P_2O_5	0.13	0.14	0.17	0.13	0.11	0.3	0.24	0.02	0.12	0.01	0.15	0.07	0.14	0.051	0.14
烧失量	1.6	1.4	1.74	1.01	1.07						2.41	0.47	1.38	0.47	0.2
总计	99.72	99.25	99.68	99.91	99.51	100.15	99.7	99.47	99.97	100.7	99.64	99.87	99.84	100.87	99.43
Na_2O+K_2O	7.94	7.46	7.19	8.15	8.2	8.84	8.35	8.38	7.64	6.88	7.32	7.65	8.15	8.98	10.73
Na_2O/K_2O	0.66	0.78	0.82	0.77	0.66	0.75	0.6	0.45	0.92	1.05	0.56	0.71	0.57	0.87	0.81
A/CNK	1.04	1.06	1.08	1	1.06	0.87	0.88	0.9	0.78	0.98	1.02	1.11	1.02	0.99	0.93
A/NK	1.36	1.5	1.61	1.33	1.36	1.28	1.28	1.24	1.3	1.62	1.52	1.34	1.39	1.15	1.12
DI	85.85	80.49	77.13	85.17	86.38	79.76	80.77	83.92	71.77	73.33	76.85	89.15	81.95	89.88	87.63
SI	7.11	11.13	12.3	7.77	7.25	16.12	16.26	13.25	8.73	13.24	9.34	3.92	7.88	2.83	3.09
AR	2.99	2.54	2.32	2.96	3.01	2.92	3.06	3.43	2.59	2.17	2.55	3.18	2.89	4.04	4.15
σ	2.25	2.16	2.13	2.37	2.39	3.31	2.8	2.62	3.19	2.14	2.28	1.87	2.59	2.73	4.89
Fe_2O_3/FeO	1.28	0.78	1.15	0.62	0.65	0.81	6.2	1.91	5.76	3.6	2.28	0.87	0.98	1.3	0.47
$FeO/(FeO+MgO)$	0.55	0.56	0.52	0.57	0.56	0.37	0.14	0.33	0.45	0.35	0.55	0.74	0.64	0.8	0.84

续附表 Ⅰ-7

样品编号	HJH-8	HJH-9	HJH-10	HJH-11	HJH-12	HJH1-B4[1]	HJH1-B57[1]	HJH-YX-B1[1]	HJH-YX-B2[1]	HJH-11-B17[2]	TWH2[2]	DKH12[2]	WLH11[2]	CZZHY2[3]	CHS-22[4]
取样地点	霍吉河矿区													翠中	翠宏山
岩矿定名	斑状花岗闪长岩						中细-中粗粒花岗闪长岩				细粒花岗闪长岩				石英二长岩
$0.446+0.0046 \times SiO_2$	0.77	0.76	0.75	0.77	0.77	0.75	0.76	0.76	0.72	0.74	0.75	0.79	0.76	0.78	0.75
La	31	31.5	35.9	32.6	27	15.95	37.22	37.12	42.9	58.19	33	16.3	28.4	50.1	42.3
Ce	54.4	59.7	64.7	53.8	47.3	34.38	69.15	64.71	74.48	110.16	61.9	21.1	49.7	67.7	94
Pr	5.65	6.06	6.46	5.34	4.9	4.013	7.815	6.99	7.89	12.35	7.51	2.14	5.55	9.61	11.35
Nd	19.7	21.4	22.7	18.3	17	15.39	28.53	24.44	28.42	44.24	23.4	7.06	20.1	34.6	41.53
Sm	3.23	3.65	3.8	3.15	2.97	2.813	4.674	3.82	4.899	7.173	3.75	1.07	3.41	6.25	6.87
Eu	0.77	0.9	0.94	0.71	0.73	0.7191	1.094	0.9989	1.254	1.561	0.88	0.35	0.9	0.628	2.47
Gd	2.29	2.81	3.09	2.33	2.17	2.434	3.946	3.088	4.302	5.639	3.25	0.94	2.44	5.04	6.21
Tb	0.32	0.43	0.47	0.32	0.3	0.3721	0.5244	0.3897	0.5521	0.6735	0.43	0.13	0.33	0.868	0.95
Dy	1.76	2.28	2.36	1.7	1.64	2.103	2.676	2.304	3.56	3.802	2.4	0.82	1.77	5.12	5.15
Ho	0.33	0.44	0.49	0.34	0.32	0.3852	0.4701	0.3783	0.5813	0.5916	0.45	0.16	0.34	1.05	0.98
Er	0.85	1.27	1.37	0.91	0.92	1.15	1.324	1.073	1.662	1.654	1.3	0.44	0.9	3.34	2.79
Tm	0.13	0.21	0.21	0.15	0.15	0.1643	0.1917	0.1609	0.2545	0.2395	0.23	0.09	0.15	0.609	0.42
Yb	0.89	1.33	1.37	1.03	0.99	1.044	1.266	1.078	1.688	1.67	1.51	0.57	1.02	4.08	2.69
Lu	0.15	0.21	0.21	0.16	0.17	0.1671	0.184	0.1859	0.2766	0.2486	0.24	0.1	0.15	0.626	0.43
Y	9.3	13.5	14	10	9.5	8.098	13.21	10.41	14.83	14.68	14.1	4.53	9.2	34.3	30
ΣREE	130.77	145.69	158.07	130.84	116.06	89.18	172.28	157.15	187.55	262.87	154.35	55.8	124.36	223.92	248.14
LREE	114.75	123.21	134.5	113.9	99.9	73.27	148.48	138.08	159.84	233.67	130.44	48.02	108.06	168.89	198.52
HREE	16.02	22.48	23.57	16.94	16.16	15.92	23.79	19.07	27.71	29.2	23.91	7.78	16.3	55.03	49.62
LREE/HREE	7.16	5.48	5.71	6.72	5.18	4.6	6.24	7.24	5.77	8	5.46	6.17	6.65	3.07	4
$(La/Yb)_N$	24.98	16.99	18.8	22.7	19.56	10.96	21.09	24.7	18.23	24.99	15.68	20.51	19.97	8.81	11.28
δEu	0.82	0.83	0.81	0.77	0.84	0.82	0.76	0.86	0.82	0.72	0.75	1.04	0.91	0.33	1.13

续附表 I-7

样品编号	HJH-8	HJH-9	HJH-10	HJH-11	HJH-12	HJH1-B4[1]	HJH1-B57[1]	HJH-YX-B1[1]	HJH-YX-B2[1]	HJH-11-B17[2]	TWH2[2]	DKH12[2]	WLH11[2]	CZZHY2[3]	CHS-22[4]
取样地点	霍吉河矿矿堆处													翠中	翠宏山
岩矿定名	斑状花岗闪长岩							中细-中粗粒花岗闪长岩				细粒花岗闪长岩			石英二长岩
δCe	0.93	0.99	0.96	0.91	0.93	1.03	0.94	0.92	0.92	0.96	0.93	0.76	0.91	0.71	1.03
Li	6.1	9.2	8.3	6.7	5.6							3.26	9.83	23.7	
Be	2.16	1.92	2	2.51	2.24							3.11	2.3	3.4	
Sc	3.4	5.8	5.9	3.5	3.5							4.96	6.84	2.59	
V	36	58	62	35	34							14.5	48.7	6.91	11
Cr	20	10	10	10	10							7.47	5.6	6.64	10.3
Co	4.5	8.2	8.1	4.1	3.9							2.09	4.52	1.53	1.8
Ni	2.1	2.9	2.7	2.2	1.7							2.3	5.2	3.96	2.9
Cu	56.5	119.5	65.9	49.8	46.3							20.2	69.1	2.46	3.7
Ga	17.6	18.3	19.3	19	17.8							22.4	21.7	15.8	19.3
Rb	180	151	154	182.5	177.5	90.24	187.4	200.4	126.4	143.5		15	17	156	113
Sr	665	453	445	475	473	501.2	582.6	283.8	393.1	379.9		20	33	97.2	98
Cl														224	
Mo	111.5	51.1	41.5	123.5	124.5			200.4	124.5			29.32	11.39	1.57	3
F												540	106	0.111	
Cs	2.16	2.58	2.39	3.36	2.62							2.08	3.49	3.29	
Ba	785	742	771	540	883	786.9	708.7	742.5	779.6	736.5		385	654	510	1711
W	18	15.3	14.8	17.1	19.4							1.75	2.06	1.21	1.84
Pb												6.17	15.3	29.8	26.1
Bi	16.4	15.75	14.3	20.5	18.1	12.09	17.04	16.42	12.79	22.33		0.9	0.3	0.079	
Th	7.14	5.47	4.52	8.56	5.93	7.838	12.43	32.25	29.28	29.85		16.5	14.1	22	10.1
U	4.7	4	5.1	4.6	5.2	5.049	3.942	11.15	10.6	6.953		6.09	4.36	6.81	2.53
Hf						1.659	2.342	4.738	5.832	3.845		2.9	3.9	7.87	13.8

续附表 I-7

样品编号	HJH-8	HJH-9	HJH-10	HJH-11	HJH-12	HJH1-B4[1]	HJH1-B57[1]	HJH-YX-B1[1]	HJH-YX-B2[1]	HJH-11-B17[2]	TWH2[2]	DKH12[2]	WLH11[2]	CZZHY2[3]	CHS-22[4]
取样地点	霍吉河矿堆处													翠中	翠宏山
岩矿定名	斑状花岗闪长岩					中细-中粗粒花岗闪长岩						细粒花岗闪长岩			石英二长岩
Zr	174	146	197	170	190	47.17	45.06	133.8	176.2	109.2		97	142	201	552
B												4.04	6.55	2.7	
Sn	2	2	2	1	1							2.33	3.56		
Nb	7.9	9.1	9.2	8.7	7.6	5.269	69.15	8.299	11.41	10.5		4.68	8.78	15.4	12.9
Ta	0.6	0.7	0.8	0.7	0.6	0.2219	37.22	1.399	1.557	1.472		0.44	0.74	1.43	0.85
As												0.3	0.3		
Sb												0.01	0.01	0.185	0.04
Hg												1.06	2.79		
Au												0.16	0.38		0.3
Ag												17.8	28.3		20
Zn	19	20	26	17	15							578	520	38.7	77
Cd														0.102	
In														0.037	
Tl	1.06	0.81	0.94	0.85	0.97									1.21	
Zr/Hf(25,55)	37.02	36.5	38.63	36.96	36.54	28.43	19.24	28.24	31.56	28.4		33.45	36.41	25.54	40
Nb/Ta(5)	13.17	13	11.5	12.43	12.67	23.74	1.86	5.93	7.33	7.13		10.63	11.86	10.77	15.18

附表 I-8 矿田早侏罗世二长花岗岩主量元素成分和微量、稀土元素组成测试分析结果表

样品编号	HJH-2	HJH-3	HJH-4	HJH-5	HJH-6	HJHN1[1]	HJH6[1]	HJH6-1[1]	HJH18[1]	HJH9[1]	WLHH41[2]	H41-1[2]	H41-2[2]	H41-3[2]	H41-4[2]	HJH1107 23-1[3]	HJH1107 23-4[3]	HJH1107 23-5[3]	HJH0908 13[3]	HJH0908-14[3]
取样地点	霍吉河(高值型)ZK2301					霍吉河(一般型)					霍吉河(一般型)					霍吉河(一般型)				
岩矿定名	花岗细晶岩					中细粒二长花岗岩					中细粒二长花岗岩					斑状黑云母二长花岗岩				
SiO_2	76.96	78.13	77.17	78.49	77.59	69.4	66.8	66.05	67.1	66.7	67.83	67.25	66.55	66.76	66.47	69.23	68.95	68.86	67.75	70.32
TiO_2	0.17	0.07	0.09	0.08	0.1	0.56	0.54	0.54	0.49	0.52	0.57	0.53	0.53	0.55	0.55	0.47	0.52	0.56	0.53	0.55
Al_2O_3	11.86	11.21	12.04	11.38	11.54	15.96	16	16.06	15.4	15.4	14.48	14.56	15.08	14.78	15.11	15.38	15.09	15.24	13.8	14.44
Fe_2O_3	0.17	0.11	0.19	0.12	0.24	1.51	1.66	1.71	1.36	1.44	1.36	3.71	2.32	3.22	2.91	2.87	2.56	2.28	4.11	2.48
FeO	0.46	0.36	0.41	0.37	0.57	1.69	1.05	1	1.29	1.56	1.56	1.17	2.1	1.2	1.99					
MnO	0.01	0.01	0.01	0.01	0.01	0.07	0.07	0.07	0.08	0.07	0.03	0.035	0.06	0.04	0.06	0.03	0.01	0.02	0.05	0.03
MgO	0.18	0.09	0.13	0.07	0.15	1.42	1.74	1.75	1.62	1.6	1.52	1.26	1.33	1.31	1.33	0.95	1.13	1.09	1.74	1.08
CaO	0.38	0.3	0.46	0.3	0.42	2.75	2.51	2.54	2.58	3	2.34	1.67	2.38	2.29	2.4	2.48	2.05	1.98	2.79	2.37
Na_2O	2.17	2.11	2.28	2.18	2.19	2.72	2.68	2.77	2.93	2.94	3.27	2.14	3.1	3.07	2.95	3.44	3.09	3.23	3.49	3.23
K_2O	6.41	6.29	6.41	6.26	6.08	3.68	4.66	4.6	4.57	3.95	5.02	4.63	4	4.02	3.89	4.12	4.95	5.32	3.79	3.94
P_2O_5	0.02	0.01	0.01	0.01	0.02	0.22	0.25	0.25	0.2	0.21	0.16	0.15	0.15	0.16	0.16	0.18	0.19	0.19	0.15	0.19
烧失量	0.43	0.31	0.56	0.3	0.37	0.44	2.39	2.2	1.93	2.56	1.61	2.63	1.18	2.33	1.92	0.75	1.1	1.09	1.71	1.29
总计	99.22	99	99.76	99.57	99.28	100.1	100	99.56	99.4	99.9	99.77	99.74	98.78	99.73	99.74	99.15	98.54	98.77	98.2	98.63
Na_2O+K_2O	8.58	8.4	8.69	8.44	8.27	6.4	7.34	7.37	7.5	6.89	8.29	6.77	7.1	7.09	6.84	7.56	8.04	8.55	7.28	7.17
Na_2O/K_2O	0.34	0.34	0.36	0.35	0.36	0.74	0.58	0.6	0.64	0.74	0.65	0.46	0.78	0.76	0.76	0.83	0.62	0.61	0.92	0.82
A/CNK	1.06	1.03	1.04	1.04	1.05	1.18	1.14	1.13	1.06	1.05	0.96	1.26	1.09	1.09	1.12	1.05	1.06	1.04	0.92	1.04
A/NK	1.13	1.09	1.12	1.1	1.13	1.88	1.69	1.68	1.57	1.68	1.34	1.7	1.6	1.57	1.67	1.52	1.44	1.37	1.4	1.51
DI	95.98	97.11	95.96	97.07	95.71	76.17	77.4	77.2	78.4	75.9	81.31	78.71	77.22	77.96	76.16	81.01	82.89	84.1	77.89	81.8
SI	1.92	1	1.38	0.78	1.63	12.91	14.8	14.87	13.8	14	11.94	9.9	10.39	10.33	10.25	8.47	9.76	9.24	13.51	10.21
AR	5.69	6.4	5.56	6.21	5.48	2.04	2.31	2.31	2.44	2.2	2.94	2.43	2.37	2.42	2.28	2.47	2.77	2.97	2.56	2.49
σ	2.16	2	2.21	2	1.97	1.55	2.23	2.31	2.3	1.96	2.73	1.85	2.1	2.07	1.96	2.17	2.47	2.8	2.11	1.87
$Fe_2O_3/FeO(0.5)$	0.37	0.31	0.46	0.32	0.42	0.89	1.58	1.71	1.05	0.92	0.87	1.85	1.06	2.68	1.46					

续附表 I-8

样品编号	HJH-2	HJH-3	HJH-4	HJH-5	HJH-6	HJHN1[1]	HJH6[1]	HJH6-1[1]	HJH8[1]	HJH9[1]	WLHH41[2]	H41-1[2]	H41-2[2]	H41-3[2]	H41-4[2]	HJH1107 23-1[3]	HJH1107 23-4[3]	HJH1107 23-5[3]	HJH1107 13[3]	HJH0908 13[3]	HJH0908-14[3]
取样地点	霍吉河(高值型) ZK2301					霍吉河(一般型)					霍吉河(一般型)					霍吉河(一般型)					
岩矿定名	花岗细晶岩					中细粒二长花岗岩					中细粒二长花岗岩					斑状黑云母二长花岗岩					
FeO/(FeO+MgO)	0.72	0.8	0.76	0.84	0.79	0.54	0.38	0.36	0.44	0.51	0.51	0.48	0.61	0.48	0.6						
$0.446 + 0.0046 \times SiO_2$	0.8	0.8	0.8	0.8	0.8	0.77	0.75	0.75	0.75	0.75	0.76	0.76	0.75	0.75	0.75	0.76	0.76	0.76	0.76	0.76	0.77
La	26.3	22.6	23.1	20.4	32.8	30.41	27.8	25.55	28.2	30.6	31.75	22.9	27.6	31.4	30.4	29.4	26.9	27.7		29.8	39.1
Ce	35.5	25.6	26.6	22.9	38.9	64.42	56.5	53.01	55.5	60.3	57.47	44.19	14.64	14.56	14.87	53.5	47.8	52.6		54.1	61.2
Pr	2.8	1.82	1.93	1.57	2.83	7.67	6.69	6.35	6.51	6.93	6.6	4.29	5.31	5.67	5.85	6.83	5.89	6.64		6.67	7.14
Nd	8.8	5.1	5.1	4.2	7.8	27.37	23.8	22.15	22.6	25.1	24.16	17.49	21.62	22.44	22.99	25.3	21.9	24.9		24.4	26.2
Sm	1.34	0.7	0.76	0.63	1.14	4.95	4.3	3.5	3.76	4.08	3.67	3.02	3.72	3.86	4.06	4.06	3.43	4		3.9	4.16
Eu	0.3	0.17	0.19	0.17	0.21	1.06	1	0.88	0.95	1.03	0.83	0.69	1.02	0.98	1.18	0.99	0.92	1.04		1	1.09
Gd	0.99	0.75	0.53	0.56	0.74	4.13	3.42	3.04	2.97	3.44	3.57	3.07	3.79	4.06	4.08	3.47	2.99	3.28		3.36	3.48
Tb	0.15	0.13	0.08	0.08	0.12	0.63	0.49	0.47	0.47	0.54	0.48	0.29	0.36	0.39	0.4	0.48	0.42	0.46		0.51	0.47
Dy	0.96	0.79	0.48	0.55	0.59	3.17	2.55	2.31	2.29	2.74	2.52	1.72	2.21	2.3	2.49	2.39	2.06	2.19		2.65	2.31
Ho	0.21	0.19	0.12	0.13	0.14	0.58	0.49	0.41	0.45	0.49	0.5	0.34	0.43	0.44	0.49	0.46	0.39	0.4		0.51	0.42
Er	0.7	0.73	0.38	0.46	0.42	1.88	1.47	1.21	1.24	1.41	1.29	0.88	1.12	1.15	1.23	1.21	1.03	1.01		1.4	1.11
Tm	0.13	0.14	0.07	0.08	0.07	0.29	0.2	0.19	0.19	0.22	0.22	0.19	0.25	0.25	0.28	0.21	0.17	0.17		0.24	0.19
Yb	0.99	1.11	0.56	0.69	0.54	1.69	1.33	1.27	1.28	1.41	1.38	0.93	1.21	1.26	1.38	1.37	1.19	1.13		1.68	1.27
Lu	0.18	0.2	0.1	0.14	0.11	0.26	0.22	0.19	0.21	0.25	0.22	0.16	0.21	0.22	0.23	0.21	0.18	0.18		0.25	0.19
Y	7.3	6.7	3.6	4.3	4.3	16.61	14.1	12.59	13.4	15.2	16.11	9.49	12.22	12.25	15.1	12.4	10.6	10.6		13.9	11.1
ΣREE	86.65	66.73	63.6	56.86	90.71	165.1	144	133.1	140	154	150.77	109.7	95.71	101.2	105	142.28	125.87	136.3		144.37	159.43
LREE	75.04	55.99	57.68	49.87	83.68	135.9	120	111.4	118	128	124.48	92.58	73.91	78.91	79.35	120.08	106.84	116.88		119.87	138.89

续附表 I - 8

样品编号	HJH-2	HJH-3	HJH-4	HJH-5	HJH-6	HJHN1[1]	HJH6[1]	HJH6-1[1]	HJH8[1]	HJH9[1]	WLHH41[2]	H41-1[2]	H41-2[2]	H41-3[2]	H41-4[2]	HJH1107 23-1[3]	HJH1107 23-4[3]	HJH1107 23-5[3]	HJH1107 13[3]	HJH0908 13[3]	HJH0908 14[3]
取样地点	霍吉河(高值型)ZK2301					霍吉河(一般型)					霍吉河(一般型)					霍吉河(一般型)					
岩矿定名	花岗细晶岩					中细粒二长花岗岩					中细粒二长花岗岩					斑状黑云母二长花岗岩					
HREE	11.61	10.74	5.92	6.99	7.03	29.24	24.3	21.68	22.5	25.7	26.29	17.07	21.8	22.32	25.6	22.2	19.03	19.42	24.5		20.54
LREE/HREE	6.46	5.21	9.74	7.13	11.9	4.65	4.95	5.14	5.23	4.99	4.73	5.42	3.39	3.54	3.1	5.41	5.61	6.02	4.89		6.76
(La/Yb)$_N$	19.06	14.6	29.59	21.21	43.57	12.91	15	14.43	15.8	15.6	16.5	17.66	16.36	17.88	15.8	15.39	16.21	17.58	12.72		22.08
δEu	0.76	0.71	0.87	0.86	0.66	0.7	0.77	0.81	0.84	0.82	0.69	0.69	0.82	0.75	0.88	0.79	0.86	0.85	0.82		0.85
δCe	0.83	0.73	0.74	0.73	0.76	1.01	0.98	0.99	0.97	0.97	0.92	1.02	0.28	0.25	0.26	0.89	0.89	0.92	0.9		0.83
Li	2.3	2.1	2.1	1.8	2.3						8.39	9.23	10.5	10.1	11.1	11.2	15.1	13.8	8.74		14.4
Be	1.89	1.55	1.93	1.7	2.01						1.9	1.8	2	2.1	2	2.16	2.08	2.02	2.86		1.85
Sc	2	1.2	1.6	1.2	1.9						6.12	5.39	5.47	5.4	5.35	4.93	4.96	4.94	6.67		4.97
V	13	8	9	7	12						58.9	58.9	50	50.3	49.7	44.3	40.5	47.1	56.5		43.6
Cr	10	20	20	10	10						11.2	7.14	9.07	11.1	8.18	24.4	25.4	25.7	29.4		26.6
Co	0.7	0.7	1.2	0.5	0.9						5.31	4.59	5.62	5.84	6.94	5.57	9.24	5.83	7.75		6.17
Ni	0.9	3	1	0.7	1						3.7	3.1	3	1.7	1.8	2.03	2.21	2.2	5.03		2.35
Cu	10.6	15.1	14.4	9.1	10.9						104.7	17.4	44	49.8	69.8	60.5	122	127	52.6		51.9
Ga	14.3	14.3	14.7	14.7	15.5						54	32.5	24.3	35.9	23.9	19.4	19.1	18.6	20		19.4
Rb	211	216	214	212	207	132.4	177	183.1	167	136	16	17	12	14	12	145	167	155	176		173
Sr	168.8	85.7	134	85	117.9	420	382	390	368	689	54	31	43	55	39	458	396	441	394		369
Mo	138	138.5	113.5	157	70.2						237	16.7	3.5	41.9	9.28	3.78	137	8.18	40.3		43.4
F											200	180	110	140	110						
Cs	1.45	1.39	1.46	1.21	1.16						3.05	4.08	4.03	4.27	3.58	2.76	2.85	2.13	4.28		3.46
Ba	194.6	102.5	127	93.1	124.7	659	615	616	662	797	621	628	734	692	737	836	977	947	653		643
W											5.02	5.5	3.16	5.14	3.09	5.59	19.8	10.5	8.41		7.25
Pb	23.1	25.6	23.3	23.5	21						17.2	16.6	21.9	18	21.2	14.5	16.6	17.1	16		14.5

续附表 Ⅰ－8

样品编号	HJH-2	HJH-3	HJH-4	HJH-5	HJH-6	HJHN1[1]	HJH6[1]	HJH6-1[1]	HJH8[1]	HJH9[1]	WLHH41[2]	H41-1[2]	H41-2[2]	H41-3[2]	H41-4[2]	HJH1107 23-1[3]	HJH1107 23-4[3]	HJH1107 23-5[3]	HJH0908-13[3]	HJH0908-14[3]
取样地点	霍吉河(高值型)ZK2301					霍吉河(一般型)					霍吉河(一般型)					霍吉河(一般型)				
岩矿定名	花岗细晶岩					中细粒二长花岗岩					中细粒二长花岗岩					斑状黑云母二长花岗岩				
Bi											0.11	0.1	0.1	0.1	0.1	0.07	0.27	0.23	0.06	0.23
Th	27.4	34.9	32.9	32.3	30.9	12.65	14.1	12.63	11.9	13.6	18.6	8.62	6.12	9.74	7.64	14.4	16.5	15.8	18.3	15.1
U	14.4	13.6	12.45	12.1	12.6	6.6	3.76	3.82	2.87	5.43	3.42	4.29	5	5.23	5.15	6.83	6.14	4.37	6.83	5.26
Hf	4	3.6	3.8	3.1	3.6	6	5.04	5.2	4.59	5.59	4	3.9	5.8	5.9	5.3	4.66	4.9	5.48	3.64	4.99
Zr	105	97	94	91	94	148.7	140	142.3	123	138	133	151	154	139	153	140	147	164	139	150
B											4.49	4.38	3.14	3.16	3.5					
Sn	1	1	1	1	1						3.2	3.27	2.53	2.87	3.15	1.26	1.29	1.53	2.21	1.47
Nb	9.6	6.8	4.8	6.2	5	7.15	6.98	5.83	6.33	7.95	8.63	9.28	9.14	9.84	9.37	6.49	4.94	6.97	8.04	7.13
Ta	0.9	0.6	0.6	0.8	0.5	0.63	0.63	0.54	0.51	0.67	0.58	0.86	0.55	0.15	0.49	0.72	0.69	0.79	0.95	0.71
As											0.5	0.3	0.5	0.4	0.4	0.72	0.93	1.12	1.57	0.53
Sb											0.01	0.03	0.03	0.02	0.03	0.18	0.48	0.22	0.48	0.18
Hg											0.51	0.89	0.71	2.37	4.52					
Au											0.09	0.04	0.05	0.05	0.06					
Ag	5	4	3	6	5						25.4	37.3	56.6	44.6	145	33.7	23.8	27.6	36.3	36
Zn											1200	2390	8900	1760	1260					
Cd																0.04	0.42	0.06	0.11	0.14
In																0.03	0.02	0.03	0.03	0.03
Tl	1.12	1.12	1.2	1.16		1.07										1.16	1.4	1.26	1.3	1.33
Se																0.05	0.11	0.06	0.07	0.05
Zr/Hf(25,55)	26.25	26.94	24.74	29.35	26.11	24.78	27.7	27.37	26.8	24.6	33.25	38.72	26.55	23.56	28.87	30.04	30	29.93	38.19	30.06
Nb/Ta(5)	10.67	11.33	8	7.75	10	11.35	11.1	10.8	12.4	11.9	14.88	10.79	16.62	65.6	19.12	9.01	7.16	8.82	8.46	10.04

附表 I－9　矿田早侏罗世二长－正长花岗岩主量元素成分和微量、稀土元素组成测试分析结果表

样品编号	TwGS3084*1	HwJP22GS63*1	HwJP22GS19*1	SXPM08TC01²	SXPM08TC45²	W13-1³	SXPM11TC56²	SXPM11TC59²
	(低值型)	(低值型)	(低值型)	(低值型)	(低值型)	(低值型)		
取样地点	霍吉河1:5万矿调		三兴山幅1:5万矿调		翠宏山		白桦林场幅矿调	
岩石类型	二长花岗岩	二长花岗岩	中粗粒似斑状二长花岗岩	中粗粒似斑状二长花岗岩	二长花岗岩	二长花岗岩	中细粒正长花岗岩	微细粒斑状花岗岩
SiO_2	68.53	77.16	73.81	73.77	76.11	74.22	76.29	77.43
TiO_2	0.45	0.08	0.25	0.17	0.107	0.13	0.05	0.05
Al_2O_3	15.6	11.95	13.31	13.69	12.7	12.74	12.46	12.1
Fe_2O_3	1.68	0.87	0.44	1.88	0.88	0.61	1.46	0.99
FeO	1.57	0.8	1.73	0.05	0.49	2.4	0.05	0.05
MnO	0.09	0.06	0.06	0.056	0.022	0.13	0.023	0.021
MgO	1.08	0.07	0.33	0.18	0.114	0.7	0.03	0.03
CaO	2.71	0.2	0.83	0.86	0.451	0.78	0.23	0.28
Na_2O	3.96	3.48	3.75	4.19	3.99	3.97	3.74	3.5
K_2O	4.2	5.3	5.43	4.2	4.39	4.19	4.49	4.63
P_2O_5	0.13	0.02	0.06	0.053	0.023	0.04	0.021	0.021
烧失量	2.61	2.26	2.74	0.7	0.71		0.95	0.77
总计	102.61	102.25	102.74	99.8	99.987		99.81	99.87
$Na_2O + K_2O$	8.16	8.78	9.18	8.39	8.38	8.16	8.23	8.13
Na_2O/K_2O	0.94	0.66	0.69	1	0.91	0.95	0.83	0.76
A/CNK	0.97	1.01	0.98	1.05	1.05	1.02	1.09	1.07
A/NK	1.41	1.04	1.1	1.2	1.12	1.15	1.13	1.12
DI	80.1	96.53	91.85	92.14	95.15	89.13	95.87	96.41
SI	8.66	0.67	2.83	1.73	1.16	5.9	0.31	0.33

续附表 I-9

样品编号	TwGS3084[*1]	HwP22GS63[*1]	HwP22GS19[*1]	SXPM08TC01[2]	SXPM08TC45[2]	W13-1[3]	SXPM11TC56[2]	SXPM11TC59[2]
取样地点	霍吉河幅1:5万矿调		三兴山幅1:5万矿调		翠岩山		白桦林场幅矿调	
岩石类型	二长花岗岩（低值型）	二长花岗岩（低值型）	中粗粒似斑状二长花岗岩（低值型）	中粗粒似斑状二长花岗岩（低值型）	二长花岗岩（低值型）	二长花岗岩（低值型）	中细粒正长花岗岩	微细粒斑状花岗岩
AR	2.61	6.21	4.7	3.72	4.51	4.04	4.69	4.83
σ	2.61	2.26	2.74	2.28	2.12	2.13	2.03	1.92
$Fe_2O_3/FeO(0.5)$	1.07	1.05	0.25	37.6	0.56	0.25	29.2	19.8
$FeO/(FeO+MgO)$	0.59	0.92	0.84	0.22	0.82	0.77	0.63	0.63
$0.446+0.0046×SiO_2$	0.76	0.8	0.79	0.79	0.8	0.79	0.8	0.8
La	20.5	23.	35.88	11.1	14.5	20	20.25	19
Ce	43.1	44.11	106.3	67.3	40.4	68	39.04	39.1
Pr	5.43	4.668	8.768	2.89	3.03	4.3	5.05	5.34
Nd	20.01	13.41	30.62	10.1	10.7	15	17.52	19.6
Sm	3.574	1.807	6.48	2.23	2.1	2.9	3.59	4.5
Eu	0.884	0.063	0.574	0.37	0.174	0.37	0.13	0.12
Gd	3.073	1.85	6.472	1.91	1.85	2.8	3.26	4.01
Tb	0.449	0.264	1.199	0.48	0.394	0.59	0.74	0.9
Dy	2.287	1.653	7.707	3.03	2.79	3.9	4.65	5.43
Ho	0.447	0.335	1.635	0.63	0.591	0.81	1	1.14
Er	1.27	1.475	5.195	2.13	1.98	2.65	3.39	3.71
Tm	0.198	0.281	0.905	0.39	0.404	0.52	0.64	0.68
Yb	1.336	2.098	6.095	2.68	2.87	3.7	4.5	4.52
Lu	0.209	0.33	0.951	0.45	0.419	0.65	0.77	0.78

续附表 I - 9

样品编号	TwGS3084*1	HwP22GS63*1	HwP22GS19*1	SXPM08TC01²	SXPM08TC45²	W13-1³	SXPM11TC56²	SXPM11TC59²
	（低值型）	（低值型）	（低值型）	（低值型）	（低值型）	（低值型）		
取样地点	霍吉河幅1:5万矿调	霍吉河幅1:5万矿调	三兴山幅1:5万矿调	三兴山幅1:5万矿调	翠宏山	翠宏山	白桦林场幅矿调	白桦林场幅矿调
岩石类型	二长花岗岩	二长花岗岩	中粗粒似斑状二长花岗岩	中粗粒似斑状二长花岗岩	二长花岗岩	二长花岗岩	中细粒正长花岗岩	微细粒斑状花岗岩
Y	11.03	34.9	36.89	18.2	18.8	25	29.15	34.3
ΣREE	113.8	130.48	255.67	123.89	101	151.19	133.68	143.13
LREE	93.5	87.22	188.62	93.99	70.9	110.57	85.58	87.66
HREE	20.3	43.27	67.05	29.9	30.01	40.62	48.1	55.47
LREE/HREE	4.61	2.02	2.81	3.14	2.36	2.72	1.8	1.58
$(La/Yb)_N$	11.01	7.9	4.22	2.97	3.62	3.88	3.23	3.02
δEu	0.8	0.1	0.27	0.53	0.26	0.39	0.11	0.08
δCe	0.98	0.98	1.43	2.85	1.42	1.71	0.92	0.94
Li	11.35	36.62	56.74					
Be	2.364	5.683	5.604					
Sc	5.137	2.87	4.255					
V	49.345	4.0433	12.898					
Cu	10.7	3	8.1					
Ga	16.9	16.8	16.9					
Rb	158.2	456.1	338.8	101.4	168		168.2	144
Sr	370.3	9.66	85.6	63.2	23.8		10.8	11
Mo	1.386	1.921	1.578					
F	680	1280	370					
Cs	3.911	6.991	11.09					

续附表 Ⅰ-9

样品编号	TwGS3084*1	HwP22GS53*1	HwP22GS19*1	SXPM08TC01[2]	SXPM08TC45[2]	W13-1[3]	SXPM11TC56[2]	SXPM11TC59[2]
	(低值型)	(低值型)	(低值型)	(低值型)	(低值型)	(低值型)		
取样地点	霍古河幅1:5万矿调		三兴山幅1:5万矿调		翠宏山		白桦林场幅矿调	
岩石类型	二长花岗岩		中粗粒似斑状二长花岗岩	二长花岗岩	二长花岗岩		中细粒正长花岗岩	微细粒状花岗岩
Ba	659.6	42.86	383	372.7	174		65.7	42
W	0.593	2.071	1.519					
Pb	16.8	9.8	13.2					
Bi	0.085	0.333	0.243					
Th	15.59	52.64	30.7	16.85	19		16.08	23
U	3.254	6.943	6.877	2.91	4.02		1.9	3.36
Hf	4	5.5	5.6	4.13	4.41		4.36	4.8
Zr	121.2	84.4	141.4	97.1	113		93.4	107
Sn	27	21	30					
Nb	6.955	16.09	14.13	11.11	15		23.36	27.9
Ta	0.792	2.389	1.751	0.7	0.933		1.82	1.96
Zr/Hf(25、55)	30.3	14.21	25.25	23.51	25.62		21.42	22.29
Nb/Ta(5)	7.56	6.74	8.07	15.87	16.08		12.84	14.23
$^{87}Sr/^{86}Sr$				0.718444			0.873353	0.856222
$^{143}Nd/^{144}Nd$				0.512283			0.512335	0.512283
$\delta^{18}O(‰)/石英$				6.4~7.6				8.7

附表Ⅰ-10 矿田早白垩世板子房期中性火山岩、宁远村期酸性火山岩主量元素成分和微量、稀土元素组成测试分析结果表

样品编号	HwP2XT47*1	HwP2XT68-2a1	SXPM14TC98*2	SXPM14TC19²	SXPM14TC38²	SXPM14TC61²	SXPM14TC73²	SXPM13TC18²	HwP3GS31*1	HwP3XT96¹	HwP2XTL13c¹	SXPM13TC118²	SXPM10TC40²	SXPM15TC07²	SXPM13TC29²
取样地点	霍吉河幅	霍吉河幅	白桦林场幅	白桦林场幅	白桦林场幅	白桦林场幅	白桦林场幅	白桦林场幅	霍吉河幅	霍吉河幅	霍吉河幅	白桦林场幅	白桦林场幅	白桦林场幅	白桦林场幅
岩石定名	安山岩	安山岩	安山岩	安山岩	安山岩	安山岩	安山岩	安山岩	石英粗面岩	粗面岩	流纹岩	流纹岩	流纹质岩屑晶屑凝灰岩	英安斑岩	英安质角砾晶屑岩屑凝灰岩
TAS定名	粗面英安岩	安山岩	安山岩	安山岩	英安岩	安山岩	安山岩	英安岩	流纹岩	粗面岩	流纹岩	流纹岩	流纹岩	粗面岩	流纹岩
代号	K1b	K1b	K1b	K1b	K1b	K1b	K1b	K1b	K1n	K1n	K1n	K1n	K1n	K1n	K1n
SiO_2	66.05	61.93	60.19	60.3	66	60.3	62.41	64.73	72.57	68.35	71.77	76.85	72.26	69.62	70.91
TiO_2	0.64	0.57	0.66	0.64	0.41	0.64	0.62	0.71	0.22	0.61	0.34	0.4	0.3	0.39	0.45
Al_2O_3	16.24	17.92	18.68	18.51	17.61	18.51	18.19	19.69	14.58	15.69	14.41	17.45	14.79	16.07	15.2
Fe_2O_3	3.01	3.18	4.72	4.18	3.87	4.18	5.5		2.03	3.27	1.75	0.38	1.31	1.13	0.84
FeO	1.72	2.67	1.44	2.67	0.74	2.67	0.08	1.79	0.28	0.63	0.35	0.22	0.94	1.74	2.36
MnO	0.11	0.11	0.12	0.1	0.06	0.1	0.05	0.09	0.14	0.11	0.03	0.01	0.04	0.1	0.09
MgO	0.63	2.07	2.36	2.36	0.9	2.36	1.38	1.8	0.1	0.35	0.12	0.42	0.25	0.46	0.5
CaO	1.63	4.91	5.42	5.39	3.77	5.39	4.81	5.38	0.18	1.09	0.5	0.15	0.52	0.82	0.62
Na_2O	4.95	3.87	3.83	3.76	3.26	3.76	4.05	4.61	4.44	4.92	4.77	0.67	5.07	4.95	5.43
K_2O	4.85	2.48	2.26	1.78	3.13	1.78	2.6	2.67	5.43	4.78	5.89	3.31	4.7	4.93	3.89
P_2O_5	0.18	0.28	0.3	0.3	0.26	0.3	0.3	0.32	0.04	0.19	0.07	0.18	0.05	0.08	0.08
总计	100.01	99.99	99.98	99.99	100.01	99.99	99.99	93.4	100.01	99.99	100	99.36	97.88	97.24	96.91
Na_2O+K_2O	9.8	6.35	6.09	5.54	6.39	5.54	6.65	7.28	9.87	9.7	10.66	3.98	9.77	9.88	9.23
Na_2O/K_2O	1.02	1.56	1.69	2.11	1.04	2.11	1.56	1.73	0.82	1.03	0.81	0.2	1.08	1	1.4
A/CNK	0.99	0.997	1.004	1.033	1.128	1.033	0.998	0.972	1.08	1.03	0.95	3.52	1.029	1.073	1.065
A/NK	1.21	1.98	2.13	2.28	2.01	2.28	1.92	1.88	1.11	1.18	1.01	3.72	1.1	1.19	1.16
DI	84.63	62.82	59.07	57.61	71.3	57.61	65.83	66.93	94.82	88.6	95.81	84.86	93.79	89.68	
SI	4.18	14.6	16.43	16.19	7.7	16.19	10.4	16.56	0.82	2.53	0.94	8.42	2.04	3.48	3.84

续附表 Ⅰ-10

样品编号	HwP2XT47[*1]	HwP2XT68-2a[1]	SXPM14TC98[*2]	SXPM14TC19[2]	SXPM14TC38[2]	SXPM14TC61[2]	SXPM14TC73[2]	SXPM13TC18[2]	HwP3GS31[*1]	HwP3XT96[1]	HwP2XTL13c[1]	SXPM13TC118[2]	SXPM10TC40[2]	SXPM15TC07[2]	SXPM13TC29[2]
取样地点	霍吉河幅		白桦林场幅						霍吉河幅			白桦林场幅			
岩石定名	安山岩	安山岩	安山岩	安山岩	安山岩	安山岩	安山岩	安山岩	石英粗面岩	石英粗面岩	流纹岩	流纹岩	流纹质岩屑晶屑凝灰岩	英安斑岩	英安质角砾晶屑凝灰岩
TAS定名		粗面英安岩	安山岩	安山岩	英安岩	安山岩	安山岩	英安岩	流纹岩	粗面岩	流纹岩	流纹岩	流纹岩	粗面岩	流纹岩
代号	K1b	K1b	K1b	K1b	K1b	K1b	K1b	K1b	K1n	K1n	K1n	K1n	K1n	K1n	K1n
AR		3.43	1.77	1.68	1.85	1.6	1.81	1.82	5.04	3.74	6.02	1.58	4.53	3.82	3.87
σ		4.16	2.13	2.15	1.77	1.77	2.27	2.44	3.29	3.71	3.95	0.47	3.27	3.67	3.11
$Fe_2O_3/FeO(0.5)$		1.75	1.19	3.28	5.23	1.57			7.25	9.08	5		1.39	0.65	0.36
$FeO/(FeO+MgO)$		0.73	0.56	0.38	0.45	0.55			0.74	0.64	0.74		0.79	0.79	0.83
$0.446+0.0046\times SiO_2$		0.75	0.73	0.72	0.75	0.72	0.73		0.78	0.76	0.78		0.78	0.76	0.77
La	30.82	44.18	34.12	32.55	36.21	28.91	28.65	30.2	53.14	41.36	46.93	34	62.7	54.2	28
Ce	58.39	84.99	71.62	65.09	67.64	59.14	58.19	56.9	103.7	82.03	82.65	61.8	102	108	55.3
Pr	6.994	10.42	8.8	8.56	8.37	7.64	7.28	7.09	12.81	9.783	11.21	6.89	14.3	12.6	6.7
Nd	25.5	38.39	33.36	33.23	29.6	29.03	27.85	27.7	47.51	36.58	41.14	24.8	54.3	47.9	25.7
Sm	4.712	7.061	5.78	5.85	4.77	4.95	5.03	4.72	8.954	6.864	7.84	3.65	9.72	8.37	4.99
Eu	1.451	2.034	1.59	1.64	1.27	1.47	1.37	1.47	1.17	1.743	1.418	0.82	2.17	1.58	1.32
Gd	4.183	6.514	4.39	4.53	3.42	3.92	3.73	4.08	8.353	6.393	7.025	2.33	7.45	6.79	4.23
Tb	0.668	1.06	0.74	0.72	0.55	0.63	0.61	0.65	1.46	1.055	1.172	0.3	1.38	1.28	0.87
Dy	3.648	5.894	3.74	3.68	2.81	3.26	3.12	3.15	8.452	6.129	6.664	1	7.28	6.25	4.71
Ho	0.713	1.129	0.69	0.67	0.52	0.59	0.59	0.58	1.665	1.187	1.273	0.27	1.35	1.35	1.01
Er	2.189	3.299	2.05	1.93	1.45	1.7	1.73	1.66	5.043	3.652	3.7	0.92	4.18	3.74	3.33
Tm	0.328	0.496	0.32	0.3	0.23	0.27	0.28	0.28	0.781	0.589	0.576	0.17	0.75	0.55	0.55
Yb	2.185	3.247	2	1.85	1.43	1.66	1.69	1.74	5.065	3.765	3.821	1.28	4.58	4.01	3.79
Lu	0.33	0.51	0.33	0.31	0.24	0.27	0.3	0.26	0.78	0.58	0.581	0.18	0.65	0.57	0.57
Y	29.31	32.78	19.49	18.27	14.45	16.17	16.23	16.4	40.07	32.62	36.67	7.07	39.9	37.8	28.7

续附表 I-10

样品编号	HwPXT47*[1]	HwP2XT68-2a[1]	SXPM14TC98*[2]	SXPM14TC19[2]	SXPM14TC38[2]	SXPM14TC61[2]	SXPM14TC73[2]	SXPM13TC18[2]	HwP3GS31*[1]	HwP3XT96[1]	HwP2XTL13c[1]	SXPM13TC118[2]	SXPM10TC40[2]	SXPM15TC07[2]	SXPM13TC29[2]
取样地点	霍吉河幅	霍吉河幅	白桦林场幅	白桦林场幅	白桦林场幅	白桦林场幅	白桦林场幅	白桦林场幅	霍吉河幅	霍吉河幅	霍吉河幅	白桦林场幅	白桦林场幅	白桦林场幅	白桦林场幅
岩石定名	安山岩		安山岩	安山岩	安山岩	安山岩	安山岩	安山岩	石英粗面岩	粗面岩	流纹岩	流纹岩	流纹质岩屑晶屑凝灰岩	英安斑岩	英安质角砾岩屑晶屑凝灰岩
TAS定名		粗面英安岩	安山岩	安山岩	英安岩	安山岩	安山岩	英安岩	流纹岩	石英粗面岩	流纹岩	流纹岩	流纹岩	粗面岩	流纹岩
代号	K1b	K1b	K1b	K1b	K1b	K1b	K1b	K1b	K1n	K1n	K1n	K1n	K1n	K1n	K1n
ΣREE	171.42	242	189.02	179.18	172.96	159.61	156.65	156.88	298.95	234.33	252.67	145.48	312.71	294.99	169.77
LREE	127.87	187.08	155.27	146.92	147.86	131.14	128.37	128.08	227.28	178.36	191.19	131.96	245.19	232.65	122.01
HREE	43.55	54.93	33.75	32.26	25.1	28.47	28.28	28.8	71.67	55.97	61.48	13.52	67.52	62.34	47.76
LREE/HREE	2.92	3.41	4.6	4.55	5.89	4.61	4.54	4.45	3.17	3.19	3.11	9.76	3.61	3.73	2.55
$(La/Yb)_N$	10.12	9.76	12.24	12.62	18.16	12.49	12.16	12.45	7.53	7.88	8.81	19.05	9.82	9.7	5.3
δEu	0.98	0.9	0.93	0.94	0.92	0.99	0.93	1	0.41	0.79	0.57	0.8	0.75	0.62	0.86
δCe	0.94	0.94	0.99	0.94	0.92	0.95	0.96	0.92	0.94	0.97	0.85	0.94	0.8	0.98	0.96
Li	16.52	18.11	8.53	7.94	5.28	10.88	18.86	11.5	50.21	16.71	24.05	20	15.1	22	3.48
Be	3.538	2.999							4.131	3.386	4.141				
Sc	8.067	8.389	7.74	9.41	3.74	8.85	7.31	8.49	6.061	8.01	6.108	9.15	8.79	9.62	5.73
V	14.18	17.88						99.3	3.688	16.78	8.007	24.7	14.2	19.7	49.9
Cr	9.485	10.93	2.8	2.2	2.3	4.6	5.3	3.38	11.39	12.74	9.114	5.84	3.46	4.36	2.04
Co	2.162	2.574	13.44	15.88	4.49	14.52	12.73	13.1	0.527	3.224	1.635	1.43	0.44	2.05	0.4
Ni	1.7	2.531	2.32	5.09	1.38	2.84	3.81	4.05	1.974	3.571	1.891	3.46	1.18	2.85	0.35
Cu	3	2							9	1.4	9				
Ga	20	22	21.02	21.13	19.33	22.22	20.81	19.9	20.6	20.8	19.4	17.6	19.4	18.5	23.4
Rb	142.2	104.8	51.5	35.4	77.2	39.3	46.8	68.4	184.2	131.6	164.3	121	131	140	104
Sr	207.1	222.2	452.7	391.1	452.7	460.2	455.8	625	19.34	210.7	54.28	138	85.3	137	152

续附表 I－10

样品编号	HwP2XT47*1	HwP2XT68-2a1	SXPM14TC98*2	SXPM14TC19²	SXPM14TC38²	SXPM14TC61²	SXPM14TC73²	SXPM13TC18²	HwP3GS31*1	HwP3XT96¹	HwP2XTL13c¹	SXPM13TC118²	SXPM10TC40²	SXPM15TC07²	SXPM13TC29²
取样地点	霍吉河幅	霍吉河幅	白桦林场幅	白桦林场幅	白桦林场幅	白桦林场幅	白桦林场幅	白桦林场幅	霍吉河幅	霍吉河幅	霍吉河幅	白桦林场幅	白桦林场幅	白桦林场幅	白桦林场幅
岩石定名	安山岩	安山岩	安山岩	安山岩	安山岩	安山岩	安山岩	安山岩	石英粗面岩	石英粗面岩	流纹岩	流纹岩	流纹质岩屑晶屑凝灰岩	英安斑岩	英安质角砾岩屑晶屑凝灰岩
TAS定名		粗面英安岩	安山岩	安山岩	英安岩	安山岩	安山岩	英安岩	流纹岩	粗面岩	流纹岩	流纹岩	流纹岩	粗面岩	流纹岩
代号	K1b	K1b	K1b	K1b	K1b	K1b	K1b	K1b	K1n	K1n	K1n	K1n	K1n	K1n	K1n
Cl⁻	292.6	316.2							194.5	258.1	228.9				
Mo	2.332	2.273							1.499	1.379	1.586				
F⁻	1010	1600							390	220	180				
Cs	1.845	3.682						1.47	2.165	1.501	1.299	2.75	1.83	3.26	1.55
Ba	1131	1147	901.3	906.1	1070.2	899	952.9	901	490.7	1131	762.6	1175	1242	1182	841
W	1.417	0.911							0.916	0.75	0.631				
Pb	18.1	20.2							20	16.3	21.9				
Bi	0.054	0.401							0.074	0.079	0.025				
Th	11.99	11.75	3.98	3.26	5.02	3.54	2.77	3.38	15.76	11.58	12.56	12.3	14.9	16.7	7.51
U	3.71	3.657	1	0.89	0.97	0.88	0.71	0.88	4.666	3.359	4.33	3.93	4.49	4.67	
Hf	9.5	10.1	3.51	2.64	4.8	2.99	3.15	5.64	10.3	8.9	8.9	9.88	11.1	11.6	4.12
Zr	365.5	386.1	168	130.1	189.7	149.4	163.7	220	358	339.7	334.6	340	388	371	129
B	10.2	10.2							12.4	11.2	8.01				
Sn	12	14							11	13.5	13.5				
Nb	19.57	20.05	9.84	9.19	9.92	9.42	8.87	7.76	22.7	20.67	17.14	16.2	17.6	19	12.7
Ta	1.647	1.665	0.6	0.54	0.61	0.53	0.5	0.49	1.91	1.752	1.506	0.97	1.15	1.03	1.32
Zr/Hf(25,55)		38.23	47.86	49.28	39.52	49.97	51.97		34.76	38.17	37.6		34.95	31.99	31.31
Nb/Ta(5)		16.04	16.4	17.02	16.26	17.77	17.74		11.88	11.8	11.38		15.3	18.45	9.62

附表 I－11 翠宏山－翠中矿床矿石与围岩主量元素成分和微量、稀土元素组成测试分析结果表

样品编号	CZ97	CY7/ZK2074	CY9/井下	CY8/SHK01	CZ-74d	CZ-104b	CY5/ZK2071	CY6/SHK01	CZ-63b	CY11/ZK2117	CY13/井下	CY10/ZK2191	CY12/SHK02	CY14/ZK2471
取样地点	翠中	翠中	翠宏山	翠中	翠中		翠中	翠中			翠宏山	翠中		
岩石类型	磁铁矿石	磁铁矿石	磁铁矿石	铅锌矿石	铅锌矿石	矽卡岩	矽卡岩	矽卡岩	大理岩	白色大理岩	微晶大理岩	条带状灰岩	结晶灰岩	角岩化泥质板岩
SiO$_2$	10.33	11.51	2.47	13.82	11.79	36.19	35.27	38.76	2.07	0.385	1.13	3.86	5.22	57.59
TiO$_2$	0.126	0.068	0.022	0.022	0.021	0.629	0.042	0.015	0.156	0.013	0.02	0.045	0.024	0.888
Al$_2$O$_3$	0.829	1.52	0.723	0.982	10.12	8.86	0.732	0.47	0.783	0.01	0.312	0.359	0.352	18.15
Fe$_2$O$_3$	80.08	74.06	92.96	66.07	25.99	17.31	31.4	25.33	0.941	0.392	0.236	0.534	0.935	6.78
FeO	34.49	21.83	27.56	20.53	0.68	13.37	3.31	0.72	0.82	0.34	0.19	0.46	0.38	5.38
MnO	0.612	0.733	0.362	1.5	0.619	1.01	0.88	0.582	0.112	0.045	0.093	0.103	0.098	0.068
MgO	4.73	9.66	2.27	14.98	0.946	0.212	1.92	2.67	0.568	2.02	20.3	1.22	1.66	4.99
CaO	2.57	1.49	0.592	1.9	0.419	32.68	28.39	31.26	52.74	52.96	31.89	51.76	50.68	5.57
Na$_2$O	0.162	0.163	0.02	0.01	4.3	0.199	0.129	0.039	0.072	0.012	0.01	0.047	0.048	0.822
K$_2$O	0.336	0.497	0.188	0.274	0.224	0.118	0.023	0.015	0.035	0.01	0.037	0.054	0.018	3.2
P$_2$O$_5$	0.013	0.075	0.14	0.196	0.164	0.395	0.127	0.01	0.049	0.082	0.075	0.096	0.102	0.054
烧失量		0.15	0.16	0.15			0.53	0.3						
Na$_2$O + K$_2$O	0.498	0.66	0.208	0.284	4.524	0.317	0.152	0.054	0.107	0.022	0.047	0.101	0.066	4.022
Na$_2$O/K$_2$O	0.482	0.33	0.106	0.036	19.2	1.686	5.607	2.6	2.057	1.2	0.27	0.87	2.67	0.26
La	6.82	1.21	0.344	32.5	37.1	5.9	11.7	5.72	5.44	2.38	0.309	1.64	0.992	41.7
Ce	21.5	3.27	0.926	82.5	75.9	11.7	27.2	15.5	9.83	3.78	0.386	2.4	1.38	81.4
Pr	3.08	0.498	0.148	14.5	9.09	1.51	3.16	1.92	1.08	0.444	0.073	0.375	0.23	9.74
Nd	11.3	1.66	0.604	54.9	35.7	8.15	10.9	6.86	3.61	1.49	0.283	1.64	1.1	37.3
Sm	2.98	0.399	0.174	13.9	7.28	2.45	2.89	1.98	0.685	0.237	0.059	0.325	0.23	7.23
Eu	0.02	0.002	0.003	0.033	0.512	0.395	0.171	0.419	0.112	0.026	0.016	0.116	0.056	1.95
Gd	2.28	0.33	0.185	12.1	5.73	2.43	2.66	1.66	0.639	0.232	0.052	0.317	0.274	6.09
Tb	0.52	0.079	0.044	2.64	0.828	0.588	0.609	0.375	0.111	0.036	0.008	0.05	0.045	0.996

续附表 I－11

样品编号	CZ297	CY7/ZK2074	CY9/井下	CY8/SHK01	CZ－74d	CZ－104b	CY5/ZK2071	CY6/SHK01	CZ－63b	CY11/ZK2117	CY13/井下	CY10/ZK2191	CY12/SHK02	CY14/ZK2471
取样地点	翠中	翠中	翠宏山	翠中	翠中			翠中			翠宏山	翠中		
岩石类型		磁铁矿石		铅锌矿石			砂卡岩		大理岩	白色大理岩	微晶大理岩	条带状灰岩	结晶灰岩	角岩化泥质板岩
Dy	3.55	0.448	0.276	15.8	3.86	4.32	3.83	2.51	0.677	0.179	0.059	0.273	0.302	5.4
Ho	0.68	0.082	0.056	3.59	0.666	0.933	0.81	0.515	0.142	0.043	0.01	0.055	0.054	1.03
Er	2.18	0.311	0.182	12.1	1.87	2.86	2.66	1.93	0.41	0.114	0.041	0.183	0.167	3.03
Tm	0.44	0.081	0.035	2.44	0.283	0.504	0.581	0.408	0.071	0.019	0.005	0.025	0.022	0.526
Yb	3.51	0.947	0.233	19.5	2.12	3.25	4.21	2.91	0.507	0.109	0.023	0.151	0.113	3.3
Lu	0.51	0.246	0.04	3.15	0.329	0.466	0.558	0.351	0.071	0.016	0.004	0.02	0.019	0.51
Y	20	2.76	1.39	128	16.2	30.5	25.9	17.4	4.95	1.64	0.544	2.51	2.62	29
ΣREE	59.4	12.323	4.64	397.653	181.3	45.46	97.839	60.458	23.39	10.745	1.872	10.08	7.604	229.202
LREE	45.7	7.039	2.199	198.333	165.6	30.11	56.021	32.399	20.76	8.357	1.126	6.496	3.988	179.32
HREE	13.7	5.284	2.441	199.32	15.69	15.35	41.818	28.059	2.63	2.388	0.746	3.584	3.616	49.882
LREE/HREE	3.34	1.33	0.901	0.995	10.554	1.962	1.34	1.155	7.894	3.5	1.509	1.813	1.103	3.595
$(La/Yb)_N$	1.39	0.92	1.059	1.195	12.553	1.302	1.99	1.41	7.696	15.662	9.637	7.791	6.297	9.064
δEu	0.02	0.02	0.051	0.008	0.234	0.489	0.19	0.687	0.509	0.335	0.864	1.091	0.681	0.875
δCe	1.15	1.03	1.006	0.93	0.983	0.937	1.08	1.142	0.936	0.839	0.609	0.722	0.683	0.955
Rb	75.1	140	75.3	69.5	28.9	8.42	3.65	1.35	5.44	0.777	0.743	4.86	1.79	152
Ba	4.93	54.1	14.5	6.54	9.07	28.3	10.9	1.56	14.1	8.84	1.73	9.37	11.9	72.8
Sr	6.46	5.28	4.62	9.75	6.35	29.5	32.6	9.37	471	1171	149	702	782	501
Th	0.49	0.166	0.681	5.42	58.1	3.83	0.231	0.058	0.505	0.042	0.036	0.083	0.107	10.9
U	2.49	2.03	1.46	34.5	19.6	3.01	3.81	4.48	3.98	1.06	0.358	12.5	1.35	3.38
Nb	2.9	2.36	0.761	4.45	14.4	7.83	0.332	0.128	1.2	0.256	0.096	0.225	0.322	13.5
Ta	0.06	0.026	0.042	0.099	1.72	0.51	0.005	0.005	0.042	0.016	0.004	0.006	0.014	0.936
Zr	4.19	6.3	1.91	4.13	164	139	8.06	2.41	5.84	0.934	0.6	11.6	2.52	179

续附表 Ⅰ–11

样品编号	CZ97	CY7/ZK2074	CY9/井下	CY8/SHK01	CZ–74d	CZ–104b	CY5/ZK2071	CY6/SHK01	CZ–63b	CY11/ZK2117	CY13/井下	CY10/ZK2191	CY12/SHK02	CY14/ZK2471
取样地点	翠中	翠中	翠宏山	翠中			翠中	翠中		翠中	翠宏山	翠中		
岩石类型	磁铁矿石	磁铁矿石	铅锌矿石	铅锌矿石	铅锌矿石	铅锌矿石	砂卡岩	砂卡岩	大理岩	白色大理岩	蛇晶大理岩	条带状灰岩	结晶灰岩	角岩化泥质板岩
Hf	0.18	0.186	0.088	0.247	7.69	4.41	0.23	0.088	0.221	0.025	0.008	0.264	0.065	5.06
Pb	170	5.35	29.1	10.1	N1	272	324	5.28	50.1	2.23	2.14	37.9	8.48	17.6
Sc	0.76	0.919	0.129	0.932	2.16	14.3	0.561	0.121	0.891	0.25	0.156	0.498	0.344	22.5
Cr	2.22	10.5	7.21	4.6	0.776	78.5	7.72	4.11	14.1	9.53	4.76	9.38	8.77	201
Co	16.4	13.3	7.74	15.7	10.5	15.2	2.77	0.939	1.94	0.573	0.33	2.61	0.663	16.1
Ni	17.8	6.47	6.14	6.33	1.74	44.3	5.93	4.99	6.92	6.77	3.56	28.2	6.78	43.8
Cu	3714	74.8	1.51	4.62	763	6213	4.3	1.27	265	39.9	0.854	23.8	2.4	15.8
Zn	3724	1142	358	1409	N2	5107	75.2	26.2	721	47.3	9.02	539	34.7	82.9
Ga	5.64	8.32	16.1	11.6	21.6	17	8.22	8.18	1.2	0.403	0.645	1.03	0.918	20.5
V	8.42	14.7	6.3	11.7	3.39	319	15.3	7.82	21.4	7.22	7.67	87.3	13.5	151
W	54.3	1.06	1.88	1.51	23.6	6.1	49.7	26.5	4.06	12.7	0.247	0.731	1.43	0.957
Mo	15.4	10.6	1.91	84	1.97	4.46	0.787	2.04	11.1	13.9	0.266	24	0.853	1.04
B		1.71	5.38	62.2			1.45	1.71		1.16	0.684	0.414	1.58	411
Li		27.6	2.71	9.56			8.07	7.26		0.661	1.76	1.71	8.24	99.1
Be		2.7	2.46	15.9			10.5	3.04		0.767	0.389	1.23	2.51	2.94
Bi		0.911	80.4	2.67			331	1.58		0.481	0.276	0.945	0.179	0.265
F	<0.01	<0.01	<0.01	<0.01			0.075	0.056		<0.01	0.022	<0.01	<0.01	0.152
Cl	<20	<20	<20	<20			102	141		64.8	94.7	44.2	40.2	466
Sb	0.194	0.194	0.773	0.045			0.037	0.02		1.06	0.469	3.18	1.13	0.445
In	2.53	2.53	1	6.49			7.07	7.3		0.047	0.041	0.067	0.02	0.057
Au	0.45	0.45	0.48	1.62			18.3	0.65		0.38	0.35	0.4	0.4	0.42
Ag	0.098	0.098	0.103	0.71			1.4	0.064		0.061	0.06	0.358	0.071	0.068
As	4.75	4.75	2.23	6.75			86.9	29.4		3.2	0.322	6.45	5.56	5.68

主要参考文献

陈静. 黑龙江小兴安岭区域成矿背景与有色、贵金属矿床成矿作用[D]. 长春:吉林大学,2012.

陈建林,郭原生,付善明. 花岗岩研究进展—ISMA 花岗岩类分类综述[J]. 甘肃地质学报, 2004(1): 67−73.

陈贤. 黑龙江翠宏山铁多金属矿床成矿作用研究[D]. 北京:中国地质大学, 2015. 1995: 401−418.

陈贤. 松辽地块东缘地壳增生与花岗岩成矿作用研究[D]. 北京:中国地质大学, 2018.

杜美艳,李超,杨乃峰,等. 翠宏山铁多金属矿床成矿流体包裹体及硫同位素特征[J]. 世界地质. 2011 (04): 538−543.

杜晓慧,张勇. 黑龙江霍吉河钼矿床时代及岩石地球化学研究[J]. 地质与资源,2013. 22(3):169−173.

DUBESSY M J, DRUMMOND M S, MOUNT S T. Helen: potential example of the partial melting of the subducted lithosphere in a volcanic arc [J]. Geology,1993,21:547−550.

冯晓曦,王旭,段明. 黑龙江翠宏山铁多金属矿床控矿因素分析[J]. 地质调查与研究,2013(4): 43−50.

葛文春,吴福元,周长勇,等. 兴蒙造山带东段斑岩型 Cu,Mo 矿床成矿时代及其地球动力学意义[J]. 科学通报, 2007, (20): 2407−2417.

关庆彬,李世超,张超,等. 兴蒙造山带南缘东段和龙地区 I 型花岗岩锆石 U−Pb 定年、地球化学特征及其地质意义[J]. 岩石学报, 2016 长春: 2690−2706.

郭嘉. 黑龙江省霍吉河钼矿床地质特征及成因[D]. 长春:吉林大学,2009.

韩振新,郝正平,侯敏. 小兴安岭地区与加里东期花岗岩类有关的矿床成矿系列[J]. 矿床地质, 1995 (4): 293−302.

韩振哲. 小兴安岭东南段早中生代花岗岩类时空演化特征与多金属成矿[D]. 北京:中国地质大学, 2011.

郝宇杰,任云生,赵华雷,等. 黑龙江省翠宏山钨钼多金属矿床辉钼矿 Re−Os 同位素定年及其地质意义[J]. 吉林大学学报(地球科学版). 2013(06): 1840−1850.

何财,李少云,高贺祥等. 黑龙江省翠宏山矽卡岩型铁多金属矿床的成矿地质条件[J]. 吉林地质, 2010 (3): 56−58.

黑龙江省地质矿产局地质三队. 黑龙江省逊克县翠宏山铁多金属矿床普查−初勘地质报告[R][出版地不详], 1984.

黑龙江省矿业集团,黑龙江第六地质勘查院.黑龙江省逊克县翠中铁多金属矿详查报告[R][出版地不详],2020.

HU X L, DING Z J, HE M C, et al. Two epochs of magmatism and metallogeny in the Cuihongshan Fe−polymetallic deposit, Heilongjiang Province, NE China: Constrains from U−Pb and Re−Os geochronology and Lu−Hf isotopes [J]. Journal of Geochemical Exploration. 2014, 143: 116−126.

HU X L, DING Z J, HE M C, et al. A porphyry−skarn metallogenic system in the Lesser Xing'an Range,

NE China: Implications from U – Pb and Re – Os geochronology and Sr – Nd – Hf isotopes of the Luming Mo and Xulaojiugou Pb – Zn deposits. Journal of Asian Earth Sciences, 2014, 90: 88 – 100.

HOSFSTRA V F. Models for prospect evalution of porphyry copper deposits [A]. NewYork: Society for Mining, Metallurgy and Exploration, 1991. 3: 5 – 10.

KEITH T A P. The charac – teristics, origins, and geodynamic settings of supergiant gold metallogenic provinces [J]. Acta Petrologica Sinica, 2002, 18: 303 – 331.

KORZHINSKIY D S. An outline of metasomatic processes (PART 2 OF 3) [J]. International Geology Review, 1964, 6(11): 334 – 456.

LI CO., RIPLEY E M. Sulfur contents at sulfide – liquid or anhydrite saturation in silicate melts: empirical equations and example applications [J]. Economic Geology, 2009, 104(3): 405 – 412.

李昌年. 火成岩微量元素岩石学[M]. 武汉: 中国地质大学出版社, 1992.

李竞妍, 郭锋, 李超文, 等. 东北地区晚古生代 – 中生代 I 型和 A 型花岗岩 Nd 同位素变化趋势及其构造意义[J]. 岩石学报. 2014(07): 1995 – 2008.

李林山, 何财, 李少云, 等. 黑龙江省伊春市霍吉河钼矿床地质特征及成因探讨[J]. 吉林地质, 2010(2): 57 – 59.

李明. 中国东北现代河流碎屑锆石 U – Pb 年代学和 Hf 同位素研究及大陆生长与演化[D]: 中国地质大学, 2010.

梁景时, 漆富勇, 胡论元, 等. 江西安远园岭寨矿区钼矿床地质特征及矿床成因探讨[J]. 中国地质, 2012(5): 215 – 226.

刘宝山, 任凤和, 李仰春, 等. 伊春地区晚印支期 I 型花岗岩带特征及其构造背景[J]. 地质与勘探. 2007(01): 74 – 78.

刘翠, 邓晋福, 许立权, 等. 大兴安岭 – 小兴安岭地区中生代岩浆 – 构造 – 钼成矿地质事件序列的初步框架[J]. 地学前缘, 2011, (03): 166 – 178.

刘建峰. 小兴安岭东部早古生代花岗岩地球化学特征及其构造意义[D]. 长春: 吉林大学, 2006.

刘园园. 华南三叠纪橄榄玄粗岩系列 – A 型花岗岩带及其地质意义[D]. 北京: 中国地质大学, 2013.

LIU Y S, HU ZC, Zong K Q, et al. Reappraisement and refinement of zircon U – Pb isotope and trace element analyses by LA – ICP – MS [J]. Science Bulletin. 2010, 55(15): 1535 – 1546.

LIU Y, GAO S, Hu Z, et al. Continental and Oceanic Crust Recycling – induced Melt – Peridotite Interactions in the Trans – North China Orogen: U – Pb Dating, Hf Isotopes and Trace Elements in Zircons from Mantle Xenoliths [J]. Journal of Petrology. 2010, 51(51): 392 – 399.

刘志宏. 黑龙江省翠宏山钨钼锌多金属矿床地质特征及成因[D]. 长春: 吉林大学, 2009.

马健飞, 胡永亮, 李仁杰. 矽卡岩型铁矿的成矿地质特征及成因综述[J]. 西部资源, 2016(4): 21 – 23.

马星华, 陈斌, 王超, 等. 早古生代古亚洲洋俯冲作用: 来自新疆哈尔里克侵入岩的锆石 U – Pb 年代学、岩石地球化学和 Sr – Nd 同位素证据[J]. 岩石学报. 2015(01): 89 – 104.

马玉波, 邢树文, 张增杰, 等. 辽吉裂谷区铅锌金矿床 S、Pb 同位素组成特征及其地质意义[J]. 地质学报. 2013(09): 1399 – 1410.

MANIAR P D, PICCOLI P M. Tectonic discrimination of granitoids [J]. Geological Society of America Bulletin, 1989, 101(5): 635 – 643.

MEINERT L D, Compositional variation of igneous rocks associated with skarn deposits – chemical evidence for a genetic connection between petrogenesis and mineralization [J]. Mineralogical Association of Canada Short Course Series. 1995.

MEINERT L D, DIPPLE RGM,NICOLESCUES. World skarn deposites [J]. Economic Geology 100th Anniversary Volume, 2005: 299 − 336.

MISHRA A. Rare earth element systematic in hydrothermal fluid [J]. Geochim Cosmochim Acta. 1989,53: 745 − 750.

PONS J, FRANCHINI M, MEINERT L, et al. Geology, petrography and geochemistry of igneous rocks related to mineralized skarns in the NW Neuquen basin, Argentina: Implications for Cordilleran skarn exploration [J]. Ore Geology Reviews, 2010, 38(1): 37 − 58.

ROSS J L. Densiyies of liquids and vapons and vapors in boiling NaCl − H_2O solution: A PV TX summary from 300℃ to 500℃ [J]. America Journal of science, 1991, 291 − 338.

SILLITOE RH. Porphyry Copper Systems[J]. Economic Geology, 2010, 105 (1): 3 − 41.

SUN S S, McDONOUGH W F. Geological Society [J]. Special Publications, 1989, 42(1): 313 − 345.

邵军,李秀荣,杨宏智. 黑龙江翠宏山铅锌多金属矿区花岗岩锆石 SHRIMP U − Pb 测年及其地质意义 [J]. 地球学报, 2011(2): 163 − 170.

SOMARIN A K. Garnetization as a ground preparation process for copper mineralization: evidence from the Mazraeh skarn deposit, Iran [J]. International Journal of Earth Sciences, 2010, 99(2): 343 − 356.

TAYLOR S R, McLENNAN S M. The Continental Crust: Its Composition and Evolution[J]. Geological Magazine, 1985, 122(6): 673 − 685.

谭成印. 黑龙江省主要金属矿产构造 − 成矿系统基本特征[D]. 北京:中国地质大学, 2009.

谭红艳,舒广,龙吕,等. 小兴安岭鹿鸣大型钼矿 LA − ICP − MS 锆石 U − Pb 和辉钼矿 Re − Os 年龄及其地质意义[J]. 吉林大学学报(地球科学版),2012(6):180 − 193.

谭红艳. 黑龙江小兴安岭 − 张广才岭成矿带成矿系列及找矿远景评价 [D]. 北京:中国地质大学, 2013.

滕民强. 可控源音频大地电磁测深在黑龙江省逊克县铁多金属矿床的应用[D]. 长春:吉林大学, 2014.

吴福元,孙德有,林强. 东北地区显生宙花岗岩的成因与地壳增生[J]. 岩石学报, 1999(2): 22 − 30.

吴福元,李献华,杨进辉等. 花岗岩成因研究的若干问题[J]. 岩石学报, 2007(6): 3 − 24.

WU F Y, JAHN B M, WILDE, S, et al. Phanerozoic crustal growth: U − Pb and Sr − Nd isotopic evidence from the granites in northeastern China[J]. Tectonophysics, 2000, 328, (1 − 2): 89 − 113.

WU F Y, SUN D Y, Li H M, et al. The nature of basement beneath the Songliao Basin in NE China: Geochemical and isotopic constraints[J]. Physics and Chemistry of the Earth Part, 2001, 26 (9 − 10): 793 − 803.

WU F Y, YANG J H, Lo C H, et al. The Heilongjiang Group: A Jurassic accretionary complex in the Jiamusi Massif at the western Pacific margin of northeastern China[J]. Island Arc, 2007, 16, (1): 156 − 172.

WU Y B, ZHENG Y F. Genesis of zircon and its constraints on interpretation of U − Pb age [J]. Chinese Science Bulletin, 2004, 49(15): 1554 − 1569.

王开燕,刘丹,柳俊茹,等. 东北地区地壳结构研究[J]. 地球物理学进展, 2015(1): 61 − 69.

王可勇,任云生,程新明,等. 黑龙江团结构金矿床流体包裹体研究及矿床成因[J]. 大地构造与成矿, 2004,28(2):171 − 178.

WILDE S A, ZHANG X Z, WU F Y. Extension of a newly identified 500 Ma metamorphic terrane in North East China: further U－Pb SHRIMP dating of the Mashan Complex, Heilongjiang Province, China[J]. Tectonophysics, 2000, 328, (1－2): 115－130.

WILDE S A, WU F Y, ZHANG X Z. The Mashan Complex: SHRIMP U－Pb zircon evidence for a Late Pan－African metamorphic event in NE China and its implication for global continental reconstructions[J]. Geochimica, 2001, 30: 35－50.

WILDE S A, WU F Y, ZHAO G C. The Khanka Block, NE China, and its signi? cance in the evolution of the Central Asian Orogenic Belt[M]. KUSKY T M, ZHAI M G, XIAO W J. The Evolving Continents: Understanding Processes of Continental Growth. London: Geological Society of London Special Publication, 2010, 338: 117－137.

WHALEN J B, CURRIE K L, CHAPPELL B W. A－type granites: geochemical characteristics, discrimination and petrogenesis [J]. Contributions to Mineralogy and Petrology. 1987, 95(4): 407－419.

肖庆辉,邱瑞照,邢作云,等. 花岗岩成因研究前沿的认识[J]. 地质论评, 2007(S1): 21－31.

徐博文. 黑龙江省逊克县翠宏山地区矿床成因及成矿系列[D]. 长春:吉林大学, 2015.

许文良,王枫,裴福萍,等. 中国东北中生代构造体制与区域成矿背景:来自中生代火山岩组合时空变化的制约[J]. 岩石学报, 2013, (02): 339－353.

尹冰川,冉清昌. 小兴安岭－广才岭地区区域成矿演化[J]. 矿床地质, 1997(3): 44－51.

张宏飞,高山. 地球化学[M]. 北京:地质出版社, 2012.

张旗,王焰,李承东,等. 花岗岩的 Sr－Yb 分类及其地质意义[J]. 岩石学报. 2006, 22(9): 2249－2269.

张旗,冉皞,李承东. A 型花岗岩的实质是什么?[J]. 岩石矿物学杂志. 2012(04): 621－626.

张旗,金惟俊,李承东等. 三论花岗岩按照 Sr－Yb 的分类:应用[J]. 岩石学报, 2010, v.26(12): 3－27.

张森,寇林林,韩仁萍,等. 黑龙江省霍吉河钼矿成矿特征及赋矿花岗闪长岩锆石 U－Pb 年龄[J]. 地质与资源, 2013(3):5－9.

张文淮,陈紫英. 流体包裹体地质学[M]. 武汉:中国地质大学出版社, 1993:107～156.

张勇. 吉林省中东部地区侏罗纪钼矿床的地质、地球化学特征与成矿机理研究[D]. 长春:吉林大学,2013.

赵寒冬. 东北地区小兴安岭南段—张广才岭北段古生代火成岩组合与构造演化[D]. 北京:中国地质大学, 2009.

赵一鸣. 我国一些重要矽卡岩 Pb－Zn 多金属矿床的交代分带[J]. 矿床地质, 1997(2): 25－34.

ZHOU J B, WILDE S A, ZHANG X Z, et al. The onset of Pacific margin accretion in NE China: Evidence from the Heilongjiang high－pressure metamorphic belt[J]. Tectonophysics, 2009, 478(3－4): 230－246.

朱伯鹏,何斌,张汉清. 黑龙江小兴安岭－张广才岭区域成矿综述[J]. 内蒙古煤炭经济, 2015(4): 203－204.